D1724075

Jahrbuch Oberflächen technik

BAND

70

2014

Jahrbuch Oberflächen technik

BAND
70

Herausgeber:
Prof. Dr. Timo Sörgel

Fachverlag für
■ Oberflächentechnik –
Galvanotechnik

■ Produktion von Leiter-
platten und Systemen

BAD SAULGAU GERMANY
www.leuze-verlag.de

Printed in Germany · Imprimé en Allemagne

2014

ISBN 978-3-87480-285-7

EUGEN G. LEUZE VERLAG KG · D-88348 BAD SAULGAU

Jahrbuch Oberflächentechnik
(Erscheint jährlich)

Gesamtherstellung: Eugen G. Leuze Verlag KG, D-88348 Bad Saulgau
Druck: Kessler Druck + Medien GmbH & Co. KG, D-86399 Bobingen

Vorwort

Das Jahrbuch Oberflächentechnik ist ein wichtiger Bestandteil der deutsch- bzw. englischsprachigen Literatur auf den zugehörigen Fachgebieten und ein wertvolles Nachschlagewerk zu vielfältigen Aspekten der Oberflächentechnik.

Seine Historie nahm 1939 im Leuze Verlag den Anfang. Seit 2003 ist es wieder hier beheimatet. In den letzten 20 Jahren wurde das Jahrbuch Oberflächentechnik von Dr. Andreas Zielonka (1994 bis 2003) und zuletzt von Dr. Richard Suchentrunk (2004 bis 2013) herausgegeben.

Ich freue mich sehr über meine neue Aufgabe als nachfolgender Herausgeber und hoffe, zum Erfolg des Jahrbuchs Oberflächentechnik auch in den kommenden Jahren beitragen zu können. Dieser hängt zuallererst vom Engagement der Autoren ab, für welches ich mich an dieser Stelle recht herzlich bedanken möchte. Dem Leuze Verlag möchte ich für das entgegengebrachte Vertrauen und die hervorragende Unterstützung danken.

Auch dieses Jahr finden sich wieder zahlreiche Artikel zu den verschiedenen Themenbereichen der nasschemischen, elektrochemischen und schmelzflüssigen Behandlungsverfahren sowie solchen aus der Gasphase. In der Galvanotechnik steht die effiziente, REACh-konforme Beschichtung im Sinne selektiver Verfahren oder vereinfachter Verfahrensabläufe im Vordergrund. Außerdem wird am Beispiel neuer bleifreier Chemisch Nickel-Elektrolyte der Zusammenhang zwischen Alter und Schichteigenschaften beleuchtet oder am Beispiel von verzinnten Steckverbindern der Einfluss der Oberfläche auf die Lebensdauer unter verschiedenen Bedingungen unter Zuhilfenahme von Zeitraffungsmodellen herausgearbeitet. Ferner wird der Einsatz von galvanischen Schichten in der Mikrosystemtechnik beschrieben.

In der Dünnschichttechnik werden sowohl Lösungen für die häufig vielschichtigen Anforderungen an moderne Schichten und Schichtsysteme am Beispiel von Schmiedewerkzeugen präsentiert, als auch Möglichkeiten der plasmatechnischen Nachbehandlung von Hybridschichten erläutert. Außerdem werden Einsatzmöglichkeiten mittels Dünnschichttechnik hergestellter antibakterieller bzw. biokompatibler Schichten beschrieben. Zum Themenkomplex Schmelztauchbeschichtungen findet sich ein Übersichtsartikel zur Feuerverzinkung, als weiteres Thema werden Lötschichten aufgegriffen. Untersuchungen über die Tribologie und das Korrosionsverhalten von verschiedenen Schichtsystemen, darunter galvanisch abgeschiedene Dispersionsschichten, ergänzen den Themenbereich der Schichtcharakterisierung.

Im Bereich der Verfahrenstechnik werden umweltrelevante Aspekte von Elektrolyseverfahren zur Wasseraufbereitung beschrieben. Auch das Thema Leichtbau findet Berücksichtigung durch die Untersuchung des Einflusses der mechanischen Vorbehandlung von Faserverbundbauteilen auf deren Klebeverhalten. Zum Thema Umwelt- und Energietechnik sind interessante Beiträge zur Vermeidung des Einsatzes von Trinkwasser in der Spültechnik und zu aktuellen Abwasservorschriften enthalten.

Auch das immer aktuelle Thema Brandschutz wird am Beispiel von Galvaniken aufgegriffen. Zeitgemäß ist auch ein Artikel zu Möglichkeiten der Energiereduzierung und -rückgewinnung in galvanotechnischen Betrieben. Nicht zuletzt wird ein Blick über den Tellerrand unternommen und oberflächentechnische Aspekte aus dem Bereich der Bionik präsentiert.

Damit hoffe ich, dass es auch dieses Jahr wieder gelungen ist, interessante Themen der Oberflächentechnik aufzugreifen und den Lesern Anregungen in ihrem eigenen Tätigkeitsbereich und darüber hinaus zu geben.

Timo Sörgel

Herausgeber
November 2014

Inhalt

2.1 Galvanische und chemische Beschichtungsverfahren

Globale Trends in der Bremssattelindustrie

Von Dr. Matthias Hoch .... Lesen Sie ab Seite 13
Atotech Deutschland GmbH, Zweigniederlassung Trebur, Untergasse 47, D-65468 Trebur,
www.atotech.com

Die Zuverlässigkeit von Steckverbindern muss kein Zufall sein – die Rolle einer Zinnoberfläche

Von Dr. Frank Ostendorf, Thomas Wielsch und Dr. Michael Reiniger .... Lesen Sie ab Seite 19
Weidmüller Interface GmbH & Co. KG, Klingenbergstr. 16, D-32758 Detmold
www.weidmueller.de

Goldeinsparung durch Erhöhung der Selektivität und Unterdrückung der Sudabscheidung

Von Dr. Olaf Kurtz, Dr. Jürgen Barthelmes, Jana Breitfelder, Dr. Robert Rüther............ Lesen Sie ab Seite 32
Atotech Deutschland GmbH, Erasmusstr. 20, D-10553 Berlin, www.atotech.com

Selektivgalvanisch abgeschiedene Hartchromüberzüge – Konzepte mit hohem Leistungspotenzial

Von Dr.-Ing. Hermann H. Urlberger .... Lesen Sie ab Seite 40
AHC Oberflächentechnik GmbH, Boelckestr. 25-57, D-50171 Kerpen, www.ahc-surface.com

Der Alterungseffekt des chemischen hochphosphorigen NiP-Bades

Von Dr. Alexander Meyerovich und Dr. Frank Brode.. Lesen Sie ab Seite 51
HARTING KGaA, Marienwerderstr. 3, D-32339 Espelkamp, www.HARTING.com

Globale Trends in der Bremssattelindustrie

Dr. Matthias Hoch, Atotech Deutschland GmbH, Trebur

Die uneingeschränkte Sichtbarkeit der Bremssystem-komponenten und verlängerte Herstellergarantien bei modernen Personenwagen haben in der Industrie dazu geführt, sich auf die Aufrechterhaltung der dekorativen und funktionellen Eigenschaften über die gesamte Lebensdauer des Autos zu konzentrieren. Aus diesem Grunde wurden hochkorrosionsfeste Beschichtungen erforderlich. Die einfachen Zink-schichten mit Passivierung und einer optionalen Versiegelung mussten optimiert werden. Dies führte in der Industrie zu einem Wandel von Zinküberzügen hin zu Zink-Nickelbeschichtungstechnologien.

The easy visibility of the brake system components and the increasing warranty periods of modern passenger cars, led the industry to focus on main-taining the decorative and functional properties throughout the service life. Due to this, high end corrosion resistant coatings were required. There-fore, a bare zinc layer with a passivation and an optional sealer needed further improvement. The consequence was a shift from zinc coatings towards more sophisticated plating technologies, e.g. Zinc-Nickel coatings.

Einleitung

Aufgrund des Raddesigns der Automobile in der Ver-gangenheit war das Bremssystem nicht offensicht-lich zu erkennen, da die Bremskomponenten meist hinter einer Radkappe *(Abb. 1)* oder flächigen Stahl-felgen platziert waren. Folglich lag die Verarbeitung dieser Teile nicht im Fokus der Automobilindustrie. Seit einigen Jahren hat sich das Raddesign jedoch mehr und mehr geöffnet, was die Komponenten des Bremssystems für den Kunden leichter erkennbar macht *(Abb. 2)*.

Die uneingeschränkte Sichtbarkeit der Bremssystem-komponenten und verlängerte Herstellergarantien bei modernen Personenwagen haben in der Indu-strie dazu geführt, sich auf die Aufrechterhaltung der dekorativen und funktionellen Eigenschaften über die gesamte Lebensdauer des Autos zu konzentrie-ren. Aus diesem Grunde wurden hochkorrosions-feste Beschichtungen erforderlich. Die einfachen Zinkschichten mit Passivierung und einer optionalen Versiegelung mussten optimiert werden. Dies führte in der Industrie zu einem Wandel von Zinküber-zügen hin zu anspruchsvolleren Beschichtungstech-nologien. Hierzu stehen mehrere Möglichkeiten der Beschichtung zur Verfügung. Diese Beschichtungen können aus passiven oder kathodischen Barriere-

Abb. 1: Altes Raddesign mit Radabdeckung versteckt die Bremskomponenten

Abb. 2: Modernes Raddesign mit höherer Sichtbarkeit der Bremskomponenten

schichten oder aber aus einer Kombination beider bestehen.

High-End-Sportwagen werden oft mit Bremssystemen ausgestattet, die aus einer Sperrschicht aus Pulverbeschichtung bestehen. Diese Pulverbeschichtungen sind in verschiedenen Farben erhältlich. Die Herstellkosten für solche pulverbeschichteten Überzüge sind jedoch 5- bis 10-fach höher im Vergleich zu elektrochemischen Abscheidungsbeschichtungen. Daher bleiben pulverbeschichtete Bremssättel weiterhin ein Nischenmarkt.

Eine viel brauchbarere Alternative zur Erhöhung der Korrosionsbeständigkeit bei gleichbleibender Optik über einen langen Zeitraum ist die Verwendung von Zink-Nickellegierungsüberzügen in Kombination mit einer geeigneten Passivierungsschicht und einer optionalen Versiegelung, die als zusätzliche Sperrschicht dient. Im Gegensatz zu pulverbeschichteten Bremskomponenten bieten die Opferschichten auch bei Beschädigung durch beispielsweise Steinschlag oder andere mechanische Einwirkungen einen Korrosionsschutz.

Beschichtung auf Gusseisen

Um die höchste Korrosionsbeständigkeit zu erzielen werden häufig Zink-Nickellegierungsüberzüge verwendet.

Diese bieten hervorragende Eigenschaften bezüglich eines kathodischen Korrosionsschutzes *(Abb. 3)*. Technische Versuche mit Zink, Zink-Nickel und anderen Legierungsabscheidungen führten zu dem Ergebnis, dass die höchste Korrosionsbeständigkeit bei einer Nickeleinbaurate von 12 bis 16 % w/w in der Legierung erzielt wird. Niedrigere oder höhere Nickeleinbauraten und andere Metalllegierungen erzielten geringwertigere Korrosionsergebnisse [1].

Abbildung 3 zeigt die Beziehung zwischen der Zeit bis zur Entstehung von Rotrost und der Schichtdicke von reinem Zink im Vergleich zu Zink-Eisen- und Zink-Nickellegierungen [1] auf Stahl. Die Daten wurden durch Beschichten des jeweiligen Überzugs mit unterschiedlichen Stärken auf Stahlbleche ohne zusätzliche Nachbehandlung erhoben. Alle Testmuster wurden einem neutralen Salzsprühtest gemäß DIN EN ISO 9227 unterzogen.

Die Abhängigkeit des Korrosionsschutzes von der Nickeleinbaurate wurde durch Auswertung der Rotrostbeständigkeit auf den Stahlblechen untersucht. Die Bleche hatten eine konstante Beschichtungsdicke von 5 µm mit unterschiedlichen Nickelkonzentrationen in der Zink-Nickelschicht. Durch Auswertung der Röntgenbeugung (XRD) konnte die Menge an Zink-Nickel γ-Phasenzusammensetzung identifiziert werden. Die beschichteten Stahlbleche

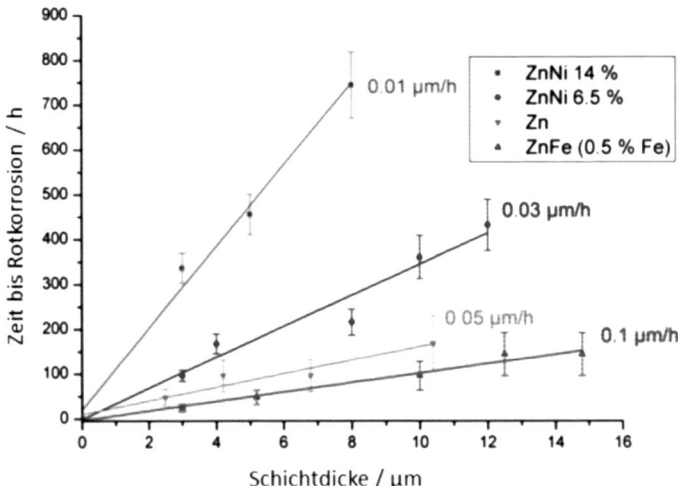

Abb. 3: Zeit zur Grundmetallkorrosion vs. Schichtdicke von Zink und Zinklegierungen im DIN EN ISO 9227 neutralen Salzsprühtest. Alle Musterbeschichtungen ohne Nachbehandlung

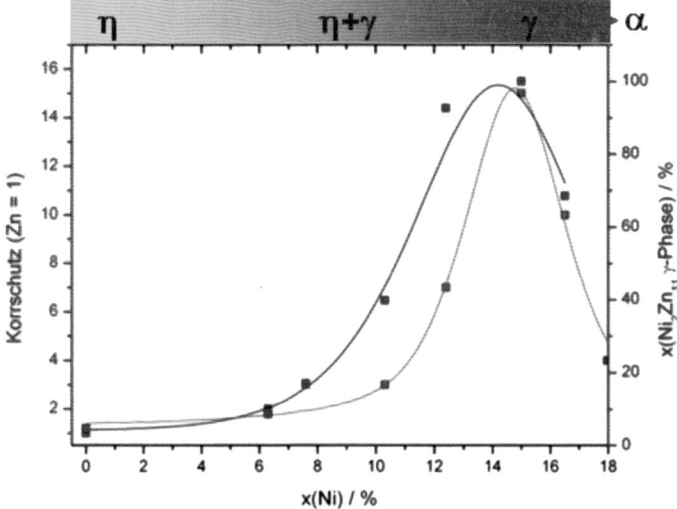

Abb. 4: ZnNi γ-Phasenkonzentration (blau) und DIN EN ISO 9227 Korrosions-schutz von Zink-Nickellegierungsschichten (rot) mit konstanten Beschichtungs-dicken. Beide Kurven erreichen ihr Maximum bei 12–16 % w/w Nickel

wurden sodann dem neutralen Salzsprühnebeltest nach DIN EN ISO 9227 unterzogen, um die Korrosionsbeständigkeit [2] der einzelnen Testmuster zu ermitteln.

Das resultierende Diagramm ist in *Abbildung 4* dargestellt. Die Zink-Nickel γ-Phasenkonzentrations kurve sowie die Korrosionsschutzkurve zeigen beide ihr Maximum bei ca. 12 bis 16 % w/w Nickeleinbaurate. In diesem Konzentrationsbereich wird die höchste γ-Phasenkonzentration sowie die höchste Korrosionsbeständigkeit gemessen. Als Ergebnis kann festgehalten werden, dass die Zink-Nickel γ-Phase, die im Bereich von 12 bis 16 % w/w Nickeleinbaurate liegt, abgeschieden werden muss, um höchsten Korrosionsanforderungen gerecht zu werden.

Während elektrolytischer Abscheideprozesse aus wässrigen Lösungen liegen immer zwei konkurrierende kathodische Reaktionen vor. Die erste Reaktion ist die elektrolytische Zersetzung von Wasser an der Kathode:

$$2\,H_2O + 2\,e^- \leftrightarrow 2\,OH^- + H_2\uparrow \qquad <1>$$

Die zweite Reaktion – hier für Zink-Nickel – ist:

$$Zn^{2+} + 2\,e^- \leftrightarrow Zn\downarrow \qquad <2>$$
$$Ni^{2+} + 2\,e^- \leftrightarrow Ni\downarrow \qquad <3>$$

Alle drei Reaktionen finden parallel statt, aber in unterschiedlicher Stärke. Das Verhältnis zwischen der elektrolytischen Zersetzung von Wasser *(Gl. <1>)* und den Legierungsabscheidungsreaktionen *(Gl. <2>* und *<3>)* wird von der Art des Elektrolyten bestimmt. Zwei verschiedene Typen von Elektrolyten sind für Zink-Nickellegierungsabscheidungen üblich, alkalische elektrolytische Lösungen und saure elektrolytische Lösungen.

Eine wichtige Eigenschaft von Gusseisen ist das Vorhandensein einer großen Menge an Kohlenstoff im Basismaterial *(Abb. 5* und *6)*.

Es existieren einige wichtige Konsequenzen, die durch den eingebetteten Kohlenstoff im Gusseisen hervorgerufen werden:

– Basismaterialverunreinigungen, hier der Kohlenstoff, erleichtern die Wasserstoffentwicklung.
– Wasserstoffentwicklung ist in alkalischen Zink-Nickelelektrolyten erheblich vereinfacht.
– Mit steigender Wasserstoffbildung wird die Metallablagerung bei gegebenem Stromfluss verringert.

Durch die katalytische Aktivität des Kohlenstoffs im Gusseisen wird von den oben genannten Reaktionen *(Gl. <1>, <2>* und *<3>)* in alkalischen Lösungen vor allem die Wasserstoffentwicklung begünstigt, deren Potentialunterschied zur Metallabscheidung

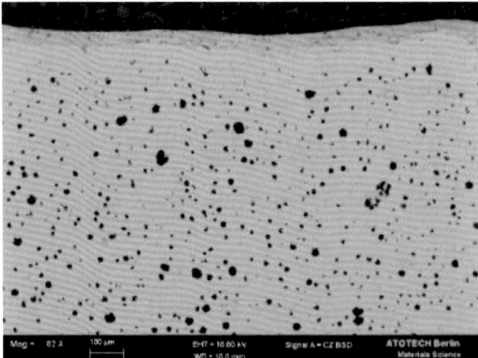

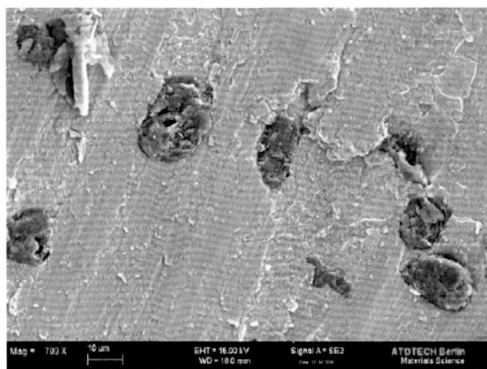

Abb. 5: Querschnitt durch Gusseisenwerkstoff; schwarze Flecken repräsentieren Graphit im Gusseisen

Abb. 6: Aufsicht auf eine Gusseisenoberfläche; dunkle Flecken stehen für Kohlenstoffeinschlüsse

durch die Anwesenheit starker Komplexbildner verringert wird. In schwach sauren Lösungen hingegen tendiert das Gleichgewicht der Reaktionen deutlich zur Metallabscheidung *(Gl. <2> und <3>)* und wesentlich geringer zur Wasserstoffentwicklung.

Eine Möglichkeit geeignete Zink-Nickelabscheidungen auf Gusseisen zu erhalten, ist die so genannte Duplexbeschichtung, eine Kombination aus einer Zinkabscheidung aus saurer Lösung gefolgt von einem alkalisch Zink-Nickelbeschichtungsverfahren in einem zweiten Fertigungsschritt. Einerseits löst diese Kombination von zwei Schichten die Schwierigkeit der direkten Beschichtung des Gusseisens mit alkalischen Lösungen, andererseits schafft es aber auch Folgeprobleme:

– Verminderte Haftung der beiden unterschiedlichen Schichten zueinander als Folge von adsorbierten Badkomponenten oder unzureichender Spülung zwischen den beiden Prozessschritten.
– Die Messung der Dicke und Legierungszusammensetzung wird in der Regel mit Röntgenfluoreszenzanalyse (RFA) durchgeführt. Mit einer Zink plus Zink-Nickel-Schichtkombination werden die Nickeleinbaurate als auch die jeweiligen Schichtdicken nicht mehr direkt messbar. Die Röntgenfluoreszenzanalyse erhält gleichzeitig Signale der Zink-Nickel- als auch der Zinkschicht, was zu einer scheinbar niedrigeren Nickeleinbaurate der Gesamtschicht führt. Für die Korrosionsbeständigkeit ist jedoch die Nickeleinbaurate im oberen Teil der Schicht maßgebend (γ-Phase), nicht die Durchschnittseinbaurate über die Gesamtdicke.

– Um Duplexbeschichtungen zu erzielen werden zwei unterschiedliche Elektrolyte nebst dem geeigneten Equipment benötigt, was höhere Produktionskosten zur Folge hat.

Um die genannten Probleme zu umgehen wurde eine Direktbeschichtung von Gusseisen entwickelt und im Markt eingeführt: die sauren Zink-Nickelelektrolyte. Mit der neuesten Generation der sauren Zink-Nickelelektrolyte wurde die Direktbeschichtung des Gusseisens mit homogenen Nickeleinbauraten in der Zink-Nickelschicht über einen weiten Stromdichtebereich möglich. Dies gilt selbstverständlich auch für die ammoniumfreien und auch borsäurefreien Elektrolyte.

Neben der signifikant höheren Korrosionsbeständigkeit birgt die Zink-Nickel γ-Phase weitere wichtige Vorteile gegenüber einer herkömmlichen Zinkbeschichtung:

– Zink-Nickellegierungen besitzen eine größere Härte als reines Zink, was in Messungen mittels Vickershärte (HV) nachgewiesen werden kann.
Eine γ-Phasen Zink-Nickellegierung mit 14 % w/w Nickel besitzt eine Härte von mehr als 500 HV, wohingegen die Härte von reinem Zink nur bei bis zu 60 HV liegt *(Abb. 7)*. Diese erhöhte Härte macht die Beschichtung widerstandsfähiger gegen Abrieb, was eine längere Lebensdauer, besonders unter extremen Bedingungen, zur Folge hat.
– Mit dem Ziel der Gewichtsminimierung wird zunehmend Aluminium im Automobilbau verwendet. Aufgrund der weitaus geringeren Neigung zu Kontaktkorrosion mit Aluminium sind Zink-

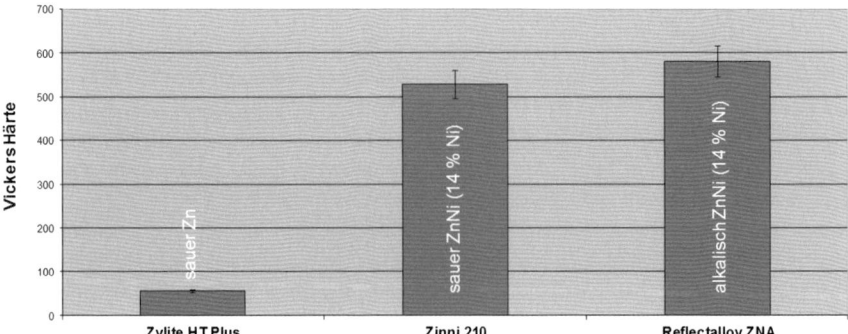

Abb. 7: Vickers Härte von Zn- und g-Phasen-Zink-Nickelbeschichtungen aus saurer (Zinni® 210) und alkalischer Lösung (Reflectalloy® ZNA)

Nickelbeschichtungen weitaus besser geeignet als reines Zink.

– Exzellente Temperaturbeständigkeit macht die Zink-Nickelschichten zum idealen Werkstoff für temperatursensitive Bereiche im Fahrzeug, z.B. im Motorraum oder in Bremskomponenten.

Nachbehandlung

Eine typische Nachbehandlung bei der Beschichtung von Bremssätteln ist eine Kombination aus Passivierung und Versiegelung *(Abb. 8).*

State-of-the-Art Passivierungen sind chrom(VI)freie Konversionsschichten, die einen Cr(III)basierten Film auf der Zink-Nickelschicht bilden.

Die Beschichtung der passivierten Bremssattelkomponenten wird mit einer Bremsflüssigkeit kompatiblen, reaktiven und anorganischen Versiegelung, die zusätzlichen Korrosionsschutz bietet, abgeschlossen.

Die beschriebene Kombination besteht leicht > 120 h bis zur Weißkorrosion und > 720 h bis zur Grundmetallkorrosion im neutralen Salzsprühtest (DIN EN ISO 9227). Für eine transparente Fertigstellung auf Zink-Nickelbeschichtungen empfehlen sich Unifix® Ni/Fe 3-10 L oder EcoTri® HC 2 als Passivierung in Kombination mit Sealer 300 W.

Abb. 9: Montiertes Bremssystem (Bild: TRW)

Umwelteinflüsse
(z.B. Salzlösung + O$_2$)

Versiegelung

Passivierung

Zink bzw. Zinklegierung

Ab. 8: Schematische Darstellung einer Zink bzw. Zinklegierungsschichtkombination mit einer Passivierung und einer Versiegelung als zusätzliche Barriereschichten

Umweltaspekte

Niedrige Grenzwerte für Ammonium im Abwasser sorgen für eine steigende Nachfrage nach ammoniumfreien Beschichtungslösungen. Auch die Nachfrage nach borsäurefreien Lösungen wächst stetig, da die Europäische Union den Stoff als reproduktionstoxisch eingestuft hat. Atotech hat sowohl ammonium- als auch borsäurefreie Zink- und Zink-Nickelelektrolyte im Sortiment. Beide Lösungen zeigen hervorragende Deckeigenschaften, speziell im niedrigen Stromdichtebereich und erfüllen sämtliche Anforderungen der Automobilindustrie bei gleichzeitig einfacher Abwasserbehandlung. Die erwähnten Elektrolyte haben sich im weltweiten Einsatz als äußerst effektiv bewiesen.

Abb. 10: Substanzen, die im Fokus der Umweltvorschriften stehen

Darüber hinaus ist Kobalt in den Fokus der Umweltvorschriften gerückt und steht derzeit auf der ECHA-Kandidatenliste für SVHC*. Dies wird mit großer Wahrscheinlichkeit in den kommenden Jahren zu einem Verbot von Kobaltverbindungen in der Europäischen Union führen, gefolgt von anderen Ländern und Regionen weltweit. Um einem solchen Verbot entgegenzuwirken wurden daher zahlreiche kobaltfreie Passivierungen entwickelt, die bereits erfolgreich im Einsatz sind.

Zusammenfassung

Aufgrund seiner hervorragenden mechanischen und thermischen Eigenschaften ist Gusseisen ein idealer Werkstoff für die Herstellung von Bremskomponenten für die Automobilindustrie. Die Anwendung einer gut ausgewählten kathodischen Korrosionsbeschichtung verleiht dem Bremssystem ein dauerhaft gutes äußeres Erscheinungsbild bei gleichbleibenden funktionellen Eigenschaften.

Kathodischer Korrosionsschutz ist ideal für Bremskomponenten. Das Ziel ist es, Aussehen und Funktionseigenschaften der betroffenen Teile über den gesamten Garantiezeitraum, welcher von Seiten der Automobilhersteller immer weiter ausgedehnt wird, zu erhalten unter gleichzeitiger Berücksichtigung wirtschaftlicher Aspekte. Dieses Ziel kann durch die Anwendung von γ-Phasen Zink-Nickellegierungsüberzügen mit einer Nickeleinbaurate von 12 bis 16 % w/w erreicht werden.

Wegen der hohen Mengen an Kohlenstoff im Gusseisenbasismaterial treten große Schwierigkeiten bei der Beschichtung mit alkalischen Elektrolyten auf. In Folge dessen wurden in der Vergangenheit sogenannte Duplexbeschichtungen verwendet, um Bremskomponenten mit γ-Phasen Zink-Nickel zu beschichten. Dabei wird eine reine Zinkbeschichtung aus saurer Lösung aufgetragen, gefolgt von einer alkalischen Zink-Nickelschicht. Diese Beschichtungssequenz ist jedoch sehr störanfällig für das gesamte System.

Daher wurde ein Direktbeschichtungsverfahren entwickelt, um mögliche Defekte, die durch Duplexbeschichtungen verursacht werden können, zu vermeiden. Es hat sich gezeigt, dass dieses direkte Beschichten in der neuesten Generation von sauren Zink-Nickelelektrolytlösungen wie Zinni® 210 (Atotech) zur Verfügung steht. Die Zink-Nickellegierung wird direkt auf den Gusseisenwerkstoff aufgebracht und bietet eine konsistente γ-Phasen Zink-Nickellegierungsschicht für höchste kathodische Korrosionsschutzeigenschaften.

Umweltfreundliche ammonium- und borsäurefreie Prozesse sind ebenfalls verfügbar.

Die ideale Oberfläche ist mit einer dreiwertigen chrombasierten Passivierung und einer Bremsflüssigkeit kompatiblen reaktiven, anorganischen Versiegelung, die zusätzlichen Korrosionsschutz bietet und allen Anforderungen der Automobilindustrie genügt, ausgestattet.

Literatur

[1] Sonntag, B.; Thom, K.; Dambrovsky, N.; Dingwerth, B.: Galvanotechnik, 7 (100) 2009, 1499-1513

[2] Thom, K.: Diplomarbeit, TU-Berlin, Deutschland, 30.05.2005

---

* ECHA = European Chemical Agency, SVHC = Substances of Very High Concern

Die Zuverlässigkeit von Steckverbindern muss kein Zufall sein – die Rolle einer Zinnoberfläche

Von Dr. Frank Ostendorf, Thomas Wielsch und Dr. Michael Reiniger, Weidmüller Interface GmbH & Co., Detmold

Die Forderung nach einer Entwicklung innovativer sowie fortschrittlicher Produkte führt dazu, dass verschiedenste Rahmenbedingungen einzuhalten sind. Im Fokus stehen vor allem eine überzeugende Qualität sowie eine lange Lebensdauer. Mit Hilfe des in dieser Studie erarbeiteten Modells, den zugehörigen Lebensdauerversuchen und der statistischen Auswertung werden Ausfallwahrscheinlichkeit, Überlebenswahrscheinlichkeit und Ausfallrate eines neu entwickelten Steckverbinders abgeleitet. Die Lebensdauerversuche wurden dabei auf Basis bekannter Raffungsmodelle nach Arrhenius, Hallberg-Peck und Coffin-Manson durchgeführt. Die im Rahmen der Untersuchungen auftretenden Ausfälle wurden oberflächenanalytisch charakterisiert, mit dem Ziel, die Auswirkung der verschiedenen Klimata auf die Ausfallmechanismen zu charakterisieren. Auf diese Weise konnte nicht nur ein tieferes Verständnis der zugrundeliegenden kontaktphysikalischen Wirkzusammenhänge erarbeitet werden, sondern es stellte sich auch heraus, dass eine Modifikation der Zinnoberfläche einen nachweisbaren Einfluss auf die Lebensdauer eines Steckverbinders haben kann.

The demand for innovative and state-of-the-art products is leading to the necessity of meeting a broad variety of product requirements. These include a design which meets the demands of the market, cost-effective production and just-in-time market launch. Within this endeavour, focus is placed mainly on convincing quality and a resulting, long product service life and reliability. Together with the respective life tests and their statistical evaluation, the model derived from this study allows the deduction of the fault rate, probability of failure and reliability for a newly designed contact pair for a pin and socket connector. The test scenarios are based on commonly known failure descriptions and take the product application profile into account. The life test duration can be reduced with known models or acceleration algorithms, such as those according to Arrhenius, Hallberg-Peck and Coffin-Manson. The aim of this study is to obtain a deeper understanding of the correlation between the induced failure mechanisms and their occurrence within the accelerated test method used. This study therefore includes a detailed analysis of the contact surfaces. The determination and characterisation of the wear failure mechanisms which occur can clearly identify the impact of the different climates and ultimately enable assignment to well known climate-specific failure mechanisms as well as tin surface specific properties.

Entwicklung eines Modells zur Zuverlässigkeitsprognose

Eine möglichst exakte Aussage über qualitative Zusammenhänge bzw. Wirkmechanismen sowie deren Einflussgrößen sind zusammen mit der Forderung nach *Zuverlässigkeitsangaben* nach wie vor eine der großen Herausforderungen für die Hersteller elektrischer Verbindungstechnik. In diesem Zusammenhang ist aus der Literatur bekannt, dass Aussagen über gewisse Größen wie Zuverlässigkeit und Lebensdauer ersetzt bzw. beschrieben werden müssen durch Aussagen über ihre Wahrscheinlichkeit [1–8].

Als Grundlage für ein Modell der Zuverlässigkeitsprognose sollen dabei die Einsatz- und Umgebungsbedingungen dienen, in denen ein Produkt/Steckverbinder verwendet wird. Dabei unterscheidet man zwischen dem reinen Produkt, welches durch die Materialien, Prozesse und Prüfungen gekennzeichnet ist und dem Anforderungsprofil, welches die zu

20

Ostendorf, Wielsch, Reiniger: Die Zuverlässigkeit von Steckverbindern
muss kein Zufall sein – die Rolle einer Zinnoberfläche

erwartenden Anforderungen bzw. Einsatzbedingungen beschreibt.

Ein Steckverbinder besteht aus einer Vielzahl von unterschiedlichen Elementen (Einzelteilen), die individuell unterschiedliche Fehlerbilder zeigen können. Daher ist es zur Vereinfachung notwendig, das zu betrachtende System in einzelne Module zu zerlegen. Diese Zerlegung ergibt aber nur dann Sinn, wenn sich die einzelnen funktionalen Einheiten im realen Betrieb auch unterschiedlich verhalten, z. B. ein System bestehend aus einem Sensor, einer intelligenten Schaltung und einem Aktuator. Im nächsten Schritt werden die bekannten bzw. möglichen Schadensbilder aufgelistet und die Kriterien für einen Ausfall eindeutig definiert, z. B. die Erhöhung eines Durchgangswiderstandes oder die Reduzierung des Isolationswiderstandes. Als Quelle für die Zusammenstellung aller potenziellen Schadensbilder kann eine Auflistung von Fehlern vergleichbarer Produkte, Erfahrungen aus dem Entwicklungsprozess, Ergebnisse aus einer Design-FMEA (Fehler-Möglichkeiten-Einfluss-Analyse), etc. herangezogen werden. In der Regel ist nicht bekannt, mit welchem Anteil die unterschiedlichen Schadensbilder auftreten, so dass aus der Erfahrung heraus eine Einschätzung getroffen werden muss, wie häufig ein Fehler auftreten kann. Wird diese Einschätzung mit einer Gewichtung versehen, so lässt sich daraus eine Verteilung ableiten. Anschließend sind die zugehörigen Stressfaktoren zu bestimmen sowie deren Einfluss zu quantifizieren. Als Stressfaktoren sind alle Faktoren zu verstehen, die bei den bereits definierten Schadensfällen zu einer theoretischen Erhöhung der Fehlerrate führen können.

Parallel zum Modell für den Steckverbinder wird ein separates Modell für die Anforderungen (Umweltbedingungen oder Einsatzprofil) entwickelt. Der wichtigste Zustand dabei ist die Betriebszeit des Steckverbinders, welche maßgeblich die Anforderungen bestimmt. Meist handelt es sich hierbei um Zeiten, in denen konstante Umwelt- bzw. Einsatzbedingungen vorliegen. Die Zeiten, in denen allerdings dynamische Verhältnisse herrschen, mögen vielleicht relativ kurz sein, sind aber für das Entstehen der meisten Schadensbilder verantwortlich und stellen somit einen ebenso wichtigen Aspekt für die Modellentwicklung dar. Schließlich sind auch noch Herstellung und Montage als *Betriebszustand* zu nennen,

denn auch hier werden die Ausgangsbedingungen geschaffen, die das Verhalten positiv aber auch negativ beeinflussen können.

Um sicherzustellen, dass dabei alle maßgebenden Umgebungsbedingungen berücksichtigt sind, werden die für die Klimabedingungen geltenden Vorschriften als Checkliste und Referenz verwendet und bestimmen somit einen für den konkreten Einsatzfall geeigneten Test [5]. Die jeweilige Dauer und Intensität der einzelnen Tests kann nur aus den tatsächlichen Einsatzbedingungen ermittelt werden. Um eine möglichst realistische Einschätzung zu erhalten, sollten reale Wetterdaten als Grundlage für die Testbedingungen herangezogen werden. Vor diesem Hintergrund seien als wesentliche Größen die Temperaturverteilung, die min. und max. Temperaturen, Feuchtigkeit, sowie die Anzahl der Temperaturwechsel und der Temperaturdifferenzen genannt. Zusammen mit entsprechenden Beschleunigungsmodellen lässt sich dann ein Testplan ableiten, der das Produkt hinsichtlich der Zuverlässigkeit beschreibt und eine Prognose der Ausfallrate im Feld zulässt.

Auf Basis einer systematischen Betrachtung werden potentielle Schadensbilder ermittelt und bezüglich ihrer Auftretenswahrscheinlichkeiten in fünf Kategorien unterteilt sowie anschließend gewichtet. Im nächsten Schritt werden die produktspezifischen Stressfaktoren den unterschiedlichen Betriebszuständen zugeordnet, wobei hier der Einfluss bzw. das Auftreten von *kein (-)* bis *sehr stark (p)* gewichtet wird. Ein Beispiel für ein solches Vorgehen ist in *Tabelle 1* gezeigt. In *Tabelle 1* ist eine prozentuale Verteilung des Ausfallverhaltens bezogen auf die Betriebszustände dargestellt. In dieser Aufstellung wird deutlich, dass auch dem Prozess der Herstellung und Montage eine besondere Bedeutung zukommt. Dieser Betriebszustand zeigt den größten Anteil an Fehlern und es sollten Maßnahmen abgeleitet werden, die diesen Fehleranteil reduzieren. Den zweitgrößten Anteil verursachen die dynamischen Belastungen. Prüfungen, die diesen Anteil simulieren sind ebenfalls mit hoher Priorität durchzuführen. Durch eine Priorisierung der maßgeblichen Umgebungsbedingungen, einer Zuordnung zu entsprechenden Klimaklassen und der im Anforderungsprofil genannten Größen werden die produktspezifischen Stressfaktoren abschließend erneut gewichtet und sind dann abschließend identifiziert.

Tab. 1: Quantitative Zuordnung der Stressfaktoren zu den potentiellen Schadensbildern (Beispiel einer möglichen Gewichtung), kein (-), schwach (w), moderat (m), stark (s), sehr stark (p)

Schadensbild-Spalten:
1 = Korrosion Kabel – Crimp; 2 = Crimp nicht gasdicht; 3 = Kontakt nicht verrastet; 4 = Gasket undicht zum Kabel; 5 = Gasket undicht zum Gehäuse; 6 = Kontaktkraft Lamelle zu gering; 7 = Wachstum IMP; 8 = Reibkorrosion; 9 = O-Ring defekt; 10 = Lamelle vergessen; 11 = Schichtdicke Lamelle zu hoch; 12 = Schichtdicke Lamelle zu gering; 13 = Gehäuse nicht richtig verschraubt; 14 = Gehäuse defekt; 15 = Verrastung defekt

Kategorie Schadensbild	Abk.	Beschleunigung oder Ursache	1	2	3	4	5	6	7	8	9	10	11	12	13	14	15	Gesamt
		(A)	A	A	A	A	A	A	A	A	A	A	A	A	A	A	A	
			5,8%	5,8%	1,9%	5,8%	5,8%	5,8%	17,3%	17,3%	5,8%	1,9%	5,8%	11,5%	5,8%	1,9%	1,9%	100,00%
Belastung im Betrieb	sta-1	Betriebs-Temp.				s			p								p	4,13%
	sta-2	Korrosion – sta	s															0,82%
	sta-3	Feuchtigkeit – sta	s	p	s													3,09%
	sta-4	Strom/Spannung			m				s	p								6,23%
Umgebung / ohne Betrieb	oB-1	Umgebungs-Temp.							p		s							3,93%
	oB-2	Alterung	s						p		p							7,13%
	oB-3	Korrosion – oB	p													p	p	1,24%
	oB-4	Feuchtigkeit – oB	p	p							w							3,38%
Dynamik	dyn-1	Strom/Spannungsänderung			w				p	p								6,96%
	dyn-2	Temp.-Änderung															p	11,30%
	dyn-3	Zugbelastung															s	0,77%
	dyn-4	Vibration																4,33%
	dyn-5	Sonstige Bewegung															m	5,71%
Herstellung / Montage	HM-1	Materialien		p		s			p		w		m	m	p	m		16,93%
	HM-2	Herstellprozesse	s									p	m	m	s			18,83%
	HM-3	Montage (vor Ort)			p						p				p	w	p	5,20%
																		100,00%

Kategorietotale (Gesamt):
- Belastung im Betrieb: 14,27%
- Umgebung / ohne Betrieb: 15,68%
- Dynamik: 29,08%
- Herstellung / Montage: 40,97%
- Gesamt: 100,00%

Betrachtet man in *Tabelle 1* die Ursachen der unterschiedlichen Schadensbilder vor dem Hintergrund eines direkten Einflusses einer Zinnoberfläche, so ist festzustellen, dass Aspekte wie Reibkorrosion, zu geringe sowie zu hohe Schichtdicken und das Wachstum intermetallischer Phasen direkt mit der Wahl des Oberflächensystems korrelieren. Die prozentuale Verteilung dieser Faktoren zeigt, dass allein durch diese vier Aspekte etwa die Hälfte (51,9 %) aller Ursachen für ein konkretes Schadensbild direkt mit den Eigenschaften einer Zinnoberfläche zusammenhängen beziehungsweise als direkte Konsequenz durch die Auswahl einer Zinnoberfläche anzusehen sind. Der Einfluss des Wachstums einer intermetallischen Phase wäre bei einer anderen Kontaktoberfläche, wie z. B. einem Gold-System, nicht in der Art gegeben. In einem Gold-System wären z. B. Hartgoldlegierungselemente, die aufgrund von Diffusionsvorgängen an die Oberfläche wandern, oder eine Porigkeit der Oberfläche signifikante Einflussgrößen, die zu einer anderen prozentualen Verteilung führen würden.

Grundsätzlich lassen sich aus einigen dieser priorisierten Anforderungen bereits an dieser Stelle Tests ableiten, bei anderen muss für eine Testableitung die Zuordnung noch verfeinert werden. Auch wenn es erstrebenswert ist, eine möglichst umfassende Modellierung vorzunehmen, gilt es vor dem Hintergrund der wirtschaftlichen Rahmenbedingungen zu entscheiden, in beziehungsweise bis zu welcher Tiefe die Zuverlässigkeitsuntersuchungen schließlich durchzuführen sind. Bei der Abwägung des Kosten-Nutzen-Verhältnisses hat sich in der Praxis als Grenze für die Durchführung von Tests ein Anteil von größer 5 % als sinnvoll erwiesen. Darüber hinaus ist es für Lebensdaueruntersuchungen empfehlenswert in den Kategorien Materialien und Herstellprozesse mit zusätzlichen Grenzmustern (z. B. geringste Schichtdicke nach Spezifikation, Kontaktkraftvariationen oder geometrische Grenzwerte) Prüfungen durchzuführen, um entsprechende kritische Zustände zu testen. Unter Berücksichtigung der Anforderungen und der verschiedenen Beschleunigungsalgorithmen werden dann die übrigen Tests durchgeführt.

Mathematische Beschreibung und Konzeption

Eine mathematische Beschreibung der Zuverlässigkeit ist grundsätzlich durch eine Approximation der empirisch ermittelten Ausfallfunktionen bzw. Lebensdauerverteilungen möglich, wie z. B. mit einer Weibull-Verteilung. Die hierfür benötigten Daten werden dabei durch Prüfzeitverkürzungen bei sog. Raffungsversuchen ermittelt. Die Prüfzeitverkürzungen basieren dabei wiederum auf aus der Literatur bekannten Beschleunigungsmodellen wie z. B. der Arrhenius-, der Coffin-Manson- oder der Hallberg-Peck-Beziehung [7].

Weibull-Verteilung

Eine der im Bereich Technik und Elektrotechnik bekanntesten sowie am häufigsten verwendeten Verteilungsfunktion ist die Weibullverteilung [7]. Mit der Auswertung einer Stichprobe, bestehend aus Lebensdauerdaten, die in einem Lebensdauerversuch ermittelt werden, können die Verteilungsparameter T (charakteristische Lebensdauer) und b (Formparameter bzw. Ausfallsteilheit) geschätzt werden. Die Weibullverteilung besitzt die Form:

$$F(t) = 1 - e^{-\left(\frac{t}{T}\right)^b} \quad \text{mit } t \geq 0$$

Die Weibullverteilung ohne Mindestlebensdauer hat zwei Parameter:

    T: charakteristische Lebensdauer

    b: Ausfallsteilheit

Die charakteristische Lebensdauer T ist dabei der Lageparameter der Weibull-Verteilung und kann als Mittelwert der Verteilung betrachtet werden. Der Formparameter b ist ein Maß für die Streuung der Ausfallzeit t und für die Form der Ausfalldichte. Durch Variation der Parameter der Verteilungsfunktion F(t) kann sich die Weibullverteilung verschiedenen anderen Verteilungen annähern. Mit dem Formparameter b = 1 kann näherungsweise die Exponentialverteilung dargestellt werden, mit b = 2 die Lognormalverteilung und mit b = 3,2 bis 3,6 näherungsweise die Gaußsche Normalverteilung. Die Verteilungsfunktion wird hier auch als Ausfallwahrscheinlichkeit bezeichnet. Sie gibt die Wahrscheinlichkeit an, dass eine Einheit bis zum Zeitpunkt t ausfällt. Für die Weibull-Verteilung ergibt sich die Ausfallwahrscheinlichkeit zum Zeitpunkt t = T zu:

$$F(t = T) = 1 - e^{-\left(\frac{T}{T}\right)^b} =$$

$$1 - e^{-1} = 1 - \frac{1}{e} = 0,632 = 63,2 \%$$

Dies bedeutet also, dass von einem Produkt mit einer charakteristischen Lebensdauer von z. B. zehn

Ostendorf, Wielsch, Reiniger: Die Zuverlässigkeit von Steckverbindern
muss kein Zufall sein – die Rolle einer Zinnoberfläche

23

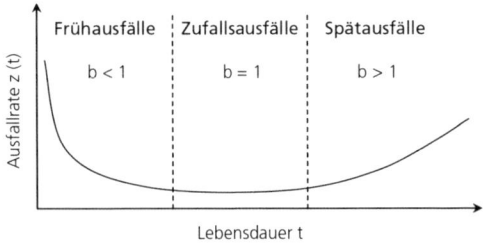

Abb. 1: Beschreibung des Ausfallverhaltens mechanischer Systeme [7]

Jahren, nach dieser Zeit bereits 63,2 % der Produkte ausgefallen sind.

Neben den schon genannten Kenngrößen ist die Ausfallrate $\lambda(t)$ eine weitere Zuverlässigkeitskenngröße. Die Ausfallrate $\lambda(t)$ gibt die Wahrscheinlichkeit an, dass eine Einheit unmittelbar nach dem Zeitpunkt t ausfällt [7]. Im Falle einer Weibull-Verteilung ergibt sich als Ausfallrate:

$$\lambda(t) = \frac{b}{T}\left(\frac{t}{T}\right)^{b-1}$$

Eine monoton fallende Ausfallrate bedeutet Frühausfälle. Sie treten unmittelbar nach der Inbetriebnahme auf und werden verursacht durch z. B. Fertigungs- und Werkstofffehler oder defekte Zulieferteile. Eine konstante Ausfallrate steht für reine Zufallsausfälle. Diese können während der gesamten Betriebsdauer jederzeit auftreten. Zufallsbedingte Ausfälle können vielschichtig sein. So sind Fehlbedienungen, die Nichteinhaltung von Umgebungsbedingungen oder aber Wartungsfehler oft die Ursache für zufallsbedingte Ausfälle. Eine monoton wachsende Ausfallrate beschreibt Ausfälle durch Verschleiß und Ermüdung. Ursache für diese Art Ausfälle können z. B. Wechselbelastungen, Oberflächenveränderungen und Materialveränderungen sein. Eine Reduzierung der Verschleiß- und Ermüdungsausfälle lässt sich ausschließlich konstruktiv und durch praxisnahe Bauteiletests erreichen. Während der gesamten Lebenszeit eines Produktes überlagern sich in der Regel die drei beschriebenen Ausfallraten. Dadurch erhält die Ausfallrate $\lambda(t)$ über die gesamte Lebenszeit eines Produktes gesehen die Form einer *Badewannenkurve* (siehe *Abb. 1*).

Beschleunigungsmodelle

Aus der Literatur sind verschiedene Beschleunigungsmodelle bekannt.

Vorrangig werden folgende Modelle verwendet [7]:
- Arrhenius für temperaturabhängige Phänomene, insbesondere Diffusionsvorgänge
- Hallberg-Peck für Temperatur- und Feuchteabhängige Phänomene
- Coffin-Manson für Phänomene, die von Temperaturwechsel angeregt werden

Arrhenius

Die Arrhenius-Beziehung beschreibt physikalisch-chemische Reaktionen, die mit zunehmender Temperatur beschleunigt werden. Aus dieser Beziehung ergibt sich ein Beschleunigungsfaktor AF, der für eine Degradation durch allgemeine chemische Reaktionen, Werkstoffdiffusion usw. steht. Der Beschleunigungsfaktor AF berechnet sich dabei zu:

$$AF = e^{\left[\frac{E_a}{k_B}\left(\frac{1}{T_{Use}} - \frac{1}{T_{Test}}\right)\right]}$$

mit:

AF: Beschleunigungsfaktor (acceleration factor)
E_a: Aktivierungsenergie (eV)
T_{Use}: Betriebstemperatur (K)
T_{Test}: Prüftemperatur (K)
k_B: Boltzmannkonstante (k_B = 8,6171 x 10^{-5} eV/K)

Hallberg-Peck

Feuchteuntersuchungen lassen sich immer durch eine Erhöhung des absoluten Wassergehaltes in der Prüfkammer beschleunigen. Mittels der Hallberg-Peck-Beziehung können physikalisch-chemische Reaktionen mit zunehmender Temperatur in Kombination mit Feuchte beschleunigt werden. So kann z. B. die Wasseraufnahme von Kunststoffen in deutlich kürzerer Zeit erfolgen oder die Korrosionsgeschwindigkeit bei metallischen Werkstoffen erhöht werden. Der Beschleunigungsfaktor AF berechnet sich dabei zu:

$$AF = \left(\frac{R_{Ht}}{R_{Hu}}\right)^3 \times e^{\left[\frac{E_a}{k_B}\left(\frac{1}{T_{Use}} - \frac{1}{T_{Test}}\right)\right]}$$

mit:

AF: Beschleunigungsfaktor (acceleration factor)
E_a: Aktivierungsenergie (eV)
T_{Use}: Betriebstemperatur (K)
T_{Test}: Prüftemperatur (K)
R_{Ht}: relative Feuchte im Test
R_{Hu}: relative Feuchte im Betrieb
k_B: Boltzmannkonstante (k_B = 8,6171 x 10^{-5} eV/K)

Coffin-Manson

Thermo-mechanische Effekte, also Phänomene die von Temperaturwechseln angeregt werden, werden in der Literatur üblicherweise mit der Coffin-Manson-Beziehung beschrieben. In den meisten Fällen wird auch nur der Temperaturhub betrachtet (Differenz zwischen oberer und unterer Testtemperatur). Der Einfluss der Änderungsgeschwindigkeit wird in der Regel vernachlässigt. Wird nun ein Produkt im normalen Einsatz dauerhaften Temperaturwechseln ausgesetzt, dann kann eine Beschleunigung der Temperaturwechsel gemäß folgender Überlegung erreicht werden. Wenn eine höhere Beanspruchung B_2 innerhalb einer kürzeren Zeit t_2 die gleichen Bauteilschädigung hervorruft wie eine niedrigere Beanspruchung B1 innerhalb einer längeren Zeit t_1, dann kann dieser Zusammenhang mathematisch durch folgende Gleichung dargestellt werden:

$$t_2 = t_1 \left(\frac{B_1}{B_2}\right)^m$$

Wird das Bauteil im Feldeinsatz sich ändernden Temperaturen $T_1 \leq T \leq T_2$ ausgesetzt, so kann eine Raffung dadurch erzeugt werden, dass der im Feld auftretende Temperaturbereich erweitert wird. Diese hierbei entstehenden temperaturbedingten Bauteilespannungen sind größer als die im normalen Einsatz auftretenden Spannungen, weshalb eine geringere Zyklenzahl eine entsprechende Wirkung hat. Das Verhältnis n_1 zu n_2 legt letztendlich den Raffungs- bzw. Beschleunigungsfaktor fest, so dass gilt:

$$n_1 = n_2 \left(\frac{\Delta T_2}{\Delta T_1}\right)^m$$

Dieser Einfluss lässt sich quantifizieren zu:

$$\frac{n_1}{n_2} = \left(\frac{\Delta T_2}{\Delta T_1}\right)^m$$

$$AF = \left(\frac{\Delta T_2}{\Delta T_1}\right)^m$$

mit:

AF: Beschleunigungsfaktor (acceleration factor)

n_1:   Anzahl der Temperaturwechsel bis zum Ausfall bei realer Belastung im Betrieb

n_2:   Anzahl der Temperaturwechsel bis zum Ausfall bei realer Belastung im Laborversuch

ΔT_2:   Differenz zwischen oberer und unterer Temperatur im Laborversuch

ΔT_1:   Differenz zwischen oberer und unterer Temperatur im Feldeinsatz

m: Schädigungsexponent, typischer Wert für bestimmte Fehlermechanismen

    ≈ 1 bis 3   für duktile Ermüdung

    ≈ 3 bis 5   wird verwendet bei Metallen und Legierungen im Halbleiterbereich

    ≈ 6 bis 8   für Sprödbrüche

Der Exponent m dieser Coffin-Manson-Beziehung ist abhängig vom jeweiligen Bauteil und dem zum Ausfall führenden Fehlermechanismus. Dieser Fehlermechanismus muss durch entsprechende Versuche ermittelt werden. Auch bei diesen beschleunigten Prüfungen besteht die Gefahr, dass bei zu starker Raffung Fehlermechanismen am oder im Bauteil ausgelöst werden, die im praktischen Einsatz nicht auftreten würden. Daher sollten die spezifizierten Temperaturgrenzen für das jeweilige Bauteil nicht überschritten werden [1].

Prüfmusterbeschreibung und Versuchsdurchführung

Als Prüfmuster kamen Steckverbinder zum Einsatz, die in ihrer geometrischen Gestaltung mehrere Kontaktpunkte aufweisen und deren Kontaktkraft sowie Zinnoberfläche systematisch variiert wurden. Die Beschaltung der Leiter erfolgte entsprechend den Vorgaben und die Messung der Durchgangswiderstände wurde mittels Millivoltmethode durchgeführt [9]. Folgende Prüfgruppen haben sich aus dieser Variation ergeben:

- Standardkontakte, Kontaktkraft 100 %, 4 bis 6 µm Zinn 1
- Kontakte, Kontaktkraft 50 %, 4 bis 6 µm Zinn 1
- Kontakte, Kontaktkraft 50 %, 4 bis 6 µm Zinn 2

Es wurden je Ausführung 45 Steckverbinderpaare in folgenden Klimata geprüft:

- Temperaturschock -40 °C / +120 °C je 30 min
- Feuchte Wärme 85 °C / 85 % r.F.
- Trockene Wärme 100 °C / 120 °C / 140 °C

Als Lebendauer sind 25 Jahre vorgegeben und die Überlebenswahrscheinlichkeit bzw. Zuverlässigkeit soll R(t) = 95 % bei einer Aussagewahrscheinlichkeit von P_A = 99 % betragen. Während der Lagerungen wurden die Durchgangswiderstände überwacht. Ein Anstieg des Durchgangswiderstandes auf

Ostendorf, Wielsch, Reiniger: Die Zuverlässigkeit von Steckverbindern
muss kein Zufall sein – die Rolle einer Zinnoberfläche

25

einen Wert ≥ 10 mΩ wurde als Ausfall gewertet. Es wurden dabei ausschließlich vollständige Lebensdauerprüfungen durchgeführt, d.h. alle geprüften Steckverbinder wurden bis zum vollständigen Ausfall geprüft.

Auswertung der Zeitraffungsversuche und Prognose der Fehlerrate

Bei Zeitraffungsversuchen ist grundsätzlich darauf zu achten, dass bei einer Beschleunigung z. B. über eine Temperaturerhöhung keine anderen Fehlermechanismen angestoßen werden, da sonst die berechneten Prognosewerte nicht die Verhältnisse der Realität abbilden [7]. Durch Lebensdauerprüfungen mit zwei verschiedenen Temperaturen wurde getestet, ob sich die Fehlermechanismen aufgrund von Temperaturerhöhung ändern. In *Abbildung 2* ist zu erkennen, dass die Ausfallverteilungen der beiden durchgeführten Prüfungen bzw. der Verlauf der Ausgleichsgeraden parallel zueinander ist. Aus der Literatur ist bekannt, dass eine Parallelität dieser Ausgleichsgeraden für vergleichbare Ausfallmechanismen steht [7]. Die charakteristische Lebensdauer T, bei der 63,2 % aller Stecker ausgefallen sind, ist aus Datenschutzgründen normiert dargestellt und wird damit zu eins. Ein weiterer Vorteil, den die Durchführung zweier Versuchsreihen bei unter-

schiedlichen Temperaturen bietet, ist die Bestimmung der Gesamtaktivierungsenergie.

Analog zum Arrhenius-Modell lässt sich mit den in *Abbildung 2* ermittelten Ausfallzeiten die Gesamtaktivierungsenergie bestimmen:

$$E_A = k \, ln \frac{t1}{t2} \left(\frac{1}{T_1} - \frac{1}{T_2} \right)^{-1}$$

$$E_A = 0,51$$

E_A: Aktivierungsenergie (eV)

t_1/t_2: charakteristische Lebensdauer bei T_1 und T_2

k_B: Boltzmannkonstante ($k_B = 8,6171 \times 10^{-5}$ eV/K)

Mithilfe dieser ermittelten Aktivierungsenergie kann nun der Beschleunigungsfaktor ausgerechnet werden. So ergibt sich bei einer Betriebstemperatur im Feld von 40 °C bei einer Betriebstemperatur im Test von 120 °C ein Beschleunigungsfaktor von:

$$AF = e^{\left[\frac{0,51}{8,6171 \times 10^{-5}} \left(\frac{1}{313} - \frac{1}{393} \right) \right]}$$

$$AF = 16,85 \approx 17$$

Unterscheidet man jetzt auch noch nach der mittleren Temperaturverteilung im Jahr (Aufzeichnung Deutscher Wetterdienst für Frankfurt am Main [12]), so kann für die einzelnen prozentualen Temperaturanteile jeweils ein zugehöriger Beschleunigungsfaktor errechnet werden. Für die gesamte Lebensdauer

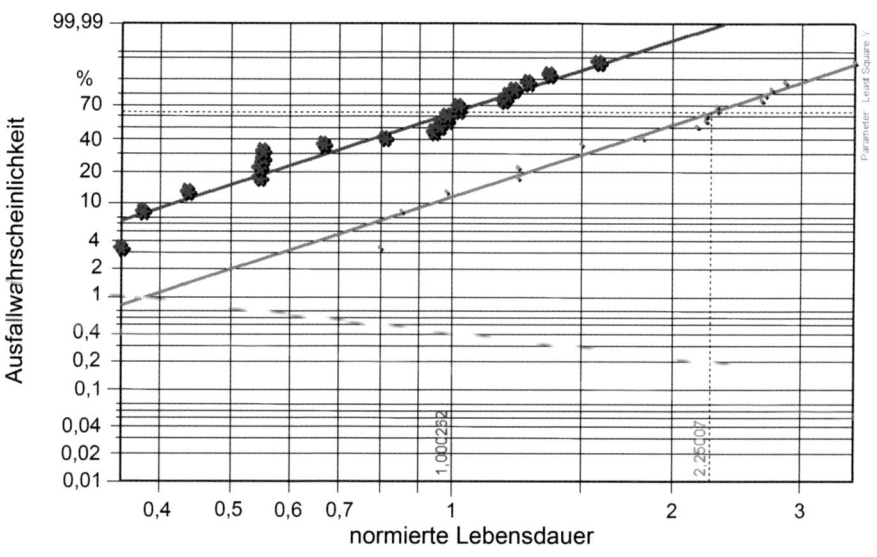

Abb. 2: Ausfallverteilung von normalen und gerafften Lebensdauerversuchen

von z. B. 25 Jahren (219 000 h) ergibt sich dann ein Gesamtbeschleunigungsfaktor von:

$$AF_G = \frac{geforderte\ Betriebszeit\ im\ Feld\ t_{Feld}}{geforderte\ Prüfzeit\ im\ Laborversuch\ t_{Labor}}$$

$$AF_G = 335$$

In *Tabelle 2* sind die mittlere Temperaturverteilung, der prozentuale Anteil an der Gesamtbetriebszeit und die zugehörigen Beschleunigungsfaktoren dargestellt.

Unter Berücksichtigung einer geforderten sowie statistisch abgesicherten Mindestzuverlässigkeit R(t) = 95 %, der Aussagewahrscheinlichkeit P_A = 99 %,

dem Stichprobenumfang n = 45 und dem ermittelten Formparameter b, wird zum Nachweis der geforderten Lebensdauer t eine Prüfzeit ermittelt, die aufgrund der geforderten Wahrscheinlichkeiten und des vorgegebenen Stichprobenumfangs um ca. 34 % höher ist, als sie sich aus der reinen Anwendung der Beschleunigungsmodelle ergeben würde. Dies bedeutet, dass alle der Prüfung unterzogenen 45 Prüfmuster mindestens 886 h geprüft werden müssen (Success Run), um die geforderte Mindestzuverlässigkeit unter Berücksichtigung der geforderten Aussagewahrscheinlichkeit zu erfüllen. In gleicher Weise wird auch mit der Temperaturwech-

Tab. 2: Oben: Prozentuale Temperaturverteilung der Gesamtstunden und Berechnung der beschleunigten Lagerdauer unter Berücksichtigung der berechneten Aktivierungsenergie;
unten: Berechnung der beschleunigten Lagerdauer unter Berücksichtigung der Prüfzeit t_p

Betriebsbedingungen				Beschleunigung mit Arrhenius				
Gesamtzahl der geforderten Stunden				*k*	8,62E-05			
219 000	*Stunden*			E_a	*0,51 eV*			
Bereich	*Temperatur*	*Anteil*		*Bereich*	*Testtemp.*	*Anteil*	*Beschl.-faktor*	
A	36,6	1,0 %	2 190 h	A	120 °C	5,8 %	57,8	37,9
B	14,0	24,0 %	52 560 h	B	120 °C	30,9 %	260,3	201,9
C	9,7	50,0 %	109 500 h	C	120 °C	47,1 %	356,2	307,4
D	5,2	24,0 %	52 560 h	D	120 °C	16,1 %	499,8	105,2
E	-21,6	1,0 %	2 190 h	E	120 °C	0,1 %	4827,5	0,5
F		0,0 %	0 h	F				
		100,0 %	**219 000 h**	**Gesamt**		**100,0 %**		**653 h**

Betriebsbedingungen				Beschleunigung mit Arrhenius				
Gesamtzahl der geforderten Stunden				*k*	8,62E-05			
297 308	*Stunden*			E_a	*0,51 eV*			
Bereich	*Temperatur*	*Anteil*		*Bereich*	*Testtemp.*	*Anteil*	*Beschl.-faktor*	
A	36,6	1,0 %	2 973 h	A	120 °C	5,8 %	57,8	51,5
B	14,0	24,0 %	71 354 h	B	120 °C	30,9 %	260,3	274,1
C	9,7	50,0 %	148 654 h	C	120 °C	47,1 %	356,2	417,3
D	5,2	24,0 %	71 354 h	D	120 °C	16,1 %	499,8	142,8
E	-21,6	1,0 %	2 973 h	E	120 °C	0,1 %	4827,5	0,6
F		0,0 %	0 h	F				
	8,8	**100,0 %**	**297 308 h**	**Gesamt**		**100,0 %**		**886 h**

Ostendorf, Wielsch, Reiniger: Die Zuverlässigkeit von Steckverbindern
muss kein Zufall sein – die Rolle einer Zinnoberfläche

27

Tab. 3: Zusammenfassung der Prüfergebnisse

	Anforderungen / Vorgaben			Ergebnisse (Success Run)		
	25 Jahre und 2 Temperaturwechsel pro Tag	t_p bei R(t) = 95 %, P_A = 99 %, n = 45	beschleunigte Prüfzeiten	Thermoschock -40 °C / 120 °C je 30 min	FW 85 °C / 85 % r.F.	TW 120 °C
Zinn 1, 100 % F_N		27134 Zyklen	424 Zyklen	432 Zyklen		
Zinn 1, 50 % F_N	18250 Zyklen	34282 Zyklen	536 Zyklen	159 Zyklen		
Zinn 2, 50 % F_N		40258 Zyklen	629 Zyklen	246 Zyklen		
Zinn 1, 100 % F_N		290152 h	836 h		1748 h	
Zinn 1, 50 % F_N	219000 h	294632 h	849 h		1537 h	
Zinn 2, 50 % F_N		298107 h	859 h		908 h	
Zinn 1, 100 % F_N		297308 h	886 h			988 h
Zinn 1, 50 % F_N	219000 h	347449 h	1036 h			258 h
Zinn 2, 50 % F_N		345370 h	1029 h			806 h

selprüfung und der Prüfung in feuchter Wärme verfahren.

In *Tabelle 3* sind die Ergebnisse zusammengefasst dargestellt. Aufgrund der unterschiedlichen Formparameter ergeben sich somit unterschiedliche Prüfzeiten.

Wie die Ergebnisse der Lebensdauerversuche zeigen, werden die geforderten beschleunigten Prüfzeiten von der Variante Zinn 1 mit 100 % F_N für die drei durchgeführten Prüfungen zum Teil deutlich übererfüllt. So zeigt die Prüfung in feuchter Wärme 85 °C / 85 % r.F. erst nach 1748 h, das entspricht fast einer Verdoppelung der Prüfzeit, den ersten Ausfall, in unserem Fall die vorgegebene Grenze des Durchgangswiderstandes von 10 mΩ. Die Variante Zinn 1 mit 50 % F_N kann die geforderten Thermoschockzyklen und die geforderte Lagerzeit in trockener Wärme nicht erreichen, erfüllt aber die Anforderungen gemäß Lagerung in feuchter Wärme. An dieser Stelle wird deutlich, welche Auswirkung eine Halbierung der Normalkraft auf die Zuverlässigkeit und Lebensdauer eines Produktes hat. Fehler, die im Vorfeld durch die Konstruktion, Materialauswahl und Fertigung gemacht werden, werden hier deutlich und es zeigt sich, mit welchen weitreichenden Folgen gerechnet werden muss, wenn z.B. durch Deformation während der Montage oder durch falsche Materialauswahl Kontaktkräfte unterschritten werden. Eine weiterentwickelte Zinnoberfläche,

Zinn 2 mit 50 % F_N zeigt im Vergleich zur Variante Zinn 1 mit 50 % F_N bessere Ergebnisse bei ebenfalls reduzierter Kontaktkraft. Die erforderlichen beschleunigten Prüfzeiten werden zwar nicht erreicht, aber mit dieser Oberfläche können die Auswirkungen auf die funktionalen Eigenschaften durch Relaxation, Mikrobewegungen, Diffusion, Prozesse, die im Laufe eines Produktlebenszyklus immer, je nach Einsatzbedingungen mal mehr und mal weniger ausgeprägt stattfinden, minimiert werden.

Die hier vorgestellten Fehler- und Ausfallraten wurden mit Hilfe zuvor experimentell ermittelter Weibullparameter unter Berücksichtigung der Beschleunigungsfaktoren ermittelt. In *Tabelle 4* sind zusammengefasst die Ergebnisse dieser Prognose dargestellt.

Die Gesamtausfallrate beschreibt dabei das *best case scenario*, d.h. jede Prüfung spricht alle Fehlermechanismen an, so dass durch Mittelwertbildung der Einzelfehler die Gesamtfehlerrate berechnet werden kann. Die Ergebnisse zeigen deutlich, welche Konsequenzen eine Variation der Kontaktkraft auf die Lebensdauer hat. Im Falle der vollständig erfassten Lebensdauerversuche und der Berechnung der Ausfallrate hat eine Halbierung der Kontaktkraft eine zweiundzwanzigfach höhere Ausfallrate zur Folge.

Anhand der in *Tabelle 4* aufgeführten Werte ist zudem deutlich zu erkennen, dass von den drei durch-

Tab. 4: Prognose der Fehlerrate

	Weibull-Verteilung		
	Zinn 1 100 % FN	Zinn 1 50 % FN	Zinn 2 50 % FN
Temperatur & Feuchtigkeit	17	36	47
Temperatur-wechsel	547	12542	8238
Hochtempe-raturlagerung	93	2200	419
Ausfallraten Gesamt im Mittel (FIT)	219	4926	2901

geführten Lebensdauer- bzw. Raffungsversuchen die Temperaturwechsellagerung für alle drei Zinnober-flächen die höchsten Ausfallraten zeigt und somit den höchsten Schärfegrad besitzt. Gemessen an den anderen Ausfallraten ist dann die *nächstschärfere* Prüfung die Hochtemperaturlagerung, gefolgt von einer Lagerung in feuchter Wärme. Ein Vergleich der Zinnoberflächen untereinander zeigt zudem, dass mit der Forderung einer hohen Zuverlässigkeit über das gesamte Anforderungsprofil das Kontaktsystem mit 100 % Kontaktkraft und der Zinn-1-Oberfläche das geeignete und zugleich robusteste System dar-stellt. Die statistische Auswertung der Lebensdauer-versuche bestätigt somit eindeutig, dass die in *Tabelle 1* getroffenen Annahmen und prozentualen Gewichtungen richtig gewesen sind. Des Weiteren haben die Raffungsversuche gezeigt, dass es einen deutlich signifikanten Einfluss der Zinnoberfläche auf die Lebensdauer der Steckverbinder gibt.

Charakterisierung der Schadensbilder

Eine oberflächenanalytische Charakterisierung der Schadensbilder der einzelnen Lebensdauer- bzw. Raffungsversuche und ein Vergleich von Ausfall- und intakten Kontrollmustern sollen einen tieferen Einblick in die Versagensmechanismen geben. Hier-zu wurden aus jedem Raffungsversuch und jeder Prüf-gruppe ausgewählte Kontaktoberflächen zunächst lichtmikroskopisch untersucht und anschließend einer detaillierten Oberflächenanalyse mittels Raster-elektronenmikroskopie (REM) und röntgenspektro-skopischer Mikrobereichsanalyse (EDX) unterzogen.

Im Folgenden wird exemplarisch eine Analyse einer Zinnoberfläche aus einer Prüfgruppe der Temperatur-wechsellagerung gezeigt. Grundsätzlich wurden alle Lebensdauerversuche in der hier vorgestellten Art und Weise oberflächenanalytisch ausgewertet, wobei an dieser Stelle die gesamten Ergebnisse dieser Untersuchungen aus Gründen der Übersichtlichkeit nur zusammengefasst beschrieben werden.

Temperaturwechsellagerung

In *Abbildung 3* (links) sind licht- und rasterelektro-nenmikroskopische Aufnahmen sowie Ergebnisse der entsprechenden EDX-Untersuchungen einer Ober-flächenanalyse eines Kontaktes nach einer Tempe-raturwechsellagerung gezeigt. In der lichtmikrosko-pischen Aufnahme ist eine leichte Gelbverfärbung der Oberfläche zu erkennen. Dies deutet auf eine Veränderung der Oberfläche hin, die vermutlich auf eine Oxidation oder Mischphasenbildung zurück-zuführen ist. Die Kontaktbereiche können hier auf-grund ihrer dunklen Verfärbung eindeutig identifi-ziert werden.

Die höher aufgelösten REM-Aufnahmen zeigen für Zinnoberflächen übliche Verschleißerscheinungsfor-men in Form von feinen Riefen, die auf Furchungs-verschleiß durch einen einmaligen Steckvorgang zurückzuführen sind [6, 10, 11]. Zudem kann man bereits anhand der unterschiedlichen Kontrastierung der Verschleißspur in der BSD-Aufnahme vermuten, dass eine tribochemische Reaktion auf der Ober-fläche stattgefunden haben muss. Eine EDX-Ana-lyse an den markierten Stellen bestätigt schließlich diese Annahme und zeigt, dass in den dunklen Be-reichen ein Massenanteil von Sauerstoff von etwa 20 bis 30 % nachweisbar ist (Spektren 1, 2, 6, 7). Zudem weisen einige größere Partikel, die innerhalb des Kontaktbereiches liegen, eine Konzentration von Sauerstoff von bis zu 50 Massenprozent auf (Spektren 4 und 5). Hierbei fällt auf, dass Bereiche tendenziell dunkler erscheinen, wenn sie weniger Massenprozent Zinn aufweisen. In den Kontaktbe-reichen wurden dabei hauptsächlich Sauerstoff, Kupfer und Zinn detektiert. Auf weitere Elementkon-zentrationen, bis auf Kohlenstoff, wird aus Gründen der Übersichtlichkeit an dieser Stelle nur kurz ein-gegangen. Bei der Ursachenanalyse sind diese Ele-mente allerdings grundsätzlich immer mit berück-sichtigt worden.

Ostendorf, Wielsch, Reiniger: Die Zuverlässigkeit von Steckverbindern
muss kein Zufall sein – die Rolle einer Zinnoberfläche

29

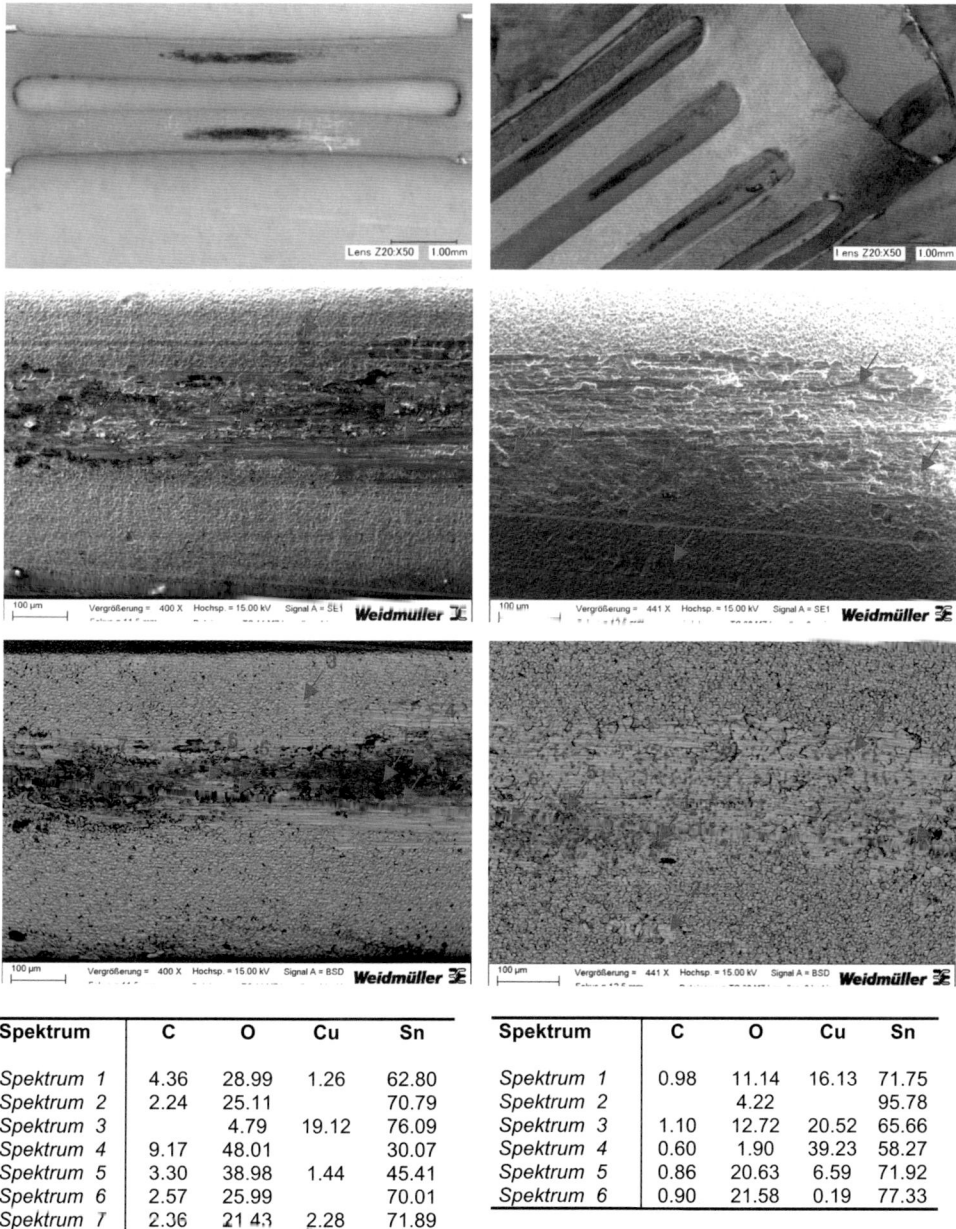

Spektrum	C	O	Cu	Sn
Spektrum 1	4.36	28.99	1.26	62.80
Spektrum 2	2.24	25.11		70.79
Spektrum 3		4.79	19.12	76.09
Spektrum 4	9.17	48.01		30.07
Spektrum 5	3.30	38.98	1.44	45.41
Spektrum 6	2.57	25.99		70.01
Spektrum 7	2.36	21.43	2.28	71.89

Spektrum	C	O	Cu	Sn
Spektrum 1	0.98	11.14	16.13	71.75
Spektrum 2		4.22		95.78
Spektrum 3	1.10	12.72	20.52	65.66
Spektrum 4	0.60	1.90	39.23	58.27
Spektrum 5	0.86	20.63	6.59	71.92
Spektrum 6	0.90	21.58	0.19	77.33

Abb. 3: Oben: Lichtmikroskopische Aufnahmen einer Kontaktoberfläche eines Ausfallmusters (links) und eines Kontrollmusters (rechts) nach 1420 h Temperaturwechsellagerung. Beim Ausfallmuster erscheinen die Kontaktbereiche dunkel, wobei die Kontaktschenkel gelblich verfärbt wirken. Das Kontrollmuster zeigt im direkten Vergleich keine Unterschiede in der lichtmikroskopischen Aufnahme. In der Bildmitte sind rasterelektronenmikroskopische Aufnahmen (SE- und BSD-Kontraste) dargestellt. Hier erkennt man in der BSD-Aufnahme deutliche Unterschiede im Kontaktierungsbereich. Die Ausfallmuster weisen eine stärker veränderte chemische Zusammensetzung der Sn-Oberfläche in diesem Bereich auf. Die Tabellen links und rechts unten zeigen die Elementkonzentrationen der in den Abbildungen markierten EDX-Messstellen und bestätigen die in der BSD-Aufnahme erkennbare unterschiedliche chemische Zusammensetzung der Sn-Oberfläche in den Kontaktbereichen.

So sind z. B. auf einigen Kontakten Spuren von Natrium, Chlor und Silizium gefunden worden. Auch wenn diese Substanzen bei ausreichender Konzentration im Kontaktierungsbereich üblicherweise zum Versagen eines Steckverbinders führen können, werden sie hier nicht als maßgebliche Ausfallursache in Betracht gezogen, da diese Elemente in ihrer Konzentration sowie Vorkommen keine eindeutige Präferenz für Ausfall- bzw. Kontrollmuster zeigen. Wir gehen daher davon aus, dass die Widerstandserhöhungen während der Temperaturwechsellagerung auf Mikrobewegungen der beteiligten Kontaktoberflächen zurückzuführen sind. Die unterschiedlichen Ausdehnungskoeffizienten der verschiedenen Materialklassen führen dabei zu diesen Bewegungen, welche wiederum eine Reibkorrosion auf den Kontaktoberflächen sowie eine Anreicherung und Belegung mit Oxidpartikeln nach sich ziehen. Durch die Reibkorrosion und Belegung der Oberfläche mit Sauerstoff bildet sich eine Fremdschicht, die einen Anstieg des Kontaktwiderstandes zur Folge hat.

Die Aufnahmen und die Tabelle in *Abbildung 3* rechts zeigen nun die Ergebnisse der Oberflächenanalyse eines intakten Kontrollmusters aus der Temperaturwechsellagerung nach 1420 h. Betrachtet man die lichtmikroskopische und die SE-Aufnahme der REM-Untersuchung, so stellt man fest, dass aus rein topographischer Sicht das tribologische Erscheinungsbild dieser Kontaktoberflächen recht ähnlich zu dem der Ausfallmuster ist. Innerhalb der Kontaktzone zeigt die BSD-Aufnahme der Verschleißspur des Kontrollmusters allerdings deutlich weniger große und dunkle Bereiche als das Ausfallmuster. Dies deutet bereits darauf hin, dass sich die chemische Zusammensetzung der Kontaktoberfläche der Kontrollmuster vermutlich weniger stark verändert hat.

Die Ergebnisse der EDX-Untersuchungen zeigen schließlich, dass im Kontaktbereich nur an sehr wenigen Stellen Partikel vorliegen, welche etwa 20 Massenprozent Sauerstoff aufweisen (Spektren 5 und 6). Zudem sind Mischphasen von Zinn und Kupfer erkennbar, wobei je nach Ausprägung der Mischphase bei diesem Muster ein Kupferanteil von 16 bis zu 40 Massenprozent vorliegt. Auffällig ist, dass die Oberflächenbelegung durch Kohlenstoff und Sauerstoff außerhalb der Mischphasen und Partikel lediglich bei etwa einem Prozent für Kohlen-

stoff beziehungsweise maximal 12 % für Sauerstoff liegt.

Ein Vergleich der Elementkonzentrationen in Kombination mit den REM-Aufnahmen verdeutlicht schließlich, dass auf dem Ausfallmuster deutlich mehr Partikel mit einem signifikant höheren Sauerstoffanteil innerhalb der Kontaktzone zu finden sind. Zusätzlich ist die von Partikeln und Mischphasen freie Oberfläche deutlich stärker mit Sauerstoff bedeckt. Übereinstimmend ist allerdings auf beiden Mustern eine Ausbildung von Mischphasen aus Zinn und Kupfer sowie eine Glättung der Zinnoberfläche durch die Flächenpressung bei der Kontaktierung zu beobachten, wobei jeweils eine gewisse Rauheit erhalten bleibt.

Die beiden anderen Zinnoberflächen der Lebensdauerprüfungen, die derselben Temperaturwechsellagerung unterzogen wurden, zeigen ein identisches Schadensbild bzw. ebenfalls Indizien für eine Ausfallursache durch Reibkorrosion und Oxidationspartikeln in der Kontaktzone.

Hochtemperaturlagerung und feuchte Wärme

Analysiert man die Kontaktoberflächen von Ausfall- und Kontrollmustern der beiden anderen klimatischen Lagerungen in gleicher Art und Weise, so ist festzustellen, dass die Zinnoberflächen der Kontakte nach einer Hochtemperaturlagerung maßgeblich Kupfer-Zinn-Mischphasen bilden. Eine Bildung dieser intermetallischen Phasen (durch Diffusionsprozesse) führt unter anderem durch ihren fortschreitenden Wachstumsprozess während der Lagerung zu einer flächenmäßigen Reduzierung der verbleibenden Reinzinn-Oberfläche und resultiert damit einhergehend in einer stetig steigenden Kontaktwiderstandserhöhung.

Im Vergleich dazu führt eine Lagerung der Kontakte in feuchter Wärme vornehmlich zu einer starken Korrosion der obersten Lagen der verwendeten Zinnoberflächen. Die dabei entstehenden Korrosionsprodukte resultieren dann schließlich auch in einer Erhöhung des Kontaktwiderstandes.

Zusammenfassung und Fazit

Vor dem Hintergrund einer Zuverlässigkeitsermittlung sowie einer Absicherung von Zuverlässigkeitsvorhersagen sind für ein neu entwickeltes Steckverbindersystem, in dem Zinnbeschichtungen als

Ostendorf, Wielsch, Reiniger: Die Zuverlässigkeit von Steckverbindern
muss kein Zufall sein – die Rolle einer Zinnoberfläche

31

Kontaktoberflächen eingesetzt werden, vollständige Lebensdauerprüfungen durchgeführt worden. In einem ersten Schritt wurde hierzu ein Modell entwickelt, welches die tatsächlichen Einsatzbedingungen im Feld applikationsnah in Raffungsversuchen nachstellen kann. Die Ergebnisse der im Anschluss durchgeführten Raffungsversuche wurden dann basierend auf der Weibull-Statistik ausgewertet. Eine statistische Auswertung dieser Daten hat ergeben, dass eine Reduzierung der Kontaktkraft einen signifikant nachweisbaren Einfluss auf die Lebensdauer sowie Zuverlässigkeit hat. Außerdem zeigt die Auswertung der Ausfallraten, dass eine Temperaturwechsellagerung im Vergleich zu den Lagerungen bei feuchter Wärme und hoher Temperatur die höchsten Ausfallraten generiert. Die unterschiedlichen Lebensdauerbeziehungsweise Raffungsversuche lösen auf den hier untersuchten Zinnoberflächen unterschiedliche Alterungsprozesse aus. Eine detaillierte oberflächenanalytische Untersuchung der unterschiedlichen Schadensbilder mittels REM und EDX hat ergeben, dass während einer Temperaturwechsellagerung als Versagensmechanismus vornehmlich die für Zinnoberflächen typische Reibkorrosion zu identifizieren ist. Im Vergleich dazu führt eine Lagerung in feuchter Wärme hauptsächlich zu einer Korrosion der oberen Lagen der Zinnoberflächen. Eine reine Hochtemperaturlagerung zeigt dagegen primär eine ausgeprägte Bildung intermetallischer Phasen zwischen Kupfer und Zinn, welche stellenweise bis an die Oberfläche durchgewachsen. Im Rahmen der hier vorgestellten Untersuchungen wurden somit die zugrundeliegenden kontaktphysikalischen Wirkmechanismen von Steckverbindersystemen mit Zinnoberflächen erarbeitet und es konnte erfolgreich ein tieferes Verständnis für die Ausfallmechanismen abgeleitet werden.

Weiterhin konnte in den statistisch abgesicherten Raffungsversuchen ein deutlich signifikanter Einfluss der verwendeten Zinnoberflächen auf die Lebensdauer nachgewiesen werden: eine Modifikation der Zinnoberfläche kann die Ausfallraten positiv beeinflussen. Dies ließ sich im Übrigen bereits während der zunächst rein theoretischen Modellierung der Lebensdauerversuche in der prozentualen Gewichtung der Einflussfaktoren auf die einzelnen Schadensbilder erkennen (siehe *Tab. 1*).

Literatur

[1] Galle, G.: Zuverlässigkeit, Prüfverfahren und Statistik, Proc. Int. Conf. On Electrical Contacts, Vol. II pp. 106–116, 1970

[2] Keilwerth, R.: Zuverlässigkeitsauswertungen von Kontakteigenschaften, Proc. Int. Conf. On Electrical Contacts, Vol. I pp. 351–364, 1970

[3] Schäfer, E.: Zuverlässigkeit, Verfügbarkeit und Sicherheit in der Elektronik, Vogel-Verlag, 1979

[4] Slade, P.G.: Electrical Contacts: Principles and Applications, 1st ed., CRC Press, 1999

[5] Vinaricky, E.: Elektrische Kontakte, Werkstoffe und Anwendungen, Springer Verlag Berlin Heidelberg, 2002

[6] Czichos, H.; Habig, K.H.: Tribologie Handbuch, 2nd ed., Vieweg Verlag Wiesbaden, 2003

[7] Wilker, H.: Weibull-Statistik in der Praxis, Band 3, Books on Demand GmbH, Norderstedt, 2004

[8] Braunovic, M.; Konchits, V. V.; Myshkin N. K.: Chap. 6 in Electrical Contacts, Fundamentals, Application and Technology, CRC Press, 2007

[9] DIN EN 60512-2-1

[10] Wielsch, T.; Ostendorf, F.; Reiniger, M., Riedel, J.U., Stier, M.: Zinn ist nicht gleich Zinn – detaillierte Analyse trommelgalvanisierter Zinnschichten, VDE-Tagungsband, 2. Symp. Connectors 2009, pp. 97–110

[11] Ostendorf, F.; Wielsch, T.; Reiniger, M.: There is tin and there is tin – charterisation of tribological and electrical properties of electroplated tin surfaces, Proc. 57th IEEE Holm conference on electrical contacts, pp. 261–268, 2011

[12] online – Wetter und Klimadaten www.dwd.de

Goldeinsparung durch Erhöhung der Selektivität und Unterdrückung der Sudabscheidung

Von Dr. Olaf Kurtz, Dr. Jürgen Barthelmes, Jana Breitfelder, Dr. Robert Rüther, Atotech Deutschland GmbH

In Zeiten steigender und volatiler Edelmetallpreise werden im zunehmenden Maße neue Technologien entwickelt, um Kosteneinsparungen in Industrien – wie beispielsweise der Steckverbinderindustrie – zu erzielen. Im Bereich der galvanischen Goldbeschichtung zählen hierzu das Elektropolieren, die Verwendung des Nickel-Phosphors und der Einsatz effektiver Nachtauchlösungen. Ein weiteres Phänomen, das den Goldverbrauch in der Produktion unnötig erhöht, ist die stromlose Sudabscheidung des Goldes. Sie tritt sowohl während des Beschichtungsprozesses an nicht kontaktierten Flächen sowie während Standzeiten der Produktionslinien auf. In diesem Artikel wird ein neuer Zusatz für Goldbäder vorgestellt, der effektiv die Sudabscheidung zu unterdrücken hilft. Neben seiner Wirkung auf die Sudabscheidung, wurden umfangreiche Untersuchungen zu seinem potenziellen Einfluss auf die Morphologie der Goldschicht, seiner Härte, die Abscheidungsgeschwindigkeit des Elektrolyten, die Lötbarkeit der Goldschichten sowie deren Duktilität durchgeführt, deren Ergebnisse im Folgenden präsentiert werden.

Due to the volatile and increasing price trend of precious metals there is a need for new technical developments to support cost saving efforts in our industries. For gold plating processes like those used for the plating of connectors, new technologies have been introduced such as electropolishing, the use of nickel-phosphorous and post-treatments – such as pore blockers – to achieve the highest corrosion resistance but at a minimum gold layer thickness. Besides these improvements, other gold consuming phenomena such as immersion plating occurring on non-conductive areas during plating as well as during the idle time of electroplating machines have become issues to be resolved. In this paper, an anti-immersion gold additive will be introduced that efficiently minimizes the gold losses due to the immersion process. It will show the investigation results proving that the additive has no negative impact on the morphology, the hardness, the deposition rate, the solderability or the ductility of the gold deposit.

Einleitung

Galvanisch oder chemisch abgeschiedene Goldschichten werden als elektrisch leitende und korrosionsschützende Endschichten in der Elektronikindustrie eingesetzt. Hierbei werden überwiegend Kupfer- und Kupferlegierungen als Basismaterialien gewählt. Um die Diffusion des Kupfers in die Goldschicht zu verhindern, wird mit Diffusionsbarrieren, wie beispielsweise Nickel oder Nickel-Phosphor, gearbeitet [1, 2].

Aufgrund der rasanten Preisentwicklung des Goldes in den vergangenen 10 Jahren, in dem sich der Goldpreis pro Unze mehr als verdreifacht hat (siehe *Abb. 1*) [3], besteht im besonders hohen Maße die Herausforderung darin, wachsenden technischen und Qualitätsanforderungen an Bauelemente aus der Elektronik-, Telekommunikations- oder Automobilindustrie mit Kosteneffizienz und verringertem Edelmetallbedarf zu verbinden.

Es wurden bereits in der Vergangenheit Möglichkeiten zur Goldschichtdickenreduktion bei gleichbleibend hoher Korrosionsbeständigkeit beschrieben [4, 5]. Hierbei wurde beispielsweise eine Prozesssequenz zur Herstellung verschleißfester und lötfähiger Metallbeschichtungen mit ausgezeichneten mechanischen Eigenschaften, wie zum Beispiel Duktilität und Bruchfestigkeit, bei gleichzeitig minimaler Goldschichtdicke beschrieben. Dieser Prozessablauf umfasst neben einer Vorbehandlung des Kupferbasismaterials durch Elektropolieren, die Kombination aus elektrolytisch abgeschiedenen Nickel und Nickel-Phosphor, die Goldbeschichtung sowie eine Gold-

Kurtz, Barthelmes, Breitfelder, Rüther: Goldeinsparung durch Erhöhung
der Selektivität und Unterdrückung der Sudabscheidung

33

Abb. 1: Goldpreisentwicklung pro Unze in den letzten 10 Jahren in US Dollar [3]

nachtauchlösung, um die Korrosionsbeständigkeit des Schichtsystems weiter zu verbessern und zu stabilisieren (siehe *Abb. 2*).

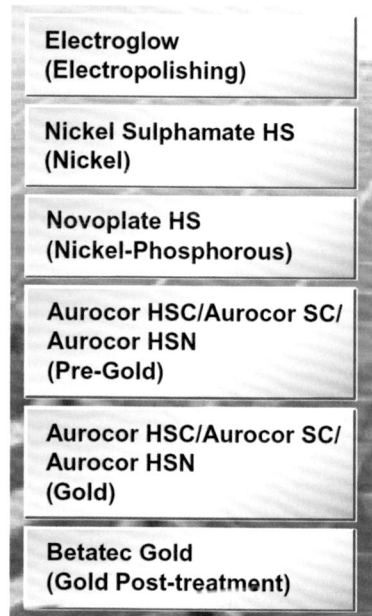

Abb. 2: Prozessablauf für eine Nickel-Gold-Beschichtung zur signifikanten Minimierung der Goldschichtdicke bei gleichzeitig hoher Korrosionsbeständigkeit

Neben hoher Schichtdicken können auch prozessbezogene Phänomene wie die unkontrollierte Sudabscheidung zu einem erhöhten Goldverbrauch führen. Die Triebkraft für die Sudabscheidung ist der große Potenzialunterschied zwischen Gold und dem unedleren Nickel [6]. Durch eine Redox-Reaktion findet ein Ladungsaustausch an der Substratoberfläche statt und Nickel geht in Lösung, während sich Gold abscheidet. Die Hauptreaktion kann wie folgt beschrieben werden:

$$2\,Au(CN)^{2-} + Ni \;\rightarrow\; 2\,Au + Ni(CN)_4^{2-}$$

Um die Sudabscheidung weitestgehend zu unterdrücken wurde ein neuartiges Additivsystem entwickelt, das im Folgenden vorgestellt werden soll.

Minimierung der Sudabscheidung

Für die Untersuchungen wurden Probebleche aus Kupfer mit Nickelsulfamat (Nickelsulphamate HS*) beschichtet und anschließend für 5 Minuten in einen Gold-Cobalt-Elektrolyten (Aurocor® HSC) getaucht. Die Goldkonzentration betrug 15 g/L, Badtemperatur lag bei 60 °C und der pH-Wert bei 4,5. Die Experimente zur Sudabscheidung wurden in einem Becherglas mit einem Elektrolytvolumen von 50 mL durchgeführt.

Die Versuche wurden mit und ohne Magnetrührer durchgeführt. Die Schichtdicken wurden entlang einer Diagonalachse mit der Röntgenfluoreszenzanalysenmethode (XRF) auf 10 Messpunkten gemessen (siehe *Abb. 3*).

* Atotech Deutschland GmbH

34

Kurtz, Barthelmes, Breitfelder, Rüther: Goldeinsparung durch Erhöhung
der Selektivität und Unterdrückung der Sudabscheidung

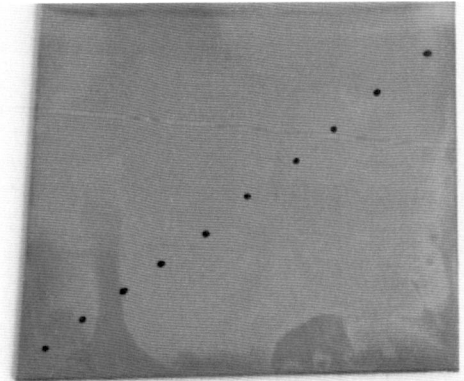

Abb. 3: Messpunktverteilung zur Schichtdickenbestimmung auf dem Probeblech

Abbildung 4 zeigt die Ergebnisse exemplarisch für zwei Proben. Die erste Probe wurde in das Elektrolytbad mit Badbewegung und die zweite Probe in eines ohne Badbewegung getaucht. Die Tauchzeit betrug für beide Proben 5 Minuten. Beide Proben zeigen nach Sudabscheidung Goldschichten ähnlicher Schichtdicke. Es konnte bei diesem Versuch daher kein Einfluss der Badbewegung beobachtet werden.

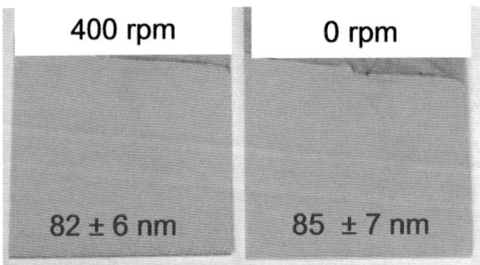

Abb. 4: Zwei Probebleche nach einer Tauchzeit von 5 Minuten in einen Gold-Cobalt-Elektrolyten mit (links) und ohne Badbewegung (rechts)

Das Ausmaß der Sudabscheidung ist von verschiedenen Badparametern wie Goldgehalt, Alter des Elektrolyten, Temperatur oder dem pH-Wert abhängig. So wurde beispielsweise für einen Elektrolyten mit 8 g/L Gold und ansonsten gleichen Badparameter eine Schichtdicke von ca. 40 nm Gold nach 5 Minuten Tauchzeit auf dem Probeblech gemes-

sen. Sollen unterschiedliche Goldelektrolyte hinsichtlich ihrer Neigung zur Sudabscheidung miteinander vergleichen, so müssen sie in einer Testreihe direkt unter denselben Testbedingungen vergleichend getestet werden.

Zu dem eingangs beschriebenen Elektrolytansatz wurden 10 mL/L des neu entwickelten *Anti-immersion* Additives Aurocor® Additive AM[*] zugegeben und der gleiche Versuch wiederholt. Die Sudabscheidung konnte nahezu vollständig unterdrückt werden. Das Gold ist auf den Probeblechen nicht sichtbar, kann aber im XRF in geringsten Schichtdicken nachgewiesen werden (siehe *Abb. 5*).

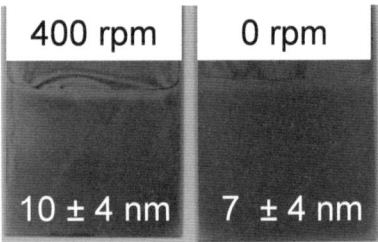

Abb. 5: Nahezu vollständige Unterdrückung der Sudabscheidung nach 5 min Tauchzeit in einen Goldelektrolyten durch das Aurocor® Additive AM

Nach dem erfolgreichen Nachweis der Wirkung des neuen Additivs, wurde im Anschluss seine potenzielle Auswirkung auf morphologische und technische Eigenschaften der Goldschicht untersucht.

Morphologiestudie mit FIB und REM

Für die Präparation der Proben zur Untersuchung mit Focussed Ion Beam (*FIB*)/Rasterelektronenmikroskop (*REM*) wurden auf einem Kupferbasismaterial 5 μm Nickel aus einem Sulfamatelektrolyten und 5 μm Gold aus einem Gold-Cobalt-Hartgoldelektrolyten abgeschieden. Mit Hilfe des FIBs können durch den Probenbeschuss mit Galliumionen feinste Mikroschnitte senkrecht (perpendikular) zur Probenoberfläche erzeugt werden (siehe *Abb. 6*).

Vom Prinzip her folgt die Focused Ion Beam Methode dem Rasterelektronenmikroskop, nur dass

[*] Atotech Deutschland GmbH

Kurtz, Barthelmes, Breitfelder, Rüther: Goldeinsparung durch Erhöhung
der Selektivität und Unterdrückung der Sudabscheidung

35

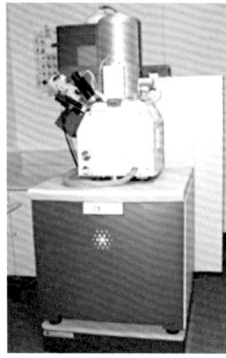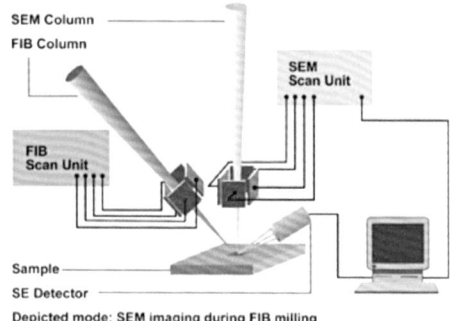

Abb. 6: Das für die Untersuchungen benutzte hochauflösende FIB + FE-REM: Fei Nova
Nanolab 600 und eine schematische Skizze seines Arbeitsprinzips

anstelle von Elektronen Ionen verwendet werden, am häufigsten sind es Galliumionen. Im REM wird ein feiner Elektronenstrahl über die Probe gerastert und die entstehenden Sekundärelektronen mit einem geeigneten Detektor erfasst. Die Elektronen im REM verändern die Probenoberfläche so gut wie nicht, sondern dienen der Abbildung der Oberflächenstruktur. Anders die um Größenordnungen schwereren Gallium-Ionen: Der von ihnen übertragene Impuls führt zum Abtrag des Probenmaterials (Sputtern) und erlaubt so die gezielte Präparation von Strukturen an der Probenoberfläche. Die Strukturierung

erfolgt dabei mit einer Präzision, die mit der des Elektronenstrahls im SEM vergleichbar ist. Der dafür erforderliche extrem feine Ionenstrahl ist erst durch die Entwicklung geeigneter Ionenquellen möglich geworden, die nach dem Prinzip der Feldionisation arbeiten.

Da bei dem Auftreffen des Ionenstrahles auf die Probe auch Sekundärelektronen emittiert werden, können diese wie im REM detektiert und zur Abbildung benutzt werden. So lässt sich das FIB als Mikroskop verwenden, das in seiner Auflösung einem hoch auflösenden Rasterelektronenmikroskop

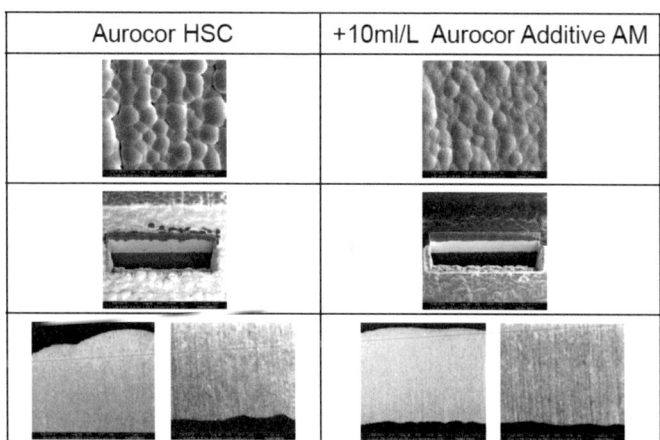

Abb. 7: FIB/FE-REM Aufnahmen der Hartgoldschicht vor und nach Zugabe des
Aurocor Additiv AM*

* Atotech Deutschland GmbH

36

Kurtz, Barthelmes, Breitfelder, Rüther: Goldeinsparung durch Erhöhung
der Selektivität und Unterdrückung der Sudabscheidung

nur wenig nachsteht. Allerdings tritt dabei immer ein geringer Materialabtrag auf, selbst wenn mit kleinster Einstellung des Ionenstroms gearbeitet wird.

Besonders vorteilhaft ist es, das FIB mit einem Rasterelektronenmikroskop in einem Gerät zu kombinieren: Es ermöglicht, sich auf der Probe zu orientieren und eine geeignete Schnittposition zu finden ohne durch den Abtrag des Ionenstrahls schon bei der Suche nach einer Schnittposition die Probe zu verändern. Nach erfolgter Präparation des Schnittes kann mit dem REM die Untersuchung durchgeführt werden, wobei die Probe gegenüber dem Einsatz des Ionenstrahls praktisch nicht verändert wird. Ein weiterer Vorteil einer solchen kombinierten Anlage liegt in der Beobachtungsmöglichkeit mit dem REM während des Anfertigens des Schnittes.

So ermöglicht der schonende Abtrag durch den Ionenstrahl die Untersuchung auch empfindlicher Strukturen ohne Einfluss durch die klassische mechanische Präparation und eröffnet damit neue Möglichkeiten für die Werkstoffuntersuchung in der Galvanotechnik.

Abbildung 7 zeigt die Ergebnisse der Untersuchung zu möglichen morphologischen Veränderungen innerhalb der abgeschiedenen Goldschicht durch die Zugabe des Anti-Immersion-Additivs in einer Übersicht.

Die topographischen Aufnahmen zeigen die Goldoberfläche in einer Aufsicht. Es ist keine Veränderung der Korngröße oder ihrer Form nach Zugabe des Additivs zu beobachten. Auch in den FIB-Schnitten sind keine Veränderungen der feinkristallinen Struktur des Goldes nach der Additivzugabe zu erkennen. Es konnte anhand der hier durchgeführten und beschriebenen Untersuchungen kein Einfluss des Additivs auf Struktur- und Morphologie der Hartgoldschicht nachgewiesen werden.

Bestimmung der Härte nach Martens

Zur Bestimmung der Härte nach Martens wurden die zu prüfenden Proben mit Gold auf Nickelschichten in einer Dicke von je 5 μm abgeschieden. Die Martenshärte (*HM*) ist definiert als die maximale Auflagekraft F_{max} dividiert durch die Kontaktfläche A_s [7].

$$HM = F_{max}/A_s$$

Abb. 8: Ein Fisherscope H100C zur Bestimmung der Mikrohärte der abgeschiedenen Hartgoldschichten nach Martens

Die Martenshärte beinhaltet sowohl die Kräfte der plastischen wie der elastischen Verformung und ist auf alle Materialien anwendbar. Sie ist darüber hinaus für die Nutzung der Berkovich- und Vickers-Prüfstempel definiert und wird auch als universelle Härte bezeichnet [7]. Das verwendete Härtemessgerät war ein *Fisherscope H100C* (siehe *Abb. 8*).

Für die Härtemessungen wurden die wie zuvor beschriebenen Nickelsulfamat- und Goldelektrolyte verwendet. Die auf dem Nickel abgeschiedene Goldschicht besaß eine Dicke von 5 μm. Die Beschichtung erfolgte ohne und mit Verwendung des Anti-Immersion Additivs. Die auf diesen Proben bestimmten Härten werden aus der Prüfkraft und den Eindruckoberfläche berechnet. Die in dieser Untersuchung vermessenen Proben zeigen keine signifikanten Unterschiede hinsichtlich ihrer Härte: Im Falle der Beschichtung mit dem Goldelektrolyten ohne das Additiv wurde aus auf der Schicht eine Härte entsprechend 188HV gemessen und auf der Schicht, die aus dem Elektrolyten mit Additiv abgeschieden wurde, eine Härte entsprechend 178 HV (siehe *Abb. 9*).

Aurocor HSC	+Aurocor Additive AM*
188HV +/-10 HV	178HV+/-10 HV

Abb. 9: Härtemessungen nach Martens auf Goldschichten, die aus einem Elektrolyten ohne und mit dem Anti-Immersion-Additiv abgeschieden wurden

Kurtz, Barthelmes, Breitfelder, Rüther: Goldeinsparung durch Erhöhung
der Selektivität und Unterdrückung der Sudabscheidung

37

Tab. 1: Berechnete Abscheideraten für einen Goldelektrolyten ohne und mit dem Anti-Immersion-Zusatz

	Aurocor HSC	*+Aurocor Additive AM*
5 A/dm²	0,7 +/-0,1 µm/min	0,7 +/- 0,1 µm/min
10 A/dm²	1,5 +/- 0,1 µm/min	1,3 +/- 0,1 µm/min
15 A/dm²	1,6 +/- 0,1 µm/min	1,5 +/- 0,1 µm/min
20 A/dm²	1,6 +/- 0,1 m/min	1,6 +/- 0,1 µm/min

Abscheideraten

Zur Untersuchung eines möglichen Einflusses auf die Abscheideraten durch den Zusatz des Additivs in den Elektrolyten wurden diese im Probenglas für vier verschiedene Stromdichten bestimmt. Die Abscheideraten wurden über Schichtdickenmessungen berechnet. Da die Badbewegung nur sehr gering war, sind die absoluten Werte nicht repräsentativ für die Produktivität des Elektrolyten, geben aber ausreichend Antwort auf die Fragestellung vor Beginn der Untersuchung. In *Tabelle 1* sind die berechneten Abscheideraten für einen Elektrolyten ohne und einen mit dem Anti-Immersion-Zusatz.

Auch in dieser Untersuchung zeigt sich kein negativer Einfluss des Additivs auf die Leistungsfähigkeit des Goldelektrolyten.

Untersuchungen zur Lötbarkeit

Mit der Lötbarkeitsstudie sollte sichergestellt werden, dass das Additiv die Löteigenschaften nicht negativ beeinflusst. Für die Untersuchungen zur Lötbarkeit wurde die Goldschichtdicke auf 0,05 µm verringert. Als Lot wurde eine bleifreie Legierung SnAgCu (SAC) gewählt. In der untenstehenden Übersicht sind die Lötparameter gelistet.

Lot	SnAgCu
Temperatur	245 °C
Dichte	7,5 mg/mm³
Tauchzeit	10 s
Empfindlichkeit	2,5
Tauchtiefe	3 mm
Eintauchgeschwindigkeit	21 mm/s

Es wurde mit einem *Litton Kester 950 E3.5*-Flussmittel gearbeitet. Die Durchführung der Untersuchungen entspricht und folgt dem IEC-68-2-69-Standard. *Abbildung 10* zeigt die für die Untersuchungen der Benetzbarkeit an der Lötwaage verwenden Pins.

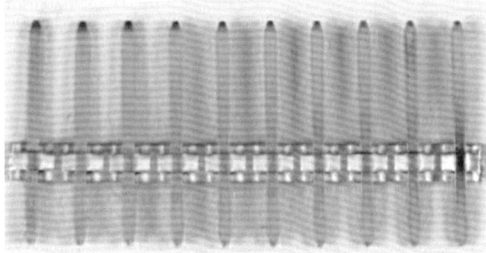

Abb. 10: Nickel-Gold beschichtete Probe-Pins für die Lötuntersuchungen an der Lötwaage

Es wurde die Benetzbarkeit sowohl direkt nach der Nickel- und Goldbeschichtung der Proben gemessen als auch nach einer extremen Wasserdampfalterung, dem sogenannten „Pressure-Cooker-Test". Die Bedingungen innerhalb der Druckkammer waren

- T = 105 °C
- RH = 100 %
- p = 1,192 atm

Die Ergebnisse mit den entsprechenden Benetzungskurven werden in *Abbildung 11* gezeigt.

Die Kurven stellen das Mittel aus 10 Einzelmessungen dar. Die ZCT-Werte sind im Rahmen der Messgenauigkeit nicht signifikant unterschiedlich bzw. im Falle der Messungen nach dem „Pressure-Cooker" Test nahezu identisch.

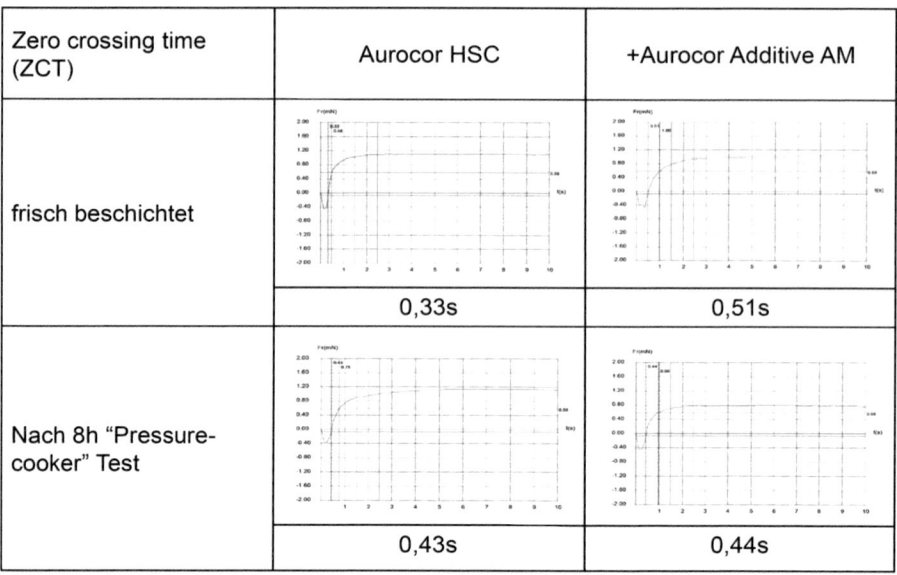

Zero crossing time (ZCT)	Aurocor HSC	+Aurocor Additive AM
frisch beschichtet	0,33s	0,51s
Nach 8h "Pressure-cooker" Test	0,43s	0,44s

Abb. 11: Lötkurven und gemessene ZCT Werte für Goldschichten, die aus einem Elektrolyten ohne und aus einem Elektrolyten mit dem Anti-Immersion-Zusatz abgeschieden wurden

Der Zusatz des Additivs führt auf Basis der hier durchgeführten Untersuchungen zu keiner Verschlechterung des Benetzungsverhaltens und damit der Lötbarkeit der Nickel-Goldschichten.

Duktilität und Haftfestigkeit

Zur vergleichenden Prüfung der Haftfestigkeit der aus unterschiedlich zusammengesetzten Goldelektrolyten abgeschiedenen Schichten wurden Biegetests (90°) und anschließend ein Tape-Test durchgeführt. Die Probenpräparation wurde hierbei variiert.

In einem ersten Versuch wurden die Goldschichten wie folgt auf die zuvor mit Nickel beschichteten Kupferproben aufgebracht:

Haftungstest 1

1. 5 min Tauchzeit ohne Strom
2. Aurocor® HSC; 5 A/dm²; 72 s
3. Biegetest 90°, vor und zurück
4. Anschließend Tape Test

Die Nickel-Goldschicht bleibt auch nach dem Biegetest vollständig haften (siehe *Abb. 12*).

Anschließend wurden weitere Haftungstests und Variation der Beschichtungsparameter und Proben-

behandlung durchgeführt. Stellvertretend sollen noch die Ergebnisse eines dieser Versuche hier näher beschrieben werden.

	Aurocor HSC	+Aurocor Additive AM
Frisch beschichtet		
Nach Biegetest		
Nach Tape Test		

Abb. 12: Ergebnisse des Haftungstests 1

Haftungstest 2

1. Aurocor HSC; 5 A/dm²; 36 s
2. 5 s Lagerung an Luft
3. Aurocor® HSC; 5 A/dm²; 36 s
4. Bending 90°, vor und zurück
5. Anschließend Tape Test

Die Nickel-Goldschicht bleibt auch nach diesem Biegetest vollständig haften (siehe *Abb. 13*).

Kurtz, Barthelmes, Breitfelder, Rüther: Goldeinsparung durch Erhöhung
der Selektivität und Unterdrückung der Sudabscheidung

39

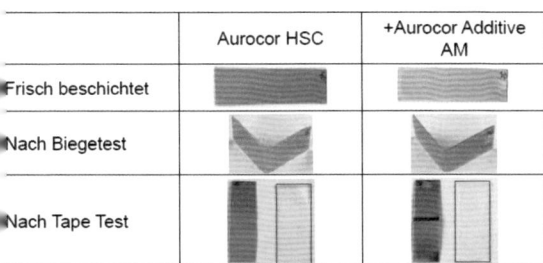

	Aurocor HSC	+Aurocor Additive AM
Frisch beschichtet		
Nach Biegetest		
Nach Tape Test		

Abb. 13: Ergebnisse des Haftungstests 2

Aus diesen Untersuchungen geht hervor, dass die Duktilitäts- und Haftungseigenschaften der Gold-schicht durch den Zusatz des Additivs unverändert gut bleiben.

Zusammenfassung

Das neue Additiv unterdrückt die unerwünschte Sud-abscheidung des Goldes während der Prozessfüh-rung oder Standzeiten der Beschichtungsanlage hocheffektiv. Sein Zusatz zu dem Goldelektrolyten hat keinen negativen Einfluss auf die Morphologie, Härte und Haftung der abgeschiedenen Schicht. Darüber hinaus bleiben Abscheiderate und Lötbar-keit ebenfalls unverändert.

Literatur

[1] Kaiser, H.: Edelmetallschichten, Eugen G. Leuze Verlag, 2002
[2] Braunovic, M.; Konchits, V.V.; Myshkin, N.K.: Electrical Contacts, CRC Press 2007
[3] KITCO Precious Metals, Historical Data and Charts: http://www.kitco.com/charts/
[4] Kurtz, O.; Lagorce-Broc, F.; Danker, M.; Rüther, R.; Barthelmes, J.: Galvanotechnik (2008)9, S. 2136–2142
[5] Kurtz, O.; Lagorce-Broc, F.; Danker, M.; Rüther, R.; Bilkay, T.; Barthelmes, J.: Galvanotechnik (2009)4, S. 770–781
[6] DIN EN ISO 14577-1, ISO/FDIS 14577-1:2002; Metallic mate-rials – Instrumented indentation test for hardness and materials parameters
[7] Freudenberger, R.: Galvanotechnik (2012)9, S.1858–1870
[8] DIN 50359; Testing of metallic materials – Universal hardness test

Selektivgalvanisch abgeschiedene Hartchromüberzüge – Konzepte mit hohem Leistungspotenzial

Von Dr.-Ing. Hermann H. Urlberger, AHC Oberflächentechnik GmbH, Kerpen

AHC Oberflächentechnik hat ein selektives Hartchromverfahren entwickelt, mit dem definierte Oberflächenbereiche gezielt hartverchromt werden. Die zu beschichtenden Bauteile werden in Werkzeuge eingelegt, die dem Beschichtungselektrolyten nur den Zugang zu den gewünschten Beschichtungsbereichen ermöglichen. Nicht zu beschichtende Bauteilbereiche werden in den Werkzeugen mit integriertem Abdichtsystem abgedeckt. Das selektive Beschichtungsverfahren mit dem Namen SELGA-COAT® CHROM ist darüber hinaus wesentlich effizienter und umweltfreundlicher als herkömmliche Hartchromverfahren.

Die Beschichtung erfolgt in einer gekapselten Anlage, das heißt, es gibt keine offenen Behälter mit Chromsäurelösung. Die Bediener der Anlage kommen nicht mit sechswertigem Chrom in Kontakt. Zudem wird die Anlage abwasserfrei und mit fast vollständiger Rückführung der eingesetzten Chemie betrieben. Somit ist die Entsorgung der eingesetzten Chemikalien bis auf ein Minimum reduziert.

Unter dem Aspekt, dass gemäß der EU-Chemikalienverordnung REACH sechswertiges Chrom in den meisten Fällen ab 2017 nicht mehr eingesetzt werden darf, bietet sich für das selektive, umweltfreundliche Verfahren SELGA-COAT® CHROM eine Ausnahmemöglichkeit.

AHC Oberflächentechnik developed a selective hard chrome plating process. Defined surface areas can be hard chrome plated in a targeted manner. The parts are placed in mechanisms that allow the plating electrolyte to access only the intended areas for treatment. Any parts of a component that do not need to be coated are covered in a special tool with an incorporated sealing system. The selective plating method, called SELGA-COAT® CHROME, is also considerably more efficient and more environmentally friendly than conventional hard chrome processes.

The plating occurs in a closed system, that means, there aren't any open tanks of chromic acid solution. The operator never comes in contact with hexavalent chromium. Next, the system operates with zero wastewater and practically complete recirculation of the used chemicals.

Given the future restrictions on the use of hexavalent chromium as of 2017 according to the EU chemical regulation, REACH, this selective, environmentallyfriendly process SELGA-COAT® CHROME presents an ideal alternative.

Funktionelle Hartchromüberzüge auch für die Zukunft gefragt

Funktionelle Hartchromüberzüge befinden sich auf vielen Bauteilen, die Korrosions-, Verschleiß- oder kombinierten Beanspruchungen ausgesetzt sind. Dabei ist die Palette der möglichen Anwendungen sehr breit. In nahezu allen Bereichen des Automobil- und Maschinenbaus finden technische Hartchromüberzüge Anwendung und verleihen den Bauelementen das Eigenschaftsprofil, das den bestimmungsgemäßen Einsatz erst ermöglicht.

Eigenschaften wie Härte, Verschleißfestigkeit, Reibungseigenschaften sowie thermische und chemische Beständigkeit haben für die Definition von Oberflächeneigenschaften eine zentrale Bedeutung. Das gute tribologische Verhalten funktioneller Hartchromschichten wird dabei beschrieben durch die relativ hohe Ausgangshärte, ihrer fest anhaftenden, sich ständig erneuernden Oxidschicht, sowie ihren antiadhäsiven Eigenschaften. Das Metall Chrom weist im Zustand wie abgeschieden zudem hexagonalen Gitteraufbau auf, die Verschleiß fördernden Gleitebenen innerhalb des Gitters fehlen also.

Nahezu alle technisch bedeutsamen Verfahren zur Darstellung funktioneller Hartchromüberzüge basieren auf der elektrolytischen Abscheidung von Chrom als Metall, aus mittel- bis höher konzentrierten, wässrigen Chromsäurelösungen bei Prozesstemperaturen von zwischen 50 bis 55 °C. Es sind eine ganze Reihe von bewährten industriellen Elektrolytkonzepten auf dem Markt verfügbar, zugleich hat sich die Technik zur Herstellung der Überzüge in den letzten Jahrzehnten stetig verbessert. Umweltaspekte und Belange zur Steigerung von Effektivität haben dazu geführt, dass moderne Anlagentechniken in der Kombination mit modernen Elektrolytkonzepten die Hartchromverfahren zu einer nachhaltig wettbewerbsfähigen Technologie erhoben haben. Gleichwohl sind die Verfahren durch die aktuelle Verordnungslage und durch REACH, wesentlich im EU-Raum, erneut und zu Unrecht in die Diskussion geraten. Die Bestrebungen der Regulierungsbehörden gehen bis hin zur jeweiligen Neuzulassung, bezogen auf spezifisch genutzte Techniken zur Abscheidung von funktionellen Hartchromschichten.

Mithin sind weitere Überlegungen anzustellen, die es ermöglichen funktionelle Hartchromschichten auch auf längere Sicht im Repertoire der bewährten Beschichtungsverfahren zu halten.

Einige Anwender und Fachfirmen haben sich schon sehr frühzeitig mit der selektivgalvanischen Abscheidung von funktionellen Hartchromüberzügen befasst. Bereits in den 1980er und 1990er Jahren gab es Konzepte zur selektivgalvanischen Abscheidung von funktionellen Hartchromschichten, im Wesentlichen für die verschleißfeste Ausrüstung von Walzen und Rollen für die Papier-, Stahl- und Textilindustrie. Einige Konzepte für reaktorgebundene Verfahren zur Herstellung strukturierter funktioneller Hartchromoberflächen gehen sogar noch weiter zurück. Die Konzepte hatten im wesentlichen gemeinsam, dass der zur Beschichtung notwendige Elektrolyt in überschaubaren Mengen jeweils nur zu einem spezifizierten Beschichtungsbereich hingeführt und nur an eben dieser Stelle eine Ressourcen schonende selektive Abscheidung von der Schicht durchgeführt wird, wodurch in der Folge zumeist auch ein mechanische Nacharbeit des Beschichtungsbereiches entfallen konnte. Diese Vorgehensweise stellte erhöhte Anforderungen an die Anlagentechnologie und auch an die eingesetzten Elektrolytkonzepte, da in der Regel auch deutlich höhere Abscheidungsgeschwindigkeiten als bei den konventionellen Hartchrombeschichtungsverfahren geboten waren. Die Erhöhung

der Stromdichte und die Steigerung der Abscheidungsgeschwindigkeit wirkten sich zudem deutlich positiv auf die Stromausbeute aus. Es wurde berichtet, dass hier bis zu 50 % [1] erzielt wurden, andere Autoren berichteten über 28 bis 30 % [2]. Die eingesetzte Technologie erlaubt neben der Einsparung von Ressourcen wie Energie und Chemie zudem die Darstellung eines nahezu abwasserfreien Kreislaufsystems, verbunden mit der Möglichkeit, diese Lösungen als Modul „in-line" fähig zu machen – ein Gebot der Zukunft.

Ferner sind strukturelle Veränderungen im Dienstleistungsprinzip der Anbieter für funktionelle Oberflächentechnik raumgreifend. Wurde der klassische Lohnbeschichter früher mehr als verlängerte Werkbank in die Wertschöpfungskette mit eingebunden, so wird die Oberfläche und das Konzept zur Darstellung funktioneller Eigenschaften einer Oberfläche mehr und mehr in ein technisches Dienstleistungskonzept umgewandelt. Dieses Konzept umfasst einerseits an die speziellen Bedarfe angepasste Oberflächen als auch die dazu notwendige Technologie als Bereitstellung von Beschichtungsmodulen zur Einkopplung von Beschichtungsprozessen „in-line" in eine Fertigungskette [3].

In jedem Falle erscheinen diese Systeme auch geeignet, sich den Anforderungen der Zukunft soweit es den Einsatz der Hartchromverfahren generell betrifft, zu stellen und diese Technik verbreitet für umfängliche Anwendungen verfügbar zu machen.

Insoweit bekommt also eine nicht mehr ganz so junge Idee angesichts der neuen Erfordernisse des Marktes und neuer Regularien Auftrieb und auch neue Relevanz, als selektivgalvanische Prozesse maßgeschneiderte und zukunftsfähige Lösungen darstellen können.

Selektive Hartanodisation als Grundlage und Erfahrungshintergrund

Die Fa. AHC Oberflächentechnik verfügt im Sinne der vorgenannten Philosophie schon seit mehr als 10 Jahren über weitreichende Erfahrung bei der partiellen Hartanodisation von Aluminiumlegierungen.

Bei der partiellen Hartanodisation von Aluminiumlegierungen wird das Werkstück in einem speziell auf die Werkstückgeometrie ausgerichteten Werkzeug gefasst. Über spezielle Abdichtsysteme auf Basis pneumatischer Dichtungen werden die zu

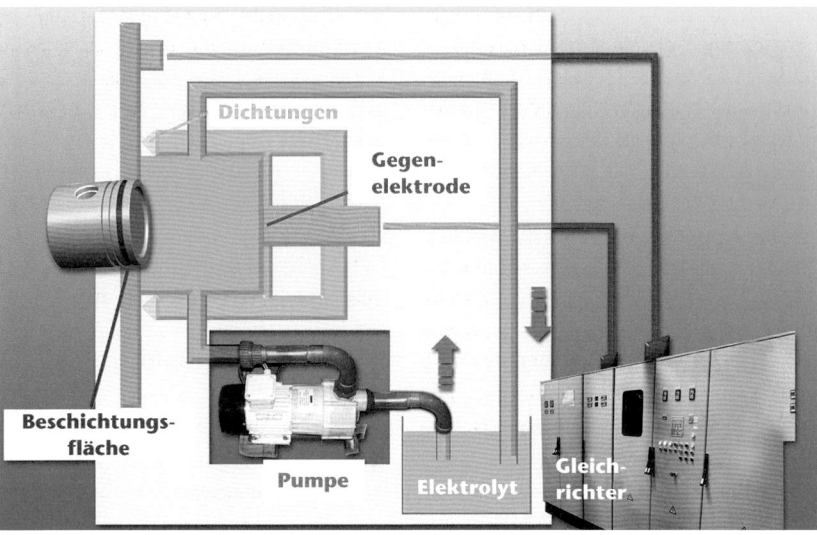

Abb. 1: Prinzip der selektiven, reaktorgebundenen Hartanodisation

beschichtenden Bereiche von den übrigen Werkstückoberflächen abgetrennt und die so definierten Funktionsoberflächen gezielt veredelt. Hierbei zirkuliert der zur Veredelung eingesetzte Wirkelektrolyt in hohem Volumenstrom und hoher Geschwindigkeit im geschlossenen Kreislauf und die Veredelung beschränkt sich auf den durch die Dichtungen abgegrenzten Funktionsbereich der Bauteile *(Abb. 1)* [4]. Im Kreislauf befinden sich zudem die für den Beschichtungsprozess notwendigen Hilfsaggregate wie Elektrolytfiltration, Elektrolytkühlung, Ausgleichsbehälter, ferner Gleichrichter, Steuerungs- und Regelungseinheiten. Das gesamte Modul ist vollautomatisiert, alle Vorgänge werden in Art, Ausprägung und zeitlicher Abfolge von einer zentralen Steuerung kontrolliert und abgestimmt. Die in kleinen Volumina bis 300 Liter eingesetzten Wirkelektrolyte werden automatisch überwacht und in Abhängigkeit der je Liter Elektrolyt umgesetzten Leistung erhält der Anlagenbediener rechtzeitig die Information etwa einen fälligen Austausch der Elektrolytbehälter vorzunehmen. Dabei ist es nur notwendig, den Behälter mit dem verbrauchten Elektrolyten abzuklemmen und gegen einen Behälter mit frischer Elektrolytlösung auszutauschen. Kenntnisse der Chemie oder der sich im Beschichtungswerkzeug vollziehenden Reaktionsmechanismen sind dabei nicht zwingend erforderlich.

Die Beschichtung erfolgt „high-speed", so dass kurze Taktzeiten realisiert werden können, die sich in die Taktfolge der Vorfertigungsschritte einpassen lassen. Können z. B. bei einer konventionellen, hartanodischen Beschichtung im Tauchbad Abscheidungsraten von ca. 1,0 µm/min realisiert werden, so vollzieht sich der Beschichtungsprozess in einer SELGA-Anlage innerhalb weniger Sekunden – 15 µm Überzugsdicke können beispielsweise in 40 Sekunden hergestellt werden.

Die Beschichtung der Bauteilefunktionsoberflächen erfolgt auf Maß, d.h. eine im Allgemeinen teure,

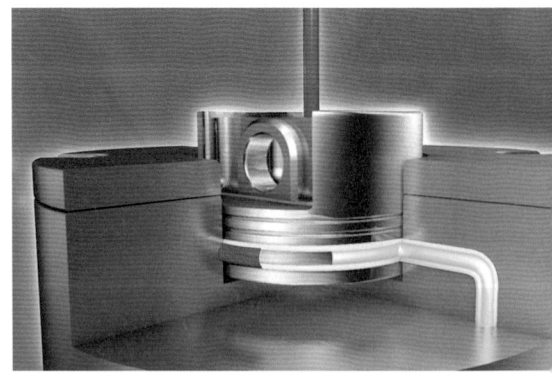

Abb. 2: Selektives Beschichtungskonzept für die erste Ringnut an einem Motorkolben

mechanische Nacharbeit der hergestellten Überzüge entfällt. Art und Ausprägung der Überzüge ist so gestaltet, dass diese fertig für den bestimmungsgemäßen Einsatz aus dem Beschichtungsmodul gelangen und auch in der Taktanforderung für die gegebenenfalls nachgeschalteten Verarbeitungen/Weiterbearbeitungen zur Verfügung stehen.

Die Anlagen sind voll gekapselt, umweltfreundlich und können sehr leicht – und dies ist eine wesentliche Vorbedingung – auch von Nicht-Beschichtungsfachleuten bedient werden. Ein Schema dieses Beschichtungskonzeptes ist in *Abbildung 2* [4] dargestellt.

Mithilfe dieser Technik werden in Verbindung mit bauteilespezifischen Werkzeugen Überzüge erzeugt, die gegenüber den klassischen tauchgalvanischen Verfahren zudem technisch verbesserte Eigenschaften aufzuweisen haben. Es sind dies:

- hohe Deckfähigkeit
- hohe Überzugshärten
- gleichmäßige Gefügestrukturen
- hohe Einebnung
- hohe Reinheit

Entsprechende Anlagen werden seit vielen Jahren als „High-Speed"-Beschichtungsmodule von namhaften Automobilzulieferern in der Fertigungskette integriert betrieben. Hierbei handelt es sich um sehr hochwertige, hochbelastete Teile aus den Bereichen

Abb. 3: Vollautomatische Anlage zur selektiven Hartanodisation

Motor, Getriebe, Lenkung und Kupplung. Die Anlagen werden sowohl im In- als auch im Ausland wie beschrieben eingesetzt und erfüllen die Anforderungen der Betreiber [4]. Eine solche Beschichtungsanlage zeigt *Abbildung 3*.

Darstellung selektive Hartchrombeschichtung an Kolbenrohren

Es lag daher nahe, die Erfahrungen und verfügbaren technischen Daten auch auf die Aufgabenstellung der Bereitstellung eines Verfahrens zur selektiven High-Speed-Hartchromabscheidung zu übertragen.

Ausgangspunkt war schließlich die Darstellung einer funktionellen Hartchrombeschichtung auf Kolbenrohren (Oberfläche 8–10 dm^2) für die Automobilindustrie, Schichtdicke 20 bis 25 µm.

Problemstellung

- Anoden/Kathoden Anordnung
- Elektrolytkonzept/Lebensdauer/Sonderkatalysatoren
- Realisierung höherer Stromdichten (wenigstens 250–300 A/dm^2)
- Kontaktierung
- Strömungsgeometric (Volumen/Zeit/Oberfläche)
- Wärmehaushalt der Anordnung
- Gleichrichterkonzept
- Vorbehandlungskonzept
- Nachbehandlungskonzept
- Eigenschaftsprofil der abgeschiedenen Hartchrombeschichtung
- Verzicht auf Rundschleifen der Hartchrombeschichtung

Die einfachste Anordnung Anode zu Kathode ist, den zu beschichtenden Rohr-/Körper mit einem weiteren Rohrkörper als Gegenelektrode zu umschließen. Im Zwischenraum zirkuliert der eingesetzte Elektrolyt mit einer zu bestimmenden Geschwindigkeit und einzustellendem Volumenstrom. Dabei sind sowohl Streckmetalleinlagen als auch glatte Rohrwände als Gegenelektrode einzusetzen. Vorzugsweise werden hier speziell platinierte Titanelemente bzw. -abschnitte als Gegenelektroden eingesetzt *(Abb. 4)*.

Begonnen wurde mit dem Elektrolytkonzept. Verschiedentlich wurde berichtet, dass bei Hartchrom im Umflutverfahren Stromdichten bis zu 1000 A/dm^2

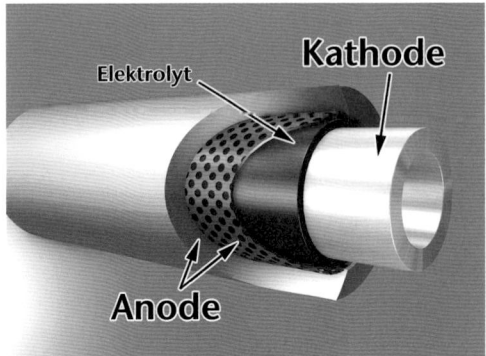

Abb. 4: Anordnung Anode/Kathode bei Durchflussbeschichtung

möglich sind und realisiert werden konnten, indes bleiben hier die Fragen nach Kontaktierung und Wärmehaushalt offen, insbesondere wenn es darum geht z. B. 10 dm² in einem Durchgang zu beschichten.

Versuchsanordnung und Elektrolytauswahl

Abbildung 5 zeigt die Versuchsanordnung für die Durchflussverchromung bis 550 A/dm², Werkzeug, Gleichrichter und Umpolschalter.

Setzt man sich mit den verfügbaren Elektrolytkonzepten auseinander, stößt man zunächst auf den reinen sulfatkatalytischen Hartchromelektrolyten mit 250 bis 300 g/L Chromsäureanhydrid und zwischen 0,5 bis 1,0 % Schwefelsäure als Fremdkatalysator, mit dem Funktionsdiagramm von Wahl/Gebauer für Stromdichte, Elektrolyttemperatur und erzielbaren Schichthärten [5] beschrieben.

Fährt man diese Linien in einer geeigneten Anordnung im Versuch nach, so stellt man überraschenderweise fest, dass sich in der Konstellation die im Diagramm eingestellten Daten in Verlängerung der Linien im Stromdichtebereich oberhalb 200 A/dm² nicht wiederfinden lassen. Zwischen 200 A/dm² und 400 A/dm² werden für die Temperaturen zwischen 45 bis 80 °C generell rissfreie Überzüge mit einer Härte von zwischen 700 bis 850 HV abgeschieden. Diese Überzüge lassen sich so weder für Aufgaben im Verschleißschutz noch gegenüber Korrosion einsetzen *(Abb. 6)*.

Elektrolytkonzept und Besonderheiten

Im Rahmen umfänglicher Experimente wurde ein Gemisch von Sonderkatalysatoren entwickelt, das für den Temperaturbereich zwischen 60 bis 75 °C im Durchflutsystem mit bis zu 1200 HV genügend harte, glänzende bis hochglänzende, mikrorissige Überzüge ergab. Der Glanzbereich verschiebt sich dabei grundsätzlich zu höheren Stromdichten und

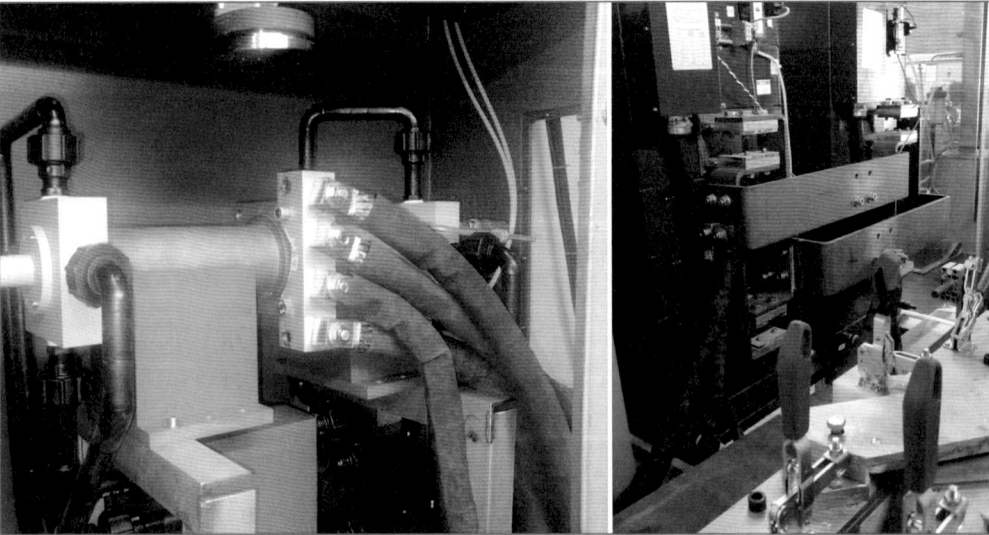

Abb. 5: Beschichtungswerkzeug, Gleichrichter (5000 A) und Umpolschalter

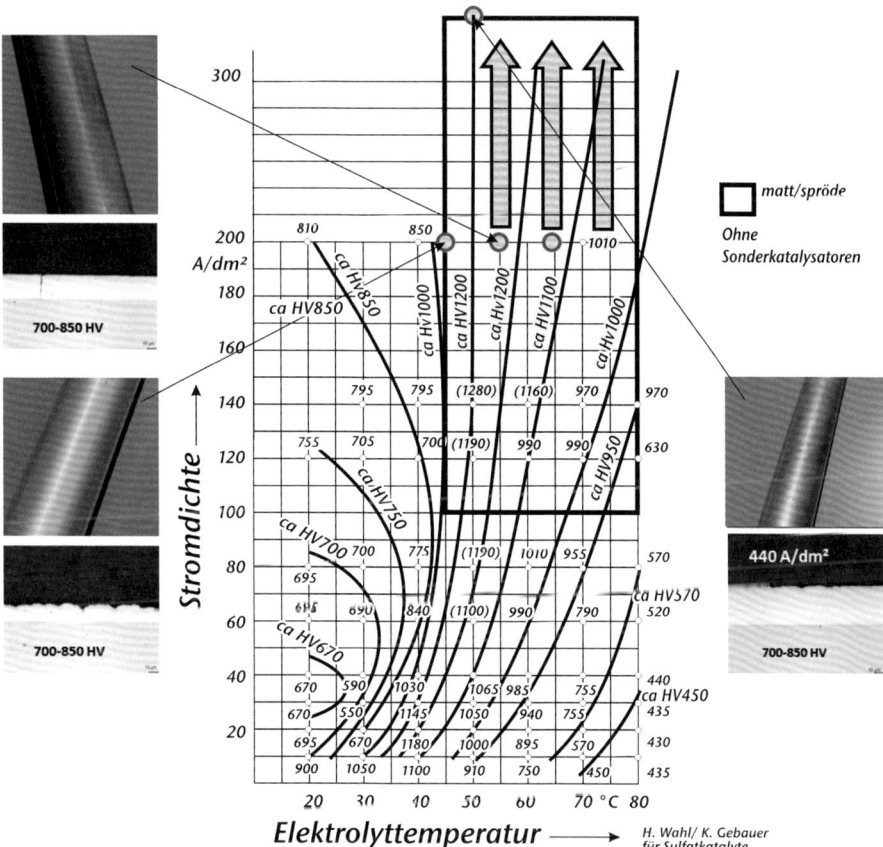

Abb. 6: Abhängigkeit Stromdichte, Elektrolyttemperatur, Härte nach Wahl/Gebauer [5]

höheren Elektrolyttemperaturen. Hier sind bei angepassten Durchflussraten Stromdichten bis 400 A/dm² umsetzbar; dies zeigt *Abbildung 7*.

Insbesondere das Verhältnis von dreiwertigem Chrom zu Fremdkatalysatoren und Fremdsäure im Arbeitselektrolyten ist bei der Hochstromabscheidung von entscheidender Bedeutung. Es ist bekannt, dass aus sechswertigen Standard-Chromelektrolyten ohne Anwesenheit von Cr(III) keine silbrigblauen, hochglänzenden Überzügen abgeschieden werden können. Die Chrom(III)ionen sind von einer Hydrathülle umgeben und liegen im Elektrolyten als stabile, wasserlösliche Aqua-Fremdsäurekomplexe vor, die bei Durchlaufen unterschiedlicher Oxidationsstufen in der Grenzfläche Beschichtungsoberfläche/Elektrolyt die Metallisierungsreaktion als der letzten Oxidationsstufe katalysieren [6, 7]. Die Anwesenheit drei-

wertigen Chroms verbreitert indes auch den Bereich für die Herstellung von glänzenden Überzügen. Insoweit sind, wie die Vorüberlegungen und Experimente gezeigt haben, für die Hochstrommetallisierung generell höhere Gehalte an dreiwertigem Chrom wie auch an Fremdkatalysator und Fremdsäure vorzusehen, als dies in den üblichen Elektrolytsystemen der Fall ist.

Während der Hochstromabscheidung entstehen jedoch auch kontinuierlich signifikante Mengen an dreiwertigem Chrom. Dies hängt mit der besonderen Anordnung im Anoden-/Kathodenverhältnis, der hohen Stromdichte und der Tatsache zusammen, dass die Anode zudem eine platinierte Oberfläche trägt, eine Rückoxidation unter Mitwirkung von Bleidioxid (PbO₂) kann daher nicht automatisch stattfinden, da nur an diesem die Sauerstoffüberspannung

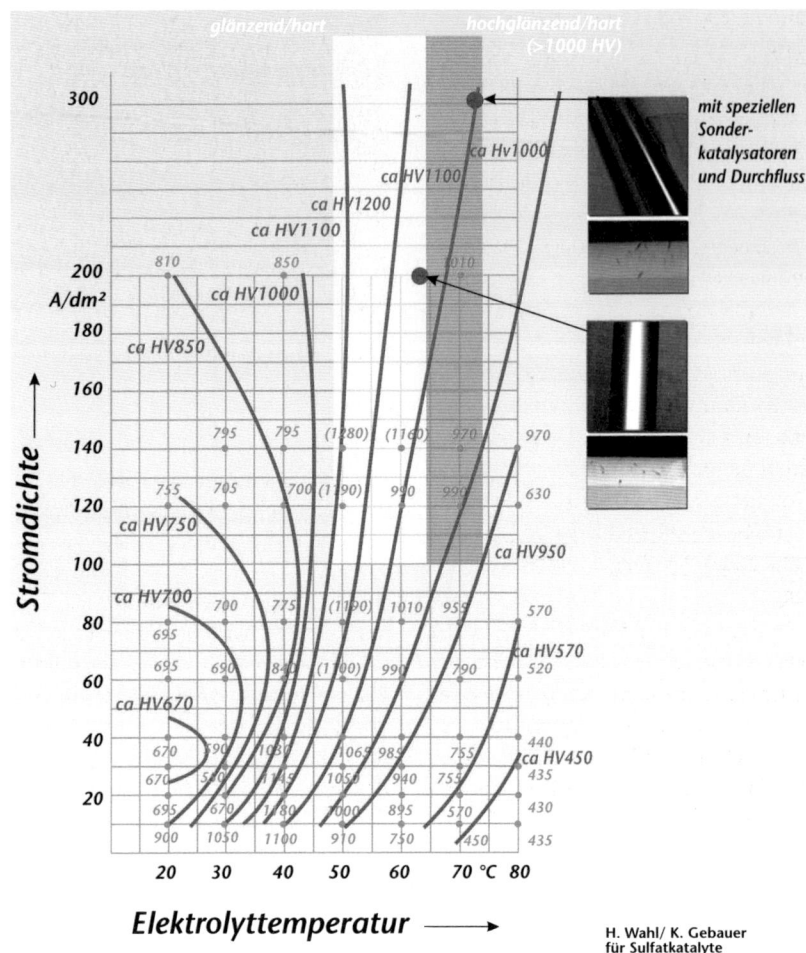

Abb. 7: Abhängigkeit Stromdichte, Elektrolyttemperatur, Härte nach Wahl/Gebauer [5], ergänzt, bei Einsatz von Sonderkatalysatoren und Umflutsystem

groß genug ist, um eine Rückoxidation des an der Kathode gebildeten dreiwertigen Chroms zu bewerkstelligen. Ein Zusatz von Bleiionen in den Elektrolyten alleine reicht hier als Regulativ nicht aus. Aus diesem Grunde befindet sich im Vorratsbehälter des Arbeitselektrolyten ein separates Selektivabteil, das die Rückoxidation des dreiwertigen Chromes auf einen festgelegten Bereich kontinuierlich vornimmt. Die Toleranz des Elektrolytkonzeptes für dreiwertiges Chrom ist dabei außerordentlich hoch. So können noch mit Cr(III)gehalten von deutlich über 25 g/L Überzüge von bester Qualität abgeschieden werden. Dies erklärt sich auch dadurch, dass die erhöhten

Anteile an Cr(III)ionen bei hohen Stromdichten die Metallabscheidung auf der Beschichtungsoberfläche besser zu katalysieren vermögen. Gleichzeitig nimmt mit steigender Cr(III)konzentration auch die Stromausbeute zu, bis ein Grenzwert erreicht wird.

Je Gramm und Liter Chrom(III)oxid reduziert sich die Leitfähigkeit um 9,7 mS/cm [8]. Indes kann bei den relativen kleinen Anoden-/Kathodenabständen über die Einstellung des Cr(III)gehaltes die Einhaltung der nötigen Grenzspannung während der Metallabscheidung eingestellt bzw. reguliert werden.

Die Stromausbeute konnte unter den gegebenen Parametern mit 28 bis 35 % ermittelt werden.

Durchflussanordnung und Wärmehaushalt

In der Anordnung Anode/Kathode wurde als Querschnitt zur Durchflutung zwischen 3000 und 3500 mm^2 verfügbar gemacht, durch den schließlich 8 bis 12 m^3/h an Elektrolyt gefördert wurde. Es ergaben sich daraus oberflächennahe Elektrolytgeschwindigkeiten von 0,5 bis 1,0 m/s, die über den Verlauf der Beschichtungszeit unbedingt einzuhalten sind. Die Strömungscharakteristik wird durch einen Formanten bei Elektrolytzufuhr und -abfuhr vorgegeben und auf die nötige Ausprägung gerichtet, dabei werden unnötige und störende Elektrolytturbulenzen im Beschichtungsbereich vermieden, der Umlenkungsbereich klein gehalten. Das gesamte im Umlauf befindliche Elektrolytvolumen beträgt dabei nur wenige 250 L. Bei Kombination mehrerer Einzelwerkzeuge (vier Stationen) sind indes bis zu 500 L Elektrolyt notwendig. *Abbildung 8* zeigt schematisch die Anordnung.

Als großes Problem war die Kontaktierung des zu beschichtenden Kolbenrohres zu sehen. Setzt man für eine Musteranordnung einen verfügbaren Querschnitt von A = 289 mm^2 an, der sich mit zwei verfügbaren Einleitstellen auf 578 mm^2 verdoppelt, ergeben sich für einen Gesamtstrom von beispielsweise 2700 Ampere immerhin 4,7 A/mm^2, wobei für Stahl allenfalls 1 A/mm^2 dauerhaft schadlos bleibt. So ent-

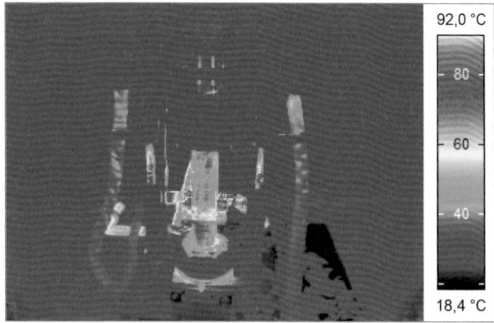

Abb. 9: Wärmebild der Anordnung im Betriebszustand (250 A/dm^2)

steht nicht nur eine hohe Kontaktwärme, sondern auch eine sehr hohe Übergangswärme im Bereich der Grenzfläche Beschichtung/Grundwerkstoff, die entsprechend abzuführen ist. Die Wärmemenge im Übergangsbereich Beschichtung/Grundwerkstoff wird vom Durchflusselektrolyten während des Beschichtungsvorganges abgeführt, währenddessen die Kontakte mit geeigneten Methoden zu kühlen sind. Dies kann über eine Wasser- aber auch über eine Luftkühlung mit Zwangsführung erfolgen. Wie das Wärmediagramm der Anordnung zeigt, sind dann allenfalls die Kontaktstellen für die Stromeinleitung in die Gegenelektrode noch belastet *(Abb. 9)*.

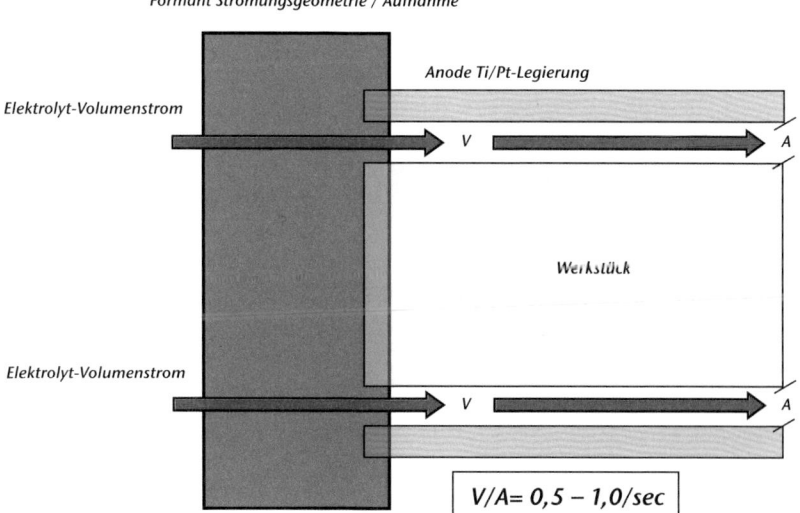

Abb. 8: Anoden-/Kathodenanordnung mit Einordnung Elektrolytvolumenstrom

Die Abwärme, die durch die Elektrolytführung aus dem Prozess aufgenommen wird, wird im Weiteren dazu genutzt, die eingesetzten Spülwassermengen zu reduzieren, so dass die Einheit nahezu abwasserfrei und mit fast vollständiger Rückführung der eingesetzten Chemie betrieben werden kann.

Restwelligkeit Stromversorgung

Das Thema Restwelligkeit ist für die Stromversorgung von Hartchromverfahren im Allgemeinen ein nicht zu vernachlässigendes Thema – dieses definiert sich als prozentualer Anteil Wechselspannung bezogen auf die angelegte Gleichspannung einer Gleichstromquelle und ist lastabhängig. In [9] wurde für nicht durchflussgebundene und nicht hochstromgestützte Verfahren herausgearbeitet, dass die Restwelligkeit der Gleichstromversorgung deutlichen Einfluss auf Härte und Rissbildung in Hartchromschichten nehmen kann. Es sollte 5 % Restwelligkeit über den genutzten Lastbereich nicht überschritten werden, zudem wirkt bei der hier gewählten Anordnung die kleine Elektrolytmenge nicht in dem Maße kapazitiv einglättend, wie dies bei größeren Volumina und höheren Anoden/Kathodenabständen der Fall ist.

Vorbehandlung

Die Vorbehandlung der zu beschichtenden Oberfläche gestaltet sich vergleichsweise einfach. Die fettfreie Oberfläche wird in derselben Vorrichtung unter laufender Elektrolytzirkulation kurzzeitig ano-

disch geschaltet, bevor nach einer direkten Polumkehr die eigentliche Beschichtungsreaktion gestartet wird. Bei kathodischen Stromdichten von 200 bis 400 A/dm^2 sind 25 µm Schichtdicke in 3 bis 4 Minuten reproduzierbar darstellbar. Die kurze Umpolzeit bewahrt den Elektrolyt vor einem schnell störenden Anstieg des Eisengehaltes im Arbeitselektrolyten. Zur letztlich genügenden Aktivierung der Beschichtungsoberfläche trägt hier auch die mit 75 °C hohe Temperatur des eingesetzten Hartchromelektrolyten bei.

Schichtdickenverteilung, Härte, Schichtstruktur

Die so erzeugten Schichten sind über den gesamten Verlauf der Beschichtungslänge (hier 800 mm) sehr

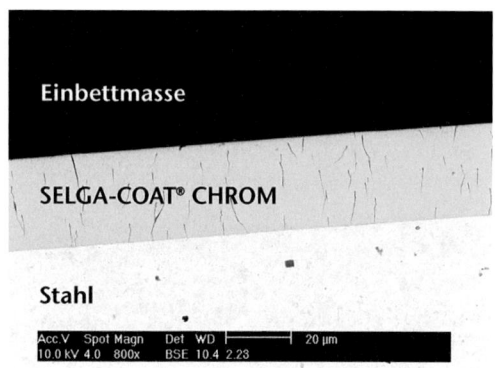

Abb. 11: Darstellung des High-Speed-Hartchromüberzuges im Querschliff

Bestimmung der Schichtdicke:

Kenn-zeichen	Messwerte Schichtdicke [µm]										Mittel-wert
	1	2	3	4	5	6	7	8	9	10	
Rohr 1	32,5	32,4	32,6	32,0	31,3	31,9	31,2	31,7	32,3	32,2	**32,0**
Rohr 2	15,3	14,3	15,5	15,0	14,9	14,8	15,2	14,7	15,9	15,6	**15,1**
Rohr 3	18,5	17,1	17,9	18,1	18,4	18,9	17,8	18,8	17,6	17,7	**18,1**
Rohr 4	25,2	25,3	25,1	25,6	25,7	24,7	24,8	25,0	25,2	25,5	**25,2**
	min.	max.									

Abb. 10: Verteilung der Schichtdicke mit min./max. Werten

gleichmäßig. Über den gesamten Verlauf ergibt sich bei einer Sollschichtdicke von 22 μm eine Abweichung von ± 2 μm – auch bei dickeren Überzügen mit mehr als 30 μm werden keine größeren Abweichungen ermittelt *(Abb. 10)*.

Die Härte der Überzüge konnte für die geleisteten Stromdichten innerhalb von 200 bis 400 A/dm² re-

produzierbar mit 1050 bis 1200 HV bestimmt werden.

Im Querschliff wurde erwartungsgemäß Mikrorissigkeit mit bis zu 400 Risse/lin. cm (ausgezählt) festgestellt, die Schichten sind kompakt und bei störungsarmer Grundmaterialoberfläche von guter Beschaffenheit. Dies zeigt *Abbildung 11*.

Korrosionsbeständigkeit

Proben-nummer	24 h [Rp]	96 h [Rp]	168 h [Rp]	240 h [Rp]
1	10	10/9	9	9
2	10	10	10[1]	10/9
3	10	10[1]	10/9	10/9
4	10	10[1]	10/9	10/9
5	10[1]	10[1]	9	9
6	10	10	10	10/9
7	10	10	10	10
8	10	10	10	10
9	10	10[1]	10/9	10/9
10	10	10	10	10
11	10	10[1]	10/9	10/9
12	10[1]	10[1]	10/9	10/9
13	10	10	10/9	8/7
14	10	10	10/9	8

[1] *Ein Korrosionspunkt*   *2-4 μm Sulfamat-Nickel-Unterschicht*

Abb. 12: Untersuchungen in der Korrosionskammer DIN EN ISO 9227, neutraler Salznebeltest

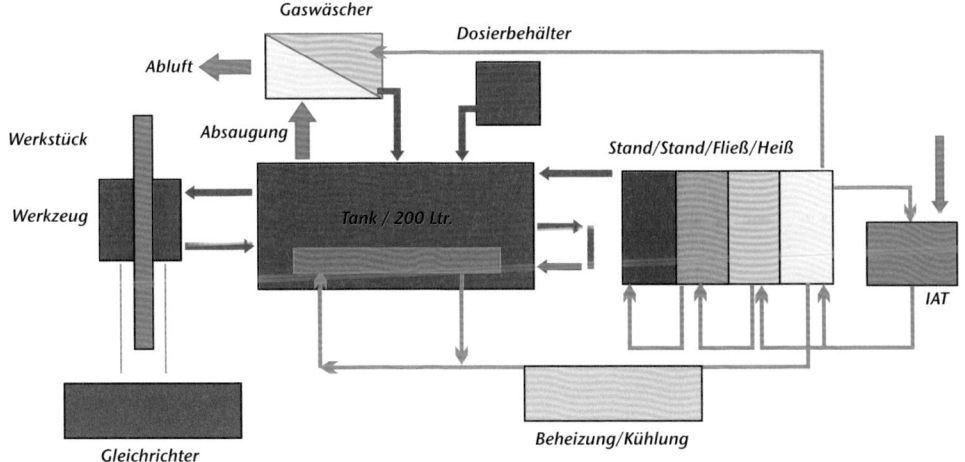

Abb. 13: Prinzipieller Aufbau des Beschichtungsmoduls

Es bleibt an dieser Stelle zu erwähnen, dass eine gute Grundwerkstoffbe-
schaffenheit eine der Voraussetzungen für störungsarme und korro-
sionsbeständige Überzüge ist. So können im neutralen Salznebeltest nach DIN EN ISO 9227 bei Einhaltung dieser
Vorgaben mehr als 240 h Beständigkeit bis Rp8/
Rp10 (DIN EN ISO 10289) erzielt werden
(Abb. 12).

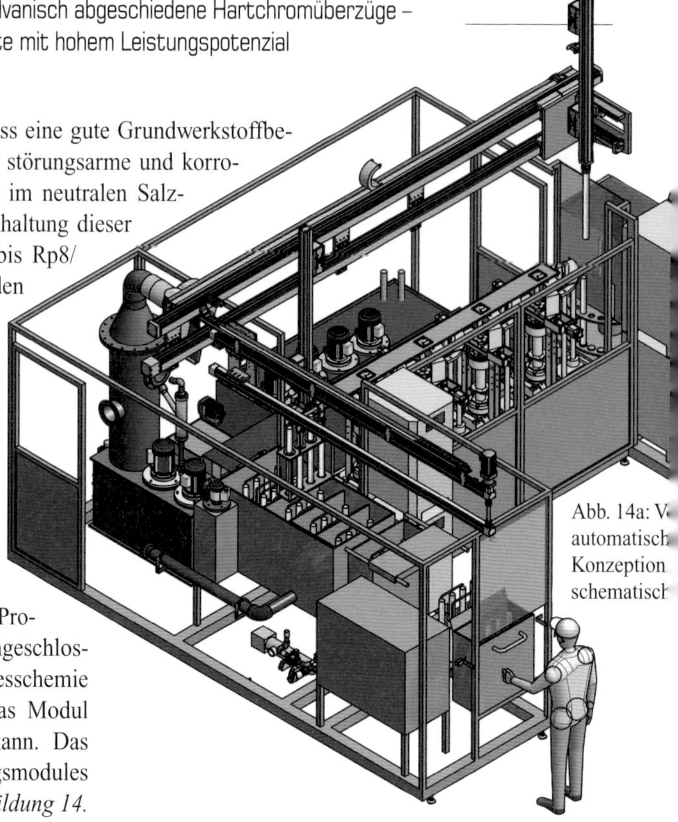

Modularer Aufbau der Beschichtungseinheit

Die gesamte Beschichtungseinheit wurde
in einem Modul gekapselt, alle notwendigen Aggregate darin untergebracht, es
ist sowohl halb- als auch vollautomati-
scher Betrieb der Einheit möglich. Wie
schon ausgeführt, wird die Abwärme des Prozesses dazu genutzt das Spülwasser der angeschlossenen Kaskade zu reduzieren und die Prozesschemie
fast vollständig rückzuführen, so dass das Modul
nahezu abwasserfrei betrieben werden kann. Das
Prinzip des Aufbaus eines Beschichtungsmodules
zeigt *Abbildung 13,* das fertige Modul *Abbildung 14.*
Die Vorteile des Konzeptes im Einzelnen:

- Keine offenen Behälter/Tanks mit Chromsäure-
lösung
- Je Beschichtungsstation befinden sich nur ca.
200 L Elektrolyt im Umlauf
- Beschichtung in geschlossener Werkzeugtechnik/
Kreislaufsystem
- Kein Netzmittel (PFOS) im Elektrolyten notwendig

Abb. 14a: V
automatisch
Konzeption
schematisch

- Schnelle Abscheidung – 25 µm sind in 3 bis
4 Minuten darstellbar
- 20 bis 25 µm werden in engen Toleranzen von 2 bis
4 µm abgeschieden
- Programmierbarer Vorgang
- Einfaches, gefahrloses Handling
- Beschichtungsmodule auch mobil (in-line) darstellbar

Abb. 14: Beschichtungsmodul, Versorgungsseite

Literatur

[1] Szczygiel, B.: Hochstromverchromen von Gußeisen, Metalloberfläche 46(1992)6, S. 263–256

[2] Igel, O.: Neues System zur Hochgeschwindigkeits-Hartverchro-
mung, JOT (1998)2, S. 62–65

[3] Urlberger, H.H.: Umsetzung fertigungsintegrierter Beschichtungstechnik und Perspektive, Betreibermodell, Galvanotechnik 1(2005),
S. 102–110

[4] AHC Oberflächentechnik, Special Coatings, Sonderbeschichtungen
für Metalle und Kunststoffe, Kerpen 2002

[5] Dettner, Elze: Handbuch der Galvanotechnik, Carl Hanser Verlag
München 1966, Band 1, S. 148–257

[6] Unruh: Chromabscheidung aus wässrigen Lösungen, Teil 3: Kataly-
satorhaltige Elektrolyte, Galvanotechnik 11(2005), Eugen G. Leuze
Verlag Bad Saulgau, S. 2619–2627

[7] Socha: Zum Mechanismus der elektrolytischen Chromabscheidung
aus Chrom(VI)-Verbindungen; Teil 1, Galvanotechnik 90(1999)11,
S. 2976–2981

[8] Mühle: Regeneration und Standzeitverlängerungen von Hartchromelektrolyten, Metalloberfläche MO, 56(2002)11-12, S. 12–15

[9] Mühle u.a.: Einfluss der Restwelligkeit auf die Hartchromabscheidung, Galvanotechnik 10(2006), S. 2374–2377

Der Alterungseffekt des chemischen hochphosphorigen NiP-Bades

Von A. Meyerovich und F. Brode, Harting Technologie Gruppe

Eine Verschlechterung der Beschichtungsqualität und die Änderung der Schichteigenschaften sind Ausgangspunkt zu methodischen Untersuchungen hinsichtlich des Einflusses des Elektrolytalters. Es wurden Messungen der Rauigkeit der Oberfläche und der Eigenspannungen in den hochphosphorigen NiP-Schichten in Abhängigkeit vom MTO des Bades durchgeführt. Dazu wurde die Abscheidegeschwindigkeit von ausgewählten NiP-Elektrolyten mit und ohne bleihaltigem Stabilisator in Abhängigkeit vom Badalter ermittelt.

A deterioration of the coating quality and a change in the layer properties are the starting point to methodological studies regarding the influence of the electrolyte age. Measurements of the surface roughness, of its residual stress in the high-phosphorus NiP layer depending on the Metal Turn Over (MTO) of the bath were carried out. For this purpose, the deposition rates were determined from selected NiP electrolytes with and without lead-based stabilizer in depending on the bath age.

Um eine gleichbleibend gute Schichtqualität von chemisch abgeschiedenen NiP-Schichten zu erzielen, ist eine ständige Überwachung der Badzusammensetzung von großer Bedeutung. Das betrifft sowohl den Einfluss der Einsatzstoffe (Metallkomponente, Reduktionsmittel, organisches Gerüstsystem, Stabilisatorsystem und organische Zusätze) als auch die Fremdstoffe (oxidiertes Reduktionsmittel, Gegenionen nachdosierter Komponenten und zur pH-Nachregulierung verwendeten Basen sowie Fremdmetalle).

Dies ist erforderlich, da insbesondere organische Additive einer Konzentrationsabnahme unterliegen. Es bedarf relativ hoher Mengen an metallischem und auch an organischem Stabilisator, um die chemischen NiP-Bäder stabil zu halten. Diese organischen Stabilisatoren werden während der Legierungsabscheidung mit in die Schicht eingebaut. Zudem sind organische Stabilisatoren thermisch nicht völlig stabil und bauen sich ab, auch während des Ruhezustandes des Bades.

Die chemische Instabilität ist für glanzbildende Additive, organische Stabilisatoren und Natriumhypophosphitlösung charakteristisch und resultiert aus Oxidationsprozessen. Als Ergebnis der Einlagerung von Abbauprodukten ändern sich solche Schichteigenschaften wie Eigenspannungen, die Rauigkeit bzw. die Topographie der Oberfläche. Des Weiteren beeinflussen sie auch das Löt- und Bondverhalten der Deckschicht.

Kanani [1] berichtet über eine Änderung der NiP-Schichteigenschaften, wie z. B. die Duktilität, Eigenspannungen (die zur Abplatzung des Überzugs oder zur Rissbildung in den Schichten führen können) in Abhängigkeit vom Elektrolytalter. Bei den chemischen NiP-Schichten beeinflussen die eingebauten Abbaustoffe nachteilig die optischen Eigenschaften sowie die Korrosionsbeständigkeit.

Dies gilt besonders für die hochphosphorigen NiP-Bäder, die keine höhere Lebensdauer (MTO – Metal Turn Over) haben. Meistens ist die Lebensdauer (Standzeit) dieser Bäder von Chemielieferanten stark begrenzt und entspricht ca. 5 MTO.

Aus diesem Grund steht im Mittelpunkt dieser Publikation die Untersuchung der hochphosphorigen NiP-Überzüge, die aus verschiedenen Elektrolyten nach unterschiedlichen MTO abgeschieden wurden. Da trotz der EU-Altautoverordnung und der Elektronikschrottverordnung RoHS die bleihaltigen Stabilisatorsysteme vielerorts eingesetzt werden, wurden die Untersuchungen der abgeschiedenen NiP-Schichten, die aus den Bädern mit unterschiedlichen Stabilisatorsystemen stammen, parallel durchgeführt.

Experimentelles: Auswirkung des Badalters

Im Rahmen des vorliegenden Beitrags wurden die nachfolgend vorgestellten NiP-Beschichtungen auf laserstrukturierten Kunststoffoberflächen mittels chemischer Abscheidung hergestellt. Als Prüflinge wurden spritzgegossene Leiterträger aus LCP-Kunststoff Vectra 840i LDS mit 44 Gew.-% Verstärkungsfüllstoffen eingesetzt, die als dreidimensionales MID-Teil konzipiert wurden.

Bei einer gewünschten Abscheidung von Kupfer und NiP beispielweise, sind ein reduktives Kupferbad und zwei chemische NiP-Bäder vorgesehen, welche ein autokatalytisches Abscheiden der Metalle ermöglichen.

Für die Untersuchungen des Alterungseffektes wurden zwei hochphosphorige NiP-Bäder mit und ohne bleihaltigen Stabilisator ausgewählt.

Die strukturierten Kunststoffteile wurden nach folgendem Prozessablauf behandelt:

- Saurer Reiniger
- Chemisches Kupferbad

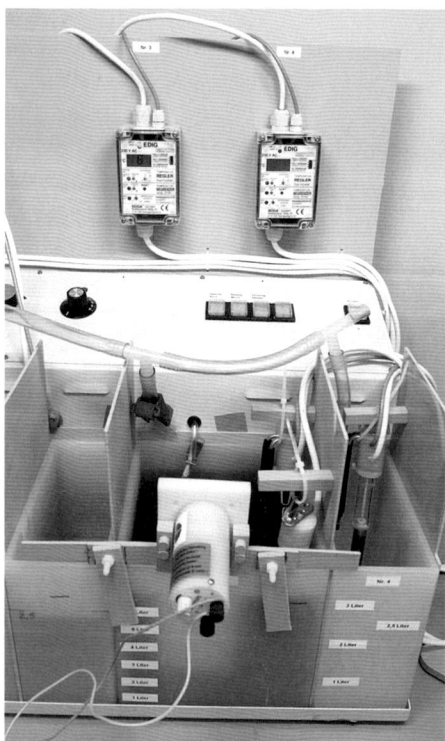

Abb. 1: NiP-Beschichtungsaufbau im Labor

- Palladium Aktivator
- Chemisches NiP-Bad

Zwischen den Bearbeitungsschritten wurden die Teile in den Stand- und Fließspülen gespült.

Die Kupferbeschichtung der Teile wurde in einer Trommel für alle weiteren Untersuchungen durchgeführt. Die Abscheidung der NiP-Überzüge wurde mit den gleichen Werten für pH, Temperatur und Expositionszeit durchgeführt. Beide NiP-Bäder erhielten von 6 g/L Nickel, 25 bis 30 g/L Natriumhypophosphit und wurden bei pH 4,8 und 87 °C betrieben.

Alle relevanten Prozessparameter wie Konzentrationen von Nickel und Natriumhypophosphit sowie pH-Wert standen unmittelbar nach der Probennahmen zur Verfügung und erlaubten die exakte Nachdosierung der verbrauchten Badkomponenten. Die Konzentration des Orthophosphites wurde titrimetrisch ermittelt.

Ergebnisse:
Charakterisierung der Nickelschichten

An den etwa 10 µm dicken Nickel-Phosphor-Schichten wurden folgende Charakterisierungen vorgenommen:

- Ermittlung der eigenen Spannungen der NiP-Schichten
- Erstellung topografischer Aufnahmen der Oberflächenstruktur sowie die Rauigkeitskennwerte (R_z)
- Änderung der Schichtzusammensetzung in Abhängigkeit vom MTO des Bades

Als ein wichtiger Prozessparameter wurde die Abscheidegeschwindigkeit nach bestimmter Standzeit des Bades kontrolliert.

Die Oberflächenmorphologie und die Elementarzusammensetzung wurden mithilfe eines Rasterelektronenmikroskops Aurige FIB-SEM von der Firma Carl Zeiss untersucht. Die Schichtdicken wurden mittels Röntgenfluoreszenz (Hitachi SFT 110) gemessen. Die Rauigkeit und die Topographie der Oberfläche wurden mittels des konfokalen Mikroskops Leica DCM 3D (Firma Leica) gemessen und erstellt. Zur Charakterisierung der Oberflächen wurde auch die Lichtmikroskopie eingesetzt. Für die Analyse wurden drei Messungen an jeweils drei Prüflingen durchgeführt und der Durchschnittswert berechnet.

a)

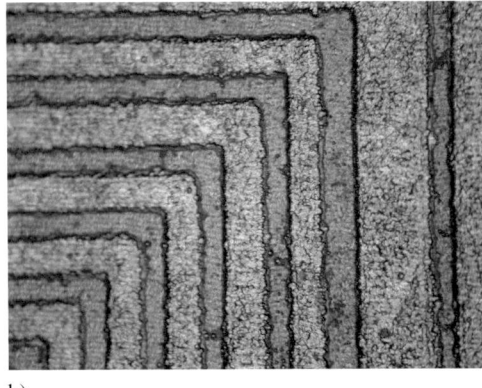
b)

Abb. 2: Mikroskopische Aufnahme der NiP-Oberfläche; a) frisch angesetztes Bad; b) NiP-Bad nach 5 MTO

Die Oberflächentopographie von chemisch abgeschiedenen NiP-Schichten ändert sich mit zunehmendem Badalter, wie dies die lichtmikroskopischen Oberflächenaufnahmen in *Abbildung 2* belegen. Betrachtet man diese Abbildungen, die die NiP-Oberflächen zeigen, so sieht man mit einem Anstieg der Badalterung den knospenförmigen wenig glänzenden Überzug und nicht scharf abgeschiedene Kanten der Leiterbahnen (sog. Nickelfüße). Als Ergebnis der höheren Konzentration der Abbauprodukte ergibt sich eine schlechtere Schichtqualität. Diese Abnahme der optischen NiP-Schichteigenschaften ist bekannt [2] und ist auf die Zunahme der Abbauprodukte in der Lösung zurückzuführen.

Die mittels quantitativer EDX im Rasterelektronenmikroskop ermittelten Phosphorgehalte weisen darauf hin, dass während der Standzeit des NiP-Bades von 0 bis fünf MTO keine große Abweichung der Hauptkomponente des Bades (Nickel und Phosphor) auftrat. Gemäß den EDX-Analysen betrugen die Schichtzusammensetzung durchschnittlich 9,5 % P und 90,5 % Ni für das NiP-Bad mit bleihaltigem Stabilisator sowie 10,1 % P und 89,9 % Ni für das NiP-Bad mit bleifreiem Stabilisator.

Bei *Abbildung 3* handelt es sich um REM-Aufnahmen der Prüfling-Oberflächen.

In *Abbildung 3* erkennt man deutlich die Unterschiede der Topographie der NiP-Beschichtung. Auf

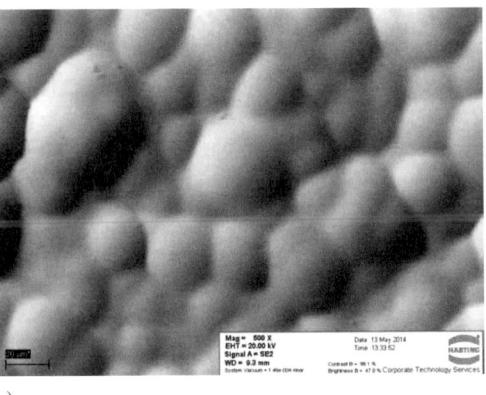
a)

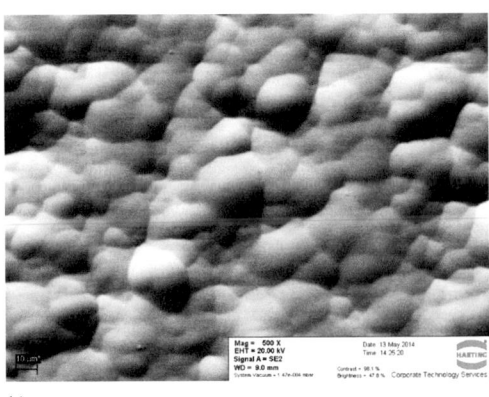
b)

Abb. 3: REM-Aufnahme der Oberfläche mit einer 500-fachen Vergrößerung der Oberfläche chemisch abgeschiedene NiP-Schicht nach 1 und 5 MTO

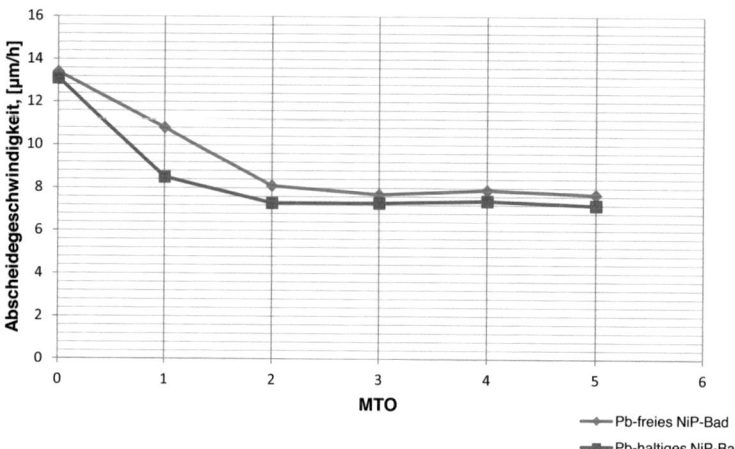

Abb. 4: Abscheidegeschwindigkeit der hochphosphorigen NiP-Legierung in Abhängigkeit
vom MTO des Bades

der Oberfläche zeigten sich dreidimensionale knos-
penartige Strukturen, die mit zunehmendem Alter
des Elektrolyten (bis 5 MTO) allmählich vergrößert
werden *(Abb. 3 b)*. Das Erscheinungsbild der Schichten wechselte nach dem fünften MTO von glänzend
nach matt.

Abscheidegeschwindigkeit

Die Abscheidegeschwindigkeitskurven ergaben
kleine Unterschiede für ihre Verläufe in den NiP-
Bädern mit den verschiedenen Stabilisatorsystemen.
Abbildung 4 zeigt den Abscheidegeschwindigkeits-
verlauf als Funktion des Badalters. Aus dieser gra-
fischen Darstellung geht hervor, dass die Abscheidungsraten durchweg bei dem neuen Ansatz am
höchsten sind und mit steigendem Badalter verstärkt
abnehmen. Wie aus *Abbildung 4* erkennbar ist, sinkt
die Abscheidegeschwindigkeit des NiP-Bades unabhängig von dem Stabilisatorsystem zunächst bis
zu zwei MTO, dann verändert sie sich aber kaum bis
zu fünf MTO weiter.

Messung der inneren Spannungen

Auch die Mikrogefügeumwandlung wird nach der
NiP-Abscheidung von der Elektrolytalterung beeinflusst. Der Vergleich eines neuen und gealterten
Elektrolyten offenbart diesbezüglich enorme Unterschiede für den Schichtaufbau bei der NiP-Abscheidung.

Die Auswertung der Literatur zeigt [1], dass die
Abscheidung von chemisch erzeugten druckspan-
nungshaltigen Nickel-Phosphor-Schichten möglich
ist. Solche hochphosphorigen Schichten weisen normalerweise kleine innere Druckspannungen auf.

Innere Spannungen, die sich unabhängig vom
Grundmaterial (Substrat) ausbilden, werden auch als
Eigenspannungen bezeichnet. Solche Spannungen
(1. Art) sind eine messbare Deformation des Systems Überzug-Unterlage, aus der ihre Größe berechnet werden kann. Die inneren Spannungen sind
besonders abhängig von den Abscheidungsbedin-
gungen und von der Elektrolytzusammensetzung.

Sie werden in der Praxis vorwiegend nach der Kup-
ferstreifen-Messmethode ermittelt [1]. In dieser
Methode werden die zwei dünnen, einseitig mit
einem Speziallack isolierten Kupferstreifen von einer
Seite metallisiert. Aufgrund der inneren Spannungen
werden sich die Streifen je nach dem Spannungstyp
konkav oder konvex verbiegen. Diese Verbiegung
wird gemessen und berechnet *(Abb. 5)*.

Zeitgleich ergeben die NiP-Schichten, die aus verschiedenen Elektrolyten abgeschieden wurden, auch
große Eigenspannungsunterschiede. In *Tabelle 1* sind
die Eigenspannungswerte aus den hochphosphorigen
NiP-Elektrolyten nach fünf MTO dargestellt.

Im Vergleich zu chemisch abgeschiedenen Schichten
aus einem hochphosphorigen NiP-Bad mit bleihalti-

Tabelle 1: Eigenspannungen in der NiP-Schicht

NiP-Elektrolyt	MTO	Abstand (mm)	Schichtdicke (μm)	Spannungsart	Eigenspannung (N/mm²)
mit bleifreiem Stabilisator	5,2	7	9,9	Druck	10,5
mit bleihaltigem Stabilisator	4,2	17	7,4	Druck	34,0

 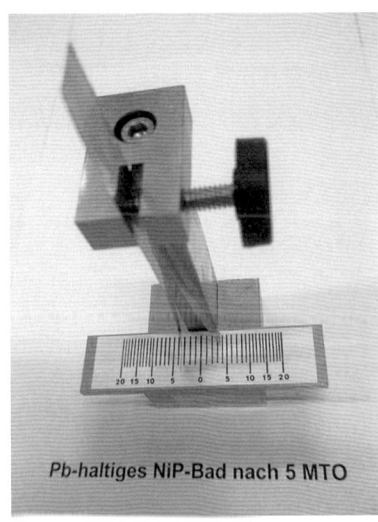

Abb. 5: Auswertung der inneren Spannungen der NiP-Schicht

gem Stabilisator weisen die Schichten, die aus dem NiP-Bad mit bleifreiem Stabilisator abgeschieden wurden, deutlich geringere innere Spannungen auf.

Der Elektrolyt ohne bleihaltigen Stabilisator erzeugt Schichten mit inneren Druckspannungen von etwa 10,0 N/mm².

Rauigkeitsmessungen

Die Rauigkeit bzw. die Topographie der metallisierten Oberfläche der MID-Teile wird oft im Zusammenhang mit dem Thema Bond- und Lötbarkeit erwähnt. Zur Bestimmung der Rauigkeit und der Topographie gibt es zahlreiche Möglichkeiten.

Die hier angeführte Methode bestimmt die Rauigkeit der Oberflächenbeschichtung direkt durch eine optische Erfassung mittels des Leica DCM 3D Mikroskops.

Das Prinzip der Rauigkeitsmessung mit diesem Mikroskop basiert auf einer in vordefinierten Schrit-

ten vertikalen Scannung der Oberfläche und Zusammensetzung eines konfokalen Bildes aus allen Einzelbildern. Es wird ein Streifeninterferenzmuster gebildet, welches ein Maß der relativen vertikalen Position des betrachteten Probenbereichs repräsentiert und damit eine äußerst präzise Höhenangabe liefert.

Schichten, die aus dem Bad mit dem bleifreien Stabilisator abgeschieden wurden, weisen im Gegensatz zum anderen NiP-Bad eine gleichmäßigere Oberflächentopographie auf *(Abb. 6)*.

Wie in der Abbildung erkennbar ist, bietet das bleifreie Bad glattere Schichten, als ein bleihaltiges.

Die nachfolgenden Rauigkeitsmessungen (R_a, R_z, R_{max}) zeigen für einen gealterten NiP-Elektrolyt mit jeder Abscheidung eine stetige Erhöhung der Oberflächenrauigkeit *(Abb. 7)*.

Aus der Abbildung ist deutlich erkennbar, dass bei gleicher Rauigkeit der verkupferten Kunststoffober-

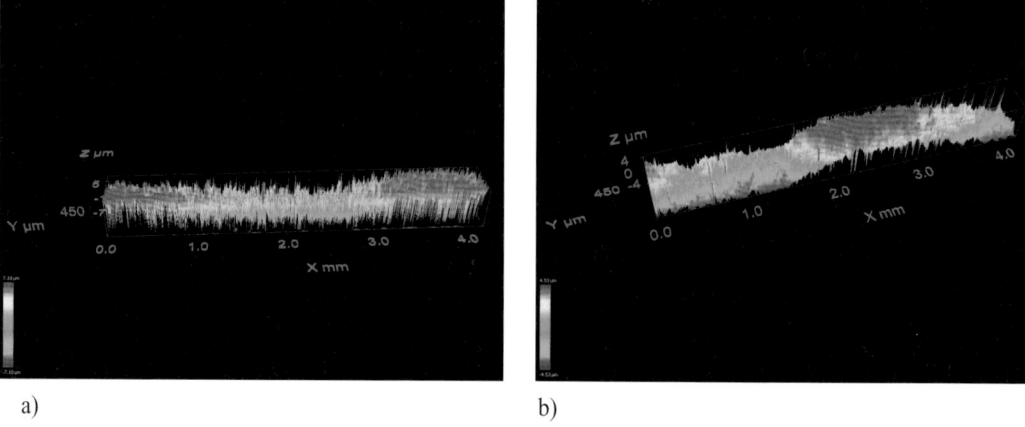

a)   b)

Abb. 6: Oberflächentopographie der NiP-Schicht; a) mit bleihaltigem Stabilisator, b) mit bleifreiem Stabilisator

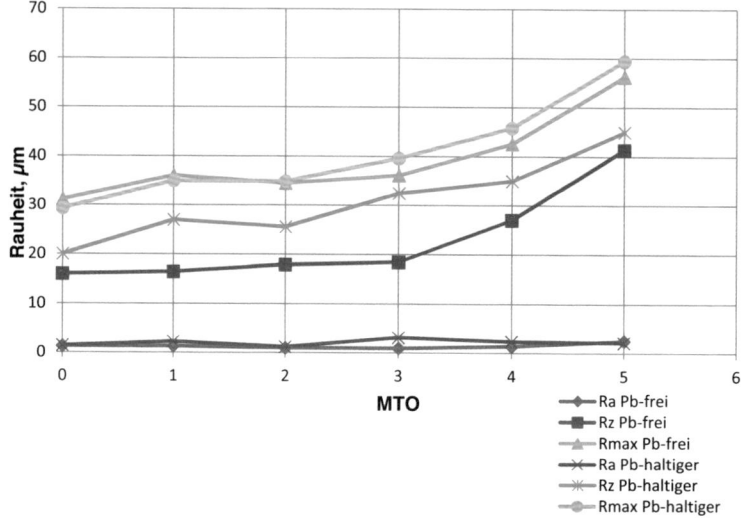

Abb. 7: Rauigkeitswerte der hochphosphorigen NiP-Schichten in Abhängigkeit des MTO

fläche und der gleichen NiP-Schichtdicken die Bad-alterung zunächst zu vergleichsweise hoher Rauheit der Oberfläche führt.

Zusammenfassung

Diese Arbeit vergleicht die Abscheidegeschwindig-keit, die Topographie der Oberfläche, die Eigenspan-nungen sowie die Rauigkeit von hochphosphorigen chemischen Nickelschichten unter dem Einfluss der Alterung der Bäder.

Als Fazit kann man zusammenfassen:

– Die Untersuchungen liefern den prinzipiellen Nachweis, dass die Alterung des NiP-Bades zur Verschlechterung der Beschichtungsqualität füh-ren.

– Die vorliegenden Ergebnisse zeigen, dass die Art des Stabilisators des Bades einen Einfluss auf die Oberflächenqualität hat.

– Mit dem Anstieg des Badalters sinkt die Ab-scheidegeschwindigkeit des NiP-Bades unabhängig von dem Stabilisatorsystem bis zu zwei MTO, verändert sich dann aber kaum bis zu fünf MTO weiter.

- Die NiP-Schichten aus den hochphosphorigen Bädern mit und ohne bleihaltigen Stabilisator haben bis fünf MTO Druckspannungen.
- Die Schicht aus dem Elektrolyt mit bleihaltigem Stabilisator weist viel höhere Eigenspannungswerte auf, als aus dem Elektrolyt ohne bleihaltigen Stabilisator.
- Mit dem Anstieg des Badalters steigen die Rauheitswerte der abgeschiedenen NiP-Schichten.

Höhere Rauheitswerte haben die Schichten aus dem NiP-Bad, welches bleihaltige Stabilisatoren enthält.

Die Untersuchung hat gezeigt, dass ein grundlagenorientiertes Prozessverständnis zu einer verbesserten Einstellbarkeit und Reproduzierbarkeit der Oberflächenkennwerte beiträgt.

Literatur

[1] Kanani, N.: Chemische Vernickelung, Eugen G. Leuze Verlag KG, Bad Saulgau, 2007

[2] Martyak, N.M.: Stromlose Abscheidung von Nickel aus Methansulfonat- und Hypophosphit-Elektrolyten, Galvanotechnik, (2003)12, S. 2958–2968

2.2 Physikalische Beschichtungsverfahren

Temperaturstabile Hartstoffschichten zur Standzeitverlängerung von Schmiedewerkzeugen

Von Frank Kaulfuß und Dr. Otmar Zimmer ...... Lesen Sie ab Seite 61
Fraunhofer-Institut für Werkstoff- und Strahltechnik (IWS), Winterbergstr. 28, D-01277 Dresden,
www.iws.fraunhofer.de

Temperaturstabile Hartstoffschichten zur Standzeitverlängerung von Schmiedewerkzeugen

Von Frank Kaulfuß und Otmar Zimmer, Fraunhofer IWS, Dresden

Werkzeuge für die Massivumformung, z. B. zur Herstellung von verzahnten Wellen, Pleuel oder Schrauben, sind im oberflächennahen Bereich erheblichen Belastungen und damit hohem Verschleiß ausgesetzt. Temperaturstabile Hartstoffschichten können den Verschleiß reduzieren und dadurch die Einsatzdauer der Werkzeuge verlängern. Al-Cr-Ti-Si-N-basierte Schichten in verschiedenen Varianten wurden bezüglich ihrer Eignung für Umformprozesse untersucht. Dabei wurden sowohl Modellversuche (Tribometertests, Ringstauchversuche) als auch Tests mit realen Werkzeugen in industriellen Prozessen durchgeführt. Dabei konnten Standmengenerhöhungen um Faktor 3 für die günstigsten Schichtvarianten gegenüber unbeschichteten Werkzeugen nachgewiesen werden. Darüber hinaus wurde gezeigt, dass bereits bei einer Schichtdicke von 10 μm eine deutlich günstigere Lastverteilung im Substrat erreichbar ist. Damit kann die Gefahr der Verformung des Werkzeuges verringert und ggf. auf preiswertere Werkzeugwerkstoffe zurückgegriffen werden.

Solid metal forming designates a group of modern manufacturing processes in metal forming. Typical products of this kind are powertrain elements such as toothed shafts, connection rods or screws, as well as, numerous types of semi-finished products and preforms. The forming tools are exposed to substantial mechanical loads and are often used at high temperatures. The application can benefit from an applied hard coating due to its high hardness and abrasion resistance under extreme conditions. Al-Cr-Ti-Si-N based films were tested for their suitability on metal forming tools. The tribological behaviour of the coated surfaces was tested in a tribometer with ball-disk setup and in ring compression experiments. The coating was tested in an industrial application at high temperatures as well. The lifetime of the coated tool was tripled in comparison to its uncoated counterpart. Simulations have shown that thick films can avoid stress by effectively distributing loads to the substrate. This means that inexpensive steel can be used as the tool material. In ring compression experiments, no visible wear was observed with the coated C45 steel.

Einleitung

Die Massivumformung ist eine Gruppe moderner Fertigungstechnologien zur Umformung metallischer Werkstoffe. Typisch für diese Verfahren sind Materialverdrängungen bzw. Materialanhäufungen während des Umformprozesses, die in aller Regel erhebliche Kräfte erfordern. Produkte der Massivumformung sind beispielsweise Antriebselemente, wie verzahnte Wellen oder Pleuel, aber auch Schrauben sowie zahlreiche Arten von Halbzeugen und Vorformen.

Werkzeuge zur Massivumformung sind, insbesondere im oberflächennahen Bereich, erheblichen Belastungen ausgesetzt. Hohe Flächenpressungen in Kombination mit Relativbewegungen belasten die Werkzeugoberfläche extrem. Insbesondere abrasiver Verschleiß und die Formänderung des Werkzeuges durch Materialfluss begrenzen die Lebensdauer der eingesetzten Werkzeuge. Darüber hinaus stellt oft eine hohe Arbeitstemperatur eine zusätzliche Belastung dar.

Sollen Werkzeuge bei langer Lebensdauer hochwertige Produkte erzeugen, müssen dafür geeignete, teils hochwarmfeste Werkstoffe eingesetzt werden, die meist sehr teuer und schwer bearbeitbar sind. Dies führt in der Folge zu hohen Werkzeug- und letztlich Produktkosten. Um das Problem zu umgehen, sind Oberflächenmodifikationen gesucht, die geeignet sind, Reibung und Verschleiß zu minimieren und dadurch die Lebensdauer der Werkzeuge zu erhöhen. Darüber hinaus wäre es wünschenswert, Werkzeugkosten durch die Nutzung preiswerterer Werkstoffe einzusparen.

Eine industriell etablierte Methode zur Verbesserung der Verschleißbeständigkeit von Werkzeugen zur Warm- bzw. Massivumformung ist die Nitrierung [1]. Durch die Anreicherung von Stickstoff im oberflächennahen Bereich kann die Härte der Werkzeugoberfläche gesteigert werden. Typischerweise entsteht ein Härtegradient von der Oberfläche in den Werkzeugwerkstoff hinein mit Nitriertiefen von bis zu einigen hundert Mikrometern. Allerdings ist die Auswahl an nitrierbaren Werkzeugwerkstoffen begrenzt.

Deutlich höhere Oberflächenhärten, kombiniert mit hoher Temperaturfestigkeit und chemischer Beständigkeit, sind mit dünnen Verschleißschutzbeschichtungen erreichbar. Industriell eingeführt sind klassische Schichtsysteme wie z. B. TiC, TiN, TiCN, oder CrN, oft auch in Mehrlagenarchitekturen. Neuere Entwicklungen betreffen z. B. borhaltige Systeme (z. B. TiBN) oder auch Schichten auf Al-Cr-N-Basis [2, 3]. Diese Schichten werden typischerweise in Dicken von ca. 5 µm abgeschieden.

Darüber hinaus kann durch die Kombination einer PVD- (oder auch PACVD-) Beschichtung mit einer vorgeschalteten Nitrierbehandlung eine bessere Stützwirkung für die harte Schicht erreicht und damit das Einsatzverhalten verbessert werden [4].

Allerdings ist der Marktanteil beschichteter Werkzeuge in diesem Bereich nach wie vor gering. Das hat vor allem technische Gründe: Die Beschichtungen sind den hohen Anforderungen teilweise nicht gewachsen. Die Beschichtungskosten erscheinen daher vielen Anwendern nicht adäquat, obwohl durch hochwertige Beschichtungen nachweislich positive Effekte erreichbar sind.

Am Fraunhofer IWS wurden in den letzten Jahren im Rahmen verschiedener Kooperationsprojekte Schichtkonzepte entwickelt, die für solche Anwendungen geeignet sind. Erste Erfahrungen aus dem industriellen Einsatz liegen inzwischen vor. Nachfolgend werden einige wichtige Entwicklungsschritte dargestellt.

Auswahl geeigneter Schichtsysteme

Tribologische Untersuchungen

Mit dem Arc-PVD-Verfahren lässt sich eine Vielzahl von Hartstoffschichten herstellen. Betrachtet werden sollen im Folgenden einige nitridische Hartstoffe auf Basis von AlCrN. Ebenfalls einbezogen wurden die Standardschichten CrN und TiN, welche bereits auf Umformwerkzeugen eingesetzt werden.

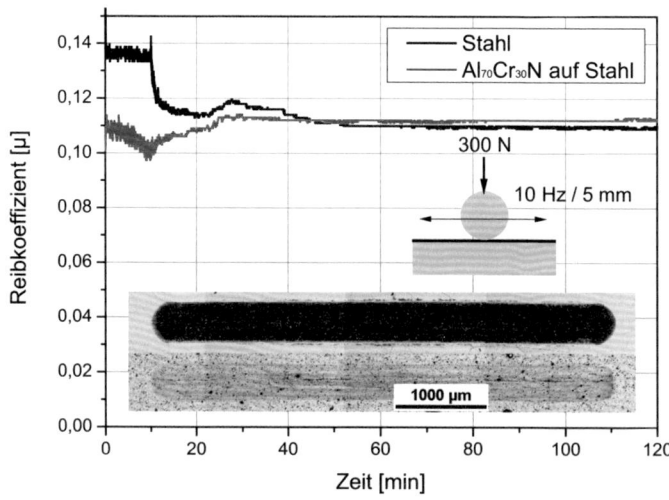

Abb. 1: Vergleich der Reibwertentwicklung einer beschichteten und einer unbeschichteten Probenoberfläche mit fortschreitender Prüfdauer unter geschmierten Bedingungen. Die im unteren Teil dargestellten Reibspuren stellen den Zustand nach Versuchsende dar, die unbeschichtete Oberfläche (obere Reibspur) zeigt signifikanten Verschleiß, die beschichtete (AlCrN) Oberfläche (untere Reibspur) zeigt lediglich Ablagerungen des genutzten Schmiermittels

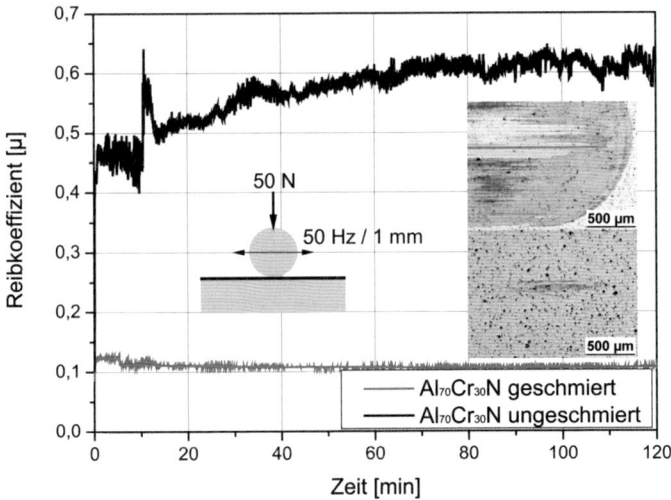

Abb. 2: Vergleich des Reibverhaltens beschichteter Oberflächen unter geschmierten und trockenen Bedingungen. Reibwert (Diagramm, schwarze Kurve) und Verschleiß in der Reibspur (oberes Bild) sind ohne Schmierung wesentlich höher

Zur Durchführung tribologischer Untersuchungen wurden die Schichten auf Substraten aus Hartmetall und den Stählen X38CrMoV5-3 (1.2367) bzw. X153CrMoV12 (1.2379) in Schichtdicken von ca. 10 μm abgeschieden. Die beschichteten Standardkörper wurden anschließend in einem SRV-Tribometer (Schwing-Reib-Verschleiß) der Firma Optimol hinsichtlich Reibwert und Verschleiß untersucht (Schwing-Verschleiß-Test nach DIN 51834-1 bis -3). Im Verlauf des Tests wird eine Stahlkugel (100Cr6) mit einer definierten Kraft auf die zu prüfende Oberfläche gedrückt und lateral hin und her bewegt. Aus der für die Verschiebung aufgewendeten Kraft kann der Reibwert abgeleitet werden. Dieser standardisierte Test zeichnet sich durch eine Oberflächenbelastung aus, die für Umformvorgänge typisch ist. Dazu gehören sehr hohe Flächenpressungen in Kombination mit Relativbewegungen. Durch die relativ hohe Oszillationsfrequenz wird die Belastung quasi im *Zeitraffer* appliziert, wodurch die Lebensdauer des Werkzeuges in erster Näherung abgebildet werden kann.

Weiterhin wurden die Härte und die Rauheit der Schichten bestimmt.

Alle getesteten Hartstoffe zeichnen sich durch eine hohe Härte und Festigkeit aus, die weit über der von gehärtetem Stahl liegt. Verbunden damit ist auch eine hohe Verschleißbeständigkeit *(Abb. 1)*.

Einfluss der Schmierung

Wünschenswert für die Anwendung auf Umformwerkzeugen wäre es, auf Schmierstoffe verzichten zu können. Die dazu durchgeführten Versuche zeigen einen massiven Verschleiß von Kugel und Schicht für den schmierstofffreien Fall *(Abb. 2)*. Dies schließt ungeschmierten Einsatz aus.

Bei gleichen Versuchsparametern mit einem Schmierstoff (Schneidöl 32 EP) tritt nahezu kein Verschleiß auf. Der erkennbare Niederschlag wird durch druckinduzierte Ausscheidungen aus dem Schneidöl verursacht, welche ein regionales Verschweißen der wechselwirkenden Oberflächen vermeiden soll. Als Reibwert stellt sich im geschmierten Fall ein Gleichgewichtswert von 0,11 ein. Über den Verschleißdurchmesser auf der Kugel (gehärteter Stahl 100Cr6) lässt sich eine Flächenpressung berechnen, wie sie zu Versuchsende in der Kontaktfläche geherrscht hat. Im geschmierten Fall *(Abb. 2)* sind das 1050 MPa.

Einfluss der Rauheit

Erfahrungsgemäß hängt der Verschleiß ebenfalls von der Rauheit ab. Rauspitzen brechen ab, verweilen in der Reibzone und verursachen damit erhöhten Ver-

Abb. 3: Reibspur mit Schleifriefen und Schichtausbrüchen bei rauer Schichtoberfläche

schleiß und erhöhte Reibung. Im ungünstigsten Fall können sie zum Totalversagen führen *(Abb. 3)*.

Somit ist es nötig, die Schichten nachträglich zu glätten, um Rauspitzen zu entfernen. Der Aufwand hängt von der Probengeometrie und der Anwendung ab.

Zusätzlich ist die Substratrauheit zu beachten. Die applizierte PVD-Schicht bildet die vorhandenen Topografien nahezu gleichmäßig ab. Zusätzlich kommt es meist zu einer Erhöhung der Rauheit mit zunehmender Schichtdicke, welche vom Schichtsystem und den Beschichtungsverfahren- und Parametern abhängt. Somit ergibt sich trotz gleicher Nachbehandlung der Schichten ein unterschiedliches Reib- und Verschleißverhalten. Die Ursache dafür ist in den stark unterschiedlichen Traganteilen der Oberflächen zu finden *(Abb. 4, helle Flächen)*. Zur Vermeidung des Einflusses der Substratrauheit sollte diese wesentlich geringer als die aufgebrachte Schichtdicke sein.

Wenn der Verschleiß der Schicht durch ausgebrochene Schichtpartikel verhindert ist, zeigen die Schichten fast keinen sichtbaren Verschleiß mehr.

Reibwerte verschiedener Schichtsysteme

Die Untersuchungen erfolgten am bekannten AlCrN-System sowie an zwei Schichtsystemen, bei denen das AlCrN modifiziert und in einer Nanolagenarchitektur mit TiN kombiniert wurde. Diese Varianten eignen sich besonders für den Aufbau dickerer Schichten mit erhöhter Zähigkeit [5]. Um die Vergleichbarkeit mit den anderen untersuchten Schichten zu gewährleisten, wurde eine Schichtdicke von 10 µm eingestellt.

Alle getesteten Schichten zeigen einen Reibwert und ein Verschleißverhalten, welche diese Schichtsysteme grundsätzlich für eine Anwendung auf Umformwerkzeugen empfehlen. Die Beschichtungen können reproduzierbar ausgeführt und bis auf das

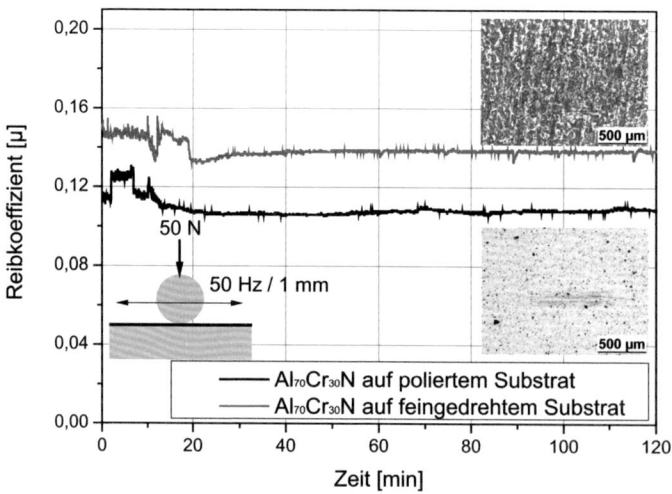

Abb. 4: Vergleich der Reibwerte beschichteter, nachträglich geglättete Oberflächen unter geschmierten Bedingungen in Abhängigkeit vom Oberflächenzustand des Substrates vor der Beschichtung. Die Substratrauheit wird durch die Schicht weitgehend original abgebildet (Bild oben rechts)

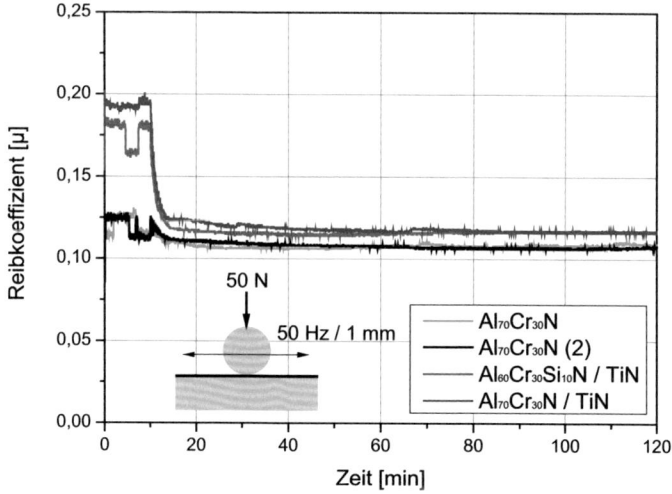

Abb. 5: Vergleich des Reibverhaltens verschiedener AlCrN-basierter Schichtsysteme unter geschmierten Bedingungen

Einlaufverhalten (Kraft steigt stufenweise bis 50 N) verhalten sich Schichten verschiedener Chargen gleich *(Abb. 5)*.

Die lokalen Flächenpressungen bei der Umformung von Stählen hängen stark von den geometrischen Randbedingungen des konkreten Anwendungsfalls ab und erreichen Werte von typischerweise 1500 MPa, wobei lokal höhere Belastungsspitzen auftreten können [6, 7]. Werden Werkstoffe mit höheren Festigkeiten umgeformt, treten höhere Werte auf. Diese hängen dabei von der Fließgrenze des umgeformten Werkstoffes ab. Bei den Tribometertests wurden durchweg Flächenpressungen von über 2000 MPa erreicht, ohne dass ein sichtbarer Verschleiß der Schichten auftrat. Man kann davon ausgehen, dass die Beschichtungen noch höhere Belastungen aufnehmen können. Als Substrat für die Versuche kam WC-Co zum Einsatz. Die Ergebnisse der durchgeführten Reibwertuntersuchungen an verschiedenen Schichtsystemen sind in *Tabelle 1* zusammengefasst.

Tab. 1: Zusammenfassung der Reibwertuntersuchungen mit verschiedenen Schichtsystemen

Schicht	Dicke (µm)	Härte (GPa)	Sa (µm) poliert (wie abgeschieden)	Reib-koeffizient (µ)	Verschleiß-beständigkeit
CrN	9,5	20 ± 1	0,024 (0,048)	0,13	gering
TiN	9,5	24 ± 3	0,049 (0,079)	0,12	gut
$Al_{66}Ti_{33}N$	9,5	33 ± 1	0,038 (0,058)	0,13	sehr gut
$Al_{70}Cr_{30}N$	9	29 ± 1	0,030 (0,055)	0,12	sehr gut
$Al_{58}Cr_{26}Ti_{16}N$	9	31 ± 2	0,051 (0,111)	0,11	sehr gut
$Al_{60}Cr_{30}Si_{10}N$	11	30 ± 1	0,029 (0,057)	0,11	gut
$Al_{66}Cr_{29}Si_5N$	9,5	31 ± 1	0,025 (0,044)	0,12	gut
$Al_{50}Cr_{25}Ti_{18}Si_7N$	12	29 ± 2	0,032 (0,058)	0,11	gut
$Al_{60}Cr_{30}Si_{10}N/TiN$	11	28 ± 1	k.A. (0,064)	0,11	sehr gut

Verformbarkeit der Schichten

Bei Verwendung eines Stahls kann es bei diesen Spannungen (> 2000 MPa) zu Verformungen des Substrates kommen, welche eine Delamination der Schicht begünstigen kann. Diese muss trotz hoher Härte eine ausreichende Plastizität besitzen, um den spannungsinduzierten Formänderungen folgen zu können. Mehrfachlagensysteme haben das Potenzial, diese Aufgabe zu erfüllen. Im Rahmen der Arbeiten wurde die Eignung von Multilagenschichten aus $Al_{60}Cr_{30}Si_{10}N$ und TiN untersucht. Dabei stellt sich durch den hohen Si-Anteil von 10 at% eine nahezu

amorphe Struktur ein und die Härte der Schicht liegt bei 25 GPa *(Abb. 6)*.

Um das Potenzial der Mehrlagenschicht zu zeigen, wurden Modellversuche mit $Al_{60}Cr_{30}Si_{10}N$/TiN in Kombination mit AlMgSi1 als Substrat durchgeführt. Diese Aluminiumlegierung hat eine maximale Zugfestigkeit von ca. 300 MPa. Bei den Versuchen mit einer Schichtdicke von 10 µm kam es sofort zu einem Versagen der Schicht. Ebenfalls bei 25 µm Dicke versagte die Schicht nach wenigen Sekunden im Tribometerversuch *(Abb. 7)*. Das Substrat ist zu weich, der Beanspruchung zu widerstehen und die

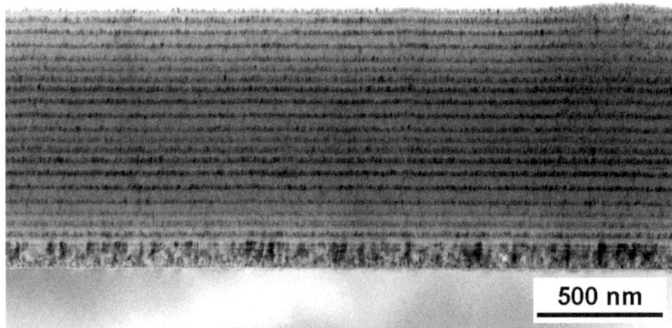

Abb. 6: Struktur einer Nanolagenschicht $Al_{60}Cr_{30}Si_{10}N$/TiN

Abb. 7: Schädigung einer 25 µm dicken $Al_{60}Cr_{30}Si_{10}N$/TiN im Tribometerversuch, Substratwerkstoff: AlMgSi1

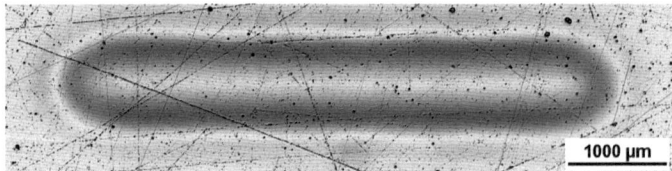

Abb. 8: Verschleißspur auf einer 50 µm dicken $Al_{60}Cr_{30}Si_{10}N$/TiN-Schicht auf weichem Grundwerkstoff (AlMgSi1) nach Tribometerversuch (geschmiert), die Schicht wird durch die fehlende Stützwirkung des Substrates eingedrückt, ist aber zäh genug, um intakt zu bleiben

Schicht ist zu dünn, um die Last ausreichend zu ver-
teilen, sodass diese bricht.

Bei 50 µm Schichtdicke trat hingegen kein Versagen
der Schicht mehr auf. Die Hartstoffschicht verteilt
die Last in das weiche Substrat, dessen Verformung
dadurch reduziert wird. Nun reicht die Verformbarkeit der Schicht aus und sie bleibt intakt. Nach dem
Versuch konnten Höhenunterschiede von 20 µm in
der Schicht gemessen werden. Auch bei langer Ver-
suchsdauer trat kein Versagen auf. Die sichtbaren
Polierspuren innerhalb der Verschleißspur belegen,
dass es nahezu keinen Verschleiß der Schicht gegeben hat *(Abb. 8)*.

Belastungsgerechtes Schichtdesign

Plastische Verformung eines Werkzeuges sollte vorzugsweise ganz vermieden werden. Dazu kann eine
Hartstoffbeschichtung einen großen Beitrag leisten.

Für lokale Beanspruchungen kann die Schicht durch
deren hohen E-Modul gegenüber dem des Substrates lastverteilend wirken und somit kritische Spannungen vom Substrat in die Schicht verschieben.
Die Festigkeit der Schichten lässt sich nur sehr aufwendig bestimmen. Nach Literaturangaben kann ein
Richtwert von 1/3 der Universalhärte angenommen
werden. Damit läge die Festigkeit bei 8 bis 10 GPa
was auch in einigen Triboversuchen bestätigt werden
konnte.

Durch Modellrechnungen (Programm *FilmDoctor*,
Fa. Siomec) kann die Spannungsverteilung im oberflächennahen Bereich einer beschichteten Oberfläche
abgeschätzt werden. *Abbildung 9* zeigt die Span-
nungsverteilungen bei Belastung an einer unbeschichteten und einer dick (100 µm) beschichteten
Oberfläche. Im letzteren Fall liegt das Spannungs-
maximum in der Schicht, wodurch das Substrat

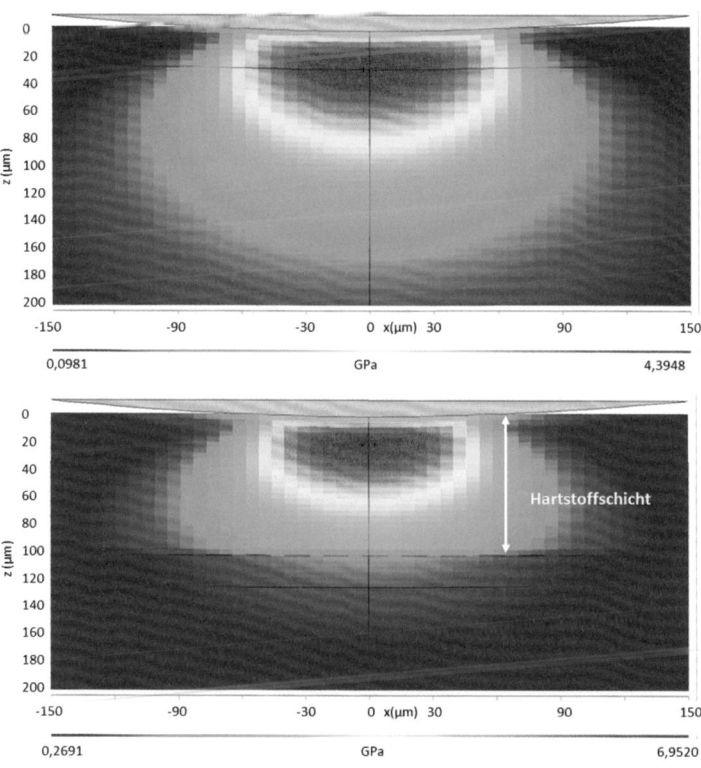

Abb. 9: Simulierte Spannungsverteilung (von Mises) im oberflächennahen Bereich bei
Belastung mit einer Kugel, unbeschichtete Oberfläche (oberes Bild), beschichtete
Oberfläche (unteres Bild)

Parameter: Kraft 50 N, $d_{Gegenkörper}$ = 2 mm, $E_{Schicht}$ = 590 GPa, $E_{Substrat}$ = 210 GPa,
Schichtdicke = 100 µm (nur unteres Bild)

deutlich entlastet wird. Die Schicht kann die hohe Spannung gut ertragen, die Gefahr plastischer Verformungen des Werkzeuges wird dadurch wesentlich reduziert.

Anwendung bei Raumtemperatur (z. B. Fließpressen) – Zylinderstauchversuch

Für die Untersuchung von Reibung und Verschleiß wurden ergänzend zu den Tribometerversuchen ebenfalls Ringstauchversuche [8] durchgeführt. Dabei wird ein Stahlring zwischen zwei parallelen rondenförmigen Werkzeugen (Stauchplatten) auf die Hälfte seiner Ausgangshöhe gestaucht *(Abb. 10)*. Für die Stauchplatten ergibt sich dabei eine für viele Umformwerkzeuge typische Belastung.

Die mit AlCrTiN und AlCrN beschichteten Stauchplatten funktionieren im Zylinderstauchversuch sehr gut und zeigen gleiche Reibwerte wie die polierten Stahloberflächen, ohne dass sichtbarer Verschleiß auftritt (Test bis 50 Umformvorgänge, danach Testende). Durch die verschleißmindernde Wirkung der Schichten besteht die Möglichkeit, einen weniger verschleißfesten, kostengünstigeren Werkstoff als Werkzeugwerkstoff einzusetzen und die Aktivflächen mit der Beschichtung vor Verschleiß zu schützen. In der durchgeführten Versuchsreihe konnte dies mit Stauchplatten aus gehärtetem Vergütungsstahl C45 nachgewiesen werden. Dieser stellt die nötige Druckfestigkeit für Durchführung des Umformvorganges zur Verfügung, ist jedoch aufgrund der fehlenden

Abb. 10: Stahlring (∅ 20 mm) im Ausgangszustand (links) und nach dem Ringstauchversuch (rechts). Der Ring wird auf ca. die Hälfte seiner Ausgangshöhe gestaucht   Bilder: Fraunhofer IWU Chemnitz

Abb. 11: Oben: Stauchplatten aus Werkzeugstahl 1.2379, unbeschichtet, nach verschiedener Anzahl von Umformungen
unten: Stauchplatten aus C45, beschichtet, nach verschiedener Anzahl von Umformungen
                                                        Bilder: Fraunhofer IWU Chemnitz

Legierungselemente deutlich verschleißanfälliger als ein Werkzeugstahl, bspw. 1.2367. Mit einer Beschichtung aus $Al_{70}Cr_{30}N$ konnte an Werkzeugen aus C45 nach 50 Umformvorgängen im Gegensatz zur unbeschichteten Variante aus dem höherwertigen 1.2367 kein Verschleiß festgestellt werden *(Abb. 11)*.

Anwendung bei hohen Temperaturen (Gesenkschmieden)

Die verwendeten Hartstoffschichten zeichnen sich ebenfalls durch eine gute Temperaturbeständigkeit aus. Besonders die Mehrlagenschichten aus $Al_{60}Cr_{30}Si_{10}N$ und TiN zeigen gute Einsatzeigenschaften bis 1200 °C. Die TiN-Zwischenlagen vermindern die Cr-Diffusion und damit den Zerfall der Hartstoffschicht [9, 10]. Bei 1000 °C treten noch Umordnungsprozesse auf, welche die Härte der Schicht weiter erhöhen. Nach einer Glühung bei 1200 °C sind auch Peaks des reinen Ti zu finden, welches an die Oberfläche diffundiert ist *(Abb. 12)*. Dieser Vorgang ist relativ langsam. Ein Langzeittest in einem Gasbrenner bei 1200 °C hat für die Hartstoffschicht eine Oxidationsrate von 5 µm/100 h ergeben. Für die praktische Anwendung sollte dies kaum von Bedeutung sein.

Für einen Projektpartner wurden Werkzeuge für das Gesenkschmieden *(Abb. 13)* von Getriebekomponenten aus hochfestem Stahl mit $Al_{60}Cr_{30}Si_{10}N$/TiN

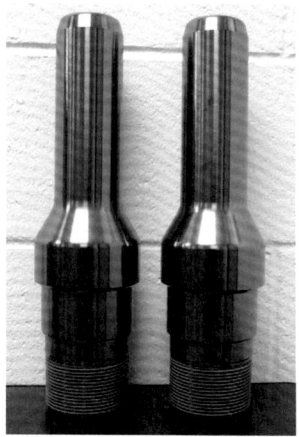

Abb. 13: Beschichtete Schmiedewerkzeuge (L: 376 mm, Ø: 102 mm)

beschichtet und im regulären Fertigungsprozess getestet. Mit einer 10 µm dicken Schicht wurde eine Standzeit von 280 % und mit einer 30 µm Schicht konnte sogar eine Standzeiterhöhung auf 300 % im Vergleich zu unbeschichteten Werkzeugen erreicht werden.

Dabei bietet die Beschichtung im Vergleich zu unbeschichteten Werkzeugen folgende Vorteile:

• geringere Wärmebelastung des Werkzeuges durch geringe Wärmeleitung der Schicht

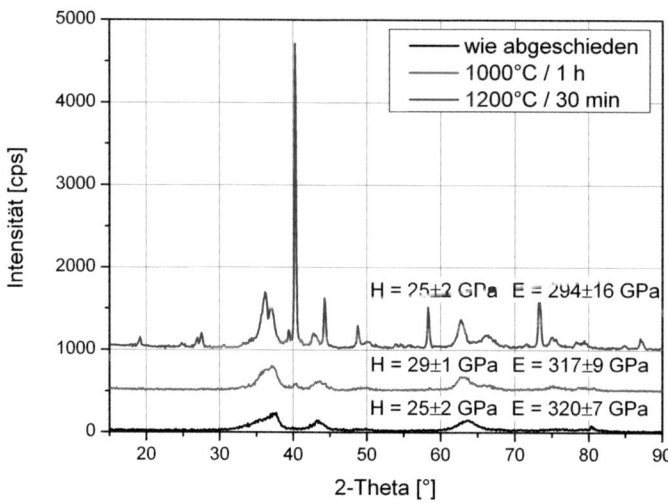

Abb. 12: Röntgendiffraktogramme der $Al_{60}Cr_{30}Si_{10}N$/TiN-Nanolagenschichten, wie abgeschieden, geglüht bei 1000 °C und bei 1200 °C

- Oberflächenstabilität durch hohe Härte auch bei hohen Temperaturen
- gleichbleibende Reibeigenschaften durch Formtreue und geringe Rauheit der Schicht
- reduzierte plastische Verformung des Werkzeuges durch Lastverteilung auf größere Oberflächenbereiche durch die hohe Steifigkeit der Schicht

Zusammenfassung

AlCrN-TiN-basierte Schichten mit Siliziumdotierung in einer nanolagigen Architektur wurden bezüglich ihrer Reib- und Verschleißeigenschaften in der Massivumformung sowohl an Hand von Modellversuchen (Tribometer, Ringstauchversuch) als auch am realen Werkzeug im Schmiedeprozess getestet. Das Reibverhalten entspricht weitgehend unbeschichtetem Stahl, jedoch ist der Verschleiß der beschichteten Oberflächen wesentlich geringer. Die dickeren Schichten (> 10 μm) bieten einerseits eine hervorragende mechanische Schutzwirkung gegen lokale Verformungen des Grundwerkstoffes, andererseits sind sie duktil genug, um gewisse Verformungen zu ertragen, ohne zu reißen. Diese Eigenschaftskombination ist für Hartstoffschichten ungewöhnlich und eröffnet völlig neue Anwendungsmöglichkeiten.

Ein belastungsgerechtes Schichtdesign ermöglicht die Reduzierung der Anforderungen an den Grundwerkstoff. Damit können durch geeignete Beschichtungen Kosten für den Werkzeugwerkstoff eingespart werden, obwohl die Leistungsfähigkeit des Werkzeuges gleichzeitig steigt.

Das vorgestellte Schichtkonzept wurde auf Werkzeuge für industrielle Schmiedeprozesse appliziert. Die Werkzeuge wurden anschließend in einem Routineprozess bei 1200 °C eingesetzt. Im Vergleich zu Standardwerkzeugen konnte die Standzeit der beschichteten Werkzeuge auf bis zu 300 % gesteigert werden.

Eine Anpassung des Schichtkonzeptes an andere Anforderungsprofile ist möglich, wodurch sehr unterschiedliche Anwendungen adressiert werden können.

Danksagung

Wir danken Herrn Frank Schaller vom Fraunhofer IWS Dresden für die Durchführung der Verschleißuntersuchungen, Herrn Thomas Druwe vom Fraunhofer IWU Chemnitz für die Durchführung und Auswertung der Zylinderstauchversuche sowie der Fa. Meritor Inc. für die Bereitstellung der Schmiedewerkzeuge und deren Test.

Literatur

[1] Behrens, B.-A. et al.: Untersuchung zu den Verschleißeigenschaften nitrierter und beschichteter Werkzeuge für die Warmmassivumformung, white paper, Verlag Meisenbach, Bamberg, IV/2012, www.umformtechnik.net

[2] Dültgen et al.: Entwicklung von chrom- und borbasierten Verschleißschutzschichten für die Warmmassivumformung, in: Werkstoffe in der Fertigung (2013)1, S. 42–45

[3] Stein, C.: Nano-Strukturierte Hartstoff-Schichten für Werkzeuge und Hochtemperaturanwendungen, Fraunhofer IST, Jahresbericht 2011

[4] Navinsek, B. et al.: Improvement of hotworking processes with PVD coatings and duplex treatment, Surface & Coating Technology 142-144, 2001, p. 1148–1154

[5] Kaulfuß, F.; Zimmer, O.: Wie Nanotechnik die Grenzen der Hartstoffbeschichtung erweitert, in: Jahrbuch Oberflächentechnik 2012, Band 68, ISBN 978-3-87480-274-1, Eugen G. Leuze Verlag KG, S.69–84

[6] Hetzner, H.: Tribologische Dünnschichten für die Blechmassivumformung, Tagungsband zum 1. Erlanger Workshop Blechmassivumformung 2011, DFG Transregio 73, Hrsg.: Merklein, M., Meisenbach Bamberg 2011, S. 139–158

[7] Raedt, J. W.: Grundlagen für das schmiermittelreduzierte Tribosystem bei der Kaltumformung des Einsatzstahles 16MnCr5, Dissertation, Rheinisch-Westfälischen Technischen Hochschule Aachen, 2002

[8] Lange K. (Hrsg.): Umformtechnik, Handbuch für Industrie und Wirtschaft, Springer-Verlag, Berlin, Heidelberg, New York, 2. Auflage 2002

[9] Endrino, J. L. et al.: Oxidation tuning in AlCrN coatings, Surface & Coatings Technology 201(2007), 4505–4511

[10] Escobar Galindo, R. et al.: Improving the oxidation resistance of AlCrN coatings by tailoring chromium out-diffusion, Spectrochimica Acta Part B 65 (2010), 950–958

2.3 Schmelztauchbeschichtungen

Hot Dip Galvanizing

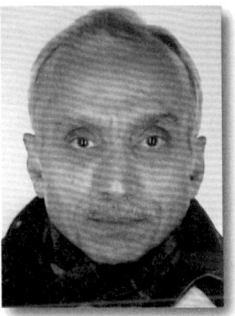

By Dr. Benu Chatterjee.. Lesen Sie ab Seite 73
chatterjee@blueyonder.co.uk

Hot Dip Galvanizing

By Benu Chatterjee

Steel with high strength-weight ratio as well being reasonably cheaper than other exotic materials is frequently chosen for engineering applications in areas such as building and automotive industries. However, the major drawback of steel is its natural tendency to rust in humid atmosphere. The situation can be improved by protecting the steel surface with zinc coating which would act as a sacrificial anode to steel and physically provide a barrier film to rust. Among the various zinc coating processes, hot dip galvanizing method provides a very thick coating normally between 35 to 70 μm. The technique involves immersion of steel articles for about 4 to 5 minutes in a molten zinc bath maintained around 440 to 460 °C. In the present review, various aspects of hot dip galvanizing are updated which include pre-treatment, process details, applications, metallurgical characteristics and corrosion resistance of the coating, cost and effect of the operation on environment.

1 Introduction

Steel has been a frequent choice of engineering materials in today's economy for various construction/manufacturing industries such as building and automotive sectors. It offers ease of formability, high strength-to-weight ratio, and is abundant and relatively inexpensive compared to other more exotic materials. But steel has a natural affinity towards rusting. The only way to prevent rust formation is to isolate the steel from the corrosive effects of the environment. Zinc coatings have been used to protect steel from corrosion for more than 250 years [1–4]. Zinc's first use in construction (roofing) was in 1811 in Belgium. However, it was not until 1829 that the galvanic action of zinc protecting iron was discovered. In an experiment by Michael Faraday, he found that zinc protects iron by sacrificial corrosion to itself when the two metals are in contact in the presence of an electrolyte. This phenomenon known later on as cathodic protection, occurs because zinc is electrochemically anodic to steel. This important benefit of applying zinc coating insures cathodic protection of steel at cut edges or damaged areas of the coating. Furthermore, as zinc weathers, it forms stable hydroxides and carbonates, which would slow down the corrosion rate and thereby providing excellent resistance against atmospheric corrosion.

The performance of zinc against corrosion is consistent, because most coating methods applying zinc, namely hot dip galvanizing, sherardizing, mechanical plating and electroplating, start essentially with a reasonably pure zinc and presence of most impurities do not significantly alter corrosion performance. Among the various zinc coating methods, hot dip galvanizing provides a protective coating by immersion of iron or steel articles in molten zinc. The technique has been accepted as a commercial process since year 1850 to provide a durable, economical, long term protection to steel without the need for regular maintenance (e. g. see BS 5493). In fact, history of the process goes back to 1742 when a French chemist Melouin presented a paper on hot dip galvanizing, but the process really started to draw attention with patents mainly in the 1830's [5]. The technique has wide applications for zinc coatings which include street furniture, architectural steelwork, agricultural implements, exterior hinges, roofing nails and some automotive components and structures. The basic procedures for galvanizing have not changed much over the years. The process itself is, however, not as well – known as the other coating methods. It seems that the hot-dip galvanizers, in spite of providing one of the most important and widely used anti-corrosion coatings for steel, tend to operate outside the mainstream of metal finishing community. A recent report [6] based on North American Galvanizers Process Survey among the members of American Galvanizers Association in early 1997 and again in 2000, provides an excellent sampling of the entire North American batch hot dip galvanizing industry. The information shows the trends in the changes happening in the galvanizing industry and the improvements in production efficiency. Galvanized sheet steel can now be considered, by reason of the technologies developed and used in production today, as a class of materials with a range of attractive properties, such as corrosion resistance, deformability and paintability. In a recent overview, the cost factors and fatigue behaviour of galvanized steel in the automotive industry were examined [7].

A dictionary definition of galvanizing is "to coat (iron or steel) with zinc". Among the conventional coatings with zinc, hot dip galvanizing accounts for zinc's primary use which is estimated to be over 90 % of the total zinc used for coatings world wide [1]. The main reason for such heavy usage of zinc in galvanizing method compared to other coating systems is due to the application of very thick coating by the process. There has been development of several innovative methods to enhance the corrosion resistance property of galvanized coating. These include incorporation of TiO_2 into the coating [8], uses of aqueous inorganic-organic hybrid sols on the coating by sol-gel method [9], application of dense silica layer onto galvanized steel using a colloidal silica/silicate formulations [10], galvanized coating containing dispersed nickel in the under layer [11] and pre-treatment of galvanized steel with silanes modified with microparticles of silica [12, 13]. Besides applying pure molten zinc, there have been other hot dip processes, such as Galvalume/ Galvalium (55 % Al, 1.6 % Si and the rest zinc), Galfan (4.7–6.2 % Al, 0.02–0.05 % Ce, La and the rest zinc) where molten alloys of zinc are applied [14–26].

2   System evaluation

In conventional hot dip galvanizing, parts are cleaned, pickled (usually in hydrochloric acid) and fluxed before finally immersing into the molten zinc, which is sometimes followed by quenching in water. There are alternative methods to the conventional practice, namely electrostatic deposition of zinc powder on a ferrous substrate, followed by creating zinc-iron interface by liquefying the powder via reflowing operation [27]. In the present text, factors affecting the conventional practice are only considered.

2.1   Pre-treatment

The galvanizing reaction will only occur on a chemically clean surface that should be free of grease, dirt and scale prior to galvanizing. A thorough cleaning of the workpieces can be achieved by a variety of processes [4, 28, 29]. If the workpieces are coated with oil, grease or paint, solvent degreasing or hot alkaline cleaning is required. Alkaline cleaners are normally used since they are less expensive than vapour degreasers using costly organic solvents, which are only employed for particular cases where they have been considered to be the preferable option. Recent advancement of blast cleaning of iron and steel castings with steel or glass shots has been a great innovation in cleaning technology by reducing the cleaning time and lowering the number of rejects considerably. Thus iron castings (grey or malleable) or steel substrates can be treated for galvanizing directly after shot blasting without necessarily going through the pickling stage [30]. In fact, cost of shot blasting a large number of castings, is offset by saving in time, elimination of acid pickling, lowering coating weights and lessening dross formation in the galvanizing bath. It is, however, important to point out that the normal cleaning steps are not normally capable of removing any welding slag, paint or heavy grease on steel articles, which must be, therefore, treated elsewhere more vigorously prior to sending off for galvanizing treatment.

The steel surface is normally first treated with acid (pickle) to remove iron oxides present as rust and/or mill scale. Pickling process is commonly carried out using warm/hot acid solutions, such as hydrochloric acid (HCl) and sulphuric acid (H_2SO_4). Although the two acids exhibit very nearly the same pickling effectiveness, it is HCl which is normally chosen in preference to H_2SO_4. The advantages of HCl include use of lower temperature, lower volume and easier disposal of spent acid; it is also easy to inhibit and easy to see in pickled condition, avoids sulphate contamination of flux solution, and moreover, the workpiece may not require prior caustic treatment [31]. Furthermore, unlike H_2SO_4 which is normally used hot, HCl can be also used cold [28]. Nevertheless, there are some advantages with sulphuric acid, such as generation of much less corrosive fumes, need for smaller storage of "raw" (bulk) acid, better for countercurrent rinses and lower cost recovery. The limitation of the cleaning operation with either of these acids, iron salts generated from the reaction between the acid and iron articles, increase until a point is reached where the pickling bath is no longer effective. This stage is reached when the iron content of the bath is up to about 80 to 100 g/L. By proper selection and correct use of pickling acid inhibitors, some galvanizers have dramatically reduced acid fumes, greatly extended rack life, significantly prolonged bath life and still maintained adequate pickling speed.

An alternative pre-treatment [29] involves degreasing, etching, washing and passivation by consecutive treatment first at room temperature in solution containing 2 to 4 % nitric acid and 3 to 10 % Chromic acid (CrO$_3$), washing in warm water at 60 to 80 °C, and then at room temperature in solution containing 5 to 10 wt.% HCl, 0.2 to 2.0 wt.% sodium nitrate with a final wash in water at 70 to 90 °C. It is to be pointed out that any of the above pre-treatment is always followed by adequate rinsing prior to the next operation. There is also a non-chemical pre-treatment method as mentioned earlier, which involves surface blasting such as shot blasting to remove surface layers prior to hot dipping [30]. A method of heat treatment under controlled atmosphere is also quoted in the literature whereby oxidation of the sheets is controlled prior to a continuous hot dip process of galvanizing steel strip [32].

The next step prior to galvanizing involves fluxing of the steel surface [4, 28, 31, 33–37] to provide

a) good adherence of liquid zinc on the workpiece as it is pulled out of the coating bath, and

b) satisfactory metallurgical interaction between zinc and steel.

The use of a proper flux composition should provide a good control on zinc consumption during galvanizing and thereby making the process cost-effective. The two basic functions of flux include:

a) elimination of oxide that forms on the workpiece after pickling or abrasive cleaning, and

b) prevention of any interference of oxide film present on the surface of the molten zinc bath.

An efficient fluxing action would ensure complete contact between the steel surface and molten zinc by removing last traces of oxide from the surface of the component, and thereby allowing the molten zinc to subsequently wet the steel surface for coating reaction to occur satisfactorily.

Fluxes are generally a mixture of zinc chloride (ZnCl$_2$) and ammonium chloride (NH$_4$Cl) in 1:3 mole ratio [34]. The possible influence of flux composition on coating weight has not been addressed in

any depth in the technical literature. Density in terms of Baume or g/mL unit is a rough measure of the total zinc chloride in the fluxing solution in presence of ammonium chloride only [33]. It is the ammonium chloride (measured accurately by Kjeldahl method) which acts as the active ingredient in a galvanizing flux, promotes drying of the flux prior to entry of the workpiece into the molten zinc pot/kettle. Zinc chloride in the flux is moderately active to help preventing rusting of steel prior to its entry into the molten zinc. Laboratory trials indicate that altering the pre-flux ammonium chloride content has no significant effect on the galvanized coating weight [34]. The precise composition of the flux has, however, a dramatic effect on the consumption of zinc. It is a myth that flux composition does not give thinner zinc coating on the steel. The truth is that a properly formulated and maintained flux solution would allow shorter residence time for steel in the molten zinc, and thereby resulting in thinner zinc coatings [31]. Usually a small quantity of wetting agent is also added to the flux bath. A recent quotation on flux composition [37] mentions 60 to 80 wt.% of ZnCl$_2$ and 7 to 20 % NH$_4$Cl with 2 to 20 % of a fluidity modifying agent comprising at least one alkali or alkaline earth metal.

A more active flux (i. e. one with higher ammonium chloride content) can be expected to react more aggressively with steel workpiece with subsequent acceleration of dross formation [34]. In the so-called dry process, fluxes are applied as hot (around 65–80 °C) aqueous pre-flux solution on to a dried workpiece for subsequent immersion in molten zinc [4]. The latent heat from the hot fluxing solution helps to dry up the articles when removed from the solution. Further drying of the flux coated article is carried out on hot plates or ovens at temperature not exceeding 120 °C since the flux decomposes at about 150 °C. The use of pre-flux in the dry process contributes to the generation of dross in two ways. Any iron present in the pre-flux is transferred to the zinc bath forming intermetallic zinc-iron compounds which settle to the bottom of the galvanizing kettle as a slush of bottom dross to be removed periodically. This is why it is important to maintain a low iron content in the flux. Secondly, the pre-flux itself reacts with the steel surface, generating iron salts in the interval period between fluxing and hot dipping. In contrast, some galvanizing plants operate using a wet process where a blanket of molten flux layer, which is black and frothy, is already floating on top of the galvanizing bath.

There are some benefits and disadvantages of both dry and wet processes [31, 33, 35]. Compared with the wet method, the advantages of the dry process include thinner and brighter zinc coatings, faster throughput, lesser dross formation and lower usage of flux. Formation of thinner coating also means lesser consumption of zinc. The disadvantages of the dry process include more spatters from the pot with certain types of work (hollowware) and requiring more care in pickling and solution fluxing. Advantages of the wet process primarily include fewer rejects from improperly pickled and poorly solution-fluxed steel, less spatter and easier galvanization of the burn line on double dipped work. Nevertheless, most of the continuous sheet galvanizers, if not all, however, adopt the dry process because of the substantially less total flux being required, resulting in considerably less drossy coating than the wet process. Also, the wet process is likely to provide a thicker coating than required.

The fluxed, dried work should be galvanized within an hour of its preparation; otherwise the flux coating tends to absorb moisture from the air and becomes oxidized. Flux solutions are maintained at their optimum by maintaining its specific gravity with addition of more flux crystals, and by adding water to make up for drag out losses. An addition of excessive flux does not necessarily remedy a drossy bath. Research work has shown that presence of low iron (0.5 %) in the flux along with an addition of a trace amount of aluminium (up to ~ 0.005 %) can be helpful in avoiding deposition of excess zinc on the workpiece [34]. However, sludge will build up if the iron content in the flux becomes too high, namely exceeding 3.75 g/L when a "flux spotting" defect becomes more prevalent. At pH of 5.4 or above, over 90 % of iron precipitates as a sludge and can be removed.

Besides forming the coating itself, zinc is also consumed in producing dross, skimmings, splatter and droplets of molten metal removed by centrifuging or "blow out" of pipe interiors [34]. Dross refers to a wasteful alloy of iron and zinc consisting of about 1 to 4 % iron with the remainder as zinc. At the

galvanizing temperature, dross is in a semi-solid state and sinks to the bottom of the bath. Studies of various means of reducing dry ash (skimmings) and dross [33] as well as composition, testing and control of hot dip galvanizing flux have been detailed elsewhere [38].

2.2   Process details

The quality of coating on a properly prepared work depends on the quality of molten zinc used, composition of steel substrate, temperature of the galvanizing bath, time of immersion and the rate of withdrawal. Based on researches, in-plant consultancy and workshop experience, a guide to some practical information on galvanizing is available in the literature [36]. Conditions in the galvanizing plant such as temperature, humidity and air quality would not affect the quality of the galvanized coating. By contrast, these factors are critically important to achieve good quality on subsequent painting of the galvanized surface [4]. It is worth mentioning here that a review of the chemistry of the molten zinc bath for galvanizing considered the iron balance in the bath [39].

2.2.1   Quality of molten zinc

Zinc slab from the smelter containing ~ 1 % lead is normally used for galvanizing [1, 28]. Studies have shown that the surface tension of pure metallic zinc at its melting point (419.5 °C) is reduced by 40 % when alloyed with 1 % lead in an inert atmosphere [40]. Experienced galvanizers prefer zinc alloyed with 1 % or more lead for the galvanizing bath because of better drainage of molten zinc from steel workpieces afterwards. In fact, it is generally considered difficult to galvanize satisfactorily if lead level is below 0.5 %. It is also reported that thinner zinc coatings are associated with fewer and thinner zinc icicles and a more pleasing appearance of large flowery grains termed "spangles" originating from the solidification pattern of the zinc layer. In construction industry and certain other applications, the spangle pattern is considered desirable as it gives the product an attractive appearance. It is worth mentioning here that simply dropping lead into the molten zinc pot for galvanizing does not cause the lead to alloy with zinc. Alloying has to be accomplished externally first. Otherwise, the bottom dross

sandwiched between the zinc and lead, acts as a formidable barrier to prevent lead from alloying with zinc [40]. Lead added to the bath should not contain antimony, copper or other elements which would otherwise dissolve in zinc and contaminate the coating. A recent study of hot dip galvanizing baths of innovative as well as traditional compositions containing lead (1.1 %), nickel (0.05 %) and/or bismuth (0.1 %) showed interesting results. The reactivity of steel was slower with subsequent lower coating thickness in the presence of nickel and bismuth in the bath which would thus be suitable to control the galvanizing reaction of "reactive" steel (mentioned in next section in terms of semi- or fully-killed steel) containing high silicon. Furthermore, bismuth which is not hazardous to health or environment unlike lead or nickel, is suggested to be a very good alternative to lead in improving fluidity of the bath [41].

Aluminium is generally added to the molten zinc in small amounts (0.005 %) which tends to reduce the rate of oxidation of molten zinc, brighten up the appearance of the galvanized workpiece and reduce the size of spangles so that an improved uniformity of the coating is attained. Presence of excessive amounts of aluminium will, however, reduce the rate of zinc-iron alloy formation, making the working of the bath difficult. To safeguard against an excess of aluminium, addition should be made in the form of zinc-aluminium master alloy in very small quantities. A quick test of the optimum amount can be carried out by scattering a few crystals of ammonium chloride on the surface of the zinc bath. At aluminium level below 0.007 %, the oxide on the surface dissolves and the crystals move about freely, but will remain inert at higher aluminium content and gradually volatilize.

There are other elements which are added to the zinc bath in very small quantities to develop special properties of the coating or to assist the processing method [42, 43]. For example, tin and antimony lower the surface tension, titanium and zirconium act as refiners, and magnesium (and even copper) when alloyed with zinc can improve corrosion resistance of the coating. Addition of vanadium along with nickel to molten zinc is claimed to be suitable for controlling the reaction of semi-killed steels [1]. An addition of tin to the bath is claimed to reduce growth of iron-zinc intermetallics, and thus become useful in treating reactive steel [44]. Also, additions of manganese (0.5 %) and titanium (0.05 %) to the zinc bath seem to control the fast growing thickness of coating on reactive steels to even less than expected rate from conventional galvanizing bath [45].

2.2.2 Composition of steel substrate

Besides bath temperature, immersion time etc. (dealt in next section), thickness of the galvanized coating is also greatly affected by the composition of the substrate which could be steel or cast iron [1, 2, 46]. Composition of steel for galvanizing can be broadly classified into two groups, namely low carbon, non-killed steel with low silicon (< 0.05 %), and "reactive" steel which could be killed or semi-killed steel with high silicon content (above 0.25 %) which is normally added as a deoxidiser during production of steel. For non-killed steel, the relationship between coating weight and immersion time is parabolic i. e. coating weight is relatively insensitive to immersion time after an initial period of reaction; any pick-up of zinc declines to a negligible amount after first 2 to 3 minutes in a parabolic relationship. However, presence of silicon (more than 0.25 %) in steel, greatly changes its reaction with molten zinc, and a thick galvanized coating is produced typically in about five minutes. Galvanizing of high silicon steels such as the most high grade low strength steels (HSLA), almost maintains a linear relationship between zinc pick-up and immersion time [1, 2, 47]. Since the kinetics of metallurgical reaction is a function of time and temperature, an equal mass of high silicon ("reactive") steel compared with non-killed steels, will produce a heavier coating (up to about 200 µm). The claim of good adhesion to the basis steel is, however, arguable [48]. The reaction rate of reactive steel can be so high that the pure zinc layer adhering to the galvanized article on withdrawal is transformed completely to zinc-iron alloy before the article has time to cool down. A much darker (gray) galvanized coating is produced on such reactive steel which, however, should not alter the corrosion resistance property of the coating. The speed, with which the coated steel is withdrawn from the molten zinc bath, also contributes to the coating weight. The slower the withdrawals speed, the lower

the coating weight [2]. Also, steel fabrications containing light and heavy sections should be avoided to preclude development of very heavy coatings on the lighter weight sections. Cast irons like silicon-killed steel also react vigorously with molten zinc during hot dip galvanizing [33].

2.2.3 Bath temp

With zinc melting ~ 420 °C, the normal working temperature of the bath is usually maintained in the range 440 to 460 °C. A lowest possible temperature consistent with the drainage of zinc from the workpiece, is always to be aimed for efficient galvanizing in order to keep ash and dross to a minimum, conserve fuel and prevent damage to the zinc pot [28]. The critical temperature for reaction between iron-zinc alloy coatings and molten zinc is 480 °C. Below 480 °C, a compact zinc-iron alloy is formed at the surface of the work with the alloying action eventually ceasing up. Above the critical temperature, two effects come into play, namely

a) break down of the alloy layer, allowing zinc to penetrate into the basis metal with the resulting formation of very large amount of dross, and

b) likely attack of the pot itself by the molten zinc.

Recently, a two-stage process of galvanizing followed by heating in the range 420 to 800 °C is claimed to improve composition of coating [49]. A new method is devised for galvanizing hot rolled steel strip [50]. It involves preheating the strip after normal cleaning, up to the galvanizing temperature under a protective atmosphere, followed by immersion in a galvanizing bath. In another work [51], both the quality and self-healing property of coating (25–80 μm) are claimed to be superior to that from conventional galvanizing. It is based on an innovative process which utilizes the special properties of zinc-iron alloys at 560 to 600 °C or more forming a homogeneous δ-phase coating.

2.2.4 Immersion of workpiece

The workpiece should be submerged as rapidly as possible with due caution for safety [28]. In wet fluxing process, quantity of dross during galvanizing increases depending on the time the work is in contact with the flux blanket. The speed of immersion affects the uniformity of coating, particularly with long articles where the time between the first and last

parts to enter the bath may be considerable. A heavy coating would be produced if the workpiece is left in the bath until "boiling off" stops and then withdrawn immediately. An alternative method [52] involves changing the orientation of the steel sheet immersed in the molten zinc bath, by adopting an orientation changing device that will pull the steel sheet out of the bath. This is followed by adjusting the amount of molten metal adhering to the steel sheet by means of a gas wiping device. The use of an electromagnetic set up will finally correct the warp of the steel sheet via its magnetic force in a contactless manner. The surface properties of the finished article are claimed to be excellent.

The period of immersion varies with companies, but, as a general rule, malleable cast iron pipe fittings are immersed for a minimum of 40 seconds, steel on an average of 25 seconds and cast iron for about a minute. The alloying action on castings starts off after about 15 seconds of immersion. A typical immersion time is about 4 or 5 minutes, but it can be longer for heavy articles that have high thermal inertia or where zinc is required to penetrate internal space [4]. If castings do not galvanize satisfactorily within the normal time, the cleaning system in the pre-treatment stage must be investigated. Otherwise, a longer immersion in the zinc bath used as a cleaning bath could result in excessive dross production.

2.2.5 Withdrawal of galvanized work

When the reaction between iron and zinc has virtually ceased, the workpiece is taken out of the galvanized bath. On withdrawal from the galvanizing bath, a layer of molten zinc will be taken out on top of the coated layer, which often cools down to exhibit a bright shiny appearance ("spangles") typically associated with galvanized products [2, 4]. The speed of withdrawal controls the thickness of the unalloyed top layer of zinc on the workpiece [28]. Although an optimum rate of withdrawal is expected around 1.5 m (5 feet) per minute, the rate varies with customers' specifications. If the coated articles are withdrawn at a rate slower than the rate at which the zinc drains freely from the surface, a uniform unalloyed zinc layer will result. However, if the withdrawal rate is too fast, the surplus zinc carried clear of the bath, will run and solidify in droplets, producing a lumpy, uneven coating. Factors affecting the energy balance of galvanizing furnaces of various types and sizes have been discussed elsewhere [53].

In wet fluxing process, withdrawal of coated steel through a blanket of flux on the zinc surface helps to wipe off excess molten metal, which in turn aids to increase the withdrawal rate. But any withdrawal through flux should be followed by quenching the coated parts in water to remove flux residues, and thereby avoiding the danger of corrosion from the flux. Water quenching also helps to solidify the zinc coating quicker and minimises any presence of grey coating, which can arise from the growth of alloy layer during slow cooling. Sometimes addition of soft soap or light oil to the quench water improves the smoothness and brightness of the coating. In cases where water quenching is not practical, withdrawal must be accomplished by skimming back the flux blanket, or blowing off the flux with compressed air before withdrawal. Water quenching is not pursued with cast iron components, particularly malleable iron with high phosphorus contents. This is because rapid cooling of high phosphorus irons tends to cause the metal to become brittle at or above room temperature. The worst condition for embrittlement occurs when susceptible cast irons are quenched from about 455 °C which is around the same temperature as hot dip galvanizing [28].

No post-treatment of galvanised articles is necessary. However, chemical conversion coatings and other barrier systems may be applied to minimise the occurrence of wet storage stain. Also, paint or a powder coating may be applied to enhance aesthetics or for additional protection where the environment is extremely aggressive.

2.3 Specific applications

Galvanizing is a versatile process, which could treat a wide variety of articles ranging from nuts, and bolts to long structural sections. Together with the ability to bolt or weld fabrications after galvanizing, the process allows almost any size of structure to be galvanized. A wide range of fabricated steel articles is galvanized for their appearance as well as protection against outdoor environments. Roofing and sheet siding, cans, pails, tanks, nails, outdoor hardware, pipe and conduit are among the many articles protected from weathering and rust by galvanizing.

Some of the specialist applications are considered next. It is worth pointing out here that one should be aware of the various general factors that could affect the characteristics and appearance of hot dip galvanized coatings. These include size and shape of item, steel chemistry, surface condition of steel, design of article with respect to galvanizing, and metallurgy of the galvanizing process. Coating defects such as embrittlement, distortion, pickling corrosion, blow outs and bleeding, flaking, white rust formation, pinholing etc. are discussed elsewhere [54, 55].

2.3.1 Galvanizing tubes

The two most common methods of applying zinc metal to steel handrail tubing for the purpose of protection from corrosion are batch hot-dip galvanizing and in-line continuous galvanizing [56–58]. The zinc coating of steel pipes is a function of base metal chemistry, surface condition, addition of elements such as lead and aluminium, dipping time, temperature of zinc bath, angle and speed of withdrawal, outside wiping pressure, inside blowing media, time and pressure. For the batch process, thoroughly cleaned steel tubes (usually 6 or 12 m long) are immersed into a molten zinc bath from a hoist. For standard tubing of 6.3-mm (0.25-in.) wall thickness, it is normal practice to apply a minimum thickness of 75 μm (micron) or about 519 g/m² (1.7 oz/ft²) as weight of protective coating of zinc. Once the newly produced galvanized tubing cools, it is ready for shipment. In the case of in-line galvanizing, tubes are fed through a molten bath of zinc, followed by application of a conversion coating to prevent the formation of naturally occurring zinc oxide and hydroxide. It applies only to about 23 μm or ~ 160 g/m² (0.5 oz/ft²). This means that the service life against corrosion using a zinc coating produced by a batch process can be, as expected, about three times longer than by in-line produced coating. Usually, a final coat of a clear inorganic polymeric paint is applied on top of the chromate conversion coating of galvanized zinc on the outside of the tubing, while the inside of tubing receives only a coating of zinc-rich paint. For either process of galvanizing, proper venting of hollow materials and proper drainage of structural shapes are important since the coating thickness is determined by dwell time in the bath. Also, tubular fabricated items must be vented internally to permit the molten zinc to flow freely through the tubing without forming pockets of trapped air or moisture during immersion as well as withdrawal operation.

A metallurgical reaction occurs between the molten zinc and iron in the steel tubing during the galvanizing process. This results in the formation of three layers of zinc-iron alloys metallurgically bonded to the base metal with a strength ~ 3,600 psi, topped by an impact-resistant outer layer of pure zinc. This magnitude of bond strength is important for improving corrosion resistance of the interior surface of batch galvanizing tubing where water or moisture may be trapped. In comparison, the corresponding bond strength in zinc-rich paint applied to the inside of tubing produced by in-line galvanizing, is about an order of magnitude less, namely around 300 to 500 psi, and, therefore, perform far less effectively against corrosion. Thus batch-galvanized tubing and pipe are often used as parts of fabrications of hot-dip galvanized vessels and tanks for storing a wide range of liquids. Furthermore, the thick zinc in the zinc-iron alloy layers by a batch process is also harder (250 DPN) than the base steel (160 DPN). Thus it is quite difficult to damage such zinc coating, which ultimately enhances its resistance against corrosion. In comparison, the inorganic polymer paint covering the thin layer of zinc produced by an in-line process damages as easily as any other paint and is particularly susceptible to deterioration caused by ultraviolet rays from the sun.

Adoption of a duplex anticorrosion system appears to fulfil the increasing demand for longer-life of steel tubing used in the automotive industry for fuel and brake line applications. A duplex system is a combination of a metallic anticorrosion coating of normally zinc and zinc alloys on the steel surface with a top layer of an organic coating. This approach takes advantage of the generally accepted best metallic coatings of zinc and zinc alloys, which protect steel against corrosion via physical barrier and sacrificial anode action. The new technology of a duplex system offers better corrosion protection than the arithmetic sum of the individual protection system. The metallic coating gives longer life to the organic coating by preventing formation of rust, which occurs due to diffusion of oxygen and water through the paint onto the steel surface. Organic coatings applied

directly to a bare steel surface, fail quickly because rust from steel's corrosion occupies a larger volume than the original steel. As a result, once the rust is formed, it lifts the paint by blistering that allows the rust to show through with subsequent acceleration of further corrosion. A simple system with improved corrosion performance can be expected by applying special paints on galvanized steel. Based on accelerated corrosion testing, it was identified that chlorinated rubber and epoxy paint are the most corrosion resistant paints [59]. Weathering of galvanized steel does not seem to affect its paintablity as long as a suitable pre-treatment is given. There is another system widely used in North America on small diameter tubing for automotive and refrigeration applications, which involves an alloy coating (8–15 μm) of zinc – 5 % aluminium alloy (Galfan) followed by an organic top coat (5–10 μm) of say Dorrfex – an aluminium-rich epoxy-phenolic compound [57]. Galfan is applied by a hot-dip process that ensures good adhesion by creating an interface with greater strength between a properly prepared, clean steel surface and the molten alloy. Galfan interfaces with the steel tubing by forming a very thin layer (0.1 μm) of aluminium-rich $Fe_2Al_5Zn_x$ intermetallic. It is claimed that the thicker iron-zinc alloys formed at the interface in conventional hot dip galvanizing are hard and brittle with limited formability compared with the thinner Galfan interface which is as ductile as steel.

2.3.2 Galvanizing nails

A large percentage of the nail volume is coated to prevent them from corroding and deteriorating the surrounding wood [60]. It is well known that steel nails in contact with wet wood or other corrosive environments will form rust that would promote chemical reactions causing the cellulose of the wood to hydrolyze or weaken. Thus corrosion of nail with deterioration of the wood would lead to losses of strength to the joint as well as the structural integrity of the assembly. Among the various protective coatings on nails to prevent corrosion, metallic coatings of zinc appear to provide a truly impermeable layer, resulting in good resistance to atmospheric corrosion and abrasion. There are four major processes of coating zinc onto small parts such as nails and threaded components; they include spin or centrifuge galvanizing, electroplating, sherardizing and mechanical plating of zinc. Hot dip galvanizing is the oldest zinc coating process where nails are placed inside a dip perforated basket and then immersed in a molten zinc bath. After the coating has formed, the basket is centrifuged at a high speed so that the spinning action throws off the surplus zinc and ensures a clean profile. The uniformity of the coating depends upon how soon the batch is removed from the molten bath, time delays, batch size and configuration of nails. It is obvious that the smaller the nail, the more difficult it is to remove the excess zinc. The high temperature of the molten zinc may temper hardened steel nails. The molten zinc also, unless careful, may fill the threads of nails. Industrial experiments have shown that for best quality centrifuging, satisfactory results are obtained by using thick walled centrifuge baskets to hold the heat, and spinning the parts at about 500 rpm for 5 to 8 seconds, followed by an abrupt jolting reversal to centrifuge in the opposite direction for similar time period. Although the chemical costs are relatively low, energy costs are high to keep the zinc bath molten at 440 to 460 °C. With regard to the assessment of corrosion protection, the first sign of red rust in a 5 % neutral salt spray test is reported to appear after about 300 hours for a coating thickness ~ 40 μm.

2.3.3   Galvanizing nuts and bolts

Smaller steel parts, such as threaded fasteners, can benefit from the protection of a hot dip galvanized coating using a centrifuge or spin technique as described above for galvanizing nails. The thickness and uniformity of coating are important because they determine nut/bolt thread fit, lifetime of the nut/bolt connection, and economical use of coating materials [4, 61]. If the coatings were too thick or too rough, the bolt would not be able to mate with the nut. On the other hand, if the coating is too thin, the bolt mates too loosely, resulting in a weak connection. An improper nut/bolt fit can lead to premature failure of the bolted product. For parts coated with zinc by electroplating, the coating builds up on the crests of the threads with a marked thinning out in the roots. Whilst there is some tendency for hot dip galvanizing to be thicker in the roots, a very uniform coating can be obtained with modern equipment [4].

Bolts produced by normal temperature hot dip galvanizing, showed clean threads that would allow nuts to mate easily and securely. As a general rule, nuts, bolts and washers down to M8 size can readily be galvanized.

Galvanized fasteners usually have a bright, light grey appearance, but characteristically rough. With certain grades of high yield and high tensile bolts, the coating can be matt grey; this is because the higher silicon content of such components makes them more reactive towards the molten zinc. Studies have shown that high temperature hot dip galvanizing exaggerates imperfections in the original uncoated bolt, and produces thicker coatings in those areas via very rapid growth of zinc-iron alloy.

Initially, the coefficient of friction with galvanized contact surfaces is low at an average of ~ 0.19. However, as slip commences in service, friction rapidly builds up and "lock-up" occurs due to cold welding between the coated surfaces. If no slip can be tolerated, the coefficient of friction can be raised by roughening the surface of the galvanized coating with wire brushing, light grit blasting or even with a pneumatic chisel hammer or needle gun [4]. On installation, galvanized high strength bolts should be lubricated to prevent galling in the threads.

The initial cost of hot dip galvanizing fasteners with 43 μm as the minimum thickness, is higher than zinc electroplating (8 μm), but somewhat lower than Sherardizing (15 μm). However, as the coating life is proportional to its thickness, hot dip galvanizing would turn out to be quite economical in terms of cost per year of rust-free life of protection of steel fasteners and similar small parts.

3   Process specification

The basic specification for hot dip galvanized coatings on iron and steel articles was for many years defined by a single standard BS 729: 1971 (1986) which was withdrawn during 1999 and replaced with a new international standard BS EN ISO 1461. Although both standards are similar, work should refer to the new standard whose requirements include process of cleaning, preparation of steelwork as well as procedure for galvanizing [4]. Whenever hot dip galvanizing is specified for a job, the surface of steel is expected to be covered with a uniform coating of galvanized layer whose thickness is determined

primarily by the thickness of the steel being galvanized. This is an important advantage of the process when a standard coating thickness is applied
almost automatically. The actual thickness of galvanized coating varies with size, surface profile and
surface composition of steel.

A thin or thick coating can be achieved in the
following ways. A minimum average coating thick-
ness/weight can be obtained by centrifugal technique
whereby parts after being galvanized are spun at
high speed to throw off surplus zinc to ensure clean
profile (BS EN ISO 1461 and BS 7371 Part 6) [4].
The galvanizing process together with corrosion
property of the coating and the key elements of
BS EN ISO 1461A have been discussed elsewhere
[62]. Thick coating can be produced by using steel
whose surface is roughened by grit blasting and
thereby increasing the surface area of contact with
the molten zinc. The use of steel with some controlled
pattern of surface roughness for galvanizing is also
claimed to enhance protective property of the coating
[63]. Alternatively, a reactive steel containing silicon,
which is frequently added as a deoxidiser during
the production of steel, can affect the composition
of zinc-iron alloy layers in such a way as to allow
them to grow linearly with time. Since the figures
for coating life expectancy are quoted on the basis
of minimum coating thickness, they are, therefore,
usually very conservative. Actual coating weights
are often much more than the minimum specified in
the standard. Thicker coatings than those set out in
BS EN ISO 1461 can give additional protection for

use in particularly aggressive environments and can
be specified in conjunction with the above specification. It is worth emphasising that for most applications, thicker coatings that are, of course, costly, are
rarely necessary. For fasteners and their accessories,
the specification should conform to BS 7371:1998:
Part 3 for coating thickness around 8 μm, and Part 6
for 43 μm minimum.

4   Metallurgical characteristics of coating

Most ferrous materials can be hot-dip galvanized.
When a clean iron or steel component is dipped into
the molten zinc, a series of zinc-iron alloy layers are
formed by a metallurgical reaction between iron and
zinc [2, 4, 64–66]. The metallurgical characteristic
of the galvanized coating is a function of the chemical composition of the substrate steel. In accordance
with the binary phase diagram, a typical galvanized
coating on plain carbon steel should consist of three
zinc-iron alloy layers with increasing iron content
by moving towards the surface of steel substrate,
namely a top layer of 94%Zn-6%Fe (ζ – 179 DPN
hardness) is followed by 90%Zn-10%Fe (δ – 244
DPN hardness) with a final bottom layer of 75%Zn-
25%Fe (Γ – 250 DPN hardness) covering the substrate steel (α – 159 DPN hardness) [4a]. These
layers are mostly covered by a top, outer layer of
100 % solidified zinc layer (η – 70 DPN hardness)
with almost similar composition as the zinc bath.
Figure 1 shows typical microstructures on steel produced by hot dip galvanzing [66]. Various zinc-iron
phases are formed when zinc comes into contact with

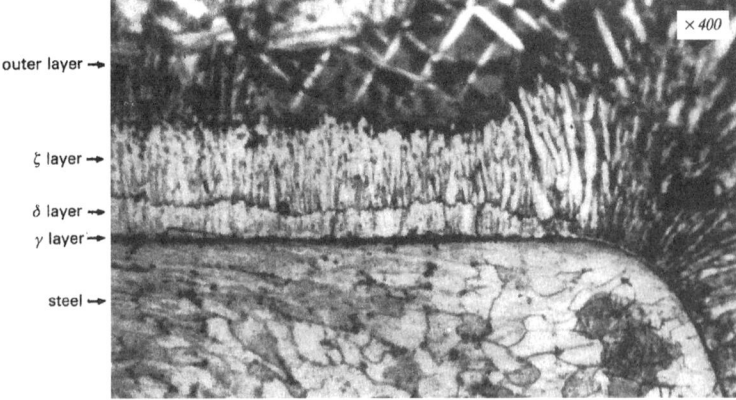

Fig. 1: Structure of zinc layer applied by hot dipping: ζ-layer on flat surface is compact
whereas at edge it is loose and grown out

iron at about 200 °C. At this temperature, the rate of alloy formation is although very slow, it accelerates with increasing temperature. The rate could thus suddenly increase by a factor of 200 at the melting point of zinc (419.5 °C) i.e. temperature of the galvanizing bath when all three alloy phases are formed within a few seconds. The volume of ζ-crystals is greater than that of the iron crystals from which this layer is formed [67]. In a compact ζ-layer, the crystals stay under pressure, and the growth in thickness of the layer follows approximately a parabolic rate with time:growth effectively ceases within a few minutes [1, 66]. Once the reaction rate starts to slow down, the coating thickness does not increase significantly, even if the article is left in the bath for a longer length of time. However, for a less compact (loose) structure of the ζ-layer, the crystals will have room to grow roughly at a linear rate with the alloy layers mainly consisting of ζ-crystals, start to form in a short period. This happens, for example, with reactive steel containing high silicon.

In reality, there is no sharp demarcation between layers, but a gradual transition through the series of zinc-iron alloy phases that would make the coating an integral part of the steel surface with excellent cohesion via metallurgical bond. It is this metallurgical bond between zinc, zinc-iron layers and steel that distinguishes galvanizing from other coatings. Steels with carbon in excess of 0.25 % and manganese more than 1.35 % can produce coatings which are all or nearly all zinc-iron alloys. Steels containing silicon at levels exceeding 0.05 % typically will produce galvanized coatings with a dull, mat finish rather than a more conventional highly spangled coating which can be expected with steels containing silicon less than 0.05 %. Recent investigation of the thermodynamics of multi-component alloys, such as Fe-Zn, Fe-Zn-Al, Fe-Zn-Ni systems, has led to the development of thermo-chemical software that could be a useful tool for galvanizing [68].

The reaction rate of reactive steel i.e. steel with high silicon content is fast enough to ensure complete transformation of pure zinc layer to zinc-iron alloys before the article has time to cool. As a result, a thick coating is produced which would appear much darker than normal. The effect of silicon content of steel on the thickness of galvanized coating is shown in *Figure 2* which illustrates an unusual

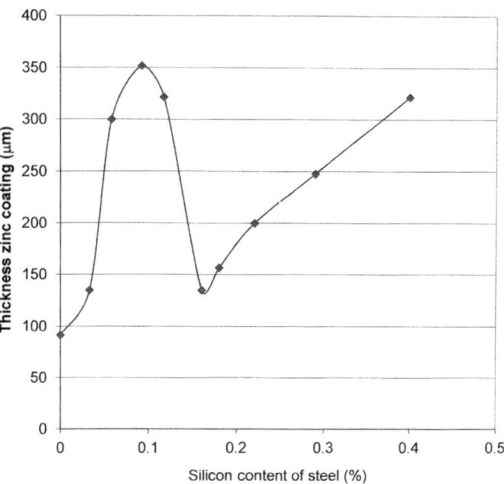

Fig. 2: Coating thickness of galvanized (@ 460 °C for 9 minutes) steel with various silicon content

anomalous behaviour up to ~ 0.15 % Si, beyond which coating thickness increases more or less linearly with increasing silicon content [4]. There has been some attempts to put forward explanations of the accelerating effect of silicon on the galvanizing reaction [48, 69]. Based on electron diffraction studies, fast growth of Zn-Fe layers in reactive steel is believed to result in excessive accumulation of silicon on the surface of steel substrate due to limited solubility of silicon in the Γ-layer. With the movement of the α-Fe/Γ interface towards the substrate, silicon-rich α-Fe breaks into particles and move towards the δ-layer through the Γ-layer due to low solubility of (silicon-rich α-Fe) particles in the Γ-layer. On reaching the δ/Γ interface, the particles dissolve in the δ-layer and accelerate the growth of the layer toward steel substrate with gradual disappearance of the Γ-layer. At this stage, the coating starts to become loose by being too thick via transport of silicon in steels into the coating [48]. An alternative suggestion considers that a thin layer of liquid zinc saturated with silicon on the steel surface, leads to the loose and overly thick coating during galvanization [70, 71].

The metallurgical bond in galvanized coating is superior to normal barrier coatings of electroplated zinc in terms of adhesion and abrasion resistance. The outer layer of pure zinc is relatively soft with hardness around 70 DPN, which can absorb much of the shock of an initial impact during handling. The alloy layers beneath zinc are much harder, sometimes even harder than the base steel itself. Thus the hardness increases from a zeta layer of 179 DPN to about 244 DPN for a delta layer, which is much harder than the base steel [2]. This combination of soft zinc with hard alloy layers underneath provides a tough, abrasion resistant coating. The use of high strength bainitic steel containing 1 to 3 % Mn for galvanizing, is reported to provide excellent ductility and anti-fatigue properties [72, 73]. These characteristics render such hot dip galvanized steel its very high degree of durability in terms of resistance to mechanical damage of the protective coatings during handling, storage, transport and erection and essentially eliminate the need for costly operation of field/on-site "touch up" of the coating. The outstanding durability of hot dipped material renders them better to withstand deformation than electroplated zinc or iron – zinc alloy. As a result, superior resistance to corrosion can be expected from galvanized articles [74].

A study of high temperature hot dip galvanizing (HT HDG) of reactive steel in the range 520 to 560 °C produced fully alloyed coatings. Surface of the coatings had microporous character and consisted primarily of omega (?) alloy with small amounts of zeta and gamma phases [75, 76]. Such coatings with microporous surface enhanced paintability and rendered suitable for applications where abrasion and wear resistance are important. Recently, a method of producing a galvanized coating on steel strip describes introduction of annealing and temper

rolling after galvanizing to facilitate zinc diffusion to the base for better adhesive strength [77]. The product is claimed to provide improved wear resistance, weldability, and corrosion resistance with elimination of coating defects such as powdering. Another unusual innovative method of producing galvanized steel plate comprises steps of hot dip galvanizing, skin pass temper rolling and oxidation treatment [78]. The plating layer consists of eta phase of zinc-iron alloy with an oxide layer on the surface. The product is claimed to provide excellent press formability.

5   Corrosion resistance of coating

Galvanized steel can be considered as a class of materials that has been developed under the ever growing demand for quality products capable of offering good resistance to corrosion in normal use, i.e. atmospheric corrosion in rural, marine and industrial environments [66, 79] *(Fig. 3)*. The service life of a structure beyond its intrinsic nature depends largely on its ability to withstand the corrosive impact of the environment it operates. Zinc's corrosion rate is inherently slower than steel corrosion, making it an ideal coating candidate. When the two are exposed in similar environments, zinc corrodes at 1/10 to 1/40 the rate of steel [4b]. More precise exposure tests have shown that the corrosion rate of unprotected steel compared to zinc can be seventeen times in arid climate, and about eighty times in a marine atmosphere [2]. For zinc coatings, the low corrosion rate is linear over time for most atmospheric exposure, and is nearly always proportional

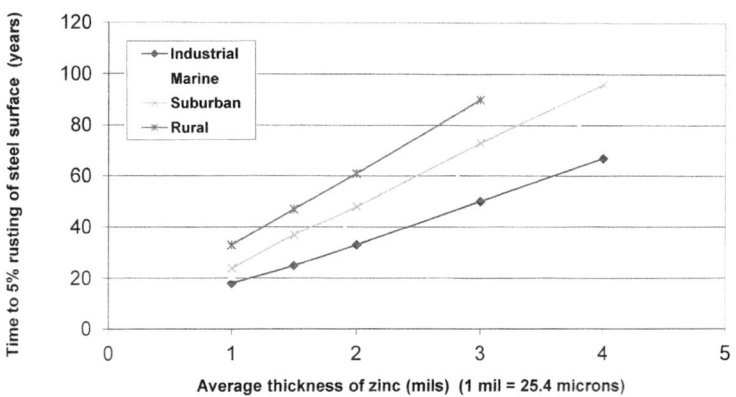

Fig. 3: Corrosion of zinc coatings on steel substrate

to the amount of zinc present. A major advantage of this is that it allows predictions of ultimate life to be made on the basis of interim assessments of coating thickness.

On withdrawal from a galvanizing bath, the top coating of zinc on steel always has a clean, bright, shiny surface [4], which, however, changes with time to a dull grey patina as the surface reacts with oxygen, water and carbon dioxide in the atmosphere. Thus after initial brightness, a thin oxide layer is formed on every zinc coating in a humid atmosphere. The oxide is subsequently converted into a double salt of carbonate and hydroxide: $2 \, ZnCO_3 \cdot 3 \, Zn(OH)_2$ which is a compact, tough and stable complex, insoluble in water, and tightly adheres to the zinc layer to provide protection for zinc against any atmospheric attack [66]. The protective layer can only be formed when the zinc oxide comes into contact with sufficient carbon dioxide and moisture. If little or no carbon dioxide were present, as might be the case for zinc covered with water of condensation, which contains little carbon dioxide, sufficient $ZnCO_3$ would not be formed. Instead, voluminous white rust of $Zn(OH)_2$ will be formed. There is, of course, no reason to reject a galvanized surface with only a little white rust present, since a protective layer is likely to be formed in due course, provided sufficient carbon dioxide is present [80].

Zinc coatings would protect steel against corrosion by

a) producing a physical barrier film and

b) acting as sacrificial anode to steel.

Hot dip galvanized steel with entire coating composed of zinc and its alloys with iron, provides a good example of cathodic protection of steel structures. For example, a galvanized steel may be damaged due to rough handling during its erection as a building structure whereby the galvanized coating is partly removed exposing a small area of base steel. The surrounding zinc will cathodically protect the exposed bare steel. Also, besides cathodic protection, hot dip galvanizing process compared to other coating methods, provides a thicker coating, and hence better corrosion resistance by generating thicker barrier to corrosion of steel substrate *(Fig. 3)* [4a]. In ASTM A123, a range of minimum thickness of galvanized coating is stipulated depending upon the environment.

Although heavier galvanized coating weights are intrinsically desirable from a corrosion protection point of view, such thick coating would, however, be more liable to brittleness and handling-induced damage [2]. Besides the accelerating effect of high silicon steel on galvanizing reaction, and thereby producing a very thick coating, other factors which can result in heavy galvanized coating, such as proper pre-galvanizing storage, pickling time, withdrawal rate etc. need to be controlled as allowed by the process. It is important to mention here that thick zinc coatings on silicon steels (so-called reactive steel) are mostly dull with brown staining [66]. An explanation of brown staining considers that the ζ-crystals which mostly constitute the coating, grow very fast on such steels, even after the article has been taken out of the zinc bath. At some stage when the outer layer is missing the ζ-crystals, the free iron extends to the surface. In moist surroundings, this iron corrodes and stains the surface brown, sometimes within a few days. Such staining is not, however, observed in other coating methods, such as electroplating, and does not adversely affect the corrosion resistance property of the galvanized coating [66].

It is claimed that the composition of molten zinc used for galvanizing is apparently not critical to affect corrosion resistance of the coating [28]. However, depending on the solidification condition of the galvanized article, the beneficial effect of the presence of elements, such as lead, antimony and aluminium in molten zinc *(sec. 2.2.1)* may be eroded in some cases by having dull finish due to high percentage of rough and poor reflectivity (dull spangles). The dull spangles compared to smooth, reflective, bright spangles, not only detract the galvanized coating appearance, but also adversely affect surface reactivity which can lead to premature darkening with greater susceptibility to corrosion (white rusting) [81–83]. It is worth pointing out here that although an aesthetic finish with large, smooth spangles is acceptable in construction industry and some household appliances, this is not the case in automotive or similar applications where the surface roughness and differences in crystal orientation associated with spangles can impair the appearance of galvanized sheets after paininting [84]. Minimum spangled material with very fine spangle pattern is required for exposed panel in automotive industry.

The difference in surface appearance and hence reactivity suggests that the dull spangles have different surface composition than bright spangles. A survey of literature [81, 82, 84–88] indicates direct effect of the amounts of lead, aluminium and antimony on the population and sizes of dull rather than the highly reflective bright spangles. Their presence in dull spangles causes premature darkening of the galvanized sheet by generating galvanic cell with zinc. It is explained that the solubility of these elements in solid zinc decreases as the amounts of them in molten zinc increases, and thereby reducing the solidification point of unsolidified parts. On the other hand, spangle becomes smaller as the solidification rate increases due to the increased formation rate of solidified crystal cores at a higher solidification rate. Recent work suggests that both the surface texture and corrosion resistance of galvanized steel sheets are more adversely affected by lead than antimony [89].

Measurement of spangle ratio showed that a galvanized coating with overall brightness can contain bright spangles ~ 70 % compared to ~ 30 % in coatings with dull appearance [81]. The use of conventional chromate passivating solution for postgalvanized treatment, did not prevent premature darkening. However, a laboratory formulated chromating passivating solution containing nitric acid for preferential dissolution of lead, and fluorosilicic acid to take care of aluminium and antimony, seem to minimise the darkening problem with improved corrosion resistance [81].

The basic layers of a hot-dip galvanized coating as described earlier, namely alloy layers of zinc and iron in contact with the surface of galvanized steel article, and an outer layer of unalloyed zinc, contribute to the corrosion resistance of the coating. The resistance can be further improved by applying a combination of self-assembling molecules (SAM) and silicate layers on top of the coating [90]. Such molecules basically consist of three components: a head group which reacts with the zinc surface, a long straight carbon chain and an end group. The combined layers are expected to improve corrosion resistance of hot-dip galvanized steel by inhibiting

the formation of white rust on zinc. There are also several other references in the literature to improve corrosion resistance of galvanized coating by application of an overcoat of paints of organic or inorganic nature [91–93].

Among the contaminants in the atmosphere affecting the nature of the protective film on zinc, the most important one is sulphur dioxide (SO_2). In fact, it is the presence of SO_2 which largely controls the atmospheric corrosion of zinc. A thicker coating by hot dip galvanizing compared to other zinc coating methods, results in better corrosion resistance. In BS 5493 published in 1977, a guideline is provided on the lifetime of galvanized coatings. However, because of the considerable reduction in the SO_2 level since 1977, BS 5493 is now out-of-date and replaced by the new guidance document BS EN ISO 14713:1999. Recently, the UK Galvanizers Association have produced a "Millenium Map" showing how various parts of the UK are sensitive to corrosion [4b]. Their results on atmospheric exposures in Europe (Fig. 4) illustrate a clear and a very significant drop in corrosion rate for zinc from ~15 g/m²/year in 1978 to ~ 4 g/m²/year in 1992, which implies a drop in atmospheric sulphur dioxide concentrations.

Performance of hot dip galvanizing to protect steel in environments other than SO_2, has been discussed elsewhere [4b]. Presence of scale-forming salts in cold water helps to improve the life of galvanized water distribution system by forming a protective layer on the inside surface. However, exposure to hot water may not always be beneficial, because zinc may

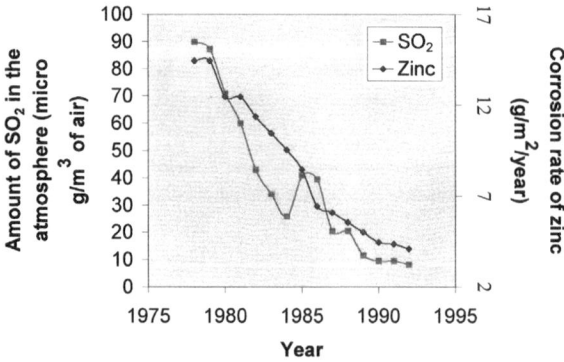

Fig. 4: Improved life of galvanized steel due to reduced sulphur dioxide pollution in Europe

become cathodic to steel above 60 °C in some waters. In such situation, a sacrificial protection can be assured by installing a magnesium anode as "back-up" to the zinc coating. Protection of steelwork in harsh interior environments, such as swimming pools and breweries is increased by more than 40 years by using hot dip galvanized steel. The life of buried galvanized steel varies with the acidity of the soil; a change in pH range from 5.5 to 12.5 i. e. weakly acidic to alkaline is favourable. Regarding thermal properties, galvanized coating is likely to withstand continuous exposure to temperatures of ~ 200 °C with occasional excursions to 275 °C. Above these temperatures, the outer zinc layer tends to separate, although the zinc-iron alloy layer which comprises the majority of the coating remains intact.

Zinc coating provides excellent protection for steel wires in the construction of steel ropes for use in marine environments [94]. Ropes are made up of cold-drawn eutectoid steel wires wound into strands, which may then be wound into the finished rope. It is usual to galvanize the wires prior to making them up into the rope. In hot dip galvanizing, as the wire continuously passes through the molten bath of zinc, it emerges from the bath normally consisting of Fe-Zn alloy layer of thickness ~ 10 μm with an outer thicker layer of zinc. A major cause of failure of wires making the ropes is fretting fatigue. Although hot-dip galvanized ropes are shown to lower the fretting fatigue strengths in air, they are better than electrodeposited coatings of same thickness exposed to seawater. The difference is attributed to the presence of alloy layer in the galvanized coating. The poor result in air for the galvanized wire is considered to be related to the hard, brittle Zn-Fe layer rather than the beneficial effect of the process in reducing residual stress. A recent study of the effects of zinc-iron intermetallics on the stress corrosion behaviour of hot-dip galvanized steel showed the brittle fracture to be similar to hydrogen embrittlement [95].

6   Coating thickness and its measurements

The integrity of hot dip galvanized coating is determined by visual inspection and coating thickness measurement [96]. It would be economical if inspection is carried out at the premises of galvanizing operation, so that any defects detected could be rectified quickly and efficiently. The thickness measurements should be taken at points as wide apart as possible so as to represent average thickness over the entire article. One should bear in mind that coating thickness is the result of interaction of the steel chemistry, surface condition of the steel as it enters the galvanized bath, the bath temperature, time in the bath and the rate of withdrawal of the workpiece from the bath [2]. The coating should be continuous, adherent, as smooth and evenly distributed as possible, and free from any defect that is detrimental to the stated end use of the coated article. Besides using reactive steel with more than 0.25 % silicon *(sec. 2.2.2)*, roughening of the surface by grit blasting can produce coating thicker than normal *(sec. 3)*. Roughness increases the surface area of steel in contact with the molten zinc and would generally increase the weight per unit area of a hot dip galvanized coating by up to 50 %. For example, a nominal coating thickness of 1000 g/m^2 (140 μm) has been successfully attained on grit blasted steel of > 6 mm section thickness [4].

Coating thickness' are normally determined by the steel thickness and are set out in BS EN ISO 1461 [4]. It is important to check the coating thickness, normally between 35 to 70 μm on galvanized steel, which would ensure cost-effectiveness and assurance of coating quality for optimum corrosion protection. The various standard methods of measuring the thickness of galvanized zinc coatings include magnetic, coulometric and profilographic methods [97–99]. It is known [97, 100] that the iron content of the intermetallics at the zinc-steel interface of a galvanized coating may change from 0.003 % to 28 %. As a result of this large variation in iron contents, the error and hence the possible chance of acceptance of a magnetic method to measure the thickness of galvanized coating needs to be looked at carefully. For thicker coating with thickness in the range of 25 to 85 μm, the measurement error in using the magnetic method is not higher than ± 10 % which is generally acceptable [97]. However, nowadays thinner coatings around 10 to 20 μm are being used in some industry. As a result, the measurement error using magnetic method becomes unacceptable because it may increase 2 to 3 folds due to the presence of intermetallics. A coulometric or a profilograhic method appears to be an alternative, more reliable method of measuring the hot dip coatings [97].

Galvanized coatings on cast irons can be like silicon-killed steels, thick, gray and rough with poor adherence to the substrate [33]. Commercial gray iron castings are usually specified for an average coating of 549 g of zinc per square meter of surface (ASTM A-153 - 47T) [4]. Malleable iron or white iron castings seem to pick up a heavier coating of zinc on an average than a cast iron for the same immersion period. Pipe fittings generally are specified for a coating of 612 g per square meter/side, or an average coating thickness of 85 µm (coating thickness in micron X 7.2 = coating weight in g per square meter/side). Coating thickness of plumbing and hardware items are determined by weighing the articles before and after zinc immersion. Coating on steel sheet is specified over a range from 381 to 839 g per square meter/side.

7   Designing articles for galvanizing

Certain rules must be followed when designing components for galvanizing which in many cases simply involve good practice to ensure maximum corrosion protection. A good design requires

a) means for access and drainage of molten zinc, and
b) means for escape of gases from internal compartment (venting) [2, 4].

Basically, in order to provide complete protection by galvanizing, molten zinc must be able to flow freely to all surfaces of a fabrication. With hollow sections or where there are internal compartments, galvanizing of the internal surfaces with easy flow of molten zinc eliminates any danger of hidden corrosion during service. Vessels and hollow sections must be vented to atmosphere for the safety of galvanizing personnel and to prevent possible damage to the article. At galvanizing temperatures around 450 °C, moisture trapped in closed sections is converted rapidly to superheated steam, generating explosive forces unless vented. More extensive guidance on design for hot dip galvanizing is available in BS EN ISO 14713. Of course, clean steel surfaces are an essential requirement for good hot dip galvanizing. Almost any component can be galvanized by designing and building in modules to suit available galvanizing facilities i. e. to be able to physically accommodate in a galvanizing bath.

The tensile properties of structural steels are not affected by galvanizing [2, 4].

When articles of combined steels of different compositions are galvanized, different pickling and coating rates and hence different thickness and appearance on the structure can be expected because of difference in the chemistry of different steels. If steel is welded prior to galvanizing, any welding flux residues must be removed mechanically. Otherwise, any leftover residues being non-reactive in pickling solutions would subsequently hinder adherence of zinc to the weld. It is, therefore, important to use uncoated electrodes in order to avoid build up of such flux deposits. Alternatively, MIG, TIG or CO_2 shielded arc welding techniques may be used which would essentially produce no welding slag.

The general aspects of designing a plant for hot dip galvanizing of both general open dip and automatic pipes are briefly discussed elsewhere [47]. It describes a typical plant layout, cost of chemicals & heating, percentage gross usage of zinc as a function of steel composition and the required thickness of zinc, and good storage practice for finish products.

8   Cost and economics

Galvanizing fortunately enjoys considerable environmental cleanliness and product cost stability. The cost of the process is not calculated on tonnage or surface area alone, but on a combination of plant utilization and the necessary degree of handling of the work. As a consequence of this, together with continuous development of the process and a modest labour component, galvanizing is generally competitive in its initial cost as well as in life-cycle cost. It is claimed that no coating is superior to combined hot dip and paint for cost saving with minimum risk [101]. Usually, the largest cost reductions result from lower zinc usage which will lead to lower energy costs, thinner coatings of zinc on the work, lower dross and fewer rejects [33]. An important aspect of the economics of galvanizing is the chance of a much longer period to first maintenance than is possible with paint coatings only. A comparison of initial coating costs and expected service lives of hot dip galvanizing with those of several commonly used paint systems shows that the initial cost is cheaper with galvanizing than any of the competitive paint systems [1, 2, 4]. The main reason for this difference is that painting is more labour intensive than galvanizing which is highly mechanised and closely controlled factory process. Electroplating has not been included in the survey, but the technique cannot be competitive in price with galvanizing for thicker coating with thicknesses greater than about 15 to 20 mm, due to high cost of electricity involved.

9   Environmental effect

In the present time, attention of the authorities and the public at large is becoming increasingly focused on the environmental performance of industrial products. This situation makes it necessary to perform an analysis on the entire life of the galvanized steel product from the extraction of the raw materials through the production processes up to the end of their life and beyond, taking into consideration of the recycling and environmental wastage costs. The initial results on Life Cycle Assessment (LCA) in line with recent comments from the European Commission on a hot-dip batch galvanizing process have been reported as indicators of the environmental sustainability of that industrial sector [102]. A recent report [103] summarises a study carried out by Department of Environment, Food and Rural Affairs, U.K (DEFRA) about the impact of sensitive materials such as zinc on the environment. The review covers various processes, such as galvanizing, thermal spraying, electroplating, die casting and production of zinc, steel, brass and bronze which can release significant amount of zinc. Approximately 50,000 tonnes of zinc are used in galvanizing, and only about 100 tonnes are released to landfill or the atmosphere, while 7,500 tonnes of zinc removed as dross, is recycled. Run off of zinc from galvanized crash barriers, pylons, street lamps and other structures are estimated ~ 450 tonnes per annum. Although 42,000 tonnes of zinc is present on scrapped material, 44 % of this is recycled, leaving some 24,000 tonnes landfilling at the end of product life. A method for life prediction of zinc coatings in atmospheric environments has been reported [104]. The methodology is discussed in terms of environmental parameters, nature of data and modelling technology [102]. A survey of the occupational inhalation exposures during the operation of hot dip galvanising has been detailed elsewhere for both short- and long-term effects, nature of zinc dust and conditions of operation [105].

10   Conclusion

Among the various zinc coating methods, hot dip galvanizing process protects steel surface from rusting by covering it with a very thick (up to ~ 100 μm) coating of zinc. This is achieved by immersing steel articles in molten zinc. The process is one of the most important and widely used anti-corrosion coating method for protection of steel over the years. Hot dip galvanizing accounting for zinc's primary use is estimated to be over 90 % of total zinc consumed for coatings worldwide. Despite all these facts, the process is, however, unlike electroplating of zinc, still not accepted as a well-known, popular technique outside the mainstream of metal finishing industry. The present review updates various aspects of hot dip galvanizing in an effort to improve the existing knowledge of the method and thereby hopefully stimulating resurgence of interest for the technique in the coating industry.

References
[1]   Porter, F.C.; Stoneman, A.M.; Thilthorpe, R.G.: Trans.IMF, 66, 28, 1988
[2]   Prior, D.C., Tonini, D.E.: Met.Fin., 82 (5) 15, 1984
[3]   Groshart, E.: Met.Fin., 84(4) 63, 1986
[4a] Krzywicki, J,W, (American Galvanizers Association, Centennial, Colorado): Met.Fin.104, (10) 28, 2006
[4b] Galvanizers Association: The Engineers & Architects' Guide to Hot Dip Galvanizing, Sutton Coldfield, U.K., May, 2002
[5]   Anon., Finishing, pp.30 – 1, 1999
[6]   Langill, T.: Proc.Intergalva 2000, pp.1 – 7, 2000
[7]   Niederstein, K.; Oner, M.G. : Proc. Intergalva 2000, pp.1–3, 2000
[8]   Shibli, S.M.A.: Surface & Coatings Tecnol., 200,4791, 2006
[9]   Seok, S.I. et al.: Surface & Coatings Tecnol., 200, 3468, 2006
[10] Dalbin, S. et al.: Surface & Coatings Tecnol., 193,363, 2005
[11] Shibli, S.M.A.; Manu, R.: Surface & Coatings Tecnol., 197,103, 2005
[12] Montemor, M.F. et al.: Surface & Coatings Technol., 200, 2875, 2006
[13] Trabelsi, W. et al.: Surface & Coatings Technol., 192, 284, 2005
[14] Proskurkin, E.V. et al.: Zashchita Metallov, 29(1) 111,1993 (English translation)
[15] Heffer, P.; Lee, W.: Met.Fin., 103(7/8) 33, 2005
[16] Shah, S.R. et al.: J. Materials Eng. & Perform., 5(5)601, 1995
[17] Wylie, A.G.K.: Step into the 90's (Australasia), 2, 633,1989
[18] Kriner, S.A.; Niederstein, K.: Metalloberflache, 46,190,1992
[19] Townsend, H.E.: Intergalva 97, 1997
[20] ASTM Standardization News, February, 15, 2004
[21] Schneider, J.: Metalloberflache, 46(12) 560, 1992
[22] Konig, S. et al.: Stahl und Eisel, 121 (11) 91, 2001
[23] ASTM Standardization News, (11),32–34, 2003
[24] Suemune, Y. et al.: WO 03076679 : 2003
[25] van Alsenoy, V.; Warichest, D.: Proc.Intergalva, pp.1–4, 2003
[26] Memmi, M. et al.: WO 0204693:2002
[27] Sellitto, T.A.: U.S. 5384165:1995
[28] Ainsworth, J.: Met.Fin., 73 (5) 83, 1975

[29] Mitnikov, I.E.; Proskurkin, E.V.; Gladysh, V.M.: RU Patent: 133026:1986

[30] Bogers, J.M.M.; Bogers, M.J.A.E.: EP 1472385:2004

[31] Cook, T.H.: Met.Fin., 89 (6) 107, 1991

[32] Mignard, F.: EP 1457580:2004

[33] Cook, T.H.; Mergen, D.E.; Clark, D.L.: Met.Fin., 84(5) 23, 1986

[34] Krepski, R.P.: Met.Fin., 87 (10)37, 1989

[35] Shop Problems, Met.Fin., 85 (3), 68, 1987

[36] Cook, T.H.: Met.Fin., 78 (7) 35, 1980

[37] Gerain, D.N. et al.: EP 1209245:2002

[38] Cook, T.H.: Met.Fin., 101 (7/8) 22, 2003

[39] Groisboeck, F.; Enoeckl, W.: Metalloberfläche, 47, 605, 1993

[40] Cook, T.H.; Arif, M.: Met.Fin., 89 (10) 29, 1991

[41] Fratesi, R. et al.: Surface & Coatings Technol., 157, 34, 2002

[42] Giles, M.: EP 1186679 : 2002

[43] Poag, G.W. et al.: US 6569268:2003

[44] Beguin, P. et al.: Proc.Intergalva 2000, pp.1-5, 2000

[45] Reumont, G.; Foct, J.: Proc.Intergalva 2000, pp.1 – 9, 2000

[46] Anon.: Galvanotechnik, 91, (8) 2195, 2000

[47] Cook, T.H.: Met.Fin., 89 (5) 39, 1991

[48] Jintang, L. et al.: Surface & Coatings Technol., 200, 5277, 2006; also Acta Met. Sinica, 19(2)April, 85, 2006

[49] De Groot, J.C.J.; Kooij, M.G.: EP 1433869:2004

[50] Reifferscheid, M.; Brisberger, R.: US 6761936:2001

[51] Anon.: JOT, 43 (2) 54, 2003

[52] Yamauchi, K.; Miyakawa, Y.: WO 2004003249:2004

[53] Blakey, S.G. et al.: Proc.Intergalva 2003, pp. 1-8, 2003

[54] Anon.: Corros. Management (Australia), 9 (1), 1–7, 2000

[55] Anon.: Corrosion Management (Australia), 9 (1), 11–21, 2000

[56] Rahrig, P.G.: Met.Fin., 100 (7) 25, 2002

[57] Hostetler, J.L.: Met.Fin., 95 (8) 10, 1997

[58] Sirin, K.; Sirin, S.Y.: Proc.Intergalva 2003, pp.1–3, 2003

[59] Barnes, C.: Trans.IMF, 65, 127,1987

[60] Thrasher, H.M.: Met.Fin., 85(6) 99,1987

[61] Cook, T.H.; Griesser, A.F.; Beamish, D.J.: Met.Fin., 90 (10) 42, 1992

[62] Smith, W.J.: Corros. Management (U.K.) No. 39, 14–20, 2001

[63] Vigeant, A.; Bernard, A.: US 5591534:1997

[64] Giannuzzi, L.A. et al.: Plating and Surf.Finishing, 80 (2) 54, 1993

[65] Kubaschewski, O.: Iron-Binary Phase Diagrams, p.173, Springer-Verlag, Berlin, 1982

[66] Sjoukes, F.: British Corros.J., 26,(2) 103,1991

[67] Mackowiak, J.; Short, N.R.: Corros.Sci., 16, 519,1976

[68] Reumont, G.; Perrot, P.: Proc.Intergalva, pp.1–5, 2003

[69] Schultz, W.D. et al.: Proc.Intergalva 2003, pp 1–7, 2003

[70] Foct, J.; Perrot, P.; Reumont, G.: Scr.Metall. Mater., 28, 1195, 1993

[71] Reumont, G.; Perrot, P.; Foct, J.: J.Mater.Sci., 33, 4759,1998

[72] Nakagaito, T. et al.: WO 03078668:2003

[73] Masui, S.; Sakata, K:. US 5180449:1993

[74] Fedrizzi, L.; Bonora, P.L.: British Corros.J., 28(1) 37, 1993

[75] Verma, A.R.B.; van Ooij, W.J.: Surface & Coatings Technol., 89, (1/2), 132, 1997

[76] Verma, A.R.B.; van Ooij, W.J.: Surface & Coatings Technol., 89, (1/2), 143, 1997

[77] Usenbek, K.: WO 2005113850:2005

[78] Taira, S. et al.: WO 2004094683:2004

[79] Allen, C.: British Corros.J., 26 (2) 93, 1991

[80] Bablik, H.: Sheet Metal Ind., 31,(330) 845,1954 – ref. 8 of Sjoukes, F. (Ref. 66)

[81] Singh, A.K. et al.: Surface & Coatings Technol., 200,4897, 2006

[82] Chang, S.; Shin, I.C.: Corros.Sci., 36(8) 1425,1994

[83] Singh, A.K. et al.: J.Sci.Eng.Corros., 59 (2) 189,2003

[84] Yoichi, T.; Kazuhiro, A.: JFE Technical Report (4) November, 55, 2004

[85] Helwig, L.E.: Met.Fin., 82, April, p. 41 and 61, 1984

[86] Waitlevertch, M.E.; Hurwitz, J.K.: Appl.Spectrosc., 30, 510,1976 – see ref. 3 of A.K. Singh et al. (Ref. 81)

[87] Franks, L.F.; Conduti, B.L.; Smith, D.E.: Proceedings Galvanizing Community Zinc International, vol. 68, p.16, 1976 – see ref. 4 of Singh, A.K. et al. (Ref. 81)

[88] Zapponi, M.S. et al.: Plating Surf.Finish, October, 80, 1999

[89] Sere, P.R. et al.: Surface & Coatings Technol., 122, 143, 1999

[90] Feser, R.; Butefuhr, M.: Proc.Intergalva 2003, pp1–4, 2003

[91] Karakasch, N.: Corros.Management (Australia) 10(1) 3–9, 2001

[92] Smith, L.M.: Protect.Coat.Europe, 8, 51, 2001

[93] Morohoshi, Y. et al.: WO 2004009870:2004

[94] Waterhouse, R.B.; Taeuchi, M.; van Gool, A.P.: Trans. IMF, 67, 63, 1989

[95] Reumont, G. et al.: Surface & Coatings Technol., 139 (2/3) 265, 2001

[96] Langill, T.J.: Mat.Performance, 41(4) 28, 2002

[97] Bikulcius, G.; Rucinskiene, A.; Matulionis, E.: Trans IMF, 81(2) 73, 2003

[98] Proskurin, E.V. et al.: Zinc Plating, Moscow Metallurgy, p. 528, 1988, ref. 6 of G. Bikulcius (Ref. 97)

[99] Anon.: Galvanotechnik, 84, 1975, 1993

[100] Zhang, X.G.: Corrosion and Electrochemistry of Zinc, p. 473, Plenum Press, London, 1997

[101] Hot Dip Galvanisers Institute: Galvanotechnik, 91, (3), 708, 2000

[102] Baldo, L. et al.: Proc.Intergalva 2003, pp.1–5, 2003

[103] Watch Word, Surface Engineering Association, Birmingham, U.K., June, 2001

[104] Zhang, X.G.; Hwang, J.: Proc.Intergalva 2000, pp.1–4, 2000

[105] Battersby, R.V.: Proc.Intergalva 2003, pp.1–6, 2003

For further reading

– Reeve, D.: Trans.IMF, 77(5) B78, 1999

– Reeve, D.: ibid, 78(1) B6, 2000

– Robinson, T.: Met.Fin.,88 (11) 43, 1990

– Rudy, S.F.: Plating & Surface Fin., 88 (12) 46, 2001

– Singh, D. et al.: Trans Inst.Metal Fin., India, 9 (4) 211, 2000

– Robinson, J.: Corrosion Management (Australia), 9 (2) Part 13–14, 2000

– Jacobs, O.L.R.: Interfinish, 96, Birmingham, IMF Publication, 1, 191, 1996

– McKenna, P.: Product Fin., 57 (March), 56, 1993

– Porter, F.: Surface Engineering, 7 (3), 192, 1991

– Smith, L.: Protect.Coat Europe, 8, 51, 2001

– Lynch, R.F.: J. Metals, August, 39, 1987

– Brevoort, G.: J. Protective Coatings & Linings, 13 (9) 66, 1996

– Proceedings of the Intergalva International Hot-Dip Galvanizing Conferences: 18th Conf. Birmingham, U.K. 1997, 19th Conf. Berlin, 2000 and 20th Conf. Amsterdam, 2003

– Galvanizers Assoc. of Australia, Galvanizing

– Hornsby, M.J.: Hot Dip Galvanising, Intermediate Technology Publishers, London, 1–69, 1995

2.4 Lötbare Schichten

Lötbare Schichten zur in-situ-Fertigung von Kaskadenloten durch Beschichtungsverfahren beim Schmelzlöten

Von Prof. Dr. sc. techn. Klaus Wittke, Berlin und
Prof. Dr.-Ing. habil. Wolfgang Scheel, Berlin .... Lesen Sie ab Seite 93

Lötbare Schichten zur in-situ-Fertigung von Kaskadenloten durch Beschichtungsverfahren beim Schmelzlöten

Von Klaus Wittke und Wolfgang Scheel, Berlin

Ausgehend von der Erkenntnis, dass in Stoffsystemen mit Neigung zur Bildung von eutektischen Legierungen mit einem zusätzlichen Element zur Bildung eines neuen Eutektikums mit noch niedrigerer Schmelztemperatur führt, machen die Autoren den Vorschlag zur Entwicklung einer neuen Art von Lot, sogenanntes Kaskadenlot. Diese Lote zeichnen sich durch ein erhöhtes Benetzungsvermögen, automatische chemische Überhitzung sowie einem guten Eigenschaftsprofil aus. Die Bezeichnung Kaskadenlot wurde verwendet, da der Begriff „Kaskadeneffekt" als eine Metapher für sehr verschiedenartige Prozesse verwendet wird, die im Sinne einer Kaskade stufenweise umgesetzt werden.

Da die entsprechenden binären Fertiglote oder Reaktionslote zur Ausbildung der Kaskadenlote in der Regel nicht zur Verfügung stehen, muss dazu auch eine entsprechende Beschichtungstechnologie zur geeigneten Anordnung der Lotkomponenten und die geeignete chemische Zusammensetzung der Lotkomponenten ausgewählt und festgelegt werden.

Im vorliegenden Beitrag wird das Schmelzlöten von Cu und anderen Grundwerkstoffen mit ausgewählten Kaskadenloten auf der Basis von Cu vorgestellt. Beispielhaft wird auch die Beschichtungsanordnung der Lotkomponenten zur ex-situ-Bildung von SnAgCu-Kaskadenloten dargestellt.

Based on the knowledge that the formation of a new eutectic leads in metal systems with an inclination towards the formation of eutectic alloys with an additional element with even lower melt temperature the authors make the suggestion the development of a new type of solder, so-called cascade solder. These solders stand out due to an increased wetting fortune, automatic chemical overheating as well as a good quality profile. The name "cascade solder" was used since the concept "cascade effect" is used for very miscellaneous processes as a metaphor which are converted gradually according to a cascade.

Since the corresponding binary solders or reaction solders as a rule are not available to the formation of the cascade solders. A corresponding coating technology for the suitable order of the solder of the solder components and the suitable chemical composition of the solder components also must be selected and fixed of this.

In the contribution on hand this is introduced to soldering by Cu and other materials with select cascade solders on the base of Cu. The coating order of the solder exemplarily is also represented for former ex-situ formation of SnAgCu cascade solders.

1 Fertiglote als Zusatzwerkstoffe für das Schmelzlöten mit temporär flüssigen Loten – Stand der Technik

Nach dem heutigen Stand der Technik kann das Schmelzlöten von metallischen Konstruktions-, Funktions- und/oder Gebrauchswerkstoffen mittels der ex-situ Lote (1. Lotgruppe) und der in-situ-Lote (2. Lotgruppe) durchgeführt werden *(Tab. 1)*.

Die älteste und heute noch in der Industrie und im Handwerk meist gebrauchte Verfahrensvariante ist das Schmelzlöten mit Fertigloten. Die von wenigen Ausnahmen abgesehen festen Fertiglote in Form von Barren, Folien, Drähten oder Pulver werden aus reinen Metallen, legierten Mischkristallen oder eutektischen Legierungen mit vorgegebener chemischer Zusammensetzung extern bei den Lotherstellern hergestellt und danach den Lotanwendern auf dem Markt angeboten. Die Lotdeponierung in der Lötbaugruppe kann in der Fertigung (Vormontage) auch durch das Beschichten erfolgen. Der Fer-

94

Wittke, Scheel: Lötbare Schichten zur in-situ-Fertigung von Kaskadenloten durch Beschichtungsverfahren beim Schmelzlöten

Tab. 1: Lotgruppen und Lotklassen zum Schmelzlöten mit temporär flüssigen Loten

Lotgruppen	1. Lotgruppe ex-situ-Lote	2. Lotgruppe in-situ-Lote		
Zeitpunkt der Lotherstellung	vor dem Löten	während des Lötens		
Lotklassen	Fertiglote	Reaktionslote	Reaktivlote	Kaskadenlote
chemische Zusammensetzung	wird vor dem Löten durch Lothersteller eingestellt	wird während des Lötens durch den Lotanwender eingestellt		
		durch thermisches Zusammenschmelzen von min. 2 Lot- und/oder Grundwerkstoffkomponenten	durch thermisches Zusammenschmelzen von min. 2 Lot- und/oder Grundwerkstoffkomponenten, wobei erst beim Löten mindestens eine Komponente aus einer chemischen Metallverbindung entsteht	durch chemisches Zusammenschmelzen von min. 2 Lot- und/oder Grundwerkstoffkomponenten, wobei mindestens eine Komponente aus einer chemischen Verbindung entstehen kann
Lötbarkeit	zu gewährleisten durch Aktivierung und/oder thermisches Überhitzen bis auf Arbeitstemperatur	gewährleistet ohne thermisches oder chemisches Überhitzen durch entstehende Lotschmelze im statu nascendi		gewährleistet durch entstehende Lotschmelze im statu nascendi und automatisches chemisches Überhitzen

tigungshauptprozess *Beschichten* ist in der DIN 8580 wie folgt definiert: *Beschichten ist Fertigen durch Aufbringen einer fest haftenden Schicht aus formlosem Stoff an ein Werkstück.* Die Fertiglote können dabei durch die Verfahren chemische und physikalische Gasphasenabscheidung, Flammenbeschichtung, thermisches Spritzen, Schmelztauchen, Galvanisieren oder Pulverbeschichten deponiert werden.

Fertiglote können in den Lötbaugruppen aber nicht nur als Lot (Zusatzwerkstoff) sondern auch zur Gewährleistung der Lötbarkeit zumindest der Lötoberflächen genutzt werden. Man könnte deshalb auch von einer Lot- und Lötbarkeitsbeschichtung sprechen. Solche Lötbarkeitsbeschichtungen sind in der Regel sehr dünn und beeinflussen nur unwesentlich die chemische Zusammensetzung des aus dem Lot entstehenden Schmelzlötguts. Ein typisches Beispiel dafür ist die sogenannte Hauchvergoldung (bis 1 μm Schichtdicke) von vernickelten Leiterplattenoberflächen. Hier wird das Gold also nicht als Fertiglot-Legierungskomponente, sondern zur temporären Gewährleistung der Schmelzlötbar-

keit durch die anschließende Aktivierung der Lötoberflächen angewendet.

2 Reaktionslote und Reaktivlote als Zusatzwerkstoffe für das Schmelzlöten mit temporär flüssigen Loten – alternative Lot- und Lötverfahrensvarianten

Die Verfahrensvarianten unter Anwendung von in-situ-Reaktions- und Reaktivloten sind technisch sehr bedeutsam und wichtig, verlangen aber einen bestimmten Mehraufwand beim Lotanwender. Das Schmelzlöten mit Reaktionsloten, früher auch irrtümlich als *eutektisches Löten, eutektisches Bonden* oder *Anlegieren* bezeichnet ist nur in Metallsystemen möglich, in denen eutektische Legierungen oder Legierungen mit einem Schmelzpunktminimum als Lote entstehen *(Abb. 1)*.

Die beim Schmelzlöten in-situ gebildeten Reaktionslote und die entsprechenden Lötverfahren zeichnen sich u.a. durch folgende Besonderheiten, Vorteile und Nachteile aus *(Abb. 2)*:

Wittke, Scheel: Lötbare Schichten zur in-situ-Fertigung von Kaskadenloten durch Beschichtungsverfahren beim Schmelzlöten

95

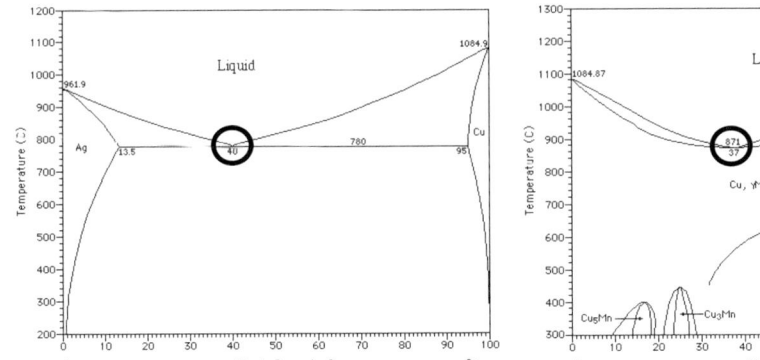

Abb. 1: Links: Reaktionslot als AgCu-Eutektikum (780 °C), rechts: in Form einer binären CuMn-Legierung mit einem Schmelzpunktminimum (871 °C)

- Die erforderliche Lötbarkeit erfordert keine thermische Überhitzung der Lotschmelze auf Arbeitstemperatur, da die entstehende Lotschmelze sich im statu nascendi* befindet *(Tab. 1)*. Ein anschauliches Beispiel ist in *Abbildung 2* gut zu erkennen. Dort wurde das Reaktionslöten im AgCu-Grundwerkstoffsystem mit einer eutektischen Schmelztemperatur von 780 °C erfolgreich schon bei 779 °C durchgeführt. Dass die metallurgische Reaktion bereits unterhalb der eutektischen Schmelztemperatur startet liegt daran, dass die Schmelztemperatur der Korngrenzenphasen im Lötgut bis zu etwa 6 K geringer ist. Das erklärt auch die thermischen Eigenschaften *Auslöttemperatur* und *Wiederaufschmelztemperatur* des Schmelzlötgutes [Scheel 2004]. Es gibt natürlich auch andere binäre Eutektika (siehe *Tab. 2*).

- Die erforderliche Lötbarkeit erfordert einen lokalen metallurgischen Anfangskontakt im Lötspalt, der in der Regel durch einen kleinen Lötdruck hergestellt wird. Deshalb ist der Kontakt über die gesamte Lötoberfläche nicht notwendig.

- Nach dem Start der metallurgischen Reaktion zwischen den Lotkomponenten fließt die entstehende Lötgutschmelze sehr schnell, füllt gut den auch ausgedehnten Lötspalt und verringert deutlich den Fehleranteil.

- Die Lotkomponenten bilden als Reaktionslot eutektische Legierungen oder Legierungen mit einem Schmelzpunktminimum *(Abb. 1)*.

- Die Lotkomponenten können reine Metalle oder auch Metalllegierungen sein. So führt z. B. das

Reaktionslöten von Messing, eine CuZn-Legierung, mittels einer Ag-Lotkomponente zur Bildung des AgCu-Eutektikums als Reaktionslot.

- Die Haltedauer bei Löttemperatur bestimmt die Volumenanteile wie das aus *Abbildung 2* gut zu erkennen ist. Die für die Lotkomponenten unterschiedliche Bildungsgeschwindigkeit des Reaktionslotes ergibt sich aus den Volumenanteilen der Komponenten im Eutektikum. Eine zu hohe Haltedauer kann zum vollständigen Verbrauch einer Komponente führen, was beim Schmelzlöten von dünnwandigen Lötbaugruppen besonders zu beachten ist.

- Die Bildung des Reaktionslotes kann durch die existierenden Grundwerkstoffkomponenten und/oder durch eingebrachte Lotkomponenten und/oder durch aufgebrachte Lotkomponenten gesichert werden**. Bis heute sind keine Varianten der Nutzung von angebrachten Lotkomponenten bekannt. Hier sehen die Autoren Handlungsbedarf zur Entwicklung von Reaktionsloten in Form von Drähten, Folien, Lotformteilen oder Pulver. Das erste Beispiel könnte ein Cu- bzw. Ag-beschichteter Sn-Draht zum Schmelzlöten und auch Reparaturlöten in der Elektronik sein.

---

* Bezeichnung für den Zustand des Entstehens, in dem manche Stoffe in einem besonders reaktionsfähigen (atomaren) Zustand sind, z. B. der Wasserstoff aus der Reaktion $Zn + 2\,HCl \rightarrow ZnCl_2 + 2\,H$ (naszierender Wasserstoff)

** Von der Positionierung der Lote her unterscheidet man *am Montagespalt angebrachtes Lot*, *im Montagespalt eingebrachtes Lot* und *im Montagespalt aufgebrachtes Lot* [Wittke 2011b]

96

Wittke, Scheel: Lötbare Schichten zur in-situ-Fertigung von Kaskadenloten durch Beschichtungsverfahren beim Schmelzlöten

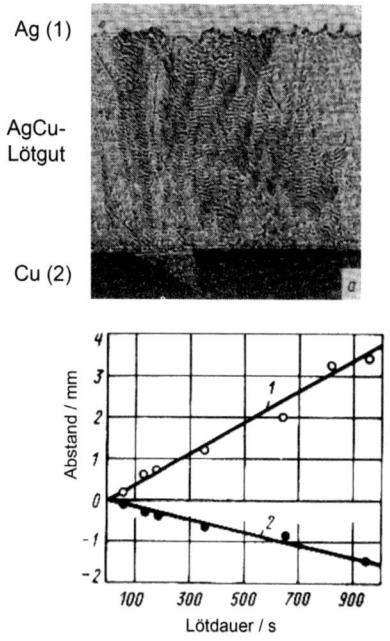

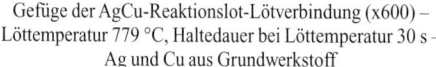

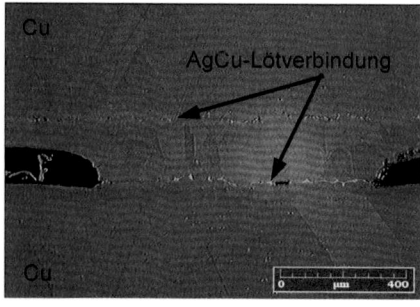

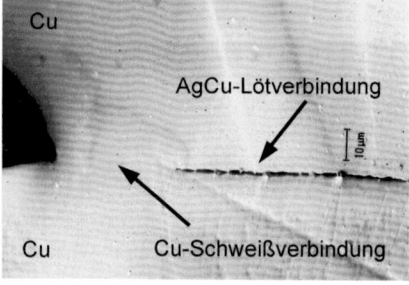

Gefüge der AgCu-Reaktionslot-Lötverbindung (x600) –
Löttemperatur 779 °C, Haltedauer bei Löttemperatur 30 s –
Ag und Cu aus Grundwerkstoff

Gefüge der AgCu-Reaktivlot-Lötverbindung – Löttemperatur 785 °C, Haltedauer bei Löttemperatur 5 min –
Ag aus $AgNO_3$, Cu aus Grundwerkstoff

Abb. 2: Schmelzlötverbindungen; links: (Cu-Ag)-Proben, rechts: Cu-Mikrokühler

**Tab. 2: Schmelztemperaturen von binären eutektischen Cu-Legierungen (die mit ˙ gekenn-
zeichneten Metalle bilden Legierungen mit einem Schmelzpunktminimum)**

Legierungsmetall	eutektische Temperatur	Legierungsmetall	eutektische Temperatur
Ga	29,6	Ag	780
In	153	Si	800
Sn	227	Be	866
Bi	270,8	Ti	884
Pb	326	Zr	885
Ba	458	Hf	970
Ca	482	B	1013
Mg	485	Cr	1076,6
Sr	507	Ta	1083
Sb	526	V	1085
Al	548,2	Mn	871[*]
Ge	644	Au	910[*]
P	714		

Wittke, Scheel: Lötbare Schichten zur in-situ-Fertigung von Kaskadenloten durch Beschichtungsverfahren beim Schmelzlöten

97

• Nachteilig ist die fehlende Hohlkehlenbildung. Die Anwendung von einem bestimmten Lötdruck oder einem größeren Lotformteil kann zu einer ausreichenden Hohlkehlenbildung beitragen. Hier könnten die eben beschriebenen Reaktionslote eine praxisrelevante Lösung darstellen.

Die hier beschriebenen Besonderheiten der Reaktionslote treffen auch für die Reaktivlote zu. Von den zur Bildung der Reaktivlote geeigneten Metallverbindungen wurden von den Autoren insbesondere die thermisch zersetzbaren im Rahmen der Arbeiten zur Pikotechnologie untersucht [Wittke 2001a-c, 2008] [*]. Danach lassen sich die Metalle bzw. Elemente Ti, Mn, Ca, Na, Cr, Ag, Fe, Ni, Pd und Co durchaus als Komponenten für alternative Reaktivlote anwenden. Die Metalle Ca und Na könnten dabei zur Modifikation der entstehenden Reaktivlotschmelze genutzt werden. Die Autoren konnten nachweisen dass diese Elemente den Gleitmodul und die Auslöttemperatur von Weichlötverbindungen deutlich erhöhen. Das verbessert den Kriechwiderstand derartiger Lötverbindungen.

In *Abbildung 2* sind Schmelzlötverbindungen an Cu-Proben und in Cu-Mikrokühlern dargestellt, die mit einem AgCu-Reaktionslot [Petrunin 1967] bzw. AgCu-Reaktivlot unter Nutzung von Silbernitrat nach Wittke in [Hahn 1997a-c, 98] hergestellt wurden[**]. Das rechte Bild zeigt, dass beim Reaktivlöten Schmelzlötverbindungen mit sehr geringen Nahtbreiten gefertigt werden können. Das kann auch zur Bildung lokaler Schweißverbindungen führen.

Das verbessert nachweisbar die Festigkeit, Dichtheit sowie den Kriech- und Korrosionswiderstand der Schmelzlötverbindungen. Die möglichen eutektischen Reaktionslote beim Löten von Cu zeigt *Tabelle 2*.

In [Achkubekov 2008] wurde nach Kenntnis der Autoren erstmalig systematisch das vorhandene Wissen zu den Reaktionsloten zusammengestellt. Ein Beispiel für die industrielle Anwendung der Reaktivlote wurde in [Lebedev 2009] beschrieben. Dort werden Bohrungen in Gussteilen durch das Auftraglöten mittels CuFe- und CuNi-Reaktivloten wiederhergestellt *(Abb. 3)*.

Die Metalle Cu, Ni und Fe werden durch chemische Austauschreaktionen der entsprechenden Oxide mit Al, B und $CaSi_2$ freigesetzt. Die entstehende leichtschmelzende Schlacke bleibt während der Erstarrung

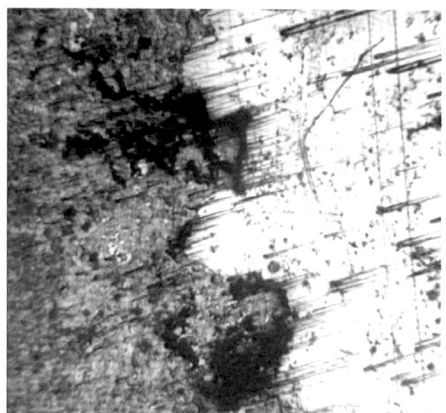

Abb. 3: Gefüge einer Auftraglötung der Bohrung in Gussteilen mit einem CuNi-Reaktivlot

des Lötgutes flüssig, was zur Dichte und Reinheit der Lötverbindungen beiträgt.

3 Kaskadenlote als Zusatzwerkstoffe für das Schmelzlöten mit temporär flüssigen Loten – alternative Lot- und Lötverfahrensvarianten

Bei der Entwicklung der alternativen Kaskadenlote für das Schmelzlöten mit temporär flüssigen Loten haben sich die Autoren von folgender Erkenntnis der Werkstoffwissenschaft leiten lassen: In Stoffsystemen mit Neigung zur Bildung von eutektischen Legierungen führt das Legieren mit einem zusätzlichen Element zur Bildung eines neuen Eutektikums mit noch niedriger Schmelztemperatur. Oder anders formuliert: *Eutektische Legierungen haben einen eindeutig bestimmbaren Schmelzpunkt. Ihr Schmelzpunkt ist zudem der niedrigste aller Mischungen aus denselben Bestandteilen* [Eutektikum 2014]. In *Abbildung 4* ist das am Beispiel der Bi-Lote dargestellt.

---

[*] Die Metalle können aus ihren Verbindungen durch das thermische Zersetzen, das chemische Zersetzen mittels Redox- oder Austauschreaktionen und durch elektrische Freisetzung mittels elektrolytischer Abscheidung in-situ hergestellt werden [Wittke 2001a]

[**] Silbernitrat $AgNO_3$ ist sehr leicht in Wasser löslich. Es hat einen Schmelzpunkt von 209–212 °C und ab etwa 440 °C erfolgt die thermische Zersetzung unter Abscheidung von metallischem Silber. Die Lötoberflächen werden durch Tauchen in der Nitratschmelze mit $AgNO_3$ beschichtet und damit erfolgt beim Erwärmen auf Löttemperatur > 440 °C die in-situ-Beschichtung der Lötoberflächen mit einer lötbaren Ag-Schicht. Diese Ag-Schicht stellt gleichzeitig die eine Komponente des AgCu-Reaktivlotes dar

98

Wittke, Scheel: Lötbare Schichten zur in-situ-Fertigung von Kaskadenloten durch Beschichtungsverfahren beim Schmelzlöten

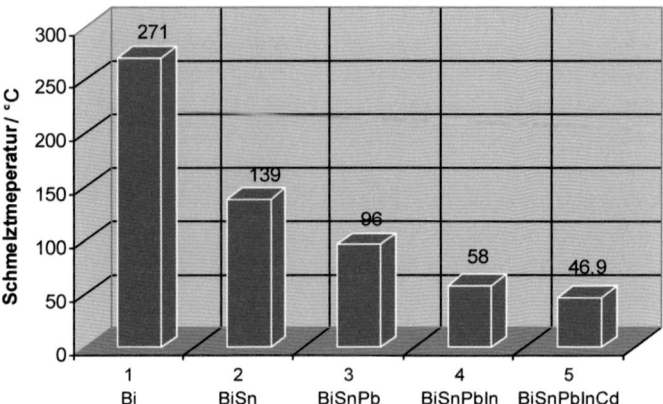

Abb. 4: Schmelztemperaturen von Bi-Fertiglotlegierungen [Laschko 1977] (Zahlen kennzeichnen die Anzahl der Legierungselemente)

Ein typisches Anwendungsbeispiel ist aus der Löt-technik in der Elektronikindustrie bekannt. So werden heute in dieser Industrie in breitem Umfang die binären eutektischen Legierungen SnCu (Fertiglot mit Schmelzpunkt 227 °C), SnAg (Fertiglot mit Schmelzpunkt 221 °C) und neuerdings auch die ternäre eutektische Legierung SnAgCu (Fertiglot mit Schmelzpunkt 217 °C) mit guter Qualität der Lötverbindungen angewendet. Und daraus resultiert auch die Möglichkeit der Entwicklung und Anwendung von alternativen Kaskadenloten. Die Bezeichnung wurde von den Autoren deshalb verwendet, da unter *Kaskaden* folgendes verstanden wird: *Der Begriff Kaskadeneffekt wird als eine Metapher für sehr verschiedenartige Prozesse verwendet, die im Sinne einer Kaskade stufenweise umgesetzt werden* [Kaskaden 2014]. Das Prinzip der Kaskadenlote kann an dem hier beschriebenen SnAgCu-Lotsystem als Schema dargestellt werden *(Tab. 3)*.

Beim Schmelzlöten von Cu als Grundwerkstoff können also mit zwei Kaskadenloten gefertigt werden:

1. (SnAg-Schicht oder -Paste) + Cu → CuSnAg-Kaskadenlot
   Löttemperatur 221 °C
   Schmelztemperatur des CuSnAg-Kaskadenlotes 217 °C
   Auslöttemperatur 214 °C
   automatische chemische Überhitzung → 7 K

Tab. 3: Varianten der Bildung von ternären Kaskadenloten im SnAgCu-System

1. eutektische Lotkomponenten im SnAgCu-Stoffsystem					
Elemente in Ausgangsloten und im Kaskadenlot			Schmelztemperaturen (°C)		chemische Überhitzung / (K)
Schmelztemperaturen (°C)			der binären Eutektika	des ternären Kaskadenlotes	
1084	232	961			
	Sn	Ag	221		4
Cu	Sn		227		10
2. Lotkomponente im SnAgCu-Stoffsystem					
Cu					
Ternäres Kaskadenlot im SnAgCu-Stoffsystem					
Cu	Sn	Ag		217	

Wittke, Scheel: Lötbare Schichten zur in-situ-Fertigung von Kaskadenloten durch Beschichtungsverfahren beim Schmelzlöten

99

2. (SnCu-Schicht oder -Paste) + Ag-Schicht →
CuSnAg-Kaskadenlot
Löttemperatur 227 °C
Schmelztemperatur des CuSnAg-Kaskaden-
lotes 217 °C
Auslöttemperatur 214 °C
automatische chemische Überhitzung → 13 K

3. (SnCu-Schicht oder -Paste) + (SnAg-Schicht
oder -Paste → CuSnAg-Kaskadenlot
Löttemperatur 221 °C
Schmelztemperatur des CuSnAg-Kaskadenlotes 217 °C
Auslöttemperatur 214 °C
automatische chemische Überhitzung → 7 K

Die vergleichende Überprüfung der mit dem Kaskadenlot gefertigten Lötverbindungen ergab die
gleichen Ergebnisse der Eigenschaftsfelder. Das ist
für die systemspezifische Auslöttemperatur in *Abbildung 5* dargestellt.
Folgendes ist zu erkennen:

• Das Schmelzlöten mit den drei handelsüblichen
Lotpasten führt zur deutlichen Verringerung der
Auslöttemperaturen (Grenze der mechanischen
Belastbarkeit) – von 227 °C auf 223 °C für die
SnCu-Fertiglotpaste (delta ≅ 4 K), von 221 °C
auf 214 °C für die SnAg Fertiglotpaste (delta ≅
7 K) und von 217 °C ebenfalls auf 214 °C für die
SnAgCu-Fertiglotpaste (delta ≅ 3 K).

• Die Anwendung der SnAg-Fertiglotpaste führt
beim Löten von Cu zur Bildung des ternären
SnAgCu-Kaskadenlotes. Die erzielten Auslöttemperaturen und auch die anderen mechanischen
Eigenschaften sind annähernd gleich bzw. besser
(Abb. 6) und die Lotanwender könnten anstelle
des aufwendigeren SnAgCu-Fertiglotes das
kostengünstigere SnAg-Fertiglot anwenden. Die
sehr gute Benetzungsfähigkeit des SnAgCu-Kaskadenlotes ergibt sich aus dem status nascendi der
entstehenden Lotschmelze und aus der chemischen
Überhitzung, die sich hier aus der Differenz zwischen der Löttemperatur und der jeweiligen Auslöttemperatur ergibt.

Die Anwendung von SnAgCu-Kaskadenloten führt
danach insbesondere bei erhöhten Temperaturen zu
einem verbesserten Kriechwiderstand. Überraschend
ist sicherlich dagegen das Ergebnis, dass die Anwendung von SnCu-Fertigloten zu einem geringeren Kriechwiderstand der Schmelzlötverbindungen
führt.

Für die in-situ oder ex-situ zu fertigenden Kaskadenlote müssen zuallererst als metallurgische Voraussetzung die geeignete Anordnung der Lotkomponenten
und die geeignete chemische Zusammensetzung der
Lotkomponenten ausgewählt und festgelegt werden.
Extern gefertigte Reaktionslote für die Bildung von
in situ Kaskadenloten können durch unterschiedliche

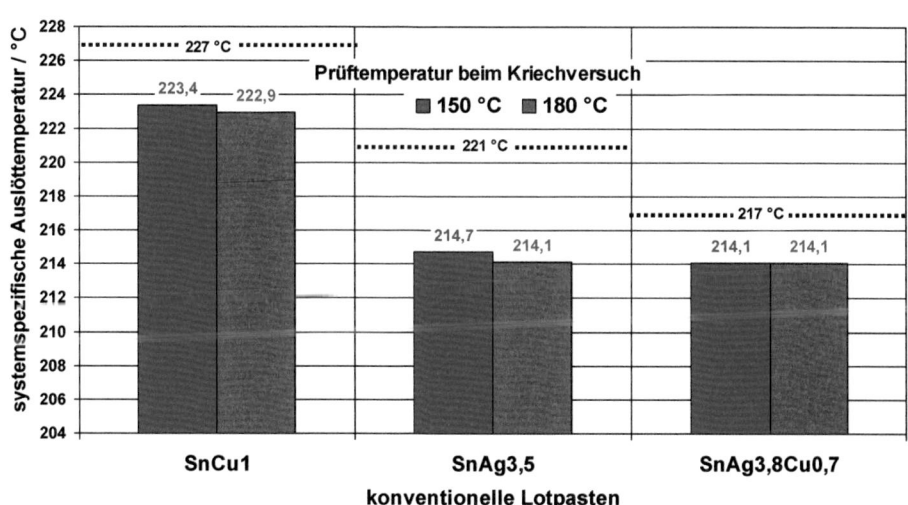

Abb. 5: Schmelztemperaturen von Bi-Fertiglotlegierungen [Laschko 1977] (Zahlen kennzeichnen die Anzahl
der Legierungselemente)

100

Wittke, Scheel: Lötbare Schichten zur in-situ-Fertigung von Kaskadenloten durch Beschichtungsverfahren beim Schmelzlöten

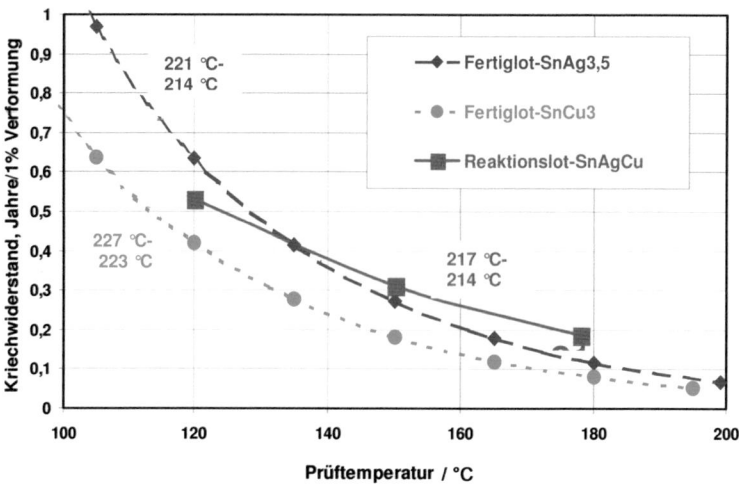

Abb. 6: Systemspezifischer Kriechwiderstand von mit zwei Sn-Fertigloten und einem
Sn-Kaskadenlot hergestellten Schmelzlötverbindungen

Anordnung der Lotkomponenten realisiert werden (*Abb. 7*).

Alle Varianten können mit den in *Abbildung 7* gezeigten Anordnungen in Form von Pulver, Drähten, Folien oder Lotformteilen hergestellt werden. Das erfordert aber immer die Anwendung der entsprechenden Beschichtungsverfahren. Diese Kaskadenlote werden heute noch nicht auf dem Markt angeboten. Das wäre eine interessante Produktentwicklung für eine mittelständische Firma. Diese Lote zeichnen sich durch ein erhöhtes Benetzungsvermögen und die automatische chemische Überhitzung aus. Damit stellt diese Lotklasse die natür-

liche Ergänzung zu den exothermen Loten dar und könnte deshalb auch mit dem Begriff *exochemische Lote* bezeichnet werden. Und das entsprechende Lötverfahren würde als *exochemisches Löten* das exotherme Löten ergänzen. Über die eigenen Arbeiten zu den Reaktionsloten und Kaskadenloten haben die Autoren in [Nowottnick 2000, 2008a-c] und [Wittke 2011a] berichtet.

4 Schmelzlöten von Cu und anderen Grundwerkstoffen mit Kaskadenloten

Im Weiteren beschreiben die Autoren zuerst ausgewählte Kaskadenlote auf der Basis von Cu als Grundwerkstoff. Die angegebenen Kaskadenlote können auch dann angewendet werden, wenn andere Grundwerkstoffe wie z.B. Stahl, Eisenguss, Aluminium oder Titan vor dem Löten mit einer entsprechenden Cu-Schicht metallisiert werden. Die gleichen Lösungen können auch zur Entwicklung der ex-situ gefertigten Kaskadenlote in Form von Drähten, Folien oder Pulver nach *Tabelle 4* angewendet werden.

Als Ausgangslote für die 1. Kaskadenstufe wurden in der ersten Spalte die entsprechenden binären eutektischen Legierungen angegeben. Die zweite Spalte gibt die minimale Löttemperatur an, die der Schmelztemperatur der Eutektika entspricht. Das

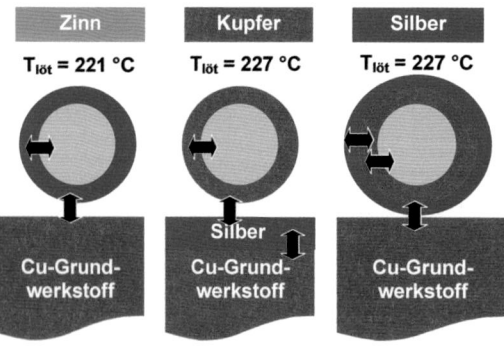

Abb. 7: Autonome Sn-Reaktionslote zur ex-situ Bildung von SnAgCu-Kaskadenloten

Wittke, Scheel: Lötbare Schichten zur in-situ-Fertigung von Kaskadenloten durch Beschichtungsverfahren beim Schmelzlöten

101

Tab. 4: Mögliche Cu-enthaltene Kaskadenlote zum Schmelzlöten von Kupfergrundwerkstoffen bzw. von mit Cu-metallisierten anderen Metallen (Cu als mit * gekennzeichneter Grundwerkstoff bzw. Metallisierung in 3. Spalte)

1. Lotstufe Reaktions- o. Fertiglot	$T_{löt}$ (°C)	2. Lotstufe Kaskadenlot	$T_{lötgut}$ (°C)	Über-hitzung (°K)	bekannte Cu-haltige Fertiglote (nach [Müller 1995])
Ag+Sn	221	Cu*SnAg	**217**	4	(485–780) °C T_{sol} in 15 zinnhaltigen Silbermehrstoffloten
Ag+Sb	485	Cu*AgSb	420	65	
Al+Si	577	Cu*AlSi	524	53	(400–590) °C T_{sol} in 21 Loten auf Aluminiumbasis
Al+Ni	639	Cu*AlNi	540	99	
Al+Mn	658	Cu*AlMn	547	111	
Al+Fe	548,2	Cu*FeAl	548	0,2	
Ag+P	880	Cu*AgP	646	234	(645–650) °C T_{sol} in 5 phosphorhaltigen Ag-Loten
AgZn30	700	Cu*AgZn	**665**	35	(670–870) °C T_{sol} in 16 Silber-Kupfer-Zink-Loten
Ni+Si	964	Cu*NiSi	**820**	144	(950–1190) °C T_{sol} in 14 Loten auf Basis Kupfer-Nickel
Fe+Zr	928	Cu*FeZr	880	48	(860–970) °C T_{sol} in 12 Titan- und Zirkoniumloten
Zr+Ni	960	Cu*ZrNi	880	80	(860–970) °C T_{sol} in 12 Titan- und Zirkoniumloten

entsprechende Kaskadenlot beim Löten von Cu ist in der dritten Spalte angeführt. Die Lötguttemperatur in der vierten Spalte entspricht der Schmelztemperatur der Kaskadenlote. Die fett gekennzeichneten Metalle sind Kaskadenlote, deren Schmelztemperaturen kleiner sind als die der in [Müller 1995] angeführten gleichen Lotsysteme. Das würde eine kleinere Löttemperatur erlauben. Daraus wurden dann auch die Werte der chemischen Überhitzung berechnet (5. Spalte). Je größer diese Überhitzung ist, eine desto bessere Schmelzlötbarkeit ist nach den vorliegenden Erfahrungen gegeben. Und in der letzten Spalte wurde auf entsprechende Lotsysteme in [Müller 1995] verwiesen. Es ergeben sich interessante Kaskadenlote wie z. B. das CuNiSi-Kaskadenlot mit einer Schmelztemperatur des ternären Eutektikums von 820 °C. Das ist deutlich geringer als die Schmelztemperaturen der bekannten Fertiglote. Natürlich sind vor der Anwendung derartiger Kaskadenlote die entsprechenden Untersuchungen bezüglich der technischen Machbarkeit und der wirtschaftlichen Sinnfälligkeit durchzuführen.

Anschließend wurden die möglichen Kaskadenlote auch für die Grundwerkstoffe aus anderen Metallen und Metallisierungen bestimmt (Tab. 5).

Auch hier wurden die Kaskadenlote mit Schmelztemperaturen unterhalb der in [Müller 1995] genannten Lotlegierungen fett gekennzeichnet.

Für die Entwicklung und Anwendung der Kaskadenlote soll hier ein Beispiel angeführt werden, wofür sich das MgAlZn-Legierungssystem besonders gut eignet. Die Besonderheit dieses Werkstoffsystems besteht nämlich in der Bildung von insgesamt acht Eutektika mit entsprechend unterschiedlichen Schmelztemperaturen der Eutektika (Abb. 8). Es ergibt sich eine signifikante Abhängigkeit der Schmelztemperaturen vom Al- und Zn-Gehalt in den MgAlZn-Eutektika. Alle diese acht Legierungen könnten evtl. auch als alternative Fertiglote Anwendung finden. Ihre Zusammensetzung entspricht in keinem einzelnen Fall der chemischen Zusammensetzung der heute in der Lötpraxis angewendeten kommerziellen Fertiglote. Diese haben aber alle einen höheren Schmelzpunkt im Vergleich zu den alternativen eutektischen MgAlZn-Loten und sind alle nichteutektisch. Das müsste für das Schmelzlöten kritisch sein, da man dort immer versucht eutektische Lote zu verwenden. Ausgehend von der für die in-situ-Fertigung der Kaskadenlote beim Schmelzlöten immer notwendigen chemischen

102

Wittke, Scheel: Lötbare Schichten zur in-situ-Fertigung von Kaskadenloten durch Beschichtungsverfahren beim Schmelzlöten

Tab. 5: Mögliche Kaskadenlote zum Schmelzlöten von Metallen und Metallisierungen (mit * gekennzeichnete Elemente in 3. Spalte)

1. Lotstufe Reaktions- o. Fertiglot	$T_{löt}$ (°C)	2. Lotstufe Kaskadenlot	$T_{lötgut}$ (°C)	Über-hitzung (°K)	bekannte Fertiglote (nach [Müller 1995])
Cu+P	714	Ag*CuP	646	68	(830–890) °C T_{sol} in 3 phosphorhaltigen Silberloten
Cu+Si	800	Al*CuSi	524	276	(400–590) °C T_{sol} in 21 Loten auf Aluminiumbasis
Mg+Zn	340	Al*MgZn	337	3	(398–600) °C T_{sol} in 7 Loten auf Magnesiumbasis
Sn+Si	231,9	Al*SnSi	228	3,9	(400–590) °C T_{sol} in 21 Loten auf Aluminiumbasis
Al+Si	577	Cu*AlSi	524	53	(400–590) °C T_{sol} in 21 Loten auf Aluminiumbasis
Fe+Al	548,2	Cu*FeAl	548	0,2	
Fe+Zr	928	Cu*FeZr	880	48	(860–970) °C T_{sol} in 12 Titan- und Zirkoniumloten
Zr+Ni	960	Cu*ZrNi	880	80	(860–970) °C T_{sol} in 12 Titan- und Zirkoniumloten
Cu+Al	548,2	Fe*CuAl	548	0,2	
Cu+Zr	885	Fe*CuZr	880	5	(860–970) °C T_{sol} in 12 Titan- und Zirkoniumloten
Al+Zn	381	Mg*AlZn	337	44	(398–600) °C T_{sol} in 7 Loten auf Magnesiumbasis
Cu+Al	548,2	Mg*CuAl	507	41,2	(400–590) °C T_{sol} in 21 Loten auf Aluminiumbasis
Cu+Zr	885	Ni*ZrCu	880	5	(860–970) °C T_{sol} in 12 Titan- und Zirkonloten
Al+Sn	228	Si*AlSn	228	0	(400–590) °C T_{sol} in 21 Loten auf Aluminiumbasis
Cu+Al	548,2	Si*CuAl	524	24,2	(400–590) °C T_{sol} in 21 Loten auf Aluminiumbasis
Al+Mg	437	Sn*Mg Al	428	9	(400–590) °C T_{sol} in 21 Loten auf Aluminiumbasis
Al+Mg	437	Zn*AlMg	337	100	(398–600) °C T_{sol} in 7 Loten auf Magnesiumbasis
Cu+Ag	780	Zn*CuAg	665	115	(830–890) °C T_{sol} in 10 Kupfer-Zink-Loten

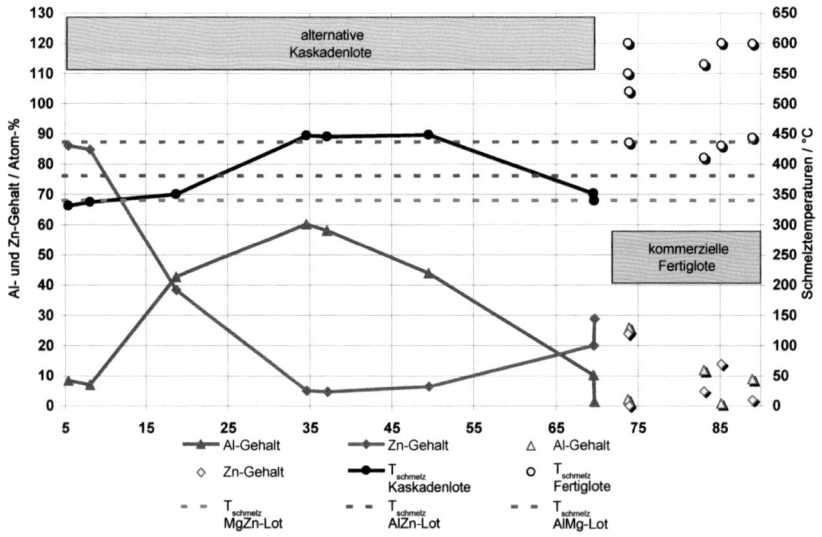

Abb. 8: Alternative MgAlZn-Fertiglote und MgAlZn-Kaskadenlote

Wittke, Scheel: Lötbare Schichten zur in-situ-Fertigung von Kaskadenloten durch Beschichtungsverfahren beim Schmelzlöten

103

Überhitzung sind aber dafür insgesamt nur 13 Kaskadenlote anwendbar:

- drei binäre MgZn-Lote zum Schmelzlöten von Al oder Al-Beschichtungen,
- fünf binäre AlZn-Lote zum Schmelzlöten von Mg oder Mg-Beschichtungen und
- fünf binäre AlMg-Lote zum Schmelzlöten von Zn oder Zn-Beschichtungen.

Da die entsprechenden binären Fertiglote oder Reaktionslote in der Regel nicht zur Verfügung stehen, muss dazu ex-situ eine entsprechende Beschichtungstechnologie angewendet werden. Die ternären Kaskadenlote zeichnen sich also auch dadurch aus, dass mit einem einzigen Kaskadenlot immer zumindest drei Grundwerkstoffe (hier Al, Mg und Zn) lötbar sind.

Ein Problem für die Entwicklung der alternativen Kaskadenlote besteht darin, dass für die entsprechenden binären, ternären und höherlegierten Werkstoffsysteme längst nicht alle Zustandsdiagramme und damit auch die möglichen Eutektika bekannt sind *(Abb. 9)*.

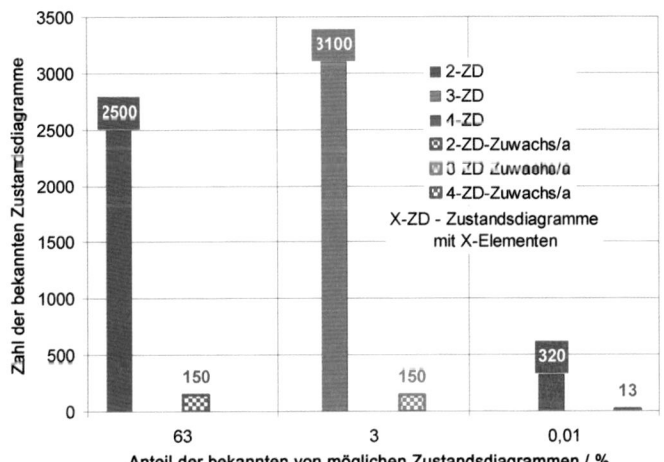

Abb. 9: Anzahl der 2002 bekannten von den insgesamt möglichen Zustandsdiagrammen [Parfenov 2002]

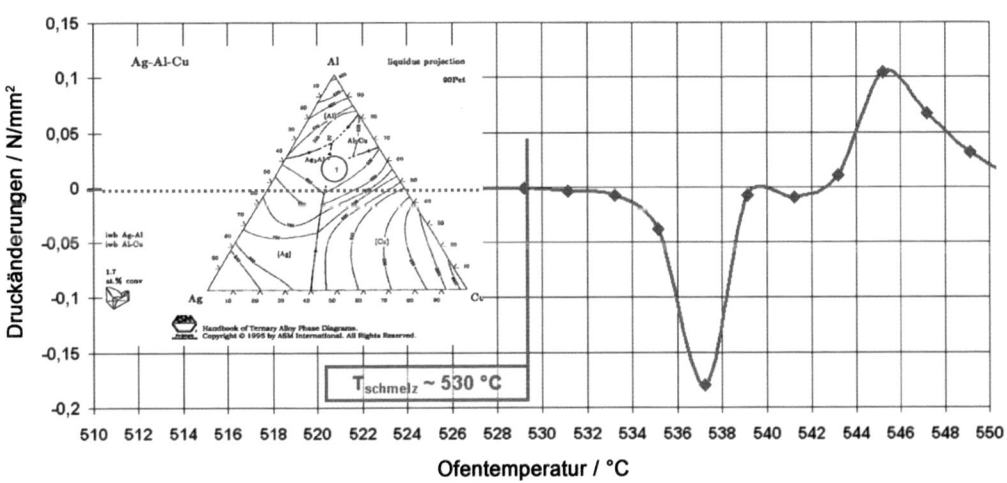

Abb. 10: Veränderung des mechanischen Drucks beim chemischen Schmelzen des ternären AlAgCu-Eutektikums

104

Wittke, Scheel: Lötbare Schichten zur in-situ-Fertigung von Kaskadenloten durch Beschichtungsverfahren beim Schmelzlöten

Hier haben die Autoren eine entsprechende Legierungsmethode entwickelt und für das AgAlCu-Werkstoffsystem mit einer in der Literatur unbekannten eutektischen Temperatur erfolgreich angewendet. Dazu wurden Proben aus Al und der bekannten und breit angewendeten eutektischen AgCu-Legierung im Vakuum unter Druck erwärmt. Anhand der Druckveränderung bei chemischen Schmelzen konnte die Schmelztemperatur des ternären AlAgCu-Eutektikums bestimmt werden *(Abb. 10)*.

Bei der Anwendung dieser Methode bietet sich insbesondere die Beschichtungstechnik mit den unterschiedlichen Beschichtungsverfahren an.

Zusammenfassung

Das Löten ist nach wie vor das am häufigsten angewendete Verbindungsverfahren in der Metall verarbeitenden sowie elektrotechnischen Industrie. Dabei ist die meist gebrauchte Verfahrensvariante das Schmelzlöten mit Fertigloten, die ex-situ gefertigt werden. Weitere Lote können Reaktions- bzw. Reaktivlote, sogenannte in-situ-Lote, sein. Sie werden erst beim Anwender während des Prozesses hergestellt. Diese in-situ-Lote werden nun, wie zuvor durch die Autoren dargestellt, ergänzt durch Kaskadenlote. Diese entstehen durch chemisches Zusammenschmelzen von mindestens zwei Lot- und/ oder Grundwerkstoffkomponenten, wobei mindestens eine Komponente aus einer chemischen Verbindung entstehen kann.

Die Autoren zeigen am Beispiel der Applikation des ternären eutektischen SnAgCu-Fertiglotes und des entsprechenden SnAgCu-Kaskadenlotes, dass die Lötverbindungen die gleichen Ergebnisse der Eigenschaftsfelder erreichen.

Diese lötbaren Schichten zur in-situ-Fertigung von Kaskadenloten können durch Beschichtungsverfahren für das Schmelzlöten aufgebracht werden. Das kann sowohl beim Halbzeughersteller als auch beim Lothersteller erfolgen.

Für die Entwicklung alternativer Kaskadenlote ohne verfügbare Zustandsdiagramme für entsprechende binäre, ternäre und höher legierte Werkstoffsysteme wurde auch eine von den Autoren entwickelte Legierungsmethode vorgestellt. Der Indikator für das chemische Schmelzen des Werkstoffsystems ist die Veränderung des mechanischen Drucks, wie am Beispiel des ternären AlAgCu-Werkstoffsystems erprobt.

Literatur

[Achkubekov 2008] Achkubekov, A. A.; Orkwasov, T. A.; Sosaev, B. A.: Kontaktschmelzen von Metallen und Nanostrukturen auf ihrer Basis, Verlag FISMATLIT, Moskau, 2008

[Eutektikum 2014] http://de.wikipedia.org/wiki/Eutektikum

[Hahn 1997a] Hahn, R.; Wittke, K.; Glaw, V.; Töpfer, M.; Ginolas, A.; Brunner, D.: Micro channel cooler for application for micro- and power-electronics. SMT/ES&S/Hybrid, International Fair and Congress, Nürnberg 22./24.04.1997, Tagungsband, S. 423–431

[Hahn 1997b] Hahn, R. u.a.: High Performance Liquid Cooled Aluminium Nitride Heat Sinks, Eurotherm Seminar "Thermal Management of Electronic Systems", Nantes (France), 24.-26.9.1997, p. 33-1 – 33-8

[Hahn 1997c] Hahn, R. u.a.: Mikrokanalkühler für den Einsatz in der Mikro- und Leistungselektronik, Proceedings of SMT/ES&S/Hybrid, 22.-24.4.1997, S. 275–282

[Hahn 1998] Hahn, R. u.a.: High Performance Liquid Cooled Aluminum Nitride Heat Sinks. Microelectronics International, vol. 16, issü 1, 1998

[Handbuch 1979] Handbuch: Binäre und Mehrkomponenten-Systeme auf der Basis von Kupfer, Akademie der Wissenschaften der UdSSR, Verlag Nauka, Moskau (Russland), 1979

[Kaskaden 2014] Kaskadeneffekt – Wikipedia.mht

[Laschko 1977] Laschko, N. F.; Laschko, S. W.: Löten von Metallen, Verlag Maschinostrojenije, Moskau, 1977

[Lebedev 2009] Lebedev, B. W.: Technologische Voraussetzungen zur Wiederherstellung von Bohrungen in gegossenen Gehäuseteilen unter Nutzung unabhängiger Löt-Schweiß-Mittel. Zeitschrift Technische Probleme (Russland), (2009)3

[Müller 1995] Müller, W.; Müller, J.-U.: Löttechnik – Leitfaden für die Praxis, Fachbuchreihe Schweißtechnik Band 127, DVS-Verlag Düsseldorf, 1995

[Nowottnick 2000] Nowottnick, M.: Diffusion Soldering of Heat Exchangers with Reaction Solders. IBSC 2000 International Brazing and Soldering Conf., Albuqürqü, USA, 2.-5.4.2000, Adv. Brazing and Soldering – ISBC 2000, 00. 453-460

[Nowottnick 2008a] Nowottnick, M. u.a.: Reaktionslote in der Elektronik – Erfahrungen und Potenzial, Produktion von Leiterplatten und Systemen, 10(2008)4

[Nowottnick 2008b] Nowottnick, M. u.a.: Reaktionslote in der Elektronik – Erfahrungen und Potenzial. EBL 2008, 13.-14.2.2008 Fellbach

[Nowottnick 2008c] Nowottnick, M. u.a.: Reaktionslote in der Elektronik – Erfahrungen und Potenzial. Vorträge der Internationalen wissenschaftlich-technischen Konferenz „Löten – 2008", 10.-12.9.2008, Togliatti (Russland), V. der TU Togliatti, S. 310–319

[Parfenov 2002] Parfenov, A. N.: Neue technologische Werkstoffe für das Löten, im Sammelband „Lote, Flussmittel und Materialien für das Löten", Zentrales Haus des Wissens Russlands, Moskau, 2002

[Petrunin 1967] Petrunin, I. E.; Markowa, I. Ju.; Jekatowa, A. S.: Werkstoffkunde des Lötens. V. Metallurgija, Moskau, 1976

[Scheel 2004] Wittke, K.; Scheel, W.; Nowottnick, M.: Auslöttemperatur von Lötverbindungen – Wesen und technische Bedeutung. DVS/ GMM-Tagung „Elektronische Baugruppen – Aufbau- und Fertigungstechnik"; GMM-Fachbericht; Fellbach 2004; 4.-5.2.2004; S. 127–132

[Wittke 2001a] Wittke, K.; Scheel, W.; Nowottnick, M.: Pikometallurgie – Verfahren zur Verbesserung des Kriechverhaltens von Weichlötverbindungen? VTE, DVS Verlag Düsseldorf, 13(2001)12, S. 293–304

[Wittke 2001b] Wittke K. u.a.: Pikometallurgie – Verfahren zur Verbesserung des Kriechverhaltens von Weichlötverbindungen? VTE 13(2001)12

[Wittke 2008] Wittke, K.; Scheel, W.: Erhöhung des Kriechwiderstands von Lötverbindungen mittels in-situ-Pikolegieren mit temporär flüssigem Lot, Vorträge der Internationalen wissenschaftlich-technischen Konferenz „Löten – 2008", 10.-12.9.2008, Togliatti (Russland), Verlag der TU Togliatti, S. 66–72

[Wittke 2011a] Wittke, K.; Scheel, W.: Bildung von niedrigschmelzenden eutektischen Kaskadenloten mittels chemischen Schmelzens von Reaktionslotkomponenten, Produktion von Leiterplatten und Systemen, 13(2011)2, S. 334–337

[Wittke 2011b] Wittke, K.; Scheel, W.: Handbuch Lötverbindungen, Eugen G. Leuze Verlag KG, Bad Saulgau, 2011

3 Vor- und Nachbehandlungsverfahren

Niederdruck-Plasmabehandlung zur Aushärtung von hybridpolymeren Schichtsystemen

Von Daniel Glöß[1], Klaus Rose[2], Andy Drescher[1], Johanna Kron[2], Peter Frach[1] ....Lesen Sie ab Seite 107
[1] Fraunhofer-Institut für Elektronenstrahl- und Plasmatechnik FEP, Winterbergstr. 28, D-01277 Dresden, www.fep.fraunhofer.de
[2] Fraunhofer-Institut für Silicatforschung ISC, Neunerplatz 2, D-97082 Würzburg, www.isc.fraunhofer.de

Präparation von Klebeflächen an Faserverbundbauteilen

Von Dipl.-Ing. Richard Zemann ....Lesen Sie ab Seite 115
Technische Universität Wien, IFT – Institut für Fertigungstechnik und Hochleistungslasertechnik, Landstrasser Hauptstr. 152, 1030 Wien, Österreich, www.ift.at / http://fibrecut.tuwien.ac.at

Niederdruck-Plasmabehandlung zur Aushärtung von hybridpolymeren Schichtsystemen

Daniel Glöß[1], Klaus Rose[2], Andy Drescher[1], Johanna Kron[2], Peter Frach[1]

[1] Fraunhofer-Institut für Elektronenstrahl- und Plasmatechnik FEP, Dresden

[2] Fraunhofer-Institut für Silicatforschung ISC, Würzburg

In diesem Beitrag wird hinsichtlich der Aushärtung Sol-Gel-basierter ORMOCER®-Beschichtungssysteme eine Alternative zu etablierten Verfahren, wie UV- oder thermische Behandlung, vorgestellt. Das Verfahren basiert auf dem Einsatz einer Niederdruck-Plasmaquelle. Einflüsse des Prozessgases auf den Aushärtungsprozess der Hybridpolymere sowie Veränderungen der chemischen Oberflächenbeschaffenheit und der chemischen Bindungen in der ausgehärteten Schicht wurden untersucht. Eine deutliche Steigerung der Oberflächenhärte ist auf diese Effekte zurückzuführen.

Insgesamt konnte die Eignung einer Niederdruck-Plasmabehandlung sowohl zur Aushärtung hybridpolymerer Sol-Gel-Schichten als auch zur Nachbehandlung vorgehärteter Schichten zur Erhöhung der Härte nachgewiesen werden. Die Vorteile der Aushärtung im Plasma gegenüber der thermischen Aushärtung sind eine kürzere Verarbeitungszeit und geringere thermische Belastung des Schichtsystems. Ein Vorteil gegenüber der UV-Aushärtung besteht darin, dass keine UV-Initiatoren notwendig sind. Weiterhin können über das Plasmaverfahren sowohl UV-aktive als auch rein thermisch härtbare Schichtsysteme gleichermaßen verarbeitet werden.

In this paper, an alternative method to cure sol-gel derived hybrid polymer ORMOCER® coatings with respect to the established methods of UV or thermal treatment is described. A low pressure plasma process (plasma treater) was employed. Influences of the process gas on the curing process of the hybrid materials as well as changes of the surface chemistry and of the chemical bonds of the cured film were investigated. A significant increase of the surface hardness is attributed to these effects.

The studies have demonstrated the suitability of a low pressure plasma treatment for curing hybrid sol-gel films as well as for a post-treatment of pre-cured layers to increase their hardness. The advantages of plasma curing compared to thermal curing are the shorter process times and lower thermal impact on the coating material. An advantage compared to UV curing is that UV initiators are not needed. Furthermore, low pressure plasma treatment allows film curing of both UV-reactive and thermally curable coating materials.

1 Einleitung

Anorganisch-organische Hybridpolymere sind herkömmlichen, rein organischen Polymeren insofern überlegen, da sie eine Vielzahl von Funktionen und Eigenschaften ihrer organischen und anorganischen Bestandteile vereinen. Dies schafft gänzlich neue Eigenschaften, die die einzelnen Stoffe nicht aufweisen. Solche Hybridpolymere werden u.a. als Antihaftschichten, Diffusionssperren, Werkstoffe in der Zahntechnik und zum mechanischen Schutz für verschiedene Substrate eingesetzt [1].

Um die komplexen Anforderungen heutiger Anwendungen erfüllen zu können, erfreuen sich multifunktionale Oberflächen, die mehrere Eigenschaften in sich vereinen, zunehmender Beliebtheit. Die am Fraunhofer ISC entwickelten anorganisch-organischen Polymere (ORMOCER® *) sind ein vielversprechender Ansatz in diese Richtung.

UV- und thermische Behandlung sind bereits etablierte Verfahren zur Aushärtung von Sol-Gel-

---

* Marke der Fraunhofer-Gesellschaft zur Förderung der angewandten Forschung e.V., München

Schichten. In gemeinsamen Forschungsprojekten untersuchten die Fraunhofer-Institute FEP und ISC erstmalig den Nutzen eines Niederdruck-Plasma-Aushärtungsverfahrens, um den Kreis möglicher Anwendungen zu vergrößern. Dazu wurde eine Plasmaquelle verwendet, die bisher standardmäßig nur zur Vorbehandlung von Substraten vor einer PVD-Beschichtung angewendet wurde.

2 Materialien und Verfahren

Zur Erzeugung des Plasmas wurde die Niederdruck-Plasmaquelle in einem Druckbereich von 10^{-4} bis 10^{-1} mbar eingesetzt. Dabei handelt es sich um einen inversen Plasmaätzer, wie er normalerweise für die Vorbehandlung von Substraten verwendet wird. *Abbildung 1* zeigt dessen schematischen Aufbau. Das Plasma wird durch HF-Anregung (bei 13,57 MHz) zwischen der großen HF-Elektrode und der kleineren geerdeten Elektrode erzeugt. Die Substrate werden mit der kleineren Elektrode verbunden. Das schnell alternierende elektrische Feld und die unterschiedliche Mobilität der Elektronen und Ionen im Plasma führen zur Bildung einer Biasspannung gegen die kleinere Elektrode. Dies führt zu einer Beschleunigung der Ionen in Richtung Substrat und somit zur Plasmabehandlung der Probenoberfläche.

Der Ionenbeschuss von Hybridpolymerschichten führt sowohl im Nassfilm als auch in der vorvernetzten Schicht zur Bildung von freien Radikalen an der Oberfläche (Eindringtiefe von wenigen Nanometern). Diese reaktionsfreudigen freien Radikale sind in der Lage, Einfach- und Doppelbindungen der Hybridpolymere zu spalten. Diese Anfangsreaktion tritt ohne Zusatz von Initiatoren auf und führt zur Vernetzung durch Kettenreaktion von Radikalen mit entsprechenden Monomeren und organischen Gruppen des Hybridpolymers. Die Rekombination von freien Radikalen bzw. das Fehlen weiterer reaktiver Gruppen führt zur Beendigung der Polymerisation. Als Begleiterscheinung neben der Vernetzung wurde teilweise auch ein Stoffabbau an der Oberfläche festgestellt.

Die in diesen Arbeiten verwendeten Hybridpolymerwerkstoffe werden über den Sol-Gel-Prozess mit Hilfe der chemischen Nanotechnologie synthetisiert. Sie können in der Flüssigphase in Form von alkohol- oder wasserbasierten Lösungen mit Hilfe üblicher industrieller Beschichtungsverfahren, wie Sprühen, Schleudern oder Tauchen, aufgebracht werden [2–5]. *Abbildung 2* zeigt die grundsätzliche Struktur der mittels Sol-Gel-Synthese und organischer Vernetzungsreaktionen erzeugten Hybridpolymere. Funktionelle organische Gruppen R haben Einfluss auf chemische Eigenschaften wie Oberflächenpolarität, d. h. Hydrophobie, Hydrophilie und Leitfähigkeit, oder können die Haftung zu Füllstoffen und Substraten verbessern.

Die organische Vernetzung basiert dabei auf der Reaktion von Vinyl-, Acryl-, Methacryl- oder Epoxygruppen X im Sol-Gel-Hybridpolymer und wird in der Regel thermisch (130–160 °C) oder durch UV-Bestrahlung eingeleitet.

Aufgrund der Anwesenheit energiereicher Bestandteile im Plasma (Radikale, Ionen, UV-Strahlung, Wärme) wurde eine Reihe von Untersuchungen vorgenommen, um die Wirkung des Niederdruck-Plasmas auf das Aushärteverhalten von anorganisch-organischen Beschichtungen zu ergründen. Die

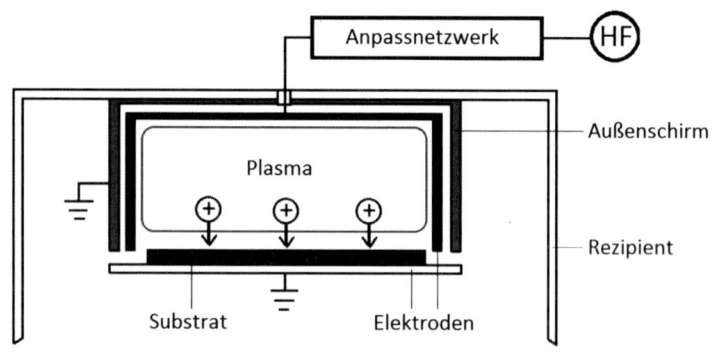

Abb. 1: Schema eines inversen Plasmaätzers (Plasmaquelle)

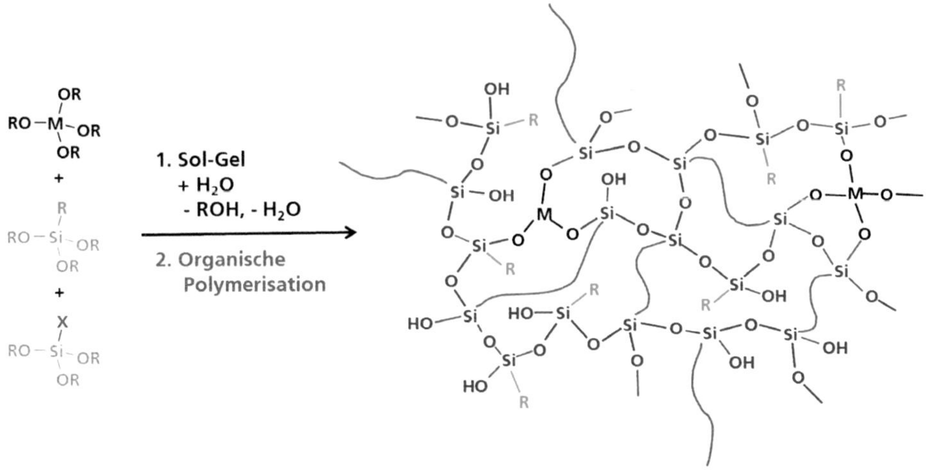

Abb. 2: Sol-Gel-Synthese und Vernetzung von Hybridpolymeren
X = reaktive Gruppen für die Vernetzung und Aushärtung der Schicht
~~ = vernetzte Polymerkette
R = funktionelle organische Gruppen oder Bestandteile zur Erzielung chemischer Eigenschaften und Funktionen
M = Metalle, wie z. B. Zr, Ti, Al

beiden folgenden Ansätze standen dabei im Fokus der Experimente:

a) vollständige Aushärtung des aufgetragenen Nassfilms durch Einwirkung des Plasmas

b) Plasmanachbehandlung der (durch UV oder thermisch) vorgehärteten Hybridpolymerschicht

Abbildung 3 zeigt UV- oder thermisch härtende Stoffe, die für diese Untersuchungen verwendet wurden.

3 Ergebnisse und Diskussion

Zur Charakterisierung der plasmabehandelten Schichten wurde das Nanoindentationsverfahren herangezogen, das die Messung der Oberflächenhärte als Funktion der Eindringtiefe erlaubt. Es war zu beobachten, dass durch das Aushärten des Nassfilms im Plasma, besonders mit den Prozessgasen O_2 und N_2, und durch herkömmliche Aushärtungsverfahren (thermisch und UV), vergleichbare Ergebnisse er-

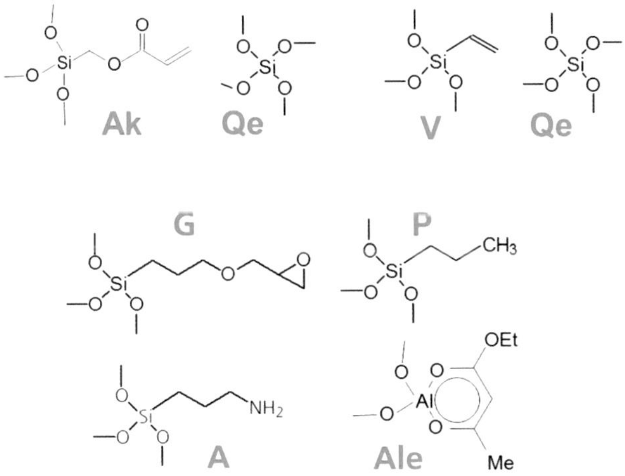

Abb. 3: Zusammensetzung der UV-härtenden Materialien Ak_Qe, V_Qe
und der thermisch härtenden Schicht G_PA_Ale

Tab. 1: Vergleich der Härte nach Standardaushärtung und Plasma-aushärtung, ermittelt mittels Nanoindentationsverfahren

UV-Härtung		Plasmahärtung	
Material	Härte (GPa)	Material	Härte (GPa)
Ak_Qe	$0,605 \pm 0,034$	Ar	$0,127 \pm 0,139$
		O_2	$0,416 \pm 0,080$
V_Qe	$0,356 \pm 0,017$	Ar	$0,183 \pm 0,038$
		O_2	$0,300 \pm 0,040$
Thermische Härtung (ΔT)		Plasmahärtung	
Material	Härte (GPa)	Material	Härte (GPa)
G_PA_Ale	$0,266 \pm 0,017$	Ar	$0,089 \pm 0,030$
		N_2	$0,203 \pm 0,041$

zielt werden konnten (siehe *Tab. 1*). Die plasma-behandelten Schichten wiesen häufig eine etwas geringere Härte auf als die in Standardverfahren ausgehärteten Schichten. Eine Verbesserung war nach dem Entgasen der feuchten Sol-Gel-Schichten vor der Plasmabehandlung zu beobachten, da das restliche Lösungsmittel, welches den Plasmaprozess stört, dadurch entfernt wird.

Zusätzlich wurde festgestellt, dass durch die Plasma-behandlung einer konventionell vorgehärteten Schicht (Schichtdicke ca. 3–5 μm, Substrat: Glas) eine Verbesserung der Härte erreicht werden kann. In *Abbildung 4* ist ein Vergleich zwischen herkömmlich UV-ausgehärteter und UV-vorgehärteter

Schichten mit anschließender Plasmabehandlung dargestellt. Bei Verwendung eines UV-vorgehärteten vinylbasierten Materials (V_Qe) war ein starker Anstieg der Härte an der Oberfläche, jedoch nur eine leichte Steigerung der Härte im tieferen Schichtbereich festzustellen. Es wird deshalb angenommen, dass durch den Ionenbeschuss an der Oberfläche eine intensivere Vernetzung und Verdichtung stattfindet.

Mit diesen Nanoindentationsmessungen konnte auch der Einfluss unterschiedlicher Gase auf die Nachhärtung im Plasma nachgewiesen werden. Neben dem üblichen Argonplasma (Ar) wurden auch Plasmen mit reinem Sauerstoff (O_2) und Stickstoff (N_2) untersucht. Die Ergebnisse zeigten deutlich, dass

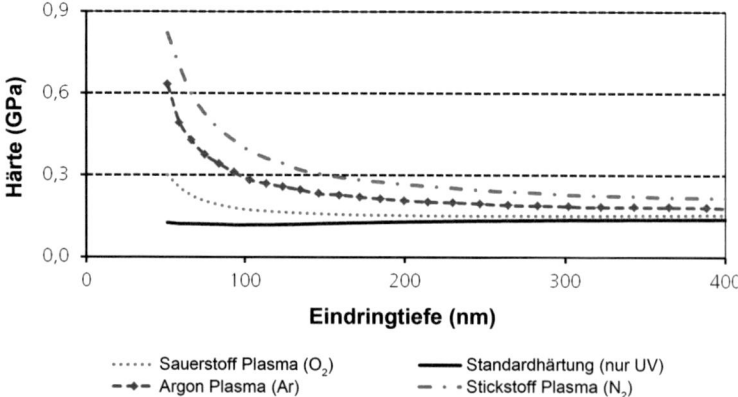

Abb. 4: Vergleich der Schichthärte von UV-gehärteten und plasmagehärteten Beschichtungen (Argon, Stickstoff, Sauerstoff)

die resultierende Schichthärte des UV-vorgehärteten Materials bei Verwendung von N_2 höher liegt als bei Ar. Neben diesem Härteanstieg an der Oberfläche wurde aber auch ein deutlicher Härtegradient über die Schichtdicke gefunden. Im Gegensatz dazu führte das O_2-Plasma zu einer geringeren Härte der vorgehärteten Schicht nach der Plasmabehandlung.

Eine Erklärung für die beobachteten Ergebnisse wird in den verschiedenen Ionisationsenergien und Emissionen der einzelnen Plasmen gesehen, die Einfluss auf die Bildung von Radikalen haben. In *Abbildung 5* sind die optischen Emissionsspektren der Argon-, Stickstoff- und Sauerstoffplasmen im Wellenlängenbereich von 300 bis 900 nm dargestellt. Der Messbereich war durch die Charakteristik des Lichtwellenleiters begrenzt, so dass keine kürzeren Wellenlängen als ca. 300 nm gemessen werden konnten.

Es konnte gezeigt werden, dass das N_2-Plasma starke Peaks im UV-Spektralbereich aufweist, während die Plasmen der anderen Gase keine Spektrallinien in diesem Wellenlängenbereich aufweisen.

Es ist also möglich, dass die UV-Strahlung im N_2-Plasma den Aushärtungsprozess beeinflusst und so die größeren Härtegrade der im N_2-Plasma behandelten Proben im Vergleich zu Ar- und O_2-Plasmen erklären. Die beschriebene UV-Emission des Plasmas kann jedoch nur zum Teil für diesen beobachteten Plasma-Nachhärtungseffekt verantwortlich gemacht werden, weil auch bei Ar- und O_2-Plasmen eine Erhöhung der Schichthärte messbar war.

Im Gegensatz zu den anderen Plasmen hat das Argon Plasma deutliche Spektrallinien im nahen Infrarotbereich. Eine mögliche Erklärung für die unterschiedlichen Härtegrade kann in den unterschiedlichen thermischen Einflüssen bzw. einem unterschiedlichen Energieeintrag des Plasmas liegen. Aus diesem Grund wurde der Energieeintrag mit einer aktiven Thermosonde (neoplas GmbH) gemessen, die den Energieeintrag pro Flächeneinheit erfasst (mW/cm^2).

In *Abbildung 6* ist die auf das Substrat, d.h. auf die Schichtoberfläche, wirkende Wärmeleistung (Energieeintrag) in den drei Plasmen als Funktion des Energieverbrauchs der Plasmaquelle dargestellt. Es

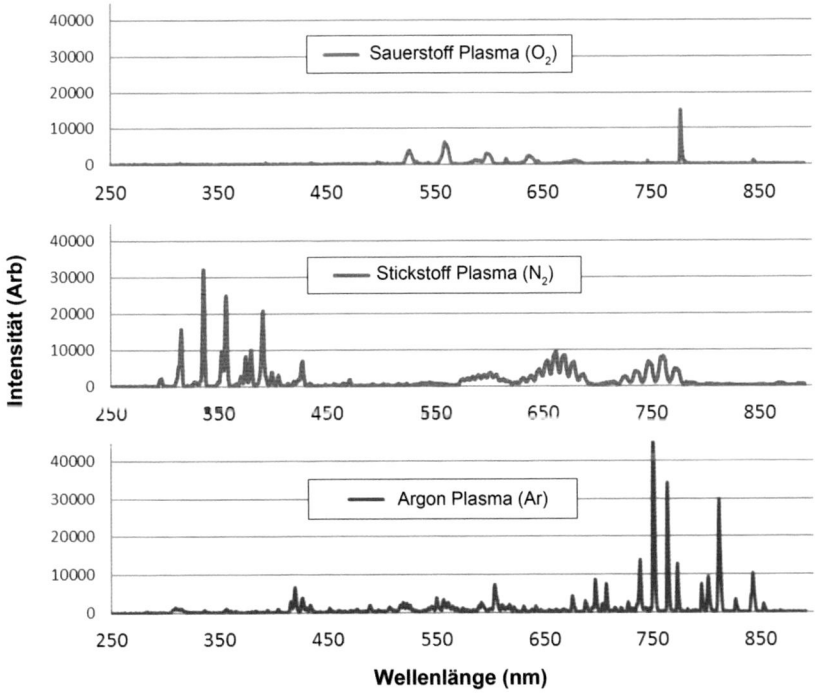

Abb. 5: Optische Emissionsspektren der verwendeten Plasmen

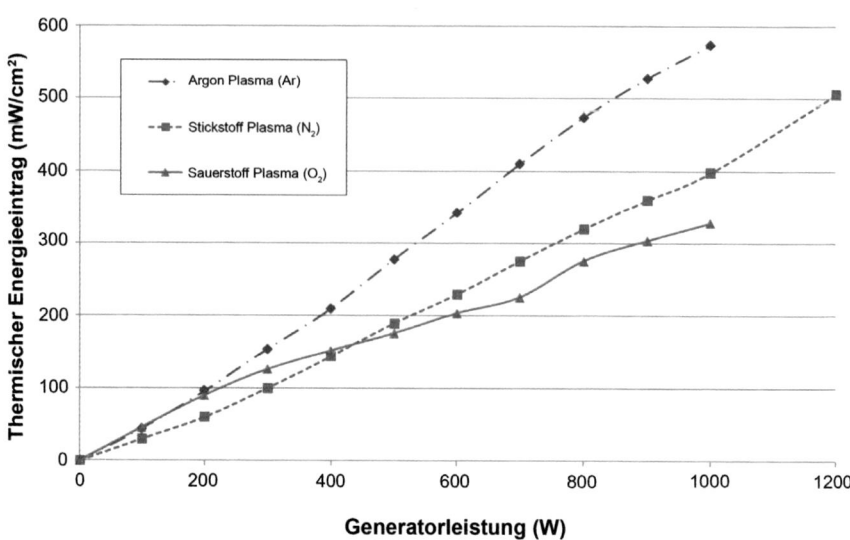

Abb. 6: Auf das Substrat wirkende Wärmeleistung in Argon-, Stickstoff- und Sauerstoffplasmen als Funktion des Energieverbrauchs der Plasmaquelle

ist zu sehen, dass bei der Aushärtung im Ar-Plasma der größte Energieeintrag auf der Substratoberfläche zu verzeichnen ist. Die O_2- und N_2-Plasmen verursachen einen geringeren Energieeintrag, was zu einer geringeren Aufheizung des Substrats führt. Die Messergebnisse zeigen jedoch auch im N_2-Plasma eine verbesserte Aushärtung. Dies wurde sowohl an thermisch als auch UV-vorgehärteten Proben nachgewiesen. Dies legt den Schluss nahe, dass die Schichthärtung im Plasma nicht allein mit thermischen Effekten zu erklären ist.

Neben der Härtemessung mittels Nanoindentation wurden die ausgehärteten Schichten auch mittels Fourier-Transform-Infrarotspektroskopie (FTIR) vor und nach der Plasmabehandlung bewertet. Die Polymerisation der organischen Bestandteile wurde durch Analyse der Absorptionsbanden von -C=C- -Gruppen aufgezeigt, die sich bei der Polymerisation reduzieren. Gleichzeitig war ein Anstieg von SiO_x zu erwarten [6]. Die FTIR-Charakterisierung (hier nicht abgebildet) der UV-Materialien (z. B. Systeme auf Vinylbasis: V_Qe) zeigte, dass sich die Anzahl der -C=C- Doppelbindungen nach der Plasmabehandlung verringert, während sich an der Oberfläche der SiO_x-Anteil erhöht hatte.

Die Analyse der IR-Spektren zeigte auch für die Polymerisation von thermisch vernetzten epoxid-

basierten Hybridpolymeren charakteristische Signale, wenngleich die Polymerisationsrate hier geringer ist als bei UV-härtenden Stoffen. Durch FTIR und FTIR-ATR-Messungen (hier nicht dargestellt) konnten die Absorptionsbanden der Schichtoberfläche mit denen in tieferen Schichtlagen verglichen werden. Hierdurch konnte erneut nachgewiesen werden, dass an der Oberfläche eine verstärkte Vernetzung und Auftreten von anorganischen Bestandteilen (SiO_x) vorliegt.

Die Oberfläche des thermisch härtenden Vier-Komponenten-Hybridmaterials G_PA_Ale *(Abb. 3)* wurde vor und nach der Plasmabehandlung mittels Röntgen-Photoelektronenspektroskopie (XPS) untersucht. Die resultierende Wirkung der Plasmabehandlung beeinflusst die chemische Zusammensetzung der Schichtoberfläche (siehe *Abb. 7*).

Wie *Abbildung 7* zeigt, war zu beobachten, dass die Kohlenstoffkonzentration an der Oberfläche des thermisch vorgehärteten Polymers G_PA_Ale nach der Plasmabehandlung deutlich zurückgegangen war. Im Gegenzug erhöhte sich die Konzentration anorganischer Bestandteile wie O, Al und Si. Dies ist ein klarer Beweis dafür, dass die organischen Bestandteile an der Oberfläche unter bestimmten Bedingungen des Plasmas abgebaut oder zersetzt werden. Die verbleibenden anorganischen Bestandteile (SiO_x,

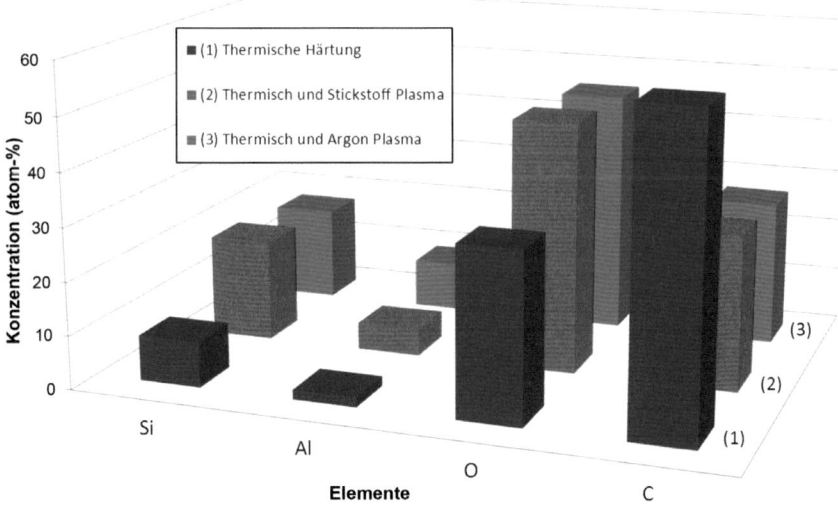

Abb. 7: XPS-Analyse des thermisch härtenden Hybridmaterials G_PA_Ale mit und ohne Plasma-behandlung

AlO$_x$) bewirken dann einen Härteanstieg an der Oberfläche.

Um die Veränderungen in dem ausgehärteten Hybridpolymer durch die Plasmabehandlung zu zeigen, wurden Schichten untersucht, die sowohl Vinyl- als auch Epoxy-Gruppen enthielten. Das Material wurde mittels Epoxy-Polymerisation thermisch vor-gehärtet, und die IR-Spektren wurden vor und nach der Plasmabehandlung mittels FTIR-Spektrometrie aufgenommen. Das Material wurde auf Veränderungen der Vinylgruppen hin untersucht.

Die FTIR-Spektren in *Abbildung 8* zeigen die durch die Plasmabehandlung hervorgerufene Nachreaktion. Eine Reduzierung der Absorptionsbanden der

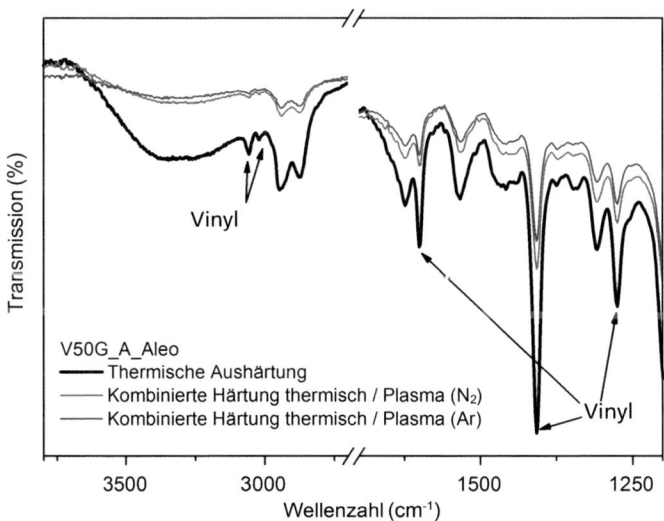

Abb. 8: FTIR-Spektren der Änderung der Absorptionsbanden nach der Plasma-behandlung

Vinylgruppen ist deutlich zu sehen. Dies impliziert eine Reaktion und eine Reaktivität freier Vinylgruppen (CH_2=CH-) durch das Plasma.

4   Schlussfolgerungen

Eine Kombination nasschemischer Beschichtungs- und plasmabasierter Schichthärtungstechnologien wurde anhand hybrider anorganisch-organischer Sol-Gel-Materialien untersucht. Das Aushärten der Schicht unter herkömmlichen Bedingungen (UV und thermisch) wurde mit einer Niederdruck-Plasmabehandlung verglichen und kombiniert.

Die Aushärtung im Plasma allein zeigt vergleichbare Ergebnisse wie die Standardverfahren (thermisch oder UV). Die wichtigsten Merkmale des Plasmaprozesses sind zum einen eine UV-Initiatorfreie Aushärtbarkeit von UV-Systemen und zum anderen kürzere Verarbeitungszeiten und niedrigere Prozesstemperaturen als beim Standardverfahren der thermischen Aushärtung. Dies ermöglicht die Verwendung temperaturempfindlicher Substrate.

Verbesserte Aushärtungsergebnisse wurden mit Materialien erzielt, die einen hohen Anteil an organischen Verbindungen aufweisen. Durch FTIR-Spektren konnte die vollständige Polymerisation dieser Hybridpolymere nach einer Nachbehandlung im Plasma nachgewiesen werden. Die Untersuchungen haben außerdem gezeigt, dass verschiedene Plasmagase zu unterschiedlichen Ergebnissen führen.

Die bisher erzielten Ergebnisse legen den Schluss nahe, dass die Aushärtung im Plasma im Wesentlichen durch Plasmaionen verursacht wird.

Weitere Messungen haben gezeigt, dass Nebengrößen wie UV- und thermische Energie nur von geringer Bedeutung sind. Der Ionenbeschuss wirkt nur auf die Oberfläche der Beschichtung. XPS-Messungen ließen einen Konzentrationsanstieg von anorganischen Komponenten an der Oberfläche erkennen, möglicherweise infolge eines teilweisen Abbaus von organischen Bestandteilen. Letzteres ist ein besonderes Merkmal von Hybridwerkstoffen, das zur zusätzlichen Härtesteigerung herangezogen werden kann.

Zusammenfassend kann gesagt werden, dass die Eignung von Aushärtungs- und Nachbehandlungsverfahren mit Niederdruck-Plasma zur Erhöhung der Oberflächenhärte von Hybridpolymeren nachgewiesen wurde.

Literatur

[1] Schottner G.: Chem. Mater. 13(2001), p. 3422–3435

[2] Haas, K.-H.: Advan. Engin. Mater. 2(2000), p. 571–582

[3] Haas, K.-H.; Amberg-Schwab, S.; Rose, K.: Thin Solid Films 351(1999), p. 198–203

[4] Rose K.: Surf Coat Internat Part B: Coat. Trans. 86(2003), p. 247–328

[5] Haas, K.-H.; Amberg-Schwab, S.; Rose, K.; Schottner, G.: Surf. Coat. Technol. 111(1999), p. 72–79

[6] Kim, W.-S.; Houbertz, R.: Effect of Photoinitiator of Photopolymerization of Inorganic-Organic Hybrid Polymers; Journal of Polymer-Science-Online (2004); Part B; p. 1979–1986

Präparation von Klebeflächen an Faserverbundbauteilen

Von Dipl.-Ing. Richard Zemann, TU Wien, Institut für Fertigungstechnik und Hochleistungslasertechnik, Wien, Österreich

Immer strenger werdende Regularien der Politik machen einen effizienten Umgang mit allen Ressourcen erforderlich. Eine der vielversprechendsten Möglichkeiten, um ressourcenschonend – also effizient – Produkte herzustellen, ist der Leichtbau. Dieser ist genauso hilfreich, um Produkte für die Nutzungsphase des Produktlebenszyklus zu optimieren. In vielen Industriebereichen sind die Leichtbaukonzepte und -technologien nicht mehr zu umgehen. Neben der werkstoffgerechten Konstruktion fällt auch immer öfter die Entscheidung metallische Werkstoffe durch Faser-Kunststoff-Verbunde (FKV) zu ersetzen.

FKV sind zumeist in Bauteilen im Einsatz, bei denen es darum geht, möglichst die strukturelle Integrität aufrecht zu erhalten. Solche Bauteile sind beispielsweise Monocoques, Rahmenstrukturen oder Verkleidungsteile. Gerade hier ist es notwendig Anschluss- und Fügestellen einzugliedern, um beispielsweise den Zusammenbau zu ermöglichen. Die Klebeverbindung hat sich in der Faserverbundbranche als technisch optimal herausgestellt, da nämlich auch der Werkstoff mikromechanisch eine Verklebung von Fasern und Fasersystemen darstellt. Die Klebetechnologie auch für weitere Schritte in der Prozesskette der Produktentstehung zu nutzen, ist deswegen technisch gewünscht. Eine der wichtigsten Leistungsfaktoren einer Klebeverbindung ist die Präparation der Oberflächen. In dieser Arbeit werden drei unterschiedliche Arten der Oberflächenvorbehandlung verglichen.

Increasingly strict regulations of the government make an efficient use of resources necessary. One of the most auspicious options to produce products in a resource saving way is the light weight technology. Light weight engineering is as useful to optimise products in their use phase of the product life cycle. Today light weight concepts and technologies are indispensable for many branches. Besides the material appropriate construction, the substitution of metallic materials through fibre reinforced polymers (FRP) is increasing to make use of the advantages of the mass reduction.

FRP is mostly used for structural parts like Monocoques, frames or body work. For such parts connecting and joining areas are very important to ensure for example the assembling. The adhesive connection has proved to be optimal suitable for the composite industry, because of the fact, that the composite is on the micro scale as well an adhesive connection between fibres and fibre systems. The use of the adhesive technology for other steps in the process chain of the part production is therefore technically requested.

One of the major performance factors of an adhesive connection is the preparation of the surface. In this work three different types of surface treatment are compared.

Einleitung

Um die Oberfläche von Materialien aufzubereiten und entsprechend ihrer späteren Funktion zu optimieren, stehen verschiedene Möglichkeiten zur Auswahl, wie etwa:

- Mechanische Bearbeitung:
  - Spanende Bearbeitungen
  - Sandstrahlen
  - Polieren
- Chemische Behandlung:
  - Eloxieren
  - Beizen
  - Anodische Oxidation
- Physikalische Verfahren:
  - Plasmatechnik
- Oberflächenbeschichtung:
  - Anorganische Schichten
  - Organische Schichten
  - Metallische Schichten

Für die Herstellung von Klebeflächen an Bauteilen aus Faser-Kunststoff-Verbunden werden in der Praxis mechanische Oberflächenbehandlungsverfahren genutzt. Bedingt durch das Aufrauen und das daraus resultierende Vergrößern der Oberfläche entsteht laut Theorie eine verbesserte Klebeverbindung, die eine erhöhte Kraftaufnahme ermöglicht.

Im Rahmen der Initiative FIBRECUT (http://fibrecut.tuwien.ac.at) wurde am Institut für Fertigungstechnik und Hochleistungslasertechnik die Auswirkung von unterschiedlichen Oberflächenbehandlungsverfahren getestet. Um die Belastbarkeit der dabei erstellten Klebeverbindungen zu testen, wurden an den präparierten Kohlenstofffaser-Epoxid-Verbundplatten Verbindungselemente aufgeklebt und im Zugprüfverfahren bis zum Versagen belastet.

Versuchscharakteristik

Der Werkstoff, mit dem die 150 x 100 mm messenden Platten hergestellt wurden, ist ein Kohlenstofffaser-Kunststoff-Verbund (CFK). Das Laminat wurde im Handlegeverfahren aus Gewebe-Prepregs aufgebaut und im Autoklaven konsolidiert. Hersteller dieser Prepregs mit der Bezeichnung IPFLCC285T46 ist die österreichische Firma Isovolta. Bei dem verwendeten Fasersystem handelt es sich um eine Köperbindung 2/2. Durch 11 Lagen und einem symmetrischen Lagenaufbau von 0/90°, +/-45°, 0/90° ergibt sich nach dem Autoklavenzyklus eine Plattendicke von 3 mm.

Die anschließende Oberflächenpräparation der CFK-Platten geschieht auf drei unterschiedliche Arten.

I) Reinigen

Die Oberfläche wird mit Aceton gereinigt, wodurch Rückstände wie Staub, Fett oder Schmutz entfernt werden sollen.

II) Schleifen

Die Oberfläche wird mit Schleifpapier der Körnung 180 vollständig geschliffen bis eine gleichmäßig raue Oberfläche resultiert. Anschließend wird der Schleifstaub gründlich entfernt und die Platte ebenfalls mit Aceton gereinigt.

III, IV) Planfräsen

Die Oberfläche wird mit den Werkzeugstirnschneiden plangefräst. Zum Einsatz kommen zwei unterschiedliche Schaftfräser. Einer ist ein Standardwerkzeug der Firma Sandvik Coromant der andere ein speziell auf die Zerspanung von FKV optimiertes Fräswerkzeug der Firma Hufschmied. Auch die gefrästen Oberflächen werden vor dem Verkleben gründlich mit Aceton gereinigt.

Tab. 1: Prozessparameter der Klebeflächenpräparation mit Fräswerkzeugen

	Standardwerkzeug	Spezialwerkzeug
Hersteller	Sandvik Coromant	Hufschmied
Abbildung		
WKZ-Bezeichnung	R216.32-06030-AC10A H10F	HC660BDS080-S003 Sonder-CFK-Schaftfräser Z4+4 rechts/links-rechts
Durchmesser $\varnothing$	6 mm	8 mm
Zähnezahl z	2	4
Werkstoff	VHM	VHM
Schnitttiefe a_p	0,3 mm	0,3 mm
Drehzahl n	4775 U/min	11937 U/min
Schnittgeschwindigkeit v_c	90 m/min	300 m/min
Vorschubgeschwindigkeit v_f	382 mm/min	1050 mm/min

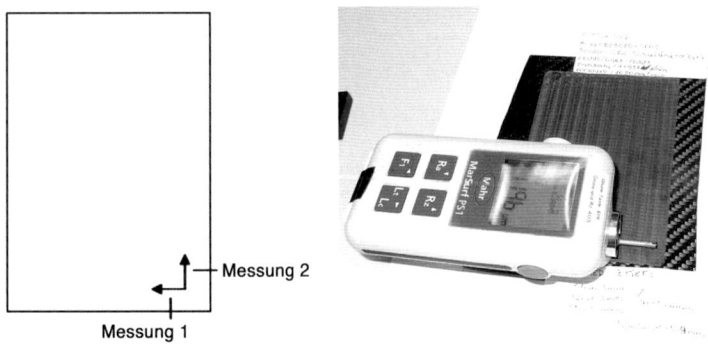

Abb. 1: Position und Durchführung der Rauheitsmessung auf den CFK-Platten

Für die zwei Fräsbearbeitungen werden die in *Tabelle 1* angegebenen Prozessparameter verwendet. Diese Werte wie auch die Daten sind Herstellerangaben und -empfehlungen.

Nach der Oberflächenbehandlung bzw. -bearbeitung wird bei allen Klebeflächen an einer definierten Position eine Rauheitsuntersuchung durchgeführt. Damit soll dargestellt werden, welche Oberflächenrauheit aus den einzelnen Verfahren resultiert und in weiterer Folge, der Einfluss der Rauheit auf die resultierenden Zugkräfte bewertet werden können. Diese Messungen wurden mit Hilfe des mobilen Rauheitsmessgeräts MarSurf PS1 des Herstellers Mahr durchgeführt. Das Gerät arbeitet nach dem Tastschnittverfahren. Für jede der vier Platten werden zwei Messstrecken aufgenommen. Es wird jeweils in Längs- und in Querrichtung dreimal abgetastet. Der Startpunkt jeder Messung ist etwa 10 mm von beiden Klebeflächenrändern entfernt. Die Vorgehensweise wird in *Abbildung 1* gezeigt.

Die gemessenen Werte sind der arithmetische Mittenrauwert R_a und die gemittelte Rautiefe R_z, wobei in *Tabelle 2* von den jeweils drei gemessenen Werten die Mittelwerte eingetragen sind. Es ist zu erkennen, dass die gereinigte Platte die geringsten Rauheitswerte aufweist. Die Platte, die angeschliffen wurde, hat einen beinahe 6,5fachen durchschnittlichen Mittenrauheitswert $R_{a\_\varnothing}$ im Vergleich zur gereinigten Platte. Die beiden plangefrästen Platten liegen im Zwischenfeld, wobei das Spezialfräswerkzeug tendenziell eine rauere Oberfläche erzeugt, was für die Belastbarkeit der Klebeverbindung vorteilhaft sein sollte.

Nach der Oberflächenrauheitsbestimmung werden auf alle vier Probeplatten fünf bigHead®-Befestiger aufgeklebt. Der Markenname bigHead® bezeichnet Verbindungselemente der Schweizer KVT-Fastening AG. Diese Bauteile bestehen aus einer stählernen, verzinkten Grundplatte, auf der diverse Verbindungselemente angebracht werden können. Die Grund-

Tab. 2: Ergebnisse der Rauheitsuntersuchung

| Oberfläche | gemittelte Rauheitswerte in µm | | | | | | | |
| | I, gereinigt | | II, geschliffen | | III, gefräst, Spezial | | IV, gefräst, Standard | |
Messung	1	2	1	2	1	2	1	2
Ra	0,29	0,31	1,77	2,10	1,23	0,93	1,00	1,03
Ra_Ø	0,30		1,94		1,08		1,02	
Rz	2,20	1,90	10,80	12,50	9,30	8,30	6,20	8,20
Rz_Ø	2,05		11,65		8,80		7,20	

Abb. 2: bigHead®-Befestiger der Firma KVT-Fastening

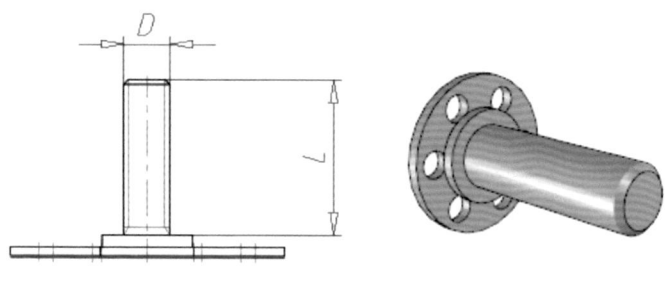

Abb. 3: bigHead® M1/B20-M8x25

platte dient zum Verkleben auf einer Bauteilfläche. Das orthogonal abstehende Verbindungselement kann beispielsweise zum Fügen zu einer Baugruppe genutzt werden.

Abbildung 2 zeigt eine Auswahl unterschiedlicher bigHead®-Befestiger.

Die gewählte Variante für die gegenständlichen Untersuchungen hat einen Gewindebolzen und ist in *Abbildung 3* dargestellt. Die zugehörigen Spezifikationen sind *Tabelle 3* zu entnehmen.

Vor dem Klebeverfahren mit den CFK-Platten werden die Grundplatten der BigHeads® sandgestrahlt und gereinigt, um eine optimale Haftung des Klebestoffs zu gewährleisten. Der verwendete Klebstoff ist ein Zweikomponenten-Konstruktionsklebstoff auf Epoxidharzbasis. Das Produkt nennt sich Scotch-Weld™ DP 760 und stammt von 3M. Dieser Klebstoff hat positive Eigenschaften in den Bereichen Zähelastizität, Festigkeit und Verarbeitbarkeit. Im Prozess wird pro Klebung eine definierte und gewogene Menge Klebstoff aufgetragen. Danach werden die Befestigungselemente per Hand gefügt. In den *Abbildungen 4* bis *7* sind die vorbereiteten und beklebten CFK-Platten dargestellt.

Die Verklebungen an den Platten werden in einer Zugprüfmaschine an der Technischen Versuchs- und Forschungsanstalt der TU Wien auf die maximale Zugkraft getestet. Bei der Versuchsmaschine handelt es sich um eine Zugprüfmaschine RM250DD1 der Firma Schenck-Trebel. Die Prüfgeschwindigkeit beträgt bei allen Versuchen konstant 2,5 mm/min.

Um das Beulen der Probeplatten durch die Zugkraft zu minimieren, wird für die Versuche eine eigens

Tab. 3: Bauteileigenschaften des bigHead® M1/B20-M8x25

Bestellbezeichnung	M1/B20-M8x25
Werkstoff M1	Stahl, verzinkt
Kopfform B20	rund
Gewinde D	M8
Länge L	25 mm
Gesamtlänge	28 mm
Kopf-Durchmesser	20 mm
Klebefläche (brutto)	314,16 mm^2
Klebefläche (netto)	262,84 mm^2

Abb. 4: Gereinigte Platte

Abb. 5: Geschliffene Platte

Abb. 6: Plangefräste Platte, Spezial

Abb. 7: Plangefräste Platte, Standard

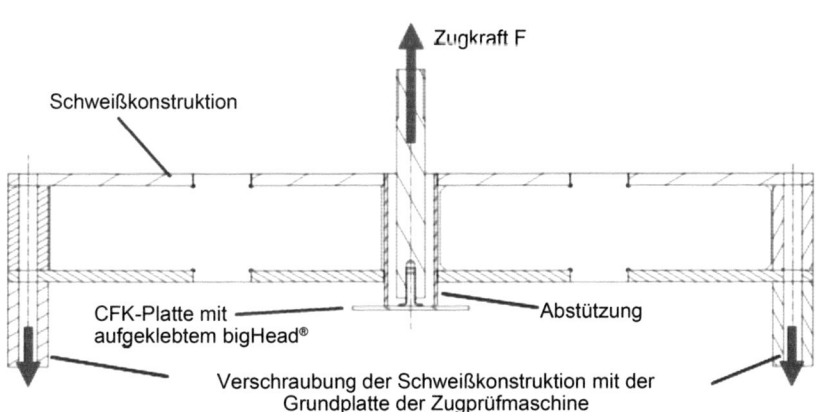

Abb. 8: Probenaufnahme inkl. Abstützvorrichtung

konzeptionierte Schweißkonstruktion *(Abb. 8* und *Abb. 9)* genutzt. Diese besitzt eine Abstützung bestehend aus einem Stahlrohr mit einem Innendurchmesser von 40 mm. Hierdurch wird der Kraftschluss über die Grundplatte der Schweißkonstruktion zur Zugprüfmaschine hergestellt. Die Komponenten zwischen der Abstützung und der Grundplatte sind aus 10 mm dicken Stahlplatten herge-stellt und miteinander verschweißt. Durch diesen Prüfaufbau ist eine Verformung wie das angesprochene Beulen der Prüfplatte praktisch unterbunden. Ohne diese Vorkehrungen ist zu erwarten, dass sich die Belastbarkeit der Klebeverbindung reduziert. Dies ist durch den komplexen Spannungszustand in der Verbindung zufolge der Verformung begründet.

Abb. 9: Versuchsaufbau ohne eingespannte Prüfplatte

Prüfergebisse

Die Auswertung der Versuche erfolgt anhand von Kraft-Weg-Diagrammen kombiniert mit der optischen Analyse der Bruchstellen auf den CFK-Platten und den Befestigungselementen. Grundsätzlich wird bei den Bruch- bzw. Versagensarten von Klebever-

bindungen zwischen Adhäsionsbruch (Versagen an der Haftungsfläche) und Kohäsionsbruch (Versagen im Klebstoff) unterschieden. In der Realität kommen jedoch oft Mischformen dieser Brucharten vor, wie auch in der gegenständlichen Untersuchung. Die *Abbildungen 10* bis *13* zeigen die Kraft-Weg-Diagramme der Versuche. In den *Abbildungen 14* bis *17* sind die zugehörigen, abgerissenen Befestigungselemente abgebildet.

Die **Versuchsreihe I** *(Abb. 10* bis *14)* repräsentiert die Versuche, in denen die Klebeoberflächen gereinigt sind. Es ist vorwegzunehmen, dass bei dieser Versuchsreihe lediglich vier Versuche gewertet sind, da bei einer Zugprüfung ein Maschinenfehler auftrat, wodurch keine belastbaren Werte zur Auswertung verfügbar sind.

Aufgrund der geringsten Oberflächenrauheit (siehe hierzu *Tab. 2*) im Versuchsfeld und der damit einhergehend kleinsten Klebeoberfläche wird die geringste Abreißkraft erwartet. Wie in *Tabelle 4* jedoch zu sehen ist, konnte in diesem Versuch mit 2,13 kN die zweithöchste Abreißkraft des gesamten Versuchsfeldes gemessen werden. Jedoch erreicht die Standardabweichung der Versuchsreihe mit 0,47 kN das Maximum der Untersuchungen.

Bei der Begutachtung der Bruchbilder ist festzustellen, dass es sich dabei durchgehend um Mischbrüche handelt. Genauer gesagt, tritt Adhäsionsversagen am Befestiger und am Bauteil auf sowie Kohäsionsbruch und teilweise ein Versagen des Faser-Kunststoff-Verbunds.

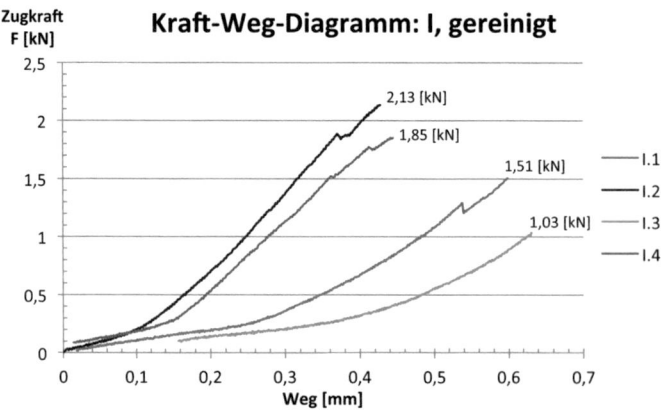

Abb. 10: Kraft-Weg-Diagramm: I, gereinigt

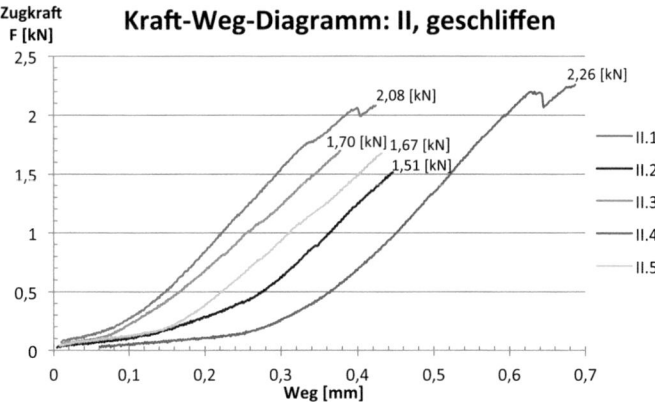

Abb. 11: Kraft-Weg-Diagramm: II, geschliffen

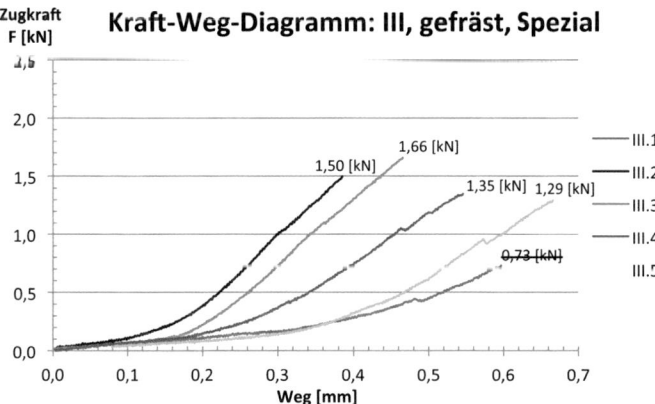

Abb. 12: Kraft-Weg-Diagramm: III, gefräst, Spezial; vermeintlicher Ausreißer ist durchgestrichen

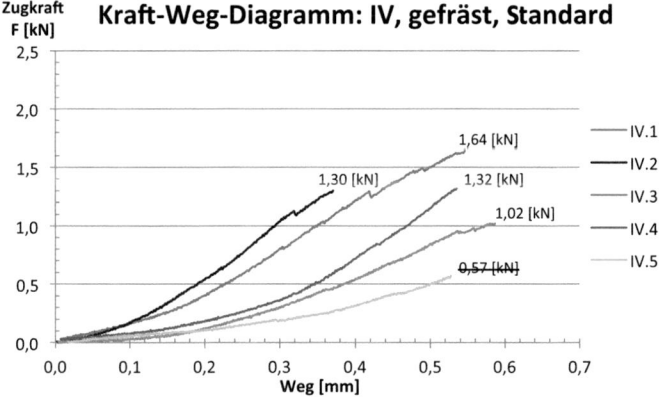

Abbildung 13: Kraft-Weg-Diagramm: IV, gefräst, Standard; vermeintlicher Ausreißer ist durchgestrichen

Tab. 4: Zusammenfassung der Zugprüfergebnisse, vermeintliche Ausreißer sind durchgestrichen

	Versuchsreihe			
	I	II	III	IV
	gereinigt	geschliffen	gefräst, Spezial	gefräst, Standard
Versuchsnummer	maximale Zugkraft F_{max} in kN			
1	1,51	2,08	~~0,73~~	1,64
2	2,13	1,51	1,50	1,30
3	1,03	1,70	1,66	1,02
4	1,85	2,26	1,35	1,32
5	–	1,67	1,29	~~0,57~~
F_{max} in Prozent	94,2 %	100 %	73,5 %	72,6 %
Mittelwert $F_{max\_\varnothing}$	1,63 kN	1,85 kN	1,45 kN	1,32 kN
$F_{max\_\varnothing}$ in Prozent	88,1 %	100 %	78,4 %	71,4 %
Standardabweichung σ	0,47 kN	0,31 kN	0,16 kN	0,25 kN

Abb. 14: abgerissene Befestiger: I, gereinigt

Abb. 15: abgerissene Befestiger: II, geschliffen

Abb. 16: abgerissene Befestiger: III, gefräst, Spezial

Abb. 17: abgerissene Befestiger: IV, gefräst, Standard

Bei **Versuchsreihe II** (Abb. 11 und Abb. 15) wird die geschliffene Oberfläche getestet. Durch die Erhöhung der Rauheit auf $R_{a\_\varnothing}$ 1,94 und die damit verbundene Vergrößerung der wahren Oberfläche ist die Haftung des Klebstoffs an der CFK-Platte höher als in der vorherigen Versuchsreihe, weshalb ein höherer Maximalwert zu erwarten ist, welcher sich auch einstellt. Der Mittelwert $F_{max\_\varnothing}$ erreicht das Maximum des gesamten Versuchsfelds und beträgt 1,85 kN. Die Streuung mit einer Standardab-

weichung von σ 0,31 kN liegt deutlich unter der, der gereinigten Platte. Die Befestigungskraft hat sich im Vergleich zur gereinigten also stark verbessert.

Bei der optischen Bewertung der Bruchstelle zeigt sich ebenfalls eine Kombination aus verschiedenen Brucharten. Der Anteil des Bauteilversagens ist im Vergleich zur Versuchsreihe mit gereinigter Oberfläche merkbar angestiegen. Somit nimmt der Anteil des Adhäsionsbruchs am Befestiger ab. Der Kohäsionsbruch in der Klebeschicht tritt, wie bei allen vier Versuchsreihen zu beobachten ist, kaum auf. Einzig im Bereich der Bohrungen am Befestiger verläuft die Bruchfläche im Kohäsionsbereich. Die Schwachstelle des Systems ist bei dieser Versuchsreihe im Faser-Kunststoff-Verbund zu finden, die Kräfte orthogonal auf die Schichtebene übersteigen offensichtlich die zulässigen Spannungen.

In der **Versuchsreihe III** *(Abb. 12* und *Abb. 16)* wird eine plangefräste Platte geprüft. Das Werkzeug für diese Versuche ist geometrisch auf die Herstellung von Klebeflächen in FKV angepasst. Auffällig ist bei dieser Versuchsreihe, dass das Bruchbild des Versuchs III.1 stark von den übrigen Bruchbildern abweicht. Passend zu dem Bruchbild ist auch die gemessene Abreißkraft weit unter den vier äquivalenten Versuchen. Aus diesem Grund wird dieses Ergebnis in der Auswertung (Berechnung der gemittelten Zugkraft $F_{max\_\varnothing}$ und der Standardabweichung σ) aus *Tabelle 4* nicht berücksichtigt. Der Grund für dieses frühe Versagen der Adhäsion am Befestiger ist unklar. Im Allgemeinen lässt dies auf eine mangelhafte Klebeflächenpräparation schließen, bei der Fremdstoffe (z. B. Fettrückstände) die Verbindung behindern.

Die Abreißkräfte der Versuche liegen im Mittelwert $F_{max\_\varnothing}$ 26,5 % hinter denen der geschliffenen Platten. Dies ist durch die geringeren Rauheitswerte begründbar. Die Standardabweichung von 0,16 kN stellt das Minimum des gesamten Versuchsfeldes dar. Die optische Beurteilung der Bruchflächen zeigt beträchtliche Rückstände der Verbundplatte. Das Versagen wird in dieser Versuchsreihe primär durch das Versagen der CFK-Platte verursacht.

Bei der **Versuchsreihe IV** *(Abb. 13* und *Abb. 17)* wird ebenso eine gefräste Klebefläche getestet, die mit einem hochwertigen Standard-Industrie-Fräswerkzeug hergestellt wird. Bei dieser Versuchsreihe weicht der Maximalwert des Versuchs IV.5 von den anderen ab (siehe auch *Tab. 4),* obwohl in diesem Fall das Bruchbild keine signifikanten Auffälligkeiten zeigt. Aus diesem Grund wird dieses Ergebnis nicht für die weitere Auswertung verwendet. Eine mögliche Erklärung ist die lokale Schadhaftigkeit des Faserverbunds.

In Bezug auf die Rauheit erzeugt dieses Werkzeug eine Oberfläche mit geringeren R_a und R_z-Werten als das vorhergehende Fräswerkzeug. Die Werte liegen zwischen den Werten der gereinigten und der

geschliffenen Platte. Der Mittelwert der maximalen Abreißkraft ist in dieser Versuchsreihe mit 1,32 kN am geringsten. Die Standardabweichung liegt mit 0,25 kN im Mittelfeld.

Die Bruchbilder zeigen wieder einen beträchtlichen Anteil an Bauteilversagen in der Verbundplatte. Die Ähnlichkeit zu den Ergebnissen der geschliffenen Platte ist aber deutlicher, da der Anteil des Adhäsionsbruchs am Befestiger im Vergleich zur Fräsbearbeitung mit dem Spezialwerkzeug gestiegen ist.

Eine Zusammenfassung und Auswertung der Ergebnisse der durchgeführten Zugversuche liefert *Tabelle 4.*

Zusammenfassung und Ausblick

Die Zugversuche zur Untersuchung der Klebeflächenpräparation zeigen, dass das Anschleifen der Plattenoberfläche mit einem Schleifpapier die höchsten Abreißkräfte ergibt. Anders als vermutet, erreicht man mit der Reinigung der Klebefläche ebenfalls ähnlich hohe Werte. Dies ist ein Indiz dafür, dass man an der Epoxidharz-Randschicht der Faserverbundplatte eine belastbarere Klebeverbindung aufbauen kann, als im Inneren. Dort sind die Kontaktpartner nämlich nicht nur Epoxidharzmatrix und epoxidharzbasierter Klebstoff, sondern zusätzlich auch Kohlenstofffasern und ihre Kunststoffschichte. Nachteilig am Verkleben an der gereinigten Platte ist das breite Streuungsfeld der Ergebnisse. In der Auslegung solch einer Klebeverbindung müssten entsprechende Sicherheiten dieses Phänomen kompensieren. Dass die gefräst präparierten Klebeflächen die geringsten Standardabweichungen haben lässt die Vermutung zu, dass durch die präzise CNC-Präparation sehr gleichmäßige Rahmenbedingungen geschaffen werden können. Ein kritischer Aspekt ist jedoch, dass die versagende Komponente bei diesen beiden Versuchsreihen nicht etwa die Klebung war, sondern der Faserverbundwerkstoff. Offensichtlich wird durch den Materialabtrag die Leistungsfähigkeit beeinflusst. Einerseits kann dies an einer Schädigung durch die Zerspanung wie beispielsweise durch den Wärmeeintrag oder die Zerspanungskräfte liegen und andererseits ist denkbar, dass durch den Herstellungsprozess im Autoklavverfahren die Materialrandzone unterschiedliche Eigenschaften im Vergleich zu der Kernzone hat. Stellt man die beiden Fräswerkzeuge gegenüber, so ist zu erkennen, dass die Spezialversion etwas höhere aber vor allem konstantere Ergebnisse bringt. Außerdem ist mit dem Spezialfräswerkzeug die circa 2,5fache Bearbeitungsgeschwindigkeit erreichbar. So kann die Zeit für die Klebeflächenpräparation weiter reduziert werden, was natürlich wirtschaftlich vorteilhaft ist.

Bei Betrachtung der vier Kraft-Weg-Diagramme kann festgehalten werden, dass die maximalen Zugkräfte der Versuchsreihen einer Streuung unterliegen, die eine entsprechende Besicherung in der Auslegung von Klebeverbindungen erforderlich macht. Dies wird auch durch die Werte der Standardabweichung aus *Tabelle 4* verdeutlicht. Dass solche Streuungen bereits unter Laborbedingungen auftreten verschärft die Notwendigkeit nach industrietauglichen, zerstörungsfreien Prüf- und Messmethoden für die Sachgüterproduktion. Aktuell wird auch versucht, durch Automatisierung und Optimierung der Arbeitsabläufe höhere Konstanz zu erreichen.

Betrachtet man die Kraft-Weg-Verläufe der Versuche I.1, I.2, I.4, II.1, II.4, III.1, III.4, III.5, IV.1 und IV.2 so kann vor dem Erreichen der maximalen Zugkraft ein Sprung im Kraftverlauf festgestellt werden. Solche Phänomene sind aus der Faserverbundbranche unter dem Begriff Spannungsdegradation (zum Beispiel der *first ply failure*) bekannt. Stellt man für einen Faserverbundwerkstoff ein mikromechanisches Ersatzmodell auf, so erkennt man, dass Fasern oder Faserbündel, die entlang der Hauptlastpfade orientiert sind, entsprechend stärker belastet werden. An solchen Stellen treten die ersten Versagenserscheinungen auf, jedoch kann in vielen Fällen das verbleibende Material weiterhin belastet werden und die Funktionsfähigkeit aufrechterhalten.

Durch die Untersuchung soll dargestellt sein, dass die Klebeflächenpräparation durch vorhergehendes Schleifen durchaus sinnvoll ist. Sollte das Schleifen nicht möglich sein, ist das genaue Reinigen ratsam, um möglichst konstante Ergebnisse erzielen zu können. Die Präparation durch geometrisch bestimmte Schneidwerkzeuge hat vor allem in der Konstanz der Ergebnisse Vorteile. In Folgeversuchen sollte jedoch geklärt werden, aus welchen Gründen der Faserverbund offensichtlich eine Schädigung erfährt. Wäre es möglich, diese Schädigung zu reduzieren oder sogar völlig auszuschalten, dann könnte weiteres Potenzial der Klebeflächenpräparation mit Fräswerkzeugen gehoben werden.

4   Schichtcharakterisierung

Tribological behavior of Zn-Ni layers electrodeposited on different substrates by various methods

By M. Chira[1], H. Vermesan[1], E. Grunwald[2], G. Borodi[3] .... Lesen Sie ab Seite 127
[1] Technical University of Cluj-Napoca: B-dul Muncii 103-105, 400641 Cluj-Napoca, Romania,
    M. Chira: mihai2706@yahoo.com, H. Vermesan: Horatiu.Vermesan@imadd.utcluj.ro
[2] SC BETAK SA, B-dul Municii nr. 16, 400641 Cluj-Napoca, Romania
[3] INCDTIM, Cluj-Napoca, Romania

The Electrochemical Behaviour of Ni Electrodes Modified with Micro Particles of Boron Carbide in an Alkaline Solution

By Viktoria Medeliene... Lesen Sie ab Seite 142
Institute of Chemistry, Center for Physical Sciences and Technology, Vilnius, Lithuania

Corrosion Properties of Nanocrystalline Ni-W Coatings in Extreme Conditions

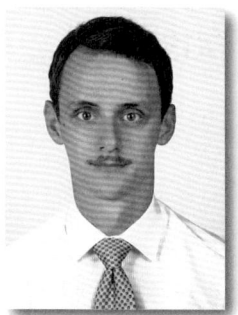   

By Matilda Zemanová [1] (without picture), Ján Szúnyogh [1], Jakub Druga [1], Jana Kozánková [1], Ján Lokaj [1], Edmund Dobročka [2] .... Lesen Sie ab Seite 148

[1]   Institute of Inorganic Chemistry, Technology and Materials, FCHPT STU, Bratislava
[2]   Institute of Electrical Engineering, SAS, Bratislava

Feuchtekorrosion von Wärmeschutzschichten auf Basis dünner Silberschichten

Von Dr. Andreas Georg .... Lesen Sie ab Seite 154
Fraunhofer Institut für Solare Energiesysteme, Heidenhofstr. 2, D-79110 Freiburg,
www.ise.fraunhofer.de

Tribological behavior of Zn-Ni layers electrodeposited on different substrates by various methods

Mihail Chira[1], Horațiu Vermeșan[1], Ernest Grunwald[2], Gheorghe Borodi[3]

[1] Technical University of Cluj-Napoca, România

[2] SC BETAK SA, Bistrița, România

[3] INCDTIM, Cluj-Napoca, România

The tribological behavior of an electrodeposited Zn-Ni alloy layer has been investigated to understand the effect of substrate and electroplating methods. The substrates used were: steel, steel/silicon dioxide and steel/silicon dioxide/boron nitride. The tribological behavior was investigated using a ball-on-plate tribometer equipped with an electrochemical cell with 1 % NaCl solution. Open circuit potential measurements, chrono-amperometry (CA) (constant potential electrolysis technique – CPE) measurements and electrochemical impedance spectroscopy (EIS) measurements were made, before and after a wear test. The coefficient of friction was also measured. The structure and morphology of the electrodeposited layers and the nature of the corrosion products were determined using SEM, XRD and AFM measurements. The Zn-Ni coating electrodeposited using pulse current electrodeposition on steel/silicon dioxide/boron nitride substrate was found to have a higher tribocorrosion resistance compared to the Zn-Ni layers electrodeposited by using pulse current electrodeposition and electrodeposition in a magnetic field on steel/silicon dioxide or by conventionally electrodeposited on steel substrate.

1 Introduction

Zinc-nickel alloy electroplated on steel has a good corrosion resistance in the absence of wear. However, a combined effect of wear and corrosion can notably decrease the corrosion resistance, when the Zn-Ni layer is damaged by wear.

The wear-corrosion synergistic effects require a fundamental understanding of the mechanisms involved, with the aim to achieve a significant reduction of such effects.

In general, metals react in aqueous environment and show an active-passive behavior [1]. In such systems, the combined action of wear and corrosion is important, as wear can damage the protective oxide film. Depending on the oxide film properties (stability, adherence) and the repassivation kinetics, the combined effect of corrosion and wear can accelerate the metal loss [2]. A detailed description of corrosion/wear interaction can be quite difficult to make. In general, it is stated that cracking and oxide film exfoliation from the surface can lead to active metal exposure to environment. The exposure can be followed by a local dissolution of the oxide film, or the active metal repassivation – depending on metal/electrolyte system (solution) and on loading conditions.

In the last decade, several studies were carried out in the domain of surface engineering regarding tribocorrosion of tough surfaces, with regard to the base metal protection [5, 6–10]. Zn-Ni alloy coatings have become the choice for corrosion protection in automobile, aerospace and other applications due to their superior mechanical properties and their good corrosion behavior. Investigations have also been performed regarding the Zn-Ni alloy corrosion behavior [4, 11–15], mechanical properties; and tribological general studies [16].

Three different electrochemical methods were used to study the coating corrosion behavior: open circuit potential (OCP), chronoamperometry (constant potential electrolysis technique – CPE) and electrochemical impedance spectroscopy (EIS). Wear test and coefficient of friction measurements were also performed. The surface structure and morphology were characterized based on XRD, SEM and AFM measurements.

The purpose of this study is to investigate the corrosion and tribological behavior of Zn-Ni layers elec-

128

Chira, Vermesan, Grunwald, Borodi:
Tribological behavior of Zn-Ni layers electrodeposited
on different substrates by various methods

troplated on steel, steel/silicon dioxide (SiO_2) and steel/silicon dioxide (SiO_2)/boron nitride (BN) substrates, when sliding in 1 % NaCl solution.

2 Experimental setup

2.1 Experimental samples

The substrate used for the electrochemical deposition was a 9 cm² square sheet of hot rolled carbon steel (S235JR – EN 10025). The steel samples were grounded with 1500 grit sandpaper. After grinding, the samples were degreased in 10 % NaOH solution, washed, pickled in hydrochloric acid solution (HCl 1 : 1), and washed again.

In order to improve the corrosion resistance, a diode-like intermediate layer was attempted, so that the corrosion current would be as low as possible.

The silicon dioxide coating on steel surface was obtained by dipping the samples for 2 minutes in sodium metasilicate (Na_2SiO_3) solution, followed by 3 minutes dipping in 12 % HCl solution. The silicon dioxide layer formed was of approximately 200 nm thick.

In order to obtain a diode-like intermediate layer, boron nitride (BN) was electrodeposited [3] by mounting the samples as anode. The boric acid mixed with dimethylformamide $(CH_3)_2NC(O)H$ determine in solution the formation of borate $(BO_3)^-$ and nitrogen ions N^-, according to the following chemical reaction: $H_3BO + HCON(CH_3)_2 + H_2O \rightarrow 3H^+ + (BO_3)^- + CO_2 + N^- + 2(CH_3)^+ + 2H^+$, which resulted in silicon dioxide contamination with trivalent boron. The electrodeposited boron nitride layer was of approximately 20 nm thick.

The proportions of each element used to obtain an electrolyte were determined from experimental tests and found that these proportions deposit is optimal. Our intention was to obtain a layer with semi-conducting properties.

The Zn-Ni alloy was electrodeposited on the substrate using three different methods: the conventional method, the pulse current electrodeposition method and the electroplating in magnetic field method.

The pulse current electrodeposition was performed using a rectangular pulse generator (ON/OFF) with: ON time $T_{on} = 10$ ms and OFF time $T_{off} = 15$ ms. The magnetic field used was of 70 mT with the field lines directed parallel to the sample surface.

From experimental tests it was found that the corrosion resistance is higher when the pulse frequency is between 30 and 60 Hz and the effective pulse duration of (T_{on}) is lower than the pause (T_{off}). We chose a frequency of 40 Hz and a current density of 1.5 A/dm².

The intermediate layer (the layer between steel substrate and Zn-Ni alloy) was silicon dioxide and silicon dioxide contaminated with boron nitride, as described above.

The three types of samples used in the experiments are given in *Table 1*.

The electrolytes' compositions and other parameters used for Zn-Ni alloy deposition and for boron nitride (BN) deposition are given in *Tables 2 and 3*.

The chemicals, Performa Ni, Performa BASE, Performa BRI and Performa ADD, were purchased from CONVENTYA S.A.S. company, France.

2.2 Open circuit potential (OCP) test

Open circuit potential curves were plotted in order to study samples thermodynamic behavior in 1 % NaCl solution, using a potentiostat.

Table 1: Experimental samples

	Substrate	Intermediate layer	Coating	Coating electrodeposition method	Sample symbol used
1		–		Conventional	Zn-Ni
2	steel	silicon dioxide	zinc-nickel alloy	Electrodeposition in magnetic field + pulse current electrodeposition	SiO_2+Zn-Ni+bp+f
3		silicon dioxide + boron nitride		Pulse current electrodeposition	SiO_2+BN+Zn-Ni+f

Chira, Vermesan, Grunwald, Borodi:
Tribological behavior of Zn-Ni layers electrodeposited
on different substrates by various methods

129

Table 2: Zn-Ni alloy deposition electrolyte and other parameters

Zinc deposition solution	135.2 mL/L
NaOH	98 g/L
Performa Ni	12 mL/L
Performa BASE	6 mL/L
Performa BASE	94 mL/L
Performa BRI	2 mL/L
Performa ADD	0.7 mL/L
Current density	1.5 A/dm^2
Temperature	20–25 °C
Anode	Nickel
Linear stirring of the cathode	10 oscillation/minute

Table 3: Boron nitride (BN) deposition electrolyte and other parameters

H$_3$BO$_3$	100 g/L
HCON(CH)$_2$	100 g/L
Current density	1.5 mA/cm^2
Temperature	20–25 °C
Cathode	Stainless steel
Anode-cathode distance	10 mm

The electrochemical cell consisted of a reference electrode (Ag/AgCl), a platinum auxiliary electrode and the sample as working electrode.

The samples were not subjected to wear during the first four minutes of testing, and then, they were subjected to wear for the next 26 minutes.

2.3 Chrono-amperometry test

The chrono-amperometric curves were plotted for the study of coatings reaction kinetics in 1 % NaCl solution, using a potentiostat.

A 200 mV potential was applied for 30 minutes to the working electrode versus the open circuit potential (OCP).

The samples were not subjected to wear during the first four minutes of testing, and then, the samples were subjected to wear for the next 26 minutes.

2.4 Electrochemical impedance spectroscopy (EIS) test

The EIS test was performed in 1 % NaCl solution. The impedance data were obtained at open circuit potential using a potentiostat equipped with a frequency response analyzer. Impedance measurements were performed in a frequency range of 100 kHz to 1 MHz using a 10 mV amplitude sine wave. The experimental data provided by the potentiostat were collected using Voltamaster4 software and the impedance spectra were analyzed using ZView software.

The EIS test was performed before and after the wear test.

2.5 Wear test

The tribocorrosion test for all samples was performed using a ball-on-plate tribometer (Fig. 1). The tribometer is a pin on disc type, where the *pin* has a spherical tip (to simplify the contact geometry) and performs a linear alternating motion (oscillating motion) on the surface of the sample. In this case the pin is moving and the sample is stationary. Coefficient of friction is determined by the ratio of the frictional force to the loading force on the pin. The electrochemical cell attached to the tribometer contained 1 % NaCl solution. Tests were carried out at room temperature (25 to 27 °C). A friction coupling formed between the Zn-Ni layer and the 7 mm diameter glass ball. Three electrodes were used for the OCP and the current density measurement: working electrode (the sample), reference electrode (Ag/AgCl) and auxiliary electrode (platinum). The electrodes were connected to the potentiostat. The pin has a linear oscillating motion on the surface of the sample. Tests were carried out for a sliding distance of 14 mm, at a frequency of 0.5 Hz, resulting a sliding total distance of 21,84 m, during 780 cycles. All samples were tested under the load of 2 N, and the force of friction and coefficient of friction were determined by using a strain gauge sensor.

The sample surface (9 cm^2) was entirely exposed to the corrosive environment; however, an area of 14 x 0.7 mm was exposed to wear.

For the given ball-on-plate tribometer configuration, and according to the Hertz model, the contact surface pressures are given in *Table 4*.

130

Chira, Vermesan, Grunwald, Borodi:
Tribological behavior of Zn-Ni layers electrodeposited
on different substrates by various methods

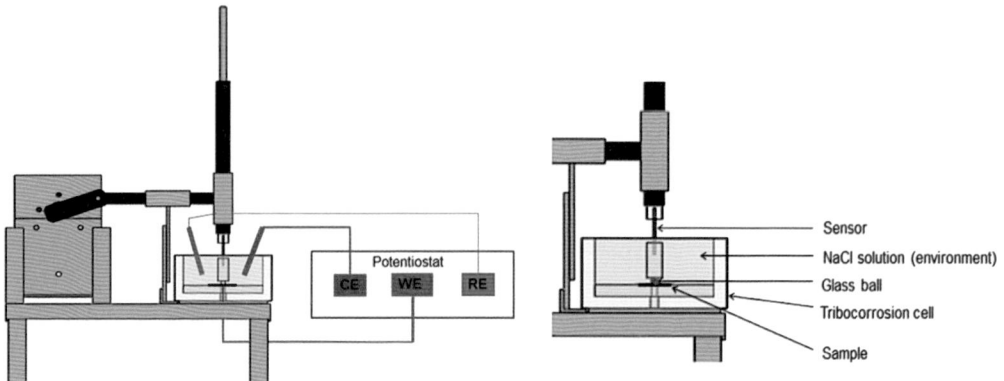

Fig. 1: Experimental stand for tribocorrosion test

Table 4: Roughness, hardness, elasticity modulus and contact pressures

Sample	R_a (nm)	Vickers roughness (GPa)	E (GPa)	p_0 (GPa)
Zn-Ni	286.56	1.921		
SiO$_2$+Zn-Ni+bp+f	379.08	2.279	118	0.41
SiO$_2$+BN+Zn-Ni+f	592.34	2.094		

2.6 Coating morphology

The layer's crystalline structure was analyzed using X-ray diffraction method (XRD), using a Bruker D8 high-resolution diffractometer with a copper anode (CuKα1=1.54056 Å). The XRD was used to determine the crystalline phases of Zn-Ni alloy and to determine the structural and micro-structural properties of these phases, such as the crystallites size and the preferential crystallographic orientation. The morphology of the deposit was determined using scanning electron microscopy (SEM) and

atomic force microscopy (AFM). A high-resolution scanning electron microscope JEOL JSM 5600 LV equipped with an electron backscatter diffraction detector (EBSD) was used to analyze the crystallographic orientations in a range of 100 nm. A Veeco atomic force microscope type D3100 was used.

3 Results and discussions

3.1 Layer characterization

Figure 2 shows the SEM images of the coating surface.

a)   b)   c)

Fig. 2: SEM images: a) Zn-Ni sample, b) SiO$_2$+Zn-Ni+bp+f sample, and c) SiO$_2$+BN+Zn-Ni+f sample

Chira, Vermesan, Grunwald, Borodi:
Tribological behavior of Zn-Ni layers electrodeposited
on different substrates by various methods

131

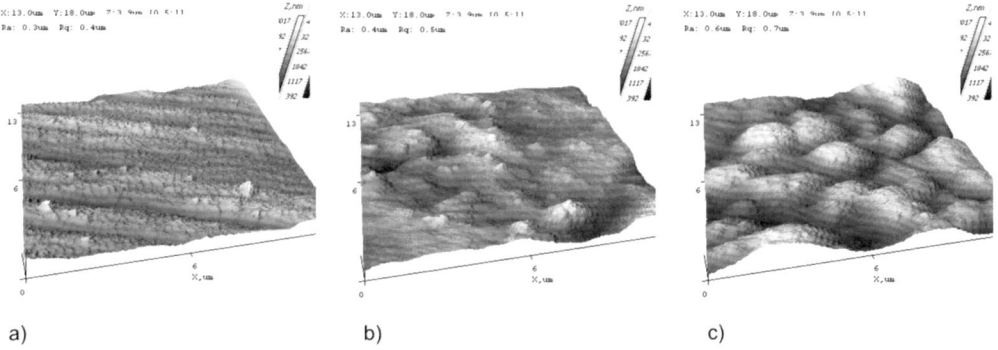

Fig. 3: AFM images: a) Zn-Ni sample, b) SiO_2+Zn-Ni+bp+f sample, and c) SiO_2+BN+Zn-Ni+f sample

The deposited Zn-Ni grain size was found to be less than 1 μm for all samples *(Fig. 2)*.

The AFM images are given in *Figure 3*. The surface roughness is lower in the conventionally electrodeposited sample (Zn-Ni), while the silicon dioxide containing samples show higher roughness.

The Zn-Ni layer analysis was performed based on the X-ray diffractograms. The crystallographic orientation and the crystallite size are given in *Table 5*.

According to the diffractograms *(Fig. 4)* analysis and to the *Table 5* data, the electrodeposited layer consisted of Zn-Ni intermetallic γ phase and the preferential crystallographic growth direction was (600) for all samples, and (721) for the SiO_2+

Zn-Ni+bp+f sample (where the T(hkl) coefficient had a value closing to 1). The presence of silicon dioxide and of boron nitride and the variation of electrodeposition methods could be correlated with the nucleation and crystal growth competition.

3.2 Open-circuit potential results

The open circuit potential variation is shown in *Figure 5*.

The potential shifted from -940 mV to -918 mV *(Fig. 5)* during the first 4 minutes (when no sliding was applied) in the case of the Zn-Ni sample, as a result of ion released in solution and surface corrosion. A positive potential shift was observed when

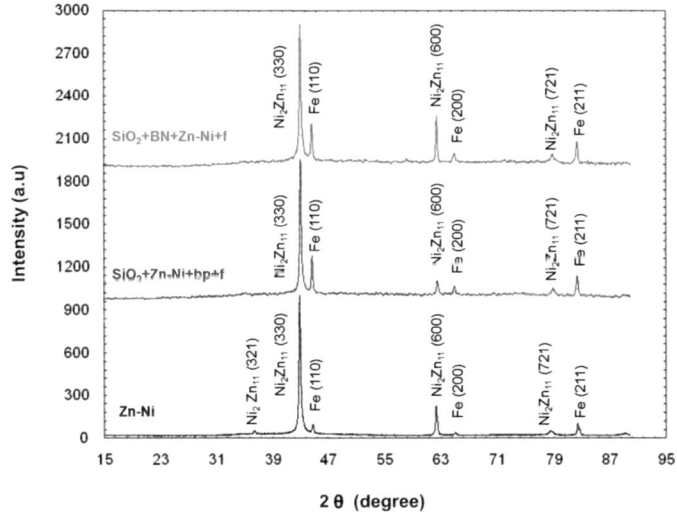

Fig. 4: Diffraction spectra of sample coatings

132

Chira, Vermesan, Grunwald, Borodi:
Tribological behavior of Zn-Ni layers electrodeposited
on different substrates by various methods

Table 5: The preferential crystallographic orientation coefficient and crystallite size

Zn-Ni			SiO₂+Zn-Ni+bp+f			SiO₂+BN+Zn-Ni+f		
hkl	T (hkl)	D (nm)	hkl	T (hkl)	D (nm)	hkl	T (hkl)	D (nm)
321	0.33		321	–	–	321	–	–
330	0.62	29.45	330	0.17	31.64	330	0.26	29.45
600	2.66		600	1.93		600	2.37	
721	0.39		721	0.89		721	0.35	

friction was applied. This positive potential shift corresponds to the formation and removal of the passive oxide layer. During the friction time, the potential shifted from -940 mV to -874 mV.

A negative potential shift from -767 mV to -796 mV was observed *(Fig. 5)* during the first 4 minutes in the case of the SiO₂+Zn-Ni+bp+f sample, due to ion released in solution and surface corrosion. A negative potential shift was observed when friction was applied. The potential variations along the plotted curve were small, meaning that the oxide layer was thin, and the layer dissolution occurred under a combination of chemical and mechanical factors. During the last 5 minutes of the test, the potential remained stable. During the friction time, the potential shifted from -796 mV to -827 mV.

A negative potential shift from -833 mV to -878 mV was observed *(Fig. 5)* during the first 4 minutes in

the case of SiO₂+BN+Zn-Ni+f sample, due to ions released in solution and surface corrosion. A positive potential shift was observed when friction was applied. This positive potential shift corresponds to the formation and removal of the passive oxide layer. During the friction time, the potential shifted from -878 mV to -815 mV.

According to the OCP analysis it was found that the SiO₂+BN+Zn-Ni+f sample had the best tribocorrosion resistance. Although the Zn-Ni sample potential had a positive shift tendency, it was more negative compared to the SiO₂+Zn-Ni+bp+f sample potential that had a negative shift tendency and finally remained stable.

In the case of Zn-Ni and SiO₂+BN+Zn-Ni+f samples, a potential shift was observed during the samples submission to wear, due to surface passivation. This shows that the oxide layer that covered the surface was increasingly thicker and the oxide layer removed by the counterpart (for each cycle) was increasingly thinner.

The SEM images shown in *Figures 6, 7* and *8,* support the OCP test findings.

In the case of the Zn-Ni sample *(Fig. 6),* zinc-nickel coating plastic deformation, surface smoothing, and layer abrasions were visible (caused by wear debris, in areas where zinc was removed from the substrate) – processes that led to a negative potential shift. In the case of the SiO₂+Zn-Ni+bp+f sample *(Fig. 7),* surface smoothing, layer microcracks and material removal from the substrate were visible. However, the areas where the material was removed from the substrate were fewer and there were no layer scratches. In the case of the SiO₂+BN+Zn-Ni+f sample *(Fig. 8),* surface smoothing and slight material removal without

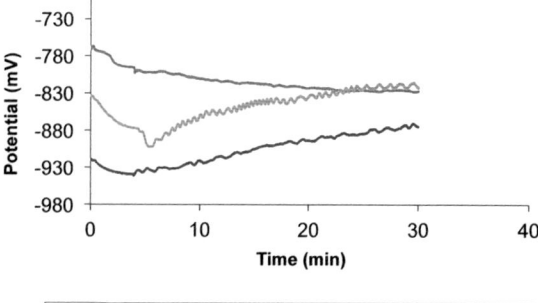

Fig. 5: Open circuit potential variation for: Zn-Ni sample, SiO₂+Zn-Ni+bp+f sample and SiO₂+BN+Zn-Ni+f sample, during tribocorrosion process in 1 % NaCl solution, with the following tribometer parameters: 0.5 Hz, 14 mm, 780 cycles and a normal force of 2 N

Chira, Vermesan, Grunwald, Borodi:
Tribological behavior of Zn-Ni layers electrodeposited
on different substrates by various methods

133

substrate exposure were visible. We can conclude that the SiO_2+BN+Zn-Ni+f sample had the best tribocorrosion resistance. The SiO_2+Zn-Ni+bp+f sample, although it had shown layer microcracks, it had lesser substrate areas exposed to corrosive environment, which was also confirmed by the OCP test versus Zn-Ni sample potential test. Thus, the SiO_2+Zn-Ni+bp+f sample was found to have a higher tribocorrosion resistance compared to the Zn-Ni sample.

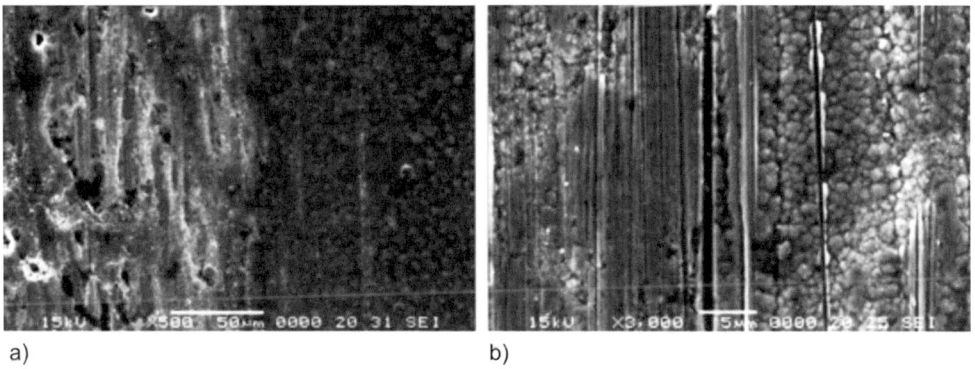

a)
b)

Fig. 6: SEM images of Zn-Ni sample: a) corrosion and tribocorrosion, b) tribocorrosion

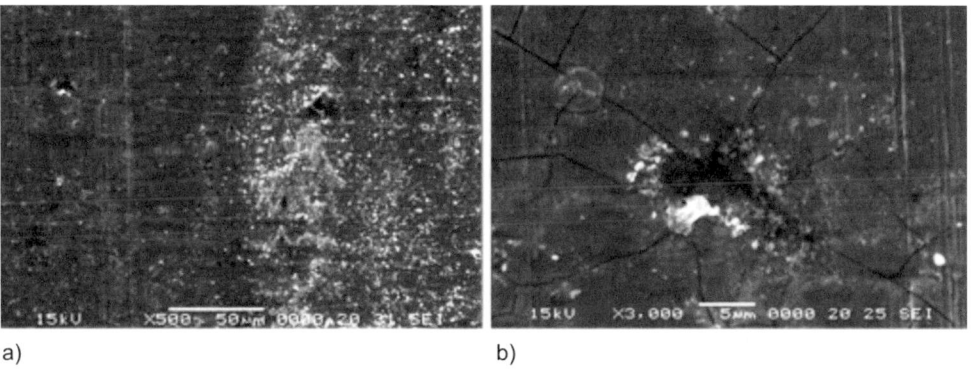

a)
b)

Fig. 7: SEM images of SiO_2+Zn-Ni+bp+f sample: a) corrosion and tribocorrosion; b) tribocorrosion

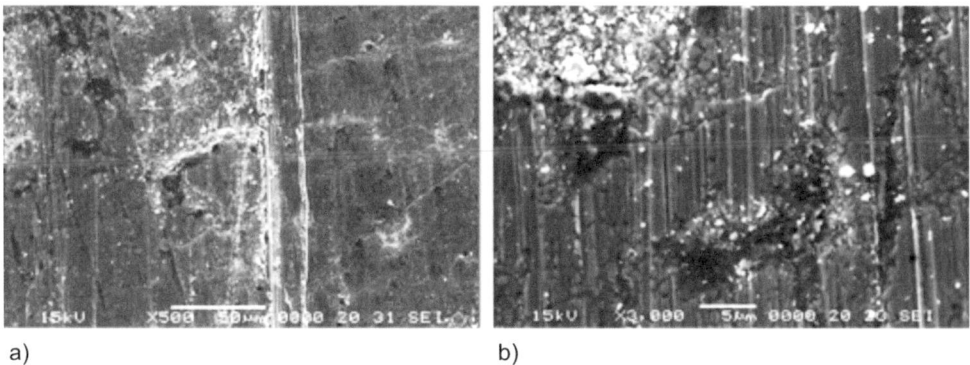

a)
b)

Fig. 8: SEM images of SiO_2+BN+Zn-Ni+f sample: a) corrosion and tribocorrosion; b) tribocorrosion

134

Chira, Vermesan, Grunwald, Borodi:
Tribological behavior of Zn-Ni layers electrodeposited
on different substrates by various methods

3.3 Chrono-amperometry results

The current density variation is shown in *Figure 9.* As seen in *Figure 9,* the current density decreases slowly, due to slow electron transfer toward the oxidizing species, leading to surface passivation. The current density decrease during friction was 2.34 mA/cm^2 for the Zn-Ni sample, 0.32 mA/cm^2 for the SiO$_2$+Zn-Ni+bp+f sample and of 0.94 mA/cm^2 for the SiO$_2$+BN+Zn-Ni+f sample. Even though the current density decrease was stronger for the Zn-Ni sample, the current density value (3 mA/cm^2) was higher compared to the other samples. Thus, the surface passivation was faster, but the amount of dissolved layer was higher. For the other samples, although the decrease in current density was lower (thus a lower passivation rate), the current density value was also low (thus, a lesser dissolved layer). Therefore, SiO$_2$+BN+Zn-Ni+f and SiO$_2$+Zn-Ni+bp+f samples are more resistant to combined mechanical and chemical factors, when compared to the Zn-Ni sample.

3.4 Corrosion products

The corrosion products formed on the surface of the Zn-Ni coated sample were analyzed by using X-ray method.

According to the corrosion products diffractograms analysis *(Fig. 10),* and to *Table 6* data, nickel oxide formed on all samples. The nickel oxide crystallographic preferential growing direction was (200) for SiO$_2$+Zn-Ni+bp+f and SiO$_2$+BN+Zn-Ni+f samples, and (220) for the Zn-Ni sample.

3.5 Electrochemical impedance spectroscopy results

The Nyquist diagrams plotted before the wear test (marked with C_) and after the wear test (marked with T_), for the Zn-Ni alloy electrodeposited on SiO$_2$+BN+Zn-Ni+f and on SiO$_2$+Zn-Ni+bp+f samples, are shown in *Figure 11.*

The shapes of Nyquist impedance spectra for the two samples are similar, showing a loop at high frequencies, followed by a slightly ascending curve at low frequencies. This shows that the corrosion resistance is influenced by charge transfer and by diffusion. The semi-circle loops show the charge transfer areas. The semi-circles diameters are correlated with the film polarization resistance R$_p$ and correspond to the corrosion rate.

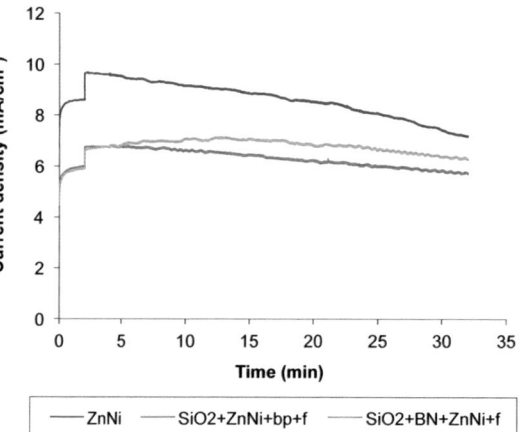

Fig. 9: Current density variation with time, for Zn-Ni, SiO$_2$+Zn-Ni+bp+f and SiO$_2$+BN+Zn-Ni+f samples, during tribocorrosion in 1 % NaCl solution, with the following tribometer parameters: 0.5 Hz, 14 mm, 780 friction cycles and a normal force of 2 N

Table 6: Corrosion products preferential crystallographic orientation and crystallites size

Zn-Ni			SiO$_2$+Zn-Ni+bp+f			SiO$_2$+BN+Zn-Ni+f		
Corrosion product: NiO			Corrosion product: NiO			Corrosion product: NiO		
hkl	T (hkl)	D (nm)	hkl	T (hkl)	D (nm)	hkl	T (hkl)	D (nm)
200	0.92		200	1.84		200	1.7	
220	1.88	44.33	220	0.64	44.33	220	0.92	42.32
222	0.18		222	0.51		222	0.36	

Chira, Vermesan, Grunwald, Borodi:
Tribological behavior of Zn-Ni layers electrodeposited
on different substrates by various methods

135

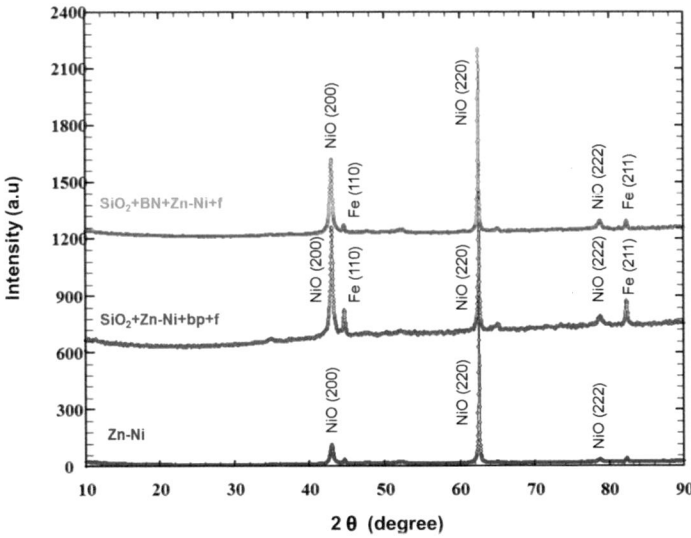

Fig. 10: Corrosion products diffraction spectra

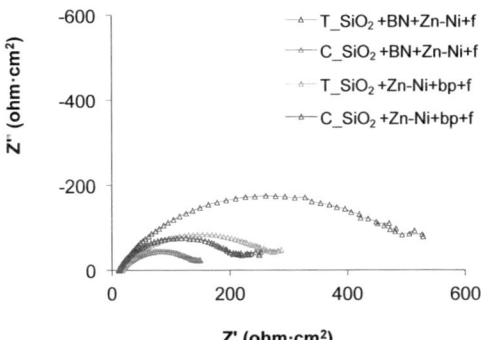

Fig. 11: Nyquist diagrams for SiO_2+BN+Zn-Ni+bp+f and SiO_2+Zn-Ni+bp+f samples, before and after the wear test

The equivalent circuit corresponding to the electrochemical impedance spectra for SiO_2+Zn-Ni+bp+f and SiO_2+BN+Zn-Ni+f samples is shown in *Figure 12*. The equivalent circuit was obtained using specialized software.

The plot based on the proposed equivalent circuit model describes accurately the experimental Nyquist diagrams for the two samples with high tribocorrosion resistance, as shown in *Figures 13, 14, 15* and *16*.

There are three zones randomly distributed on the sample surface, corresponding to the three sides of the circuit, showing different behavior.

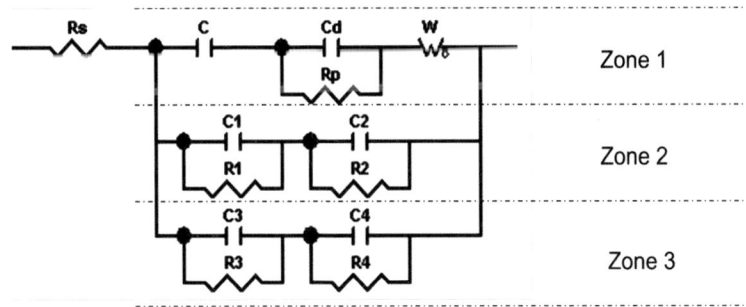

Fig. 12: The equivalent circuit for interpreting the Nyquist diagrams

136

Chira, Vermesan, Grunwald, Borodi:
Tribological behavior of Zn-Ni layers electrodeposited
on different substrates by various methods

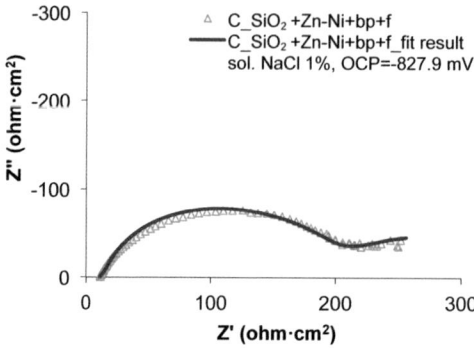

Fig. 13: The experimental and fitted Nyquist diagrams for SiO$_2$+Zn-Ni+bp+f sample, before the wear test

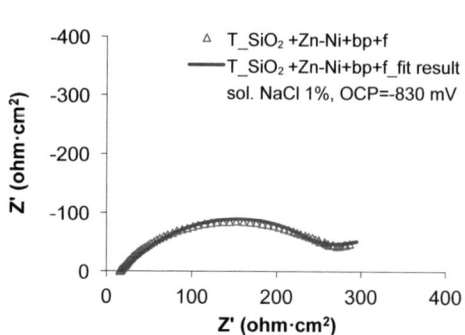

Fig. 14: The experimental and fitted Nyquist diagrams for SiO$_2$+Zn-Ni+bp+f sample, after the wear test

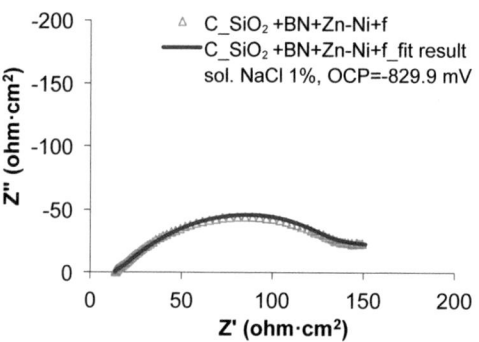

Fig. 15: The experimental and fitted Nyquist diagrams for SiO$_2$+BN+Zn-Ni+f sample, before the wear test

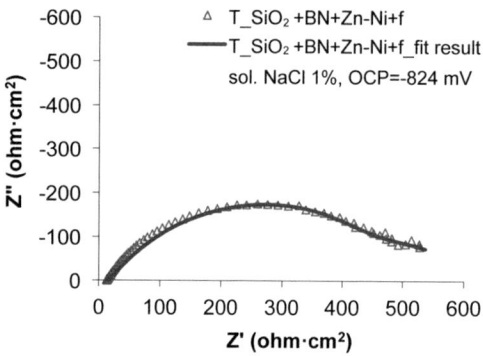

Fig. 16: The experimental and fitted Nyquist diagrams for SiO$_2$+BN+Zn-Ni+f sample, after the wear test

The electrical double-layer thickness (d_d), the oxide layer thicknesses ($d_1 + d_2$ and $d_3 + d_4$) and the diffusion length (L) were calculated based on the plan capacitor capacity ($C = \varepsilon_0 \varepsilon_r S/d$) and the Warburg capacity ($W\text{-}T = L^2/D$) (Table 8).

Based on Table 8 and Table 9 data, it was assumed that there are water molecules in the zone 1 of the T_SiO$_2$+Zn-Ni+bp+f sample surface, between the metal surface and the Helmholtz plane, which determined a capacity C. Also, Zn^{2+} ion diffusion in solution occured in this zone; a phenomenon characterized by Warburg as impedance (W). The presence of Zn^{2+} ions in solution at a (d_d) distance from the surface determines an electric double-

layer capacity (C_d) and a polarization resistance (R_p). In the zone 2, a (d_1) porous oxide layer forms, followed by a (d_2) compact oxide layer formation. The fact that the oxide is either porous or compact was deduced from the oxide layers thickness and the resistances values. The porous layer corresponds to a thicker oxide layer and a lower resistance. Lesser thickness and higher resistance result in a compact and dense oxide layer. The porous layer formed in the zone 2 is located at the metal/compact oxide interface, where it is an oxide layer growing zone. The compact oxide layer in the zone 3 is located on the metal surface at the metal/porous oxide interface (oxide growing zone).

Chira, Vermesan, Grunwald, Borodi:
Tribological behavior of Zn-Ni layers electrodeposited
on different substrates by various methods

137

Table 7: The circuit elements values for the SiO_2+Zn-Ni+bp+f and SiO_2+BN+Zn-Ni+f samples, before (C_) and after (T_) the wear test

Parameter	Sample			
	C_SiO_2+Zn-Ni+bp+f	T_SiO_2+Zn-Ni+bp+f	C_SiO_2+BN+Zn-Ni+f	T_SiO_2+BN+Zn-Ni+f
R_s ($\Omega \cdot cm^2$)	11.36	15.82	13.5	13.5
C (F/cm^2)	0.8	0.11	0.8	0.5
C_d ($\mu F/cm^2$)	116.7	307	1136.7	537
R_p ($\Omega \cdot cm^2$)	374	320.8	148	522.6
W-R ($\Omega \cdot cm^2$)	9	10	9	9
W-T ($\mu F/cm^2$)	987.64	277.64	987.64	287.64
W-P	0.28	0.3	0.28	0.3
C_1 ($\mu F/cm^2$)	3.5	0.55	9.5	9.5
R_1 ($\Omega \cdot cm^2$)	280	360	85	200
C_2 ($\mu F/cm^2$)	720	220	32	3,2
R_2 ($\Omega \cdot cm^2$)	85	45	100	500
C_3 ($\mu F/cm^2$)	250	250	250	250
R_3 ($\Omega \cdot cm^2$)	2500	3500	1800	500
C_4 ($\mu F/cm^2$)	13	1,3	13	1,3
R_4 ($\Omega \cdot cm^2$)	1800	1300	1800	4500

Where: W-T is the Warburg capacity, W-R is the Warburg resistance, and W-P is a coefficient (0 <W-P <1)

Table 8: Electrical double-layer thickness (d_d), diffusion length (L), zone 2 oxide layer thickness (d_1 and d_2), and zone 3 oxide layer thickness (d_3 and d_4)

Sample	d_d (Å)	L (Å)	d_1 (Å)	d_2 (Å)	d_3 (Å)	d_4 (Å)
C_SiO_2+Zn-Ni+bp+f	18.42	8332	78.20	0.38	1.09	21.05
T_SiO_2+Zn-Ni+bp+f	7	4417	497.69	1.24	1.09	210.56

138

Chira, Vermesan, Grunwald, Borodi:
Tribological behavior of Zn-Ni layers electrodeposited
on different substrates by various methods

Table 9: Polarization resistance (R_p), zone 2 oxide layer resistances (R_1 and R_2), and zone 3 oxide layer resistances (R_3 and R_4)

Sample	R_p $(\Omega \cdot cm^2)$	R_1 $(\Omega \cdot cm^2)$	R_2 $(\Omega \cdot cm^2)$	R_3 $(\Omega \cdot cm^2)$	R_4 $(\Omega \cdot cm^2)$
C_SiO$_2$+Zn-Ni+bp+f	374	280	85	2500	1800
T_SiO$_2$+Zn-Ni+bp+f	320.8	360	45	3500	1300

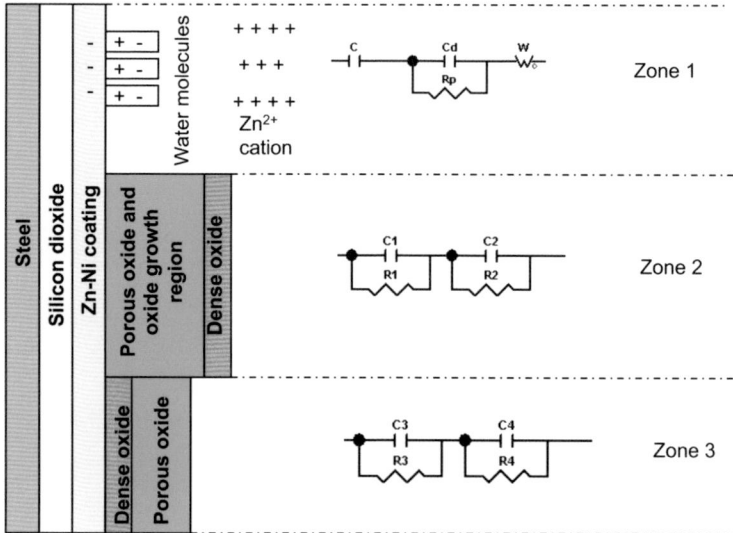

Fig. 17: Schematic representation of the three zones and equivalent circuit sides of T_SiO$_2$+Zn-Ni+bp+f sample

Based on *Table 10* and *Table 11* data, it was assumed that in the case of T_SiO$_2$+BN+Zn-Ni+f sample, the studied phenomena that took place in the zone 1, were the same as in the case of the T_SiO$_2$+Zn-Ni+bp+f sample. The differences appear in the zones 2 and 3. In zone 2, a dense (d_1) oxide layer forms, followed by a porous (d_2) oxide layer formation. The oxide layer porousness or compactness quality was inferred based on the layer thickness and on resistances values. In zone 3, even though the (d_3) layer resistance decreased during the experiment, its resistance relative to its thickness was greater compared to the (d_4) layer resistance. Therefore we can conclude that the (d_3) layer is denser than the (d_4) layer.

It was found that a dense oxide layer formed on the SiO$_2$+BN+Zn-Ni+f sample surface in the tribocorrosive environment – with exception of the active

Table 10: Electric double-layer thickness (d_d), diffusion length (L), zone 2 oxide layer thicknesses (d_1 and d_2), and zone 3 oxide layer thicknesses (d_3 and d_4)

Sample	d_d $(\mathring{A})$	L $(\mathring{A})$	d_1 $(\mathring{A})$	d_2 $(\mathring{A})$	d_3 $(\mathring{A})$	d_4 $(\mathring{A})$
C_SiO$_2$+BN+Zn-Ni+f	1.89	8332	28.81	8.55	1.09	21.05
T_SiO$_2$+BN+Zn-Ni+f	4	4496	28.81	85.54	1.09	210.56

Chira, Vermesan, Grunwald, Borodi:
Tribological behavior of Zn-Ni layers electrodeposited
on different substrates by various methods

139

Table 11: Polarization resistance (R_p), zone 2 oxide layers resistances (R_1 and R_2), and zone 3 oxide layers resistances (R_3 and R_4)

Sample	R_p ($\Omega \cdot cm^2$)	R_1 ($\Omega \cdot cm^2$)	R_2 ($\Omega \cdot cm^2$)	R_3 ($\Omega \cdot cm^2$)	R_4 ($\Omega \cdot cm^2$)
C_SiO$_2$+BN+Zn-Ni+f	148	85	100	1800	1800
T_SiO$_2$+BN+Zn-Ni+f	522.6	200	500	500	4500

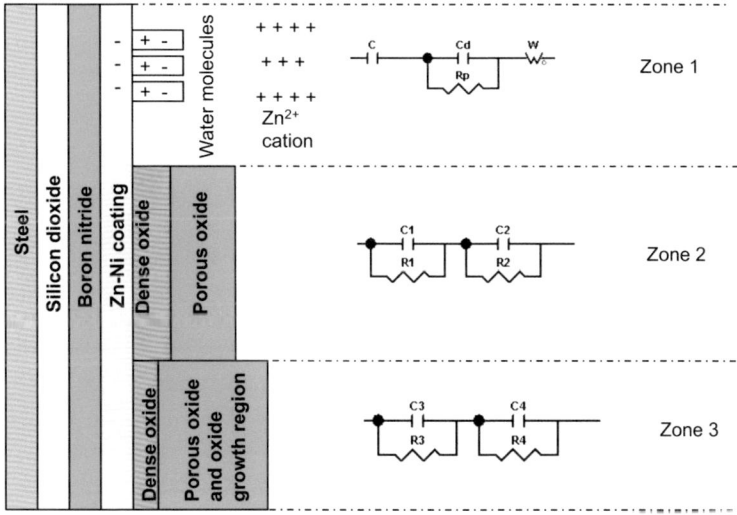

Fig. 18: Schematic representation of the three zones and circuit sides of the T_SiO$_2$+BN+ Zn-Ni+f sample

areas – followed by an oxide growing area. In the case of the SiO$_2$+Zn-Ni+bp+f sample, dense oxide areas and oxide growing areas were observed on the sample surface. We can conclude that the SiO$_2$+BN+Zn-Ni+f sample has the best tribo-corrosion resistance.

3.6 Coefficient of friction and force of friction

In the case of the Ni-Zn sample *(Fig. 19a and Fig. 19b)*, the force of friction and the coefficient of friction increased from $F_f = 0.2$ N / $\mu = 0,08$ to $F_f = 0.4$ N / $\mu = 0.2$, with slight variations due to the adhesion. According to the SEM images *(Fig. 6a and Fig. 6b)*, plastic asperity deformation and micro-cracks are visible – caused by abrasion, and corrosion micro-zones are visible where the material was removed. In the case of the SiO$_2$+ Zn-Ni+bp+f sample *(Fig. 19a and Fig. 19b)*, the force of friction and the coefficient of friction

increased to $F_f = 0.9$ N / $\mu = 0.47$, then slightly dropped around $F_f = 0.7$ N / $\mu = 0.39$, with large variations due to adhesion and abrasion phenomena. According to SEM images *(Fig. 7a and Fig. 7b)*, plastic asperity deformation and micro-cracks are visible – caused by abrasion, in areas where material has been removed. The force of friction and the co-efficient of friction of the SiO$_2$+BN+Zn-Ni+f sample *(Fig. 19a and Fig. 19b)* increased from $F_f = 0.55$ N / $\mu = 0.31$ to $F_f = 0.7$ N / $\mu = 0.35$, with strong variations due to adhesion. According to the SEM images *(Fig. 8a and Fig. 8b)*, plastic asperity deformation, wear debris accumulation and corro-sion areas without material removal are visible. It was found that all samples with silicon dioxide in their substrate composition reached the same force of friction and the same coefficient of friction values at the end of the measurement time *(Fig. 19a and Fig. 19b)*. The conventionally electrodeposited

140

Chira, Vermesan, Grunwald, Borodi:
Tribological behavior of Zn-Ni layers electrodeposited
on different substrates by various methods

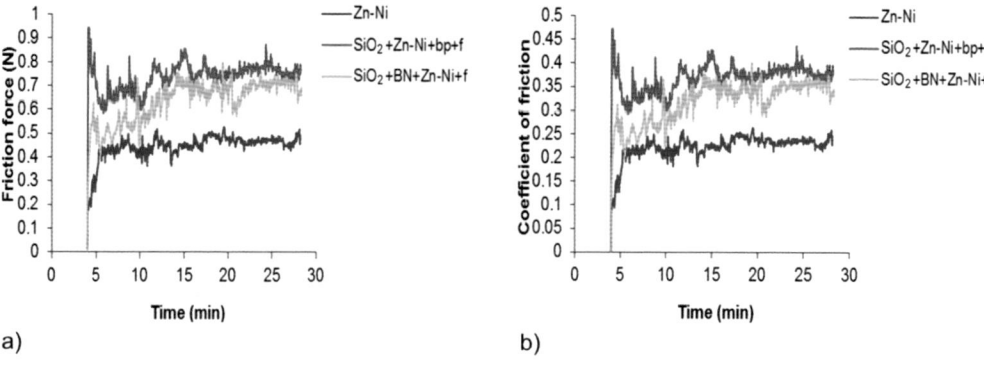

Fig. 19: a) Force of friction vs. time; and b) Coefficient of friction vs. time

sample (Ni-Zn) shows the lowest force of friction and lower coefficient of friction. The SiO_2+BN+Zn-Ni+f sample shows the least chemical and mechanical damage.

4   Conclusions

1. According to the OCP analysis for Zn-Ni, SiO_2+Zn-Ni+bp+f and SiO_2+BN+Zn-Ni+f samples, it was found that the SiO_2+BN+Zn-Ni+f sample has the best tribocorrosion resistance. Even though the Zn-Ni sample's measured potential had shown a positive shift tendency, its value was more negative compared to the SiO_2+Zn-Ni+bp+f sample, which had a negative shift tendency and finally remained stable.
We can conclude that the SiO_2+BN+Zn-Ni+f and SiO_2+Zn-Ni+bp+f samples are more resistant to the combined action of mechanical and chemical factors, compared to the Zn-Ni sample.

2. According to the chrono-amperometry measurements, the samples having silicon dioxide in their composition show lower current densities, corresponding to a lesser coating layer dissolution and thus to a better protection provided by the oxide layer formation.

3. According to the EIS measurements, the SiO_2+BN+Zn-Ni+f sample polarization resistance is higher compared to the samples with boron nitride in the substrate composition. Also, according to the interpretation of the Nyquist equivalent circuit diagrams, there are many zones covered by higher density oxide, which protect the surface.

4. According to the SEM images analysis and to AFM and XRD measurements, it was found that the SiO_2+BN+Zn-Ni+f sample had the least tribocorrosion damage. Also, the samples containing silicon dioxide had a higher roughness. The electrodeposited alloy on the sample's surface was phase γ Ni_2Zn_{11} and the oxide formed on the surface was nickel oxide.

5. It was found that all samples with silicon dioxide in the substrate reached the same force of friction and the same coefficient of friction values at the end of the testing time. The conventionally electrodeposited Zn-Ni sample had lower force of friction and lower coefficient of friction values compared to the other samples. The SiO_2+BN+Zn-Ni+f sample had the least chemical and mechanical damage.

Bibliography

[1] Fontana, M. G.: Corrosion engineering, McGraw-Hill Book, New York, 1986, p. 105

[2] Waterhouse R. B.: Fretting corrosion, Oxford Pergamon Press, Oxford, 1972, p. 184

[3] Chowdhurya, M. Pal; Chakrabortyb, B.R.; Pala, A.K.: Novel electrodeposition route for the synthesis of mixed boron nitride films, Materials Letters 58(2004), 3362–3367

[4] Wilcox, G. D.; Gabe, D.R.: Electrodeposited zinc alloy coatings, Corros. Sci. 35(1993), p. 1251

[5] Ponthiaux, P.; Wenger, F.; Drees, D.; Celis, J.P.: Electrochemical techniques for studying tribocorrosion processes, Wear 256(2004), p. 459

[6] Azzi, M.; Benkahoul, M.; Szpunar, J.A.; Klemberg-Sapieha, J.E.; Martinu, L.: Tribological properties of CrSiN-coated 301 stainless steel under wet and dry conditions, Wear 267(2009), 882

[7] Azzi, M.; Paquette, M.; Szpunar, J.A.; Klemberg-Sapieha, J.E.; Martinu, L.: Tribocorrosion behaviour of DLC-coated 316L stainless steel Wear 267(2009), 860

Chira, Vermesan, Grunwald, Borodi:
Tribological behavior of Zn-Ni layers electrodeposited
on different substrates by various methods

141

[8] Guruvenket, S.; Azzi, M.; Li, D.; Szpunar, J.A.; Martinu, L.; Klemberg-Sapieha, J.E.: Structural, mechanical, tribological, and corrosion properties of a-SiC:H coatings prepared by PECVD Surf. Coat. Technol. 204(2010), p. 3358

[9] Hassani, S.; Raeissi, K.; Azzi, M.; Li, D.; Golozar, M.A.; Szpunar, J.A.: Improving the corrosion and tribocorrosion resistance of Ni-Co nanocrystalline coatings in NaOH solution Corros. Sci. 51(2009), p.2371

[10] Li, D.; Guruvenket, S.; Azzi, M.; Szpunar, J.A.; Klemberg-Sapieha, J.E.; Martinu, L.: Corrosion and tribo-corrosion behavior of a-SiCx:H, a-SiNx:H and a-SiCxNy:H coatings on SS301 substrate Surf.Coat. Technol. 204(2010), p. 1616

[11] Alfantazi, A.M.; Erb, U.: Corrosion Properties of Pulse-Plated Zinc-Nickel Alloy Coatings Corrosion 52(1996), 880

[12] Fabri Miranda, F.J.: Corrosion Behavior of Zinc-Nickel Alloy Electrodeposited Coatings Corrosion 55(1999), 732

[13] Fedrizzi, L.; Ciaghi, L.; Bonora, P.L.; Fratesi, R.; Roventi, G.: Corrosion behaviour of electrogalvanized steel in sodium chloride and ammonium sulphate solutions; a study by E.I.S.J. Appl. Electrochem. 22(1992), 247

[14] Park, H.; Szpunar, J.A.: The role of texture and morphology in optimizing the corrosion resistance of zinc-based electrogalvanized coatings Corros. Sci. 40(1998), p. 525

[15] Rahsepar, M.; Bahrololoom, M.E.: Corrosion study of Ni/Zn compositionally modulated multilayer coatings using electrochemical impedance spectroscopy Corros. Sci. 51(2009), p. 2537

[16] Panagopoulos, C.N.; Georgarakis, K.G.; Agathocleous, P.E.: Sliding wear behaviour of Zinc-Nickel alloy

The Electrochemical Behaviour of Ni Electrodes Modified with Micro Particles of Boron Carbide in an Alkaline Solution

By V. Medeliene, Institute of Chemistry, Center for Physical Sciences and Technology, Vilnius, Lithuania

The electrochemical behaviour of Ni and Ni electrodes modified with micro particles of Boron Carbide (B_4C) in a 2.5 M NaOH solution has been studied. Potentiodynamic anodic polarization measurements of electrodes in an aerated alkaline solution have confirmed the conclusion that an electrochemical process takes place on the Ni electrode surface in the passive state. Anodic passive films formed by anodic galvanostatic polarization become more compact with an increase in anodic current density (i_a), especially under conditions of intensive O_2 evolution. The surface of Ni electrodes becomes stable due to formation of these passive films.

1 Introduction

The electrochemical behaviour of nickel in alkaline solutions has received considerable attention, primarily due to the application of nickel in rechargeable alkaline batteries [1, 2]. Ni electrodes have been widely used in electrochemical manufacturing, e. g. in chlorine and alkali productions for long time [3–8].

It is known, that this thermodynamically stable metal and its alloys exhibit an excellent corrosion resistance in aqueous aggressive environments, which are attributed to the ability of nickel to form a stable passive film on its surface about 1 nm thick [9–11]. A study of Ni electrode modified with micro particles of B_4C in acidic media has shown that the electrochemical behaviour of the above electrode depends on the physical properties of the micro particles incorporated into the matrix, e.g. their conductivity. Electro-conductive inclusions provoke the destruction of the equipotential electrode surface because of the micro-galvanic pair formation and due to this the corrosion process is accelerated. The incorporation of microparticles of B_4C into the Ni matrix leads to the destruction of a natural passive layer with pits formation on the Ni electrode surface and it decreases the breakdown potential of the Ni electrode in a neutral 5 % chloride solution [12–15].

Information on the electrochemical behaviour of modified with electro-conductive B_4C microparticles nickel electrodes in corresponding alkaline media will be helpful from a practical point of view. This work aims to study the electrochemical behaviour of Ni electrodes with incorporated B_4C micro particles as well as to explore its stability in an alkaline solution during anodic galvanostatic polarization.

2 Experimental Details

30 μm thick Ni samples were electrodeposited on platinum (1 cm^2) for electrochemical and on brass substrates for other measurements from a bath containing (g·dm^{-3}) $NiSO_4 \cdot 7H_2O$ - 300, $NiCl_2 \cdot 6H_2O$ - 45, H_3BO_3 - 30. Ni electrodes modified with microparticles of B_4C were electroplated from an electrolyte-suspension intensively stirred with compressed air (400 dm^3·h^{-1}) at a cathodic current density (i_c) of 5 A·dm^{-2} and a temperature of 55 ± 1 °C. The pH of the electrolyte was 4.0. The concentration of B_4C in the electrolyte-suspensions was 40 g·dm^{-3}. The microparticles of B_4C were dispersed by an industrial method down to 5 μm (M5).

The microscopy technique was used for the disperse phase (dp) amount – volume percentage (V_{dp}) which was determined from the statistical equivalency between the interface (F_{dp}) and volume (V_{dp}) concentrations of phase composition elements in the material [16]. This allowed determination of V_{dp} by calculating F_{dp} under microscopy of the surface:

$$V_{dp} = F_{dp} = \frac{Z_{dp}}{Z} \ (\%) \qquad <1>$$

where Z is the total amount of marks on a special mask which under the microscope coincided with

Medeliene: The Electrochemical Behaviour of Ni Electrodes
Modified with Micro Particles of Boron Carbide in an Alkaline Solution

143

the investigated area; Z_{dp} is a part of the marks coinciding with the dispersed particles in the investigated area. The disperse phase amount – mass percentage (G_{dp}) – is calculated from the V_{dp} by the equation:

$$G_{dp} = \frac{\rho_{dp} V_{dp} 100}{\rho_{dp} V_{dp} + \rho_{Ni} V_{Ni}} \quad (\%) \qquad <2>$$

where ρ_{dp} and ρ_{Ni} are the specific densities of B_4C and of Ni 2.52 g·cm^{-3} and 8.9 g·cm^{-3}, respectively [17].

Analytical weighing scales VLA-200 g-M were used for the determination of the weight change after anodic polarization of the electrodes. The accuracy of the weighing was $1·10^{-4}$ g. The mean weight change value was taken from 5 samples.

The morphology of Ni and Ni-B$_4$C electrode surfaces was studied and micrographed with a JXA-50A field-emission (SEI) type scanning electron microscope (Jeol, Japan) at an acceleration voltage of 25 kV and an electron current (ec) of $5·10^{-12}$ A.

Voltammetric measurements were carried out in a naturally aerated 2.5 M NaOH solution using a PI-50-1.1 potentiostat (Belarussian company) with a PR-programmer of signals and a C8-13 oscilograph (Lithuanian company) with a memory device as well as a potentiostat PS-305 with a programmer VOLTSCAN (Elchema). The samples of electroplated Ni and modified Ni electrodes were used as the working ones. The counter electrode was a 10 cm^2 platinum plate. An Ag/AgCl electrode in a saturated KCl solution was used as reference. Potentials were calculated according to the standard hydrogen electrode. The solutions were prepared using analytically pure-grade NaOH and bidistilled water. The temperature of the solutions was 20 ± 2 °C. The potential sweep rate of the measured voltammograms was 1 mV/s. Anodic (b$_a$) and cathodic (b$_c$)

Tafel dependencies as well as corrosion current density (j_{corr}) were obtained on the basis of quasi-steady-state current values measured under pulse potentiostatic polarization. The time of establishing of the quasi-steady-state current values was 50 to 100 ms. The potential pulses were performed after approximately 5 s. When plotting Tafel dependencies the ohmic voltage drop, whose value was about 0.5 Ω x cm^2, was eliminated.

3   Results and Discussion

The open-circuit potential (E_{ocp}) of Ni electrodes with non-metallic inclusions of B$_4$C in a naturally aerated 2.5 M NaOH solution shifts towards more negative values in comparison with that of the electrochemically deposited nickel (*Fig. 1*, compare curves *1* and *2*). The dependency of Tafel slopes of anodic (b$_a$) and cathodic (b$_c$) reactions of the electrode under study in a 2.5 M NaOH solution are presented in *Table 1*.

As can be seen from *Table 1*, passive nickel electrode quasi-steady state anodic Tafel slopes b$_a$ have a higher value than those of a more active Ni-B$_4$C

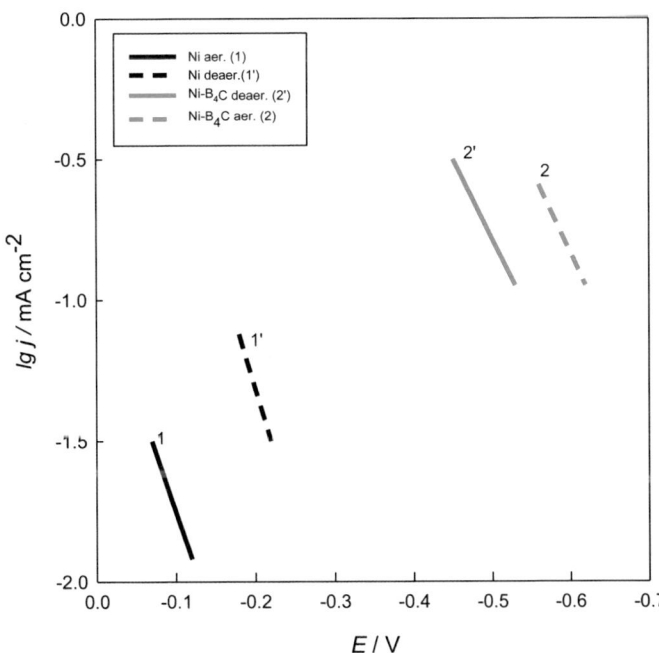

Fig. 1: Anodic Tafel slopes of quasi-steady state dependencies lg j - E of Ni electrodes in 2.5 M NaOH. Electrodes: 1 – electroplated Ni, 2 – Ni-B$_4$C. Curves: 1, 2 – in naturally aerated and 1',2' – in deaerated with argon solutions

144

Medeliene: The Electrochemical Behaviour of Ni Electrodes
Modified with Micro Particles of Boron Carbide in an Alkaline Solution

Table 1: Dependencies of Tafel slopes of anodic b_a and cathodic b_c processes on the exposure time for Ni and Ni electrode modified with B$_4$C micro particles in a 2.5 M alkaline solution

Electrodes	Exposure time (min)	Quasi-steady state values (V)	
		b_a	b_c
1. Electroplated Ni	30	0.160	0.270
	60	0.150	0.260
2. Ni-B4C	30	0.110	0.110
	60	0.110	0.110

electrode. The values of corrosion current densities (j_{corr}) determined by extrapolation of anodic Tafel dependencies to E_{corr} of corresponding electrodes did not depend on the exposure time (*Fig. 2*). The j_{corr} of Ni electrode was 0.004 mA·cm^{-2} and the j_{corr} of Ni-B$_4$C electrode was measured to be about 0.03 mA·cm^{-2}. It should be mentioned that the measured value of j_{corr}, was considerably lower than j_{corr} of the above electrode in naturally aerated neutral 5 % NaCl solutions as was shown in our previous work - 0.075 and 0.16 mA·cm^{-2}, respectively, when corrosion is significant [15].

The values of measured j_{corr} in a 2.5 M NaOH solution were lower mainly due to a decrease in oxygen concentration for both electrodes. According to [7], the amount of oxygen in naturally aerated solutions depends on the solution composition, the kind of dissolved substances, temperature and strongly decreases when the concentration of components increases. In an argon deaerated NaOH solution j_{corr} increased on the Ni electrodes surface (*Fig. 1*, compare *curves 1* and *1'*). In the case of Ni-B$_4$C electrode, j_{corr} in aerated and deaerated solutions it was the same (*Fig. 1, curves 2* and *2'*). The surface layer was more altered structurally in the case of Ni-B$_4$C electrode matrix than that of pure nickel. It should be noted that both the overlayer and Ni-B$_4$C electrode surface have an amorphous structure, while the nickel electrode has a polycrystalline surface structure (*Fig. 4*). The analysis of the data obtained suggests that the Ni electrode without inclusions was the most passive in an aerated solution (*Tab. 1,* compare *Figs. 1* and *4*).

In brief, corrosion is an electrochemical process. During corrosion two reactions occur, oxidation (*Eq. 3*), where electrons leave the metal (which results in the actual loss of metal) and reduction, where the electrons are used to convert water or oxygen to hydroxides (*Eqs. 4* and *5*):

$$Ni \rightarrow Ni^{2+} + 2e^- \qquad <3>$$
$$O_2 + 2H_2O + 4e^- \rightarrow 4OH^- \qquad <4>$$
$$2H_2O + 2e^- \rightarrow H_2 + 2OH^- \qquad <5>$$

The hydroxide ions and nickel ions combine to form nickel hydroxide, when the solubility product is exceeded:

$$Ni^{2+} + 2OH^- \rightarrow Ni(OH)_2 \qquad <6>$$

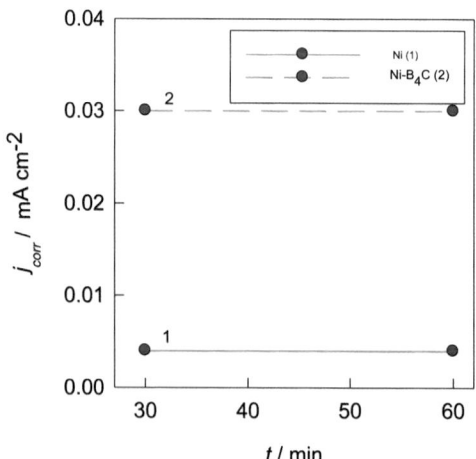

Fig. 2: Corrosion current densities j_{corr} versus exposure time of Ni electrodes to a naturally aerated 2.5 M NaOH solution obtained by an extrapolation of quasi-steady state current value j at E_{corr}. Electrodes: 1 – electroplated Ni, 2 – Ni-B$_4$C

Medeliene: The Electrochemical Behaviour of Ni Electrodes
Modified with Micro Particles of Boron Carbide in an Alkaline Solution

145

The surface of a nickel electrode at pH > 10 easily reaches stable passivity due to the existing thin film of oxide and due to the formation of a layer of uncertain thickness consisting of hydroxides. According to [9], in an alkaline solution a passive film of NiO has a constant thickness (~ 1 nm):

$$Ni + H_2O \rightarrow NiO + 2H^+ + 2e^- \qquad <7>$$

or in the overall form:

$$Me + (n+m)\,H_2O \rightarrow$$
$$MeO_n \cdot mH_2O + 2n\,H^+ + 2(n+m)e^- \;[11] \qquad <8>$$

As corrosion takes place, oxidation and reduction reactions occur and electrochemical cells are formed on the surface of the metal so that some areas will become anodic (oxidation) and some cathodic (reduction). As the metal continues to corrode, the local potentials on the surface of the metal will change and the anodic and cathodic areas will change and move. As a result, on the metals of the ferrous group, a continuous film of rust/or hydroxides is formed over the whole surface, which will eventually consume the metal. Notably, nickel hydroxide is quite insoluble even in concentrated solutions of sodium hydroxide, and is less readily oxidised in air. $Ni(OH)_2$ is obtained in the colloidal form in a sodium hydroxide solution.

As *Figure 3* testifies, in the presence of non-metallic inclusions of B_4C an increase in the overall anodic current of the electrode in a 2.5 M NaOH solution in the secondary passivation range possesses a

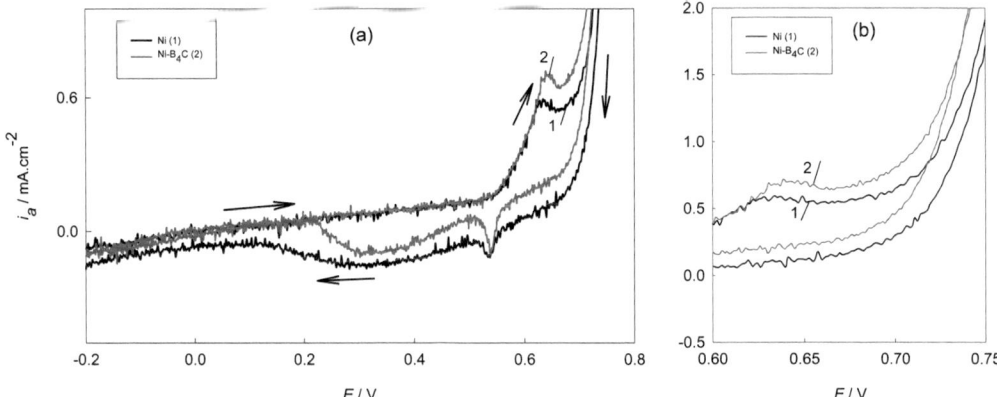

Fig. 3: Potentiodynamic polarization curves of naturally aerated Ni electrodes in 2.5 M NaOH. Electrodes: 1 – electroplated Ni, 2 – Ni-B_4C. Potential sweep rate – 1 mV/s

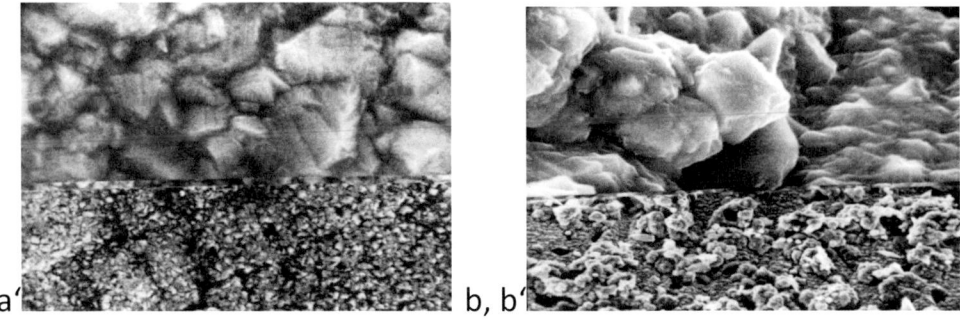

a, a'   b, b'

Fig. 4: SEM image of Ni (a, a') and Ni-B_4C (b, b') electrodes. Magnifications: a, b – X10000, a', b' – X1000. a, b – upper and a, 'b' – bottom images

146

Medeliene: The Electrochemical Behaviour of Ni Electrodes
Modified with Micro Particles of Boron Carbide in an Alkaline Solution

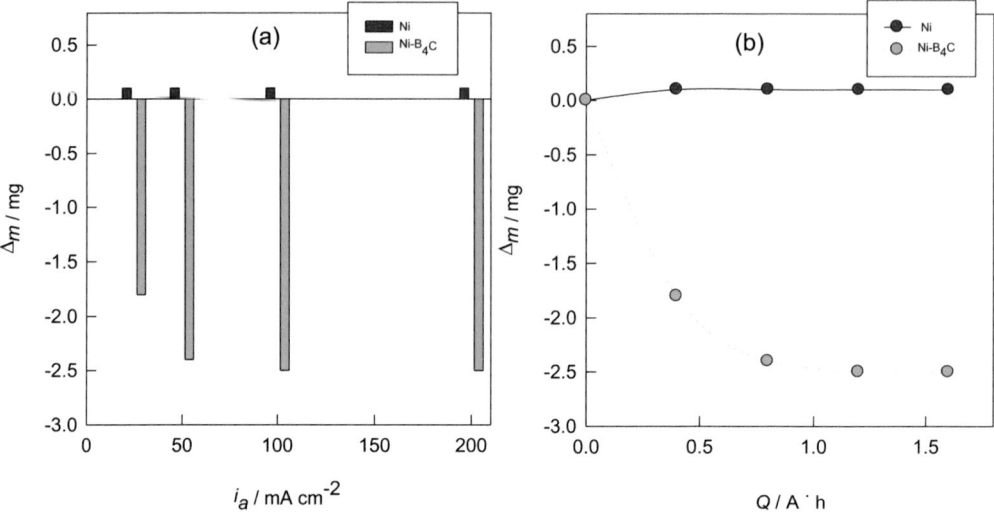

Fig. 5: Dependence of anodic stabilities of Ni and Ni-B₄C electrodes in 2.5 M NaOH versus the anodic current density (i_a) (a), and total current quantity (Q) over the time of electrolysis measured by the weight loss method (b)

higher plateau than that of the pure Ni electrode in the potential range of 600 to 700 mV. Potentiodynamic anodic polarization curves of electrodes studied in a 2.5 M NaOH solution confirm the above conclusion (*Fig. 3, position b*).

According to [6–8], passive films with a bilayer structure formed during anodic polarization in NaOH consist of the inner thin layer of NiO and the outer layer of $Ni(OH)_2$. An α- and β-$Ni(OH)_2$ mixture and NiO_2 with a higher valence of Ni-ions take part in the formation of the outer layer of a passive film during electro-oxidation of Ni in the range of higher anodic potentials. The outer layer affects the overall film thickness and consists of corrosion and/or anodic dissolution products of Ni in alkaline media.

Anodic passive films formed by galvanostatic polarization under conditions of intensive O_2 evolution become more compact with an increase in anodic current density (i_a). Anodically polarized till $Q \sim 2$ A·h, the weight growth (Δm) of the studied Ni electrode is Δm = + 0.1 mg, while in the case of Ni-B₄C, the weight loss (Δm) is 2.5 mg (*Fig. 5*). The Ni electrode lost its good outward appearance after artificial aging, while that of Ni-B₄C electrode did not visually change.

4 Conclusions

1. The incorporation of microparticles in the Ni matrix leads to a change in the structure of passive layers. Inclusions of microparticles of B₄C in the Ni electrode slightly decrease the corrosion resistance of Ni in an alkaline solution.

2. The presence of non-metallic B₄C inclusions increases the overall anodic current of the passive Ni electrode surface in a 2.5 M NaOH solution in the secondary passivation range with a higher plateau as compared to that of pure Ni electrode. The mass of the Ni electrode becomes stable due to anodic polarization while the mass of Ni-B₄C electrode is less resistant under identical conditions. The Ni electrode lost its good outward appearance after artificial aging by prolonged anodic polarization, while that of Ni-B₄C did not visually change.

Acknowledgement

The author wishes to express her gratitude to Dr. K. Leinartas for participating in the electrochemical measurements (Institute of Chemistry, Centre for Physical Science and Technology, Vilnius, Lithuania).

Medeliene: The Electrochemical Behaviour of Ni Electrodes
Modified with Micro Particles of Boron Carbide in an Alkaline Solution

147

References

[1] E.E. Abd El Aal: Corros. Sci. 45 (2003) 641

[2] Abdel-Rahman El-Sayed; Hossnia S. Mohran; Hany M. Abd El-Lateef: Metallurg. Mat. Trans. A 43 (2) (February 2012), 619

[3] F. Todt: Corrosion and corrosion protection (in Russian), Leningrad (1966) 338

[4] V. Medeliene; E. Matulionis: Chem. Techn. 4 (17) (2000) 5

[5] M. Vukovic: J. Appl. Electrochem. 24 (1994) 879

[6] G. T. Cheek; W. E. O'Grady: J. Electroanal. Chem 421 (1-2) (1997) 173

[7] H. Kaesche: Die Korrosion der Metalle. Auf. 2. Berlin-Heidelberg-New York: Springer-Verlag (1979)

[8] V. Medeliene; K. Leinartas; E. Matulionis: Extended Abstracts of 2nd Baltic Conference on Electrochemistry, Palanga, Lithuania, June 1999 (1999) 108

[9] N. Sato; K. Kudo: Electrochem.Acta 19 (8) (1974) 461

[10] L. L. Shreir: Corrosion. 1 London-Boston: Second edition 1976 by Newnes-Butterworths. (Reprinted 1977)

[11] A. Novakovskij; M. Ufland: Zashch.Met. 13 (1977) 22

[12] G. Fasco: Galvanotechnik 86 (8 and 9) 2436 and 2806 (1995)

[13] V. Medeliene; K. Leinartas; E. Juzeliunas: Zashch. Met. 31 (1) (1995) 8

[14] V. Medeliene; K. Leinartas; E. Matulionis: Electrochemical Approach to Selected Corrosion and Corrosion Control Studies. (First Joint EFC/ISE Symposium 1999)". Eds. P.L. Bonora, F. Deflorian. Publication No 28 in European Federation of Corrosion Series. London: Institute of Materials, (2000) 193

[15] V. Medeliene; K. Leinartas: Chemija 10 (1) (1999) 22

[16] S.A. Saltykov: Stereometritcheskaja metallografija. Moscow (1976)

[17] R.S. Saifullin: Composite Coatings and Materials. Moscow (1977)

Corrosion Properties of Nanocrystalline Ni-W Coatings in Extreme Conditions

Matilda Zemanová[1], Ján Szúnyogh[1], Jakub Druga[1], Jana Kozánková[1], Ján Lokaj[1], Edmund Dobročka[2]
[1] Institute of Inorganic Chemistry, Technology and Materials, FCHPT STU, Bratislava
[2] Institute of Electrical Engineering, SAS, Bratislava

Two-phases Ni-W alloys were prepared by electrodeposition. The alloys consist of crystalline and amorphous phases in dependence on deposition parameters. Corrosion resistance of the alloys was analysed in – for our purpose called – extreme conditions that mean 6 wt. % NaCl and 1 M NaOH. Corrosion study was realised under potentiodynamic polarization for 6 wt. % NaCl and cyclic voltammetry in the alkaline solution. It was found that prevailing fraction of crystalline phase in the alloy contributes to corrosion resistance in the aggressive chloride medium positively. In the alkaline medium the formation of a passive layer was confirmed for both structures of Ni-W alloys.

Introduction

Nanocrystalline and amorphous materials are prone to corrode thermodynamically, however their homogeneity and lack of electroactive regions (concerning amorphous alloys) ensure, that their corrosion rate is relatively low. The alloy Ni-W is interesting because of its advantageous mechanical and corrosion properties. Ni-W alloy is e. g. outstanding catalyst at hydrogen evolution [1]. The alloy properties are fundamentally affected by composition and morphology. Grain size decreases with increasing tungsten content (30 at % W), afterwards just amorphous phase occurs [2]. Alimadadi et al. proved tungsten content between 0 to 7 at % W, the alloys provide higher corrosion resistance in comparison to the alloys with tungsten content over 20 at. % W at formation of amorphous alloys [3]. Drop in grain size contributes to corrosion resistance positively in alkaline media however in acidic media affects the alloys negatively [4]. Sriraman found Ni-W alloy with tungsten content 7.54 at. % W provides the highest corrosion resistance in the region of tested tungsten content [5].

The aim of this work was to study influence of electrodeposition conditions on tungsten composition and thereby grain size. The Ni-W alloys were then studied under potentiodynamic polarization and cyclic voltammetry to determine corrosion resistance in an aggressive chloride and alkaline medium.

Experiment

Ni-W alloys were electrodeposited by means of pulse plating (pe86c 24-27-60-S/GD-plating electronic). Mild steel (3 x 3 cm²) was mechanically pre-treated by sand paper with different grain size to reach homogenous bright surface. The surface was then activated in 20 vol. % H_2SO_4. Electrolyte consists of $NiSO_4 \cdot 7H_2O$, $Na_2WO_4 \cdot 2H_2O$ and citric acid. All chemicals used were of analytical grade. The electrolytes with lower (l-0.242 M tungstate in the electrolyte) and higher (h-0.4 M tungstate in the electrolyte) tungstate concentration were used. The alloy Ni-W was obtained by pulse current of rectangular shape and different process parameters – including peak cathodic current, on and off time *(Table 1)*. Bath temperature was 60 °C and time of electrodeposition varied to keep constant charge of the electrodeposition equal 648 C. The electrolyte was stirred by a mechanical stirrer with velocity 100 rpm.

Tungsten content, size of coherent domain and morphology of the deposited coating were characterised by EDX (EDX Jeol), XRD diffraction in Bragg-Brentano arrangement (Philips PW 1730/1050 s CoKα beaming 40 kV/35 mA in range 20° to 120° 2θ, step 0.02°) and arrangement with grazing incidence setup (diffractometer Bruker D8 DISCOVER with rotating Cu anode) and scanning electron microscope (SEM, BS 300 Tesla). Potentiodynamic tests were used to determine corrosion

Zemanová, Szúnyogh, Druga, Kozánková, Lokaj, Dobročka:
Corrosion Properties of Nanocrystalline Ni-W Coatings
in Extreme Conditions

149

Table 1: Physical characteristics and associated pulse plating parameters of Ni-W deposits

Sample	t_{on} (ms)	t_{off} (ms)	I_{cath} (A)	grain size (nm)	electrolyte type
Ni-7 W	1	10	4	16	l
Ni-9 W	1	10	4	1	h
Ni-16 W	5	5	2	1	l
Ni-20 W	10	1	1.5	3	h

behaviour of the samples immersed in pH neutral aerated 6 wt. % NaCl solution. Potentiodynamic tests as-deposited Ni-W alloy were performed by Autolab with GPES software. Passive corrosion behaviour was studied with potentiodynamic scan from -0.25 to 0.75 V vs E_{corr} at room temperature and a 2 mV/s scan rate. The samples were immersed in the test solution for 1 h prior to this potentiodynamic testing to observe open circuit potential (OCP) with initial E_{OCP} value. A saturated calomel electrode (SCE) and graphite were used as reference and counter electrodes, respectively. The Tafel regions +/-100 mV with respect to the tip of polarisation curves were selected for the evaluation of j_{corr} by Tafel extrapolation. The same experiment arrangement was used to study the passivity of the samples carried out in 1 M NaOH by cyclic voltammetry. In these experiments the potential was swept at a rate 10 mV/s.

Results and Discussion

Under different process parameters four types of Ni-W alloys with diverse tungsten content and grain

size below 20 nm were prepared. As it is clearly seen from *Table 1* electrodeposition conditions fundamentally influence a structure of the specimens. All alloys consist of crystalline and amorphous phases; prevailing phase depends on tungsten content based on the applied process parameters. Increasing tungsten content contributes to amorphous phase formation. Ni-W alloy (7 W_16 nm) contains tungsten content 7 at. % and grain size reaches 16 nm in average. The average grain size of 16 nm was calculated using TOPAS software and the prevailing crystalline phase was found in this type of alloy. The others (9 W_1 nm), (16 W_1 nm) and (20 W_3 nm) Ni-W alloys contain prevailing amorphous phase.

Corrosion behaviour of the alloys was analysed using potentiodynamic polarization in the neutral chloride medium (6 wt. % NaCl solution). As *Figure 1 a)* shows all the samples, with an exception of 9W_1 nm, in the given solution dissolve (their OCP values drop) without any hint of passivation. Samples 7 W_16 nm, 20 W_3 nm and possibly 16 W_1 nm as well, exhibit, however, the OCP

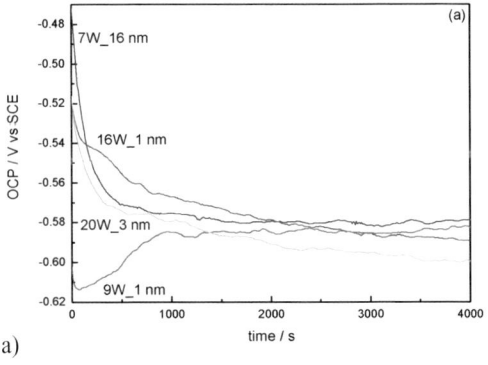

a)

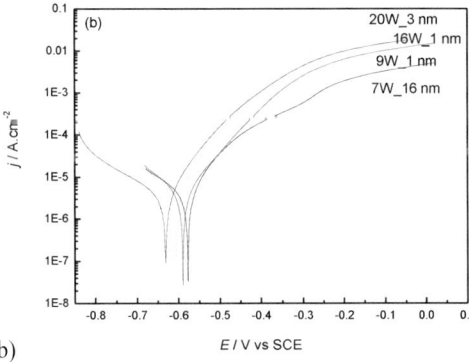

b)

Fig. 1: a) the OCP curves vs time for the samples in the 6 wt. % NaCl solution, b) the potentiodynamic curves for the samples in the 6 wt. % NaCl solution

150

Zemanová, Szúnyogh, Druga, Kozánková, Lokaj, Dobročka:
Corrosion Properties of Nanocrystalline Ni-W Coatings
in Extreme Conditions

a)

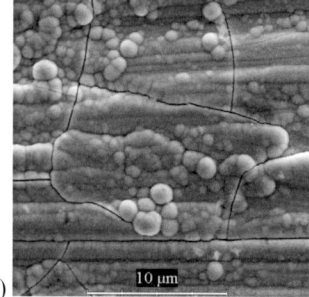
b)

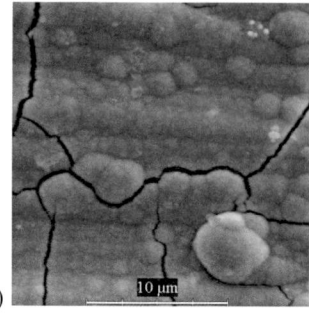
c)

Fig. 2: SEM images of the amorphous type specimen a) thickness, b) before and c) after potentiodynamic polarization in 6 wt. % NaCl solution

stabilisation. The 9 W_1 nm exhibits passivation throughout the whole potential range, with a hint of stabilisation. *Figure 1 b)* shows that both the samples 16 W_1 nm and 20 W_3 nm exhibit the worst corrosion behaviour as the current keeps rising with increasing potential. As for the 7 W_16 nm, there is a slight growth refinement but the current keeps growing after all. The 9 W_1 nm dissolves quickly as well, however with a possible passivation if polarised further.

SEM figures of the prepared alloys (cross section and surface morphology) are depicted in *Figure 2*. *Figure 2 a)* shows the thickness of the Ni-W alloy electrodeposited with charge of 648 C. *Figure 2 b)* indicates a surface morphology of the samples with a typical nodular shape. Cracks on the surface are caused by hydrogen evolution as a side reaction during Ni-W electrodeposition. *Figure 2 c)* reveals the surface morphology of the samples after potentiodynamic polarization. The samples show no sign of a corrosion resulting to the conclusion that corrosion of the analysed Ni-W alloys is uniform.

Based on *Table 2* data, it can be stated that apart from the 9 W_1 nm, none of the samples exhibit passivation in the strong 6 wt. % NaCl solution, having the final E_{OCP} values lower than the initial ones in the given time period. What is more, comparing each of these samples (expressed in the *Table 1*) as to the protection properties for different finishes no improvement is observed except for 9W_1 nm samples. No improvement may be due to cathodic nature of this coating with respect to the steel substrate.

The various Ni-W specimens exhibit different corrosion rate in dependence on tungsten content. *Figure 3* summarises j_{corr} with two sets of the results: the first one with tungsten content (7 W and 9 W) lower in comparison with the second set of the samples with higher tungsten content (16 W and 20 W). The lowest tungsten content contributes to growing grain size of the alloy and prevailing crystalline phase that slows the corrosion rate down. Amorphous phase on the other hand assists to increasing corrosion rate. A reason is tungsten segregation at grain boundaries supporting corro-

Table 2: Electrochemical characteristics of Ni-W deposits under potentiodynamic polarization in 6 wt. % NaCl medium

Sample	E_{OCP} (V)	E_{corr} (V)	j_{corr} (µA cm⁻²)	b_a (V dec⁻¹)	b_c (V dec⁻¹)
7 W	-0.472	-0.578	3.025	0.069	0.127
9 W	-0.602	-0.590	3.187	0.081	0.112
16 W	-0.518	-0.632	3.528	0.076	0.183
20 W	-0.516	-0.605	3.536	0.058	0.122

Zemanová, Szúnyogh, Druga, Kozánková, Lokaj, Dobročka:
Corrosion Properties of Nanocrystalline Ni-W Coatings
in Extreme Conditions

151

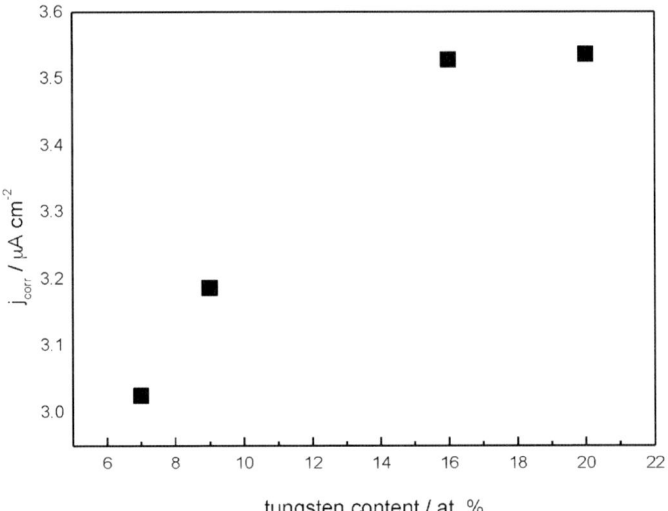

Fig. 3: Dependence of corrosion rate via j_{corr} on tungsten content of the Ni-W alloys

sion active sites [2]. There is no abrupt boundary between the nanocrystalline and amorphous state and even the amorphous materials have some short-range order at the atomic length scale resulting in the broad maxima in X-ray diffraction patterns. In general, it is very difficult to distinguish between these two structural states of solids and it is a matter of definition at which crystallite sizes the material is considered as amorphous. With decreasing crystallite size the volume of the disordered material at the "boundaries" between the ordered nano-regions increases and this leads to the enhancement of tungsten segregation.

Cyclic voltammetry experiments were carried out in 1 M NaOH solution at a scan rate 10 mV/s. *Figure 4* summarises cyclic voltammograms of pure metals (nickel and tungsten). Nickel was electrodeposited as a coating from Watts electrolyte and tungsten was analysed as a wire. *Figure 4 a)* represents Ni voltammogram with one oxidation (0.36 V) and one reduction (0.3 V) peak. The voltammogram is in agreement with results obtained by [6]. *Figure 4 b)* shows voltammogram of tungsten. Increasing current and hysteresis confirm tungsten dissolution.
Ni-W alloys with prevailing crystalline and amorphous structure were analysed as it can be

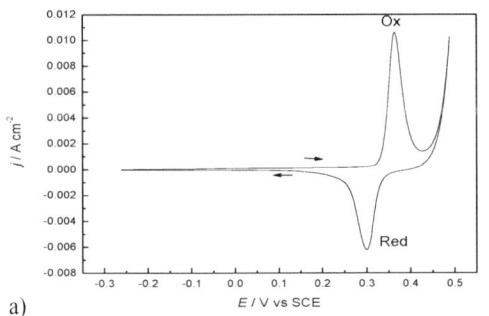

a)

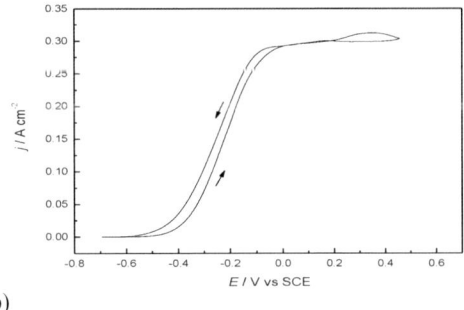

b)

Fig. 4: Cyclic voltammograms on the samples a) confirming one oxidation and one reduction peak for Ni electrodeposited from Watts electrolyte, b) with hysteresis for W wire

152

Zemanová, Szúnyogh, Druga, Kozánková, Lokaj, Dobročka:
Corrosion Properties of Nanocrystalline Ni-W Coatings
in Extreme Conditions

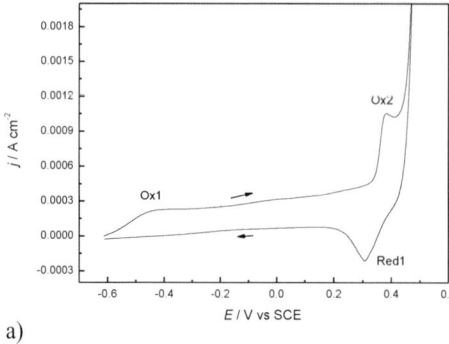
a)

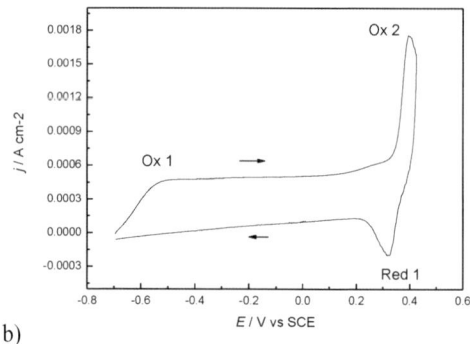
b)

Fig. 5: Cyclic voltammograms on the samples showing no split and shift of the peaks and confirming two oxidation and one reduction peak for Ni-W alloys, a) prevailing crystalline phase and b) prevailing amorphous phase

seen in *Figure 5*. In general, a slight oxidation peak Ox1 at about -0.5 V appeared corresponding to the tungsten oxidation/dissolution. The next one Ox2 appeared at 0.36 V corresponding to nickel oxidation/dissolution. Reduction peak Red1 corresponds to nickel reduction. It can be concluded two processes occurred: irreversible tungsten dissolution and reversible nickel ox/red. A position of Ox1 is diverse due to tungsten content in the Ni-W alloys as it can be seen in *Figure 6*. It is a well known fact that tungsten oxidation and/or reduction mechanism depends on either it is present in pure form

or in alloy [7]. Similarly, one can suppose that in NaOH solution a different oxidation mechanism and different voltammograms (*Fig. 4* and *5*) for pure metallic W and Ni-W alloy can be found. During the pure tungsten oxidation current goes to a steady-state value and is sigmoidal shaped. This steady-state current can be explained by the fact that applied potential is sufficiently anodic such that all reduced form of W is oxidized at the electrode. Surface W tend to dissolve during the anodic potential sweep giving tungstate ions evidenced by noticeable current increase [8]. On the other side tungsten in Ni-W

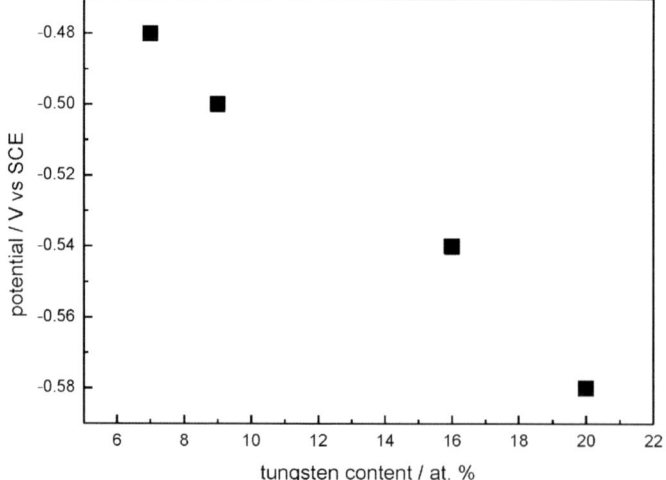

Fig. 6: Dependence of tungsten oxidation potential in cyclic voltammogram on tungsten content of the Ni-W alloys

Zemanová, Szúnyogh, Druga, Kozánková, Lokaj, Dobročka:
Corrosion Properties of Nanocrystalline Ni-W Coatings
in Extreme Conditions

153

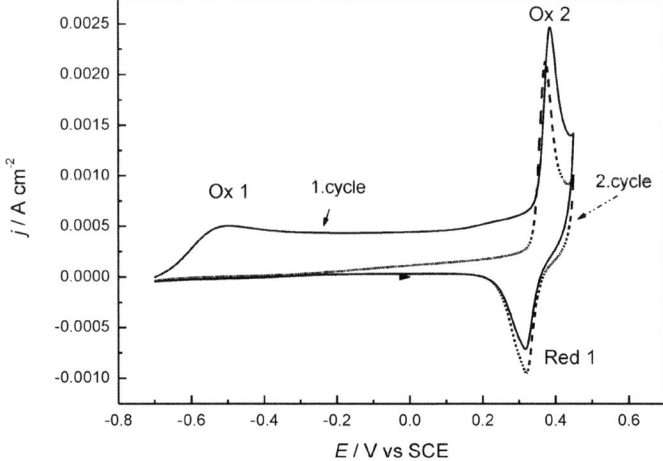

Fig. 7: First and second cycle of cyclic voltammetry measurements in 1 M NaOH on the Ni-W alloy coatings

alloy undergoes another oxidation mechanism. The amount of tungsten in a reduced form is not as high as in the case of pure tungsten and therefore classic peak-shaped voltammogram is observed.

Passivity of the prepared alloys in alkaline solution was studied by means of cyclic voltammetry in three electrodes system comparing first and second cycle of the specimens in 1 M NaOH solution.

Figure 7 represents the comparison of the first and second cycle of the voltammograms. The first cycle started from initial of -0.7 V and slight oxidation peak at -0.5 V appeared corresponding to the tungsten oxidation. Increasing the potential to more positive potential values another oxidation peak appeared corresponding to the nickel oxidation. During the reverse scan the nickel reduction occurred. In the second cycle, the anodic scan showed the lowering of the oxidation peak of tungsten and because of a passive state of the sample the anodic current was reduced. The difference between the first and the second cycle was an overall lower oxidation current due to formed passive oxidized tungsten compound for all the types of the examined Ni-W alloys.

Conclusion

Corrosion resistance of Ni-W alloy prepared under different process parameters was analysed. The alloys were two-phases with prevailing either crystalline or amorphous phase depending on process parameters of pulse electrodeposition. Corrosion rate of Ni-W alloys with prevailing crystalline phase is the lowest one in 6 wt. % chloride medium. In the alkaline solution the Ni-W alloys reach comparable corrosion resistance.

Acknowledgement

The authors gratefully acknowledge the support of projects VEGA 1/0985/12 a VEGA 1/0101/14.

References

[1] Aljohani, T.A.; Hayden, B.E.: A simultaneous screening of the corrosion resistance of Ni-W thin film alloys, Electrochimica Acta, 111, 930–936 (2013)

[2] Detor, A.J.; Schuh, Ch.A.: Tailoring and paterning the grain size of nanocrystalline alloys, Acta Materialia, 55, 371–379 (2007)

[3] Alimadadi, H.; Ahmadi, M.; Aliofkhazraei, M.; Younesi, S.R.: Corrosion properties of electrodeposited nanocrystalline and amorphous patterned Ni-W alloy, Materials and Design, 30, 1356–1361 (2009)

[4] Chianpairot, A.; Lothongkum, G.; Schuh, Ch.A.; Boonyongmaneerat, Y.: Corrosion of nanocrystalline Ni-W alloys in alkaline and acidic 3.5 wt. % NaCl solutions, Corrosion Science, 53, 1066–1071 (2011)

[5] Sriraman, K.R.; Ganesh Sundara Raman, S.; Seshadri, S.K.: Corrosion behaviour of electrodeposited nanocrystalline Ni-W and Ni-Fe-W alloys, Corrosion Science, 460–461, 39–45 (2007)

[6] Tury, B.; Lakatos-Varsányi, M.; Roy, S.: Ni-Co alloys plated by pulse currents, Surface&Coatings Technology 200, 6713–6717 (2006)

[7] Quiroga Argañaraz, M.P. et al.: NiW coatings electrodepoisited on carbon steel: Chemical composition, mechanical properties and corrosion resistance, Electrochimica Acta, 56, 5898–5903 (2011)

[8] Anik, M: Anodic reaction characteristics of tungsten in basic phosphate solutions, Corrosion Science, 52, 3109–3117 (2010)

Feuchtekorrosion von Wärmeschutzschichten auf Basis dünner Silberschichten

Von Dr. Andreas Georg, Fraunhofer Institut für Solare Energiesysteme, Freiburg

Durch ihre hohe Infrarotreflexion verbessern Wärmeschutzschichten erheblich die Wärmedämmung in Fensterelementen, sind aber gleichzeitig im sichtbaren Spektralbereich transparent. Dies lässt sich insbesondere durch dünne Silberschichten erreichen, die in Oxidschichten eingebettet sind. Außerhalb des geschützten Raumes einer Doppel- oder Dreifachverglasung neigen diese Schichten jedoch zur Korrosion aufgrund einer Agglomeration des Silbers, wobei die Oxidation der Grenzfläche zwischen Silber und einbettenden Schichten eine wesentliche Rolle spielt. Geeignete Haft- und Barriereschichten vermögen dies zu reduzieren.

Heat mirror coatings based on thin layers of silver improve the thermal insulating properties of double or triple glazings due to their high reflectance in the infrared range of the optical spectrum. By adjusting the thickness and embedding the silver layers in oxide layers, the transmittance in the visible range of the optical spectrum can be kept high. Within the cavity of double or triple glazings, the silver layers are protected against corrosion, but start to corrode in open atmosphere. This is driven by the tendency of silver to agglomerate, where the oxidation of the interface in between silver and embedding layers plays an important role. Suitable adhesion and barrier coatings can reduce this corrosion process.

Funktionsweise und typischer Aufbau von Silber basierten Wärmeschutzschichten

Durch den Einsatz von Wärmeschutzschichten in Doppelverglasungen kann der Wärmedurchgangskoeffizient von ca. 3 W/m²K auf 1 W/m²K herabgesetzt werden. Dies basiert auf der Reflexion der Wärmestrahlung bzw. der geringen Emission von Wärmestrahlung durch diese Schichten. Beide Eigenschaften sind miteinander verbunden. Gemäß des Kirchhoffschen Gesetzes ist die Absorption und die Emission einer Oberfläche immer gleich, wobei dies immer nur für eine bestimmte Wellenlänge gilt. Im infraroten Spektralbereich der Wärmestrahlung (Wellenlänge um 10 µm) ist Glas nicht transparent. Da infolge der Energieerhaltung die Summe aus Transmission, Absorption und Reflexion immer 1 sein muss, ergibt sich, dass im Infraroten die Summe aus Reflexion und Emission 1 ergeben muss. Eine hohe Reflexion ist also gleichbedeutend mit einer geringen Emission und umgekehrt. Daher werden solche Wärmeschutzschichten auch *low-e*-Schichten genannt (gering emittierend).

Es ist möglich, Schichten herzustellen, die im sichtbaren Spektralbereich (um 550 nm Wellenlänge) transparent sind und im infraroten Spektralbereich reflektieren (also eine niedrige Emission aufweisen). Ein Ansatz hierzu sind dotierte Oxide (transparent conductive oxides – TCO), wie z.B. Zinn dotiertes Indiumoxid (ITO), Aluminium dotiertes Zinkoxid (AZO) oder Antimon dotiertes Zinnoxid (ATO). Durch die Dotierung wird ein freies Elektronengas

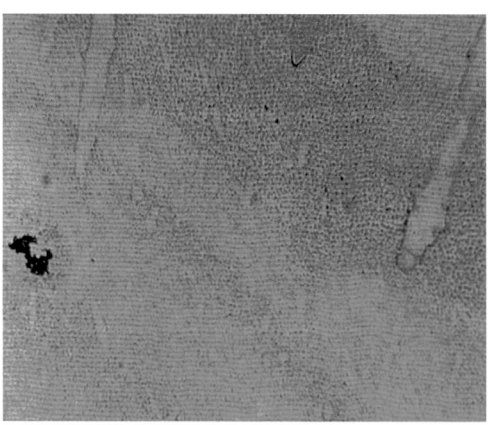

Abb. 1: Lichtmikroskop-Aufnahme einer Silber basierten Wärmeschutzschicht nach einem Korrosionstest

geringer Dichte erzeugt. Im Infraroten verhält sich das Material wie ein Metall und spiegelt, d. h. es verdrängt das elektrische Wechselfeld des Lichtes durch die Polarisationswirkung der freien Elektronen. Im Sichtbaren genügt die geringe Dichte an freien Elektronen nicht, um das schnelle Wechselfeld des Lichtes zu verdrängen, und das Material wird transparent. Ein Metall zeigt diese Eigenschaft entsprechend im Bereich noch schnellerer Wechselfelder, dem ultraviolettem Spektralbereich. ITO ist recht teuer, AZO weist eine begrenzte Feuchtebeständigkeit und eine im Vergleich zu Silber noch hohe Emission auf, und für ATO sind diese Emissionswerte noch schlechter. Auch ist es für gute optische Eigenschaften erforderlich, die Glassubstrate während der Beschichtung zu heizen, was einen hohen Aufwand darstellt. Für Kunststofffolien ist dies schwer oder gar nicht möglich. Darüber hinaus sind vergleichsweise hohe Schichtdicken notwendig, was die Kosten weiter erhöht.

Eine andere Möglichkeit, selektiv reflektierende Schichten herzustellen, sind dünne Silberschichten, eingebettet in Oxidschichten. Eine dicke Silberschicht (100 nm oder mehr) ist zunächst auch im sichtbaren Bereich stark reflektierend. Dünne Silberschichten (um 10 nm) weisen bereits eine gewisse Transmission im sichtbaren Spektralbereich auf, spiegeln aber noch stark im Infraroten. Durch die Einbettung von Oxidschichten kann durch deren Interferenz- bzw. Entspiegelungswirkung die Transmission im sichtbaren Bereich deutlich erhöht werden *(Abb. 2)*. Die hohe Reflexion im Infraroten bzw.

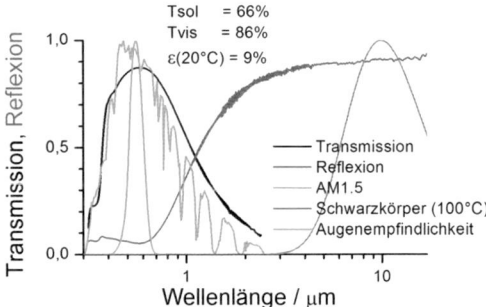

Abb. 3: Transmissions- und Reflexionsspektrum eines einfachen low-e-Schichtsystems mit Silber auf Foliensubstrat im Vergleich zum Spektrum der Sonne (AM1.5, relative Einheiten), der spektralen Verteilung der Emission eines schwarzen Körpers bei 100 °C (relative Einheiten) und der spektralen Empfindlichkeit des menschlichen Auges

äquivalent dazu die niedrige Emission bleibt dabei erhalten *(Abb. 3)*. Durch Kombination mit unterschiedlichen hoch- und niedrigbrechenden Oxidschichten kann die sichtbare Transmission weiter optimiert werden. Kommerzielle low-e-Schichtsysteme weisen daher mehrere Oxidschichten auf, wobei insbesondere der Sputterprozess aufgrund seiner Fähigkeit, dünne Schichten sehr homogen auf großen Flächen abzuscheiden, eingesetzt wird. Aus produktionstechnischen Gründen werden dabei zusätzliche Blockerschichten eingesetzt, die die Oxidation der Silberschicht bei der folgenden Abscheidung von Oxidschichten verhindern soll. Beim Sputtern von Oxidschichten wird häufig Sauerstoff als Reaktivgas zugegeben, welches in dem Plasma des Sputterprozesses die dünne Silberschicht angreifen kann. Die Dicke dieser Blockerschichten liegt typischerweise unter einem Nanometer, um die Transmission nicht zu stark zu reduzieren. Diese Blockerschichten wirken auch als Haftschichten und können die Stabilität des Schichtsystems verbessern.

Ein häufig eingesetztes Oxidmaterial ist Zinkoxid, da hier das Silber gut benetzt und gute optische Eigenschaften aufweist (hohe Transmission bei niedriger Emission). Zinkoxid weist jedoch nur eine geringe Beständigkeit gegen Feuchte auf. Darüber hinaus bilden sich in der gesputterten Zinkoxidschicht typischerweise hohe intrinsische Spannungen aus, die die Korrosionsbeständigkeit der low-e-Schicht weiter herabsetzen, wie noch dargestellt werden wird.

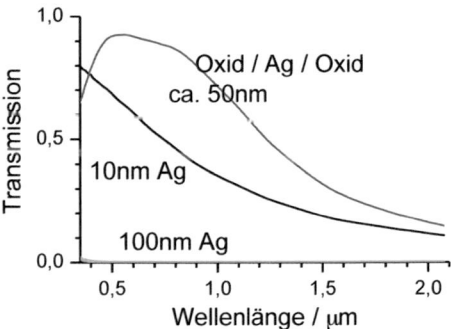

Abb. 2: Transmissionsspektren im solaren Spektralbereich für eine dicke und eine dünne Silberschicht und für eine dünne Silberschicht (10 nm) eingebettet in Oxidschichten (simulierte Werte)

Solche Silber basierten low-e-Schichten werden auf der Innenseite von Doppel- oder Dreifachverglasungen eingesetzt. Dieser Scheibenzwischenraum wird mit einem Edelgas gefüllt und weiter mittels eines Trockenmittels im Abstandhalter trocken gehalten, so dass eine Korrosion der low-e-Schichten vermieden wird.

Die Vorteile der Silber basierten low-e-Schichten gegenüber den TCO-Materialien liegen in ihren geringeren Kosten, ihrer Anwendbarkeit auf Kunststofffolien, ihrer geringeren Emission und, aufgrund der geringeren Schichtdicke, in der besseren Kontrollierbarkeit der Restfarbe in der Reflexion. Dies ist vor allem für die Architekten von Bedeutung. Sie können sich gezielte Farbwirkungen in der Betrachtung der Fenster eines Gebäudes von außen wünschen, ohne dass diese innerhalb der Fassade variiert. Dies erfordert eine hohe Präzision in der Gleichmäßigkeit und Reproduzierbarkeit der Schichtdicken.

Dafür ist es mit TCO-Materialien prinzipiell möglich, höhere solare Transmissionswerte zu erzielen als mit Silberschichten. Eine gezielte Optimierung der solaren Transmission von Silber basierten low-e-Schichten führt jedoch auch bereits zu hohen Werten.

Korrosion von Silber ohne Schutzschichten

Silber oxidiert an Luft und bildet eine Passivierungsschicht aus Ag_2O mit einer Dicke von typischerweise 1 bis 2 nm [1]. Die bekannteste Degradation von Silber ist das *Anlaufen*, d.h. die Bildung von Silbersulfid durch Reaktion mit H_2S, einem Faulgas, welches in geringen, stark schwankenden Konzentrationen in der Atmosphäre vorliegt (typischerweise 35 bis 4000 ppt, [2]). Wesentlich für den Mechanismus des Anlaufens ist die Anwesenheit von Luftfeuchte, d.h. in trockener Atmosphäre läuft der Prozess deutlich langsamer ab [3]. Grund hierfür ist, dass HS^-- und Ag^+-Ionen gebildet werden müssen, bevor Ag_2S entsteht. Auf der Oberfläche von Silber an Luft findet man einen sehr dünnen Wasserfilm, in der Dicke von einer Monolage bei einer relativen Feuchtigkeit von 10 % bis 10 Monolagen bei einer Feuchtigkeit von 100 % [3].

Bei in Oxidschichten eingebetteten Silberschichten kann man davon ausgehen, dass eine solche Sulfidbildung keine Rolle spielt. Bei ähnlich hergestellten Schichtsystemen mit dicker Silberschicht (100 nm, für Spiegelanwendungen), auf die eine dielektrische Deckschicht abgeschieden wurde, wurde bei Lagerung über drei Jahre keine Einbuße in der Reflexion (im solaren Spektralbereich) gefunden, während bei parallel ausgelagerten Silberschichten ohne Schutzschicht bereits nach wenigen Wochen eine deutliche Reduktion der Reflexion durch Sulfidbildung beobachtet wurde.

Elektrochemisch korrodiert Silber in sauren Elektrolyten unter elektrochemischen Potenzialen, die dem des chemischen Potenzials des Luftsauerstoffs entsprechen. In basischen Elektrolyten wird unter diesen Potenzialen eine Passivierung beschrieben [4]. Silber degradiert in der Anwesenheit von O_3 und UV-Licht unter Bildung von Ag_2O. Dies geschieht nicht oder wesentlich langsamer unter UV und O_2,

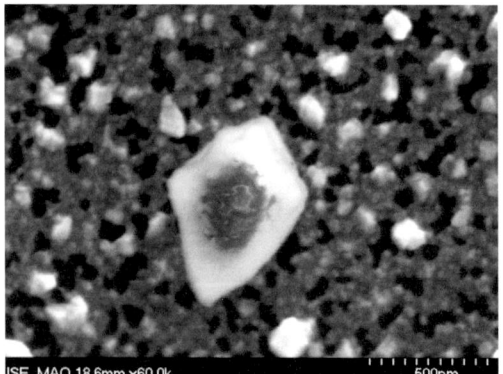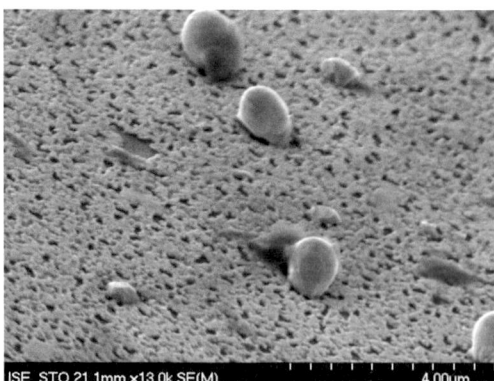

Abb. 4: Rasterelektronenmikroskopische Aufnahmen korrodierter Silberschichten ohne Deckschicht (links: 10 nm Silber, nach Feuchtekorrosion; rechts: 100 nm Silber, nach Temperaturkorrosion für eine Stunde bei 450 °C)

oder in Anwesenheit von O_3 ohne UV [5]. UV-Licht spaltet O_3, setzt atomaren Sauerstoff frei, der dann schnell mit Silber reagiert. Damit diese Reaktion unter Luftsauerstoff ablaufen kann, muss das UV-Licht kürzere Wellenlängen als 242 nm aufweisen.

Dünne Silberschichten (Dicke um 10 nm) korrodieren an Luft durch Agglomeration. Die Oberflächendiffusion von Silber ist schnell, insbesondere in Anwesenheit von Sauerstoff. Zunächst bilden sich Löcher in der Silberschicht, es entstehen Silberanhäufungen und Agglomerate *(Abb. 4, links)*. Ähnliche Prozesse werden beim Ausheizen von dicken Silberschichten (100 nm) an Luft gefunden *(Abb. 4, rechts)*. Bei Ausheizen in Wasserstoff, auch bei Anwesenheit von Feuchte, wird diese Agglomeration nicht gefunden [6]. Die Korrosion von Silber basierten Spiegelschichten bei hoher Temperatur weist viele Gemeinsamkeiten mit der Korrosion von Silber basierten low-e-Schichten bei Feuchte auf, wobei thermische Spannungen hinzukommen [7].

An low-e-Schichtsystemen mit einbettenden Oxidschichten konnte gezeigt werden, dass die Korrosion deutlich verlangsamt wird, wenn die Schichten unter Spülen mit feuchtem Stickstoff gelagert werden, und umgekehrt bei erhöhter Luftfeuchte an Luft deutlich schneller altern. Hier findet man jedoch eine Lochkorrosion, wie im Folgenden dargestellt wird.

Korrosion von Silber mit Schutzschichten

Für die Optimierung von low-e-Schichtsystemen wurde eine ca. 10 nm dünne Silberschicht in Haft- und Oxidschichten eingebettet *(Abb. 5)*. Für die meisten Versuche wurde je nur eine Oxidschicht über und unter der Silberschicht abgeschieden. Als Korrosionstest wurden die Proben in unterschiedlichen Medien gelagert (verdünnte Säure (pH ~ 2), verdünnte Lauge (pH = 12), Kochsalzlösung (45 g/L NaCl in H_2O) oder auch im Klimaschrank einer Kondensation bei erhöhter Temperatur ausgesetzt. Dabei wurde das Oxid variiert.

Je nach Anwendungsfall sind die unterschiedlichen Medien mehr oder weniger relevant. Ist die low-e-Schicht saurem Regen ausgesetzt, dann spielen Säuren eine Rolle. In Küstennähe findet man Salz in der Atmosphäre. Laugen können durch Auswaschen des Putzes einer Fassade entstehen, oder

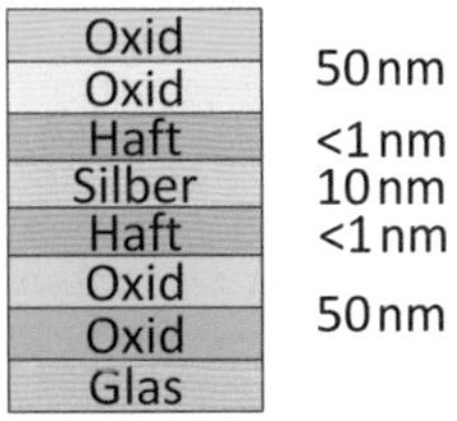

Abbildung 5: In Haft- und Oxidschichten eingebettete Silberschicht für Versuche mit Feuchtekorrosion

auch, wie Säuren, durch Reinigungsmittel auf die low-e-Schicht gelangen.

Durch die Oxidschichten wird die Silberschicht bereits erheblich geschützt. In der Fläche findet keine Agglomeration des Silbers statt. Dies verhindert die Grenzflächenenergie zwischen Silber und Oxidschicht. Sie hält das Silber gewissermaßen fest. Dieser Effekt kann durch geeignete Haftschichten verstärkt werden.

Man findet jedoch eine Lochkorrosion. An Punktdefekten, wie z.B. Staubpartikel, ist die Barrierewirkung der Deckschicht gestört und Feuchtigkeit und Sauerstoff, vermutlich in der Form von OH^--Ionen, kann die Silberschicht angreifen. Das linke Bild in *Abbildung 6* zeigt eine lichtmikroskopische Aufnahme einer kommerziellen Schicht nach der Lagerung in verdünnter Säure. Hier findet vermutlich eine Auflösung einer Zinkoxidschicht statt. Zinkoxid wird häufig in kommerziellen low-e-Schichten eingesetzt, und ist sehr empfindlich gegen Säuren. Das rechte Bild in *Abbildung 6* zeigt eine lichtmikroskpische Aufnahme einer low-e-Schicht, wie sie zu Beginn der Schichtoptimierung hergestellt wurde, ebenfalls nach Lagerung in verdünnter Säure. Zinkoxid wurde dabei bereits ausgeschlossen.

Im Rasterelektronenmikroskop findet man Stellen, an denen sich die oxidische Deckschicht vom Substrat gelöst hat und weiter vom Feuchteangriff unterwandert wird. Hier war vermutlich zuvor ein Partikel, das die Barrierewirkung der Deckschicht gestört hat, und es kam zu einer Agglomeration des Silbers. Diese sieht man in der Aufnahme eines Rasterelektronenmikroskops als helle, ca. 400 nm große Teilchen. Zum Teil liegen sie auf dem Glas-

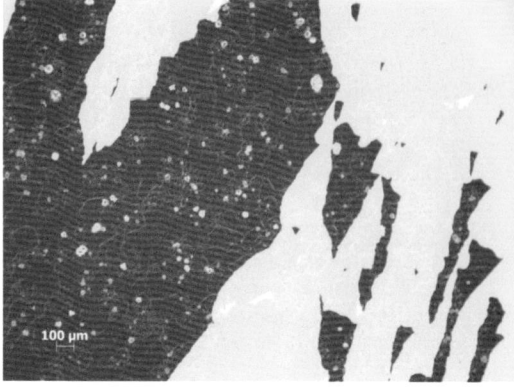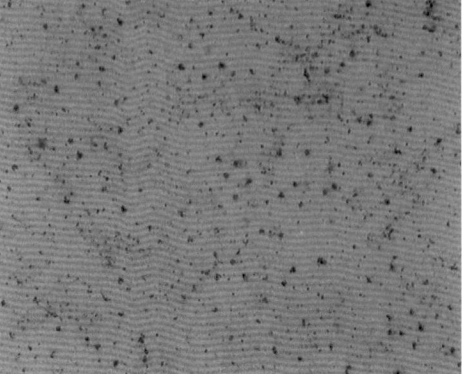

Abb. 6: Lichtmikroskop-Aufnahme von low-e-Schichtsystemen nach Lagern in verdünnter Säure. Links: kommerzielles Schichtsystem, rechts: Schichtsystem mit Oxidschichten, die für eine verbesserte Beständigkeit vorausgewählt wurden

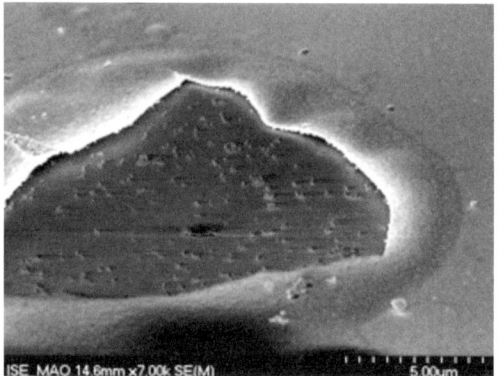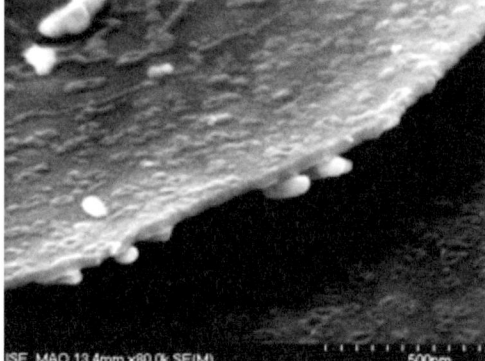

Abb. 7: Rasterelektronenmikroskopische Aufnahmen eines Defektes in einem Silberschichtsystem mit Silberagglomeraten. Rechts: Detailaufnahme der sich ablösenden Deckschicht mit Silberagglomeration

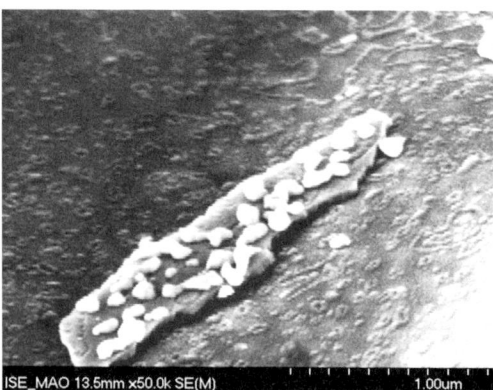

Abb. 8: Rasterelektronenmikroskopische Aufnahmen von Silberagglomeraten nach Feuchtekorrosion einer low-e-Schicht. Links: abgelöste Deckschicht mit Silberagglomeraten, rechts: Silberagglomerate auf dem Glassubstrat

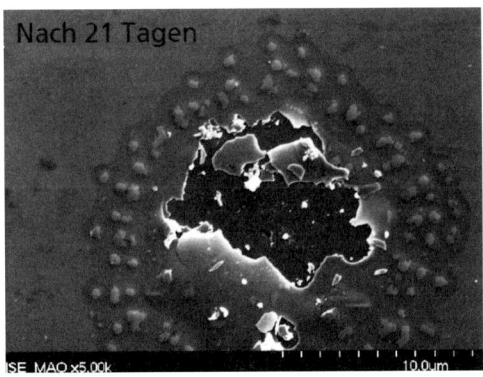
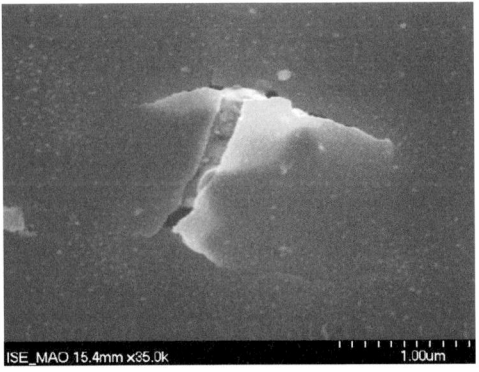

Abb. 9: Defektstellen im Rasterelektronenmikroskop einer low-e-Schicht nach drei Wochen Außenbewitterung

substrat, zum Teil haften sie an der Deckschicht an *(Abb. 7, Abb. 8)*.

In einer low-e-Schicht, die drei Wochen unter Exposition von Sonneneinstrahlung und Witterung auf einem Dach ausgelagert wurde, finden sich ähnliche Defekte *(Abb. 9)*.

Ähnliche Beobachtungen wurden von Ross [8] und Ando [9, 10] beschrieben, wobei Ando die Rolle von intrinsischen Spannungen in dotierten Zinkoxid schichten besonders herausstellt. Solche Schichten werden häufig in low-e-Schichten mit Silber eingesetzt, da das Silber gut auf diesem Oxid benetzt und sich besonders gute optische Eigenschaften ergeben.

Beim Prozess einer Sputterbeschichtung wird die aufwachsende Schicht mit hochenergetischen Teil-chen bombardiert, wodurch Druckspannungen entstehen können. Bei bestimmten Prozessbedingungen entstehen eher poröse Schichten, die wiederum Zugspannungen aufweisen. Somit sind diese mechanischen Eigenspannungen durch die Prozessbedingungen manipulierbar, was aber auch deren Barriereeigenschaften oder Brechungsindex beeinflusst. Die Messung der Eigenspannungen dünner Schichten mit Schichtdicken unter 100 nm ist aufgrund der geringen resultierenden Kräfte nicht einfach und es ist grundsätzlich auch nicht möglich, von Messungen an dickeren Schichten auf dünnere Schichtdicken zu extrapolieren, da die ersten 10 bis 30 nm beim Sputterprozess im Zuge der Keimbildung anders aufwachsen, als die folgende Schicht [13]. *Abbildung 10* zeigt die Eigenspannun-

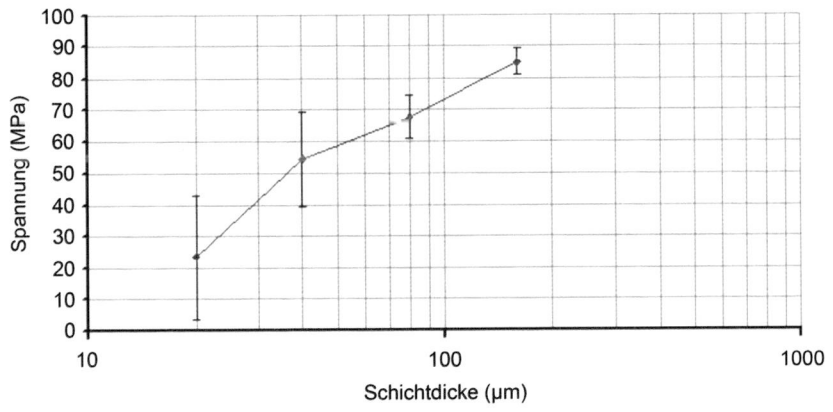

Abb. 10: Intrinsische Spannungen einer Oxidschicht in Abhängigkeit der Schichtdicke

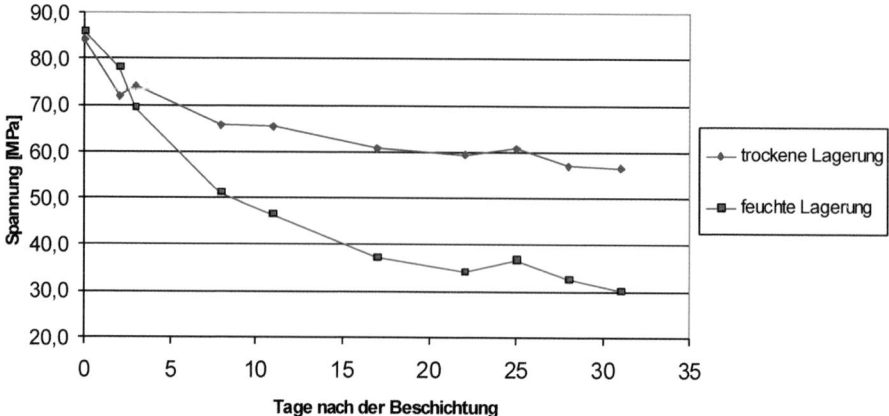

Abb. 11: Relaxation der intrinischen Spannung einer Oxidschicht bei Lagerung an 100 % feuchter Atmosphäre und 0 % feuchter Atmosphäre bei Raumtemperatur

gen einer Oxidschicht in Abhängigkeit der Schichtdicke. Die hier auftretenden Spannungen wird man als unkritisch für eine Feuchtekorrosion ansehen. Weiter können diese Eigenspannungen im Laufe der Zeit durch Einlagerung von Wasser in die Oxidschicht relaxieren, wie in *Abbildung 11* gezeigt.

Es ist schwierig die Neigung zur Korrosion einer low-e-Schicht quantitativ zu beurteilen, da Lochkorrosion auftritt. Eine Veränderung der optischen Eigenschaften ist bei beginnender Lochkorrosion noch nicht zu beobachten, da diese Messungen über die Fläche der Probe mitteln. Die Messung eines Korrosionsstroms ist ebenfalls nicht geeignet, da die Korrosion an der Oxidation der Grenzfläche des Silbers an lokalen Defekten ansetzt, also nur eine kleine Fläche betroffen ist. Die Auflösung von nur

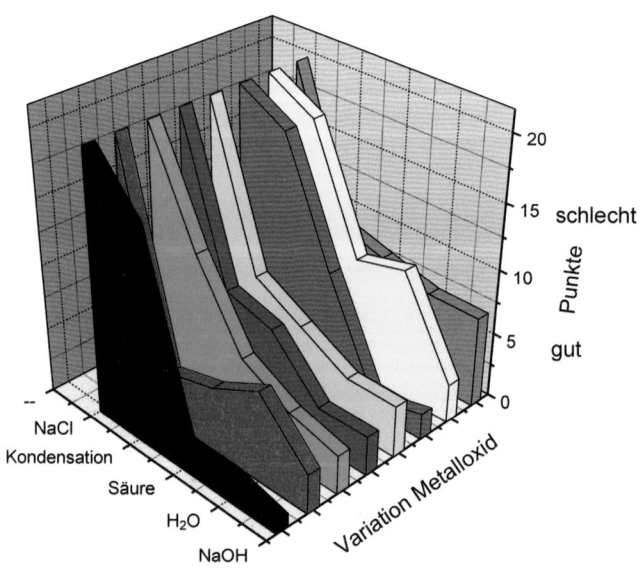

Abb. 12: Übersicht über die Bewertung der Korrosionsstabilität für das Schichtsystem Glas/Metalloxid/Silber/Metall/Metalloxid

einer Monolage an der Grenzfläche hat dagegen bereits die vollständige Delamination zur Folge. Dadurch sind die zugrunde liegenden Korrosionsströme sehr gering. Man muss sich also mit einer Beurteilung der Häufigkeit und Größe der Punktdefekte im Lichtmikroskop behelfen. Hier wurden Punkte vergeben, wobei eine höhere Punktzahl ein stärker korrodiertes Bild beschreibt.

Abbildung 12 zeigt eine Übersicht der Bewertung der Korrosionsstabilität für low-e-Schichtsystem mit unterschiedlichen Metalloxiden. Man erkennt eine Reihung in der Stärke der Korrosion:

Stark: Lagern in Kochsalzlösung > Kondensation bei erhöhter Temperatur > Lagern in verdünnter Säure > Lagern in Wasser > Lagern in verdünnter Lauge : schwach.

In Säure findet demnach eine starke, in Lauge eine schwache Korrosion statt. Dies deckt sich mit dem Pourbaix-Diagramm von Silber [4], demnach Silber bei sauren Medien stärker korrodiert (durch Oxidation, d. h. Bildung von Ag^+) als bei basischen Medien.

Dies bestätigt die Vermutung, dass die Oxidation des Silbers ein wesentlicher Schritt in der Korro-

sion von low-e-Schichten ist. Da das Silber sich nicht auflöst, sondern als Agglomerat erhalten bleibt, begrenzt sich die Oxidation auf die Grenzfläche zu den einbettenden Schichten.

Auch wurde gefunden, dass beim Spülen mit angefeuchtetem Stickstoff die Korrosion einer typischen low-e-Schicht deutlicher langsamer erfolgt als an Luft in Anwesenheit von Sauerstoff und Feuchte.

Entsprechend ergibt sich das in *Abbildung 13* dargestellte Bild für den Mechanismus der Korrosion von Silber basierten low-e-Schichten an Feuchte [11].

Wasser dringt durch die Deckschicht durch Poren, Risse oder an Defekten wie Staubpartikel ein, und erreicht die Grenzfläche des Silbers zur einbettenden Schicht. Sauerstoff löst sich in dem Wasser, und oxidiert als OH^- die Silbergrenzfläche. Dadurch wird die Grenzfläche geschwächt bzw. die Grenzflächenenergie erhöht, die Agglomeration des Silbers kann nicht mehr so wirkungsvoll unterdrückt werden. Die Anwesenheit einer Säure reduziert hierbei das Vermögen des Silbers zu passivieren bzw. führt zu einer stärkeren Löslichkeit des Silberoxids. Silber beginnt zu agglomerieren und baut mechanische Spannungen auf. Dies wird evtl. verstärkt von

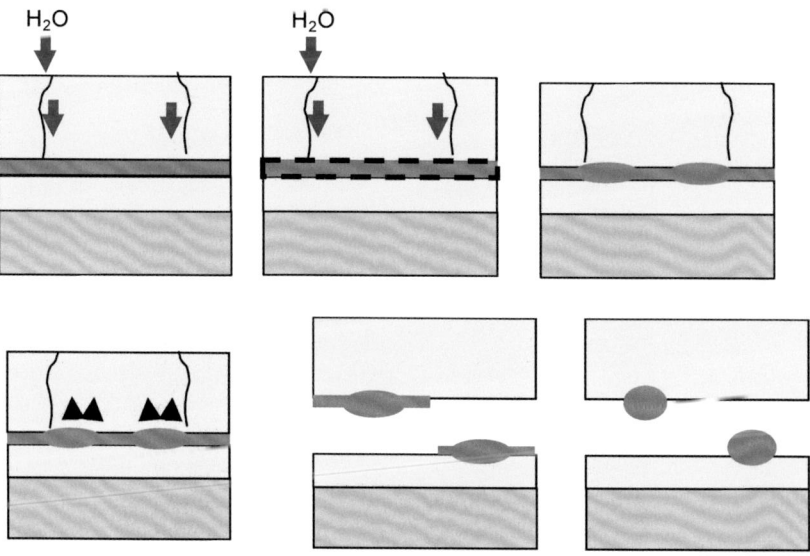

Abb. 13: Mechanismus der Korrosion dünner Silberschichten (grau) eingebettet in Oxidschichten (gelb). Von links oben nach rechts unten: Obere Reihe: 1) Angriff von Wasser und Sauerstoff, 2) Anlösen des Silbers an der Grenzfläche zum Oxid, verstärkt durch Säure, geschwächt durch hohe Grenzflächenenergie, 3) Agglomeration des Silbers. Untere Reihe: 4) Aufbau von Spannungen zusätzlich zu Eigenspannungen in der Oxidschicht, 5) Ablösen der Oxidschicht, 6) weitere Agglomeration

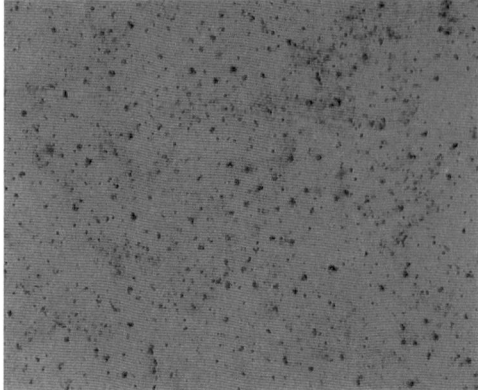 

Abb. 14: Lichtmikroskopische Aufnahme korrodierter low-e-Schichten nach Lagern in Schwefelsäure. Links: typisches Beispiel zu Beginn der Optimierung, rechts: optimiertes Schichtsystem

intrinsischen Spannungen in der Deckschicht. Die Deckschicht löst sich, was durch die Schwächung der Grenzflächenenergie erleichtert wird. Das Silber agglomeriert weiter. Durch die lokale Delamination der Deckschicht kann nun der Feuchteangriff weiter voranschreiten.

Verbesserungen in der Feuchtebeständigkeit können also ansetzen an einer Verbesserung der Grenzflächenenergie zwischen Silber und einbettenden Schichten durch geeignete Haft- und Oxidschichten. Die Haft- und Oxidschichten sollten ihrerseits eine hohe Beständigkeit aufweisen. Die Oxidschichten sollten keine zu hohen mechanischen Eigenspannungen aufweisen.

Abb. 15: Folie mit Silber basierter low-e-Schicht

Infolge einer Optimierung der beteiligten Haft- und Oxidschichten konnte eine deutliche Verbesserung der Korrosionseigenschaften erzielt werden, wie *Abbildung 14* zeigt.

Mögliche Anwendungen

Mögliche Anwendungen solcher low-e-Schichten sind Fälle, bei denen die low-e-Schicht der Atmosphäre ausgesetzt ist. Dies ist z. B. bei niedrig emittierenden Folien der Fall, die auf Einscheibenverglasungen zur Verbesserung der Wärmedämmung aufgeklebt werden *(Abb. 15)*. Ein anderes Beispiel ist die Beschichtung von Fluorpolymerfolien, wie sie für Membrankissen zur Überdachung von Gebäuden oder an Fassaden eingesetzt werden *(Abb. 16)*. Hier kann die Wärmedämmung durch eine solche low-e-Schicht deutlich verbessert werden, was

sowohl für die Reduzierung der Heizenergie als auch der Kühllast von Bedeutung ist. An einer solchen Beschichtung wird derzeit noch gearbeitet.

Low-e-Schichten auf Glasabdeckungen von Solarabsorbern können deren Wärmeverluste reduzieren, wenn sie auch die solare Einstrahlung mindern. Sie sind ebenfalls der Luftfeuchtigkeit ausgesetzt. Nicht zuletzt wäre eine low-e-Schicht auf der äußersten Fläche einer Dreifachverglasung wünschenswert, da sie die Abstrahlung des durch den Dreischeibenaufbau hochgedämmten Fensterglases in den kalten Nachthimmel reduzieren kann, und somit das sonst auftretende Beschlagen vermeiden kann [12].

Zusammenfassung

Silber basierte low-e-Schichten weisen eine hohe Reflexion im infraroten Spektralbereich der Wärme-

Abb. 16: Membrankissendach bei einem Supermarkt in Freiburg (ohne low-e-Schicht)

strahlung auf und können so die Wärmedämmung von Verglasungen deutlich verbessern. Durch Einstellen der Dicke der Silberschicht auf ca. 10 nm und das Einbetten in entspiegelnde Oxidschichten kann gleichzeitig eine hohe Transmission im sichtbaren Spektralbereich erzielt werden. Leider neigen diese Schichtsysteme zur Korrosion an feuchter Luft. Defekte wie Staubpartikel stören lokal die Schutzwirkung der oxidischen Deckschicht und OH$^-$-Ionen, gebildet aus Sauerstoff und Luftfeuchte, können zur Silbergrenzfläche eindringen und diese oxidieren. Darauf startet eine Agglomeration des Silbers, was zu mechanischen Spannungen führt. Gleichzeitig ist die Grenzflächenenergie durch die Oxidation herabgesetzt, so dass die Deckschicht delaminiert. Dies kann durch intrinsische Spannungen in den Oxidschichten verstärkt werden. Durch eine Optimierung von Haft- und Barriereschichten kann diese Korrosion deutlich reduziert werden.

Literatur

[1] de Rooij, A.: The Oxidation of Silver by Atomic Oxygen, ESA Journal 1989, Vol. 13, 365

[2] Ankersmit, H.A.; Tennent, N.H.; Watts, S.F.: Hydrogen sulfide and carbonyl sulfide in the museum environment – Part 1, Atmospheric Environment 39(2005), p. 695–707

[3] Graedel, T.E.: Corrosion mechansims for silver exposed to the atmosphere, J. Electrochem. Soc., 139(1992)7, p. 1963–1970

[4] Pourbaix, M.: Atlas of electrochemical equlibria in aqueous solutions, National Association of Corrosion Engineers, 1974

[5] Chen; Liang; Ma, Frankel; Allen; Kelly: Influence of UV irradiation and ozone on atmospheric corrosion of bare silver, Corrosion Engineering, Science and Technology 45(2010)2, p. 169–180

[6] Presland, A.B.E.; Price, G.L.; Trimm, D.L.: Hillock formation by surface diffusion on thin silver films, Surface Science 29(1972), p. 424–434

[7] Georg, A.: Temperaturkorrosion an Spiegelschichten, Jahrbuch Oberflächentechnik 2013, Bd. 69, S. 221–228, Herausgeber Richard Suchentrunk, Eugen G. Leuze Verlag KG, Bad Saulgau

[8] Ross, R.C.: Observations on humidity-induced degradation of Ag-based low-emissivity films, Solar Energy Materials 21(1990), p. 25–42

[9] Ando, E.; Miyazaki, M.: Moisture degradation mechanism of silver-based low-emissivity coatings, Thin Solid Films 351(1999), p. 308–312

[10] Ando, E.; Miyazaki, M.: Durability of doped zinc oxide/silver/doped zinc oxide low emissivity coatings in humid environment, Thin Solid Films 516(2008), p. 4574–4577

[11] Georg, A.; Graf, W.; Platzer, W.: Corrosion mechanism of low-e coatings with silver as the IR reflector, annual report of Fraunhofer institute for solar energy systems, 2010, p. 37

[12] Gläser, H.J.; Ulrich, S.: Condensation on the outdoor surface of window glazing – Calculation methods, key parameters and prevention with low-emissivity coatings, Thin Solid Films 532(2013), p. 127–131

[13] Freund, L.B.; Suresh, S.: Thin Film Materials, chapter 1.8, Growth stress in polycrystalline films, p. 63–65, Cambridge university press 2003

5   Verfahrenstechnik

Beitrag zur Bildung halogenierter Nebenprodukte während der Inline-Elektrolyse
am Beispiel eines ausgewählten Elektrodenmaterials

Von Prof. Dr. Henry Bergmann, Dr. Tatiana Iourtchouk, Prof. Dr. Jens Hartmann .... Lesen Sie ab Seite 167
Hochschule Anhalt, FB Elektrotechnik, Maschinenbau und Wirtschaftsingenieurwesen,
Bernburger Str. 55, D-06366 Köthen, www.emw.hs-anhalt.de

Beitrag zur Bildung halogenierter Nebenprodukte während der Inline-Elektrolyse am Beispiel eines ausgewählten Elektrodenmaterials

Von Henry Bergmann, Tatiana Iourtchouk, Jens Hartmann, Hochschule Anhalt, Köthen

Für Chloridkonzentrationen bis 250 mg/L, Stromdichten bis 200 A/m², spezifische Ladungsflüsse bis 0,167 Ah/L, circumneutrale pH-Werte und Bromidkonzentrationen bis 5 mg/L wurden unter Verwendung eines typischen Elektrodenmaterials in Laborzellen für die sogenannte Inline-Elektrolyse zur Trinkwasserdesinfektion THM-Messungen durchgeführt. Natürliche und Modellwässer wurden unter Raumtemperaturbedingungen elektrolysiert. Die detektierten vier THM-Spezies entsprachen denen einer konventionellen Wasserchlorung. Auch die Konzentrationswerte waren vergleichbar. Chloroform war die dominierende Komponente. Für künstlich aufgestockte Bromidkonzentrationen konnte Bromoform als Hauptkomponente gefunden werden. Zusätzlich vermessene AOX-Werte lagen deutlich über den THM-Konzentrationswerten. Bromidkonzentrationen über 1 mg/L führten nachweislich zu einer Bromatbildung. Schlussfolgerungen für eine sichere Anwendung wurden abgeleitet.

THM values were measured in laboratory cells with mixed oxide electrodes for so-called Inline Electrolysis using natural and synthetic drinking water at Cl⁻ concentration up to 250 mg/L, current densities between 50 and 200 A/m², room temperature, specific charge flow passed up to 0.167 Ah/L, circumneutral pH and bromide concentration between 0.04 and 5 mg/L. Comparable to conventional drinking water chlorination (composition, range of concentration), the four typical THM species chloroform, bromoform, bromodichloromethane and dibromochloromethane were found. Chloroform was the predominating species, whereas at higher bromide concentration more bromoform was detected. Under these conditions, remarkable bromate concentration was measured. Additionally analyzed AOX concentration values were higher than THM concentration by the factor 2 to 3. Conclusions for save application were drawn.

1   Einleitung

In vielen Lebens- und Wirtschaftsbereichen ist der Umgang mit hygienisch einwandfreien Wässern oder Oberflächen von essenzieller Bedeutung. Insbesondere für das Lebensmittel Trinkwasser existieren strenge Qualitätskriterien, deren Einhaltung behördlich überwacht wird. Ist die Unbedenklichkeit verwendeter Wässer nicht gegeben, muss mit chemischen bzw. physikalischen Verfahren eine Entfernung von potenziellen Krankheitserregern vorgenommen werden. Da sich bei vielen Behandlungsverfahren problematische Nebenprodukte bilden können, ist deren Kontrolle notwendig. Zum Beispiel können sich beim Einsatz von Chlor als Desinfektionsmittel chlorierte Organika als Desinfektionsnebenprodukte bilden. Hunderte möglicher Spezies sind in den letzten Jahrzehnten bekannt geworden

[1, 2]. Kommerzielle Chlorlösungen können zudem Chlorat enthalten. Bei Dosierung von Ozon ist im Beisein von Bromid die Bildung von Bromat wahrscheinlich und auch bei UV-Bestrahlungen sind photochemische Nebenreaktionen möglich. Aus diesen Gründen gilt in der Regel ein Minimierungsgebot, d.h. die Desinfektion sollte kein Dauerzustand sein, sondern nur bei gegebener Notwendigkeit angewandt werden. Die Anpassung von Mikroorganismen in Biofilmen mit Bildung von Resistenzen auf eine permanente Desinfektion ist ein weiterer Grund für dieses Gebot. In der deutschen Trinkwasserverordnung *(Tab. 1)* und anderen Richtlinien (DVGW W 259 und W 296) sind es neben Pestiziden und polychlorierten Biphenylen organische Chlorverbindungen, die im Mittelpunkt der Aufmerksamkeit stehen, da eine Bildung noch über viele Stunden

168

Bergmann, Iourtchouk, Hartmann: Beitrag zur Bildung
halogenierter Nebenprodukte während der Inline-Elektrolyse
am Beispiel eines ausgewählten Elektrodenmaterials

Tab. 1: Reglementierung von Konzentrationen ausgewählter Stoffe im Trinkwasser nach der deutschen Trinkwasserverordnung (TrinkwV, Stand 2013)

Stoff	Maximalkonzentration, $\mu g / L$
Polyzyklische aromatische Kohlenwasserstoffe (PAK)	0,10
Epichlorhydrin	0,10
Summe Tetrachlorethen + Trichlorethen	10
1,2-Dichlorethan	30
Trihalogenmethane	50
Pestizide und ähnliche Nebenprodukte	0,10–0,50
Polychlorierte Biphenyle	0,50
Bromat	10

nach der Zudosierung des Chlors ins Trinkwassernetz gegeben ist. Weil in der Praxis eine Einzelanalyse von Nebenprodukten nur in Ausnahmefällen möglich ist, werden Produkte in diverse Klassen zusammengefasst. Dazu zählt auch die Klasse der Trihalogenmethane (THM). Ihre Grenzkonzentration wird im gechlorten Trinkwasser häufiger überschritten [3]. Mit besserer Wasservorbehandlung kann dem entgegen getreten werden. Weitere Organikarelevante Summenparameter sind z. B. Halo Acetic Acids (HAA), Haloacetonitrile (HAN), Halogenphenole, Halogenfuranone, Total Organic Carbon (TOC), Total Organic Halogens (TOX) oder Adsorbable Organic Halogenes (AOX) und Purgeable Organic Halogens (POX) in Ab- und Prozesswässern. Die Kinetik chemischer Reaktionen von Gruppenparametern ist nicht exakt beschreibbar. Dies gilt nur für einzelne Komponenten.

Nach Einschätzung der WHO [4] bilden THM ca. 10 % der organischen Stoffe im Trinkwasser ab. Ihre Existenz ist eher wahrscheinlich in gechlortem Oberflächenwasser im Vergleich mit gechlortem Grundwasser. Die entsprechenden Konzentrationswerte sind Funktion von TOC-Wert, Temperatur, pH-Wert, Chlormenge und Reaktionszeit. Gewöhnlich bildet Chloroform 90 % der THM. Vorchlorungen von Wässern mit reaktionsfähigen Organika als THM-Vorstufen (precursors) sollten vermieden werden. Eine nachträgliche THM-Entfernung ist relativ aufwendig.

Nach deutscher Trinkwasserverordnung erlaubte chemische Desinfektionsmittel sind Ozon, Chlor-

dioxid und Chlor, das als Chlorgas, konfektionierte Hypochloritlösung oder als Chlorkalk dosiert werden kann. Eine weitere Möglichkeit der Chlorerzeugung und Dosierung vor Ort (on site) ist die Elektrolyse von Chloridlösungen. Stellt das zu desinfizierende Wasser selbst die Chloridmenge zur Verfügung, so spricht man von *Inline-Elektrolyse*, über die hier schon des Öfteren berichtet wurde [5 bis 9]. In Einzelfällen mischt man zur Einstellung geeigneter Konzentrationen noch Natriumchlorid dem Wasser zu (auf die elektrolytische Ozonerzeugung in nahezu chloridfreier Lösung sei hier nicht eingegangen).

Das Verfahren der Inline-Elektrolyse ist nicht in der deutschen Trinkwasserverordnung gelistet; dennoch wird es sowohl im Inland als auch im Ausland eingesetzt und offenbar oft von Behörden toleriert. Treten jedoch in der Desinfektionswirkung Probleme auf, rückt das Verfahren wieder verstärkt in das Zentrum der Aufmerksamkeit. So wurde das Auftreten eines Todesfalls in einer Klinik mit der Desinfektionselektrolyse in Verbindung gebracht, die mit dem Versprechen der Legionellenfreiheit im Wassersystem angeboten worden war. In einem weiteren Fall wurde durch die Medien undifferenziert verbreitet, dass die Elektrolyse krebserzeugende Stoffe in einem *Giftcocktail* erzeugt hätte usw. Dazu muss festgestellt werden, dass

• in der Regel bei jeder Chlorzugabe, d. h. auch in der konventionellen Chlorung, chlorierte Kohlenwasserstoffe gebildet werden, die in höherer Konzentration und bei regelmäßiger Einnahme krebserzeugend sein können,

Bergmann, Iourtchouk, Hartmann: Beitrag zur Bildung
halogenierter Nebenprodukte während der Inline-Elektrolyse
am Beispiel eines ausgewählten Elektrodenmaterials

169

- dieser Gefahr in den Verordnungen begegnet wird, in dem man die Konzentrationen reaktionsfähiger organischer Wasserinhaltsstoffe, des bereit gestellten Chlors und wahrscheinlicher Nebenprodukte in der Höhe begrenzt,
- dies natürlich nicht die unkontrollierte Anwendung eines nicht gelisteten Desinfektionsverfahrens rechtfertigt.

Die Problematik wird auch berührt in der Wasserbehandlung in *Inselsystemen* wie auf Bohrplattformen, in Schiffen [10] bzw. U-Booten, Flugzeugen und Raumstationen sowie in diversen Outdoor-Anwendungen.

In anderen Ländern kann sich die Situation teilweise stark abweichend von der deutschen Gesetzgebung darstellen. Erinnert sei nur an die Verwendung von Chloraminen im US-Trinkwasser, der Einsatz von Brom im amerikanischen Schwimmbadbereich, die derzeit wieder diskutierten *Chlorhähnchen* in den USA oder das Waschen von Obst und Gemüse mit chlorhaltigem Wasser [11].

Neben dem Trinkwasser existieren weitere Gefährdungsbereiche. Dazu gehören Schwimmbäder [12–15] mit ihrem hohen Potenzial der Bildung von Chloraminen und von weiteren organischen Nebenprodukten aus Hautbestandteilen, Schweiß, Urin, die unmittelbar durch die Haut aufgenommen werden können. Auch scheinen Leistungssport treibende Schwimmer einem höheren Risiko für Bronchialerkrankungen bzw. Asthma ausgesetzt zu sein [16].

Werden Ab- bzw. Ballastwässer gechlort bzw. elektrochemisch gechlort, können Nebenprodukte unmittelbar in den Wasserkreislauf gelangen [17, 18].

Die Inline-Elektrolyse ist seit Jahrzehnten bekannt, wurde jedoch erst in den letzten Jahren mit größerer Systematik untersucht. Um für eine mögliche gelistete Anwendung mehr Sicherheit zu schaffen, wurde kürzlich ein Dreijahresprojekt abgeschlossen, das Firmen, Forschungseinrichtungen und Verbände kooperativ vereinte. Teilergebnisse dieses Projekts bezüglich der Bildung von Trihalogenmethanen sind Gegenstand dieser Veröffentlichung.

2   Stand des Wissens

Es kann hier nicht auf alle Aspekte hinsichtlich der THM-Präsenz in Trinkwasser eingegangen werden. Dennoch sollen die wichtigsten Punkte kurz diskutiert werden.

Gesundheitsrisiko

THM können mit der Nahrung, durch die Haut und über die Lungen aufgenommen werden. Neben akuten und chronischen Erkrankungen sind kanzerogene und Erbgut schädigende Wirkungen bekannt [19]. Insbesondere Chloroform ist diesbezüglich gut untersucht [20–22]. Dermatitis und mutagene Effekte wurden auch mit brombasierten THM in Verbindung gebracht. Epidemiologische Studien beweisen die Gefährlichkeit [23]. Methoden und Modelle des sogenannten Risk Assessment [24] dienen der Festlegung von Grenzwerten im Trinkwasser.

Bildung und Verbreitung

Seit dem Beginn der Studien in den 70er Jahren des 20. Jahrhunderts wurden in vielen Ländern Studien zur Entstehung und Verbreitung von THM im Wasserkreislauf durchgeführt [25–30]. THM wurde im Schwimmbadwasser, mit chlorhaltigen Desinfektionsmitteln behandelten Trinkwässern sowie in desinfizierten Prozess- und Abwässern gefunden. Auch wenn Lebensmittel mit chlorhaltigen Lösungen desinfiziert werden, entstehen THM [11]. Eine andere Entstehungsquelle ist die Anwendung bromhaltiger Desinfektionsmittel für Swimmingpools in einigen Ländern. In gewissem Maße ist auch die Chloraminierung verantwortlich bei der Bildung, wenn auch in geringerem Maße. Diverse Arbeiten dienen der Aufklärung kinetischer Zusammenhänge sowie analytischen Methoden [31–41].

THM-Vermeidung und -Beseitigung

Es können verschiedene Strategien der THM-Reduktion abgeleitet werden. Dazu gehören die Reduzierung des Einsatzes von Halogenen bzw. halogenhaltigen Stoffen durch weniger häufige Behandlung und bessere Prozesskontrolle sowie der Einsatz halogenfreier Verfahren (Ozonung) bzw. von Verfahren mit geringerem THM-Bildungspotenzial (ClO_2) [42]. Weiterhin kann man die Vorstufen der THM-Bildung in Form organischer Wasserbelastung durch geeignete Methoden vor der Trinkwasserchlorung in ihrer Konzentration reduzieren (Fällung bzw. Flocculation, Adsorption, Filtration oder Mikrofiltration [43]). Bei geringerem pH-Wert ist die Entstehung von THM in der Regel behindert; allerdings steigt dabei die Bildung von HAA [44]. Auch chemische und elektrochemische Abbauver-

170

Bergmann, Iourtchouk, Hartmann: Beitrag zur Bildung
halogenierter Nebenprodukte während der Inline-Elektrolyse
am Beispiel eines ausgewählten Elektrodenmaterials

fahren sind untersucht worden [45–46]. Die Prozess-kontrolle ist aber schwer zu realisieren. Weiterhin können Chlorate, Perchlorate und Bromate unter Umständen entstehen [7–9, 47–49], was aber leider nur selten untersucht wird.

3 Grundlagen der Inline-Elektrolyse

In der klassischen Inline-Elektrolyse werden Anoden aus Mischoxiden verwendet, die gewöhnlich auf einem Titangrundkörper Oxidschichten des Titans, Iridiums und Rutheniums besitzen. Auch andere Zusätze sind möglich. Derartige Elektroden sind über Monate oder sogar Jahre dimensionsstabil, ohne ersetzt werden zu müssen. Im Abstand von wenigen Millimetern befindet sich eine Kathode, die oft aus demselben Material gefertigt wird, da man die Elektroden wechselnd anodisch bzw. katho-disch polarisieren kann, um Ablagerungen von den Kathoden zu entfernen. Die Ursache dafür liegt in der Kathodenreaktion der Wasserzersetzung nach *Gleichung <1>* und/oder *<2>*.

$$2\,H^+ + 2\,e^- \;\rightarrow\; H_2 \qquad\qquad <1>$$

$$2\,H_2O + 2\,e^- \;\rightarrow\; H_2 + 2\,OH^- \qquad <2>$$

Durch die erkennbare Erhöhung des pH-Wertes an der Kathodenoberfläche kommt es dort zur Ausfäl-lung von Carbonaten, Hydroxiden und anderen nicht löslichen Verbindungen. Dies und die Entstehung von Wasserstoff sind Nachteile der Methode. Der Wasserstoff entsteht zumeist in kleinen Mengen, da auch die Elektrolyseströme relativ klein sind. Er kann allerdings Redoxpotenzialmessungen verfäl-schen. Um die Kathodenablagerungen zu beseitigen, kann man eine Elektrolysezelle mit einer Säure-lösung spülen oder die Polarität wechseln, was zum Abplatzen der gebildeten Schichten führt, da die Elektrodenschicht im anodischen pH-Wertbereich dabei angesäuert wird.

Die anodische Hauptreaktion ist die Wasserspal-tung

$$H_2O \;\rightarrow\; O_2 + 2\,H^+ + 2\,e^- \qquad <3>$$

$$2\,OH^- \;\rightarrow\; 0{,}5\,O_2 + H_2O + 2\,e^- \qquad <4>$$

Entsprechend der Chloridkonzentration verläuft mit unterschiedlicher Effizienz die Gelöstchlorbildung aus Chloridionen:

$$2\,Cl^- \;\rightarrow\; Cl_2 + 2\,e^- \qquad\qquad <5>$$

Das Chlor reagiert mit Wasser zu Hypochloriger Säure, die nachfolgend zum Hypochlorit dissoziieren kann:

$$Cl_2 + H_2O \;\rightleftharpoons\; HOCl + H^+ + Cl^- \qquad <6>$$

$$HOCl \;\rightleftharpoons\; H^+ + OCl^- \qquad\qquad <7>$$

Die Komponenten Cl_2, HOCl und OCl^- werden als freies Aktivchlor bezeichnet – im Unterschied zum gebundenen Aktivchlor, das sich bei Vorhandensein von Ammoniakspuren in Form von Chloraminen bildet, z. B. als Monochloramin:

$$Cl_2 + NH_3 \;\rightarrow\; NH_2Cl + HCl \qquad <8>$$

$$HOCl + NH_3 \;\rightarrow\; NH_2Cl + H_2O \qquad <9>$$

$$NaOCl + NH_3 \;\rightarrow\; NH_2Cl + NaOH \qquad <10>$$

Chloramine können ebenfalls desinfizierend wir-ken, sind aber im deutschen Trinkwasserrecht nicht berücksichtigt. Die Desinfektionswirksamkeit von freiem Aktivchlor ist hinreichend oft nachgewie-sen worden und nicht Gegenstand dieser Veröf-fentlichung.

Die Chlorkomponenten reagieren mit zyklischen oder kettenförmigen Organika, die auch im Para-meter TOC des Wassers mit zusammengefasst werden, zu entsprechenden Chlororganika:

$$\text{Aktivchlor} + \text{Organika} \;\rightarrow\; \text{Chlororganika} \quad <11>$$

Die Geschwindigkeit vieler dieser Reaktionen ist gering – mit der Konsequenz, dass man bei der Kon-trolle nicht nur nach 0,5 h sondern auch nach 24 h die Konzentrationen misst.

Liegt Brom vor, können sich Bromorganika bilden. Das Brom entstammt den *Gleichungen <12>* und *<13>*, wobei HOBr bzw. OBr^- wenig stabil sind:

$$2\,Br^- \;\rightarrow\; Br_2 + 2\,e^- \qquad\qquad <12>$$

$$Br_2 + H_2O \;\rightleftharpoons\; HOBr + H^+ + Br^- \qquad <13>$$

Bromid ist im Trinkwasser gewöhnlich unerwünscht, da es bei der Ozonung Bromat [50] bilden kann in der Bruttoreaktion:

$$Br^- + O_3 \;\rightarrow\; BrO_3^- \qquad\qquad <14>$$

Ozon kann auch an hochoxidativen Elektroden bzw. an Mischoxidelektroden unter Bedingungen gerin-ger Ionenstärke elektrochemisch gebildet werden in der Bruttoreaktion:

$$3\,H_2O \;\rightarrow\; O_3 + 6\,H^+ + 6\,e^- \qquad <15>$$

Bergmann, Iourtchouk, Hartmann: Beitrag zur Bildung
halogenierter Nebenprodukte während der Inline-Elektrolyse
am Beispiel eines ausgewählten Elektrodenmaterials

171

Sowohl Bromid als auch Hypobromige Säure können die Konzentration von Aktivchlor verringern:

$$2\,HOCl + 2\,Br^- \rightarrow 2\,HOBr + 2\,Cl^- \qquad <16>$$

$$2\,HOCl + HOBr \rightarrow BrO_3^- + 3\,H^+ + 2\,Cl^- \qquad <17>$$

Auch hierbei kann sich somit Bromat bilden.

Die elektrochemische Reaktivität von Bromid zu Brom bzw. von Brom zu Bromorganika wie auch die der Bromid-zu-Bromatreaktion bei der Ozonung im Mikrogramm-pro-Liter-Bereich ist relativ hoch [48], weshalb man den Grenzwert von Bromid im Trinkwasser gemäß WHO-Empfehlung auf 10 µg/L festlegt. Auch iodbasierte Nebenprodukte sind bekannt. *Abbildung 1* zeigt einige wichtige Nebenprodukte, deren Bildung bei einer Inline-Elektrolyse wie auch in konventionellen Desinfektionsverfahren möglich ist. Zu den THM gehören Dibromiodmethan, Dichloriodmethan, Bromchloriodmethan, Trichlormethan (empfohlener WHO-Grenzwert 0,3 mg/L), Tribrommethan (empfohlener WHO-Grenzwert 0,1 mg/l), Dibromchlormethan (empfohlener WHO-Grenzwert 0,1 mg/L), Bromdichlormethan (empfohlener WHO-Grenzwert 0,06 mg/L). Die vier letztgenannten werden wegen ihrer Häufigkeit typischerweise im Trinkwasser analysiert und wurden auch in unseren Arbeiten als Hauptkomponenten gefunden.

Abb. 1: Halogenorganische Nebenprodukte: Trichlormethan (Chloroform), Tribrommethan (Bromoform), Monochlorethan, Dibromchlormethan, Bromdichlormethan, Tetrachlorethen (reihenweise von li. nach re.)

4 Experimentelle Bedingungen

Methoden und Apparate

Die hier aufgeführten Laborversuche wurden in einer Laborzelle mit zwei parallelen Plattenelektroden (Länge 125 mm, Breite 40 mm, Dicke 2 mm) durchgeführt. Beide Elektroden im Abstand von

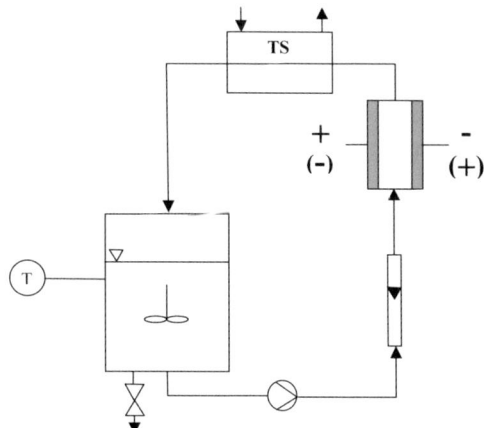

Abb. 2: Diskontinuierliche Prozessführung in der Laborzelle (TS-Thermostat)

4 mm bestanden aus einem Mischoxidmaterial auf Titan. Die Zelle wurde mittels Kreiselpumpe mit 3,3 L/min im Kreislauf mit einem thermostatierten Wasser durchströmt *(Abb. 2)*. Der durchmischte Vorlagebehälter nahm ein Wasservolumen von 6 L auf. Die Temperatur wurde mit einem Laborthermometer kontrolliert. In definierten Zeitabständen wurden wenige Milliliter Probe entnommen und zeitnah vermessen. In Abständen von 15 Minuten wurden beide Elektroden umgepolt. Kurze, stromfreie Pausen wurden in der Berechnung des Ladungsflusses entsprechend berechnet. Der spezifische Ladungsfluss wurde aus dem Konstantstrom I, der effektiven Elektrolysezeit t und dem Behältervolumen V berechnet:

$$Q = \frac{I \cdot t}{V} \qquad <18>$$

Wässer und Chemikalien

Wasser für synthetische Lösungen wurde über Aufbereitungsanlagen der Typen USF/Seral und Seralpur in mehreren Stufen bis zu Leitfähigkeiten unterhalb 0,15 µS cm⁻¹ gereinigt bzw. entionisiert. Wässer für THM- und AOX-Standards wurden zusätzlich noch 30 Minuten ausgekocht. Ultrareine Substanzen (A.C.S. reagent) von Sigma Aldrich (NaCl, NaOH, NaHCO₃, MgSO₄·7H₂O, CaCl₂, KI, KBr, KBrO₃, NaH₂PO₄·2H₂O, Natriumindigotrisulfonat, Malonsäure), von Riedel-de Haen (Na₂CO₃) und analytische reine Chemikalien (puriss p. a.) von Fisher Scientific (NaNO₂), von Merck (HCl, Na₂SO₄, NaNO₃, H₂O₂),

172

Bergmann, Iourtchouk, Hartmann: Beitrag zur Bildung
halogenierter Nebenprodukte während der Inline-Elektrolyse
am Beispiel eines ausgewählten Elektrodenmaterials

Chempur (NaCl, NaNO$_3$), Fluka (NaClO$_4$, NaClO$_3$, NaClO$_2$, LiOH·H$_2$O, 4-Hydroxybenzonitril) wurden in diversen Experimenten verwendet. Leitungswasser ab Zapfstelle entstammte dem lokalen MIDEWA-Wasserwerk und hatte im Mittleren folgende Zusammensetzung: [F$^-$] = 0,19 mg/L Cl$^-$ = 36 mg/L, [Br$^-$] = 0,04 mg/L, [NO$_3^-$] = 15 mg/L, [SO$_4^{2-}$] = 242 mg/L, [Na$^+$] = 10 mg/L, [Mg^{2+}] = 23 mg/L, [Ca^{2+}] = 148 mg/L, TOC = 2 mg/L. Für Versuche mit sogenanntem unbehandelten Wasser wurde ein Gemisch aus Brunnenwasser und Fernwasser aus dem Wasserwerk der MIDEWA (Köthen) im Verhältnis 1:2 hergestellt. Danach hatte das unbehandelte Wasser folgende Zusammensetzung: [Cl$^-$] = 40 mg/L, [Br$^-$] = 0,05 mg/L, [NO$_3^-$] = 14 mg/L, [SO$_4^{2-}$] = 195 mg/L, TOC = 2 mg/L.

Analysenverfahren

Analysensätze für die Photometrie (Chlorid 200, Chlor/Ozon 2 und andere) wurden von der Firma Macherey & Nagel erworben.

Einzelne Ionen wurden in der Regel mittels Ionenchromatographie quantitativ bestimmt. Zur Analyse von Anionen wurde dafür eine HPLC-Anlage des Typs Metrohm 761 Compact IC einschließlich Leitfähigkeitsdetektor mit chemischer Suppression und 831 Autosampler eingesetzt. Die chromatographische Trennung der Fluorid-, Chlorit-, Bromat-, Chlorid-, Nitrit-, Chlorat-, Bromid-, Nitrat-, Phosphat- und Sulfationen erfolgte mit Hilfe einer monolithischen Metrosep A Supp 5-250-Trennsäule mit angepasster Vorsäule A Supp 1 Guard von Metrohm. Das Injektionsvolumen betrug 1 mL. Die Nachweisgrenze für Bromat lag bei 1 µg/L, für die anderen Anionen bei ca. 10 µg/L.

Für die AOX-Analyse wurde ein AOX/TOX10-Gerät der Firma Mitsubishi mit Sample Preparator und Microcoulometer von ABIMED eingesetzt. Es wurde eine 4-Elektrodenmesszelle mit einer Kathode TX 2 ECT, einer Anode (Arbeitselektrode) TX2 EGE einer Sensorelektrode TX 2 EAQ und einer Referenzelektrode TX 2 ERE von Mitsubishi eingesetzt. Als Elektrolyt diente eine Na-Acetat-Lösung mit einer Konzentration von 1,35 g/L in Eisessig (850 mL/L). Es wurden von jedem Versuch zwei Proben (jeweils 0,5 L) genommen. Eine Probe wurde nach 0,5 h und die andere nach 24 h mit 0,1 N Na$_2$S$_2$O$_3$ gestoppt und mit 0,8 mL konz. HNO$_3$ angesäuert. Jede Probe

wurde dreimal vermessen. Der Messbereich lag zwischen 2 und 20 µg [Cl]/L.

Zur THM-Analyse wurde der Gas-Chromatograph (GC) Auto System XL von Perkin Elmer mit einem ECD Detektor sowie ein Headspace Sampler HS40 (HS) von Perkin Elmer eingesetzt. Die chromatographische Trennung erfolgte mittels einer DMS Säule von Perkin Elmer mit einer Länge von 50 m und einem Durchmesser von 0,32 mm sowie mit einer stationären flüssigen Phase. Zur Vorbereitung einer Standardreihe zur THM-Kalibrierung (0,1 µg/L, 0,5 µg/L, 1,0 µg/L, 5,0 µg/L, 10,0 µg/L und 15,0 µg/L) wurde als Standard Trihalogenmethan Cal Mix von Supelko verwendet. Dieser Standard bestand aus vier in Methanol gelösten Komponenten: Chloroform, Bromdichlormethan, Dibromchlormethan und Bromoform, jeweils mit einer Konzentration von 2 mg/mL.

Die THM-Proben (10 mL) wurden nach 0,5 (THM$_{0,5}$) und 24 h (THM$_{24}$) durch Zugabe von 0,1 N Natriumthiosulfat abgestoppt und danach vermessen. Der THM-Messbereich lag zwischen 0,1 und 15 µg [THM]/L.

5 Ergebnisse und Diskussion

5.1 Chlorbildungspotenzial

Verschiedene Elektrodenmaterialien besitzen verschiedene Chlorbildungsaktivitäten, d.h. bei gleichem Elektrodenpotenzial ist die Intensität der Chlorbildung unterschiedlich. An Polarisationskurven ist dies nicht sofort erkennbar, da die Chlorbildung und die Sauerstoffentwicklung (Hauptreaktion im Trinkwasserbereich) sich überlagern und gemeinsam die Gesamtstromdichte ausbilden. Oft führen spezielle Dotierungen (RuO$_2$) der Elektrodenschicht so genannter Mischoxidelektroden zur erhöhten Chlorbildung im Vergleich mit IrO$_2$-Elektroden, die speziell für die Sauerstoffentwicklung entwickelt wurden. Im konkreten Fall besaß die hier beschriebene Elektrode im Vergleich mit anderen getesteten Materialien ein eher geringeres Chlorbildungspotenzial. *Abbildung 3* zeigt die im diskontinuierlichen Versuch gemessene Konzentration freien Aktivchlors.

Die Kurven zeigen, dass bei einer Stromdichte von 50 A/m^2 nur eine geringfügige Chlorbildung (< 0,2 mg/L) stattfindet, die aber bei sehr geringer Kontamination auch keimabtötend wirken kann. Allerdings ist zu erkennen, dass die Aktivchlorkon-

Bergmann, Iourtchouk, Hartmann: Beitrag zur Bildung
halogenierter Nebenprodukte während der Inline-Elektrolyse
am Beispiel eines ausgewählten Elektrodenmaterials

173

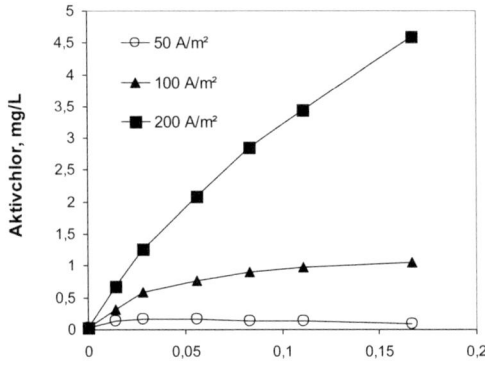

Abb. 3: Bildung von Aktivchlor im Köthener Leitungswasser (Zapfstelle Wasserhahn beim Verbraucher) bei verschiedenen Stromdichten, Durchflussrate 0,2 m³/h; V = 6 L, T = 20 °C

Bereits im unbehandelten Wasser finden sich Spuren von THM, deren Ursprung sich hier nicht aufklären lässt. Mit zunehmender Elektrolysezeit steigen beide THM-Parameter stetig an. Allerdings ist die Zunahme deutlich geringer als die Chlorzehrung bei kleinster Stromdichte in *Abbildung 3*. Dies lässt auf weitere Reaktionsprodukte schließen. Aus diesem Grund wurden auch AOX-Messungen in die weiteren Untersuchungen einbezogen, obwohl sie nach Trinkwasserverordnung kein Pflichtindikator sind.

In *Abbildung 5* ist die Verteilung der vier vermessenen THM_{24}-Werte entsprechend *Abbildung 1* dargestellt. Die Bromoformbildung ist äußerst gering; auch die restlichen bromhaltigen Verbindungen sind nicht dominant. Aufgrund von Folgereaktionen sinkt sogar ihre Konzentration mit zunehmender Zeit (Ladungsfluss) leicht ab. Die Werte liegen nur geringfügig über den $THM_{0,5}$-Werten, d. h. die bromhaltigen Nebenprodukte bilden sich relativ schnell.

zentration mit der Zeit abnimmt, was auf weitere Reaktionen des Chlors im µg/L-Bereich schließen lässt. Da Chlorat nicht gefunden wurde, sind Reaktionen mit organischen Komponenten wahrscheinlich.

5.2   THM-Bildung

Die vermutete Chlororganikabildung wird auch deutlich, wenn man in *Abbildung 4* die THM-Bildung verfolgt.

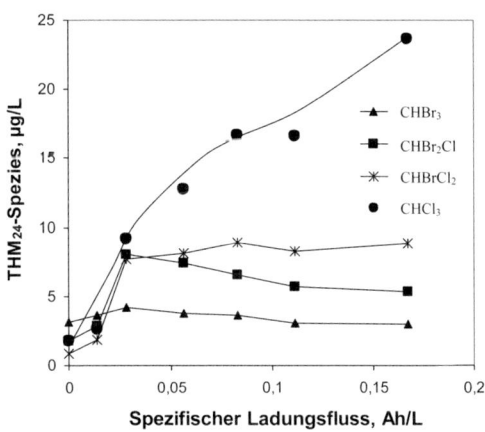

Abb. 5: THM_{24}-Verteilung nach der Elektrolyse entsprechend Abb. 4

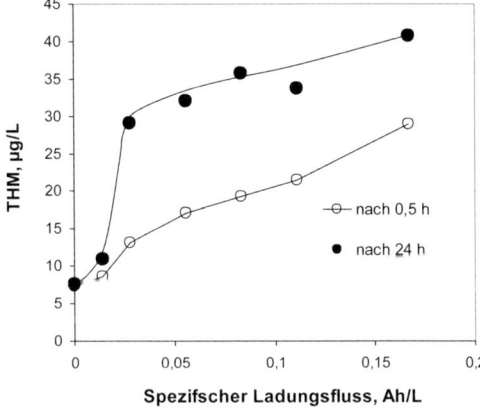

Abb. 4: THM-Bildung im Köthener Leitungswasser (Zapfstelle Wasserhahn beim Verbraucher) bei einer Stromdichte von 200 A/m², Durchflussrate 0,2 m³/h; V = 6 L, T = 20 °C

Selbst Spuren von Bromid führen rasch zu einer Brombildung an der Elektrode mit nachfolgenden Bromierungsreaktionen. Davon abweichend, setzt sich die Chloroformbildung fort; die Werte nach 24 h sind ca. zweimal größer als nach 0,5 h (nicht gezeigt). Die Ursache für den Verlauf der Chloroformkonzentration ist eine langsamere Kinetik trotz relativ hoher und stetig steigender Aktivchlorkonzentration. Dieses Verhalten ist auch aus der konventionellen Chlorung bekannt. Die gemessenen Konzen-

174

Bergmann, lourtchouk, Hartmann: Beitrag zur Bildung
halogenierter Nebenprodukte während der Inline-Elektrolyse
am Beispiel eines ausgewählten Elektrodenmaterials

Tab. 2: Vergleich der THM- und Chlorbildung am Ende des diskontinuierlichen Experiments (0,167 Ah/L) bei i = 200 A/m², 0,2 m³/h, Wasserwerkswasser, Raumtemperatur

Chloridkonzentration	36 mg/L	117 mg/L	250 mg/L
Freies Aktivchlor, mg/L	1,83	4,12	5,6
THM_{24}, µg/L	49,1	69,7	72,4
Verhältnis THM:Aktivchlor · 1000	26,8	16,9	12,9
THM_{24} nach Verdünnung auf 1,2 mg $[Cl_2]$/L, µg/L	32,2	20,3	15,5

trationen liegen deutlich unterhalb der Richtgrenzwerte der WHO.

Das bedeutet, dass auch die bei höherem Ladungsfluss gemessenen Summenwerte noch unter dem Grenzwert von 50 µg/L liegen. Allerdings beträgt die Chloridkonzentration auch nur rund 40 mg/L. Daher wurde das Wasser in weiteren Versuchen mit NaCl bis zur Maximalkonzentration lt. Trinkwasserverordnung von 250 mg/L aufgestockt. *Tabelle 2* enthält die THM_{24}-Werte für drei verschiedene Chloridkonzentrationen. Als Ausgangswassermatrix wurde Trinkwasser am Standort Wasserwerk entnommen und weiter verwendet. Da im Wasserwerk verschiedene Wässer gemischt bzw. behandelt werden, kann sich die Zusammensetzung von der am Verbraucherstandort unterscheiden.

Man sieht, dass die erlaubten Grenzwerte überschritten werden. Allerdings bildet das Experiment die Realität nur bedingt nach. Im Falle eines Verfahrens in Übereinstimmung mit konventionellen Regeln wäre für die Dosierung in ein Trinkwassersystem nur eine Aktivchlorkonzentration von 1,2 mg/L zulässig (bei nicht übermäßig verkeimtem Wasser, für das maximal 6 mg/L möglich wären). Andererseits muss eine Restkonzentration von 0,1 mg [Aktivchlor]/L gewährleistet werden, was bedeutet, dass man in erster Näherung die $THM_{0,5}$-Werte der Konzentration von 1,2 mg/L zuordnen könnte sowie die THM_{24}-Werte der Konzentration von 0,1 mg/L. Das ergäbe für die mit 1000 multiplizierten THM-zu-Chlor-Verhältnisse maximale Werte von 41,7 und 500 entsprechend. Der Wert von 500 wird in *Tabelle 2* bei Weitem nicht erreicht. Wäre das System nach *Tabelle 2* eine Ansatzlösung, die auf 1,2 mg/L bezüglich des Aktivchlors verdünnt werden würde (letzte Zeile), wird der Grenzwert bei keiner Chloridkonzentration erreicht. Allerdings bliebe zunächst

ungeklärt, welche exakten THM-Mengen sich bei anschließender Desinfektion bilden würden.

Die ersten Untersuchungen bezüglich der THM-Bildung bei einer Wasserelektrolyse wurden übrigens schon in den 80er Jahren des 20. Jahrhunderts [52] durchgeführt. Die Autoren fanden unter Verwendung eines nicht offen gelegten Elektrodenmaterials und verschiedener synthetischer und natürlicher bromidarmer Wässer eine bevorzugte Trichlormethanbildung, ähnlich wie bei der chemischen Chlorung. In bromidreicherem Wasser war gleichfalls Tribrommethan die dominierende THM-Verbindung. Die Veränderung des pH-Wertes wirkte sich teilweise gegensätzlich auf verschiedene THM-Spezies aus. Unsere Messungen bestätigten dieses Verhalten in der Elektrolyse mit einem anderen Mischoxidmaterial.

5.3 Die Bildung von AOX

Im Grundwasser existieren AOX-Konzentrationen bis 100 µg/L [51]. AOX ist im Trinkwasser kein überwachungspflichtiger Parameter. Es werden jedoch einzelne Substanzen, die auch den AOX zuzuordnen sind, in ihrer Maximalkonzentration begrenzt (Trichlorethen + Tetrachlorethen). Im Abwasserbereich findet man AOX-Grenzwerte von 0,5 mg/L. Vor ca. 20 Jahren fanden auch im Bereich der Oberflächentechnik umfangreiche Untersuchungen zum AOX-Gehalt in Abwässern statt.

Da bei der Trinkwasserdesinfektion die THM nur eine Gruppe von Nebenprodukten darstellen, war für die hier beschriebenen Messungen zu erwarten, dass auch AOX-Untersuchungen positiv ausfallen. *Abbildung 6* bestätigt diese Erwartung. Die größte Elektrolysezeit (größter Ladungsfluss) entspricht einer gemessenen Konzentration von 1,83 mg [Aktivchlor]/L.

Bergmann, Iourtchouk, Hartmann: Beitrag zur Bildung
halogenierter Nebenprodukte während der Inline-Elektrolyse
am Beispiel eines ausgewählten Elektrodenmaterials

175

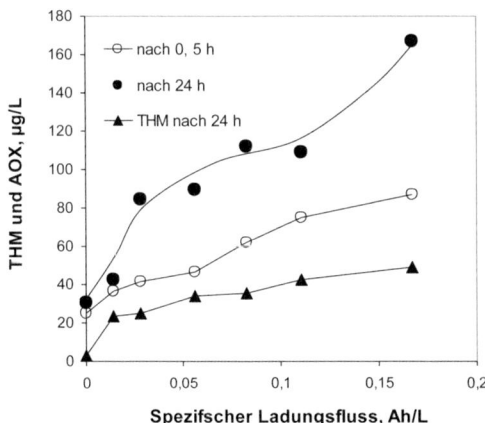

Abb. 6: Bildung von AOX und THM bei der diskontinuierlichen Elektrolyse von unbehandeltem Wasserwerkswasser (Durchflussrate von 0,2 m³/h; V = 6 L, T = 20 °C, i = 200 A/m²)

Die AOX-Werte liegen deutlich über den THM-Werten, die nach 24 Stunden etwa zweifach höher als nach 0,5 Stunden sind. In [13] wird ein Faktor zwischen 3 und 10 bei der Chlorung von Huminstoffen berichtet. Die gemessenen AOX-Konzentrationen müssen nicht bedrohlich sein; es stellt sich aber die Frage nach der Zusammensetzung. Beispielsweise gehört auch das 1,2-Dichlorethan zu den AOX-Verbindungen. Es ist mit nur 3 µg/L im Trinkwasser begrenzt. Halogenhaltige Pestizide, halogenierte Diphenyle und Chlorethene (Tab. 1) können AOX-Charakter besitzen. Hier sind weitere Untersuchungen notwendig.

5.4 Bildung bromhaltiger Nebenprodukte

5.4.1 Bildung bromhaltiger THM

Bereits Abbildung 5 hatte deutlich gemacht, dass bromhaltige THM entstehen können. Unter ihnen dominierte das Bromoform, dessen Bildung sich lange fortsetzte. Diese THM-Bildung war umso mehr bemerkenswert, als die Bromidkonzentration nur 0,04 mg/L betragen hatte. Bromid adsorbiert gut und kann Elektrodenpotenziale reduzieren. Gleichzeitig wird es dabei extrem leicht zum Brom oxidiert mit der weiteren Bildung von Hypobromiger Säure. In der konventionellen Chlorung stellt Bromid kein signifikantes Problem dar. Nur in dem Fall, dass Aktivchlor und Aktivbrom bzw. Bromid nebeneinander vorliegen ist die Möglichkeit gegeben,

dass die Aktivchlorkonzentration reduziert wird. Typischerweise tritt das nicht im Trinkwasserbereich auf. Für die Anwendung von Oxidationsverfahren gilt dies nicht mehr. Zusätzlich ist das entstehende Brom in der Lage, mit organischen Komponenten zu reagieren. Die Ergebnisse nach Abbildung 5 deuten an, dass im Falle einer Elektrolyse schon bei extrem kleinen Bromidkonzentrationen die THM-Grenzwerte erreicht und überschritten werden könnten. Die deutsche Trinkwasserverordnung reglementiert nur die Bromatkonzentration bei 10 µg/L. Hintergrund ist die mögliche Bildung des kanzerogenen Bromats aus Bromid bei der Wasserozonung. In küstennahen Grundwässern kann aber die Bromidkonzentration mehrere Milligramm pro Liter betragen. Für die inzwischen behördlich zugelassene Membranzellenelektrolyse zur Herstellung von Aktivchlorlösungen versucht man das Problem auch durch die vorgeschriebene Salzkonzentration zu lösen. Somit scheint die Bromatkonzentration nur ein kritischer Elektrolyseparameter zu sein, wenn erhöhte Bromidkonzentrationen vorliegen.

Abbildung 7 resultiert aus Versuchen mit Leitungswasser, in dem mittels NaBr die Bromidkonzentration bis auf 10 mg/L aufgestockt wurde. Die THM-Bildung folgt der Bromidkonzentration und stabilisiert sich auf konstantem Niveau, während in den Messwerten nach 0,5 h noch ein stetiger Anstieg mit dem Ladungsfluss erfolgt (nicht gezeigt). Die

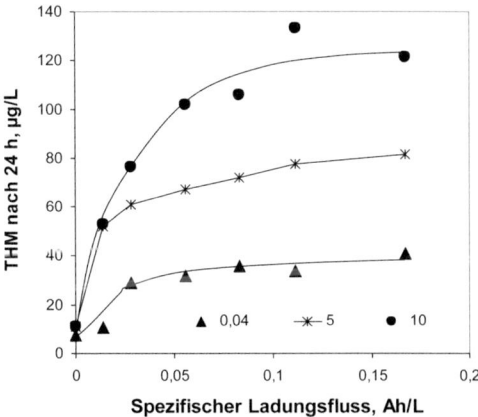

Abb. 7: THM$_{24}$-Werte in der diskontinuierlichen Elektrolyse von Trinkwasser (Durchflussrate von 0,2 m³/h; V = 6 L, T = 20 °C, i = 200 A/m²) mit Aufstockung von Bromid (Konzentrationsangaben in der Legende in mg [Br⁻]/L)

176

Bergmann, Iourtchouk, Hartmann: Beitrag zur Bildung
halogenierter Nebenprodukte während der Inline-Elektrolyse
am Beispiel eines ausgewählten Elektrodenmaterials

hohen THM-Werte wären nicht tolerabel, könnten sich aber durch Verdünnung reduzieren lassen, ohne dass zunächst weitere Reaktionen des Aktivchlors betrachtet werden. Unter den THM-Komponenten ist bei den erhöhten Bromidkonzentrationen das Bromoform am meisten vertreten, wie *Abbildung 8* beweist. Hohe Brom- und Bromoformbildungsraten sind dafür verantwortlich. Vergleicht man die THM-Werte, mit denen bei deutlich höherer Chloridkonzentration in *Tabelle 2,* ist erkennbar, dass brombasierte THM-Spezies sich deutlich schneller bilden als chlorbasierte und signifikant zum Gesamt-THM-Wert beitragen. Über die Konkurrenz zwischen Brom und Chlor bzw. zwischen Brom und Organika kann noch keine Aussage getroffen werden. Die erste Reaktion dürfte aber kinetisch begünstigt sein, was die Bromatbildung unterstützen kann. Bromat kann sich auch in einem elektrochemischen Reaktionsmechanismus bilden.

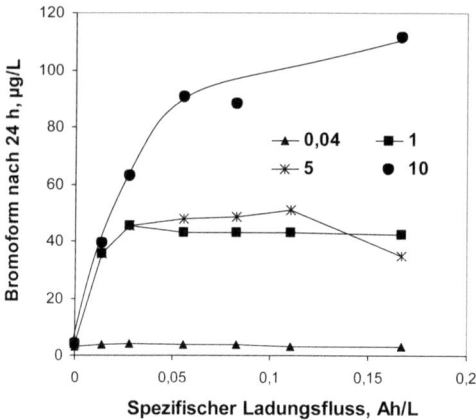

Abb. 8: Bromoform-Werte nach 24 h in der diskontinuierlichen Elektrolyse von Trinkwasser (Durchflussrate von 0,2 m^3/h; V = 6 L, T = 20 °C, i = 200 A/m^2) mit Aufstockung von Bromid (Konzentrationsangaben in der Legende in mg [Br$^-$]/L)

5.4.2 Bildung von Bromat

Unter anodischen Reaktionsbedingungen ist die elektrochemische Bildung von Bromat an vielen Elektrodenmaterialien wahrscheinlich *(Gl. <12>, <13>, <19>, <20>).*

$$HBrO \rightleftharpoons H^+ + BrO^- \qquad <19>$$

$$6\,BrO^- + 3\,H_2O \rightarrow 2\,BrO_3^- + 6\,H^+ +$$
$$4\,Br^- + 1{,}5\,O_2 + 6\,e^- \qquad <20>$$

Im Trinkwasserbereich dürften daher relativ leicht Bromatkonzentrationen oberhalb des Grenzwerts von 10 µg/L erreichbar sein.

In den Versuchen mit Trinkwasser (0,04 mg [Br$^-$]/L) bzw. mit auf 1 mg [Br$^-$]/L aufgestocktem Trinkwasser wurde im untersuchten Stromdichtebereich allerdings kein Bromat gefunden. Bei höheren Bromidgehalten konnte deutlich Bromat nachgewiesen werden. Die Bromatbildung war der Bromidkonzentration, der Stromdichte und dem spezifischen Ladungsfluss proportional. *Tabelle 3* enthält Messwerte für Trinkwasser mit einer Bromidkonzentration von 5 mg/L.

Man kann erkennen, dass über eine Kontrolle der Einflussparameter die Bromatkonzentration zu steuern ist, um die Grenzwerte nicht zu überschreiten. Entsprechende Voruntersuchungen sind jedoch aus Sicherheitsgründen für jede potenzielle Anwendung unbedingt erforderlich, auch wenn für die übergroße Mehrheit der Wasserzusammensetzungen die Problematik eher nicht relevant ist.

6   Schlussfolgerungen

• Die Bildung von halogenorganischen Nebenprodukten liegt bei der Inline-Elektrolyse von Trinkwasser unter Raumtemperaturbedingungen und Stromdichten bis 200 A/m^2 (Beispiel des untersuchten Materials) bzw. bei Ladungsflüssen bis 0,167 Ah/L in derselben Größenordnung wie bei konventionellen Desinfektionsverfahren unter Anwendung von Chlorspezies als Desinfektionsmittel.

• Wie auch bei der klassischen Chlorung werden die vier typischen THM-Vertreter gefunden. Dominierend ist das Chloroform in bromidarmen Wässern unterhalb 1 mg [Br$^-$]/L bzw. Bromoform, wenn Brom in der Elektrolyse gebildet wird.

• AOX werden in deutlich höherer Konzentration als die THM gemessen. Dieses Verhalten ist auch aus der Schwimmbadwasserbehandlung bekannt, ohne dass die Stoffe derzeit genauer spezifiziert sind.

• Bromid im Trinkwasser kann leicht anodisch oxidiert werden. Die Bildung von bromhaltigen THM ist die Folge. Daher müssen vor eventuellen Anwendungen die TOC- und Bromidkonzentrationen

Bergmann, Iourtchouk, Hartmann: Beitrag zur Bildung
halogenierter Nebenprodukte während der Inline-Elektrolyse
am Beispiel eines ausgewählten Elektrodenmaterials

177

Tab. 3: Bromatkonzentrationen in Abhängigkeit vom spezifischen Ladungsfluss in der diskontinuierlichen Elektrolyse von Trinkwasser (Durchflussrate von 0,2 m³/h; V = 6 L, T = 20 °C, i = 200 A/m²) mit Aufstockung von Bromid auf 5 mg/L

Spezifischer Ladungsfluss Ah/L	200 A/m² BrO_3^- mg/L	100 A/m² BrO_3^- mg/L	50 A/m² BrO_3^- mg/L
0	0,001	0,001	0,001
0,014	0,010	0,010	0,0011
0,028	0,010	0,020	0,006
0,056	0,020	0,020	0,011
0,083	0,08	0,02	0,013
0,111	0,12	0,02	0,015
0,167	0,14	0,04	0,019

bekannt sein. Bromidkonzentrationen über 1 mg/L sind zu vermeiden.

- Eine weitere Möglichkeit der Vermeidung von THM in bzw. nach der Elektrolyse ist die Anwendung relativ kleiner Stromdichten und spezifischer Ladungsflüsse bei gleichzeitiger Gewährleistung geforderter Mindest- und Höchstmengen an Aktivchlor

- Das Chloratbildungspotenzial muss am gewählten Elektrodenmaterial als gering eingeschätzt werden. (Generell muss aber aufgrund verschiedener Bildungsmechanismen die Chloratbildungsgefahr an jedem Elektrodenmaterial geklärt werden). In der technischen Zelle wurden die empfohlenen Grenzwerte bei vorgegebenen Betriebsparametern (58 A/m², 0,002 Ah/L) nicht erreicht.

- Zur Testung und Zulassung von Elektrolyseanlagen sollten standardisierte Testverfahren unter Verwendung von Modellwässern angewandt werden.

Danksagungen

Die Autoren möchten dem DVGW und der Bundesstiftung Umwelt für die Projektunterstützung danken (FKZ:W10/02/08-B und 25386-23), weiterhin dem UBA für die Zusammenarbeit sowie den Firmen Ecotron, Hydrosys und Newtec, Frau D. Gerngroß und Frau C. Hummel (HS Anhalt) bzw. Dr. W. Schmidt, M. Fischer und G. Nüske (TZW Dresden).

Literatur

[1] Krasner, S.W.; Pastor, S.; Chinn, R.; Sclimenti, M.J.; Weinberg, H.S.; Richardson, S.D.; Thruston, A.D.(jr): The occurrence of a new generation of DBPs (Beyond the ICR), Proccedings – Water Quality Technology Conference, La Verne, Ca., 2001

[2] Richardson, S.D.; Plewa, M.J.; Wagner, E.D.; Schoeny, R.; DeMarini, D.M.: Occurrence, genotoxicity, and carcinogenity of regulated and emerging disinfection by products In drinking water: A review and roadmap for research, Mutation Research 636(2007), p.178–242

[3] Höring, H.: http://www.helmholtz-muenchen.de/fileadmin/FLUGS/PDF/Veranstaltungen/79_90.pdf,19.6.14

[4] WHO Seminar Pack for Drinking Water Quality: Disinfectants and disinfection by-products

[5] Bergmann, H.; Koparal, A.S.: Zur Technik der Durchflussdesinfektion von Trink- und Brauchwasser, Teil 1, Galvanotechnik, 95(2004)10, S. 2532–2538 und Teil 2, 95(2004)12, S. 3037–3043

[6] Bergmann, H.; Kodym, R.; Rollin, J.; Bouzek, K.; Koparal, A.S.: Zur Technik der elektrochemischen Durchflusselektrolyse für die Herstellung von Wässern mit desinfizierenden Eigenschaften, Jahrbuch Oberflächentechnik 2007, Bd. 63, S. 315–330, Eugen G. Leuze Verlag KG, Bad Saulgau

[7] Bergmann, H.: Neue Ergebnisse zur Anwendung von Diamantelektroden für die Wasserhygienisierung, Jahrbuch Oberflächentechnik 2009, Bd. 65, S. 317–329, Eugen G. Leuze Verlag KG, Bad Saulgau

[8] Bergmann, H.; Iourtchouk, T.: Zur Bildung einiger Halogenate und Perhalogenate an bordotierten Diamantelektroden – Stand des Wissens und Relevanz für den Umweltschutz, Jahrbuch Oberflächentechnik 2010, Bd. 66, S. 282–291, Eugen G. Leuze Verlag KG, Bad Saulgau

[9] Bergmann, H.; Iourtchouk, T.: Die Bildung von Perchlorat in Wässern unter Verwendung einer rotierenden BDD-Anode bei kleiner Stromdichte im turbulenten Regime; Jahrbuch Oberflächentechnik 2012, Bd. 68, S. 249–256, Eugen G. Leuze Verlag KG, Bad Saulgau

[10] Hübenbecker, P.: Untersuchung zur Entstehung von Desinfektionsnebenprodukten bei der Aufbereitung von Trinkwasser an Bord schwimmender Marineeinheiten unter Anwendungsbedingungen, Dissertation, Rheinische Friedrich-Wilhelm-Universität, Bonn 2010

178

Bergmann, Iourtchouk, Hartmann: Beitrag zur Bildung
halogenierter Nebenprodukte während der Inline-Elektrolyse
am Beispiel eines ausgewählten Elektrodenmaterials

[11] Gómez-López, V.M.; Marín, A.; Medina-Martínez, M.S.; Gil, M.I.; Allende, A.: Generation of trihalomethanes with chlorine-based sanitizers and impact on microbial, nutritional and sensory quality of baby spinach, Postharvest Biology and Technology 85(2013), p. 210–217

[12] Chambon, P.; Taveau, M.; Morin, M., Chambon, R.; Vial, J.: Survey of trihalomethane levels in Rhône-Alps water supplies. Estimates on the formation of chloroform in wastewater treatment plants and swimming pools, Water Research 17(1983), p. 65–69

[13] Glauner, T.: Aufbereitung von Schwimmbeckenwasser – Bildung und Nachweis von Desinfektionsnebenprodukten und ihre Minimierung mit Membran- und Oxidationsverfahren, Dissertation, Universität Karlsruhe, Karlsruhe 2007

[14] Chrobok, K.: Desinfektionsverfahren in der Schwimmbeckenwasseraufbereitung unter besonderer Berücksichtigung des Elektrochemischen-Aktivierungs-Verfahrens zwecks Verbesserung der Beckenwasserqualität, Dissertation, Universität Bremen, Bremen 2003

[15] Weisel, C.P.; Shepard, T.A.: Chloroform exposure and the body burden associated with swimming in chlorinated pools, in: Wang, R.G.M. (Ed.): Water contamination and health: integration of exposure assessment, toxicology, and risk assessment, Environmental Science Pollution Control Series 9, Marcel Dekker, New York 1994, p. 135–148

[16] Lourencetti, C.; Grimalt, J.O.; Marco, E.; Fernandez, P.; Font-Ribera, L.; Villanueva, C.M; Kogevinas, M.: Trihalomethanes in chlorine and bromine disinfected swimming pools: Air-water distributions and human exposure, Environmental International 45(2012), p. 59–67

[17] Schmalz, V.; Dittmar, T.; Haaken, D. E. Worch: Electrochemical disinfection of biologically treated wastewater from small treatment systems by using boron-doped diamond (BDD) electrodes – Contribution for direct reuse of domestic wastewater, Water Research 43(2009) p. 5260–5266

[18] Echardt, J.; Kornmüller, A.: The advanced EctoSys electrolysis as an integral part of a ballast water treatment system, Water Science and Technology 60(2009), p. 2227–2234

[19] Trihalomethanes: Health Information Summary, Environmental Fact Sheets, ARD-EHP-13, New Hampshire Department of Environmental Sciences, 2006

[20] Weisel, C.P.; Jo, W.K.: Ingestion, inhalation, and dermal exposures to chloroform and trichloroethene from tap water, Environmental Health Perspectives 104(1996), p. 48–51

[21] Whitaker, H.J.; Nieuwenhuijsen, M.J.; Best, N.G.: The relationship between water concentrations and individual uptake of chloroform: a simulation study, Environmental Health Perspectives 111(2003), p. 688–694

[22] Xu, X.; Weisel, C.P.: Human respiratory uptake of chloroform and haloketones during showering, Journal of Exposure Analysis and Environmental Epidemiology 15(2005), p. 6–16

[23] Wang, W.; Ye, B.; Yang, L.; Li, Y.; Wang, Y.: Risk assessment on disinfection by-products of drinking water of different water sources and disinfection processes, Environmental International 33(2007), p. 219–225 and Corrigendum, p. 716–717

[24] Paustenbach, D.J.: Human and Ecological Risk Assessment, Wiley, New York 2002

[25] Morris, J.C.: Formation of halogenated organics by chlorination of water supplies. A review; NTIS PB-241511, Office of Research and Development, U.S.EPA, Washington 1975

[26] Arguello, M.D.; Chriswell, C. D.; Fritz, J.S.; Kissinger, L.D.; Lee, K.W.; Richard, J.J.; Svec, H.: Trihalomethanes in water: Report on the occurrence, seasonal variation in concentration and precursors of THM, Journal of the American Water Works Association 71(1979), p. 504–508

[27] Collivignarelli, C.; Sorlini, S.: Trihalomethane, chlorite and bromate formation in drinking water oxidation of Italian surface waters, Journal of Water Supply: Research and Technology-Aqua 53(2004), p.159–168

[28] Malliarou, E.; Collins, C.; Graham, N.; Nieuwenhuijsen, M.J.: Haloacetic acids in drinking water in the United Kingdom, Water Research 39(2005), p. 2722–2730

[29] Duong, H.A.; Berg, M.; Hoang, M.H.; Pham, H.V.; Gallard, H.; Giger, W.; von Gunten, U.: Trihalomethane formation by chlorination of ammonium- and bromide-containing groundwater in water supplies of Hanoi, Vietnam, Water Research 37(2003), p. 3242–3252

[30] Goslan, E.H.; Krasner, S. W.; Bower, M.; Rocks, S.A.; Holmes, P.; Levy, L.S.; Parsons, S.A.: A comparison of disinfection by-products found in chlorinated and chloraminated drinking waters in Scotland, Water Research 43(2009), p. 4698–4706

[31] Kohei, V.; Hiroshi, W.; Takao, T.: Empirical rate equation for THM formation with chlorination of humic substances in water, Water Research 17(1983), p. 1797–1802

[32] Morris, J.C.; Baum, B.: Precursors and mechanisms of haloform formation in the chlorination of water supplies, in: Jolley, R. et al. (Eds.): Water chlorination: Environmental impact and health effects, Ann Arbor Science, Ann Arbor, Mich., 1977

[33] Peters, C.J.; Young, R.J.; Perry, R.: Factors influencing the formation of haloforms in the chlorination of humic materials, Environmental Science and Technology 14(1980), p. 1391–1395

[34] Nokes, C.J.; Fenton, E.; Randall, C.J.: Modelling the formation of brominated trihalomethanes in chlorinated drinking waters, Water Research 33(1999), p. 3557–3568

[35] Adin, A.; Katzhendler, J.; Alkasslassy, R.-A.: Trihalomethane formation in chlorinated drinking water: A kinetic model. Water Research 25(1991), p. 797–805

[36] Gallard, H.; von Gunten, U.: Chlorination of natural organic matter: kinetics of chlorination and of THM formation, Water Research 36(2002), p. 65–74

[37] Gallard, H.; von Gunten, U.: Chlorination of phenols: kinetics and formation of chloroform, Environmental Science and Technology 36(2002), p. 884–890

[38] Bocelli, D.L.; Tryby, M.E.; Uber, J.G.; Summers, R.S.: A reactive species model for chlorine decay and THM formation under rechlorination conditions, Water Research 37(2003), p. 2654–2666

[39] Gallard, H.; Pellizzari, F.; Croué, J.-P.; Legube, B.: Rate constants of reactions of bromine with phenols in aqueous solution, Water Research 37(2003), p. 2883–2892

[40] Gallard, H.; Leclercq, A.; Croué, J.-P.: Chlorination of bisphenol A: kinetics and by-products formation, Chemosphere, 56(2004), p. 465–473

[41] Özbelge, T.A.: A study for chloroform formation in chlorination of resorcinol, Turkish Journal of Engineering Environmental Science 25(2001), p. 289–298

[42] Bryant, E.A.; Fulton, G.P.; Budd, G.C.: Disinfection Alternatives for Save Drinking Water, Van Nostrand Reinhold, New York, 1992

[43] Gopal, K.; Tripaty, S.S.; Bersillon, J.L.; Dubey, S.P.: Chlorination by products, their toxicodynamics and removal from drinking water, Journal of Hazardous Materials 140(2007), p. 1–6

[44] Hansen, K.M.S.; Willach, S.; Antoniou, M.G.; Mosboek, H.; Albrechtsen, H.-J.; Andersen, H.R.: Effect on the formation of disinfection byproducts in swimming pool water – Is less THM better?, Water Research 46(2012), p. 6399–6409

[45] Bagastyo, A.Y.; Batstone, D.J.; Kristiana, I.; Gernjak, W.; Joll, C.; Radjenovic, J.: Electrochemical oxidation of reverse osmosis concentrate on boron-doped diamond anodes at circumneutral and acidic pH, Water Research 46(2012), p. 6104–6112

[46] Muff, J.: Applications of electrochemical oxidation for degradation of aqueous organic pollutants, Dissertation, Aalborg University, Denmark, Aalborg, 2010

[47] Bergmann, M.E.H.; Iourtchouk, T.; Schmidt, W.; Nüske, G.; Fischer, M.: Perchlorate formation in electrochemical water disinfection, in: Perchlorates – Production, Uses and Health Effects, Nova Science Publishers Inc., New York, 2011

Bergmann, Iourtchouk, Hartmann: Beitrag zur Bildung
halogenierter Nebenprodukte während der Inline-Elektrolyse
am Beispiel eines ausgewählten Elektrodenmaterials

179

[48] Bergmann, M.E.H.; Iourtchouk, T.; Rollin, J.: The occurrence of bromate and perbromate on BDD anodes during electrolysis of aqueous systems containing bromide – first systematic studies, Journal of Applied Electrochemistry, 41(2011), p. 1109–1123

[49] Bergmann, M.E.H.; Koparal, A.S.; Iourtchouk, T.: Electrochemical Advanced Oxidation: The problem of halogenate and perhalogenate formation – new criterions for environmentally-friendly processes, Critical Reviews in Environmental Science and Technology, 44(2014), p. 348–390

[50] Pinkernell, U.; von Gunten, U.: Bromate minimization during ozonation: Mechanistic considerations, Environmental Science and Technology 35(2001), p. 2525–2531

[51] Fokuhl, I.: Halogenorganische Verbindungen in Umweltkompartimenten: Untersuchungen über Zusammensetzung, Herkunft und Verbleib des AOX in Umweltwasserproben, Dissertationsschrift, Universität Oldenburg, Oldenburg, 1999

[52] Eichelsdörfer, D.; Schöberl, M.: Forschungsbericht 02 WT 87083 Fraunhofer Gesellschaft, München, 1989

6 Qualitätssicherung, Prozessmanagement

Automatisierte Schichtdickenmessung mittels digitaler Bildverarbeitung

Von Tina Hiebert und Ulrich Sonntag .... Lesen Sie ab Seite 183
Gesellschaft zur Förderung angewandter Informatik e.V.,
GFaI e.V., Volmerstr. 3, D-12489 Berlin, www.gfai.de

Häufige Ursachen einer fehlerhaften Hartchromabscheidung

Von Klaus Szameitat .... Lesen Sie ab Seite 192
GALVACON Industrieberatungen, Lucas-Cranach-Str. 7, D-70771 Leinfelden-Echterdingen,
info@galvacon.de

Automatisierte Schichtdickenmessung mittels digitaler Bildverarbeitung

Von Tina Hiebert und Ulrich Sonntag, GFaI e.V., Berlin

Zum Nachweis der Güte und Funktionalität von Oberflächenbeschichtungen wird der Ruf nach objektiven Analyseverfahren immer lauter. Eine statistische Qualitätssicherung wird daher immer mehr zur Pflicht. Betrachtet man allerdings die nach gängigen Normen z.T. noch sehr rückständigen Auswertemethoden, so schlummert hier gewaltiges Verbesserungspotenzial.

Dies gilt insbesondere für den Bereich der zerstörenden Werkstoffprüfung. Im Folgenden werden sowohl für die Detektion ein- und mehrlagiger Schichten am Quer- als auch am Kalottenschliff Möglichkeiten zur Automatisierung der Messabläufe aufgezeigt. Die Vorteile liegen auf der Hand: Man erreicht sowohl eine Objektivierung und bessere Reproduzierbarkeit der Messung als auch eine Verfeinerung der Berechnungsmethoden und damit exaktere Messergebnisse. In den meisten Fällen geht dies auch mit einer Reduzierung der Auswertezeit einher.

In the field of quality and functionality assurance for surface coatings the demand for objective analysis methods increases and a statistic quality assurance is becoming more and more an obligation. Still, if common, partly backward standards are considered, there is obvious room for improvement.

This is particularly true concerning destructive materials testing. Therefor a possible automation of measurement procedures on cross-sections and calotte-grindings is presented, considering single-layered and multi-layered coatings. The benefits are obvious: objectification and increased reproducibility of measurements are achieved and the refinement of the calculation methods provides more precise results. In most cases the evaluation time is also reduced.

Einleitung

So umfangreich und vielfältig galvanische und andere Beschichtungsverfahren in der Praxis angewendet werden, so unterscheiden sich auch die dafür geeigneten Analysemethoden. Egal, ob ein Veredeln mit funktionell geeigneten Schichten zur langfristigen Erhaltung der Bauteileigenschaften, eine Verbesserung der Leitfähigkeit elektrischer Kontakte oder auch einfach nur der dekorative Aspekt im Vordergrund stehen, für jede spezifische Aufgabe sollte es auch einen passenden Lösungsansatz geben.

Bekanntermaßen teilen sich die Analysemethoden in zerstörende und zerstörungsfreie Werkstoffprüfungen auf, was in der Norm EN ISO 3882:2003 „Metallische und andere anorganische Überzüge – Übersicht über Verfahren zur Schichtdickenmessung" [1] umfassend dargestellt wird. Als zerstörungsfreie Verfahren wären insbesondere zu nennen: Ultraschall-, Röntgenfluoreszenz-, magnetinduktives und Wirbelstromverfahren. Diese sollen aber nicht im Mittelpunkt der nachfolgenden Betrachtungen stehen.

Zerstörende Methoden für eine Schichtdickenmessung erfordern neben gravimetrischen und coulometrischen Verfahren meist eine Schliff- bzw. Schnittfläche durch die interessierenden Schichten, woraus eine Detektion der Materialübergänge und eine Dickenmessung ermöglicht werden. Der Nachteil dieser Methode liegt, wie der Name schon aussagt, darin, dass das zu untersuchende Material zerstört werden muss. Andererseits ist dies oftmals die einzige Möglichkeit, lokal begrenzte, exakte Messwerte zu generieren, wie dies z.B. bei Reklamationen und Schadensfallanalysen erforderlich ist. Darüber hinaus werden auch, den Fertigungsprozess begleitend, regelmäßig Stichproben genommen und aufbereitet, um Toleranzabweichungen und kontinuierliche Veränderungen feststellen zu können.

Das für eine mikroskopische (optische) Untersuchung geeignete Verfahren wird in der Norm DIN EN

ISO 1463 „Metall und Oxidschichten – Schichtdickenmessung – Mikroskopisches Verfahren" [2] erläutert. Dieses beschreibt allerdings eine rein optische, durch visuelle Begutachtung auszuführende Messmethode. In *Anhang A.5: Messung* ist dazu ausgeführt: „Das Messmittel kann ein Messschraubenokular oder ein Okular mit einer Strichteilung sein".

Betrachtet man den aktuellen Stand der Technik und die gegenwärtige Ausrüstung der Labore, kann festgestellt werden, dass eine Schichtdickenbestimmung meist schon mit einer Messsoftware durchgeführt wird, indem man am digitalisierten und kalibrierten Bildausschnitt mittels Maus diskrete Linien setzt. Auch hierzu findet sich ein Verweis in der Norm, Abschnitt 7: „Die Breite der Schicht auf der Querschnittfläche ist an mindestens fünf gleichmäßig über die abgebildete Länge verteilten Stellen zu messen" *(Abb. 1).*

Hier beginnen aber die Probleme. Um eine kontinuierliche Messung zu ermöglichen, reicht es nicht aus, an nur wenigen Stellen Messlinien zu setzen und daraus statistische Kenngrößen zu generieren. Oftmals spielen hierbei auch subjektive Aspekte eine Rolle, indem man Linien nach eigenem Ermessen festlegt und so das Ergebnis entsprechend beeinflusst werden kann. Unter diesem Aspekt sollen im Folgenden die Möglichkeiten einer weitgehend automatisiert ablaufenden und somit objektiven Schichtdickenbestimmung mittels digitaler Bildverarbeitung beschrieben und entsprechende Schlussfolgerungen daraus abgeleitet werden.

Untersuchungsmöglichkeiten am Querschliff

Das abgebildete Beispiel verdeutlicht die Schwachstellen des Auswerteverfahrens nach Norm DIN EN ISO 1463 [2]. In der Regel werden nämlich mit dieser Methode nicht das wirkliche Minimum und Maximum der abgebildeten Schicht erfasst. Andererseits sollte es mittels Bildverarbeitung möglich sein, an jeder Stelle der Schicht die zugehörige Dicke zu

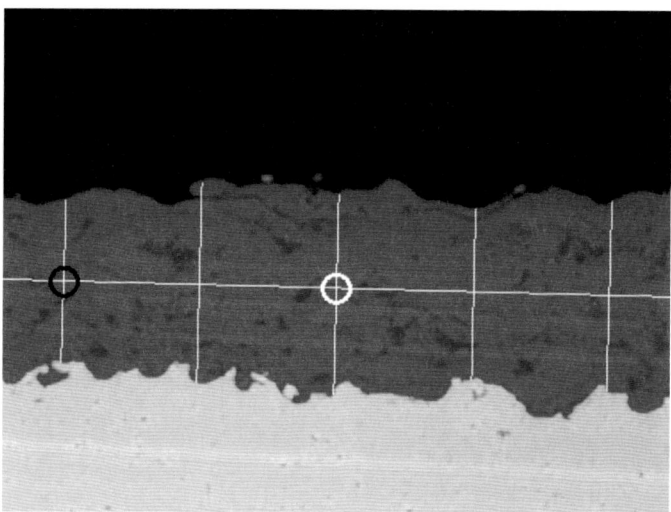

Abb. 1: Beispielschicht mit fünf gleichmäßig über das Messfeld verteilten Messstellen. Das Minimum ist durch einen schwarzen Kreis gekennzeichnet, das Maximum durch einen weißen

Schichtdaten [µm]

Schicht	Farbe	Länge	Min	Max	Mittelwert	Standardabweichung
Schicht 1	●	589,14	141,06	174,05	160,25	13,51

bestimmen. Das „Verbesserungspotenzial" liegt hierbei in der sog. Euklidischen Distanztransformation (EDT) [3]: Dabei wird in jedem Punkt der Schicht der euklidische Abstand zum am nahesten liegenden Schichtrandpunkt bestimmt. Dies bedeutet, je weiter der zu untersuchende Punkt von der Schichtgrenze entfernt ist, desto höher ist sein Abstandswert. Ab Mitte der Schicht fällt dieser Wert zur anderen Seite wieder ab. Man kann damit an der Stelle mit dem höchsten Abstandswert die Mittellinie der Schicht erzeugen. Diese Mittellinie bildet die sog. Wasserscheide und enthält in jedem Punkt gleichzeitig auch die entsprechende Schichtdickeninformation *(Abb. 2)*.

Wendet man nun diese Methode auf das oben vorgestellte Bildbeispiel aus *Abbildung 1* an, so ergibt sich ein exakteres und somit wesentlich aussagekräftigeres Messergebnis. Das ausgewiesene Minimum entspricht nun der tatsächlich kleinsten Schichtdicke des Bildausschnitts. Analog dazu hat sich das Maximum vergrößert

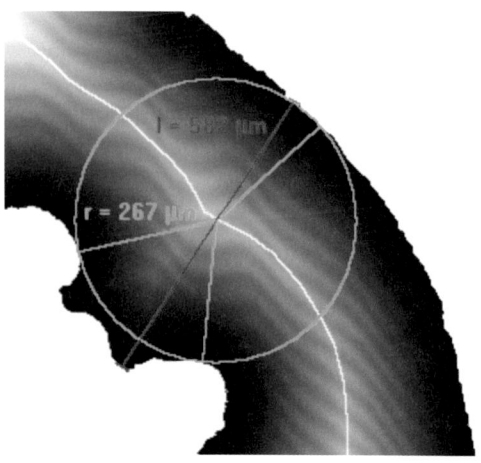

Abb. 2: Prinzip der Euklidischen Distanztransformation. Der Abstandswert wird zur Mitte hin immer höher und damit die Schicht immer „heller". Die weiße Linie ist die aus der Wasserscheide generierte Mittellinie. Die für die Schichteigenschaften relevante Dicke wird mit 2 x 267 µm = 534 µm ausgewiesen, wohingegen eine senkrecht dazu gezogene Messlinie einen höheren Wert (582 µm) liefert

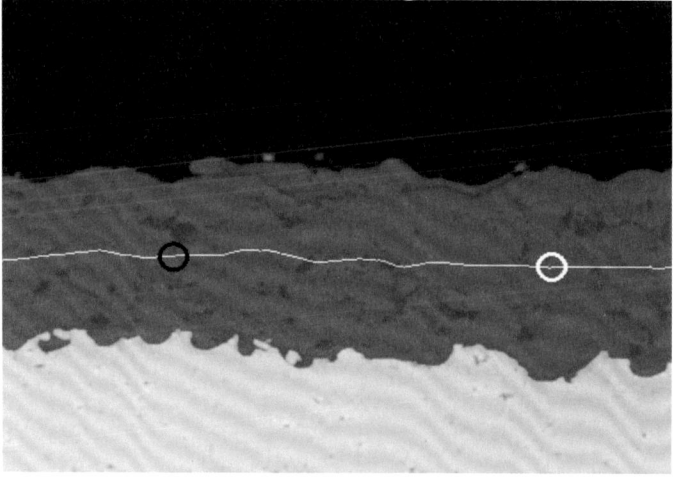

Abb. 3: Mittels EDT vermessene Schicht. Da in jedem Punkt der Mittellinie eine Messung erfolgt, wird auf das Einzeichnen der quer zur Schicht stehenden Messlinien verzichtet

Schichtdaten [µm]

Schicht	Farbe	Länge	Min	Max	Mittelwert	Standardabweichung
Schicht 1	●	589,14	133,13	176,10	153,49	11,40

Schichtverlauf
Breiten über die Längenkoordinate der Mittellinie

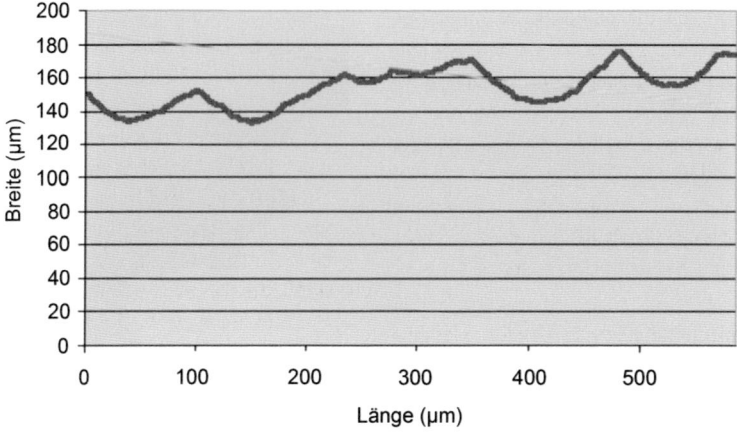

Abb. 4: Daraus resultierend kann die Schichtdickenverteilung über den gesamten Schichtverlauf generiert werden

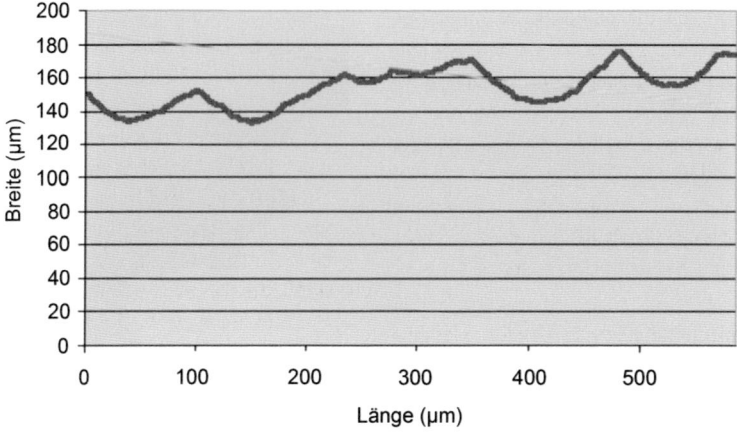

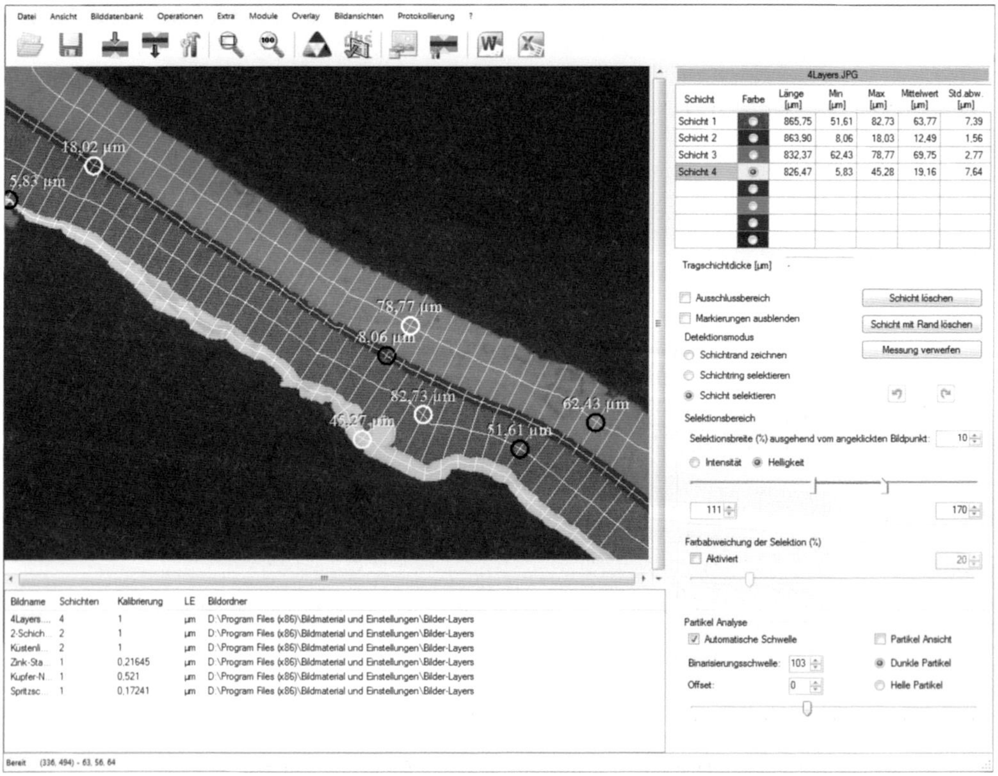

Abb. 5: Programmoberfläche des Messprogramms Schichtdicke (Professional)

Darüber hinaus sind für eine Auswertung mittels digitaler Bildverarbeitung Bildoperationen möglich, um die Bildqualität im Sinne der Auswertung zu verbessern. Dazu zählen morphologische, Kantenverstärkungs- und Glättungsfilter sowie ein automatisches Beseitigen von Löchern, Poren und Inhomogenitäten in der Schicht. Durch solcherart Bildoperationen ist es z. B. möglich, die Schichtkanten hervorzuheben oder zu schließen und somit den Schichtbereich eindeutig zu markieren. Ergänzend dazu besteht auch die Möglichkeit, bei stark gestörten Strukturen die Schichtgrenzen manuell festzulegen.

Ein diesen Anforderungen genügendes Messprogramm wurde in der GFaI entwickelt und seit geraumer Zeit über Vertriebspartner angeboten.

Erweiterung der Programmfunktionalitäten

Im Rahmen der sich durch den Vertrieb ergebenden Kundenkontakte wurden sukzessive zusätzliche Programmfunktionalitäten ergänzt, welche optional verfügbar sind.

- **Tragschichtdicke:** Berechnet wird hierbei eine korrigierte Schichtdicke in Abhängigkeit von der Rauigkeit der Schichtoberfläche. Entsprechende Kenngrößen sind in der Norm DIN EN ISO 4287 „Geometrische Produktspezifikation (GPS) – Oberflächenbeschaffenheit: Tastschnittverfahren – Benennungen, Definitionen und Kenngrößen der Oberflächenbeschaffenheit" [4] festgelegt. Dazu

wird der Materialanteil (Traganteil) in einer bestimmten Höhe vom Basisniveau der Schicht berechnet. Die das Basisniveau charakterisierende Basislinie wird als Regressionsgerade am inneren (unteren) Schichtrand festgelegt. Hierbei gibt es alternativ zwei Berechnungsmethoden. Im Modus „Schichtrand" wird die Basislinie aus allen unteren Randpunkten nach dem Prinzip der kleinsten quadratischen Abweichung berechnet. Dies kann allerdings zu Verfälschungen führen, wenn der untere Schichtrand nicht parallel zum oberen Rand verläuft. Deshalb gibt es eine zweite Berechnungsmethode. Im Modus „Wasserscheide" wird die Basislinie aus der nach unten verschobenen, entsprechend dem Wasserscheidenalgorithmus generierten Mittellinie der Schicht wiederum nach dem Prinzip der kleinsten quadratischen Abweichung berechnet.

- **Toleranzen:** Hiermit ist es möglich, die Schicht auf Einhaltung gewisser Grenzwerte zu kontrollieren und dies visuell in der Ergebnisanzeige sichtbar zu machen. Es erfolgt hierbei noch eine Unterscheidung in Toleranzgrenze und Eingriffsgrenze. Toleranzgrenze bedeutet hierbei, dass dies die absoluten, einzuhaltenden Limits sind. Liegt man außerhalb, so ist die Schicht an dieser Stelle fehlerhaft. Um zu erkennen, ob sich eine Schicht im Laufe des Herstellungsprozesses kontinuierlich ändert und somit gegen eine Toleranzgrenze läuft, kann man noch Eingriffsgrenzen festlegen. Damit besteht die Möglichkeit, bei Erkennung

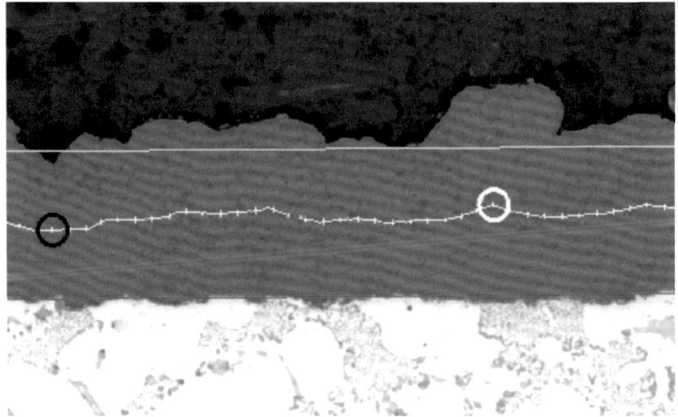

Abb. 6: Berechnung der Tragschichtdicke (95 % Traganteil) als Höhe zwischen Basislinie (orange) und Traganteilslinie (Magenta)

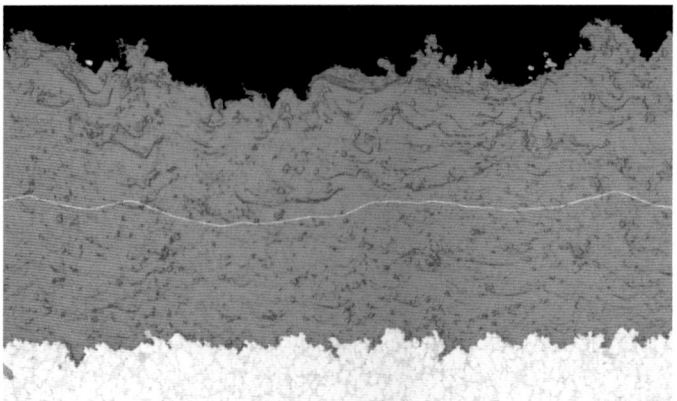

Abb. 7: Detektion und Vermessung von in der Schicht liegenden Partikeln

eines Trends sofort den Herstellungsprozess entsprechend zu regulieren.

• **Partikelanalyse:** Eine Zusatzaufgabe bei der Charakterisierung von Schichtstrukturen besteht in der Vermessung von darin befindlichen Objekten. Dies können sowohl Poren als auch andere Materialbestandteile sein. Allerdings stellt eine komplexe Partikelanalyse ein vollständig neues Aufgabengebiet dar. Um das hier vorliegende Schichtdickenprogramm nicht mit zu vielen weiteren Komponenten zu überfrachten, wurde die hierin integrierte Partikelanalyse auf einige hauptsächliche Funktionalitäten begrenzt. Es erfolgt hierbei keine Objektklassifizierung. Allerdings wird eine vollständige Parameterliste generiert und über ein integriertes Makro an MS-Excel übergeben. Somit ist der Anwender in der Lage, bei Bedarf weiterführende Berechnungen selbst auszuführen.

• **Automatisierung/Akkumulation der Ergebnisse:** Unter bestimmten Voraussetzungen ist es sogar möglich, den Messablauf vollständig zu automatisieren:

– In allen Bildern einer Messserie muss die gleiche Anzahl von Schichten vorkommen.

– Die Schichten müssen immer annähernd an der gleichen Position (gleiche Ausrichtung und auf der gleichen Höhe) im Bild liegen.

– Die Aufnahmebedingungen (Vergrößerung, Helligkeit, Kontrast) müssen gleich sein und gut unterscheidbare Schichten liefern.

– Nach manueller Vermessung eines repräsentativen Bildes in der Bildserie können unter Be-

rücksichtigung der Intensitätshistogramme, Positionen und Flächen der vermessenen Schichten die restlichen Bilder inklusive Akkumulation der Ergebnisse automatisch ausgewertet werden.

– Die Werte aus der repräsentativen Messung können gespeichert und auf weitere Bildserien angewendet werden.

Untersuchungsmöglichkeiten am Kalottenschliff

Eine weitere Möglichkeit der zerstörenden Werkstoffprüfung stellt die Vermessung von Kalottenschliffen dar. Dies ist besonders dann eine gute Alternative zur Messung am Querschliff, wenn die Schichten sehr dünn sind bzw. wenn es nicht möglich ist, aufgrund der Bauteilgröße oder -form Querschliffe anzufertigen. Zur Berechnung einer oder mehrerer aufeinander folgender Schichtdicken wird die Projektionsfläche der geschliffenen Probe ausgewertet. Dazu müssen der innere und äußere Ringdurchmesser an der jeweiligen Schichtkante möglichst objektiv und reproduzierbar bestimmt werden.

Bisherige Methoden basieren ausschließlich auf einer interaktiven Bestimmung dieser Schichtstrukturen, weil die erzeugten digitalen Bilder meist starke durch den Bearbeitungsprozess hervorgerufene Störungen aufweisen. Das Verfahren wird in der Norm EN 1071-2:2002 „Verfahren zur Prüfung keramischer Schichten, Teil 2: Bestimmung der Schichtdicke mit dem Kalottenschleifverfahren" [5] erläutert.

Deshalb wurde ein Messprogramm zur Auswertung von Kalottenschliffen entwickelt, das neben einer interaktiven Auswertung unter Einhaltung der Norm EN 1071-2 auch eine Methode zur automatischen Detektion der einzelnen Schichten bereitstellt.

Für die automatische Methode zur Auswertung der Schichten wurde der GrabCut-Algorithmus [6] in Kombination mit dem RANSAC-Algorithmus [7] verwendet. GrabCut-Algorithmus benötigt keine bildabhängigen Einstellungsparameter, wodurch eine hohe Erfolgsrate erreicht wird und keine Vorkenntnisse beim Anwender notwendig sind.

Der GrabCut-Algorithmus ist ein Segmentierungsalgorithmus zur Trennung von Objekt und Hintergrund in einem Bild. Zur Initialisierung wird eine Maske benötigt, die das zu erkennende Objekt markiert (siehe *Abb. 8*).

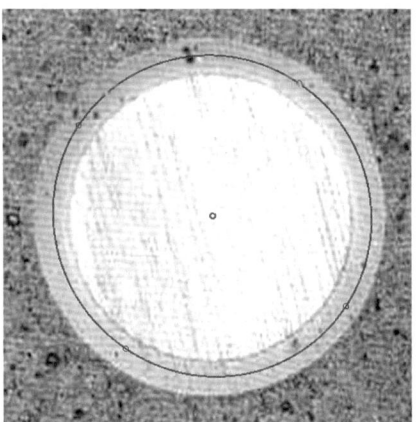

Abb. 8: Maske zur Markierung der Schicht

Im Falle des Kalottenschliffes wird die zu detektierende Schicht als Objekt, die Probenoberfläche, das Substrat und gegebenenfalls weitere Schichten als Hintergrund angesehen (siehe *Abb. 9*). Für Bilder mit gut abgegrenzten Schichtstrukturen, in denen die Kalotte mittig liegt und die Achsen der Ellipsen parallel zu den Bildrändern verlaufen, wird die Maske für den GrabCut-Algorithmus automatisch generiert.

Dazu wird eine Ellipse innerhalb und möglichst mittig zu der detektierenden Schicht berechnet, indem jeweils senkrecht und waagerecht Vektoren mittig aus dem Bild entnommen und mit Hilfe von Gradientenbildung die Schichtbegrenzungen (Kanten) auf den Vektoren ermittelt werden. Die Ellipse wird so gelegt, dass sie genau zwischen den Kanten in horizontaler und vertikaler Richtung verläuft. Alle Punkte, durch die diese Ellipse verläuft, werden als Maske verwendet.

Nach Detektion der Schicht unter Verwendung dieser Maske werden die Schichtkanten mit dem RANSAC-Algorithmus durch Ellipsen approximiert (siehe *Abb. 10*). RANSAC (engl. random sample consensus) ist ein Algorithmus zur Schätzung eines Modells innerhalb einer Messreihe, also z.B. einer Geraden oder einer Ellipse. Das Verfahren ist unempfindlich gegenüber Ausreißern. Dadurch können auch Schichten mit Störungen, insbesondere mit durch die rotierende Schleifkugel hervorgerufenen Riefen, noch korrekt ausgewertet werden.

Bei entsprechenden Bildeigenschaften und der Angabe der Schichtanzahl lassen sich auch Kombi-

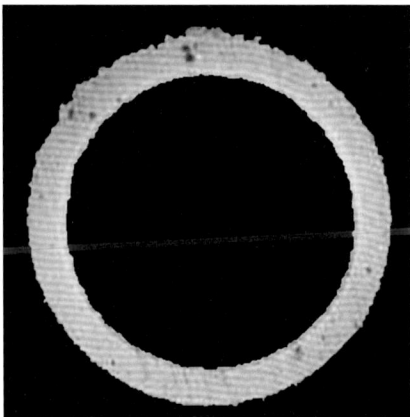

Abb. 9: Trennung von Objekt und Hintergrund durch den GrabCut-Algorithmus

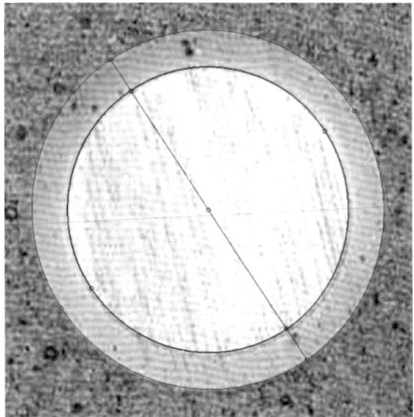

Abb. 10: Mit dem RANSAC-Algorithmus approximierte Schichten

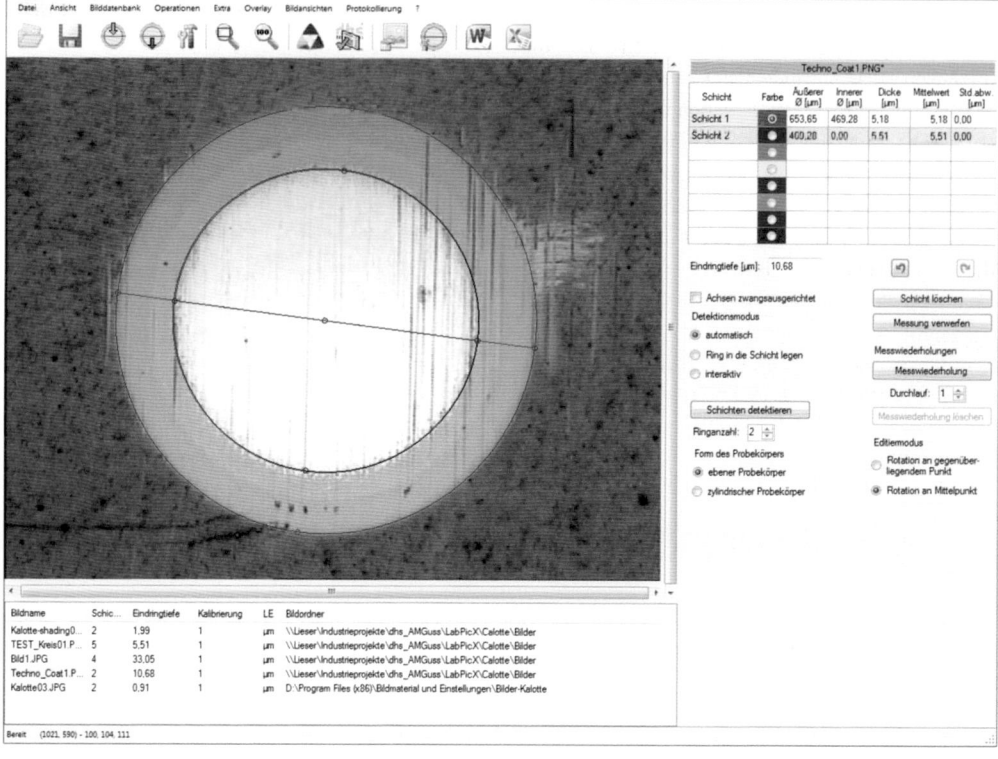

Abb. 11: Programmoberfläche des Messprogramms Kalotte

nationen aus mehreren Schichten auf Knopfdruck auswerten.

Zusammenfassung

Mittels der beiden beschriebenen Messverfahren ist es möglich, die Schichtdickenauswertung zu objektivieren. Dabei ist eine halbautomatische Vorgehensweise am gebräuchlichsten, weil hier noch Möglichkeiten der interaktiven Korrektur bestehen und damit das Wissen der Bearbeiter einfließen kann. Im Folgenden werden die erforderlichen Schritte für einen entsprechenden Standard-Auswerteablauf kurz erläutert.

• Laden eines oder mehrerer Schichtdicken-/Kalottenschliffbilder unter Berücksichtigung des Kalibrierungsfaktors
• Je nach Schichtausbildung und Bildqualität Anwendung von Vorverarbeitungsoperationen (morphologische oder Glättungsfilter, Beseitigung von Störobjekten u. a.)

• Schichtdetektion per Mausklick in die Schicht. Je nach erkannter Schichtfläche interaktive Korrektur durch Verändern der Bereichsgrenzen bzw. weiteres Klicken auf eine andere Stelle
• Für Kalottenschliffbilder funktioniert in der Regel eine automatische Detektion der Schichtringe. Ansonsten kann man durch Setzen von Punkten auf der Schichtkante eine angepasste Ellipse generieren.
• Ergebnisausgabe als Word-Protokoll oder Datenexport nach Excel.
• Zur Erhöhung der Effizienz der Laborarbeit können beide Programmmodule mit diversen Bilddatenbanken verknüpft werden. Somit können Bilder inklusive Kalibrierungsfaktor aus einem bestehenden Datensatz gelesen werden. Anschließend erfolgen Messung und Zurückschreiben der Ergebnisse in den aktuellen Datensatz.

Abschließend sei noch eine Bemerkung zu den oben erwähnten Normen, insbesondere zur DIN EN ISO 1463 gestattet. Diese orientiert wie beschrieben auf eine rein interaktive Vermessung. Für viele andere Analyseaufgaben hat man bereits die Notwendigkeit erkannt, Methoden der digitalen Bildverarbeitung in entsprechende Standards einfließen zu lassen. Die Problematik der Schichtdickenvermessung ist überschaubar und geradezu dafür prädestiniert, um einmal ernsthaft über eine Neugestaltung der Norm im Sinne der aktuellen bildanalytischen Möglichkeiten nachzudenken.

Literatur

[1] Deutsches Institut für Normung e. V.: Metallische und andere anorganische Überzüge – Übersicht über Verfahren zur Schichtdickenmessung, Deutsche Fassung EN ISO 3882, Beuth Verlag, 2003

[2] Deutsches Institut für Normung e. V.: Metall und Oxidschichten – Schichtdickenmessung – Mikroskopisches Verfahren, Deutsche Fassung EN ISO 1463, Beuth Verlag, 2004

[3] Soille, P.: Morphological Image Analysis, Principles and Applications, Springer Verlag Berlin Heidelberg New York, 1999

[4] Deutsches Institut für Normung e. V.: Geometrische Produktspezifikation (GPS) – Oberflächenbeschaffenheit: Tastschnittverfahren – Benennungen, Definitionen und Kenngrößen der Oberflächenbeschaffenheit, Deutsche Fassung EN ISO 4287:1998 I AC:2008 + A1:2009, Beuth Verlag, 2009

[5] Deutsches Institut für Normung e. V.: Hochleistungskeramik Verfahren zur Prüfung keramischer Schichten, Teil 2: Bestimmung der Schichtdicke mit dem Kalottenschleifverfahren, Deutsche Fassung EN 1071-2, Beuth Verlag, 2003

[6] Rother, C. et al.: GrabCut – Interactive Foreground Extraction using Iterated Graph Cuts, Microsoft Research Cambridge, UK, August 2004, DOI: 10.1145/1186562.1015720

[7] Derpanis, K. G.: Overview of the RANSAC Algorithm, York University, Toronto, Mai 2010

Häufige Ursachen
einer fehlerhaften Hartchromabscheidung

Von Klaus Szameitat, Leinfelden-Echterdingen

Dieser Bericht enthält Erkenntnisse, die weltweit bei der praktischen Anwendung der technisch-funktionellen Verchromung von einer ansehnlichen Zahl von Fachleuten gesammelt wurden. Dabei steht die Bildung sogenannter Pusteln und Poren im Chrommetallniederschlag im Vordergrund der genaueren Betrachtung [1, 2, 3, 4].

This report conveys insights that were collected worldwide by a sizeable number of experts in the practical application of technically functional chrome plating. The growth of so-called blisters and pores in the chromium metal deposition is in the foreground of the more detailed examination [1, 2, 3, 4].

Die physikalischen und mechanischen Eigenschaften metallischer Überzüge werden in der Praxis, ganz allgemein betrachtet, umso besser erreicht, je gleichmäßiger und störungsfreier die Überzüge ausgebildet sind.

Aus diesem Grund sind alle von der Grundwerkstoffoberfläche, bei der technisch-funktionellen Hartverchromung sind das in der Regel Stahlwerkstoffe, ausgehenden Störungen zu vermeiden. Es ist zu beachten, dass der *galvanisiergerechte* Zustand der Grundwerkstoffoberfläche nicht nur von der Fertigung und Bearbeitung diverser Bauteile, sondern auch vom Grundwerkstoff selbst abhängt.

Aus diesem Grund ist für den Erzeuger technisch-funktioneller Hartchromschichten seit einigen Jahrzehnten folgende Regel von besonderer Bedeutung:

Über 90 % aller Ursachen für die störende Pustel- oder Porenbildung stehen nicht im Zusammenhang mit dem Hartchromelektrolyten!

Etwa 30 % haben ihre Ursache innerhalb der Zusammensetzung des Grundwerkstoffes!

Etwa 60 % können auf eine unsachgemäße Vorbearbeitung des Grundwerkstoffes zurückgeführt werden!

Nachstehend erfolgen einige Anmerkungen und Erläuterungen zu den vorstehenden Feststellungen.

Anmerkungen zu den Hartchromelektrolyten

Die meistgebräuchlichen Elektrolyte zur technisch-funktionellen Hartchromabscheidung sind, im Ver-

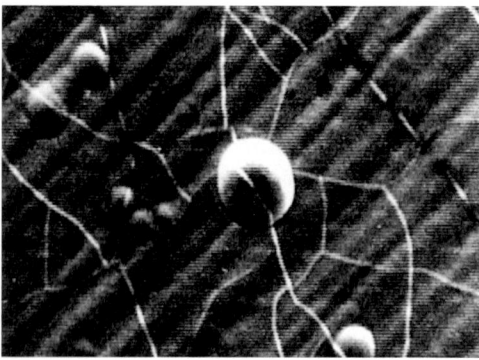

Abb. 1: Pustelbildung in einer Hartchromschicht (V: 175:1)

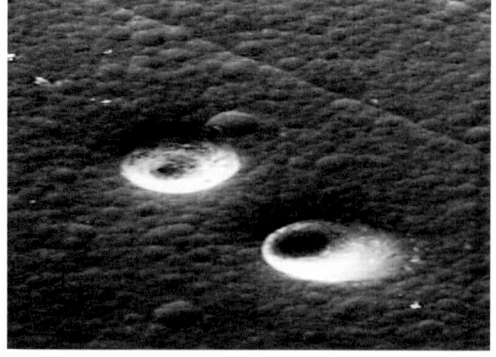

Abb. 2: Poren in einer Hartchromschicht (V: 20:1)

gleich zu anderen galvanischen Verfahren, sehr einfach aufgebaut.

Sie enthalten in der Regel nur Chromtrioxid und Schwefelsäure. Bei speziellen Anwendungen können zusätzlich noch Fluoride oder Derivate der Methansulfonsäure (MSA) zum Einsatz kommen. Allein schon der unkomplizierte Aufbau dieser galvanischen Elektrolyte gibt dem Anwender ein sehr hohes Maß an Prozesssicherheit, sind doch die genannten Elektrolytinhaltstoffe, abgesehen von den MSA-Derivaten, einfach analysierbar und damit auch unkompliziert kontrollierbar. Zudem ist die Konstanthaltung der Arbeits- und Abscheidungsparameter mit der zur Verfügung stehenden Technik vollkommen problemlos.

Durch den Einsatz moderner Beschichtungsanlagentechniken – automatisch gesteuerter und auch vollkommen in die Fertigung integrierter Systeme – mit totalem Spülwasserrecycling, effektiver Elektrolytregeneration und Abluftreinigung, wurde schon seit Jahren ein Höchstmaß an Schutzmaßnahmen, sowohl für das Arbeitspersonal, als auch zum Erhalt einer gesunden Umwelt, eingeführt. So gesehen, arbeitet die technisch-funktionelle Hartchromindustrie schon seit vielen Jahren vollkommen im Einklang mit Ökologie und Ökonomie.

Hinweise auf den Einfluss der Zusammensetzung des Grundwerkstoffs

Die Bauteile, die mit einer technisch-funktionellen Hartchromschicht versehen werden sollen, bestehen größtenteils aus diversen Stählen. Als Stahl wird jeder Werkstoff bezeichnet, der das Element Eisen als Basiselement aufweist und bis maximal zwei Gew.-% Kohlenstoff (mit Ausnahme einiger chromreicher Sorten), sowie daneben unterschiedliche Anteile an sogenannten Eisenbegleitern und Legierungselementen wie Phosphor, Schwefel, Mangan, Chrom, Nickel, Molybdän und Kupfer enthält [5].

Der Grundwerkstoff sollte, darauf wurde eingangs schon hingewiesen, ein möglichst gleichmäßiges Gefüge aufweisen. Ein feinkörniges Gefüge führt zu einer qualitativ höherwertigen Hartchromschicht.

Ausgeprägte Korngrenzensäume, wie sie z. B. bei Korngrenzferrit und Korngrenzzementit auftreten, sind zu vermeiden, da sie ebenso wie nichtmetallische Einschlüsse (Sulfide, Nitride, Carbonitride u. ä.) zu Störungen im Schichtaufbau führen. Um hierbei Klarheit zu erlangen sind deshalb, sollen schadhafte Beschichtungen weitestgehend vermieden werden, vor der Abscheidung der Hartchromschichten oftmals metallographische Untersuchungen und evtl. sogar auch Rasterelektronenmikroskopische (REM) Untersuchungen oder Röntgenmikroanalysen (EDX) unausweichlich.

Es ist insbesondere dabei auch zu beachten, dass die vorgegebene Grundwerkstoffoberflächenstruktur die Anordnung der Kristallisationskeime und den weiteren Wachstumsprozess der technisch-funktionellen Hartchromschicht erheblich beeinflussen kann. Bei manchen Anwendungsfällen kommt es daher zur Bildung offener und/oder innerer Poren. Makrorisse können durch eine Wechselwirkung zwischen Eigenspannungen in der Oberflächenzone des Grundwerkstoffs und Eigenspannungen im Überzug entstehen [6].

Die in der Praxis üblicherweise eingesetzten Elektrolyte zur Abscheidung technisch-funktioneller Hartchromschichten erzeugen Schichten, bei denen Zugspannungen vorherrschen, welche die oftmals gewünschte Mikrorissigkeit der Endschicht gewährleisten.

Abbildung 3 (Querschliff) zeigt den mikrorissigen Hartchromschichtaufbau, hier in Kombination mit einer Nickelschicht.

Nachfolgend wird der Einfluss des Eisenbegleiters – Mangan – auf die nicht erwünschte Porenbildung innerhalb einer 250 μm dicken Hartchromschicht dargestellt. Die lichtmikroskopische Auflichtaufnahme (*Abb. 4*) zeigt eine solche Pore.

Um die Ursache für diese Porenbildung zu erkunden wurde ein metallurgischer Querschliff des Grundwerkstoffs (geätzt) angefertigt.

Abb. 3: Mikrorissige Hartchromschicht auf einer Nickelschicht (V: 1000:1)

Die Wichtigkeit einer exakten Querschliffpräparation bzw. die Beobachtung des Porenverlaufs in verschiedenen Schliffebenen wird durch die nachfolgenden *Abbildungen 6, 7* und *8* belegt.

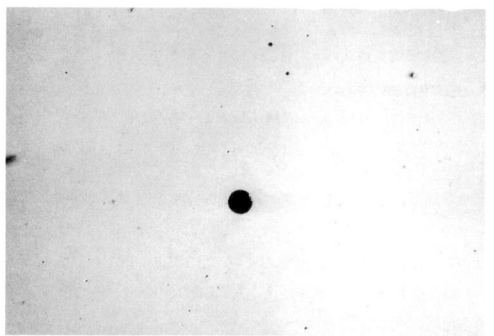

Abb. 4: Lichtmikroskopische Auflichtaufnahme einer Pore (V: 20:1) innerhalb einer 250 μm dicken Hartchromschicht

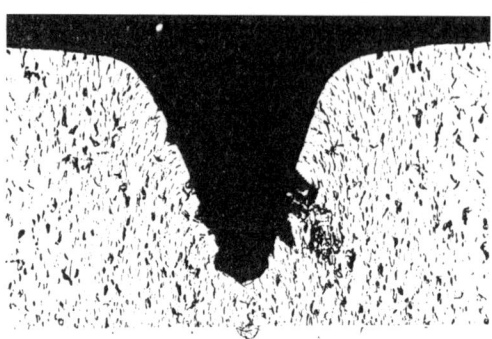

1. Schliffebene (Querschliff) durch die Schicht   200 : 1

Abb. 6: (V: 200:1)

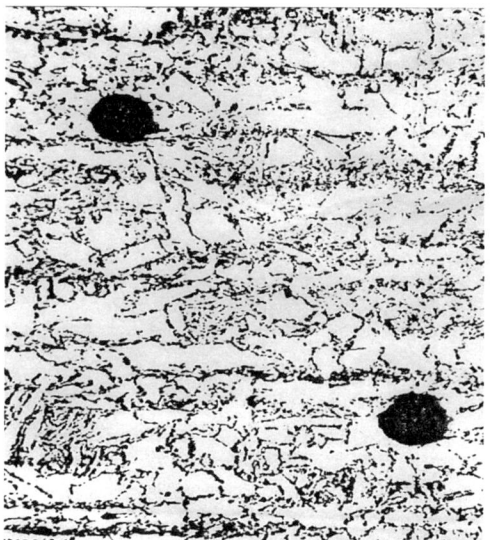

Abb. 5: Mangansulfidansammlung im Grundwerkstoff Stahl (V: 200:1)

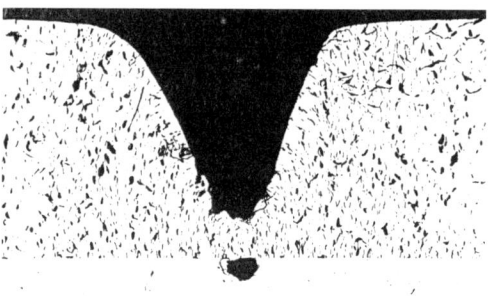

2. Schliffebene (Querschliff) durch die Schicht   200 : 1

Abb. 7: (V: 200:1)

Die daraus gefertigte Mikroskopaufnahme (*Abb. 5*) zeigt deutlich globulare Einschlüsse oxidisch-sulfidischen Typs.

Eine EDX-Analyse ergab das Vorhandensein von Mangan, wodurch auf die Bildung von örtlich stark konzentriertem Mangansulfid (MnS) geschlossen werden konnte.

Aufgrund des Ergebnisses in *Abbildung 5* wurde ein metallurgischer Querschliff durch das Zentrum der Pore, wie aus *Abbildung 4* ersichtlich, innerhalb der Hartchromschicht angefertigt.

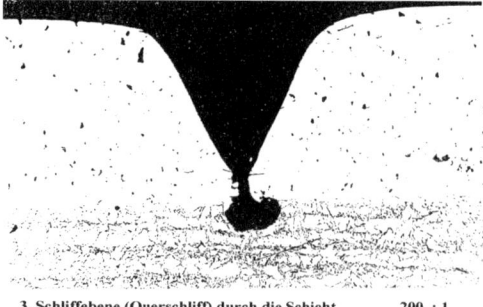

3. Schliffebene (Querschliff) durch die Schicht   200 : 1

Abb. 8: (V: 200:1)

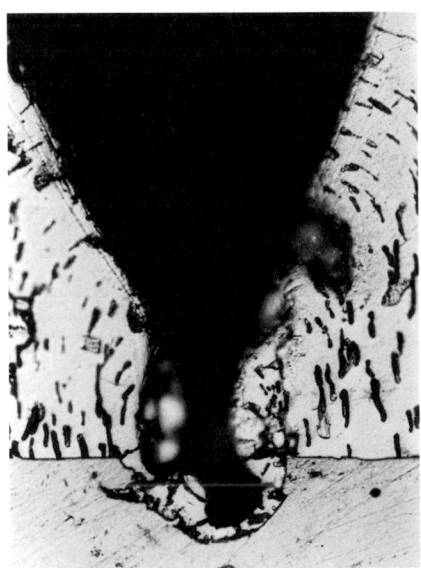

Abb. 9: Detailansicht des Porenverlaufs (3. Schliffebene) (V: 500:1)

Abbildung 9 zeigt die Wirkung der elektrochemischen Auflösung des an der Oberfläche des Grundwerkstoffs Stahl befindlichen globularen MnS-Einschlusses.

Deutlich erkennbar ist außerdem, dass nach der vollkommenen Auflösung des MnS auf dem nun *sauberen* Grundwerkstoff eine nachträgliche Chromschichtbildung stattgefunden hat.

Erläuterungen zu den vorstehenden metallurgischen Untersuchungen

Die Herstellung der metallurgischen Schliffe erfordert eine umfassende Kenntnis der notwendigen Probenpräparation und ein sehr sorgfältiges Arbeiten [9].

Nach Aussage von Fachleuten an der Hochschule Aalen (persönliche Mitteilung von Prof. Timo Sörgel / Prof. Peter Kunz) findet, vereinfacht dargestellt, bei einem frei an der Grundwerkstoffoberfläche vorliegenden globularen MnS-Einschluss folgende elektrochemische Reaktion während der Chromabscheidung statt:

Auflösung MnS (Säure-Base-Reaktion):
$$MnS + 2H^+ \rightarrow Mn^{2+} + H_2S$$
Reduktion:
$$H_2Cr_2O_7 + 6e^- + 12H^+ \rightarrow 2Cr^{3+} + 7H_2O$$

Oxidation:
$$H_2S + 4H_2O \rightarrow HSO_4^- + 8e^- + 9H^+$$
Gesamtreaktion:
$$18H^+ + 3H_2S + 4H_2Cr_2O_7 \rightarrow$$
$$3SO_4^{2-} + 8Cr^{3+} + 16H_2O$$

Das sich nach diesem Reaktionsablauf örtlich bildende freie überschüssige Sulfat (SO_4^{2-}) verhindert durch Inhibierung, bis zur gänzlichen Auflösung des Mangansulfids, eine Chrommetallabscheidung in diesem Bereich.

Bei *Abbildung 9* kann man zudem am Verlauf der Mikrorissbildung, die immer im rechten Winkel zur Grundwerkstoffoberfläche einsetzt, erkennen, dass sich die Mikrorisse nach vollständiger Auflösung des Mangansulfids an die *neu* entstandene Oberfläche orientieren und selbst am Boden des *Loches* eine Chrommetallabscheidung stattfindet.

Hinweise auf den Einfluss der mechanischen Vorbearbeitung des Grundwerkstoffs

Diesem Arbeitsprozess des Hartverchromers kommt, darauf wird von vielen Fachexperten schon seit langem hingewiesen, eine besonders große Bedeutung zu.

Vor allem Dingen die *Oberflächenfeingestalt* der Grundwerkstoffoberfläche ist für die verfahrensspezifische Ausbildung der technisch-funktionellen Hartchromschicht von außerordentlicher Bedeutung.

In der Praxis wurde deshalb schon frühzeitig erkannt, dass die Rauigkeitswerte – R_t / R_z / R_a – der mit Hartchrom zu beschichtenden Grundwerkstoffoberfläche, hinsichtlich der Vermeidung von Pusteln (Chromknospen), oder auch Poren, für sich allein nicht die entscheidende Rolle spielen.

Diese Feststellung wird durch Untersuchungen verschiedener Hartchrombeschichtungsfachleute, deren Ergebnisse nachstehend erläutert werden, nachweisbar belegt [7, 8]. Nachstehende Abbildungen zeigen einige REM-Aufnahmen von unterschiedlich mechanisch bearbeiteten, diversen Stahlmaterialoberflächen; einige mit einer Hartchromschicht versehen.

a) Werkstoff-Nr.: 1.7735 –
   mit feingedrehter Materialoberfläche

Rauigkeitswerte: R_a: 0,68 μm / R_z: 3,3 μm / R_t: 3,7 μm

Anhand der *Abbildungen 10a* bis *10c* ist gut erkennbar, dass auf einer derartig *zerfurchten* Mate-

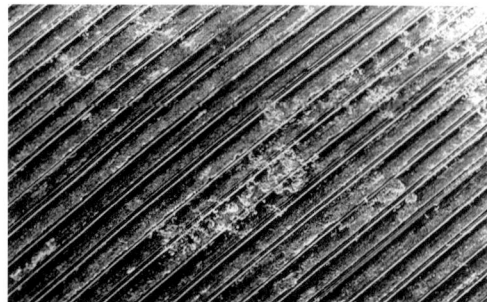

Abb. 10a: Feingedrehte Materialoberfläche (V: 100:1)

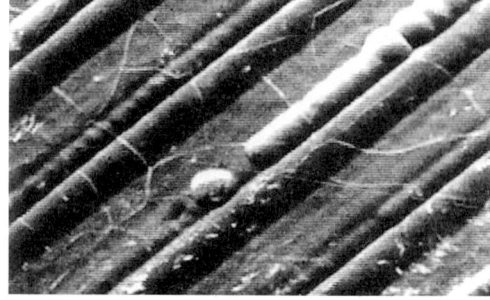

Abb. 10e: Feingedrehte Materialoberfläche (V: 175:1), mit Hartchrom beschichtet

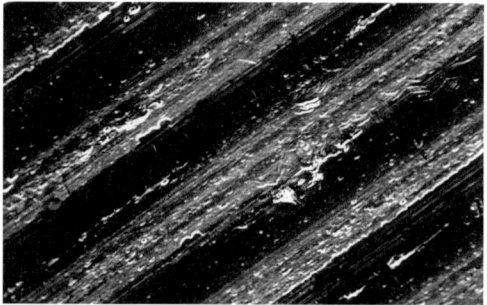

Abb. 10b: Feingedrehte Materialoberfläche (V: 500:1)

rialoberfläche keine pustelfreie (knospenfreie) Hartchromabscheidung möglich ist, wie dies aus *Abbildungen 10d* und *10e* ersichtlich ist.

b) Werkstoff-Nr.: 1.7735 –
   mit geschliffener Stahloberfläche

Rauigkeitswerte: R_a: 0,30 µm / R_z: 1,8 µm / R_t: 2,3 µm

Auch bei der geschliffenen Materialoberfläche tritt im Bereich der Materialflitter, wie in den *Abbildungen 11a* und *11b* erkennbar, eine deutliche

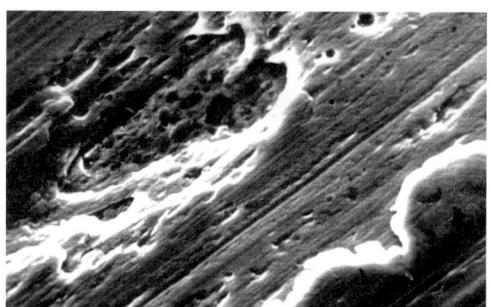

Abb. 10c: Feingedrehte Materialoberfläche (V: 5000:1)

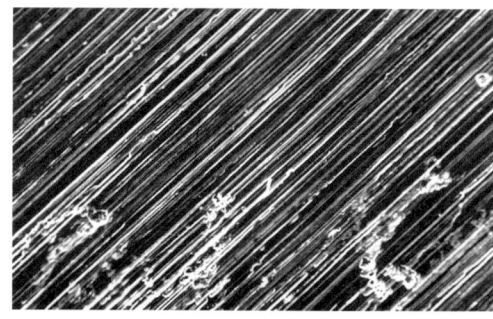

Abb. 11a: Geschliffene Materialoberfläche OF (V: 500:1)

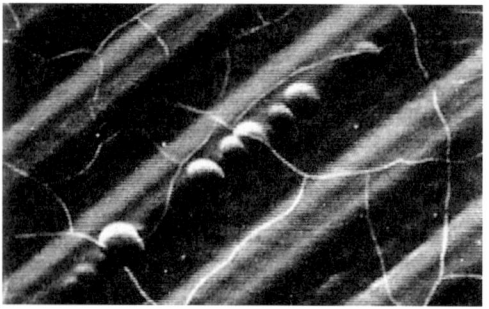

Abb. 10d: Feingedrehte Materialoberfläche (V: 240:1), mit Hartchrom beschichtet

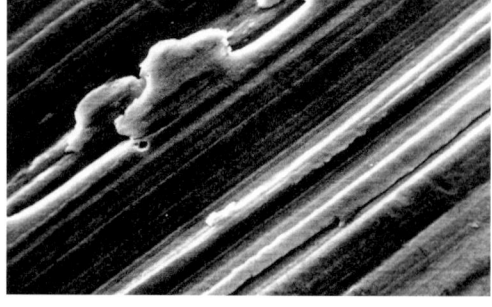

Abb. 11b: Geschliffene Materialoberfläche (V: 5000:1)

Pustelbildung beim Beschichten dieser unsauberen Oberflächenbereiche mit Hartchrom auf, wie die *Abbildungen 11c* und *11d* deutlich zeigen.

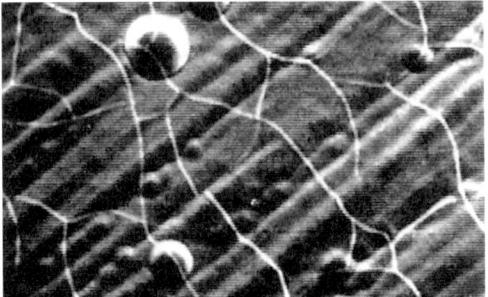

Abb. 11c: Geschliffene Materialoberfläche (V: 175:1), mit Hartchrom beschichtet

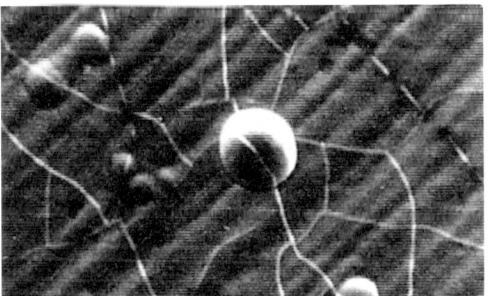

Abb. 11d: Geschliffene Materialoberfläche (V: 175:1), mit Hartchrom beschichtet

c) Werkstoff-Nr.: 1.0570 –
    mit rollierter Stahloberfläche

Rauigkeitswerte: R_a: 0,05 µm / R_z: 0,39 µm / R_{max}: 0,51 µm

Bemerkungen zu der rollierten Stahloberfläche und dem Verchromungsergebnis:

Obwohl diese Grundmaterialoberfläche bezüglich der Rauhigkeitswerte in diesem Vergleich die besten Werte hatte, traten trotz allem beim Hartverchromen Pusteln auf, wie die nachstehende *Abbildung 12d* zeigt.

Es war augenscheinlich, wie *Abbildung 12c* zeigt, dass durch das notwendige anodische Aktivieren, in diesem Fall eine erhebliche Materialoberflächen-strukturveränderung erzielt wurde, die zu der Stö-

Abb. 12a: Rollierte Materialoberfläche (V: 500:1)

Abb. 12b: Rollierte Materialoberfläche (V: 5000:1)

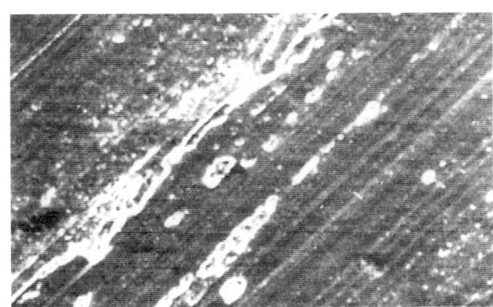

Abb. 12c: Rollierte Materialoberfläche (V: 240:1), anodisch aktiviert

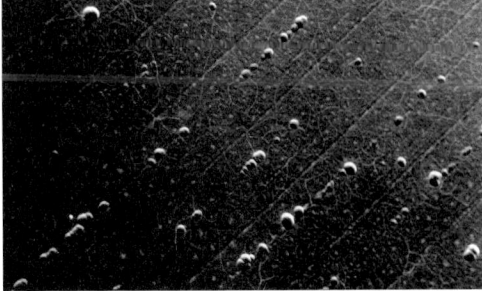

Abb. 12d: Rollierte Materialoberfläche (V: 100:1), ano-disch aktiviert, mit Hartchrom beschichtet

rung (Bildung von Pusteln) bei der Hartchromabscheidung führte.

Bei der nachstehenden *Abbildung 13,* bei der ein Querschliff durch so eine Pustel angefertigt wurde, konnte man gut erkennen, warum hier diese Störung aufgetreten war.

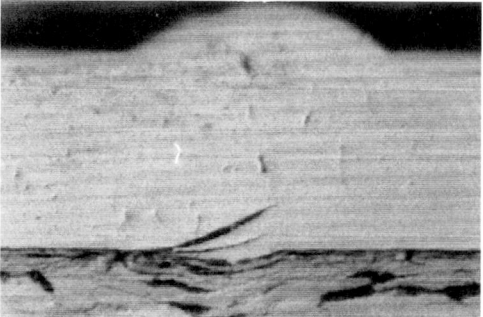

Abb. 13: Querschliff durch eine Pustel auf rollierter Materialoberfläche (V: 500:1)

Beim Rollieren der fein gedrehten Stahloberfläche wurden die entstandenen *Berge* nicht eingeebnet, sondern nur umgelegt. Beim anodischen Aktivieren, solchermaßen erzeugten Oberflächen, richten sich diese Materialpartien auf und sind dann der bevorzugte Ausgangspunkt für die Pustelbildung.

Zusammenfassung

Ziel dieser Ausführungen ist, einige wichtige Aspekte der Ursachen für immer wieder aufkommende Fehler bei der galvanischen Abscheidung technisch-funktioneller Hartchromschichten näher zu beleuchten und dem Praktiker Hilfen bei der Ursachenfindung zu geben.

Sicherlich sind einige der Feststellungen dem *alten Hasen* schon längstens bekannt.

Wenn aber die nachkommenden jungen Fachkräfte von den Hinweisen profitieren können, dann wurde das Ziel dieser Ausarbeitung erreicht.

Literatur

[1] Chessin, H.; Knill, E.C.; Seyb jr., E.J.: M&T Chemicals Inc., Defects in Hard Chromium Deposits (1983) (internal publication)

[2] Guffie, R. K.: M&T Chemicals Inc., The Handbook of Hard Chromium Plating (1986), Gardner Publications Inc., 6600 Clough Pike, Cincinnati, Ohio

[3] Szameitat, K.: M&T Harshaw GmbH, Einfluss des Schleifprozesses auf die Qualität der galvanischen Verchromung von Kolbenstangen (1992)

[4] Unruh, J.: Chromfehler, Galvanotechnik, 2012(5) und 2012(8)

[5] Deutsche Gesellschaft für Galvanotechnik e.V. (1981), Einfluß des Grundwerkstoffs Stahl auf die galvanotechnische Fertigung

[6] Speckhardt, H.; Hirth, F.W.; Stallman, K.: Schäden an galvanisierten Bauteilen, (1991)

[7] Mader, M., Fachhochschule München, Diplomarbeit (1995)

[8] Hofmann, G., F&S Schweinfurt, Untersuchungsbericht: Verchromte Kolbenstangen (1988)

[9] Hochschule Aalen, Technik und Wirtschaft/Oberflächentechnologie/ Neue Materialien, Untersuchungsbericht, M&TChemicals GmbH, Stuttgart (1976)

7 Umwelt- und Energietechnik

Spülen ohne Trinkwassereinsatz – zur Verminderung des industriellen Trinkwasserbedarfs durch Nutzung sinnvoller Alternativen

Von Dr. Claudia Bäßler [1] und Dr. Reinhard Schwarz [2] .... Lesen Sie ab Seite 201

[1] Ing.-Büro Dr. Bäßler, Hohen Neuendorf, ingenieurbuero@dr-baessler.de
[2] Elektrotechnik Rienhoff, Unna, Reinhard.Schwarz@web.de

Das Galvanikbad – ein Anwendungsfall der AwSV

Von Prof. Dr. Norbert Müller .... Lesen Sie ab Seite 220

Öffentlich bestellter und vereidigter Sachverständiger für Gefahrguttransport und -lagerung; Schenker AG, Alfredstr. 61, D-45130 Essen, www.dbschenker.com

Energieoptimierung von zwei Oberflächentechnikbetrieben

Von Dr. Johannes Fresner und Dipl.-Ing. (FH) Christina Krenn .... Lesen Sie ab Seite 224
STENUM GmbH, Geidorfgürtel 21, 8010 Graz, Österreich, www.stenum.at

Brandschutz in der Oberflächentechnik

Von Prof. Dr. Wolfgang Hasenpusch .... Lesen Sie ab Seite 233
Universität Siegen, Treuener Str. 7, D-63457 Hanau

Spülen ohne Trinkwassereinsatz – zur Verminderung des industriellen Trinkwasserbedarfs durch Nutzung sinnvoller Alternativen

Von Dr. Claudia Bäßler, Ing.-Büro Dr. Bäßler, Hohen Neuendorf und
Dr. Reinhard Schwarz, Elektrotechnik Rienhoff GmbH, Unna

Das im Bereich der Oberflächenbehandlung einge-setzte Wasser enthält verschiedene Wasserinhalts-stoffe, die Prozessstörungen verursachen können und deshalb entfernt werden müssen. Die Notwendigkeit einer Aufbereitung bei der technischen Wassernut-zung ergibt sich unabhängig von der Herkunft des Frischwassers – Trinkwasser gemäß den Anforde-rungen der Trinkwasserverordnung ist ebenso betrof-fen wie Brunnen-, Oberflächen- und Niederschlags-wasser. Es ist daher zielführend, den Einsatz von Alternativrohwässern wie Brunnen-, Oberflächen- und Niederschlagswasser aber auch von Kreislauf-wasser aus hydro- und verfahrenschemischer Sicht zu betrachten, um durch die Nutzung sinnvoller Alterna-tiven den Trinkwassereinsatz für industrielle Zwecke zu vermindern. Anhand von Fallbeispielen aus der Praxis wird der enge Zusammenhang zwischen Was-serqualität und Stoffverlustminimierung durch inter-ne Stoffkreisläufe herausgearbeitet.

The water used for surface treatment contains a lot of substances, which can cause process disturbances. Therefore, they have to be eliminated. All kinds of water, for instance fountain-, surface- or rainwater, even drinking water, require a treatment. Hence, alternatives, like fountain-, surface- or rainwater but also circuit water from rinsing processes, needs to be evaluated in terms of hydro- and process-chemical aspects, in order to reduce the demand of drinking water. This article shows some practice examples representing the tight connection between water quality and material loss minimization by internal circulation of materials.

1   Wasser in der Oberflächenveredelung

Die Oberflächenbehandlung von Werkstücken kann unter Nutzung physikalischer und/oder chemischer Prozesse erfolgen, wobei in der nasschemischen Oberflächenbehandlung fast ausschließlich Prozess-losungen auf wässriger Basis verwendet werden. Der Einsatz nicht-wässriger Lösungsmittel ist ausge-sprochen selten und auf spezielle Anwendungen be-grenzt, z.B. die galvanische Abscheidung von Alu-minium oder spezielle Entfettungs-/Reinigungspro-zesse.

1.1   Zuordnung des Wassereinsatzes

Die Nutzung von Wasser lässt sich in der nassche-mischen Oberflächenbehandlung im Wesentlichen folgenden Einsatzbereichen zuordnen:

- dem Ansatz von Prozesslösungen (Ansatz- oder Prozesswasser),
- dem Einsatz als Spülwasser zum Entfernen von Einsatzstoffen und/oder Umsetzungsprodukten von der Werkstoffoberfläche nach Behandlungsschrit-ten (Spülwasser),
- dem Ausgleich von Verdunstungsverlusten (Ergän-zungswasser),
- Reinigungs- und Regenerierprozessen.

Häufig erfolgt auch eine Klassifizierung verschiede-ner Wasserteilströme auf der Grundlage des Wasser-einsatzes, der Teilstromführung oder mit Bezug auf die erfolgte Wasseraufbereitung, z.B. als Spülwas-ser, Abwasser, Kreislaufwasser, VE-Wasser* oder

---

* Vollentsalztes Wasser durch die Entfernung der ionischen Bestandteile (in der Regel anorganische Komponenten)

202

Bäßler, Schwarz: Spülen ohne Trinkwassereinsatz – zur Verminderung
des industriellen Trinkwasserbedarfs durch Nutzung sinnvoller Alternativen

EH-Wasser[*]. Nicht aufbereitetes Frischwasser wird oft als Rohwasser bezeichnet, wobei zum Teil auch Teilströme aus Wasserkreisläufen (z.B. Kondensate aus prozessspezifischen Verdampfungs- und Trocknungsprozessen) als Rohwasser bezeichnet werden, sobald diese für die Wasseraufbereitung (Enthärtung und/oder Vollentsalzung) genutzt werden.

Nach der Wassernutzung muss der anfallende Wasserüberhang abwassertechnisch behandelt werden, um gefährliche Inhaltsstoffe aus dem Abwasser zu entfernen, bevor es in die Kanalisation abgeleitet wird. Teilweise nutzen auch Betriebe die Möglichkeit, die Abwasserbehandlung extern in chemisch-physikalischen Behandlungsanlagen durchführen zu lassen, wobei das anfallende Abwasser gesammelt und als Abfall entsorgt wird. Die externe Abwasserbehandlung wird bevorzugt bei problematischen Teilströmen genutzt, da deren fachgerechte Behandlung aufwendig ist und zum Teil ein spezielles Knowhow erfordert, um die Grenzwerte einzuhalten. Die Grenzwerte sind in der Abwasserverordnung [1] festgelegt. Deren Einhaltung ist die Voraussetzung für die Ableitung des behandelten Abwassers in die öffentliche Kanalisation.

1.2 Qualitätsanforderungen an das Einsatzwasser

Die Anforderungen an die Qualität des Einsatzwassers ergeben sich aus der vorgesehenen Verwendung des Wassers und sind unabhängig von der Herkunft des Rohwassers. In der nasschemischen Produktion – als Ansatz- oder Spülwasser – ist zur Vermeidung von Prozessstörungen eine Aufbereitung des Rohwassers in der Regel erforderlich. Ausschlaggebend sind im Wesentlichen die Prozessempfindlichkeit und die Zusammensetzung der Prozesslösung. Das zum Spülen verwendete Wasser sollte keine Inhaltsstoffe enthalten, die mit Komponenten der Prozesslösung problematische Reaktionen, z.B. Fällungsreaktionen, bewirken können. Die Qualität des Einsatzwassers wird in der Regel vom Verfahrenslieferanten über die Konzentration der Härtebildner (Wasserhärte) oder über den Salzgehalt (Leitwert) definiert. Bei Prozess-

stufen mit empfindlicher Prozesschemie ist der Einsatz von vollentsalztem Wasser[**] (VE-Wasser oder Deionat) mit einem Leitwert < 10–20 µS/cm üblich [2]. Für eine fleckenfreie Trocknung werden bessere Wasserqualitäten (Leitwert << 5 µS/cm) benötigt.

Zum Ausgleich von Verdunstungsverlusten muss VE-Wasser verwendet werden, da sich andernfalls die Wasserinhaltsstoffe in der Prozesslösung aufkonzentrieren und zu einer Aufsalzung führen. Gleiches gilt für Spülwasser, das zum Ausgleich von Verdunstungsverlusten – ggf. nach Aufkonzentrierung mittels Spültechnik und/oder einen prozessspezifischen Konzentrator – in die Prozesslösung zurückgeführt wird, um Stoffverluste zu vermindern.

Für bestimmte Reinigungsarbeiten oder den Ansatz der Behandlungslösungen in der Abwasserbehandlung (Kalkmilch, Flockungsmittel, Reduktionsmittel für Cr(VI) etc.) kann nicht aufbereitetes Wasser und zum Teil sogar behandeltes Abwasser genutzt werden.

Bei der chemischen Zusammensetzung des Trinkwassers, hauptsächlich im Bereich der anorganischen Parameter, bestehen geologisch bedingt sehr große regionale Unterschiede. Die Qualitätsanforderungen für das Trinkwasser werden durch die Trinkwasserverordnung [3] definiert und unterscheiden sich grundlegend von denen, die an das Einsatzwasser in der Oberflächenbehandlung zu stellen sind. Beim Trinkwasser haben mikrobiologische/hygienische und toxikologische Parameter eine sehr große Bedeutung, und für verschiedene Gefahrstoffe incl. Schwermetalle sind in der Trinkwasserverordnung sehr niedrige Grenzwerte aufgeführt. Für die Härtebildner dagegen werden keine eigenen Grenzwerte angegeben; nur der zulässige Salzgehalt ist für ein Frischwasser auf sehr hohem Niveau begrenzt (definiert über einen Leitwert von 2790 µS/cm). Wegen seiner chemischen Zusammensetzung (anorganische Parameter) ist daher Trinkwasser ohne eine entsprechende Aufbereitung in der Oberflächenbehandlung in der Regel nicht nutzbar, da z.B. Härtebildner im alkalischen Medium Fällungsreaktionen bewirken können oder der Salzgehalt die Löslichkeit organischer Komponenten der Prozesslösung negativ beeinflussen kann.

Die Notwendigkeit einer Aufbereitung des Frischwassers für die technische Wassernutzung bedeutet zunächst Kosten (Investitions- und Betriebskosten),

---

[*] Enthärtetes Wasser durch den Austausch der Härtebildner (Ca^{2+}, Mg^{2+}) durch eine äquivalente Menge an Na^+-Ionen

[**] Der verbleibende Salzgehalt im VE-Wasser wird in der betrieblichen Praxis über Leitwertmessungen ermittelt und für die Definition der Wasserqualität beim VE-Wasser genutzt

Bäßler, Schwarz: Spülen ohne Trinkwassereinsatz – zur Verminderung
des industriellen Trinkwasserbedarfs durch Nutzung sinnvoller Alternativen

203

eröffnet aber auf der anderen Seite die Möglichkeit, für die Wasseraufbereitung Wasserquellen zu nutzen, die keine Trinkwasserqualität besitzen oder die infolge ihrer chemischen Zusammensetzung für die Nutzung von Trinkwasser ungeeignet sind bzw. einen hohen Aufbereitungsaufwand erfordern, um die Anforderungen der Trinkwasserverordnung zu erfüllen. Durch den Verzicht auf technisch nicht erforderliche Aufbereitungsschritte lassen sich Kosteneinsparungen erreichen, mit denen die Aufwendungen für die Gewinnung, Förderung und Aufbereitung (teilweise) kompensiert werden können. Die wirtschaftliche Tragfähigkeit ist von verschiedenen Parametern abhängig und ist für den Einzelfall zu betrachten.

2 Spüleffizienz und Minimierung von Stoffverlusten

Spülprozesse verursachen neben der Verdunstung in der nasschemischen Oberflächenbehandlung den größten Wasserbedarf, wobei der Spülprozess in der Oberflächenbehandlung eine Mehrfachfunktion zu erfüllen hat:

• Entfernung der Einsatzstoffe und/oder Umsetzungsprodukte von der Werkstückoberfläche und Verdünnung der ausgeschleppten Bestandteile der Prozesslösung zur Gewährleistung der angestrebten Oberflächenqualität,

• Verminderung des ausschleppungsbedingten Fremdstoffeintrags in die nachfolgenden Prozessstufen durch Verdünnung der ausgeschleppten Bestandteile der Prozesslösung in der Spülstufe,

• Funktion als prozessintegrierter Konzentrator beim Einsatz eines mehrstufigen Spülsystems durch Spülwassermehrfachnutzung.

Nach der Nutzung als Spülwasser enthält dieses neben den ursprünglich vorhandenen Wasserinhaltsstoffen zusätzlich die ausgeschleppten Inhaltstoffe der Prozesslösung. Beim Einsatz von VE-Wasser kann das Spülwasser als verdünnte Prozesslösung und als Ausgangspunkt für Stoffstromlenkungsmaßnahmen angesehen werden, um über die Einführung von Wasserkreisläufen sowie internen und/oder externen Stoffkreisläufen die Stoffverluste zu vermindern [2]. Abwasser entsteht erst beim Vermischen nicht kompatibler Teilströme.

2.1 Stoff- und Wasserkreisläufe zur Verminderung von Stoffverlusten

Abbildung 1 zeigt schematisch eine Prozessstufe mit den relevanten Systemelementen [2, 4] für die Einrichtung von internen Stoff- und Wasserkreisläufen. In Abhängigkeit der Rahmenbedingungen an der jeweiligen Prozessstufe können einzelne Systemelemente fehlen, da sie entweder nicht notwendig sind bzw. ein wirtschaftlicher Betrieb nicht möglich ist.

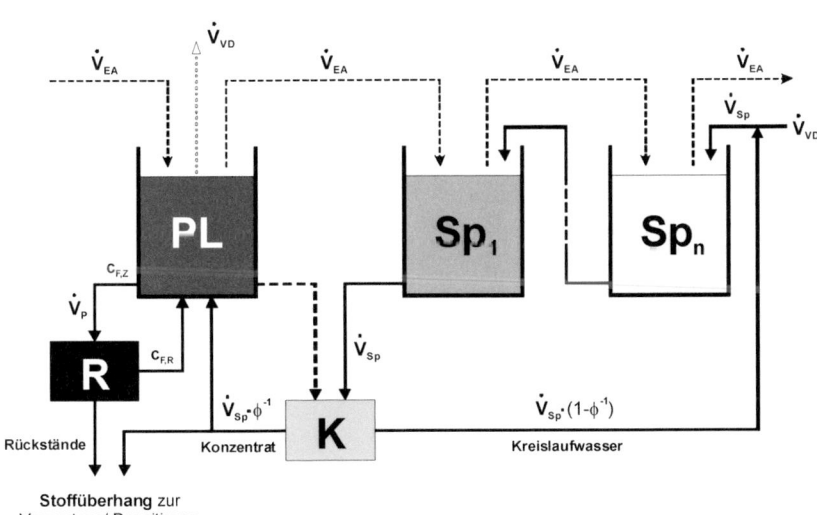

Abb. 1: Schematische Darstellung einer Prozesseinheit (nach [4])

204

Bäßler, Schwarz: Spülen ohne Trinkwassereinsatz – zur Verminderung
des industriellen Trinkwasserbedarfs durch Nutzung sinnvoller Alternativen

Die mehrstufige Spültechnik (Sp_1 bis Sp_n) fungiert dabei als prozessintegrierter Konzentrator und kann beim Vorliegen von Verdunstungsverlusten, die zum Ausgleich der Volumen- und Stoffbilanz eine vollständige Rückführung des Spülwasservolumenstroms ermöglichen, den Einsatz eines prozessspezifischen Konzentrators (K) überflüssig machen.

Die Konzentration an Fremdstoffen ($c_{F,m}$), die sich unter den gegebenen Bedingungen in der Prozesslösung einstellt, lässt sich bei bekanntem Massenstrom des Fremdstoffeintrags ($\dot{m}_F$) über *Gleichung <1>* berechnen, woraus sich die Notwendigkeit eines Regeneratoreinsatzes abschätzen lässt.

$$c_{F,m} = \frac{\dot{m}_F}{\dot{V}_{EA}(1-\gamma_R) + \dot{V}_P\left(1-\dfrac{c_{F,R}}{c_{F,Z}}\right)} \qquad <1>$$

Mit steigendem Rückführgrad wird die „reinigende Kraft" der Elektrolytausschleppung geringer und zur Vermeidung des Anstiegs der Fremdstoffkonzentration über die Störgrenze muss ein Regenerator eingesetzt werden. Der erforderliche Volumenstrom $\dot{V}_P$, der über einen Regenerator geführt werden muss, lässt sich bei bekanntem Wirkungsgrad des Regenerators durch Umformen der *Gleichung <1>* berechnen.

2.2   Auslegung von Spülsystemen

Zur Berechnung von Spülwasservolumenströmen werden in der einschlägigen Literatur, z.B. [5–7], zahlreiche Berechnungsmodelle beschrieben, die auf verschiedenen Randbedingungen basieren (z.B. der idealen Durchmischung der Spüle) und zum Teil sehr aufwendig sind. Bei einigen Berechnungsmodellen besteht auch die Möglichkeit einer Internetnutzung[*]. Zur Beschreibung der Güte des Spülprozesses wird nach *Gleichung <2>* der Quotient zweier Konzentrationen – der in der Prozesslösung (c_{PL}) und in der letzten Spüle (c_N) – verwendet und als Spülkriterium R bezeichnet.

$$R = \frac{c_{PL}}{c_N} \qquad <2>$$

Je höher der Wert für das Spülkriterium R ist, um so stärker erfolgte durch den Spülvorgang in der Spül-

stufe eine Verdünnung der Einsatzstoffe/Umsetzungsprodukte und desto geringer ist der durch die Elektrolytausschleppung resultierende Fremdstoffeintrag in die nachfolgenden Prozessstufen. Es ist jedoch anzumerken, dass neben einer ausreichenden Menge an Verdünnungswasser, die sich über die Modellrechnungen ermitteln lässt, auch unterstützende Maßnahmen (Turbulenzen durch Einblasen von Luft oder die Umwälzung des Spülwassers, Ultraschalleinsatz, Erwärmung des Spülwassers, etc.) Einfluss auf die Dicke des an den Teilen anhaftenden Flüssigkeitsfilms und damit auf die Diffusionsgeschwindigkeit haben, wodurch die Effizienz des Spülvorganges erheblich beeinflusst wird.

In der Konzipierungsphase von Oberflächenbehandlungsanlagen ist die Nutzung von Erfahrungswerten für Spülkriterien sinnvoll, da sich durch deren Nutzung Volumenströme berechnen lassen, die z.B. für eine Bemessung von peripheren Ausrüstungen genutzt werden können. In der Literatur [6, 8] werden für verschiedene Prozessschritte oder auch Behandlungsverfahren folgende Werte angegeben:

- Vorbehandlung (Entfetten, Beizen): 100–500
- galvanische Abscheidung (Kupfer, Zinn, Zink): 1000–3000
- galvanische Abscheidung (Nickel): 5000
- Chrom (aus Cr(VI)): 10 000–100 000
- Brünieren, Phosphatieren, Passivieren: 3000–5000

Spülwasserinhaltsstoffe sind in den nachfolgenden Prozessstufen häufig als Fremdstoffe zu betrachten, die dort nach Überschreiten der Störgrenze einen störenden Einfluss ausüben können, wobei jedoch von vielen Fremdstoffen die Werte von Störgrenzkonzentrationen in den Prozesslösungen nicht bekannt sind. Allerdings können bestimmte ausgeschleppte Komponenten mit Einsatzstoffen der nachfolgenden Prozesslösung sehr problematische Reaktionen bewirken, die zum Teil als sicherheitsrelevant zu betrachten sind – z.B. beim Eintrag von Cyanid in saure Prozesslösungen und der dadurch verursachten Bildung von Blausäure. In diesen Fällen müssen die Spülkriterien entsprechend der Zusammensetzung der Prozesslösung angepasst werden, um gefährliche Reaktionen zu vermeiden. Betrachtet man z.B. den Spülprozess zwischen den Prozessschritten der galvanischen Zinkabscheidung und der nachgeschalteten Prozessstufe (Aufhellung und/oder Passivierung),

---

[*] Internet-Adresse zum Aufruf der Berechnungsmodelle der TU Dresden: http://eats4.et.tu-dresden.de/index.php?page=spuelprozesse

Bäßler, Schwarz: Spülen ohne Trinkwassereinsatz – zur Verminderung
des industriellen Trinkwasserbedarfs durch Nutzung sinnvoller Alternativen

205

so finden sich in der Literatur für die Spülkriterien folgende Empfehlungswerte [8]:

- Verzinken (sauer): 100–500
- Verzinken (cyanidisch): 2000–3000

In Abhängigkeit der Behandlungsfolge werden für Prozessstufen unterschiedliche Spülkriterien angegeben, z.B. für die galvanische Nickelabscheidung [8]:

- beim Verchromen: 2000–3000
- als Endschicht: 3000–5000

Die Erarbeitung von technisch begründeten Spülkriterien stellt daher eine wichtige Optimierungsaufgabe dar, die über einen längeren Zeitraum erfolgen sollte und bei der die oben aufgeführten Werte allenfalls als Orientierungshilfe dienen können.

Die Einführung einer kombinierten Spültechnik unter Einbeziehung einer Ionenaustauscheranlage zur Spülwasserkreislaufführung (IAKA Anlage) kann ein geeigneter Schritt sein, um die geforderte Verdünnung (hohes Spülkriterium) mit einem minimierten Wassereinsatz zu erreichen. Die Spültechnik wird dabei in eine Spülkaskade mit nachgeschalteter Kreislaufspüle unterteilt *(Abb. 2)*. Durch die vorgeschaltete Spülkaskade wird eine Aufkonzentrierung der Spülwasserinhaltsstoffe und eine Verminderung der Aufgabefracht in die Kreislaufspüle erreicht. Sofern zum Ausgleich der Volumenbilanz eine höhere Konzentration der Inhaltsstoffe erforderlich ist, muss das in der Vorspülkaskade erzeugte Spülwasserkonzentrat noch über einen Konzentrator geführt werden.

Die abschließende Kreislaufspüle sichert das für die Prozesssicherheit erforderliche Spülkriterium, so dass der Volumenstrom, der über den Konzentrator (hier ein Verdampfer) geführt werden soll, optimiert werden kann.

Beim sog. Kreislaufwasser ist zu beachten, dass in Abhängigkeit der eingesetzten Ionenaustauscherharze verschiedene Inhaltsstoffe, wie z.B. organische Verbindungen, nicht oder nur schlecht aus dem im Kreis geführten Spülwasser abgetrennt werden [2]. Dadurch kann eine Querbeeinflussung erfolgen, sofern im Kreislaufwasser Inhaltsstoffe mit Störpotential verbleiben. Auch können Störungen, die ihren Ursprung in der Kreislaufanlage haben, über die gesamte Anlage verteilt werden. Dies gilt insbesondere für die Kontamination mit Mikroorganismen, weshalb eine Kreislaufanlage mit UV-Strahlern (z.B. als schwimmende Einheiten) im Roh- und Reinwassertank zur Desinfektion des Kreislaufwassers ausgerüstet sein sollte.

Durch die Rückführung eines Teilstroms an Spülwasserkonzentrat, ggf. nach Aufkonzentrierung in einem prozessspezifischen Konzentrator, zum Ausgleich der Verdunstungsverluste werden aber auch die in diesem Teilstrom enthaltenen Fremdstoffe in die Prozesslösung zurückgeführt, sofern diese nicht zuvor durch einen Regenerator aus dem Teilstrom entfernt wurden. Die Abtrennung von Fremdstoffen aus dem Spülwasserkonzentrat wird vor allem in den Fällen angewendet, bei denen die zu reinigende Pro-

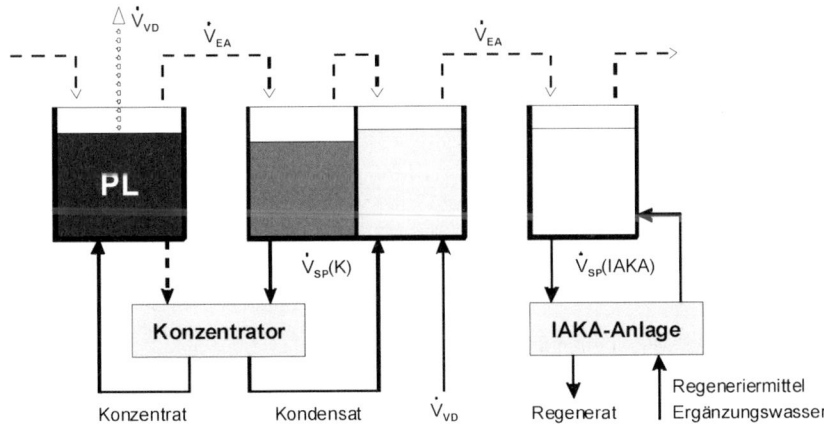

Abb. 2: Schematische Darstellung einer kombinierten Spültechnik mit Einbeziehung einer IAKA-Anlage (nach [9])

zesslösung Komponenten enthält, die einen Regenerator schädigen könnten. Diese Regeneriermethode, auch als indirekte Regenerierung bezeichnet, wird zum Beispiel bei der Abtrennung von Fremdionen (Cu^{2+}, Ni^{2+}, $Cr(III)$, Zn^{2+}, Fe^{2+}/Fe^{3+}, etc.) aus der Prozesslösung beim Verchromen auf Basis von Cr(VI)verbindungen eingesetzt.

Durch Taktung des Spülwasservolumenstroms kann ein unnötiger Wasserverbrauch in Stillstandszeiten vermieden werden. Bei Handanlagen kann dies durch einen Schaltimpuls erfolgen, der durch den Bediener ausgelöst wird. Bei automatisierten Anlagen kann die Zuführung des Verdünnungswassers durch Spritzregister erfolgen, wobei die Spritzregister aktiviert werden, sobald der Warenträger aus der Spülstufe austaucht. Eine Spritzspülstufe kann wegen Abdeckungseffekten jedoch nicht als vollwertige Spülstufe angesehen werden und sollte entsprechend bei der Berechnung der Spülwasservolumenströme nur anteilig berücksichtigt werden.

Beim Einsatz eines Verdampfers als Konzentrator kann über die Nutzung des Kondensates eine Teilrückgewinnung des eingesetzten Wassers erreicht werden. Sofern eine stoffliche Nutzung des Verdampferkonzentrats angestrebt wird, besteht keine Möglichkeit, über den Zusatz von Säuren/Laugen den pH-Wert der Aufgabelösung zu verändern, um die Entstehung leichtflüchtiger Verbindungen (Salzsäure, Ammoniak, etc.) zu vermeiden. Die Nutzung des Kondensates kann ggf. über eine Kondensatreinigung ermöglicht werden, sofern die wirtschaftlichen Voraussetzungen gegeben sind. Auf die Problematik kontaminierter Kondensate wird auch in *Abschnitt 3.4* eingegangen.

2.3 Qualitätsanforderungen des Spülwassers

Das zum Spülen verwendete Wasser darf keine Inhaltsstoffe enthalten, die mit Komponenten der Prozesslösung Fällungsreaktionen bewirken können, wie dies z.B. durch Härtebildner in alkalischen Medien erfolgen würde. Daher ist der Einsatz von VE-Wasser als Spülwasser aus prozesstechnischer Sicht meistens mit Vorteilen verbunden. Sofern Spülwasserkonzentrat zum Ausgleich von Verdunstungsverlusten ver-

wendet werden soll, ist der Einsatz von VE-Wasser als Spülwasser zwingend, da sich andernfalls die Wasserinhaltsstoffe in der Prozesslösung aufkonzentrieren und zu einer Aufsalzung führen, durch die Prozessstörungen bewirkt werden können. Damit definiert die angestrebte Nachnutzung des Spülwassers in wesentlichen Punkten die Qualitätsanforderungen an das zum Spülen eingesetzte Wasser.

Der Einsatz von VE-Wasser als Spülwasser kann die Rückgewinnung von Spülwasserinhaltsstoffen stark vereinfachen, da im Zuge des Recyclingprozesses keine Abtrennung der Wasserinhaltsstoffe des Frischwassers erfolgen muss. Dadurch eröffnet sich beispielsweise die Möglichkeit, für die Rückgewinnung von Wertstoffen aus dem Spülwasserkonzentrat (z.B. Nickel) Carbonsäureharze als schwachsaure Kationenaustauscher zu nutzen, die die Gewinnung eines prozessfähigen Eluates mit hoher Wertstoffkonzentration (> 60 g/L Ni^{2+}) erlauben [19, 20].

Eine der wenigen Ausnahmen vom vorteilhaften Einsatz von VE-Wasser als Spülwasser stellt der Spülprozess zwischen den Prozessstufen der galvanischen Nickel- und der Chromabscheidung dar. Hier verursacht der Einsatz von VE-Wasser im Spülprozess Prozessstörungen bei der nachfolgenden Chromabscheidung[*], die unter dem Begriff „White Washing" zusammengefasst werden. Durch die Nutzung von enthärtetem Wasser oder nicht entsalztem Frischwasser als Spülwasser und/oder die Aktivierung der Nickeloberfläche durch einen Vortauchschritt, ggf. mit kathodischer Schaltung der zu verchromenden Werkstücke, kann die als „White Washing" bezeichnete Prozessstörung jedoch vermieden werden.

Das Beispiel zeigt, dass der Aufbereitungsgrad des Spülwassers an die Erfordernisse vor Ort angepasst werden muss, wobei die vorgesehene Nachnutzung des Spülwasserkonzentrates zu berücksichtigen ist. An vielen Prozessstufen können Prozessstörungen bereits durch die Entfernung der Härtebildner aus dem Einsatzwasser, d.h. durch den Einsatz von enthärtetem Wasser, vermieden werden.

3 Alternativen zum Trinkwassereinsatz bei der Frischwasserversorgung

Beim technischen Wassereinsatz in der Oberflächenbehandlung ist für die Frischwasserversorgung eine Substitution von Trinkwasser möglich, wobei hierfür

---

[*] Nutzung einer Prozesslösung auf Basis von Chromsäure (Cr(VI)verfahren)

Bäßler, Schwarz: Spülen ohne Trinkwassereinsatz – zur Verminderung
des industriellen Trinkwasserbedarfs durch Nutzung sinnvoller Alternativen

207

unter Beachtung quellenspezifischer Rahmenbedingungen verschiedene Möglichkeiten denkbar sind:

• Brunnenwasser
• Oberflächenwasser
• Niederschlagswasser (Regenwasser)
• Kondensate von Verdampfungsprozessen aus Rückführungsmaßnahmen

Auf die vorgenannten Alternativen zum Trinkwassereinsatz soll im Folgenden näher eingegangen werden und es soll zudem auch abgeschätzt werden, warum bestimmte Teilströme – z.B. das behandelte Abwasser – keine Alternative darstellen.

3.1 Brunnenwasser

Brunnenwasser (Grundwasser) ist in der Regel mikrobiologisch einwandfrei und enthält nur geringe Mengen organischer Stoffe. Die chemische Zusammensetzung eines Grundwassers ist sehr stark von den geologischen Gegebenheiten im Förderbereich abhängig, wobei die Wasserinhaltsstoffe bei der Passage der entsprechenden Gesteinsschichten aufgenommen werden. Hauptbestandteile von Grundwässern sind Na^+, Mg^{2+}, Ca^{2+}, Fe^{2+}, Mn^{2+}, Cl^-, SO_4^{2-}, HCO_3^- und freies CO_2, wobei die Konzentrationen in einem weiten Bereich schwanken und auch sehr hohe Werte auftreten können (Sulfat > 10 g/L, Ca^{2+} > 2,5 g/L, Fe^{2+} > 100 mg/L) [2]. Bei Uferfiltraten kann Oberflächenwasser die Qualität des Grundwassers beeinflussen, wobei auch die Anwesenheit von Schwefelwasserstoff (aus der mikrobiologischen Sulfatreduktion) möglich ist [10].

Sofern die chemische Zusammensetzung des Brunnenwassers nicht (durch sehr hohe Werte) aus dem Rahmen fällt, ist Brunnenwasser aus technischer Sicht geeignet, um nach einer entsprechenden Aufbereitung als Einsatzwasser (Ansatz-, Ergänzungs- und Spülwasser) in der Oberflächenbehandlung verwendet zu werden. Dabei wird beim technischen Einsatz der hygienische Standard des Trinkwassers üblicherweise nicht benötigt. Eine Entkeimung über UV-Lampen im Stapeltank des (aufbereiteten) Wassers ist aber ratsam, um Störungen durch Mikroorganismen zu vermeiden.

Die Verfahrensauswahl der Wasseraufbereitung ist anhand der chemischen Zusammensetzung des Grundwassers vorzunehmen und beeinflusst über die Investitions- und Betriebskosten die Wirtschaftlichkeit der Aufbereitung. Für die Wirtschaftlich-

keit der Nutzung von aufbereitetem Brunnenwasser ist es von Vorteil, wenn ein großer Wasserbedarf abzudecken ist. Dann kann ein größeres Einsparpotential erschlossen werden, um die Aufwendungen für die Wassergewinnung und -aufbereitung zu kompensieren.

Bei einer ökonomischen Betrachtung unter Nutzung von Stoffstrombilanzen muss geprüft werden, ob den erforderlichen Aufwendungen auch ausreichende Einsparpotentiale gegenüberstehen. Bei der Kostenbetrachtung ist zu berücksichtigen, dass auch Trinkwasser für einen Einsatz in der Oberflächenbehandlung in der Regel aufbereitet werden muss, um störende Wasserinhaltsstoffe zu entfernen.

3.2 Oberflächenwasser

Oberflächenwasser kann als Mischung von Quellwasser, Grundwasser, Niederschlagswasser und geklärtem kommunalem Abwasser angesehen werden und seine chemische Zusammensetzung kann in weiten Bereichen schwanken. Salze und Härtebildner spielen im Oberflächenwasser eher eine untergeordnete Rolle. Vielmehr ist auf organische Komponenten und Verschmutzungsindikatoren[*] zu achten, die bei der Wasseraufbereitung ggf. zusätzliche Aufbereitungsschritte erforderlich machen [2].

Die Verfahrensauswahl der Wasseraufbereitung ist anhand der chemischen Zusammensetzung des Oberflächenwassers vorzunehmen. Aus technischer Sicht sollte Oberflächenwasser geeignet sein, um nach einer entsprechenden Aufbereitung als Einsatzwasser (Ansatz-, Ergänzungs- und Spülwasser) in der Oberflächenbehandlung verwendet zu werden, wobei insbesondere auf eine effiziente mechanische Vorreinigung zur Abtrennung von Schwebstoffen und organischen Stoffen zu achten ist. Beim technischen Einsatz wird der hygienische Standard des Trinkwassers üblicherweise nicht benötigt. Ebenso wie beim Brunnenwasser ist eine Entkeimung über UV-Lampen im Stapeltank des (aufbereiteten) Wassers anzuraten, um Störungen durch Mikroorganismen zu vermeiden.

---

[*] Verschmutzungsindikatoren wie Ammonium, Nitrat und Phosphat aber auch Schwermetalle weisen auf die Einleitung von (gereinigtem) Abwasser hin. Ein geringer Sauerstoffgehalt (< 2 mg/L) ist ein Hinweis, dass in dem Gewässer sauerstoffzehrende Prozesse (z.B. Wandlung organischer Komponenten) stattfinden, da für die O_2-Sättigungskonzentrationen in Süßwasser bei Normaldruck Werte zwischen 14,6 mg/L (0 °C) und 9,1 mg/L (20 °C) angegeben werden [11]

3.3 Niederschlagswasser (Regenwasser)

Niederschlagswasser ist als Bestandteil des natürlichen Wasserkreislaufes in der Regel salzarm. Durch den Regen werden aber die in der Luft enthaltenen Schadstoffe herausgewaschen. Menge und Qualität des verfügbaren Niederschlagswassers sind zum Teil Schwankungen unterworfen, wobei Art und Menge der im Regenwasser enthaltenen Fremdstoffe von der Schadstoffbelastung der Luft abhängig ist. Weiterhin kann Niederschlagswasser erhebliche Mengen an ungelösten Verunreinigungen enthalten, angefangen von partikulären – vorwiegend anorganischen – Verschmutzungen (Staub, Abrieb von Dachziegeln und/oder Dachrinnen, etc.) bis hin zu organischem Material (Laub und andere Pflanzenreste, Unrat von Tieren z.B. Vogelkot, etc.). Im Zuge der Sammlung des Niederschlagswassers müssen diese Verschmutzungen z.B. durch eine mehrstufige Filtration entfernt werden, da durch Zersetzungsprozesse von biologischen und/oder organischen Materialien zum Teil problematische Fremdstoffe in das Niederschlagswasser eingetragen werden bzw. durch Folgereaktionen gebildet werden, wie z.B. der Eintrag von Schwefelwasserstoff durch die mikrobiologische Reduktion von Sulfat zu Sulfid. Daher dürfen mikrobiologische Aspekte bei der Nutzung von Niederschlagswasser als Frischwasser nicht vernachlässigt werden und erfordern ggf. zusätzliche Behandlungsschritte, wie z.B. den Einsatz von Desinfektionsmitteln.

Wegen der Aufnahme von Kohlendioxid und anderen Schadstoffen aus der Luft kann der pH-Wert des Regenwassers deutlich im sauren Bereich liegen, wobei Stick- und Schwefeloxide durch katalytische Oxidation an Staub- und Rußpartikeln in Salpeter- resp. Schwefelsäure umgewandelt werden können [10]. Bei der Lagerung des Regenwassers in unbeschichteten Betonbehältern kann über eine Auslaugung ein zusätzlicher Fremdstoffstoffeintrag in das gespeicherte Niederschlagswasser erfolgen. Sofern dadurch Härtebildner in das Niederschlagswasser eingetragen werden, muss dies bei der Wasseraufbereitung, insbesondere beim Einsatz von Membrantechnik, berücksichtigt werden.

3.4 Kondensate von Verdampfungsprozessen bei Rückführungsmaßnahmen

Bei der Rückgewinnung von Spülwasserinhaltsstoffen mittels Verdampfung sowie bei Trocknungsprozessen fallen Kondensate an, die ggf. für die Deckung des Frischwasserbedarfs in der Oberflächenbehandlung genutzt werden können. Die Verwendbarkeit der Kondensate ist abhängig von deren chemischer Zusammensetzung, da im Zuge des Verdampfungsprozesses durch flüchtige Verbindungen im Aufgabemedium sowie durch Aerosole eine Kontamination der Kondensate erfolgen kann. Beispiele solcher Problemstoffe sind z.B. Salzsäure, die bei der Verdampfung saurer chloridhaltiger Medien zur Verschmutzung des Kondensates führt oder Ammoniak, der sich im alkalischen Medium aus Ammoniumverbindungen bildet und beim Verdampfungsprozess in das Kondensat übergehen kann. Auch über die Wasserdampfflüchtigkeit organischer Verbindungen kann eine Kontamination des Kondensates verursacht werden.

Die Bildung von Salzsäure, Ammoniak und/oder anderen Problemstoffen könnte zwar durch eine Veränderung des pH-Wertes der Aufgabelösung vermieden werden, wobei dann jedoch die (stoffliche) Nutzbarkeit des Verdampferkonzentrates nicht oder nur noch eingeschränkt möglich ist. Nachdem durch die stoffliche Nutzung des Verdampferkonzentrates am ehesten eine Kompensation der Kosten der Verdampfung erreicht werden kann, bestehen hier aber nur sehr begrenzte Möglichkeiten, die Aufgabelösung zugunsten einer besseren Kondensatqualität chemisch zu verändern. Daher kann in diesen Fällen eine bessere Kondensatqualität nur über eine Reinigung des Kondensates – z.B. mittels Ionenaustausch – erreicht werden.

Der geschlossene Wasserkreislauf bei der Prozessstufe „Glanz Chrom" wird im Referenzdokument BREF für die Oberflächenbehandlung von Metallen und Kunststoffen (BREF STM) als bestverfügbare Technik beschrieben [12]. Beim Einsatz eines Verdampfers zur Aufkonzentrierung des Spülwasserkonzentrates bei der Prozessstufe „Glanz Chrom" wird ein kontaminiertes Kondensat erhalten, das erst nach einer Kondensatreinigung für den Spülprozess an der Prozessstufe oder als Ergänzungswasser bei der IAKA-Anlage genutzt werden kann. Die Kontamination des Kondensates hat mehrere Ursachen:

- Für die Rückführung der ausgeschleppten Komponenten der Prozesslösung wird im Verdampferkonzentrat eine hohe Konzentration der Inhaltsstoffe benötigt. Zusätzlich muss ein Teilstrom an

Bäßler, Schwarz: Spülen ohne Trinkwassereinsatz – zur Verminderung
des industriellen Trinkwasserbedarfs durch Nutzung sinnvoller Alternativen

209

Prozesslösung über den Verdampfer geführt werden, um die Volumenbilanz in der Prozesswanne ausgleichen zu können.

- Die Prozesslösung „Glanz Chrom" enthält aus Gründen des Arbeitsschutzes Tenside, um über die Ausbildung einer Schaumschicht die Emission von Chromsäureaerosolen zu verhindern. Diese Tenside führen beim Verdampfungsprozess zu einer Schaumbildung im Verdampfersumpf. Der Übergang von Schaum in den Brüden kann von den im Verdampfer eingesetzten Tropfenabscheidern (Demistoren) nicht vollständig verhindert werden.

- Hexafluorosilikate, die in mischsauren Prozesslösungen als Katalysator eingesetzt werden [13], hydrolysieren bei pH-Werten > 2,5, wobei sich Fluoride bilden. Bei pH-Werten > 6 ist die Hydrolyse vollständig [14]. Aus den Fluoriden bildet sich im saurem Medium (freie) Flusssäure.

Die Kontamination des Kondensates mit Cr(VI)verbindungen und Fluorid erfordert eine Kondensatreinigung mittels eines mit Glaswolle befüllten Filters zur Abtrennung der Flusssäure und/oder eines schwachbasischen Anionenaustauschers (freie Base-Form).

Eine Verdampfung mit dem ausschließlichen Ziel der Kondensatgewinnung ohne Nutzung des bei der Verdampfung anfallenden Konzentrates ist in der Regel nicht wirtschaftlich durchführbar, da bei einem Wärmepumpenverdampfer mit einem Energiebedarf von 150 Wh/l $_{Kondensat}$ zu rechnen ist, der mit steigendem Aufkonzentrierungsgrad im Sumpf des Verdampfers deutlich ansteigt[*]. Eine schlechtere Kondensatqualität kann Maßnahmen zur Kondensatreinigung erforderlich machen, damit eine Nutzung als Frischwasser möglich wird. Sofern keine zusätzlichen Einsparpotentiale erschlossen werden können und/oder andere besondere Voraussetzungen vorliegen, wie z.B. abwassertechnisch schwierig behandelbare Teilströme mit Grenzwertproblematik für die Abwasserinhaltsstoffe gem. Abwasserverordnung oder nicht genutzte Abwärme aus anderen Produktionsprozessen, ist eine Verdampfung von Abwasser zum Zwecke der Vermeidung einer Abwasserableitung und/oder der Wasserrückgewinnung wenig sinnvoll.

3.5 Sonderfall Kreislaufwasser

Als Kreislaufwasser wird ein wenig belasteter Spülwasserteilstrom bezeichnet, der zur Entsalzung über eine Ionenaustauscherkreislaufanlage (IAKA-Anlage) im Kreis geführt wird, wobei Leitwerte < 30 µS/cm erreicht werden. Eine Reihe von Betrieben der Oberflächenbehandlung nutzen das Kreislaufwasser wie VE-Wasser, obwohl das Kreislaufwasser in Abhängigkeit der angeschlossenen Prozessstufen noch Inhaltsstoffe enthalten kann, die durch den Aufbereitungsprozess nur unvollständig entfernt werden und keinen großen Einfluss auf die Leitfähigkeit besitzen. Typische Beispiele hierfür sind schwach dissoziierte Stoffe (Kieselsäure, Cyanid, Blausäure, Salze div. organischer Säuren, etc.) sowie organische Stoffe, z.B. nichtionische Tenside. Durch die unzureichende Entfernung kann eine Anreicherung dieser Stoffe im Kreislaufwasser erfolgen, vor allem dann, wenn dieses zum Ausgleich von Verdunstungsverlusten genutzt wird.

Zur Beseitigung der aufgeführten Defizite werden in der Literatur folgende Maßnahmen vorgeschlagen [2], die teilweise auch in Kombination erforderlich sind:

- spezifische Nachreinigung des Kreislaufwassers durch selektiv wirkende Teilausrüstungen (starkbasische Anionenaustauscher zur Abtrennung von Silikat, Cyanid und Anionen schwach dissoziierter Säuren, Adsorptionsstufe zur Organikaeliminierung, Restentsalzung mittels Mischbettaustauscher)

- Ausschluss bestimmter Prozessstufen von Spülwasserkreisläufen, z.B. Entfettungen

- Einrichtung getrennter Wasserkreisläufe mit Zuordnung auf definierte Prozesseinheiten, z.B. ein separater Spülwasserkreislauf für cyanidische Prozessstufen.

Auch können Störungen, die ihren Ursprung in der Kreislaufanlage haben, über die gesamte Oberflächenbehandlungsanlage verteilt werden. Dies gilt

---

[*] Ein Energiebedarf von 150 Wh/l $_{Kondensat}$ wird bei der Verdampfung wässriger Lösungen mit niedriger Salzkonzentration mittels Wärmepumpenverdampfer benötigt. Mit steigender Konzentration der Inhaltsstoffe im Sumpf des Verdampfers erhöht sich der Energiebedarf der Verdampfung stetig, da mit zunehmendem Elektrolytgehalt die Wärmekapazität der Lösung ansteigt, während gleichzeitig der Dampfdruck der Lösung sinkt, was zu einer Siedepunkterhöhung führt. Die Aufkonzentrierung der Inhaltsstoffe im Sumpf des Verdampfers führt zu einer Verminderung der Qualität des erzeugten Kondensates, da verstärkt Aerosole mit den Brüden mitgerissen werden und anschließend nach der Kondensation des Dampfes das Kondensat kontaminieren. Bei der Abtrennung von Wasser aus sehr konzentrierten Medien kann der Energiebedarf auf größer 1000 Wh/l $_{Kondensat}$ ansteigen [15]

insbesondere für die Kontamination mit Mikroorganismen. Daher sollte eine Kreislaufanlage mit UV-Strahlern (als schwimmende Einheiten) im Roh- und Reinwassertank zur Desinfektion des Kreislaufwassers ausgerüstet sein.

Bei der Regenerierung von Anionenaustauscherharzen darf kein hartes Wasser zum Ansatz des Regeneriermediums Natronlauge sowie zum Spülen der Harze nach der Regeneriermittelaufgabe eingesetzt werden, da durch die Lauge eine Fällung von Calcium- und Magnesiumverbindungen erfolgt. Es besteht die Gefahr der Verblockung der Harze. Bei einer Ionenaustauscheranlage zur Spülwasserkreislaufführung (IAKA-Anlage) kann bei Gleichstrombetrieb der Einsatz von Reinwasser auf den Ansatz des Regeneriermediums beschränkt werden. Das Freiwaschen der Anionenaustauscherharze kann mit dem Eluat des Kationenaustauschers der IAKA-Anlage erfolgen, da die störenden mehrwertigen Kationen bereits aus dem Aufgabewasser entfernt wurden. Der saure Charakter des Waschwassers verbessert die Effizienz beim Waschvorgang, da eine (partielle) Neutralisation der überschüssigen Regenerierlauge erreicht wird, so dass das Auswaschen der Anionenaustauscherharze mit geringerem Wasserbedarf möglich ist.

3.6   Grenzen der Möglichkeiten

Durch die Umsetzung verschiedener Wassereinsparmaßnahmen im Bereich der Oberflächentechnik, insbesondere die Nutzung der Kaskadenspültechnik und die Einführung von Spülwasserkreisläufen über Ionenaustauscheranlagen, wurde der spezifische Wasserbedarf in der Oberflächentechnik vermindert. Da aber die spezifische Elektrolytausschleppung nicht im gleichen Umfang vermindert wurde, ist der Salzgehalt im behandelten Abwasser stetig angestiegen. Der hohe Salzgehalt und die komplexe chemische Zusammensetzung des behandelten Abwassers stehen dessen Nutzung als Frischwasserquelle

entgegen, weil die erforderliche Aufbereitung sehr aufwendig wäre[*].

Behandeltes Abwasser kann ggf. zum Ansatz von Abwasserchemie (Kalkmilch, Flockungsmittel, ggf. Bisulfit-Lösung für die Cr(VI)reduktion) sowie für untergeordnete Reinigungsprozesse eingesetzt werden und auf diesem Weg Frischwasser substituieren. Gleiches gilt für die Konzentrate von Umkehrosmoseanlagen, sofern dort keine Komplexbildner als Härtestabilisatoren (Anti-Scalants) genutzt wurden. Beim Einsatz von Härtestabilisatoren ist auf eine strikte Trennung des Konzentrates der Umkehrosmose und der Abwasserbehandlung zu achten, da die Komplexbildner die abwassertechnische Behandlung empfindlich stören können, bis hin zur Rücklösung ausgefällter Schwermetalle aus den Neutralisationsrückständen.

4   Aufbereitung des Rohwassers

Wasserinhaltsstoffe, die im Rohwasser enthalten sind, können im Zusammenspiel mit den Komponenten der Prozesslösungen Prozessstörungen und/oder fehlerhafte Produkte verursachen. Es ist daher erforderlich, über die Wasseranalyse auf Art und Menge störender Inhaltsstoffe im Rohwasser zu prüfen, damit diese im Zuge einer Wasseraufbereitung entfernt werden.

4.1   Qualitätsanforderungen an das Frischwasser

Die Qualitätsanforderungen an das Einsatzwasser ergeben sich aus der vorgesehenen Nutzung (siehe *Abschn. 1.2*). Unabhängig von der Herkunft des Wassers darf dieses keine partikulären Verunreinigungen enthalten und bei der Reaktion von Komponenten der Prozesslösung mit Wasserinhaltsstoffen dürfen keine problematischen Reaktionsprodukte entstehen. Nachfolgend sind einige Beispiele für problematische Reaktionen von Wasserinhaltsstoffen aufgeführt:

- Härtebildner und Schwermetalle (inkl. Al^{3+}) können in alkalischen Lösungen Fällungsprodukte bilden, wobei sich nur amphotere Hydroxide im stark alkalischen Medium unter Bildung von Hydroxokomplexen wieder auflösen können. Dies ist insbesondere auch beim Ansatz von Lösungen zu beachten, die bei der Regenerierung von Anionenaustauschern eingesetzt werden.

---

[*] Eine Nutzung des behandelten Abwassers als „Rohwasserquelle" könnte technisch nur mittels Verdampfung und einer nachgeschalteten Kondensatreinigung erfolgen, wobei recht hohe Kosten zu erwarten sind. Das Verdampferkonzentrat ist als Abfall zu entsorgen. Eine derartige Prozess- und Anlagentechnik erfordert das Vorliegen besonderer Gründe, z.B. wenn die Abwasserableitung in die Kanalisation auf Grund von Problemstoffen nicht möglich ist (Grenzwertproblematik) [2]

Bäßler, Schwarz: Spülen ohne Trinkwassereinsatz – zur Verminderung
des industriellen Trinkwasserbedarfs durch Nutzung sinnvoller Alternativen

211

- Beim Zusammentreffen von Calcium- und sulfathaltigen Lösungen entsteht Gips[*]. Dies kann bei Prozesslösungen zur galvanischen Nickelabscheidung, Prozesslösung „sauer Kupfer" ($CuSO_4$/H_2SO_4) oder anderen Schwefelsäure haltigen Lösungen (Beizen, Dekapierungen) sowie beim Spülen mit hartem Wasser zu Ausfällungen führen.

- Chloride bilden in oxidierenden Medien (z.B. Prozesslösungen auf Basis von Chromsäure) elementares Chlor, wobei diese Reaktion sogar als sicherheitsrelevant einzustufen ist. Auch beim Einsatz unlöslicher Anoden erfolgt eine Umsetzung von Chloriden zu elementarem Chlor[**].

- Ein hoher Salzgehalt verursacht eine schlechte Löslichkeit für organische Verbindungen.

- Chloride können eine korrosive Wirkung auf Aluminiumoberflächen ausüben.

Nachdem in der Oberflächenbehandlung nur bei robusten Anwendungen der Einsatz des Rohwassers ohne vorgeschaltete Wasseraufbereitung möglich ist, bestimmt die chemische Zusammensetzung des Rohwassers im Wesentlichen die Rahmenbedingungen, die für die Verfahrensauswahl bei der Wasseraufbereitung und deren Betrieb zu beachten sind. Dabei führt Rohwasser mit einer hohen Salzbelastung zu einem Mehraufwand bei der Wasseraufbereitung, da der Regeneriermittelbedarf äquivalent zum Gehalt der Härtebildner (Enthärtung) bzw. Salzgehalt (Vollentsalzung) ansteigt bzw. beim Einsatz von Membranverfahren die Permeatausbeute sinkt.

4.2 Beurteilung der Qualität des Rohwassers

Die Beurteilung der Wasserqualität und die Festlegung der Prozess- und Anlagentechnik der Wasseraufbereitung erfolgt auf Grundlage der chemischen Zusammensetzung des Rohwassers. Beim Vorliegen einer chemischen Analyse sollte über eine Bilanzierung von Anionen und Kationen eine Plausibilitätskontrolle der Analyse vorgenommen werden, wobei die Summen der Äquivalentkonzentrationen der wesentlichen Kationen (Natrium, Calcium, Magnesium, Eisen) und Anionen (Chlorid, Sulfat, Hydrogencarbonat, Nitrat) gut übereinstimmen müssen. Bei Abweichungen > 5 % wird in der Literatur [16] eine Kontrollanalyse empfohlen. Die Einbeziehung von Spurenstoffen zur Beurteilung der Wasserqualität ist nur erforderlich, sobald eine Komponente hohe Verfahrensrelevanz besitzt – z.B. Sili-

kat beim Einsatz von Membranverfahren für die Wasseraufbereitung.

Sofern keine chemischen Analyse des Rohwassers verfügbar ist, kann über ausgewählte Summenparameter (Salzgehalt, Gesamt- und Carbonathärte, Säure- und Basekapazitäten) eine Festlegung der Prozess- und Anlagentechnik der Wasseraufbereitung erfolgen, wobei sich die erforderlichen Werte mit vergleichsweise einfachen Laborarbeiten und -verfahren bestimmen lassen [2]:

- Bestimmung des Salzgehaltes

  Durch die Aufgabe der Wasserprobe auf eine Säule, die mit einem starksauren Kationenaustauscherharz in der H-Form gefüllt ist, werden die Kationen vom Ionenaustauscherharz aufgenommen und die äquivalente Menge der korrespondierenden Säuren gebildet. Durch eine Säure-/Base-Titration kann über die Säuremenge der Gesamtsalzgehalt der Wasserprobe ermittelt werden, wobei jedoch im Sammelgefäß für das Eluat eine bekannte NaOH-Menge vorgelegt werden muss, um ein Entweichen von CO_2 aus dem Ablauf des Ionenaustauschers zu verhindern.

- Bestimmung der Konzentration der Härtebildner (Gesamthärte, Carbonathärte)

  Die Bestimmung der Härtebildner (Gesamthärte) kann komplexometrisch durchgeführt werden. Die Bestimmung der Carbonathärte erfolgt durch die Bestimmung der Säurekapazität $K_{S4,3}$, die in diesem Fall der Menge an Hydrogencarbonat entspricht.

Für weitere Details zur Durchführung der Analysen wird auf die Fachliteratur [17] verwiesen.

4.3 Verfahren der Rohwasseraufbereitung

Die Rohwasseraufbereitung umfasst neben einer Entfernung partikulärer Verunreinigungen üblicherweise die Entfernung anorganischer Inhaltsstoffe, also eine Enthärtung oder eine Vollentsalzung des Rohwassers. In diesem Abschnitt soll nur auf einige gängige Varianten der Rohwasseraufbereitung eingegangen werden, wobei die Verfahrenstechnik für die Wasseraufbereitung sehr stark von der chemischen Zusammensetzung des Rohwassers und den Quali-

---

[*] Löslichkeit von Gips in reinem Wasser: ca. 2 g/L; Calcium- und Sulfatgehalte im entsprechenden Teilstrom vermindern gem. dem Löslichkeitsprodukt die Gips-Löslichkeit entsprechend

[**] Die Überspannung von Cl^-/Cl_2 ist bei sehr vielen Elektrodenmaterialien niedriger als bei H_2O/O_2

212

Bäßler, Schwarz: Spülen ohne Trinkwassereinsatz – zur Verminderung
des industriellen Trinkwasserbedarfs durch Nutzung sinnvoller Alternativen

tätsanforderungen für das Einsatzwasser in der Oberflächenbehandlung abhängig ist.

Enthärtung

Bei der Enthärtung erfolgt ein Austausch der Härtebildner (Ca^{2+}, Mg^{2+}) durch eine äquivalente Menge an Na^+-Ionen (Neutralkationenaustausch). Zur Enthärtung werden in der Regel starksaure Kationenaustauscher in der Na-Form eingesetzt, die nach der Beladung mit einer Kochsalzlösung regeneriert werden. Nach der Regeneration erfolgt ein Waschprozess mit dem Aufgabemedium (Rohwasser). Eine Überprüfung der Wirksamkeit einer Enthärtungsanlage ist nur auf analytischem Wege möglich – durch eine Bestimmung der Resthärte über ein titrimetrisches, photometrisches oder spektroskopisches Verfahren. Chemische Enthärtungsverfahren, z.B. Ausfällung der Härtebildner durch Zugabe von Kalk und Natriumcarbonat mit nachgeschalteter Filtration (Kalk-Soda-Verfahren), werden heute nur noch selten angewandt.

Entcarbonisierung (Teilentsalzung)

Als Entcarbonisierung bezeichnet man ein Ionenaustauschverfahren, bei dem neben dem Hydrogencarbonat auch eine äquivalente Menge an Härtebildnern entfernt wird. Für diese Teilentsalzung wird ein schwachsaurer Kationenaustauscher (Carbonsäureharz in der H-Form) genutzt, dem ein Füllkörperentgaser (sog. Rieseler) nachgeschaltet ist. Solange Hydrogencarbonat vorhanden ist, bindet das Carbonsäureharz die Härtebildner, da die vom Harz freigesetzten Protonen mit dem Hydrogencarbonat zu Kohlendioxid reagieren. Das Kohlendioxid wird anschließend aus der Aufgabelösung entfernt, in dem die Lösung auf einen mit Luft im Gegenstrom beaufschlagten Füllkörperentgaser aufgegeben wird. Das ablaufende Wasser der Entcarbonisierung ist nur teilentsalzt und teilenthärtet.

Das Carbonsäureharz lässt sich mit stöchiometrischen Säuremengen regenerieren, wobei zur Vermeidung einer Gipsausfällung der Einsatz von Schwefelsäure als Regeneriersäure zu vermeiden ist. Die Ent-

carbonisierung wird bevorzugt bei Rohwässern mit einem hohen Gehalt an Carbonathärte eingesetzt und kann in eine Prozesstechnik zur Vollentsalzung integriert werden, wodurch sich der Chemikalien- und Wasserbedarf bei der Herstellung von VE-Wasser günstig beeinflussen lässt (siehe *Abschn. 5.2*, Anwendungsbeispiel B).

Entsalzung mittels Umkehrosmose

Die Umkehrosmose ist ein Membranverfahren, bei dem Wasser mittels hohem Druck durch eine Membran gedrückt wird, während die Wasserinhaltsstoffe (weitgehend) zurückgehalten werden. Zum Schutz der Membranen müssen Wasserinhaltsstoffe aus dem Frischwasser entfernt werden, die zu einer Belagbildung (Scaling[*]) oder Verblockung der Membran führen können. Im Fall der Herstellung von VE-Wasser sind dies die Härtebildner oder andere mehrwertige Kationen (Eisen, Mangan, etc.), die durch eine vorgeschaltete Behandlung mittels Filtration und/oder Ionenaustausch entfernt werden müssen. Alternativ zur Enthärtung erfolgt bei einigen Betrieben auch die Zugabe von Härtestabilisatoren – dies sind Komplexbildner, die eine Ausfällung der Härtebildner auf der Membranoberfläche verhindern sollen. Der Einsatz der Komplexbildner ist aus abwassertechnischer Sicht durchaus kritisch zu sehen, denn die Härtestabilisatoren können bei der Abwasserbehandlung zu erheblichen Schwierigkeiten führen – bis hin zur Rücklösung von Schwermetallen aus den Neutralisationsrückständen. Sobald Komplexbildner als Härtestabilisatoren eingesetzt werden, ist zur Vermeidung von Prozessstörungen bei der Abwasserbehandlung eine vollständige Abtrennung des Abwasserteilstroms der Umkehrosmose von den restlichen Abwasserteilströmen der Oberflächenbehandlung erforderlich.

Ebenso müssen partikuläre Verunreinigungen, die zu einer Verblockung von Membranen oder Harzen führen können, über eine wirksame Vorreinigung von diesen empfindlichen Komponenten ferngehalten werden. Bei der Nutzung von Wasser aus dem öffentlichen Leitungsnetz (Trinkwasser) kann für die Feinreinigung die Nutzung eines Kerzenfilters (Porenweite < 5 μm) ausreichen, während beim Einsatz von Brunnen-, Oberflächen- oder Niederschlagswasser die Abtrennung größerer Schmutzfrachten erforderlich sein kann, wobei die Vorreinigung ggf. über eine mehrstufige Filtration erfolgen muss.

---

[*] Unter Scaling versteht man die Bildung einer Schicht auf der Membranoberfläche bis hin zur Anlagerung von Partikeln und der Verblockung der Membran. Scaling führt zur Verminderung der Durchflussleistung durch die Membran und kann eine häufigere Reinigung der Membran erforderlich machen. Weitere nachteilige Auswirkungen sind ein höherer Energieverbrauch und eine kürzere Lebenszeit der Membrane

Bäßler, Schwarz: Spülen ohne Trinkwassereinsatz – zur Verminderung
des industriellen Trinkwasserbedarfs durch Nutzung sinnvoller Alternativen

213

In Abhängigkeit der Salzkonzentration des Aufgabewassers kann mit einer einstufigen Umkehrosmoseanlage eine Permeatausbeute von 50 bis 80 % erreicht werden, wobei die Leitfähigkeit im Permeat im Bereich von 15 bis 100 µS/cm liegt. Die Hauptschlupfkomponenten im Permeat sind Natrium- und Chloridionen. Bessere Permeatqualitäten lassen sich nur auf Kosten der Permeatausbeute oder durch eine zweistufige Umkehrosmoseanlage erreichen.

Sofern für den Einsatz in der Oberflächenbehandlung bessere Permeatqualitäten benötigt werden, kann eine Nachreinigung des Permeates durch Ionenaustausch erfolgen. Mit Mischbettaustauschern lassen sich Leitwerte < 1 µS/cm erreichen, wobei die Nutzungsdauer des Mischbettaustauschers im Wesentlichen durch die Qualität des Permeates beeinflusst wird.

Vollentsalzung mittels Ionenaustausch

Durch eine Reihenschaltung von starksauren Kationenaustauschern und Anionenaustauschern (schwach- und/oder starkbasisch) kann eine Vollentsalzung des Rohwassers erreicht werden. Sofern nur schwachbasische Anionenaustauscher eingesetzt werden, lassen sich nur Reinwasserqualitäten < 30 µS/cm erreichen, da die Anionen schwacher Säuren (insbesondere Hydrogencarbonat) nicht oder nur unvollständig entfernt werden. Mit starkbasischen Anionenaustauschern lassen sich Reinwasserqualitäten < 10 µS/cm erreichen, wobei jedoch die starkbasischen Harze einen deutlich höheren Regeneriermittelbedarf aufweisen als die schwachbasischen Harze. Durch eine Reihenschaltung von schwach- und starkbasischen Harzen und eine Verbundregeneration lassen sich die Nachteile der beiden Anionenaustauschertypen (teilweise) kompensieren.

Bei Rohwässern mit hohem Carbonathärteanteil lässt sich durch die Integration einer Entcarbonisierung der Chemikalien- und Wasserbedarf bei der Herstellung von VE-Wasser günstig beeinflussen. Über eine Nachreinigung mittels Mischbettaustauscher sind im Reinwasser Leitwerte < 1 µS/cm erreichbar.

5 Anwendungsbeispiele aus der betrieblichen Praxis

Bei der technischen Wassernutzung im Bereich der Oberflächenbehandlung gibt es inzwischen mehrere

Beispiele, bei denen für die Frischwasserversorgung auf den Einsatz von Wasser aus dem öffentlichen Versorgungsnetz (Trinkwasser) verzichtet wird. In diesem Beitrag soll auf drei Anwendungsbeispiele näher eingegangen werden.

5.1 Einsatz von Brunnenwasser (Grundwasser) – Anwendungsbeispiel A

Die Fertigung elektronischer Komponenten enthält eine Vielzahl sensibler Prozessschritte, so dass in einem Fertigungsbetrieb das gesamte Einsatzwasser in der nasschemischen Fertigung mittels Enthärtung oder Entsalzung aufbereitet wird. Während für die Aufbereitung des Einsatzwassers zunächst Trinkwasser verwendet wurde, erfolgte vor ca. 10 Jahren die Umstellung auf Brunnenwasser. Dafür wurde auf dem Firmengelände eine Brunnenbohrung niedergebracht, über die die Förderung des Grundwassers erfolgt, das für die Wasseraufbereitung verwendet wird. Die chemische Zusammensetzung des geförderten Grundwassers zeigt jedoch, dass zusätzlich ein Entcarbonisierungsschritt (siehe *Abschn. 4.3*) benötigt wird, um die vorhandene Prozess- und Anlagentechnik zur Wasseraufbereitung weiter nutzen zu können. Das Brunnenwasser enthält einen deutlich höheren Gehalt an Härtebildnern als das zuvor eingesetzte Stadtwasser (Werte siehe *Tab. 1*), wobei die Carbonathärte nahezu den doppelten Wert aufweist.

Die Aufbereitung des Brunnenwassers erfolgt mehrstufig. Durch die Belüftung des Brunnenwassers werden die Eisen- und Manganverbindungen gefällt und anschließend mittels Filtration in einem Kiesfilter abgetrennt. Die Auskreisung der abgetrennten Hydroxide erfolgt durch einen Rückspülvorgang mit dem Aufgabemedium, wobei nach dem Rückspülen eine sorgfältige Einfiltierung erfolgen muss, um einen Durchbruch der ausgefällten Metallhydroxide durch den Kiesfilter zu vermeiden. Die beim Einfiltrieren erzeugte Schicht dient dabei als zusätzliche Filterschicht.

Nach der Filtration erfolgt die Abtrennung der Carbonathärte durch einen schwachsauren Kationenaustauscher (Carbonsäureharz in der H-Form) mit einem nachgeschaltetem Füllkörperentgaser – einem sog. Rieseler. Dabei wird das Kohlendioxid ohne Chemikalieneinsatz aus dem Aufgabemedium entfernt, wobei ein Wirkungsgrad > 90 % erreicht wird.

Tab. 1: Vergleich bemessungsrelevanter Parameter des Brunnenwassers (vor und nach Aufbereitung) sowie des substituierten Stadtwassers (Anwendungsbeispiel A)

Parameter	Brunnenwasser (vor Aufbereitung)	Brunnenwasser (nach Aufbereitung)	Stadtwasser (Vergleich)
Leitfähigkeit	1253 µS/cm	832 µS/cm	800 µS/cm
Salzgehalt	13,6 mval/L	8,0 mval/L	8,1 mval/L
Härte	10,9 mval/L (30,5 °dH)	5,4 mval/L (15,1 °dH)	6,3 mval/L (17,7 °dH)
Carbonathärte	7,2 mval/L (20,0 °dH)	1,1 mval/L (3,2 °dH)	3,5 mval/L (9,7 °dH)
Eisen (ges.)	< 0,1 mg/L	< 0,1 mg/L	< 0,1 mg/L
Mangan (ges.)	0,69 mg/L	0,22 mg/L	< 0,01 mg/L

Die gesamte Prozess- und Anlagentechnik der Brunnenwasseraufbereitung ist in *Abbildung 3* schematisch dargestellt. Das aufbereitete Brunnenwasser wird vor der betrieblichen Nutzung noch enthärtet bzw. vollentsalzt, wobei die bereits vorhandene Prozess- und Anlagentechnik der Wasseraufbereitung (Ionenaustausch, Umkehrosmose) weiter benutzt wird.

Die Regenerierung des Carbonsäureharzes erfolgt stöchiometrisch mit Salzsäure, wobei die aufgegebene Salzsäuremenge so bemessen ist, dass im Ablaufbereich der Ionenaustauschersäule stets noch Harz in der Salzform vorhanden ist. Durch diese ge- zielt unvollständige Regenerierung des Ionenaustauscherharzes wird ein mineralsaurer Ablauf vermieden. Über den Regeneriermitteleinsatz (2,0 val/l $_{Harz}$) wird die Nutzungsdauer einer Ionenaustauschersäule definiert, wobei über die Reihen-/Wechselschaltung der Ionenaustauschersäulen in Verbindung mit einer angemessenen Aufgabegeschwindigkeit (< 10 m/h) eine gute Nutzung der verfügbaren Harzkapazität erreicht wird. Der Zeitpunkt der Regeneration einer Säule kann betriebssicher über das aufbereitete Volumen an Brunnenwasser (Steuerung über Wasserzähler) ermittelt werden, so dass sich die Überwachung des aufbereiteten Brunnenwassers

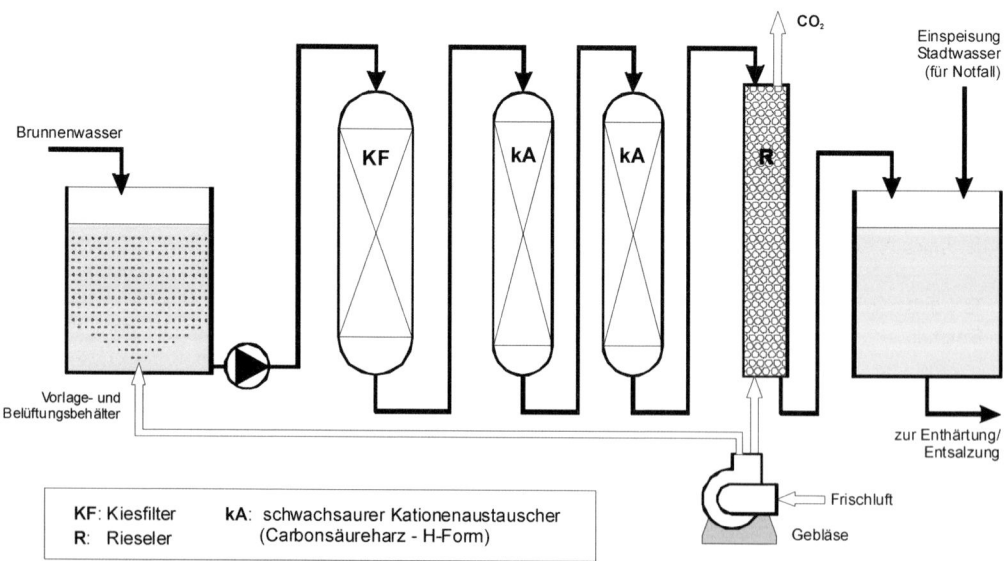

Abb. 3: Schematische Darstellung der Prozess- und Anlagentechnik für die Aufbereitung des Brunnenwassers

Bäßler, Schwarz: Spülen ohne Trinkwassereinsatz – zur Verminderung
des industriellen Trinkwasserbedarfs durch Nutzung sinnvoller Alternativen

215

durch das Betriebslabor in Normalfall auf die Kontrolle des pH-Wertes und des Leitwertes im Ablauf des Rieselers beschränken kann.

Eisen- und Manganverbindungen, die durch die vorgeschaltete oxidative Behandlung nicht aus dem Aufgabemedium entfernt wurden, werden vom Ionenaustauscherharz ebenfalls abgetrennt. Zur Vermeidung von Ablagerungen erfolgt einmal pro Jahr eine Sonderregenerierung[*] des Ionenaustauscherharzes.

Die Entcarbonisierung zeichnet sich durch eine sehr gute Stoffnutzung aus, da zur Abtrennung der gebundenen Härtebildner nur die stöchiometrische Menge an Salzsäure benötigt wird. Durch die gleichzeitige Abtrennung von Hydrogencarbonat und der entsprechenden Menge an Härtebildnern wird eine Teilentsalzung des Aufgabemediums erreicht.

Insgesamt ergab sich für die Umstellung von Trinkwasser auf Brunnenwasser ein Amortisationszeitraum < 2 a.

5.2   Einsatz von Brunnenwasser (Uferfiltrat) – Anwendungsbeispiel B

Für die Herstellung von VE-Wasser nutzt ein Betrieb zur Beschichtung von Kunststoffen Uferfiltrat mit einem hohen Salzgehalt, das über einen betriebseigenen Brunnen gewonnen wird (Werte siehe *Tab. 2*).

Die Prozesstechnik zur Entsalzung des Brunnenwassers ist mehrstufig und umfasst

- einen Kiesfilter zur Entfernung partikulärer Verunreinigungen
- eine Ionenaustauscheranlage mit insgesamt sieben Ionenaustauschersäulen, die in zwei Ionenaustauscherstraßen angeordnet sind (zwei Kationen- und ein Anionenaustauscher je Straße) und einem nachgeschalteten starkbasischen Anionenaustauscher
- einen Füllkörperentgaser (Rieseler) zur chemikalienfreien Abtrennung von Kohlendioxid.

Tab. 2: Bemessungsrelevante Parameter des Brunnenwassers zur Herstellung von VE-Wasser beim Anwendungsbeispiel B

Parameter	Wert
Leitfähigkeit	1190 µS/cm
Salzgehalt	12,05 mval/L
Härte	8,57 mval/L 24,0 °dH
Carbonathärte	4,47 mval/L 12,5 °dH

Abbildung 4 zeigt schematisch die verwendete Prozess- und Anlagentechnik.

Nach der Entfernung von partikulären Verunreinigungen erfolgt im Carbonsäureaustauscher die Abtrennung der Carbonathärte, wobei das beim Ionenaustausch gebildete Kohlendioxid sowie die im Rohwasser enthaltene freie Kohlensäure in einem Füllkörperentgaser (Rieseler) entfernt werden. Dazu wird das Aufgabemedium über eine Füllkörperkolonne geleitet, die im Gegenstrom mit Luft beaufschlagt wird. Dabei wird das Kohlendioxid ohne Chemikalieneinsatz aus dem Aufgabemedium entfernt. Der Rieseler wird von beiden Straßen gemeinsam genutzt und bewirkt die hydraulische Trennung der Kationen- und Anionenaustauscher. Daher wird zur Beschickung der Anionenaustauscher eine separate Förderpumpe benötigt.

Durch die Entcarbonisierung wird der Gehalt an Hydrogencarbonat im Aufgabemedium sehr stark vermindert, wodurch der starkbasische Anionenaustauscher erheblich entlastet wird. Er dient daher hauptsächlich zur Entfernung von Silikat sowie als Schlupffänger für den schwachbasischen Anionenaustauscher. Seine Dimensionierung erfolgte gemäß den hydrodynamischen Notwendigkeiten (sog. hydraulische Auslegung über die Aufgabegeschwindigkeit), so dass das Aufnahmevermögen des starkbasischen Harzes während einer Nutzungsperiode der Ionenaustauscherstraße[*] nicht ausgeschöpft wird. Er kann daher von beiden Straßen gemeinsam genutzt werden und wird bei Bedarf zusammen mit einem schwachbasischen Anionenaustauscher im Verbund regeneriert.

Durch eine Verbundregenerierung von stark- und schwachsauren Kationenaustauscherharzen bzw. stark- und schwachbasischen Anionenaustauscherharzen kann die Chemikaliennutzung bei der Regeneration verbessert werden. Im Falle der Kationenaustauscher wird dabei die sehr gute Regeneriermittelnutzung der Carbonsäureharze genutzt. Während starksaure Harze für eine gute Regenerierung neben einem deutlichen Regeneriermittelüberschuss auch eine entsprechende Konzentration der Regene-

---

[*] Bei der Sonderregenerierung der Carbonsäureharze werden diese vollständig mit Salzsäure regeneriert und ausgewaschen. Danach erfolgt eine partielle Konditionierung der Harze mit Natronlauge, wobei die Konditionierung entgegen der Aufgaberichtung erfolgen muss

[**] Zeitraum zwischen zwei Regenerationen

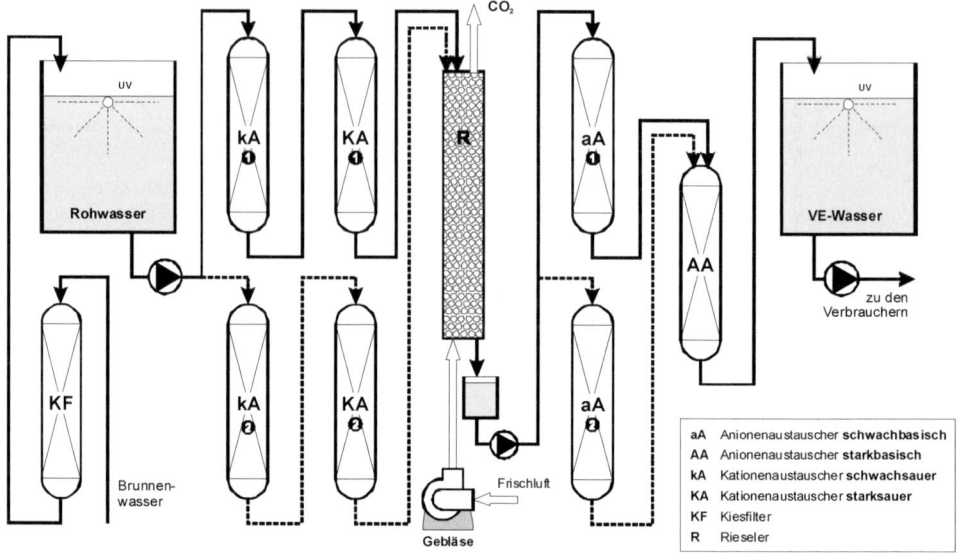

Straße❶ in **Betrieb** - Straße ❷ (regeneriert) in **Bereitschaft**

Abb. 4: Schematische Darstellung der Prozess- und Anlagentechnik zur Herstellung von VE-Wasser aus Brunnenwasser (Anwendungsbeispiel B)

riersäure benötigen, sind die Carbonsäureharze bei weitem weniger anspruchsvoll. Die Regenerierung eines Carbonsäureharzes kann auch bei niedrigen Säurekonzentrationen erfolgen. Für ein gutes Regenerierergebnis wird trotzdem nur ein geringer Regeneriermittelüberschuss benötigt. Sobald der starkbasische Anionenaustauscher regeneriert werden muss, wird dies im Verbund mit der Regeneration des schwachbasischen Anionenaustauschers durchgeführt, wodurch die schlechte Regeneriermittelnutzung des starkbasischen Anionenaustauschers durch die Verbundregeneration mit dem schwachbasischen Harz kompensiert werden kann.

Infolge des höheren anlagentechnischen Aufwandes und der Vorteile der Verbundregeneration können für die Herstellung von VE-Wasser mittels Ionenaustausch trotz des hohen Salzgehaltes günstige Verbrauchswerte erreicht werden [9].

- HCl (Regenerierung Kationenaustauscher):
  848 g/m³   23,3 val/m³
- NaOH (Regenerierung Anionenaustauscher):
  566 g/m³   14,2 val/m³
- Eigenwasserbedarf: 84 l/m³

Die Kontamination des Frischwassers und des VE-Wassers mit Mikroorganismen konnte mit Hilfe von UV-Bestrahlungseinheiten in den Vorlagetanks sicher vermieden werden.

5.3 Einsatz von Niederschlagswasser (Regenwasser) – Anwendungsbeispiel C

In einer Anlage zum Anodisieren von Aluminiumoberflächen mit den Prozessschritten Entfetten, Beizen (alkalisch), Dekapieren, Glänzen (chemisch und/ oder elektrolytisch), Eloxieren, Färben und Verdichten werden vornehmlich Aluminium abtragende Verfahren eingesetzt. Durch den Einsatz von Regeneratoren, prozessspezifischen Verdampfern an den Prozessstufen „Glänzen" und „Eloxieren", einer Ionenaustauscherkreislaufanlage und einem Endverdampfer wurde eine stoffverlustminimierte Prozesstechnik ohne Abwasserableitung realisiert, wobei durch den Endverdampfer der verbliebene Wasserüberhang beseitigt wird.

Bei den Prozessstufen „Entfetten" und „Beizen" werden die Spülwasserkonzentrate vollständig zum Ausgleich der Verdunstungsverluste genutzt, so dass diese Prozessstufen ohne Einsatz von Verdampfern abwasserfrei betrieben werden können.

Das Konzentrat des Endverdampfers wird als Abfall entsorgt, während der Hauptteil der durch den

Bäßler, Schwarz: Spülen ohne Trinkwassereinsatz – zur Verminderung
des industriellen Trinkwasserbedarfs durch Nutzung sinnvoller Alternativen

217

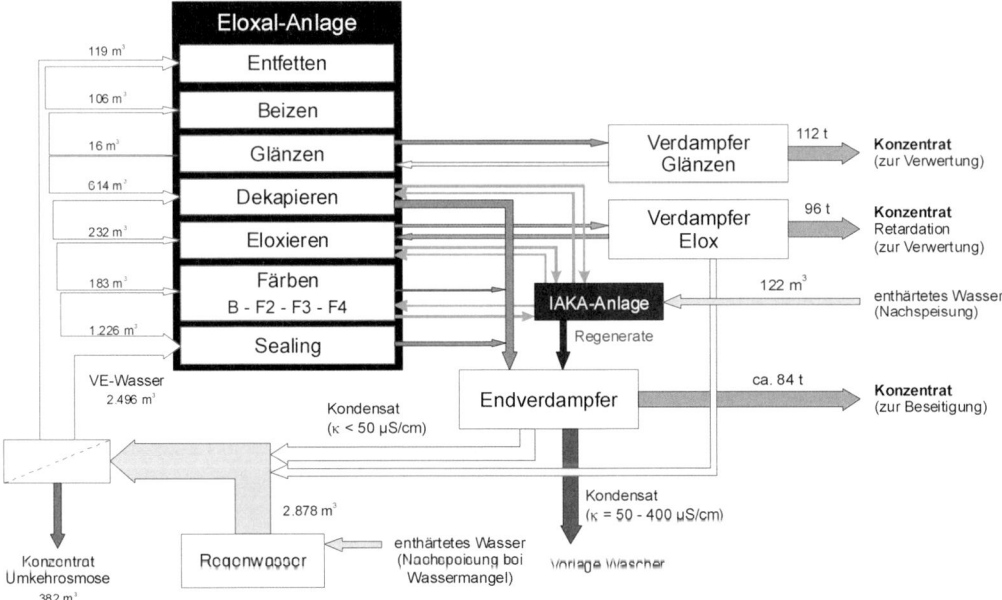

Abb. 5: Wasserbilanz einer Eloxalanlage mit Stoff- und Wasserkreisläufen (nach [15, 18])

Aluminiumabtrag verursachten Stoffüberhänge in Form flüssiger Konzentrate einer stofflichen Verwertung zugeführt werden. Die bei der Verdampfung anfallenden Kondensate werden als Spülwasser oder für die Herstellung von VE-Wasser genutzt. Die Erprobung und Optimierung der Stoff- und Wasserkreisläufe unter Betriebsbedingungen erfolgten im Rahmen eines Forschungsvorhabens [15, 18]. *Abbildung 5* zeigt schematisch die Wasserbilanz der Eloxal-Anlage mit den eingerichteten Wasserkreisläufen.

Als Einsatzwasser wird in der Eloxal-Anlage ausschließlich VE-Wasser genutzt, das mittels Umkehrosmose aus aufbereitetem Niederschlagswasser (Regenwasser) und den Kondensaten der verschiedenen Verdampfungsprozesse aufbereitet wird. Kondensate der Verdampfungsprozesse mit Leitwerten < 50 µS/cm werden für die Herstellung von VE-Wasser mittels Umkehrosmose genutzt, während Kondensate bis 400 µS/cm für die Abluftreinigung in den Wäschern genutzt werden. Zur Vermeidung einer Belagsbildung auf den Membranen der Umkehrosmoseanlage werden Härtestabilisatoren als Anti-Scalants eingesetzt. Trotzdem ist ein Austausch der Membranen der Umkehrosmoseanlage

nach der Herstellung von ca. 1300 m³ VE-Wasser erforderlich. Durch die vergleichsweise geringe Salzbelastung des Aufgabewassers kann bei der Umkehrosmose eine Permeatausbeute von ca. 87 % erreicht werden.

Die Abtrennung partikulärer Verschmutzungen aus dem Regenwasser erfolgt durch ein mehrstufiges Filtersystem beim Sammeln des Regenwassers und ist für die Betriebssicherheit der Wasseraufbereitung von sehr großer Bedeutung. Menge und Qualität des anfallenden Niederschlagswassers sind großen Schwankungen unterworfen. Daher wurde zur Speicherung des Regenwassers ein großer Speicher errichtet (Volumen > 100 m³). Zur Sicherstellung der Wasserversorgung kann bei längeren Trockenzeiten eine Nachspeisung mit Trinkwasser aus dem öffentlichen Leitungsnetz erfolgen, dass jedoch zuvor mittels Ionenaustausch enthärtet werden muss.

6 Fazit und Ausblick

Die zunehmende Einführung von Stoff- und Wasserkreisläufen in der nasschemischen Oberflächenbehandlung erfordert die Aufbereitung durch Erhärtung oder Entsalzung des Frischwassers, da die (anorganischen) Wasserinhaltsstoffe häufig als Fremdstoffe zu betrachten sind. Die Notwendigkeit der Aufbereitung betrifft sowohl Trinkwasser als auch die alternativen Frischwasserquellen wie Brunnenwasser, Oberflächenwasser oder Niederschlagswasser. Dies eröffnet die Möglichkeit, für den technischen Wassereinsatz Wasserquellen zu nutzen, die keine Trinkwasserqualität besitzen oder die infolge ihrer chemischen Zusammensetzung für die Nutzung von Trinkwasser ungeeignet sind bzw. einen hohen Aufbereitungsaufwand erfordern würden, um die Anforderungen der Trinkwasserverordnung zu erfüllen.

Praxisbeispiele zeigen, dass mit einer angepassten Wasseraufbereitungstechnologie die Nutzung alternativer Frischwasserquellen für den technischen Wassereinsatz ohne Einschränkungen der Prozesssicherheit möglich ist. Die wirtschaftliche Tragfähigkeit ist von vielen verschiedenen Parametern abhängig, insbesondere von der chemischen Zusammensetzung der alternativen Wasserquelle, und ist daher für den Einzelfall zu betrachten.

Symbolverzeichnis

$c_{F,m}$	Fremdstoffkonzentration (Gleichgewicht)
$c_{F,R}$	Fremdstoffkonzentration im Ablauf Regenerator
$c_{F,Z}$	Fremdstoffkonzentration im Zulauf Regenerator
c_{PL}	Konzentration in der Prozesslösung
c_N	Konzentration in der n-ten Spülstufe
R	Spülkriterium
K	Konzentrator
PL	Prozesslösung
R	Regenerator
Sp_n	n-te Spülstufe
γ_R	Rückführgrad
ϕ^{-1}	Aufkonzentrierungsgrad
$\dot{m}_F$	Massenstrom Fremdstoffeintrag
$\dot{V}_{EA}$	Volumenstrom Elektrolytausschleppung
$\dot{V}_P$	Volumenstrom über Regenerator
$\dot{V}_{VD}$	Volumenstrom Verdunstung

Quellenverzeichnis

[1] „Verordnung über Anforderungen an das Einleiten von Abwasser in Gewässer (Abwasserverordnung – AbwV)" vom 17.06.2004; BGBl I 2004(28) vom 22.06.2004, S. 1108–1184, zuletzt geändert durch Artikel 6 der Verordnung vom 02.05.2013 (BGBl. I 2013(21) vom 02.05.2013, S. 973)

[2] Fischwasser, K.: „Stoffverlustminimierung in der Oberflächenveredelung – verallgemeinerter Erkenntniszuwachs aus einer langjährigen Forschungsförderung"
Teil 1: Galvanotechnik 104(1), S. 230–234, (2013)
Teil 2: Galvanotechnik 104(3), S. 638–643, (2013)
Teil 3: Galvanotechnik 104(6), S. 1240–1246, (2013)
Teil 4: Galvanotechnik 104(7), S. 1458–1463, (2013)
Teil 5: Galvanotechnik 104(8), S. 1656–1661, (2013)

[3] „Verordnung über die Qualität von Wasser für den menschlichen Gebrauch (Trinkwasserverordnung – TrinkwV)"; BGBl I, 2013(46) vom 07.08.2013, S. 2978–3004

[4] Fischwasser, K., Blittersdorf, R., Schwarz, R.: „Stoffverlustminimierte Prozeßtechnik – Eine Systemlösung in der Galvanotechnik und Metallchemie", Metalloberfläche 51(1997)5, S. 338–342

[5] Hartinger, L.: „Handbuch der Abwasser- und Recyclingtechnik", Verlag Carl Hanser, München, 2. Auflage (1991); S. 409–436; ISBN 3-446-15615-1

[6] Winkler, L.: „Spülen – Qualitätssicherung und Umweltschutz"
Teil 1: Galvanotechnik 85(1994)9, S. 3001–3006
Teil 2: Galvanotechnik 85(1994)10, S. 3365–3373
Teil 3: Galvanotechnik 85(1994)11, S. 3752–3373
Teil 4: Galvanotechnik 85(1994)12, S. 4120–4130
Teil 5: Galvanotechnik 86(1995)3, S. 846–849
Teil 6: Galvanotechnik 86(1995)4, S. 1204–1209
Teil 7: Galvanotechnik 86(1995)5, S. 1556–1560
Teil 8: Galvanotechnik 86(1995)9, S. 2964–2969
Teil 9: Galvanotechnik 86(1995)11, S. 3700–3709
Teil 10 (Zusammenfassung): Galvanotechnik 86(1995)12, S. 4061–4069

[7] Giebler, E.; Röbenack, K.: „Flexible Auslegungsrechnungen für Spülkaskaden"
Teil 1: Galvanotechnik 98(2007)2, S. 474–480
Teil 2: Galvanotechnik 98(2007)3, S. 753–759

[8] Süß, M.: „Mehrfachnutzung von Spülwasser", in Zimpel, J.: „Abwasser und Abfall in der Metallindustrie: Vermeiden, Verwerten, Behandeln und Entsorgen"; expert Verlag, Reningen-Malmsheim, (1995); S. 258–268; ISBN 3-8169-1187-0

[9] Schiffer, A.; Schwarz, R.: Abschlussbericht zum BMBF-Verbundvorhaben „Umstellung bestehender galvanotechnischer Anlagen auf eine stoffverlustminimierte Prozesstechnik bei gleichzeitiger Kostensenkung"; Teilvorhaben 9: Galvanotechnik Breitungen; durchführende Stelle: Galvanotechnik Breitungen GmbH & Co KG; Breitungen (2003); FKZ: 01 RK 9720/0

[10] Becker, H.: „Wasser: Analyse – Bewertung – Reinigung, Gewässer in der Bundesrepublik Deutschland – ein Überblick", GIT Verlag GmbH, Darmstadt, 1985; ISBN 3-921956-48-X, zitiert in [2]

[11] Weiss, R. F.: „The Solubility of Nitrogen, Oxygen and Argon in Water and Seawater"; Deep-Sea Research. 17, p. 721–735, (1970); ISSN 0146-6313

[12] European Commission; „IPPC Reference Document on Best Available Techniques for the Surface Treatment of Metals and Plastics", August 2006; S. 264
abzurufen über: http://eippcb.jrc.ec.europa.eu/reference/

[13] Lausmann, G.; Unruh, J.: „Die galvanische Verchromung"; Eugen G. Leuze Verlag KG, Bad Saulgau, 2. Auflage (2006); S. 52; ISBN 3-87480-216-7

[14] Rissom, C.: „Untersuchungen zur Abtrennung von Hexafluorosilikat aus Ätzbädern"; Dissertation an der TU Freiberg (2013); S. 24

[15] Schardt, P.: Abschlussbericht zum BMBF-Verbundvorhaben Stoffkreislaufschließung bei abtragenden Verfahren in Prozesslösungen, Teilvorhaben 15: „Erprobung und Optimierung neuartiger Peripheriesysteme für das Gleitschleifen und Anodisieren von Werkstücken aus Aluminium"; durchführende Stelle: Franz Schneider Brakel GmbH + Co (FSB), Brakel; FKZ: 01 RK 9601/2

Bäßler, Schwarz: Spülen ohne Trinkwassereinsatz – zur Verminderung
des industriellen Trinkwasserbedarfs durch Nutzung sinnvoller Alternativen

219

[16] Wilhelm, S.: „Wasseraufbereitung"; Springer-Verlag, Berlin Heidelberg; 7. Auflage (2008); S. 107; ISBN 978-3-540-25163-7

[17] Deutsche Einheitsverfahren zur Wasser-, Abwasser- und Schlammuntersuchung

DIN 38409-6: „Summarische Wirkungs- und Stoffkenngrößen (Gruppe H); Härte eines Wassers (H 6)"; Ausgabedatum: Jan. 1986

DIN 38409-7: „Summarische Wirkungs- und Stoffkenngrößen (Gruppe H) – Teil 7: Bestimmung der Säure- und Basekapazität (H 7)"; Ausgabedatum: Dez. 2005

Beuth Verlag, Berlin; ISBN 978-3-410-13028-4

[18] Schardt, P.; Hillebrand, W.; Schwarz, R.; Fischwasser, K.: „Stoffverlustminimierte Prozesstechnik – Optimierte Stoffkreislaufschließung beim Anodisieren"; Metalloberfläche 56(2002)1, S. 28–33

[19] Rienhoff, H.; Schiffer, A.; Schwarz R.: „Kostensenkung durch Umweltschutz – optimierte Nickelrückgewinnung in der Praxis"; Galvanotechnik 97(2006)5, 1258 – 1264

[20] Schiffer, A.; Schwarz, R.: „Kostensenkung durch Umweltschutz – optimierte Nickelrückgewinnung in der Praxis"; Vortrag auf dem Colloquium Produktionsintegrierter Umweltschutz „Produktionsintegrierte Wasser-/Abwassertechnik", Bremen (2009); Tagungsband

Das Galvanikbad – ein Anwendungsfall der AwSV

Von Prof. Dr. Norbert Müller, Öffentlich bestellter und vereidigter Sachverständiger für Gefahrguttransport und -lagerung, Duisburg

Voraussichtlich Mitte des Jahres 2015 ist es soweit: Die neue Anlagen wassergefährdende Stoffe-Verordnung („AwSV") [1] des Bundes wird die Verordnungen Anlagen wassergefährdende Stoffe („VAwS") der Bundesländer ablösen. Was bedeutet das für bestehende Anlagen und was für Neuanlagen? Diese Fragen beantwortet der nachfolgende Beitrag für den Anwendungsfall des Metallbehandlungsbades [2].

The new German Federal "Ordinance for establishments with water pollutant substances" ("AwSV") will replace the old "Ordinances for establishments with water pollutant substances" ("VAwS") of the sixteen German federal states. Which impacts will this replacement have for existing establishments, and which for new establishments? These questions are intended to be answered by this article for the practical case of the metal treatment bath.

Die Galvanikanlage als Beispiel einer Verwendungsanlage

Eine Galvanikanlage ist eine Anlage zum Verwenden eines wassergefährdenden Stoffes: Ein wassergefährdender Stoff wird nämlich unter Ausnutzung seiner Eigenschaften im Bereich der gewerblichen Wirtschaft in einer ortsfesten Einheit (hier: Tauchbehälter) angewendet bzw. gebraucht. So war und ist eine Anlage zum Verwenden eines wassergefährdenden Stoffs charakterisiert. Ein Beispiel: Ein Chrombad enthält Chromtrioxid; Chromtrioxid ist stark wassergefährdend (Wassergefährdungsklasse (WGK) 3, Kennnummer 328); jedes Gemisch, das Chromtrioxid enthält, ist unabhängig von der Menge (da krebserzeugend) ebenfalls stark wassergefährdend (WGK 3).

Anforderungen: Checkliste

Die Anforderungen an Anlagen zum Verwenden wassergefährdender Stoffe und damit auch an Galvanikbäder sind in der *Checkliste* zusammengestellt. Diese Anforderungen lösen voraussichtlich Mitte 2015 die Anforderungen der bisherigen VAwS der Bundesländer ab. Bei Galvanikbädern bestimmt sich das für die Checkliste maßgebende Volumen (in m³) nach dem größten Volumen, das bei bestimmungsgemäßem Betrieb in der Anlage vorhanden ist. Ein Beispiel: Ein Tauchbehälter hat ein Volumen von 1,1 m³ und wird mit 0,8 m³ Chromsäurelösung befüllt; das maßgebende Volumen ist dann 0,8 m³.

Die Anforderungen im Einzelnen

Zu 1. Anzeige bei der zuständigen Wasserbehörde

Eine Anlage mit einem maßgebenden Volumen von > 0,22 m³ WGK 3 muss bei der jeweiligen zuständigen Behörde (i.d.R. Untere Wasserbehörde) angezeigt werden. Wer eine Anlage betreibt, die gemäß *AwSV* anzeigepflichtig ist, aber bislang – aus welchen Gründen auch immer – noch nicht angezeigt wurde, muss sie nachanzeigen. Die Anzeige ist formlos.

Zu 1a. und 1b. Erneute Anzeige bei Betreiberwechsel oder Kapazitätsänderung

Neu ist, dass ein Wechsel des Anlagenbetreibers und eine Änderung (Erhöhung) der Kapazität ebenfalls anzeigepflichtig werden. Ein Beispiel: Ein Tauchbehälter mit einem Volumen von 1,5 m³ wird anstatt mit 0,9 m³ mit 1,1 m³ Chromsäurelösung (WGK 3) befüllt: Diese Änderung ist anzeigepflichtig.

Zu 3. Prüfung vor Inbetriebnahme durch AwSV-Sachverständigen

Eine Anlage mit einem maßgebenden Volumen von > 0,22 m³ WGK 3 ist vor der erstmaligen Inbetriebnahme von einem *AwSV*-Sachverständigen zu prüfen.

Zu 4. Prüfung alle fünf Jahre durch AwSV-Sachverständigen

Eine Anlage mit einem maßgebenden Volumen von > 1 m³ WGK 3 ist alle fünf Jahre von einem *AwSV*-

Checkliste „Anlagen zum Verwenden wassergefährdender Stoffe"

Anforderungen	WGK 1 fest	1 flüssig	2 fest	2 flüssig	3 fest	3 flüssig
I. Formale						
1. Anzeige bei Wasserbehörde	>1000 t	>100 m³	>100 t	>1 m³	>1000 t	>0,22 m³
1a. Erneute Anzeige bei Betreiberwechsel	>1000 t	>100 m³	>1000 t	>1 m³	>1000 t	>0,22 m³
1b. Erneute Anzeige bei Kapazitätsänderung	–	>1000 m³	–	>10 m³	–	>1 m³
2. Anwendung der StörfallV	–	–	>100 t falls R 50 oder R 50/53, >200 t falls R 51/53		–	–
3. Prüfung vor Inbetriebnahme durch Sachverständigen	>1000 t	>100 m³	>100 t	>1 m³	>1000 t	>0,22 m³
4. Prüfung alle 5 Jahre durch Sachverständigen	–	>1000 m³	–	>10 m³	–	>1 m³
II. Materielle						
5a. Merkblatt statt Betriebsanweisung/Unterweisung	0,2–100*) t	0,22–100 m³	0,2–1*) t	0,22–1 m³	>0,2*) t	–
5b. Betriebsanweisung mit Überwachungs-, Instandhaltungs- und Notfallplan/Unterweisung	>100*) t	>100 m³	>1*) t	>1 m³	>0,2*) t	>0,22 m³
6. Undurchlässigkeit der Verwendungsfläche	–	>0,22 m³	–	>0,22 m³	–	>0,22 m³
7. Fachbetriebspflicht	–	>1000 m³	–	>10 m³	–	>1 m³
8. Rückhaltung wassergefährdende Stoffe	–	>1 m³	–	>0,22 m³	–	>0,22 m³
9. Anlagendokumentation	>0,2 t	>0,22 m³	>0,2 t	>0,22 m³	>0,2 t	>0,22 m³
10. Rückhaltung Löschwasser	>0,2 t	>0,22 m³	>0,2 t	>0,22 m³	>0,2 t	>0,22 m³

*) falls Gemisch: 1000

Falls

– fest: Die maßgebende Masse ist die Masse wS, mit der in der Anlage umgegangen werden kann.

– flüssig: Das maßgebende Volumen bestimmt sich nach dem (unter Berücksichtigung der Verfahrenstechnik ermittelten) größten Volumen, das bei bestimmungsgemäßem Betrieb in der Anlage vorhanden ist.

Befinden sich in einer Anlage wassergefährdende Stoffe unterschiedlicher WGK, ist die jeweils höchste WGK maßgebend. Nicht berücksichtigt sind Sonderregelungen für gasförmig: Stoffe und Wasser-/Heilquellenschutz-/Überschwemmungsgebiete.

Sachverständigen zu prüfen; das betrifft auch bereits bestehende Anlagen.

Zu 5b. Betriebsanweisung mit Überwachungs-, Instandhaltungs- und Notfallplan

Wer eine Anlage mit einem maßgebenden Volumen von > 0,22 m³ *WGK* 3 betreibt, muss eine ausführliche Betriebsanweisung mit einem Überwachungs-, Instandhaltungs- und Notfallplan gemäß der Technischen Regel wassergefährdende Stoffe „Allgemein anerkannte Regeln der Technik" (*TRwS 779*) schreiben und das Personal darin unterweisen. Wer eine Anlage betreibt, die betriebsanweisungspflichtig ist, aber bislang – aus welchen Gründen auch immer – noch keine Betriebsanweisung erstellt hat, muss die Betriebsanweisung nachträglich erstellen.

Zu 6. Undurchlässigkeit der Fläche

Der Tauchbehälter muss für die in ihm enthaltene Flüssigkeit undurchlässig gemäß der Technischen Regel wassergefährdende Stoffe „Dichtflächen" (*TRwS 786*) sein. Das gilt auch für die Fläche, von der aus der Tauchbehälter befüllt (bzw. entleert) wird. Für bereits bestehende Anlagen sind die bisherigen Vorschriften (also *VAwS*) weiter anzuwenden.

Zu 7. Fachbetriebspflicht

Tauchbehälter mit einem maßgebenden Volumen > 1 m³ *WGK* 3 dürfen nur von Fachbetrieben errichtet werden. Einer wasserrechtlichen Feststellung ihrer Eignung oder eines baurechtlichen Nachweises ihrer Verwendbarkeit für das Verwenden wassergefährdender Stoffe bedürfen die Tauchbehälter aber weiterhin nicht.

Zu 8. Rückhaltung wassergefährdende Flüssigkeit

Wenn der Tauchbehälter nicht doppelwandig mit Leckanzeigesystem ist, muss er über eine Rückhaltung („Auffangraum") verfügen; diese muss das maßgebende Volumen des Tauchbehälters gemäß der Technischen Regel wassergefährdende Stoffe „Bestimmung des Rückhaltevermögens" (*TRwS 785*) aufnehmen können. Für bereits bestehende Anlagen sind die bisherigen Vorschriften (also *VAwS*) weiter anzuwenden.

Zu 9. Anlagendokumentation

Wer eine Anlage mit einem maßgebenden Volumen von > 0,22 m³ *WGK* 3 betreibt, muss eine Anlagendokumentation gemäß *TRwS 779* erstellen. Wer eine Anlage betreibt, die gemäß *AwSV* anlagendokumentationspflichtig ist, für die aber bislang – aus welchen Gründen auch immer – noch keine Anlagendokumentation erstellt wurde, muss sie nachträglich erstellen. Informationen, deren nachträgliche Beschaffung nicht oder nur mit unverhältnismäßigem Aufwand möglich ist, müssen in der Anlagendokumentation aber nicht enthalten sein.

Zu 10. Rückhaltung Löschwasser

In einer Anlage mit einem maßgebenden Volumen > 0,22 m³ *WGK* 3 muss bei einem Brandfall anfallendes Löschwasser zurück gehalten werden können. Die Muster-*VAwS* der Länderarbeitsgemeinschaft Wasser (*LAWA*) fordert bereits seit dem Jahr 1990: „Im Schadenfall anfallende Stoffe, die mit ausgetretenen wassergefährdenden Stoffen verunreinigt sein können, müssen zurückgehalten werden." Damit ist Löschwasser gemeint. Diese Forderung haben die Länder in ihren *VAwS* eins zu eins übernommen. Die Muster-Löschwasserrückhalte-Richtlinie (*LöRüRL*) aus dem Jahr 1992, die alle Bundesländer eins zu eins übernommen haben, gilt zwar ausdrücklich nur für die Lagerung wassergefährdender Stoffe (also u.a. nicht für die Verwendung wassergefährdender Stoffe), und das auch nur bei Überschreitung bestimmter Mengen. Der Entwurf der *LAWA*-Muster-*VAwS*-Verwaltungsvorschrift (*VVAwS*) aus dem Jahr 1993 besagte aber: „Bei anderen Anlagen als Lageranlagen ist die Löschwasserrückhaltung, soweit erforderlich, im Einzelfall unter Beteiligung der für den Brandschutz zuständigen Dienststelle zu prüfen." Auch diese Forderung haben die Bundesländer in ihre *VVAwS* eins zu eins übernommen. Eine der *LöRüRL* vergleichbare Regelung für andere Anlagen als Lageranlagen (also z. B. Verwendungsanlagen) gab es aber nicht, so dass andere Anlagen zum Umgang mit wassergefährdenden Stoffen als Anlagen zum Lagern (also z. B. Verwendungsanlagen) ohne Löschwasserrückhalteeinrichtung errichtet und betrieben werden konnten, weil behördenseitig keine entsprechende Forderung gestellt wurde. Diese Privilegierung ist aber sachlich nicht zu rechtfertigen, wie Schadenfälle gezeigt haben. Ein Beispiel: Ein Großschadenfeuer in einer Lösemitteldestillation in Iserlohn im Sommer 2009 weitete sich auf eine benachbarte Galvanik aus; das dort anfallende Löschwasser war erheblich mit Chrom(VI) belastet [3]. Im März 2013 hat der Verband der Schadenversicherer (*VdS*) die Leitlinien über Planung und Einbau von Löschwasser-Rückhalteeinrichtungen (*VdS 2557*) vorgelegt; sie gelten für alle Anlagenarten, also auch für Verwendungsanlagen, also auch für Galvaniken. Allerdings ist die *VdS 2557* nur dann anzuwenden, wenn der Versicherungsgeber sie gegenüber dem Versicherungsnehmer für anzuwenden ausdrücklich erklärt. Die *AwSV* fordert, dass Löschwasser nach den allgemein anerkannten Regeln der Technik (*aaRdT*) zurückgehalten werden können muss. *AaRdT* sind zur Zeit aber nur die *LöRüRL*, die aber für Anlagen zum Verwenden wassergefährdender Stoffe wie Galvaniken wie beschrieben grundsätzlich nicht gilt; die *VdS 2557* gibt es erst seit März 2013, so dass von einer *aaRdT* zum jetzigen Zeitpunkt noch nicht gesprochen werden kann.

Wer voraussichtlich vor Mitte des Jahres 2015 bereits eine Anlage mit einem maßgebenden Volumen

- ≤ 1 m^3 *WGK* 3 betreibt, aber keine Löschwasserrückhalteeinrichtung hat, muss nicht nachrüsten.
- > 1 m^3 *WGK* 3 betreibt, aber keine Löschwasserrückhalteeinrichtung hat, muss erst dann nachrüsten, wenn der *AwSV*-Sachverständige bei der alle fünf Jahre wiederkehrenden Prüfung diesen Mangel in den Prüfbericht aufgenommen hat und die Behörde eine Nachrüstung ausdrücklich anordnet. Diese Anordnung muss aber verhältnismäßig sein.

Relevanz

In den ca. 2500 Galvaniken in Deutschland ereigneten sich in den fünf Jahren zwischen 2005 und 2009 insgesamt 14 Störfälle bzw. Störungen gemäß 12. *BImSchV* [4]. Diese waren überwiegend mit einer Freisetzung der beteiligten Stoffe und damit mit einer Gefährdung oder sogar Schädigung von Gewässern verbunden.

Fazit

Jeder Betreiber einer Galvanikanlage sollte prüfen, ob und inwieweit seine Anlage den Anforderungen der neuen *AwSV* genügt und – sofern in der *AwSV* gefordert – die notwendigen Anpassungsmaßnahmen anstoßen.

Quellen

[1] http://www.bundesrat.de/SharedDocs/drucksachen/2014/0001-0100/77-14.pdf?__blob=publicationFile&v=2 und http://www.bundesrat.de/SharedDocs/drucksachen/2014/0001-0100/77-14(B).pdf?__blob=publicationFile&v=1

[2] Für andere Anlagenarten wie Lageranlagen oder Rohrleitungen vgl. Müller, N.: Die neue AwSV – Das ändert sich für Sie!, HüthigJehle-Rehm/ecomed, Landsberg, erscheint Ende 2014 (ISBN 978-3-609-68784-1), 260 Seiten, 24,95 Euro

[3] Bericht der Landesregierung von NRW zum Großbrand bei der Firma WFKA Destillation GmbH für die Sitzung des Ausschusses für Umwelt und Naturschutz, Landwirtschaft und Verbraucherschutz am 30.09.2009 APr V 4 RLi-8651.8.10, hier S. 8

[4] Zentrale Melde- und Auswertestelle für Störfälle und Störungen in verfahrenstechnischen Anlagen (ZEMA) (Hrsg.): Jahresbericht 2009, S. 16 f. (64 % von 22 Störfällen)

Abkürzungen

AwSV	=	Anlagen wassergefährdende Stoffe-Verordnung
BImSchV	=	Bundes-Immissionsschutzverordnung
LAWA	=	Länderarbeitsgemeinschaft Wasser
LöRüRL	=	Löschwasserrückhalte-Richtlinie
TRwS	=	Technische Regel wassergefährdende Stoffe
VAwS	=	Verordnung(en) Anlagen wassergefährdende Stoffe
VdS	=	Verband der Schadenversicherer
VVAwS	=	Verwaltungsvorschrift(en) zur VAwS
WGK	=	Wassergefährdungsklasse
WHG	=	Wasserhaushaltsgesetz

Energieoptimierung von zwei Oberflächentechnikbetrieben

Von Dr. Johannes Fresner und Dipl.-Ing. (FH) Christina Krenn, STENUM GmbH, Graz, Österreich

In Betrieben der Oberflächentechnik besteht auch heute noch ein großes Potenzial zur Reduktion des Wassereinsatzes, des Energieeinsatzes und des Chemikalieneinsatzes. Vor dem Hintergrund steigender Energiekosten und rechtlicher Forderungen nach Steigerung der Energieeffizienz sind Betriebe der Oberflächentechnik gefordert, Energie immer effizienter einzusetzen. Hier wird der Stand der Technik zur systematischen Prozessanalyse zum Aufzeigen von möglichen Maßnahmen zur Vermeidung, beschrieben.

In the finishing industry there still is great potential for reducing the use of water, energy and chemicals. Against the background of raising energy costs and the legal requirements to increase energy efficiency the surface engineering industry is called upon to use energy ever more efficiently. The article describes the state of the art of a systematic process analysis to indicate possible measures for avoiding the waste of energy.

Einleitung

In der Oberflächentechnik werden metallische Oberflächen mit Entfettungsmitteln, Säuren oder Laugen behandelt. Ziel ist es, eine saubere Oberfläche mit einer bestimmten gleichmäßigen Beschaffenheit herzustellen, die dauerhaft ist, bestimmte mechanische Eigenschaften aufweist und bestimmte dekorative Qualitäten hat (DGO, 1991; Fresner et al. 2014).

Dazu werden vorbearbeitete Metallteile in verschiedene Prozessbäder getaucht:

- Reinigungsmittel zur Entfettung
- Säuren oder Laugen zum Beizen (Entfernung von Korrosionsprodukten, Einebnen der Oberfläche)
- Elektrolyte unter Anlegen von elektrischem Strom zur oberflächlichen Abscheidung von Metallen (wie Kupfer, Nickel, Chrom, oder Zink)
- Elektrolyte unter Anlegen von elektrischem Strom zur Umwandlung der Oberfläche (Anodisieren)
- Eintauchen in schmelzflüssige Metalle (Verzinken) und
- andere Beschichtungsverfahren (z. B. PVD, CVD, thermisches Spritzen, thermochemische Verfahren, Auftragsschweißen, Plattieren etc.)

Cleaner Production Maßnahmen in der Oberflächentechnik zielen darauf, den Einsatz von Prozesschemikalien zur minimieren, den Einsatz von Energie zu reduzieren und die Ausnutzung des zum Spülen eingesetzten Wassers zu optimieren.

Der Chemikalieneinsatz kann durch Standzeitverlängerung der Elektrolytbäder optimiert werden. Dazu eignet sich das sogenannte Vortauchen zur Reduzierung der Verschleppung. Die Weiterverwendung des mit Chemikalien beladenen Spülwassers zum Elektrolytansatz oder zum Auffüllen von Verdunstungsverlusten aus dem Bad, hinter dem die Spüle eingesetzt wird, stellt einen weiteren Ansatz zur Reduktion des Chemikalieneinsatzes dar. Die Ausschleppung von Elektrolytinhaltsstoffen kann mit langsameren Austauchzeiten, höheren Haltezeiten über den Bädern und optimierter Gestelle, reduziert werden. Regelmäßige Elektrolytanalysen unterstützen die frühzeitige Erkennung sich entwickelnder Badstörungen und Verunreinigungen. Das Filtern von Prozessbädern reduziert die Partikelanreicherung und trägt so zur Verlängerung der Elektrolytstandzeiten bei. Eine gezielte Behandlung von Prozesslösungen zur Entfernung von Störstoffen kann durch Verfahren wie Membranfiltration, Ionenaustauschern, Elektrolyse, thermischen Verfahren und Koaleszenz- bzw. Leichtstoffabscheidern erfolgen.

Durch das Austauchen der Trommeln oder Gestelle aus den verschiedenen Bädern und Spülen wird Elektrolyt mitgeschleppt. Dieser ausgeschleppte Elektrolyt muss durch Nachschärfen der Bäder nachgegeben werden. Die Reduzierung der Elektrolytausschleppung ist daher aus wirtschaftlichen und ökologischen Gründen anzustreben. Die Elektrolytausschleppung kann durch folgende Maßnahmen minimiert werden:

- Verlängerung der Abtropfzeit und Verringerung der Aushebegeschwindigkeit (Abblasen, Absaugen, Abquetschen, Abschleudern, Abstreifen, Abspritzen),
- optimierte Elektrolytzusammensetzung zur Reduktion des Anhaftens und des Austrages,
- gezielte Trommelbewegung z. B. durch Rütteln,
- Werkstückgestaltung (sofern beeinflussbar, zum Vermeiden von Schöpfen und zur Verbesserung des Abrinnens),
- Trommel- bzw. Gestellgestaltung (sofern beeinflussbar) sowie deren Pflege, um das Anhaften von Elektrolyt durch beschädigte Beschichtungen etc. zu vermeiden (Größe, Perforation, Form),
- Rücklaufbleche, um abtropfenden Elektrolyt zurück in das Prozessbad zu leiten,
- Optimierung des Konzentrationsverlaufs in der Prozesslösung, um hohe Konzentrationen und damit hohe Ausschleppung der Chemikalien zu vermeiden,
- Optimierte Spültechnik durch den Einsatz von Spritzspülen über der letzten Spüle (Spritzspülen entsprechen in der Wirkung einer zusätzlichen halben Spülstufe).

Durch den Zusatz von Tensiden kann die Oberflächenspannung bzw. die Viskosität verringert werden, wodurch gleichzeitig die Ausschleppung reduziert wird.

Durch den Betrieb aller Bäder mit den geringsten notwendigen Chemikalienkonzentrationen kann ebenfalls die Ausschleppung von Chemikalien reduziert werden. Um unnötiges Verschleppen zu vermeiden, müssen die technisch möglichen Konzentrationsbereiche gefunden und eingehalten werden.

Durch geeignete Organisation der Auftragsreihenfolge kann in manchen Anwendungsfällen der Beizkonzentrationsverlauf optimiert werden: Stark angerostete Werkstücke werden bei hohen Beizkonzentrationen behandelt, um eine hinreichend schnelle Entrostung zu erzielen. Dabei nimmt die Konzentration der Säure im Beizbad ab. Mit relativ niedriger Beizkonzentration können dann noch rostärmere Teile behandelt werden. Wird dann die untere tech-

nische Grenzkonzentration erreicht, schärft man das Bad nach. Dann kann wieder auf stark rostige Teile umgestellt werden.

Zur Regeneration wird dann ein Teil der Prozesslösung verworfen und durch einen Neuansatz ergänzt. Ökologisch und ökonomisch ist die kontinuierliche Elimination von Fremdstoffen durch ein entsprechendes Verfahren sinnvoller.

Dazu dienen:

- Retardation
- Diffusionsdialyse
- Ionentauscher
- Vakuumeindampfung

Die Anwendbarkeit dieser Technologien ist im Einzelfall zu prüfen.

Ziel des Spülens ist es,

- die Verschleppung eines Wirkbades in eine nachfolgende Prozesslösung zu verhindern,
- mögliche chemische Reaktionen zwischen Prozesslösung und Warenoberfläche abzubrechen,
- am Ende der nasschemischen Prozesse eine von Chemikalien weitgehend freie Warenoberfläche zu erreichen.

Die Gestaltung von Spülprozessen kann sehr unterschiedlich erfolgen. Eine wichtige Festlegung ist die Anzahl der Spülstufen. Einstufiges Spülen reicht im Allgemeinen nicht aus, um die nötige Reinigungswirkung mit vertretbar hohem Wasserverbrauch zu erreichen. Daher bietet sich in der Praxis die Mehrfachnutzung von Spülwassern mittels Kaskadenspülung an (meistens drei, in manchen Fällen vier).

In einer Kaskadenspüle wird das Spülwasser entgegen dem Warenstrom von der niedrig konzentrierten (letzten) zu den höher konzentrierten (vorderen) Spülstufen geleitet.

Beim Tauchspülen wird die zu reinigende Ware in ein mit Spüllösung gefülltes Tauchbecken eingetaucht und nach einer gewissen Tauchzeit wieder entnommen. Beim Spritzspülen erfolgt lediglich ein Abspritzen bzw. ein Absprühen der Ware mit der Spüllösung. Häufig wird ein kombiniertes Verfahren eingesetzt, bei dem die Ware zuerst in einem Tauchbecken gespült wird und dann beim Herausholen der Gestelle ein zusätzliches Absprühen mit einer niedriger konzentrierten Spüllösung erfolgt. Diese Technik ist besonders für Gegenstromkaskadenspülen geeignet.

Eine Oberflächenbehandlung (beinahe) ohne Abwasser wird möglich, wenn schon bei der Planung der Anlage darauf geachtet wird, dass die anfallende Restabwassermenge so gering wie möglich gehalten wird. Das erfordert den Einsatz einer optimierten Spültechnik im gesamten nasschemischen Prozess, eine Aufbereitung der Spülwässer über Ionenaustauscher und die Aufkonzentrierung der anfallenden Halbkonzentrate in einer Verdampfungsanlage (Dittmann, 2001).

Ein umfassendes Modell zur Berechnung von Spülen, von Reinigungsprozessen, von Beizprozessen und von verschiedenen galvanischen Prozessen wird von Envirowise[*] kostenfrei angeboten. Dieses Modell enthält auch Richtwerte zu Spülkriterien und einen Ansatz zur Berechnung der Ausschleppung von Elektrolyten.

Basis einer längerfristig wirksamen Reduktion des Materialeinsatzes ist ein konsequentes Controlling des Chemikalienverbrauches: Kennzahlen für den Chemikalieneinsatz pro produziertem Quadratmeter Oberfläche in der Dimension [kWh/m^2] sind die Grundlage für ein Monitoring und Controlling der Chemikalienverbräuche.

Steigerung der Energieeffizienz

Der Anteil der Energiekosten in Galvanikbetrieben liegt – je nach eingesetzten Verfahren und Energieeffizienz – im Bereich von 5 bis 20 % und damit weit über dem Durchschnitt des produzierenden Gewerbes und der Industrie.

Die Grundlage der galvanischen Metallabscheidung ist die Anwendung von Gleichstrom. Weitere Energie intensive Vorgänge sind die Heizung von Prozessbädern und der Betrieb von Abluftanlagen, die zur Vermeidung von gesundheitsschädlichen Belastungen am Arbeitsplatz und zur Vermeidung von Korrosionen erforderlich sind. Die Abluftanlagen müssen Reinigungssysteme für die im jeweiligen Prozess entstehenden Chemikalien und Aerosole aufweisen.

In Galvanikbetrieben sind insbesondere folgende Bereiche bei der Analyse der Effizienz der Energienutzung genauer zu betrachten (Köhler, 2003):

- die Gleichstromversorgung,
- Antriebe,
- Abluft und Zuluft,
- Beheizung der Arbeitsräume, Produktionsräume und Prozesse,
- Prozesskühlung,
- Trocknung,
- Druckluft und
- Beleuchtung.

Hauptquellen von Abwärme sind die über die Abluft abgeführte Wärme aus der Hallenluft und die aus dem Gleichrichter abgeführte Abwärme.

Maßnahmen zur Energieeinsparung und Optimierungsmöglichkeiten sind

- die Reduzierung der Abluftmengen in den Prozessabsaugungen durch eine Abdeckung freier Elektrolytoberflächen,
- die Nutzung der Abluftwärme durch Wärmetausch mit der Zuluft zur Vorwärmung der Zuluft,
- die Nutzung der Abwärme von Gleichrichtern zur Warmlufterzeugung und zum Vorwärmen von Prozess- oder Spülwasser,
- der Austausch von Gleichrichtern älterer Bauart gegen Gleichrichter mit Schaltnetzteil oder Thyristor-Technik,
- Überprüfung der Energieeffizienz der Antriebe (bezüglich Energieeffizienzklasse, Überdimensionierung, Einsatzmöglichkeit einer Drehzahlregelung),
- Analyse der Raumheizung, Prozessheizung und Lüftung im Hinblick auf bedarfsgerechte Zu- und Abschaltung,
- Optimierung der Druckluftversorgung, z. B. durch eine Minderung der Leckagen und eine Optimierung des Druckes,
- Optimierung der Beleuchtungsanlagen (Nutzung von Tageslicht, bedarfsgerechtes Ein- und Ausschalten, Einsatz energieeffizienter Leuchtmittel).

Basis einer längerfristig wirksamen Reduktion des Energieeinsatzes ist ein konsequentes Controlling des Energieverbrauches: Für die Gesamtanlage oder einzelne Anlagen lassen sich Kennzahlen für den Energieeinsatz pro produziertem Quadratmeter Oberfläche in der Dimension [kWh/m^2] bzw. für den Energieeinsatz pro produziertem Quadratmeter Oberfläche und Mikrometer Schichtstärke in der Dimension [kWh/m^2 μm] ableiten.

Als primäre Maßnahme sollte die Minimierung der Abluftmenge in Betracht gezogen werden. Dabei

---

[*] http://webarchive.nationalarchives.gov.uk/20100104172023/http://envirowise.gov.uk/uk/Our-Services/Publications/IT629-Platewise.html

müssen Anforderungen des Arbeitschutzes und des Emissionsschutzes berücksichtigt werden, insbesondere eine ausreichende Versorgung der Mitarbeiter mit unbelasteter Frischluft.

Eine gezielte, turbulenzarme und zugfreie Zuluftführung erlaubt eine weitest gehende Reduktion der abgezogenen Luftmengen. Eine natürliche Lüftung über geöffnete Fenster oder offen stehende Hallentore ist dazu ungeeignet. Zuluft- und Abluftmengen müssen sich entsprechen. Die Luftströmungen sollen sich so ausbilden, dass Dauerarbeitsplätze im Frischluftbereich liegen und Verwirbelungen mit den zu erfassenden Stoffen minimiert werden.

Die Wärmerückgewinnung kann durch den Einbau eines Wärmetauschers in den Abluftstrom erfolgen. Aus Gründen des Korrosionsschutzes werden in der Praxis Luft-Wasserwärmetauscher auf Kunststoffbasis eingesetzt.

Die Wärmedämmung ist für metallische Behälter bei Temperaturen von über 40 °C aus energetischen Gründen notwendig.

Wenn der Kühlbedarf eines Prozessors über Kältemaschinen gedeckt werden muss, sollten die Möglichkeiten von Wärmerückgewinnung der von den Kühlaggregaten abgegebenen Abwärme geprüft werden.

Organisatorische Maßnahmen zur energetischen Optimierung von Druckluftanlagen sind

- die regelmäßige Wartung der Anlagen und regelmäßiges Wechseln der Filter,
- regelmäßige Kontrolle des Druckluftnetzes auf Leckagen,
- Auswahl eines geeigneten Aufstellungsortes für die Druckluftanlagen (dieser sollte die Ansaugung ausreichender Mengen trockener, kalter, sauberer Luft gewährleisten und die Möglichkeit der Abwärmenutzung zur Lufterwärmung oder Warmwasserbereitung bieten),
- die Einstellung eines möglichst niedrigen Netzdrucks (gegebenenfalls eine dezentrale Druckerhöhung für einzelne Verbraucher, die ein höheres Druckniveau benötigen),
- die Verwendung von Druckluft nur für die fertigungstechnisch notwendigen Zwecke und nicht für Trocknung/Reinigung,
- den Einsatz von elektrischen Schaltern und Ventilen anstelle von ineffizienteren pneumatischen.

Zur Optimierung der Beleuchtung sollte man soweit als möglich natürliches Tageslicht nutzen. Bei großen Fensterflächen ist die Möglichkeit einer zeitweisen Abdeckung zum Beispiel durch Außenjalousien erforderlich, damit es im Sommer nicht zu Überhitzung und im Winter zu Abkühlung kommt.

Eine deutliche Energieeinsparung bei der Beleuchtung lassen sich durch folgende Maßnahmen erzielen:

- Einsatz von energieeffizienten Leuchtstofflampen mit Spiegelrasterreflektoreneinsatz und elektronischen Vorschaltgeräten oder der Einsatz von LED,
- zeit- und tageslichtabhängige Steuerung oder Bewegungsmelder,
- regelmäßige Reinigung von Lampengehäusen und Fensterflächen,
- bereichsabhängige Anpassung der Beleuchtungsstärken,
- zielgerichtete Ausleuchtung der relevanten Bereiche.

Systematische Prozessanalyse

Für die Stoffbilanzierung einer Galvanikanlage sind folgende Daten von besonderem Interesse:

- Mengen an Prozesslösung und Konzentration an Wirkstoffen
- Bedarf an Prozesschemikalien zum Nachschärfen
- Verwurf der Prozesslösung
- Verdunstungsverluste
- Fremdstoffanreicherung
- Ausschleppung
- Zusammensetzung des eingesetzten Wassers

Für das verwendete Spülwasser ist relevant:

- Verdunstungsverluste aus Heißspülen
- Verwurfsvolumina von Standspülen
- Konzentration von Stoffen in den Spülen (oder die Leitfähigkeit)
- Spülwasservolumina in Spülkaskaden

Weitere relevante Stoffströme sind:

- Volumenströme rückgeführter Spüllösungen
- Zulaufvolumenströme von Kreislaufanlagen (z. B. Ionentauschern)
- Zusammensetzung dieser Stoffströme

Für die Energiebilanz sind von besonderem Interesse:

- der Stromverbrauch für die galvanische Beschichtung
- Heizenergieverbrauch für die Badheizung

- Heizenergiebedarf für die Hallenheizung
- Stromverbrauch für die Bereitstellung von Druckluft
- Stromverbrauch für diverse Pumpen
- Stromverbrauch für verschiedene Gebläse
- Stromverbrauch für Kühlanlagen

Zur Erschließung der Datenlücken können verschiedene Ansätze verfolgt werden. Daten über den Einsatz von Roh-, Hilfs- und Betriebsstoffen, sowie von Wasser und Energie sind über den Einkauf oder die Buchhaltung erhältlich. Daten, die so nicht verfügbar sind, können basierend auf den Erfahrungen des Betriebspersonals abgeschätzt oder durch Aufschreibung erfasst werden. Häufig reichen Abschätzungen aus, um die Betriebssituation hinreichend genau zu beschreiben.

Von besonderem Interesse sind prozessbedingte Verlustströme, wie der Verwurf von Prozesslösungen und Spülwasser, Qualitätsausschuss, Abfall, Abwasser und Emissionen, die Ausschleppung von Elektrolyten oder Verdunstungsverluste.

Qualitätsausschuss reduziert die Anlagenkapazität. Die Vermeidung von Qualitätsausschuss ist somit von großer Bedeutung. Die Erfassung der Fehlergründe für Qualitätsausschuss ist wichtig, da sie die Grundlage für die Ursachenbekämpfung darstellen. Verunreinigungen der Prozesslösung können durch Öle, Fette, Metalle, Fremdmetalle, organische Abbauprodukte, anorganische Umwandlungsprodukte, Algen, etc. entstehen.

Methoden zur Ermittlung von Ausschleppung und Verdunstungsverlusten werden im Folgenden erläutert:

Elektrolytausschleppung

Zur Ermittlung der Elektrolytausschleppung können zwei Methoden eingesetzt werden: die Verbrauchs- und die Anreicherungsmethode.

Bei der Verbrauchsmethode wird die Konzentration eines Stoffes im Elektrolyten gemessen. Wenn die Wirkstoffe bei den im Elektrolyten ablaufenden Prozessen keiner Umwandlung unterliegen, erfolgt der Stoffverlust lediglich durch Ausschleppung. Voraussetzung hierfür ist allerdings, dass in der Zeitspanne, in der diese Bestimmung durchgeführt wird, kein Verwurf von Prozesslösung erfolgt. Um ein repräsentatives Teilespektrum zu berücksichtigen, ist eine entsprechend lange Messzeit notwendig (Urban, 2004).

Bei der Anreicherungsmethode wird die Konzentrationszunahme eines Elektrolyten in der nachfolgenden Spülstufe (am einfachsten in einer Standspüle) gemessen. Durch die Elektrolytausschleppung aus der Prozesslösung kommt es in der nachfolgenden Spülstufe zu einer Anreicherung von Badinhaltsstoffen, die analytisch bestimmt werden kann. Hieraus kann dann die spezifische Elektrolytausschleppung ermittelt werden. Die Anwendung der Anreicherungsmethode wurde von Schmidt et al. (2002) detailliert beschrieben.

Verdunstungsverluste

Die Verdunstungsverluste können experimentell unter Betriebsbedingungen ermittelt werden. Dazu werden die gleiche Temperatur und gleiche Absaugungsbedingungen eingestellt wie im normalen Betrieb. Vorhandene automatische Dosierungen von Prozesschemikalien oder Spülwasserrückführungen werden während der Messung abgeschaltet. Der Verdunstungsverlust wird aus der Oberfläche des Prozessbades und der Füllstandsänderung im Beobachtungszeitraum berechnet.

Zur Energienutzungsanalyse geht man analog der Stoffstromanalyse vor: man erhebt den Energieverbrauch nach Energieträgern, entwirft ein Anlagenfließbild und ordnet durch Messung oder Schätzung anhand der Typenschilder und Betriebsstunden die Energieverbräuche zu. Auf dieser Basis werden dann die einzelnen Verbraucher im Detail analysiert. Energieverbrauchskennzahlen ermöglichen ein Monitoring und Controlling der Verbräuche.

Kostenreduktionen von 50 % wurden in verschiedenen Fallstudien beschrieben. In acht dokumentierten Fällen von galvanischen Anlagen in Österreich konnte der Wassereinsatz durch Cleaner Production Projekte zwischen 40 und 95 % (pro produziertem Quadratmeter) reduziert werden und der Einsatz von Laugen und Säuren um 20 bis 50 %. Ähnliche Erfahrungen bestehen in Deutschland, England und den USA.

Sankey-Diagramm

Ein Sankey-Diagramm ist die grafische Darstellung von Stoff-, Energie- und Abwärmeströmen (Menge pro Zeiteinheit) durch ein System. Üblicherweise werden die Ströme als Pfeile dargestellt, wobei die Breite des Pfeils proportional zur Größe des reprä-

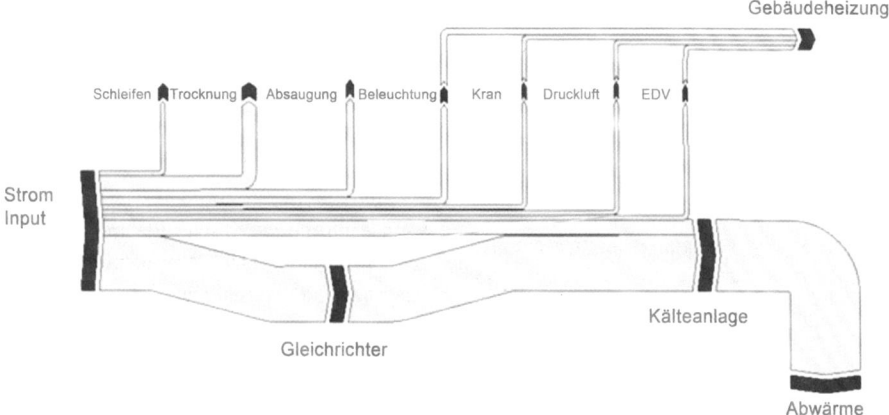

Abb. 1: Sankey-Darstellung von elektrischer Energie in einem Eloxalbetrieb

sentierten Stromes ist. Mit einem Sankey-Diagramm sind Ströme besser darstellbar, als in Form von Beschreibungen mit Zahlen. Ein Sankey-Diagramm zeigt rasch, welche Energiemenge genutzt, und welche ungenutzt in die Umgebung abgegeben wird. Parallel zur Darstellung der Energieströme können die Abwärmeströme und deren mögliche Wärmesenken übersichtlich dargestellt werden.

Im Anschluss an die erste Analyse und Darstellung der Energie- und Abwärmeströme ist es notwendig, eine Pinch Analyse in Hinblick auf die Identifikation der optimalen Energieversorgung und die Nutzung von Abfallenergien durchzuführen.

Pinch-Analyse

Die Pinch-Methode ist eine thermodynamische Methode zum Auffinden des optimalen Energieversorgungssystems für jeden Prozess (Linnhoff, 1982). Die Prozessströme werden durch Angabe ihrer Anfangs- und Endtemperaturen sowie des Produktes aus spezifischer Wärme und ihres Massenstromes oder ihrer Verdampfungs- bzw. Kondensationsleis-

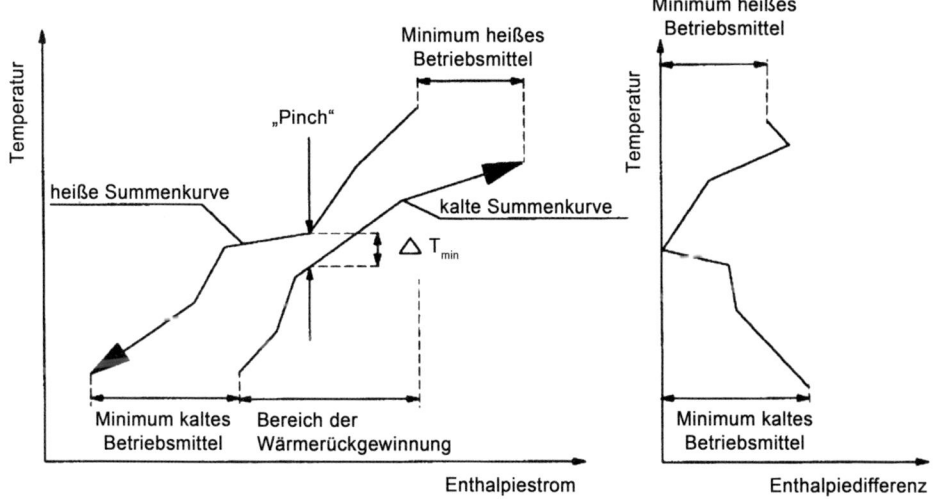

Abb. 2: Darstellung eines Prozesses als Composite Curve (links) und Grand Composite Curve (rechts)

tung sowie einer Wärmeübergangszahl charakterisiert. Die Prozessströme werden im Temperatur-Energiefluss-Diagramm dargestellt (vgl. *Abb. 2*).

Ströme, die erwärmt werden sollen, werden dabei als *kalte* Ströme, die die abgekühlt werden müssen als *heiße* Ströme bezeichnet. Die Einzelströme werden zu einer heißen und einer kalten Summenkurve addiert. Diese Summenkurven (Composite Curves) stellen den kumulierten Kühl- und Heizbedarf des Prozesses auf den jeweiligen Temperaturniveaus dar, sie bilden den Prozess also praktisch als einen einzigen *Superwärmetauscher* ab.

Die Summenkurven lassen sich entlang der Energiefluss-Achse beliebig verschieben. Der Unterschied zwischen den beiden Kurven auf der Temperaturachse zeigt die für den Wärmetausch zur Verfügung stehende Temperaturdifferenz. Am Pinch-Punkt nähern sich die beiden Summenkurven bis auf die minimale Temperaturdifferenz. Der Bereich, in dem sich beide Kurven überlappen, stellt den Bereich dar, in dem Wärme im Prozess rückgewonnen werden kann, indem sie durch Wärmetausch von heißen Strömen an die kalten Ströme übertragen wird. Die restliche Erwärmung der kalten Ströme muss mit heißen Betriebsmitteln (Heizdampf, Wärmeträgeröl, Direktheizung) und die übrige Abkühlung der heißen Ströme mit kalten Betriebsmitteln (Kühlwasser, Kältemittel) durchgeführt werden. Die auf dem jeweiligen Temperaturniveau benötigte Nettowärme (über dem Pinch) und die (unter dem Pinch) auf dem jeweiligen Temperaturniveau abzuführende Wärmemenge zeigt die Grand Composite Curve. Diese Wärmemengen berechnen sich als Differenz des Wärmeangebotes und -bedarfs auf dem jeweiligen Temperaturniveau.

Der Pinch teilt den Prozess in ein Gebiet über dem Pinch, das mit einer Wärmequelle von außen im Gleichgewicht steht und in ein Gebiet unter dem Pinch, das mit einer äußeren Wärmesenke im Gleichgewicht steht. Über dem Pinch darf keine Wärme vom Prozess nach außen abgeführt werden, da dies zusätzlichen Heizbedarf zur Folge hätte; unter dem Pinch darf keine Wärme von außen zugeführt werden, da dies einen zusätzlichen Bedarf an Kühlung verursachen würde.

Die so erhaltenen Werte für den Betriebsmittelbedarf stellen die für eine vorgegebene minimale Temperaturdifferenz thermodynamisch minimal mög-

lichen Werte dar. Die Flächen der benötigten Wärmetauscher werden im Wärmerückgewinnungsbereich unter Annahme von idealem Gegenstrom und ohne Berücksichtigung realer Einschränkungen der Kombinierbarkeit der Ströme, wie sie durch die Korrosivität einzelner Ströme oder aus regel- und sicherheitstechnischen Überlegungen entstehen können, abschnittsweise mit den u-Werten der Ströme und den mittleren logarithmischen Temperaturdifferenzen aus den Wärmeleistungen ermittelt. Ähnlich werden die Wärmetauscherflächen im Heiz- und Kühlbereich errechnet.

Risikoanalyse

Energieeffizienzsteigernde Maßnahmen, die Nutzung von Abwärmequellen und die Integration von identifizierten Lösungsansätzen bedeuten Eingriffe in die Energieversorgung der Prozesse und müssen deshalb einer Risikoanalyse unterzogen werden, welche folgendem Schema folgt:

- *Risikoidentifikation:* Im ersten Schritt werden Risiken, welche im Zusammenhang mit Produktqualität stehen, ggf. auftretende Rückkoppelungen, welche sich durch geänderte Prozessführung ergeben können etc., identifiziert.

- *Risikobewertung:* Durch die Risikobewertung werden die Auswirkungen durch die identifizierten Risiken für die festgelegten Kriterien, wie Produktqualität, Produktionssicherheit etc. dargestellt und die Grundlage für die Auswahl der Maßnahmen zur Risikobewältigung wird gelegt.

- *Risikobewältigung:* In diesem Zusammenhang kann zwischen aktiver und passiver Risikobewältigung unterschieden werden. Die aktive Risikobewältigung hat zum Ziel, die Risiken zu determinieren, indem auf die Eintrittswahrscheinlichkeit und auf die Tragweite des Risikos Einfluss genommen wird. Die passive Risikobewältigung verändert die Risikostrukturen nicht. Es werden Maßnahmen vorgeschlagen, um die Konsequenzen des Risikos zu minimieren. Weiterhin kann die Möglichkeit in Betracht gezogen werden, dass aufgrund der großen Eintrittswahrscheinlichkeit eines Risikos eine der machbaren Optimierungsmaßnahmen als zu risikoreich eingeschätzt und dadurch ausgeschieden wird.

- *Prozessbegleitende Kontrolle und Risikonachbereitung:* Mit diesem Schritt werden die Wirksam-

keit und Effizienz der zur Risikobewältigung vor-
geschlagenen Maßnahmen beurteilt, mit dem Ziel,
mögliche Verbesserungspotenziale zu identifizieren.

Ziel der Risikoanalyse ist es, Optimierungsmaßnahmen zu identifizieren, welche keine negativen Einflüsse auf die Produktqualität und den Prozessablauf
haben.

Beispiel Eloxalbetrieb

Für einen österreichischen Eloxalbetrieb mit ca.
100 000 m²/a Produktion wurde eine Energieanalyse
durchgeführt. Die Analyse der Sankey-Diagramme
zeigt, dass Ansatzpunkte zur Reduktion des Energieeinsatzes in folgenden Bereichen bestehen:
- Reduktion der Verdunstungsverluste
- Optimierung der Isolation und der Verteilungs-
verluste des Heißwassernetzes
- Optimierung des Einsatzes der Kühlanlage

Die größten Verluste entstehen durch Verdunstung
an den heißen Prozessbädern (Entfettung, Beize,
Sealing).

Das Sealingbad hat einen Deckel, der nur zum Ein-
und Ausfahren der Gestelle geöffnet wird. Thermo-
grafieaufnahmen zeigten, dass die Deckeldichtungen
im Laufe der Zeit undicht geworden sind.

Am Kesselverteiler fand eine Vermischung des
Rücklaufs mit dem Vorlauf vom Kessel statt, was
die Vorlauftemperatur schon vor der Bereitstellung
der Wärme im Prozess reduzierte. Die Isolation der
Leitungen war im Bereich des Kesselhauses unge-
nügend. Verteiler und Ventile sollten mit abnehm-
baren Kappen ausgerüstet werden.

Zur Reduktion der Verdunstungsverluste sind die
Deckel auf Entfettung und Beize zu verwenden,
wenn diese Bäder nicht benutzt werden. Zugleich
wurde die Nutzung der Absaugung optimiert, da die
abgesaugten Luftmengen aufgrund der vergrößerten
Luftgeschwindigkeiten über den Bädern zu einer verstärkten Verdunstung beitragen.

Die Regelung des Freecooling Systems der Kühlanlage wurde ebenfalls optimiert, um die Kühlung
durch Außenluft zu verwenden wenn die Außentem-
peratur unter der gewünschten Bautemperatur von
18 °C liegt, was in unseren Breiten mehr als die
Hälfte des Jahres der Fall ist. Die Analyse der Kälteanlage zur Eloxalbadkühlung zeigte, dass die Ab-

wärme der Kälteanlage durch Einbau eines Enthitzers teilweise auf einem Temperaturniveau von
ca. 55 °C zur Verfügung gestellt werden könnte.
Diese Wärme könnte zum Vorwärmen der Spülen
verwendet oder eine Eindampfanlage zur Reduktion
des Spülwassers eingesetzt werden. Die nutzbare
Abwärme entspricht einer Leistung von 30 kW. Damit könnten ohne Wärmerückgewinnung 43 kg
Spülwasser pro Stunde verdampft werden, das entspricht ca. 110 m³ Wasser jährlich. Alternativ könnten
2,5 m³ Spülwasser pro Stunde um 10 °C erwärmt
werden.

Die durchgeführten Rechnungen für das Gebäude
zeigen, dass durch eine bessere Abtrennung des An-
lieferbereiches und eine eigene Gehtür die Wärmeverluste nach außen im Winter deutlich reduziert
werden können.

Zur Feststellung der Verdunstungsversuche wurden
im Labor Versuche durchgeführt. Die Ergebnisse
zeigen, dass die Verdunstungsverluste aus der Literatur für Wasser, in Abhängigkeit der Oberflächen-
temperatur eine gute Annäherung für die weiteren
Berechnungen bieten und die Luftgeschwindigkeit
sowie verschiedene Chemikalienkonzentrationen in
den Bädern diese nur unwesentlich beeinflussen.
Den stärksten Einfluss zeigte die Belüftung zur
Badumwälzung.

Die Pinch-Analyse der Prozesse zeigt, dass eine
interne Wärmerückgewinnung zur Zeit von den
Abgasverlusten des Heizkessels möglich ist. Eine
Rückgewinnung der Wärme aus der Eloxalbadkühlung ist bei Einbau eines Enthitzers möglich.

Durch die Reparatur des Sealingdeckels, der Rohr-
leitungsisolation, der Temperaturregler konnten jährlich etwas über 5000 Nm³ Gas eingespart werden.
Das entspricht ca. 10 % des Gasverbrauches.

Beispiel:
Optimierung Beize eines Drahtwalzwerkes

Die voestalpine Austria Draht GmbH erzeugt am
Standort in Donawitz aus stranggegossenen und
gewalzten Knüppeln jährlich ca. 500 000 t Walzdraht
in einem kontinuierlichen Prozess zwischen 5,0 mm
und 32,0 mm Durchmesser. Der naturharte, geglühte
und oberflächenbehandelte Walzdraht wird zur Herstellung von Betonstahl, Federn, Ketten usw. verwendet. Nach einer detaillierten Energieanalyse wurden
folgende Maßnahmen umgesetzt:

- Optimierung der Druckluftversorgung durch verbesserte Nutzung des bereichsweisen Absperrmöglichkeiten nach Betriebsende: Einsparung von 250 000 kWh Strom pro Jahr,
- Einbindung der Kompressorabwärme in die Wärmeversorgung von Büros und Sanitärbereichen: Einsparung von 53 000 Nm³ Erdgas pro Jahr,
- Drahtvorwärmung in der Beizerei mit Trocknerabgas und Erneuerung der Dämmung der Dampfleitung: Einsparung von 36 000 Nm³ Erdgas pro Jahr,
- Verbesserte Isolierung im Zuge der Sanierung einer Halle: Einsparung von 25 700 Nm³ Erdgas pro Jahr,
- Optimierung der Beleuchtung: Einsparung von 180 000 kWh Strom pro Jahr.

In einem weiterführenden Projekt (INEMO, 2012) wurden durch eine Kombination aus Systemanalyse und Modellierung folgende weitere Ansätze zur Energieoptimierung ausgearbeitet:

- Wärmerückgewinnung aus dem Abgas des Hubbalkenofens zur Heißwasserbereitung zur Beheizung der Beize,
- Kontinuierliche Temperaturmessung an einzelnen Kühlwasserabläufen und Einbau von drehzahlgeregelten Pumpen zur Reduktion der durchgesetzten Wassermengen.

Zusammenfassung

Eine Übersicht der Vielzahl an möglichen Ansätzen von der Bewusstseinsbildung über das Verfolgen von Kennzahlen bis zu technologischen Maßnahmen zur Verbesserung der Spültechnik, der Standzeitverlängerung bis hin zum Einsatz von Verdampferanlagen zur völligen Kreislaufschließung wurden im Rahmen dieses Beitrags gegeben. Diese Vermeidungsoptionen müssen vor einem möglichen Einsatz natürlich auf ihre Anwendbarkeit im Einzelfall überprüft werden und einer Kosten-Nutzenrechnung unterzogen werden.

In verschiedenen oberflächentechnischen Anlagen bestehen bisher ungenutzte Potenziale zur Energieeinsparung. Dies umfasst Maßnahmen zur Reduktion von Wärmeverlusten (Abdeckung von Bädern, Isolation von Wannen, Nacht- und Wochenendabsenkung der Temperaturen), zur Optimierung der Druckluftversorgung und Beleuchtung, zur Optimierung der Abluftmengen und der Nutzung von Abwärme (von Gleichrichtern, Kälteanlagen, Druckluftkompressoren).

Danksagung

Die Autoren bedanken sich bei Josef Mair von Eloxal Heuberger und dem Team der voestalpine Austria Draht für die gute Zusammenarbeit in den Projekten, die von der SFG (Steirische Wirtschaftsförderung), WIN (Wirtschaftsinitiative Nachhaltigkeit in der Steiermark), sowie von der FFG (Österreichische Forschungsförderungsgesellschaft) unterstützt wurden.

Literatur

Schmidt, H. J.; Schu, A.; Terbahl, G.; Kreisel, R.: DGO – Deutsche Gesellschaft für Oberflächentechnik: Verringerung von Stoffverlusten bei der chemischen und elektrochemischen Oberflächenbehandlung, Leitfaden 2, 2002

Hartinger, L.: Handbuch der Abwasser und Recyclingtechnik, 2. Auflage, Karl Hanser Verlag, München/Wien 1991

Dittman, A. et al.: Clever genutzt – Abfall- und abwasserfreie Eloxalanlage, 2001

Envirowise: Platewise, http://webarchive.nationalarchives.gov.uk/20100104172023/http://envirowise.gov.uk/uk/Our-Services/Publications/IT629-Platewise.html, 2014

Fresner, J.; Bürki, Th.; Sittel, H.: Ressourceneffizienz in der Produktion, Symposium Verlag, 2. Auflage, 2014, ISBN 978-3-86329-629-2

Fresner, J. et al: ZERMEG – Zero emission retrofitting method for existing galvanizing plants, Schriftenreihe des bmvit 2004

Köhler, D.: Energieoptimierte Gesamtplanung einer Eloxalanlage, JOT – Die Oberfläche 2003, Seite 74–76

Krenn, Chr.; Fresner, J.; Stockner, H.: INEMO – Integriertes und optimiertes Energiesystem für die neue Walzstraße der voestalpine Austria Draht, FFG, Zwischenbericht, 2012

Linnhoff, B. et al.: User Guide on Process Integration for the Efficient Use of Energy, IChemE, UK, 1982

SankeyEditor 2010, www.sankeyeditor.net

Urban, M.; Stürznickel, B.: Energie-/Stoffstrommanagement und Prozesscontrolling für Galvanikbetriebe, Landesanstalt für Umweltschutz Baden-Württemberg, ISSN 0949-0485, 2004

Brandschutz in der Oberflächentechnik

Von Prof. Dr. Wolfgang Hasenpusch, Universität Siegen

Eine Reihe von Brand- und Explosionsereignissen in Unternehmen der Oberflächentechnik lenkt eine erhöhte Aufmerksamkeit auf den vorbeugenden und abwehrenden Brandschutz. Dabei kommen dem präventiven baulichen, anlagentechnischen und organisatorischen Brandschutz besondere und fortwährende Achtsamkeit zu. Nur gut geschulte, trainierte und motivierte Mitarbeiter sind Garanten für einen effizienten Schutz gegen Schadensereignisse. Der abwehrende Einsatz im Ereignisfall muss gut vorbereitet und schnell organisiert ablaufen, um Mitarbeiter und Anlagen optimal zu schützen.

Several accidents by explosions and fires in surface technology plants are drawing our attention elementary to preventive fire protection and fire defence. Therefore we have to look especially and all along pre-emptively after structural, plant-specific as well as after organizational fire protection. Well-educated, trained and motivated employees only are assuring an efficient protection against damage causing events. The fire defence operations in the case of incidence have to run well prepared and have to be organized quickly to protect the staff and the equipment in an optimal way.

Einleitung

Alarm- und Gefahrenabwehrpläne bereiten so gut es geht auf den Ernstfall vor. Eine höhere Bedeutung jedoch kommt den vorbeugenden Maßnahmen, wie Schulungen, Übungen, Kontrollen und aktiven Begehungen zu.

Aus den Ereignissen in anderen Unternehmen lassen sich Lehren und Erfahrungen für die Risiken im eigenen Unternehmen ableiten. Sie sollten sorgfältig analysiert und hinterfragt werden, um analogen Ursachen rechtzeitig zu begegnen. Leider läuft die Informationspolitik in vielen Unternehmen sehr restriktiv ab. Gründe dafür liegen in der Vertraulichkeit geschützter Verfahren, im Klären juristischer Schuldfragen sowie in der versicherungstechnischen Auflage zur Verschwiegenheit.

Eine gute, oft unterschätzte Unterstützung liefern die örtlichen Einsatzkräfte der Feuerwehren. Sie im Rahmen der Prävention und Organisation mit einzubeziehen, ist in der Regel eine große unterstützende und ergänzende Hilfe.

Brandspezialisten können sich im Brandschutz und im Rettungseinsatz als entscheidende Helfer herausstellen, wenn es um das Vermeiden von Brandursachen, gefährlichen unbekannten Reaktionen oder beispielsweise dem Retten aus Schächten, Behältern und Gruben geht. Es sollte aber nicht erst größerer Ereignisse bedingen, sich verstärkt um den Brandschutz zu kümmern. Auch im Rahmen eines Benchmarkings, eines Vergleiches im Brandschutz mit anderen vorbildlichen Unternehmen jedweder Branche, lassen sich geeignete Maßnahmen direkt oder abgewandelt übernehmen.

Es ist eine bekannte Tatsache, dass Ehrgeiz, Engagement und Unterstützung des Brandschutzes oft mit der Zeit nachlassen, wenn sich über längere Zeit keine bedrohlichen Zustände im Unternehmen einstellen. Aber gerade in dieses sich ausbreitende Tal der Unachtsamkeit schlägt das Schicksal nicht selten zu. Das belegen zahlreiche Brandereignisse.

1 Brände in der Oberflächentechnik und ihre Ursachen

In Unternehmen der Oberflächentechnik mangelt es, trotz umfangreicher Brandschutzmaßnahmen, allein in den wenigen vergangenen Jahren nicht an Brandereignissen, aus denen sich Lehren für die eigenen Betriebe ableiten lassen.

Das kann an sechs Beispielen aufgezeigt werden.

1.1 Brand in einer Schwabacher Galvanik

Schaden in Millionenhöhe entstand, als am Sonntagabend des 7. Juni 2009 ein Feuer im Gewerbegebiet Falbenholz ausbrach *(Abb. 1)*. Zunächst konnte das obere Stockwerk des Gebäudeteils, von dem das Großfeuer ausging, wegen Einsturzgefahr nicht be-

Abb. 1: Brand in einem Schwabacher Galvanikbetrieb mit Schäden in Millionenhöhe am 7. Juni 2009

treten werden. Erst am Montag war es der Kriminalpolizei nach umfangreichen Sicherungsarbeiten möglich, ihre Untersuchungen nach der Brandursache dieses verheerenden Feuers aufzunehmen. Der Brand zerstörte hauptsächlich drei der Beschichtungsautomaten, mit denen das Unternehmen die Behandlung von metallischen Oberflächen vornimmt, zu einem Großteil für die Automobilindustrie oder deren Zulieferer. Aber auch der Werkzeugbau, die Elektroindustrie sowie die Medizintechnikbranche gehören zu den Kunden des Schwabacher Unternehmens, das knapp 100 Mitarbeiter beschäftigte.

Dem Galvanikunternehmen kam die Kooperation mit anderen Spezialbetrieben zugute, die man im Rahmen von „EuroSurface", eine Kooperation von Galvanikfachbetrieben zur Bündelung der jahrzehntelangen Erfahrungen, bereits seit Jahren pflegte. Bei Engpässen ist dadurch eine gegenseitige Hilfe möglich. Vertraglich zugesicherte Lieferfristen waren nicht in Gefahr.

Die Geschäftsführung zeigte sich über die präzise und schnelle Arbeit der Schwabacher Feuerwehr und der weiteren Hilfskräfte, die in der Brandnacht vor Ort waren, sehr angetan. Denn viele Helfer verblie-

ben noch am Sonntagabend im Einsatz, um das Dach der Halle abzudecken und glimmendes Isolierungsmaterial zu löschen.

Wie sich nach Ermittlungen der Schwabacher Kriminalpolizei und eines Experten des Bayerischen Landeskriminalamtes herausstellte, hatte ein technischer Defekt zu dem Großbrand geführt. Bis ins letzte Detail ließ sich die Brandursache aufgrund der erheblichen Schäden an Gerätschaften und Gebäude jedoch nicht aufklären.

In Sonderschichten sowie der Inanspruchnahme von Partner-Kooperationen konnte das geschädigte Unternehmen die anstehenden Aufträge in der Tat fristgerecht ausführen [1–3].

1.2 Filteranlagenbrand in einer Kulmbacher Oberflächentechnik

Ein Sachschaden in Höhe von 80 000 Euro entstand nach Schätzung von Sachverständigen bei einem Brand am 5. August 2010 in der Filteranlage eines Kulmbacher Unternehmens der Oberflächentechnik [4]. Das gegen 10:30 Uhr ausgebrochene Feuer konnte durch Betriebsmitarbeiter sofort mit Handfeuerlöschern bekämpft werden. Den alarmierten

Abb. 2: Filteranlagenbrand in einer Kulmbacher Oberflächentechnik am 5. August 2010

Feuerwehrkräften aus Kulmbach gelang wenig später das komplette Ablöschen des Brandes mit Löschschaum *(Abb. 2)*.

Die Feuerwehr Kulmbach war mit 26 Kräften und sieben Fahrzeugen vor Ort. Vier Atemschutztrupps bekämpften den Brand mit Mittelschaum. Durch den Einsatz einer Wärmebildkamera ließen sich Glutnester aufspüren und entfernen. Hochleistungslüfter beförderten den Brandrauch aus der Produktionshalle. Für die örtliche Feuerwehr war der Einsatz bereits gegen 12:30 Uhr beendet. Die Helfer des BRK-Rettungsdienstes, die ebenfalls an der Brandstelle waren, mussten nicht eingreifen. Beamte der Kripo Bayreuth übernahmen vor Ort die Ermittlungen. Sie kamen zu dem Schluss, dass der Brand durch einen technischen Defekt in der Sandstrahlanlage ausgelöst worden war. Gebäudeschaden entstand dank des schnellen Eingreifens der Löschkräfte nicht [4].

Filterbrände kommen in verschiedenen Produktionen recht häufig vor. Organische oder metallische Stäube lassen sich leicht durch Funkenflug, Elektrostatik oder Selbstoxidation entzünden. Mangelnde Wartung und Schweißarbeiten sind weitere Gründe für die Brandursachen.

1.3 Lagerbrand einer Oberflächentechnik in Attendorn

Der Brand im Lagerbereich einer Oberflächentechnik-Firma im Attendorner Industriegebiet Ennest hielt am 9. Juli 2011gegen 20:30 Uhr die örtlichen Feuerwehren und die der Umgebung in Atem, denn die Leitstelle in Olpe löste Großalarm aus *(Abb. 3)*.

Betroffen waren die Lagerbereiche der Firma, die zum Teil unter Flur liegen. Nur durch kleine Fenster und Lichtschächte konnten die Einsatzkräfte den Brand bekämpfen. Zum eigentlichen Brandherd waren ein Durchdringen und ein gezielter Innenangriff zunächst nicht möglich. Rund 160 Einsatzkräfte blieben die ganze Nacht in Aktion, um den Schaden so gering wie möglich zu halten.

Man ging davon aus, dass Betriebsstoffe und Verpackungsmaterialien Feuer gefangen hatten. Mit Wärmebildkameras wurde das Gebäude ständig überwacht, da der eigentliche Brandherd noch nicht zu erreichen war.

Der Bereich um das Firmengelände musste weiträumig abgesperrt werden. Ein Messtrupp der Feuerwehr Olpe überwachte ständig die Schadstoffbelastung in der Umgebung. Neben den Feuerwehrleuten befanden sich Polizei, DRK und Ordnungsamt an der Einsatzstelle. Wie sich später herausstellte,

Abb. 3: Brand im Lagerbereich einer Oberflächentechnik in Attendorn am 9. Juli 2011

war unvorsichtiger Umgang mit Zigarettenglut aller Wahrscheinlichkeit nach die Ursache des Brandes. Untersuchungen der Polizei und eines Brandsachverständigen am Brandort ergaben, dass dort regelmäßig, auch am Abend vor der Entstehung des Feuers, geraucht wurde. Der Schaden bezifferte sich auf rund 500 000 Euro. Eine technische Ursache wurde ausgeschlossen [5].

1.4   Großbrand in einer Pforzheimer Galvanik

Erst nach drei Stunden hatten die mehr als 100 eingesetzten Feuerwehrmänner und -frauen den Brand in einem Pforzheimer Unternehmen unter Kontrolle *(Abb. 4)*. Das Feuer zerstörte die galvanischen Anlagen am Ostermontag des Jahres 2012 vollständig. Über die automatische Meldeanlage wurde die Leitstelle der Feuerwehr um 3:19 Uhr alarmiert. Beim Eintreffen der ersten Kräfte der Berufsfeuerwehr war eine starke Rauchentwicklung aus dem Gebäude erkennbar. Ein Mitarbeiter der auf dem Firmengelände eingesetzten Sicherheitsfirma berichtete von einer Verpuffung und Flammen im Gebäude.

Abb. 4: Großbrand in einer Pforzheimer Galvanik am 9. April 2012

Aufgrund der erhöhten Gefahrenlage in dieser Galvanik, in der sich sehr giftige Chemikalien im Einsatz befanden, löste die Feuerwehrleitstelle Großalarm aus.

Da sich wegen des Feiertags keine Mitarbeiter in der Firma aufhielten, konnten sich die Feuerwehr-

kräfte ganz auf die Brandbekämpfung konzentrieren. Da als Folge des Brandes einige Lüftungsleitungen von der Decke gefallen waren und die Zugangstüren von innen blockierten, mussten die Rettungstrupps mit Spreizern und Bolzenschneidern die Türen zum Brandbereich aufbrechen. Fenster wurden von außen eingeschlagen, um an die Flammen zu gelangen. Die Angriffstrupps konnten sich im Inneren der Galvanikhalle nur tastend fortbewegen, da dichte Nebelwolken ihre Sicht vollständig versperrten.

Ausgelaufene und freigesetzte Gefahrstoffe sowie die Messung hoher Konzentrationen giftiger Gase veranlassten die Einsatzleitung, zeitweise alle Feuerwehrkräfte aus dem Gebäude zurückzuziehen. Das stark kontaminierte Löschwasser pumpten Einsatzkräfte in den Tank des eigenen Gefahrgutentsorgungsfahrzeugs. Die Aufarbeitung erfolgte in der firmeneigenen Abwasserbehandlungsanlage. Insgesamt hatte die Feuerwehr 54 Trupps mit schwerem Atemschutz sowie 26 Trupps mit Atemfiltern eingesetzt, um eine größere Katastrophe zu verhindern. Der Einsatz dauerte fast zehn Stunden. Die Polizei musste den Bereich um das Gelände der Galvanik großräumig absperren.

Der Großbrand hatte die Produktion für mehrere Wochen stillgelegt. Die Schadenshöhe belief sich auf mehrere Millionen Euro. Als Ursache blieb nur die Möglichkeit eines technischen Defekts an einer der automatisch laufenden Anlagen übrig [6].

Die von einem Fremdfirmenwachmann wahrgenommene Explosion („Verpuffung") spricht allerdings eher für eine chemische Reaktion, bei der Wasserstoff frei geworden war.

1.5   Großbrand zerstörte gesamte Oberflächentechnik

Das Großfeuer, das am Montagabend den 8. April 2013 eine komplette Firma für Oberflächentechnik zerstörte, war nach Einschätzung der Kriminalpolizei offenbar durch einen technischen Defekt entstanden *(Abb. 5)*.

Verletzt wurde niemand. Der Schaden lag in Höhe mehrerer Millionen Euro.

Anwohner wurden aufgrund der starken schwarzen Rauchentwicklung aufgefordert, Fenster und Türen geschlossen zu halten. Zeitgleich führte die Feuerwehr Luftmessungen durch und nahm Bodenproben des kontaminierten Erdreichs. Nach einer ersten

Abb. 5: Feuer in einer Oberflächentechnik in Schameder, 9. April 2013

Bestandsaufnahme war die Bevölkerung aber zu keiner Zeit gefährdet.

Die nahe gelegene Bundesstraße musste die Polizei über Stunden gesperrt halten und den Verkehr großräumig umleiten. Untersuchungen des beauftragten unabhängigen Brandsachverständigen in Erndtebrück-Schameder ergaben keine Hinweise auf fahrlässige oder vorsätzliche Brandstiftung [7, 8].

1.6 Kunststoffbrand in einem Galvanikbetrieb

In einem Remscheider Galvanikbetrieb war am Freitag, den 14. Februar 2014, ein Feuer ausgebrochen *(Abb. 6)*. Bei Schneidearbeiten hatte sich Kunststoff entzündet. Die Feuerwehr rückte mit 55 Einsatzkräften aus.

Die Beamten fanden schwierige Bedingungen vor. Die Firma liegt hinter einem Wohnhaus an einem Hof – und der war völlig verraucht. Weil nicht klar war, ob in dem Haus noch Menschen in Gefahr waren, mussten sich die Einsatzkräfte zunächst dort Zutritt verschaffen.

Nach kurzer Zeit hatte die Feuerwehr den Brand allerdings unter Kontrolle. Die Anwohner waren bereits durch den Firmenbesitzer gewarnt worden. Verletzt wurde deshalb niemand. Zurück blieb ein Geruch nach verbrannten Reifen. Der Feuerwehr-

Abb. 6: Feuer im Remscheider Galvanikbetrieb am 14. Februar 2014

und Polizeieinsatz sorgte zudem für Verkehrsstaus bis weit nach Vieringhausen [9].

1.7　Schlussfolgerung aus den Beispielen

Bereits aus dieser kleinen Aufzählung von Brand-Ereignissen lassen sich einige grundsätzliche Lehren ableiten:

- Hätte vorbeugender Brandschutz mit Schulungen, Wartungen, Warn- und Löschanlagen das Ausmaß dieser Großbrände verhindern oder mindern können?
- Wären Übungen mit der Feuerwehr und anschließender Diskussion über Verbesserungen sinnvoll gewesen?
- Ist der Betrieb auf entsprechende Ereignisse vorbereitet?
- Sorgen umsichtige Beauftragte fortlaufend für ausreichenden Brandschutz?

Besonders wenn weniger ausgebildete Kräfte in den Oberflächentechnikbetrieben arbeiten, ist die Schulung grundlegender und spezieller Zusammenhänge wie auch die Aufsicht vor Ort (*Supervision*) von unschätzbarer Bedeutung, allerdings auch eine Forderung des Gesetzgebers.

1.8　Gesetzlicher Hintergrund

Das Arbeitsschutzgesetz, ArbSchG, (1996) stellt in §10 Anforderungen zur Ersten Hilfe und sonstige Notfallmaßnahmen, wobei es die Arbeitgeber auffordert, entsprechend der Art der Arbeitsstätte und der Tätigkeiten sowie der Zahl der Beschäftigten die Maßnahmen zu treffen, die zur Ersten Hilfe, Brandbekämpfung und Evakuierung der Beschäftigten erforderlich sind. Dabei hat der Arbeitgeber auch der Anwesenheit anderer Personen, wie Fremdfirmenmitarbeiter und Besucher Rechnung zu tragen.

Für den Notfall sind die erforderlichen Verbindungen zu außerbetrieblichen Stellen, insbesondere in den Bereichen der Ersten Hilfe, der medizinischen Notversorgung, der Bergung und der Brandbekämpfung, einzurichten.

Anzahl, Ausbildung und Ausrüstung der benannten Hilfs- und Einsatzkräfte müssen dabei in einem angemessenen Verhältnis zur Zahl der Beschäftigten und zu den bestehenden besonderen Gefahren stehen.

Die Berufsgenossenschaftliche Vorschrift BGV A1 präzisiert die Unternehmerpflicht in §22 unter *Notfallmaßnahmen*, dass der Arbeitgeber Maßnahmen zu planen, zu treffen und zu überwachen hat, die insbesondere für den Fall des Entstehens von Bränden, von Explosionen, des unkontrollierten Austretens von Stoffen und von sonstigen gefährlichen Störungen des Betriebsablaufs geboten sind.

Ferner ist eine ausreichende Anzahl von Mitarbeitern durch Unterweisung und Übung im Umgang mit Feuerlöscheinrichtungen zur Bekämpfung von Entstehungsbränden vertraut zu machen.

2　Brennstoff, Sauerstoff und Zündquellen

Da Brände und Explosionen immer wieder Menschenleben, hohen Sachschaden sowie auch häufig Umwelt-Beeinträchtigungen von erheblichem Ausmaß fordern, müssen Mitarbeiter über die möglichen Gefährdungen im Umgang mit brennbaren Materialien hinreichend und nachhaltig sensibilisiert werden. Dabei helfen auch Seminare und Schriften der Berufsgenossenschaften [10].

Alle Brände und Explosionen benötigen drei Voraussetzungen, die einprägsam in einem Gefahrendreieck oder *Branddreieck* darstellbar sind *(Abb. 7):*

- einen brennbaren Stoff
- das Oxidationsmittel, in der Regel der Luftsauerstoff und
- eine wirksame Zündquelle, wobei es vielerlei Arten von Zündquellen gibt.

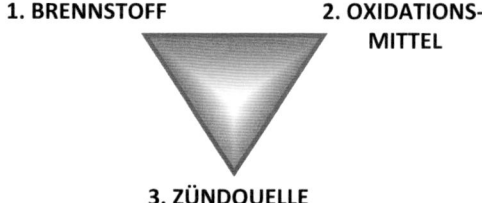

Abb. 7: Das Branddreieck, die drei Voraussetzungen für Feuer oder Explosion

Die drei Brand- und Explosionsvoraussetzungen bedürfen einer weiteren Beleuchtung, die alleine sehr umfangreich ausfallen kann.

2.1　Brennbare und explosive Stoffe

Brennbare Stoffe können organische Verbindungen, wie Kunststoffe, Holz, Lösungsmittel aber auch organische Stäube, wie Beschichtungspulver oder andere organische Chemikalien sein. Auch Metalle brennen in feiner Verteilung: zum Beispiel als Pulver, Draht oder Wolle.

Viele organische Materialien haben bereits zu Bränden und Großfeuern geführt. In feinster Verteilung verursachen sie sogar heftige Explosionen, denen zumeist ein Flammenmeer folgt. Zahlreiche explosive Zerstörungen durch Kunststoffpulver, Holzstaub oder Lebensmittelstäube (Mehl, Zucker) legen unrühmliche Zeugnisse davon ab. Metallpulver können auch selbstentzündlich sein oder gar explosiv. Oberflächenreiche Nickelpulver beispielsweise, die auch unter dem Namen RANEY-Nickel als Katalysator auf dem Markt sind, glimmen bei Luftkontakt sofort auf. Sie sind *pyrophor* (selbstentzündlich).

Mit Wasserstoff oder Wasserstoff enthaltenden Reduktionsmitteln, wie Natriumboranat, $NaBH_4$, oder Hydrazin, H_2N-NH_2, lassen sich sehr feine schwarze Metallpulver ausfällen, die jedoch einen Teil des Wasserstoffs in sich aufnehmen und dann bei der geringsten Erschütterung an Luft eine Knallgasexplosion verursachen. Bei derartigen Metallstaubexplosionen (z. B. Ru, Os, Ti) gab es bereits tödliche Unfälle. Es ist daher guter Brauch in Edelmetall verarbeitenden Betrieben, dass derartig gefällte Pulver bei mindestens 600 °C unter Schutzgas ausgeheizt werden, um den Wasserstoff weitgehend auszutreiben.

Explosionen sind mit Lösungsmitteldämpfen und brennbaren Pulvern möglich, wenn sie in Luft bestimmte Konzentrationen erreichen. Man unterscheidet dabei die *Untere Explosionsgrenze* und die *Obere Explosionsgrenze*, die Konzentrationen an explosionsfähigen Gasen und Dämpfen in Volumen-Prozent, bei der eine Explosion möglich bzw. nicht mehr möglich ist.

2.2 Oxidationsmittel

Bei den Oxidationsmitteln handelt es sich in der Regel um den Sauerstoff der Luft. Er ist mit 78 Vol.-% Stickstoff und einem Prozent Edelgas bereits relativ stark verdünnt und phlegmatisiert. Die 21 % Sauerstoff in der Luft reichen aber immer noch für die Entstehung vieler Brände und Explosionen aus. Sehr viel brisanter aber verlaufen diese Reaktionen noch mit Luft, die durch Sauerstoff angereichert wurde (*Nitrox*) oder gar mit reinem Sauerstoff.

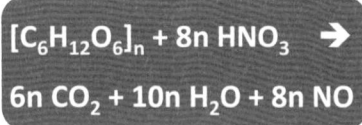

$$[C_6H_{12}O_6]_n + 8n\ HNO_3 \rightarrow$$
$$6n\ CO_2 + 10n\ H_2O + 8n\ NO$$

Abb. 8: Chemie der Selbstentzündung von Zellulose durch konzentrierte Salpetersäure (ca. 63%ig)

Weitere Oxidationsmittel sind Salpetersäure und Nitrate, Chlorate, Perchlorsäure und Perchlorate, Permanganate, Perchromate, Wasserstoffperoxid und weitere Peroxide und viele andere. Sie reagieren sogar bei hinreichender Konzentration unter Standardbedingungen (1 atm.; 25 °C) direkt mit dem Brennstoff: die Zündenergie entsteht unmittelbar aus der chemischen exothermen Reaktion zwischen Brennstoff und Oxidationsmittel.

Tropft man zur Demonstration z. B. wenige Tropfen Glycerin auf etwas Kaliumpermanganat, staunt der Fachfremde nach etwa zehn Sekunden nichtsahnend über eine Rauchentwicklung, der ein plötzliches Aufflammen folgt.

Auch eine Holzpalette fängt zu brennen an, wenn einige Tropfen hochkonzentrierter Salpetersäure (> 63 %) auf sie fallen. Ferner entsteht das giftige Stickstoffmonoxid, wie der chemischen Reaktion zu entnehmen ist *(Abb. 8)*, das sich an der Luft schnell zu dem braunen, ebenfalls toxischen Stickstoffdioxid oxidiert.

2.3 Zündquellen

Der dritte Brand- oder Explosionspartner im Gefahren- oder Branddreieck ist in den verschiedenen Zündquellen zu suchen.

Immer handelt es sich um den Eintrag von Energie. Das kann jede Art von Energie sein, sofern sie nur groß genug zum Entflammen oder zur Explosion ist. Folgende Energien sind in Betracht zu ziehen:

- Mechanische Energie (Schlag, Reibung)
- Heiße Oberflächen (Heizwendel, Lampen, Widerstandsdrähte)
- Funken (Schleifen, Sägen, Schweißen)
- Ungesicherte elektrische Anlagen (Kurzschluss, defekte Leitungen)
- Statische Aufladung (Umfüllen nichtleitender Flüssigkeiten, Pulver und Granulate, nichtleitende Fußböden)

- Elektromagnetische Felder (um Leitungen, Spulen, Elektro- und Plasmaöfen)
- Elektromagnetische Strahlung
- Ionisierende Strahlung
- Ultraschall
- Kompression ohne Wärmeabführung *(adiabatische Kompression)*
- Chemische Reaktionen *(inkompatible Reaktionen)*
- Blitzschlag (bei fehlendem oder unzureichendem Blitzableiter)

Alle hier genannten Zündquellen waren in der Praxis bereits für zahlreiche Brand-Ereignisse verantwortlich. Denn oft handelt es sich um eine Kette von Teil-Ereignissen, die zu einem Desaster führen. Etwa in der Folge:

Austreten von Lösungsmittel, Verdampfen an einer warmen, wenig belüfteten Stelle, Heißlaufen einer rotierenden, nicht hinreichend gewarteten Maschine: Entzünden der Lösungsmitteldämpfe an den heißen Maschinenflächen mit Feuer- oder gar Explosionsfolge.

Noch *hinterlistiger* können chemische Reaktionen sein, wenn *inkompatible Stoffe* aufeinander treffen. Das Beispiel mit Kaliumpermanganat und Glycerin wurde bereits zitiert. Über 2500 Seiten zählt Bretherick´s Handbuch [11] in zwei englischsprachigen Bänden auf, in welcher Weise Chemikalien miteinander brisant und gefährlich reagieren können.

2.4   Inkompatible chemische Reaktionen

Eine gefährliche Reaktion, die jeder kennt, der in chemischen Betrieben arbeitet, ist das Zusammenkippen von Wasser in konzentrierte Schwefelsäure. Daher gilt das Motto:

> *Erst das Wasser, dann die Säure,*
> *sonst geschieht das Ungeheure!*

Dabei kann die Schwefelsäure *nur* um die Ohren spritzen, wenn man die Reihenfolge vertauscht *(Abb. 9)*. Denn gerät Wasser in die konzentrierte Säure, erhitzt sie sich durch die exotherme Hydrolyse momentan.

Für Feuerwehrkräfte liefe es aber verhängnisvoll ab, wollten sie die schwefelsauren Metallbäder von hoher Säurekonzentration mit Wasser löschen.

Anders sieht es schon aus, wenn in den Galvaniklaboratorien Silbernitrat mit Ethanol in Berührung kommt und sich unvermittelt explosive Ful-

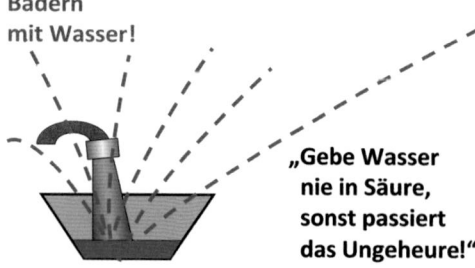

Vorsicht beim Löschen von Schwefelsäure-Bädern mit Wasser!

„Gebe Wasser nie in Säure, sonst passiert das Ungeheure!"

Abb. 9: Das Spritzen der konzentrierten Schwefelsäure beim Ablöschen mit Wasser

minate bilden. Oder wenn Silbernitrat in alkalischer Ammoniaklösung eingerührt wird: dabei entstehen brisante Silber-Amine, -Imine und -Nitride, Ag_3N.

Ein ganzes Labor stand in Frankfurt vor einigen Jahrzehnten nach einer Explosion in Flammen, da über einen längeren Zeitraum Perchlorsäure durch die Kachelmauerung des Abzugstisches in das darunter befindliche Holzgestell diffundierte und stoßempfindliches Cellulose-Perchlorat gebildet hatte.

Wer also glaubt, im Labor beim Arbeiten mit kleinen Chemikalienmengen könne nicht viel passieren, dem sei die vertiefende Literatur empfohlen, um sich eines Besseren belehren zu lassen [12].

Ein gutes Beispiel aus der Laborchemie von Betrieben der Oberflächentechnik ist des Weiteren das *Knallgold,* eine Verbindung, die bereits in Milligramm-Mengen mit betörendem Knall explodiert.

Gerade in galvanischen Betrieben liegt die Versuchung nahe, die verbrauchten Vergoldungsbäder selbst aufzukonzentrieren oder aufzuarbeiten. Das darf auf keinen Fall durch alkalische Fällung mit Ammoniak oder Salmiakgeist geschehen. Es bildet sich dabei ein ockerfarbener Niederschlag, der bereits mit geringer Energie zur Explosion zu bringen ist [13].

Zur Analyse und zu Anschauungszwecken empfiehlt sich das Aufstellen einer Reaktionsmatrix, in der alle Stoffe eines Labors, Betriebes oder Lagers einander gegenübergestellt werden. Daran lässt sich feststellen und deutlich markieren, welche Stoffe auf keinen Fall miteinander in Berührung oder nebeneinander gestellt werden dürfen *(Abb. 10)*.

X = Reaktion; XX = heftige Reaktion XXX= Explosion; o = keine Reaktion	H_2O	NH_3	$AgNO_3$	H_2SO_4	$CHCl_3$	$(CH_3)_2CO$	Na	NaOH
Wasser								
Ammoniak-Lsg								
Silbernitrat								
Schwefelsäure, 96%								
Chloroform								
Aceton								
Natrium								
Natronlauge, 50%								

Abb. 10: Gefährdungsbeurteilung mit REAKTIONSMATRIX (Übungsblatt)

Es macht auch als Übungsblatt gute Dienste. Selbst wenn es Fachleute ausgefüllt haben, besteht mitunter noch Diskussions- oder Beratungsbedarf.

Natürlich muss auch die Feuerwehr im Vorfeld informiert sein, mit welchen Löschmitteln die Angriffstrupps an welchen Orten einen eventuellen Brand löschen können.

Im Umgang mit brennbaren Gefahrstoffen sind noch einige brand- und explosionstechnische Kenngrößen für den Betriebsalltag zu klären.

2.5 Flammpunkte, Zündtemperaturen, Ex-Grenzen

Dem Sicherheitsdatenblatt mit seinen 16 Rubriken bzw. Kapiteln, das für alle Gefahrstoffe im Betrieb vorliegen und einsehbar sein muss, sind unter Punkt 9 („Physikalische und chemische Eigenschaften") auch die entsprechenden Kenndaten für Flammpunkt, Zündtemperatur und die untere- und obere Explosionsgrenze in Luft zu entnehmen. Für Ethanol, 96 %, mit einem Siedepunkt von 78 °C, liegen diese Daten beispielsweise bei:

- FP = 17 °C (Flammpunkt)
- ZT = 425 °C (Zündtemperatur)
- UEG = 3,5 Volumen-% (untere Explosionsgrenze)
- OEG = 15 Volumen-% (obere Explosionsgrenze) [14].

Der Flammpunkt (FP) eines Stoffes definiert sich als die niedrigste Temperatur, bei der sich über dem Stoff ein zündfähiges Dampf-Luft-Gemisch bilden kann.

Er stellt eine Kenngröße für entzündbare bzw. entflammbare Gefahrstoffe dar und wird normgerecht in speziellen Apparaturen ermittelt.

Interessant ist der nahezu lineare Zusammenhang bei organischen Lösungsmitteln zwischen dem eher zugängigen Siedepunkt und dem Flammpunkt: je niedriger der Siedepunkt liegt, desto niedriger ist auch mit dem Flammpunkt zu rechnen. *Abbildung 11* zeigt diesen proportionalen Zusammenhang am Beispiel der aliphatischen Alkohole vom Methanol bis zum n-Decanol auf.

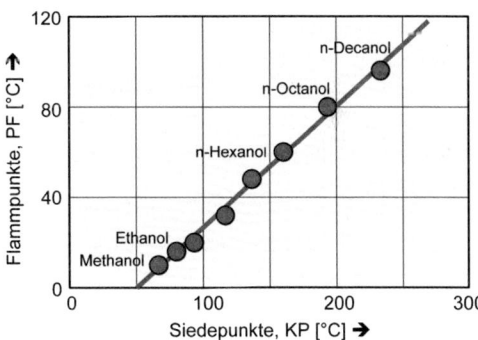

Abb. 11: Lineare Beziehung zwischen Flamm- und Siedepunkten in der n-Alkohol-Reihe

Ein Gemisch von 5 Vol.-% Ethanol in Wasser, entsprechend dem Stark- oder Weizenbier, weist einen Flammpunkt von 81 °C auf. Das bedeutet: bei dieser erhöhten Temperatur entsteht die zur Zündung notwendige Konzentration an brennbaren Dämpfen von 3,5 Vol.-% in Luft, die der unteren Explosionsgrenze entspricht.

Auch galvanische Bäder arbeiten oft bei erhöhten Temperaturen und können dabei explosionsfähige Bad-Komponenten freisetzen.

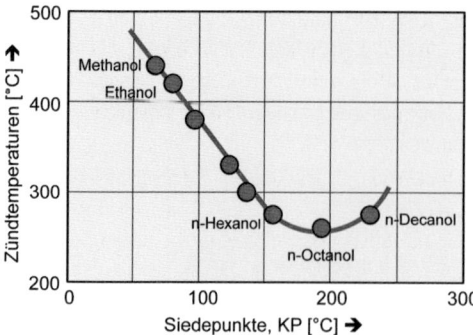

Abb. 12: Beziehung zwischen Siedepunkten und Zündtemperaturen in der n-Alkohol-Reihe

Glasstab zur Zündung gebracht werden können. Zudem haben sie sich bei der Destillation schon oft an heißen Teilen der Betriebsapparaturen explosionsartig entzündet.

Den Ethern haftet durch ihre Peroxidbildung an Luft noch ein besonderes Risiko an. Zumal nicht alle Vertreter dieser Stoffklasse am Namen als Ether erkennbar sind: auch *Tetrahydrofuran* ist ein Ether und hat schon viel Brand- und Explosionsunheil mit Personenschäden angerichtet.

Sogar für brennbare Feststoffe lassen sich Zündtemperaturen festlegen. Sie liegen sogar in Abhängigkeit von der Teilchengröße als reziproke Funktion ihrer Oberfläche relativ niedrig *(Abb. 13)*.

Entzünden sich Stoffe an heißen Flächen, so nennt sich die niedrigste Temperatur, die zu einer Entzündung führen kann, Zündtemperatur (ZT). Gebräuchlich sind auch die Begriffe Zündpunkt, Selbstentzündungstemperatur, Entzündungstemperatur oder Entzündungspunkt. Die Zündtemperatur korreliert nicht mit Siedepunkt- oder Flammpunkt eines brennbaren Stoffs. Sie ist vielmehr ein Maß für die Oxidationsempfindlichkeit der Substanz. Bei den Alkoholen zeigt sich zumindest eine harmonische Kurve in der Beziehung zwischen den Siedepunkten und den Zündtemperaturen *(Abb. 12)*. In dieser Abhängigkeit ist zu sehen, dass die Zündtemperaturen mit steigendem Siedepunkt bzw. Molekulargewicht deutlich abfallen.

Die Kenntnis der Zündtemperatur ist vor allem beim vorbeugenden Brandschutz von Bedeutung, um beispielsweise bei Trocknungsprozessen, Lagerungen und Transporten auf entsprechend niedrige Arbeitstemperaturen zu achten.

Die Zündtemperaturen werden bei Lösungsmitteln oft unterschätzt, denn sie liegen zum Teil recht niedrig. Das zeigen einige Beispiele in der Gegenüberstellung von Siedepunkt und Zündtemperatur:

- Acetaldehyd, CH_3-CHO   20,4 °C–140 °C
- Schwefelkohlenstoff, CS_2 36,3 °C–102 °C
- Diethylether, C_2H_5-O-C_2H_5 35,0 °C–170 °C
- Ethylenglycoldimethylether
  H_3C-O-C_2H_4-O-CH_3 84,0 °C–200 °C
- Bis(2-methoxyethyl)ether
  H_3C-O-C_2H_2-O-C_2H_4-O-CH_3 160,0 °C–190 °C

Die Zündtemperaturen liegen bei diesen organischen Verbindungen so niedrig, dass sie mit einem heißen

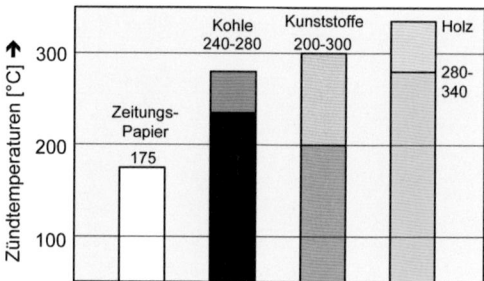

Abb. 13: Zündtemperaturen einiger Feststoffe

Brennbare Gase, Dämpfe und Stäube sind im Gemisch mit dem Luftsauerstoff zwischen einem bestimmten unteren und oben Volumenanteil in Luft explosionsfähig. Diese Volumenanteile heißen *untere*

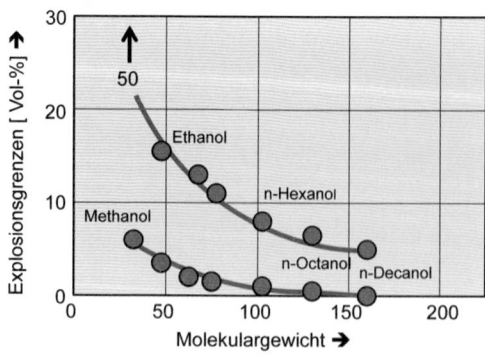

Abb. 14: Untere und obere Explosionsgrenzen in der n-Alkohol-Reihe mit steigenden Molekulargewichten

und *obere Explosionsgrenze* und werden in Volumen-Prozent angegeben.

Für Ethanol liegt der explosionsfähige Bereich beispielsweise zwischen UEG = 3,5 und OEG = 15 Vol.-%.

Am Beispiel der aliphatischen Alkohole lässt sich die Beziehung dieser Explosionsgrenzen mit den analogen Verbindungen und ihrem Molekulargewicht wieder aufzeigen *(Abb. 14):* je höher das Molekulargewicht, desto niedriger liegt die untere Explosionsgrenze.

Dieser Umstand verführt leicht dazu, den hochmolekularen Verbindungen bezüglich ihrer Explosionsfähigkeit weniger Vorsicht beizumessen.

3 Vorbeugender Brandschutz

Der Vorbeugende Brandschutz umfasst die Bereiche der brandsicheren Bausubstanz, der sicheren Anlagen unter Berücksichtigung von brand- und explosionssicheren Aggregaten sowie den fortwährenden nachhaltigen organisatorischen Brandschutz.

Prävention heißt auch, sich ständig um den neuesten Stand der Brandschutztechnik zu kümmern und in angemessener Weise im Unternehmen umzusetzen.

Das Paradoxe jeglicher Prävention ist: je besser sie gepflegt wird, desto weniger Schadereignisse sind in der Regel zu beklagen. Aber eine Zeit ohne jegliche Zwischenfälle, verweist nicht auf die Möglichkeit, in der Vorsorge nachzulassen.

Gespräche mit den Brandkassen und Berufsgenossenschaften helfen, das richtige Augenmaß bezüglich des präventiven Brandschutzes in Betrieben der Oberflächentechnik einzuhalten.

Eine Vielzahl rechtlicher Vorschriften befasst sich mit der Regelung des vorbeugenden Brandschutzes. Neben grundsätzlichen sozialen, humanitären, politischen und wirtschaftlichen Vorgaben des Grundgesetzes und der Verfassungen finden sich Regelungen zum Brandschutz insbesondere in den Brandschutzgesetzen und Bauordnungen der Länder, die ihrerseits wiederum durch Verordnungen, Richtlinien, Erlasse, technische Vorschriften und Normen, Handlungsempfehlungen und technische Merkblätter konkretisiert werden [16].

3.1 Baulicher Brandschutz

Bauliche Maßnahmen für den Brandschutz sind sehr vielfältig und schließen in Neubauten auch den abwehrenden Brandschutz mit ein. Von den Baustoffen und Bauteilen angefangen bis zu den bautechnischen Brandschutzmaßnahmen regeln deutsche und europäische Normen den allgemeinen Stand der Brandschutztechnik.

Gebäude für Anlagen der Oberflächentechnik mit ihren Chemikalienlagern und Laboratorien unterliegen speziellen Vorschriften, in die neben dem Baurecht auch das Verwaltungsrecht mit Bundes-Immissionsschutzgesetz, Wasserrecht, Kreislaufwirtschafts- und Abfallrecht, Arbeitsschutzgesetz, Chemikaliengesetz, u. a. in spezieller Weise eingreifen.

Im bauordnungsrechtlichen Sinne dient der vorbeugende Brandschutz dem Schutz von Leib und Leben, der Umwelt und der öffentlichen Sicherheit und ist als Voraussetzung für eine wirksame Brandbekämpfung gefordert. Die öffentlich-rechtlichen Vorschriften der Landesbauordnungen sind in Deutschland als Mindestanforderungen erlassen.

Die DIN EN 13501 und den DIN EN 1992-1-2 beschreiben den Stand der Technik für Stahlbetonbau, DIN EN 1993-1-2 für Stahlbau und DIN EN 1995-1-2 für Holzbau. Details über den allgemeinen bautechnischen Brandschutz in Industriebauten sind in der DIN 18230 nachzulesen, in der über die Fluchtweg-Planung bis hin zu Löschanlagen in Gebäuden alles beschrieben und aufgezeigt steht. Die Deutsche Norm DIN 18230 [15] stellt eine verbindliche Industriebau-Richtlinie für Gebäude oder Gebäudeteile dar, die zur Nutzung als Lager oder als Produktionsstätte vorgesehen sind.

Die Werkfeuerwehr mit der brandschutztechnischen Infrastruktur kommt ebenso zur Sprache, wie Löschanlagen mit automatischer Branderkennung und Brandmeldung.

So wird auch die rechnerisch erforderliche Feuerwiderstandsdauer definiert, die sich auf Bauteile in Industriebauten bezieht. Aus diesen Erhebungen folgen angemessene *Brandbekämpfungsabschnitte.* Informationen über Rettungswege, Gebäudestrukturen, Festlegungen zur Größe der Brandabschnitte sowie Kenntnisse zur Brandlastermittlung basieren auf dem Bauordnungsrecht sowie im Speziellen auf der Industriebau-Richtlinie.

Entsprechend dem technischen Fortschritt sorgt das Deutsche Institut für Normung e.V. in Berlin für eine Weiterentwicklung und Harmonisierung mit rechtlichen Aspekten. Moderne Brandschutzkonzepte

Richtungs-Angaben (rechts; hinunter)   Löschschlauch   Feuerleiter

Handfeuerlöscher   Brandmeldetelefon   Mittel u. Geräte   Brandmelder
zur Brandbekämpfung

Abb. 15: Brandschutzzeichen nach DIN EN ISO 7010 als Teil baulicher Brandschutzmaßnahmen sowie des Brandschutzkonzeptes

fordern eine entsprechende Kontrolle und Weiterbildung, um dem Wandel in den Möglichkeiten, Alternativen, Auflagen und Vorgaben gerecht zu werden. In Deutschland kann es notwendig sein, im Interesse des Bauherrn ein Brandschutzgutachten durch einen zugelassenen Brandschutzgutachter nach DIN EN 17024 erstellen zu lassen. Zudem ist das erstellte Brandschutzkonzept bei den lokalen Behörden einzureichen und abzustimmen.

Dazu zählen auch als Teil baulicher Brandschutzmaßnahmen sowie des Brandschutzkonzeptes Brandschutzzeichen nach DIN EN ISO 7010 *(Abb. 15)*. Die Brandschutzzeichen nach alter deutscher Norm sind deutlich an ihrem Format und Design zu erkennen *(Abb. 16)*.

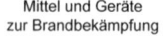
Mittel und Geräte
zur Brandbekämpfung   Manueller Brandmelder

Abb. 16: Noch in Deutschland eingesetzte Brandschutzzeichen nach DIN 4844-2, die von der internationalen Norm deutlich abweichen

Schließlich sei noch auf die Flucht- und Rettungswege hingewiesen, die in geeigneten Plänen auszuhängen sind *(Abb. 17)*.

In Deutschland sind Fluchtwege in der Technischen Regel für Arbeitsstätten ASR A2.3 geregelt. Die Kennzeichnung von Flucht- und Rettungswegen beschreibt die ASR A1.3. Sie ist entsprechend der DIN EN ISO 7010 geregelt.

Fluchtwege sind entlang des Verlaufes mit selbstleuchtenden oder beleuchteten Piktogrammen ausgeschildert *(Abb. 18)*. Die Kennzeichnung ist oft mit einer Notbeleuchtung gekoppelt. Diese Wege müssen so bemessen sein, dass die Personen, die sich zum Zeitpunkt einer besonderen Gefahr in einem Gebäude oder einem anderen Objekt aufhalten, dieses möglichst schnell verlassen können. Fluchtwege dürfen weder verstellt, noch verschlossen sein. Um *Panikfallen* zu verhindern, ist es geboten, dass sich die Türen in Fluchtrichtung öffnen lassen [17].

Häufig haben Flucht- und Rettungswege einen identischen Verlauf. Reine Rettungswege jedoch sind nur von Einsatzkräften zu benutzen. Seit dem Brand bei Sandoz am Rhein 1986 mit den verheerenden Folgen für die Umwelt und die Rheinfischer erließen alle Länder in ihren Bauvorschriften auch die Forderung nach einem ausreichenden Löschwasserrückhalt. Der ist für Betriebe der Oberflächentechnik mit ihren zahlreichen Gefahrstoffen ab einem Gefahrstoffbestand über 1000 t der WGK 1 bzw.

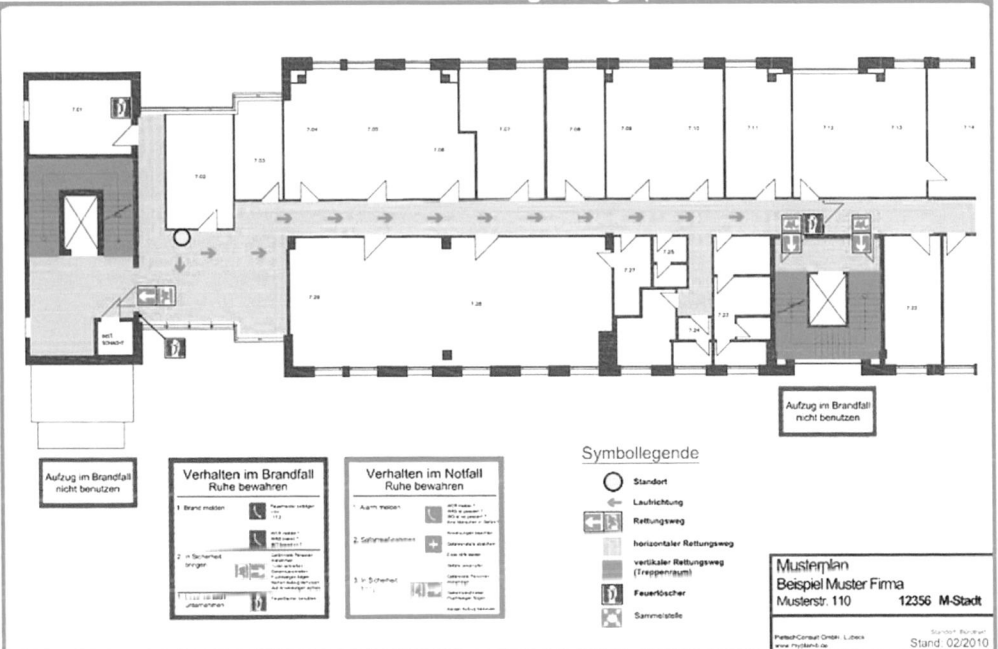

Abb. 17: Flucht- und Rettungsplan (Beispiel)

100 t der WGK2 bzw. 10 t der WGK 3 auf jeden Fall zu beachten [18].

3.2 Anlagentechnischer Brandschutz

Unter den anlagentechnischen Brandschutz fallen alle technischen Anlagen und Einrichtungen, welche

Abb. 18: Fluchtwegzeichen Fluchtrichtung in einfacher Farbausführung (A) und selbstleuchtend (B)

den Brandschutz verbessern [16]. Dazu zählen insbesondere:

- Brandlastarme Elektroinstallationen mit Fehlerstromschutzschalter
- Brandmeldeanlagen nach DIN 14675
- Rauchansaugsysteme, beispielsweise zur Unterstützung der Rauchdetektion in Fußböden- oder Deckenhohlräumen, die der Leitungsverlegung dienen
- optische und akustische Alarmierungsanlagen
- Rauch- und Wärmeabzugsanlagen
- Anlagen zur Bevorratung und Versorgung mit Löschwasser
- selbsttätige Feuerlöschanlagen (Sprinkler- und Gaslöschanlagen)

3.3 Organisatorischer Brandschutz

An der Art der Organisation des Brandschutzes in einem Unternehmen lässt sich seine Nachhaltigkeit deutlich ablesen. Die Organisation muss sich der Unterstützung der Geschäftsleitung gewiss sein. Das Ausmaß der Brandschutzorganisation und die Verzahnung mit dem Anlagen- und Umweltschutz sowie mit der Arbeitssicherheit und dem Gesundheitsschutz sind weitgehend abhängig von der Unternehmensgröße und seiner Parzellierung.

Die Bestellung von gewissenhaften sowie gut ausgebildeten und geschulten Brandschutzbeauftragten [19] nebst Brandschutzhelfern [20] ist eine gute Gewähr für effiziente Sicherheit.

Dem Brandschutzbeauftragten obliegen, wie allen Beauftragten, drei Schwerpunktaufgaben:
• die permanente Kenntnis rechtlicher Vorschriften
• die aktive Ausübung seines Hinwirkungs-Rechts
• Informationen an Vorgesetzte und Mitarbeiter

Ferner sind Alarm- und Gefahrenabwehrpläne, die Brandschutzordnung und Brandschutzpläne zu erstellen, abzustimmen und aktuell zu halten.

Eine wichtige Aufgabe ist auch die Unterweisung und die fortwährende Schulung von Mitarbeitern. Dazu bieten sich auch Fachkräfte aus anderen Firmen an, die unterstützend eingreifen können.

Ein besonderes Anliegen sollte das umfangreiche Einweisen neuer Mitarbeiter sein wie auch praktische Übungen zum Erlernen der Flucht und Rettungswege und das Aufsuchen der Sammelpunkte *(Abb. 19)*, einschließlich des Vollständigkeitschecks.

Brandschutzhelfer übernehmen im Falle von Bränden bestimmte festgelegte Aufgaben der Brandbekämpfung.

Abb. 19: Fluchtwegzeichen Sammelplatz

4   Abwehrender Brandschutz

Im aktiven Einsatzfall haben die vorbeugenden Brandschutzmaßnahmen versagt oder zeigen sich als unvollständig. Abwehrender Brandschutz erfolgt,

wenn es brennt. Hierzu gehören insbesondere Maßnahmen der Feuerwehr. Zusätzlich zum Löschen eines Brandes gehört das Verringern von Begleitschäden, die ein Vielfaches des Primärschadens ausmachen können [16].

Kleinbrände lassen sich oft mit Handfeuerlöschern bezwingen. Dabei sollte das Feuer möglichst von mehreren gleichzeitig bekämpft werden, aber auch nicht zu lange gezögert werden, die Feuerwehr über den Notruf (in der Regel die Rufnummer 112) zu alarmieren.

4.1   Feuerwehreinsatz

Retten, Löschen, Bergen und Schützen beschreiben die Tätigkeiten und Aufgaben der Feuerwehrleute im abwehrenden Brandschutz am besten [21].

An erster Stelle geht es darum, unter Selbstschutz eingeschlossene Menschen aus dem brennenden Gebäude zu retten, Soforthilfe zu leisten und sie dem ärztlichen Fachpersonal zu übergeben.

Das Löschen des Feuers ist ein wichtiger Teil des abwehrenden Brandschutzes: er erfordert das Bekämpfen des Feuers unter Zuhilfenahme der vorhandenen oder herbeigerufenen technischen Feuerwehrausrüstung.

Mit dem Bergen ist das Sicherstellen wertvoller Sachen, aber auch das Befreien von Tieren und Herausholen verletzter und toter Menschen aus dem Brandherd gemeint.

Zum Schützen rechnet man das Retten benachbarter Gebäude, Geringhalten von Umweltschäden sowie das Bereitstellen von Feuersicherheitswachen. Aber auch die Kontrolle von Löscheinrichtungen ist ein Teil dieser Maßnahmen im Rahmen des abwehrenden Brandschutzes.

Bei dem Einsatz in Betrieben, in denen sich giftige und brennbare Chemikalien befinden, können sich die Einsatzkräfte trotz ihrer Atemschutzmasken und Pressluftversorgung durch hautschädigende Gase und Flüssigkeiten, herabfallende heiße Teile, Explosionen und ätzende Flüssigkeiten am Boden gefährden, wenn keine Unterstützung seitens sachkundiger Firmenmitarbeiter zur Seite steht.

Für das Verhalten der Mitarbeiter in den betroffenen Gebäuden leistet der Alarm- und Gefahrenabwehrplan gute Dienste, so er bei den Mitarbeitern ernst genommen wird.

Übungen zeigen oft im Voraus, wie es im Ernstfall nicht laufen sollte. Dazu gehört auch das Durchspielen mehrerer Krisensituationen, im Verbund mit Feuerwehr, Polizei, Rathaus und Medien, damit es im Ernstfall nicht chaotisch abläuft. Vor allem Kommunikationswege und -prioritäten, wie auch Zuständigkeiten lassen sich vorab klären und schriftlich festhalten.

4.2   Einsatz von Handfeuerlöschern

Für jedes Unternehmen, ob als Produktionsanlage oder Bürobetrieb, das mindestens einen Mitarbeiter beschäftigt, besteht eine Feuerlöscherpflicht, bei der sowohl die Arbeitsstättenverordnung mit der Arbeitsstätten-Richtlinie (ASR) 13/1,2 sowie das berufsgenossenschaftliche Regelwerk BGR 133 zu beachten sind.

Abb. 20: Brandschutzübungen im Betrieb: Richtiger Gebrauch von CO_2-Handlöschern

Die Feuerlöscher müssen spätestens alle zwei Jahre einer sachkundigen Prüfung nach Betriebssicherheitsverordnung, BetrSichV, unterzogen oder durch Neugeräte ersetzt werden.

Wie bedeutsam die praktischen Schulungen im Umgang mit Handfeuerlöschern sind, die der Autor selbst durchführte, zeigte sich in einer Edelmetallgalvanik:

Zwar waren alle verfügbaren Freischichtmitarbeiter anwesend, jedoch zierten sich einige weibliche Mitglieder der Belegschaft vehement, bei dieser Löschübung Hand anzulegen. Schließlich meisterten sie ihre Aufgabe dann doch bravourös. Das Schicksal wollte es, dass am Folgetag in der Werksküche ein Fettbrand ausbrach. Die betroffenen Damen bekämpften gemeinsam im Nu mit drei CO_2-Handfeuerlöschern das Feuer. Ihr Stolz in den Gesichtern zeigte sich unverkennbar.

An diesen praktischen Übungen mit Handfeuerlöschern (Abb. 20) sollten alle Mitarbeiter mindestens im Dreijahresturnus teilnehmen, wenn die Nebenbestimmungen zur Betriebserlaubnis keine anderen Angaben vorsehen.

Die meisten Brände entstehen aus kleinen, anfangs noch gut beherrschbaren Brandherden. Besonders in Büros findet das Feuer reichlich Nahrung und kann sich sehr schnell ausbreiten. Der Sofortbekämpfung von Bränden ist also ein sehr hoher Stellenwert beizumessen.

Diese Sofortbekämpfung ist nur möglich, wenn Handfeuerlöscher in der jeweils geeigneten Brandklasse (DIN EN 3: Tragbare Feuerlöscher) in ausreichender Zahl und Größe im Gebäude zur Verfügung stehen. Zudem ist auf dem Instandhaltungs-Nachweis jedes Löschers regelmäßig zu prüfen, ob die Löscher auch regelmäßig inspiziert und gewartet worden sind, damit sie im Ernstfall funktionieren.

Für elektronisch gesteuerte Geräte, z. B. Rechner, sollten vorzugsweise Kohlendioxidlöscher zur Verfügung stehen. Die Löschwirkung wird durch Verdrängung des Sauerstoffs erreicht, deshalb ist bei Anwendung in engen, schlecht belüfteten Räumen Vorsicht geboten [22].

Handfeuerlöscher sind für alle Brandklassen erhältlich. Ihre Anzahl ist mit Brandsachverständigen der örtlichen Feuerwehr abzustimmen.

Die Brandklassen A bis F richten sich nach dem Brandbekämpfungsziel und unterscheiden sich mit den entsprechenden Symbolen (Abb. 21) in:

- A: Feststoffe, wie Papier, Holz, Kohle
- B: Flüssigkeiten, wie Lösungsmittel und schmelzende Kunststoffe
- C: Gase, wie Erd- oder Stadtgas, Propan, Butan
- D: Metalle, wie Eisenwolle, Aluminium und Legierungen
- F: Fette, wie Speise- und Frittieröle.

Die Brandklasse E, die für Brände in elektrischen Niederspannungsanlagen bis 1000 Volt vorgesehen war, erwies sich mit der Zeit entbehrlich, da alle heutigen Feuerlöscher in Niederspannungsanlagen einsetzbar sind, sofern der Bediener den auf dem Feuerlöscher angegebenen Sicherheitsabstand einhält.

Abb. 21: Brandklassensymbole, auf Handfeuerlöschern häufig weiß auf rotem Grund [23]

Nicht alle Löschmittel eignen sich für alle Brandklassen. Ja, sie können den Brandschaden sogar noch verschlimmern. Das lässt sich unter entsprechenden Vorsichtsmaßnahmen besonders eindrucksvoll beim Löschen von heißem Öl mit Wasser demonstrieren.

Aber auch Metallbrände bedürfen ausschließlich Handfeuerlöscher D für Metallbrände, da beispielsweise Kohlendioxid, neben einer Brandunterstützung, auch noch geruchloses, sehr giftiges Kohlenmonoxid freisetzt *(Abb. 22)*.

Die in den Handfeuerlöschern verwendeten Löschmittel sind aufgrund ihrer Löschwirkung für bestimmte Arten von Bränden, die in Brandklassen eingeteilt sind, geeignet [24]. Die Eignung lässt sich in einer einfachen Übersicht darstellen *(Abb. 23)*.

LÖSCHMITTEL	Brandklassen				
	A	B	C	D	F
Wasser	+	!	-	!	!
Schaum	+	+	-	!	!
BC-Pulver	-	+	+	-	-
ABC-Pulver	+	+	+	-	-
Metallbrand-P.	-	-	-	+	-
CO_2	-	+	-	!	-
Fettbrand-Löschmittel	+	-+	-	!	+

Abb. 23: Eignung der Löschmittel für die verschiedenen Brandklassen [24]

$$Ni + CO_2 \rightarrow NiO + CO$$

$$2\,Al + 3\,CO_2 \rightarrow Al_2O_3 + 3\,CO$$

$$2\,Fe + 3\,CO_2 \rightarrow Fe_2O_3 + 3\,CO$$

$$Mn + 2\,CO_2 \rightarrow MnO_2 + 2\,CO$$

$$Mo + 3\,CO_2 \rightarrow MoO_3 + 3\,CO$$

Abb. 22: Verstärken des Brandes beim Löschen von Metallbränden mit CO_2 in chemischen Formeln

Ebenso übersichtlich, und für Ausbildungszwecke gut geeignet, sind die Gegenüberstellungen der falschen und richtigen Einsätze von Handfeuerlöschern *(Abb. 24)*.

5   Aus- und Weiterbildung im Brandschutz

Zahlreiche Institutionen bieten die Aus- und Weiterbildung im Brandschutz an. Der TÜV Süd beispielsweise offeriert eine modulare Ausbildung zum zertifizierten *Fachplaner für den vorbeugenden Brandschutz – TÜV* [26].

Der Hersteller von Feuerlöschgeräten und Einrichtungen Minimax unterhält in Bad Oldesloe und Bad Urach eigene Schulungszentren für den Brandschutz, in denen auch Themen wie Rechtsgrundlagen

Richtiger Einsatz von Feuerlöschgeräten

falsch

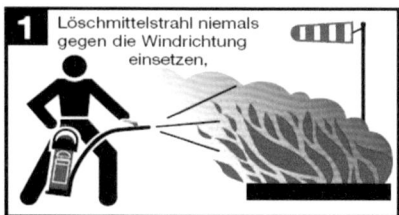

1 Löschmittelstrahl niemals gegen die Windrichtung einsetzen,

2 Feuerlöscher nie probeweise betätigen! Löschmittelstrahl nicht wahllos in die Flammen richten,

3 Brände größerer Ausdehnung niemals mit einzelnen Feuerlöschern angreifen,

4 Bei Flüssigkeitsbränden nicht mit scharfem Löschmittelstrahl in die Flüssigkeit halten,

5 Entsicherte Feuerlöscher niemals wieder an ihren Bestimmungsort bringen,

richtig

1 sondern stets mit Windrichtung vorne und unten beginnend Löschmittel in die Flammen einbringen,

2 sondern nur soviel Löschmittel einsetzen, wie zur erfolgreichen Ablöschung erforderlich ist. Löschmittelreserven für evtl. Rückzündungen bereit halten,

3 sondern stets mit großem Feuerlöschgerät bzw. mehreren Personen gleichzeitig den Löschangriff vortragen!

4 sondern Löschmittel fächerförmig über die brennende Flüssigkeitsoberfläche ausbringen!

5 sondern durch den mit Originalersatzteilen ausgerüsteten GLORIA Kundendienst* instandhalten und einsatzbereit machen lassen!

Abb. 24: Falsche und richtige Betätigung von Handfeuerlöschern [25]

des Brandschutzes, Brandverhütung, Verhalten im Brandfall, Einsatz von Feuerlöschern wie auch Notfallpläne zur Sprache und Vorführung kommen [27]. Der Gesamtverband der Deutschen Versicherungswirtschaft e.V. (GDV) gibt mit dem Verlag VdS Schadensverhütung GmbH, Köln, seit 1998 eine 11-seitige Broschüre zur *Brandbekämpfung im Betrieb* als Orientierungshilfe für die Ausbildung der Mitarbeiter heraus [28]. Schließlich kann der Brandschutz im Rahmen eines Hochschulstudiums mit den entsprechenden akademischen Abschlüssen absolviert werden. Diese Möglichkeiten bieten die Universitäts- und Hochschulstädte Dresden, Furtwangen, Hamburg, Kaiserslautern, Karlsruhe, Köln, Magdeburg, Wuppertal und Zittau/Görlitz [16].

Literatur

[1] http://www.feuerwehrschwabach.de/2009/06/09/09062009-millionenschaden-brand-in-galvanikbetrieb-produktion-gehtweiter/

[2] http://www.feuerwehr-schwabach.de/2009/06/08/07062009-dunklerauchschwaden-uber-der-halle-grosbrand-sonntagabend-imfalbenholz/

[3] http://www.feuerwehr-schwabach.de/2009/06/10/10062009-technischer-defekt-hat-brand-verursacht-grosbrand-im-falbenholz-kein-fremdverschulden/

[4] http://www.infranken.de/regional/kulmbach/80-000-Euro-Schaden-bei-Filterbrand;art312,80029

[5] http://www.youtube.com/watch?v=lyFLYi8vkEQ http://www.suedwestfalen2day.de/2011/07/09/attendorn-brandfirma/

[6] http://www.pz-news.de/pforzheim_artikel,-Aufraeumarbeiten-nach-Grossbrand-in-Scheideanstalt-_arid,336594.html

[7] http://www.112-magazin.de/meldungen-aus-der-region/polizei/item/8745-großbrand-offenbar-durch-technischen-defekt

[8] http://www.112-magazin.de/meldungen-aus-der-region/feuerwehr/item/8713-großbrand-verursacht-millionenschaden

[9] http://www.rp-online.de/nrw/staedte/remscheid/feuer-inremscheider-galvanik-betrieb-bid-1.4038380

[10] BG RCI, T 052 (BGI/GUV-I 8614), Brand- und Explosionsgefahren, 4/09

[11] Bretherick´s Handbook of Reaktive Chemical Hazards, 7. Ed. 2006, 2-Vol.-Set; 2.516 p.

[12] Schramm, W.: Laborbrände – Laborexplosionen, Kohlhammer, Stuttgart, Berlin, Köln, Mainz, 1987

[13] Hasenpusch, W.: Explosive Reaktionen in der Galvanotechnik, Galvanotechnik; 86(1995)64, und: Explosive Reaktionen in der Galvanotechnik II, Galvanotechnik; 87(1996)87 Gmelins Handbuch der Anorganischen Chemie, Band 62, 8. Aufl., Verlag Chemie, Weinheim, 1954

[14] http://www.carlroth.com/media/_de-de/sdpdf/P075.PDF, 07/2013

[15] http://www.fvlr.de/mitglieder/downloads/DIN_18230-1_07_2010_Druckmanuskript.pdf

[16] http://de.wikipedia.org/wiki/Brandschutz

[17] http://de.wikipedia.org/wiki/Fluchtweg

[18] Richtlinie zur Bemessung von Löschwasser-Rückhalteanlagen beim Lagern wassergefährdender Stoffe, Löschwasser-Rückhalte-Richtlinie, LöRüRl, 1992

[19] http://de.wikipedia.org/wiki/Brandschutzbeauftragter

[20] http://de.wikipedia.org/wiki/Brandschutzhelfer

[21] http://www.retter.tv/brandschutz_ereig,-Abwehrender-Brandschutz-ereignis,10042.html

[22] https://www.bsi.bund.de/DE/Themen/ITGrundschutz/ITGrundschutzKataloge/Inhalt/_content/m/m01/m01007.html

[23] http://commons.wikimedia.org/wiki/File:Fire_Class_F.sv

[24] http://de.wikipedia.org/wiki/Feuerloescher

[25] http://www.feuerwehr-wuerzburg.org/feuerloescher-handhabung-brandklassen.html

[26] http://www.tuevsued.de/akademie_de/seminare_technik/brandschutz/fachplaner_fuer_den_vorbeugenden_brandschutz

[27] http://www.minimax.de/de/dienstleist/schulungen/

[28] http://vds.de/fileadmin/vds_publikationen/vds_2213_web.pdf

8 Elektro- und Mikrosystemtechnik

Thermosonisches Drahtbonden auf galvanisch abgeschiedenen Oberflächen

Von Lukas Grohmann [1,2], Prof. Dr. rer. nat. habil. Dr. h.c. Andreas Bund [2],
Dr. Patricia Lammel [1] .... Lesen Sie ab Seite 253
[1] Schott AG, Electronic Packaging, Christoph-Dorner-Str. 29, D-84028 Landshut,
   www.schott.com/epackaging
[2] Technische Universität Ilmenau, Fachgebiet Elektrochemie und Galvanotechnik,
   Ehrenbergstr. 29, D-98693 Ilmenau, www.tu-ilmenau.de

Untersuchung der lokalen Schichthöhe und Schichtspannung
von galvanisch abgeschiedenem Nickel für elektrostatische Mikroaktoren

Von David Lämmle, Thomas Winterstein, Michael Schlosser, Helmut F. Schlaak .... Lesen Sie ab Seite 266
Technische Universität Darmstadt, Fachbereich Elektrochemie und Informationstechnik,
Institut für Elektromechanische Konstruktion, Merckstr. 25, D-64283 Darmstadt,
www.emk.tu-darmstadt.de

Thermosonisches Drahtbonden auf galvanisch abgeschiedenen Oberflächen

Von Lukas Grohmann[1,2], Andreas Bund[2], Patricia Lammel[1]
[1] Schott AG, Electronic Packaging, Landshut
[2] Technische Universität Ilmenau, Fachgebiet Elektrochemie und Galvanotechnik, Ilmenau

Galvanisch abgeschiedene Schichtsysteme stellen in der Regel die Grundlage für das elektrische Kontaktieren zweier, voneinander isolierter Metalloberflächen mittels Drahtbonden dar. Schichtparameter wie die Oberflächentopografie, Schichtdicke und Härte aber auch die eingesetzten Schichtmaterialien sowie die Wahl des Drahtmaterials nehmen maßgeblichen Einfluss auf die Qualität einer Bondverbindung. Eine etablierte Abscheidungsvariante im Bereich der Leiterplattenfertigung ist beispielsweise das Beschichten von Cu-Leiterbahnen mit Ni-P und Au. Diese Schichtkombination wird zunehmend durch alternative Schichtabfolgen wie beispielsweise EN-EPIG (Electroless Nickel Electroless Palladium Immersion Gold) ersetzt. Die 50 bis 100 nm dicke Palladiumschicht wirkt als Diffusionssperrschicht zwischen Au und Ni, wodurch die Goldschichtstärke auf bis zu 50 nm reduziert werden kann. Sowohl beim Einsatz des Thermosonic Ball/Wedge- als auch beim Ultrasonic Wedge/Wedge-Bonden werden spezifische Anforderungen und Voraussetzungen an die Materialien und Bondparameter gestellt. Des Weiteren spielen geeignete Prüfmethoden zur Verifizierung der Adhäsion zwischen Draht und Schichtsystem sowie das Vermeiden von Oberflächenkontaminationen eine wichtige Rolle im Gesamtprozess des Drahtbondens.

Wire Bonds are used to contact two mutually insulated metal surfaces which are often placed onto electrodeposited layer systems. Layer parameters such as surface topography, thickness, hardness as well as layer materials and the choice of wire material have a significant influence on the quality of a bond. A common plating method used for printed circuit board manufacturing is to deposit a Ni-P/Au layer system onto the copper circuits. This specific coating system gets increasingly replaced by alternative systems, such as ENEPIG (Electroless Nickel Electroless Palladium Immersion Gold). The 50 to 100 nm thick palladium layer acts as a diffusion barrier layer between Au and Ni, whereby the gold layer thickness can be reduced down to 50 nm. Specific requirements on the materials and bonding parameters are necessary for Thermosonic Ball/Wedge- as well as Ultrasonic Wedge/Wedge-bonding processes. Furthermore, appropriate methods to verify adhesion between the wire and the layer system, in addition to avoiding surface contamination, play an important role in the overall process of wire bonding.

Einleitung

Im Anwendungsfeld der Mikroelektronik werden Halbleiter, wie Dioden oder Transistoren, aber auch monolithische Schaltkreise vorwiegend durch Drahtbonden kontaktiert [1, 2]. Elektrische Anschlüsse eines Chipgehäuses und aktive Halbleitermaterialien werden hierbei durch einen Draht miteinander verbunden, wobei hauptsächlich Gold-, Aluminium- und Kupferdrähte Verwendung finden. Zur Herstellung eines haftfesten Verbundes zwischen dem Draht und

der Bondoberfläche bedarf es individuell angepasster Oberflächen, die beispielsweise durch galvanische Prozesse erzeugt werden. Die abgeschiedene Schicht auf einem Bondpad wird als Bondpadbeschichtung bezeichnet. Materialeinsparungen, der Einsatz kleiner Bondpads, ein geringer Drahtdurchmesser sowie die steigenden Anforderungen an die Bondverbindung hinsichtlich Lebensdauer und Temperaturbeständigkeit fordern eine kontinuierliche Weiterentwicklung des Bondprozesses, der Drahtmaterialien

Tab. 1: Übersicht der Drahtmaterialien und Bondpadbeschichtungen

Standarddraht	*Primär verwendete Bondpadbeschichtung*
Gold	Gold, Aluminium
Aluminium	Gold, Aluminium, Nickel
Kupfer	Aluminium
Spezialdraht	
Palladiumbeschichteter Kupferdraht	Aluminium
Aluminiumbeschichteter Golddraht	Gold, Aluminium
Speziell dotierter Golddraht (z. B. Ca und Pd)	Gold, Aluminium
Silber-, Palladium- und Platindrähte	Gold, Aluminium

und der Oberfläche. Sowohl neben einer vergleichbar kostengünstigen Prozessführung als auch der außergewöhnlich hohen Flexibilität, ermöglicht das Drahtbonden zahlreiche Variationsmöglichkeiten hinsichtlich Oberflächen- und Drahtmaterialien [3]. Eine Übersicht der im Einsatz befindlichen Bonddrähte und der geläufigsten Bondpadbeschichtungen sind *Tabelle 1* zu entnehmen. Eine Übersicht aller bondbaren Systeme wird von Haman [1] aufgelistet.

Drahtbonden nimmt seit dem ersten Drahtbondkontakt im Jahr 1947, trotz zunehmender alternativer Kontaktierungsverfahren, wie beispielsweise der Flip-Chip-Montage, stetig zu. Im Jahr 2008 wurden weltweit acht bis neun Milliarden Drähte gebondet, mit steigender Tendenz [1]. Der anhaltende Trend hin zur Verkleinerung von Bauteilgeometrien erfordert, vor allem in der Halbleiterbranche, eine stetige Optimierung der Bondsysteme. Hierzu zählen dünnere Drahtdurchmesser, verbesserte Drahtmaterialien, kleinere Kontaktbereiche und sorgfältig ausgewählte Bondpadbeschichtungen [4]. Auch außerhalb der Mikroelektronik finden Bondanwendungen neue Einsatzbereiche. Das elektrische Sonnenwindsegel (engl. *electric solar wind sail*) ist eine Entwicklung des finnischen Wissenschaftlers Pekka Janhunen aus dem Jahr 2006, welches als potenzieller Antrieb von Raumfahrzeugen im Weltraum betrachtet wird. Ein sich im Kosmos öffnendes Segel besteht aus einem Verbund von 50 bis 100 Aluminiumdrähten mit einer Länge von jeweils 20 Kilometern. Bei der Fertigung eines elektrischen Sonnenwindsegels werden 25 µm dicke Aluminiumdrähte in Abständen von 12 mm auf einem länglich ausgerichteten 50 µm breiten Alu-

miniumdraht gebondet, untereinander kontaktiert und im zusammengefalteten Zustand ins All befördert [5]. Ein Elektronenstrahlsystem sorgt in einem kontinuierlichen Prozess für eine positive Ladung des Segels. Durch den Aufprall von Protonen aus Sonnenwinden auf das Segel wirken abstoßende Kräfte, die einen nachhaltigen und fortwährenden Antrieb ermöglichen. Abhängig von der Segeloberfläche könnte ein mittels elektrischen Sonnenwindsegels angetriebenes Raumfahrzeug innerhalb eines Jahres eine Geschwindigkeit von 30 km/s erreichen [6]. Das Potenzial gebondeter Aluminiumdrähte als Raumfahrzeugantrieb wird derzeit durch den Satelliten *ESTCube-1* getestet, der am 7. Mai 2013 in die Erdumlaufbahn befördert wurde [7].

Thermosonic Ball/Wedge- und Ultrasonic Wedge/Wedge-Bonden

Grundsätzlich werden Bondverfahren in zwei Prozesse unterteilt: Thermosonic Ball/Wedge- und Ultrasonic Wedge/Wedge-Bonden. Während der Wedge/Wedge-Bondkontakt mittels Anpresskraft und Ultraschall hergestellt wird, spielt beim Ball/Wedge-Bonden die Temperatur eine signifikante Rolle. Das Thermokompressionsbonden (TC-Bonden), welches den Bondkontakt ausschließlich mittels Wärme und Anpressdruck erzeugt, ist heutzutage von untergeordneter Bedeutung [8]. *Abbildung 1* veranschaulicht das System eines Ball/Wedge-Bond.

Eine Vielzahl von Parametern beeinflusst den Prozess des Bondens, wobei vor allem die eingesetzten Materialien, die Oberflächentopografie und die abgeschiedenen Schichtsysteme Einfluss auf die Qua-

Abb. 1: Darstellung von Ball/Wedge-Bond Kontakten, welche jeweils aus a) einem Ball-Bond, b) dem Loop und c) einem Wedge-Bond bestehen [9]

lität nehmen. Grundsätzlich lassen sich die Parameter in *Tabelle 2* in vier Einflussgrößen einteilen.

Physikalische Parameter üben einen direkten Einfluss auf die Adhäsion während des Fügeprozesses aus. Die Bondkapillare, als aktives Bondmedium, überträgt Größen wie Anpresskraft oder Ultraschall auf die Grenzfläche zwischen Draht- und Oberflächenmaterial und beeinflusst neben dem Kontaktverhalten auch maßgeblich die Geometrie des Bondkontaktes. Der Abdruck einer Kapillare nach dem Setzen des Wedge-Bond auf einer Au-Oberfläche ist in *Abbildung 2* dargestellt.

Bei einer abweichenden Geometrie der Kapillarenspitze in Folge von Abnutzung oder Verschmutzung, einer ungünstig gewählten Anpresskraft oder Schichtzusammensetzung, kann es zu Beschädigungen von Oberfläche und Bonddraht kommen, was wiederum zum Versagen des elektrischen Kontaktes führen kann.

Standardmäßig wird Au-, Cu- und Al-Draht zum Bonden von elektrischen Kontakten eingesetzt. Bei der Wahl des Drahtmaterials spielen die elektrische Leitfähigkeit, Dichte, mechanische Eigenschaften sowie die Kosten eine bedeutende Rolle. *Tabelle 3* stellt einen Vergleich der genannten Größen zwischen den gängigen Drahtmaterialien dar.

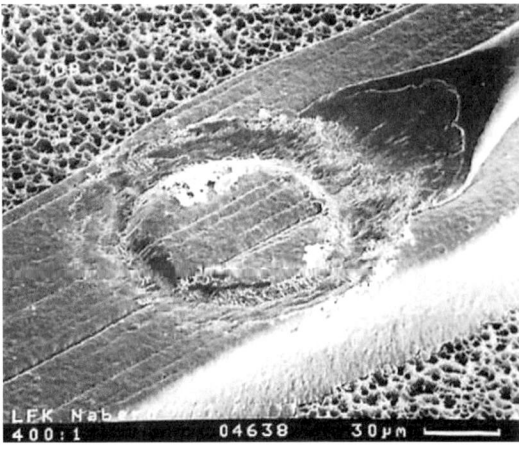

Abb. 2: Rasterelektronenmikroskopische (REM) Aufnahme eines Wedge-Bond nach dem Kontaktieren eines Cu/Ni/Au-Schichtsystems mit deutlich zu erkennendem Abdruck der Kapillarenspitze [10]

Vereinzelt werden auch Silber oder Silberlegierungen als Drahtmaterial eingesetzt, insbesondere, wenn eine sehr hohe Leitfähigkeit gefordert ist. Beim Drahtbonden auf empfindlichen Oberflächen fällt die Wahl auf Materialien mit geringer Härte, um Beschädigungen durch den Draht auszuschließen. Spezialdrähte sind Al-beschichtete Au-Drähte und

Tab. 2: Übersicht der Einflussgrößen beim Drahtbonden

Einflussgrößen	Beispiel
Bondausrüstung	Bondapparatur, Bonddraht, Bondkapillare
Physikalische Parameter	Ultraschall, Anpresskraft, Bondtemperatur, Ball- und Wedge-Geometrie
Chemische Parameter	Grundmaterial, Schichteigenschaften, Oberflächenqualität
Testmethoden	Zugtest, Schertest, visuelle Prüfung, Materialprüfung

Tab. 3: Eigenschaften von Au, Cu und Al Drähten zum Bonden [11, 12, 13, 14]

Drahtmaterial	Spezifische Leitfähigkeit (S/cm)	Dichte (g/cm^3)	Härte (HB)	E-Modul $(10^4 N/mm^2)$	Zugfestigkeit (N/mm^2)	Preis *) $(€/kg)$
Gold	$4,517 \times 10^5$	19,32	13–22	8,1	100–140	ca. 30 124,–
Kupfer	$5,959 \times 10^5$	8,92	40–50	12,6	210–240	ca. 4,92
Aluminium	$3,767 \times 10^5$	2,699	15–25	7,2	40–100	ca. 1,36

*) Stand Juni 2014

Pd-Drähte [15, 9]. Diese Drähte erlauben beispielsweise die Reduzierung der Edelmetallkosten durch Materialsubstitution bei vergleichbaren Drahteigenschaften. Weiterhin ist es durch gezielte Dotierung des Drahtes sowie Modifikationen durch Rekristallisationsschritte möglich, eine Veränderung des Gefüges und somit veränderte mechanische Eigenschaften zu erzeugen [16, 17].

Vor allem beim Einsatz von Golddraht geht der Trend zu geringeren Durchmessern. In anderen Einsatzbereichen, wie beispielsweise der Hochfrequenztechnik sowie bei besonders hohen Stromlasten, werden in der Regel Dickdrähte mit Drahtstärken von 100 bis 500 µm oder Metallbänder, sogenannte Ribbons, eingesetzt. Im Gegensatz dazu, wird das Bonden mit einem Drahtdurchmesser zwischen 17,5 bis 50 µm als Dünndrahtbonden bezeichnet [1].

Abbildung 3 veranschaulicht das Dünndrahtbonden des Thermosonic Ball-Wedge-Bondens in vier Einzelschritten.

Der Drahtabschnitt, welcher die beiden Bondstellen miteinander verbindet, wird als Loop bezeichnet und ist in *Abbildung 3* und *Abbildung 1* ersichtlich. Durch die Wahl der Loophöhe und der Entfernung des Wedge-Kontaktes zur ersten Bondstelle wird die Geometrie des Loops definiert [18]. Beim Setzen des ersten Ball-Bonds wird der durch die Anflammung erzeugte Ball mit der Oberfläche verbunden. Die zweite Kontaktierung erfolgt als Wedge. Dieser kann, unabhängig von der vorangegangenen Ball-Kontaktierung, in einer beliebigen Richtung gesetzt werden, wodurch ein flexibler und schneller Bondvorgang ermöglicht wird. Demzufolge sind bis zu sechs Drahtverbindungen pro Sekunde durch ein vollautomatisches System realisierbar [1]. Die Kontakte eines Wedge/Wedge-Systems bestehen aus geometrisch identischen Bondstellen. Im Gegensatz zum Ball/Wedge-Verfahren wird als erste Bondstelle kein Ball, sondern ein Wedge aufgebracht. Das Verfahren ist weniger flexibel als das TS-Bonden, da der erste Bond bereits die Richtung der Drahtweiterführung vorgibt. Ein Vorteil ist jedoch der niedrigere Platzbedarf des Kontaktes, der näherungsweise zwei bis dreimal geringer ist als bei einem

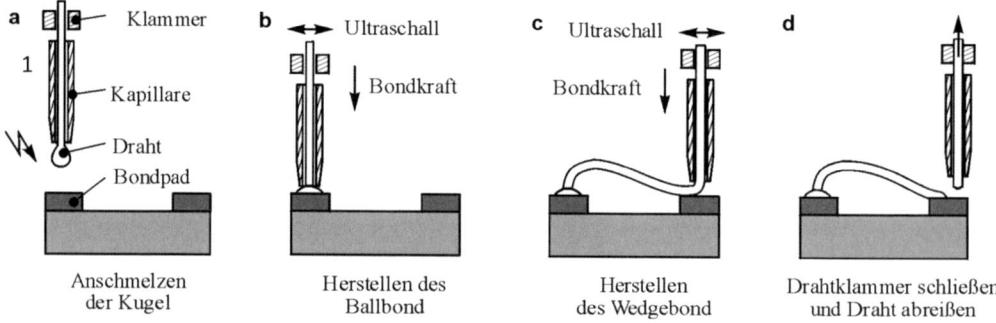

Abb. 3: Thermosonic-Ball/Wedge-Bonden in vier Teilschritten: a) Anflammung des Drahtes, b) Herstellen des Ball-Bond, c) Herstellen des Wedge-Bond, d) Drahtklammer schließen und Draht abreißen [8]

vergleichbaren Ball-Bond [8]. Die Fläche eines Ball-Drahtbond (25 μm Draht) mit einem durchschnittlichen Durchmesser von 80 μm beträgt min. 5027 μm² [18]. Bei einem Faktor von 2,5 : 1 benötigt ein vergleichbarer Wedge-Kontakt eine Oberfläche von nur 2011 μm².

Beim Thermosonic Ball/Wedge-Bonden wird die aus der Kapillare herausragende Drahtspitze vor dem Setzen des ersten Bondkontaktes durch das Anflammen (engl. *Flame-Off*) aufgeschmolzen. Durch die Oberflächenspannung des aufgeschmolzenen Metalls kommt es zur Ausbildung der Kugel. Die Anflammung wird durch eine Entladung im Hochspannungsbereich zwischen der Drahtspitze und einer Elektrode erzeugt. Beim Aufschmelzen des Drahtes entsteht dadurch eine Plasmawolke um das Drahtende. Ist die Elektrode positiv geladen (EFO – Positive Electronic Flame-Off), bildet sich eine symmetrische Wolke um die aufgeschmolzene Kugel aus. Verunreinigungen der Kapillare können hierbei durch Metallionen verursacht werden, die die Qualität des Bond negativ beeinflussen. Beim Einsatz einer negativ geladenen Elektrode (NEFO – Negative Electronic Flame-Off) werden Metallionen aus dem Plasma in Richtung der Elektrode bewegt und konzentrieren sich somit bevorzugt am unteren Bereich der Kugel. Im Vergleich mit dem EFO führt dies zu einem stabileren Aufschmelzvorgang als bei der positiven Polung. Budweiser zeigte, dass Ball-Durchmesser von 50 bis 120 μm reproduzierbar in einer NEFO-Einheit eingestellt werden können [18]. Ein linearer Zusammenhang zwischen der Einstellskala und der Größe der Kugel existiert im Bereich zwischen 70 und 100 μm. Nicht lineare Zusammenhänge wurden für den Einsatz von EFO nachge-

wiesen [18]. Ein Vergleich der Ball-Qualität zwischen EFO und NEFO ist in *Abbildung 4* veranschaulicht.

Die Form der Kugel nach dem Anflammen wird durch mehrere Faktoren beeinflusst [18]. Qualität und Geometrie der Kapillarenspitze wirken sich auf die Kugelform als auch auf die Länge des aus der Kapillare ragenden Drahtes aus. Wird der Draht nicht ordnungsgemäß abgetrennt oder kommt es sogar zu einem undefinierten Abriss beim vorangegangenen Wedge-Bond, kann dies zu einer verminderten Qualität der Kugel beim nachfolgenden Anflammen führen.

Um eine ausreichende Adhäsion zwischen Draht und Oberflächenmetallisierung herzustellen, ist ein individuelles und angepasstes System aus Draht- und Schichtwerkstoffen notwendig. Jafari beschreibt ein Modell zur Erklärung des Haftmechanismus zwischen Draht und Endoberfläche, bei welchem das Einbringen von Scherkräften durch Ultraschall zu einer hohen Krafteinwirkung führt und lokale Mikroverschweißungen hervorruft [19]. Voraussetzung für diesen Verbund ist ein Bondsystem aus gleichen Materialien oder Materialien mit ähnlichen Härtewerten sowie kontaminationsfreie Oberflächen. Demgegenüber stehen allerdings aktuelle Annahmen, wobei von der Haftung während des Bond-Vorgangs primär durch Diffusionsprozesse und das Fließen des Drahtwerkstoffes als Folge des induzierten Ultraschalls ausgegangen wird. Auch die häufig zugrunde gelegte Annahme, dass dünne Schichten in der Größenordnung von 100 nm während des Bondens komplett durchgerieben werden, wird durch Untersuchungen mittels der Focused-Ion-Beam-Methode (FIB), welche eine exakte und schonende

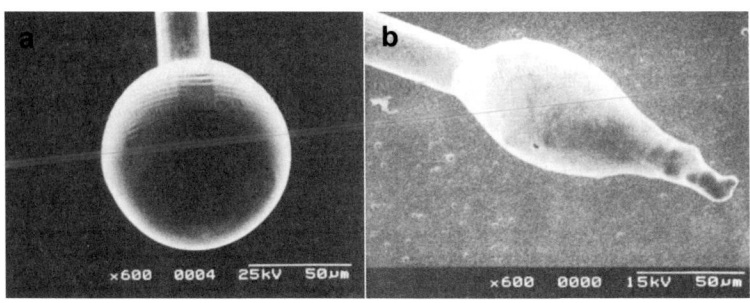

Abb. 4: REM-Aufnahmen von Metallkugeln nach dem Anflammen mittels a) NEFO und b) EFO [18]

Zielpräparation der gebondeten Stelle zulässt, am Fraunhofer-Institut für Zuverlässigkeit und Mikrointegration IZM widerlegt [20, 21].

Eine weitere Möglichkeit der Adhäsion wird durch Rekristallisationsprozesse während des Bondens von Aluminiumdrähten auf Goldoberflächen hergestellt. Abhängig vom Konzentrationsbereich im Au-Al Phasendiagramm, wie in *Abbildung 5* veranschaulicht, und der Temperatur beim Bondprozess werden eine oder mehrere intermetallische Phasen ausgebildet: Au_5Al_2, Au_4Al, Au_2Al, $AuAl_2$ und $AuAl$. Die Phase Au_5Al_2 wird, vorwiegend in neueren Publikationen, auch als Au_8Al_3 bezeichnet.

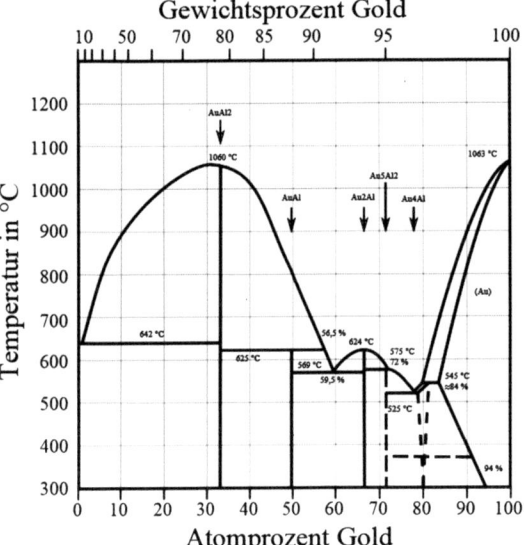

Gewichtsprozent Gold

Abb. 5: Al-Au-Phasendiagramm [1]

Der mathematische Zusammenhang für die beginnende Wachstumsphase lautet

$$X = K \cdot t^{0,5} \qquad <1>$$

wobei X für die Schichtdicke und t für die Zeit steht. Der Parameter K beschreibt eine, für jede metallische Phase unterschiedliche, Konstante, die sich wiederum aus einer Konstante C, der Aktivierungsenergie E, der Bolzmannkonstante k und der absoluten Temperatur T zusammensetzt:

$$K = C \cdot e^{-\frac{E}{k \cdot T}} \qquad <2>$$

Je nach ausgebildeter Phase können sich monokline, orthorhombische, kubische oder hexagonale Gitter mit entsprechend unterschiedlichen Gitterparametern, Ausdehnungskoeffizienten und Härtewerten bilden. Weichen diese Größen zu stark von denen der ursprünglichen Metalle ab, kann dies zum Ablösen der Bondverbindung führen. Weiterhin werden auch beim Bonden anderer Materialien intermetallische Phasen ausgebildet. Kim et al. beschreiben beispielsweise anhand transmissionselektronenmikroskopischer (TEM) Untersuchungen verschiedene Phasen eines Cu-Al-Systems wie Cu_9Al_4, $CuAl$ und $CuAl_2$ [22]. Überdies haben Kontaminationen der Oberfläche, Oxidschichten sowie die Härte der Metalle und deren Oxide einen großen Einfluss auf das Adhäsionsvermögen des Drahtbondes. Besonders der Härte kommt eine herausragende Bedeutung zu, wenn die Haftung nicht durch die Bildung einer intermetallischen Phase hergestellt werden kann. Dies ist der Fall, wenn Draht und Oberfläche aus identischen Materialien bestehen oder die miteinander verbundenen Materialien nicht zur intermetallischen Phasenbildung neigen. Golddrähte sollten beispielsweise nicht zum Bonden auf Cu-Oberflächen eingesetzt werden, da der Härteunterschied zwischen Gold mit 13 bis 22 HB und Kupfer mit einem etwa doppelt so hohen Wert zu groß ist [23].

Prüfmethoden

Die Qualität des Gesamtsystems kann durch Zug- und Schertests überprüft werden. Beim Zugtest wird das gesamte System aus Bond und Endoberfläche geprüft, während beim Schertest nur eine spezifische Bondstelle getestet werden kann. Um Rückschlüsse auf Bindungen, intermetallische Phasenbildung oder partielle Haftungsverteilung ziehen zu können, bedarf es zusätzlicher analytischer Methoden. Lichtmikroskopie, Rasterelektronenmikroskopie (REM) oder Focused-Ion-Beam (FIB) sowie Energiedispersive Röntgenspektroskopie (EDX), Röntgenfluoreszenzanalyse (XRF) und Röntgendiffractometrie (XRD) ermöglichen sowohl eine Bewertung der Bondstelle als auch der Bruchmechanismen. Des Weiteren lässt sich der elektrische Widerstand einer gebondeten Stelle ermitteln, um daraus Rückschlüsse auf die Bondqualität zu ziehen.

Beim Zugtest wird mit einem Haken, dessen Durchmesser im Vergleich zum Bonddraht um den Faktor

2,5 vergrößert sein sollte, am Loop gezogen [19]. Durch einen Kraftaufnehmer kann das Bondsystem entweder bis zu einer definierten Kraft belastet oder die maximale Kraft bei der Zerstörung des Systems ermittelt werden. Die übliche Zuggeschwindigkeit des Hakens beträgt ca. 0,005 m/s, bei einer möglichen Maximalbelastung im Bereich von 100 cN und einer Auflösung von 0,1 cN [18]. Diese Testmethode dient einer qualitativen Bewertung des Drahtbondes und der Definition des schwächsten Gliedes im System, der Bruchstelle. Die Beurteilung der Bondverbindung ist jedoch nicht möglich. Je nachdem, an welcher Stelle der Bruch erfolgt, können Rückschlüsse auf etwaige fehlerhafte Bondeinstellungen gezogen werden. Ein wichtiges Kriterium beim Zugtest ist die einheitliche Platzierung des Hakens am Loop um eine Vergleichbarkeit zu gewährleisten. *Abbildung 6* veranschaulicht die wirkenden Kräfte in Abhängigkeit der geometrischen Abmessungen.

Die durch die Ziehbewegung des Hakens hervorgerufene Kraft F wird in die Teilkräfte F_{wt} und F_{wd} unterteilt. In Abhängigkeit der eingezeichneten Größen können diese beiden Teilkräfte folgendermaßen bestimmt werden [24].

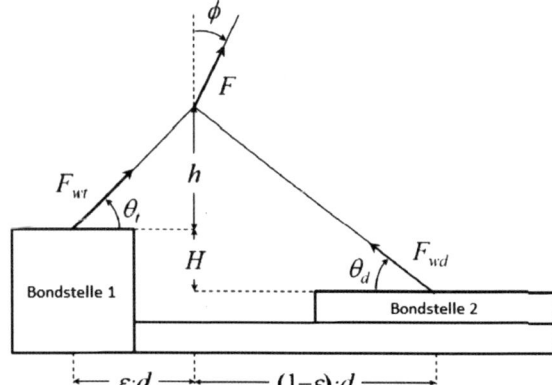

Abb. 6: Kraftverhältnis beim Zugtest: Gesamtkraft F, erste Teilkraft F_{wt}, zweite Teilkraft F_{wd}, erste Höhendifferenz h, zweite Höhendifferenz H, Abstand zwischen den beiden Bondstellen d [24]

$$-F \cdot \left[\frac{\sqrt{1 + \frac{(1-\varepsilon)^2 \cdot d^2}{(h+H)^2}} \cdot (h+H) \cdot (\varepsilon \cdot \cos\phi - \frac{h}{d} \cdot \sin\phi)}{h + \varepsilon \cdot H} \right] \quad <3>$$

$$-F \cdot \left[\frac{\sqrt{h^2 + \varepsilon^2 \cdot d^2} \cdot \left((1-\varepsilon) \cdot \cos\phi - \frac{(h+H)}{d} \cdot \sin\phi \right)}{h + \varepsilon \cdot H} \right] \quad <4>$$

Die Belastungen werden in Gramm (g) oder Centinewton (cN) angegeben. Zur Umrechnung der beiden Einheiten wird das Gewicht mit dem Wert der Normfallbeschleunigung multipliziert bzw. dividiert. Somit entspricht 1 g etwa 0,981 cN. Es gilt zu beachten, dass bei einem haftenden Bond, der Draht die empfindlichste Stelle im System darstellt. Das Verhältnis der Durchmesser von Draht zum Ball-Kontakt beträgt in etwa 1 : 15. Im Gegensatz dazu beträgt das Verhältnis zum Wedge-Kontakt ca. 1 : 2,5. Anhand von Bruchstellenanalysen können Rückschlüsse auf die Rissursache gezogen und Fehlerquellen somit eliminiert werden.

Der Schertest ermöglicht eine quantitative Bewertung der Haftfestigkeit einer Ball-Bondverbindung. Ein Schermeißel wird in einer definierten Höhe seitlich des Ball-Bond angesetzt und der Ball parallel zur Substratoberfläche abgeschert. Die Qualität der Ergebnisse des Testverfahrens hängt stark von der exakten Einstellung der Position des Meißels zum Ball, und weniger von der Genauigkeit des eingesetzten Messsystems ab. Die theoretisch vorgeschriebene Einstellgenauigkeit des Abstandes beträgt 2 μm [18]. Die realen Werte hingegen liegen oftmals im Bereich von ca. 5 bis 10 μm [18]. Grundsätzlich ist auch das Abscheren des Wedge-Bond möglich [1]. In der Praxis ist dieses Verfahren aufgrund der mangelhaften Einstellgenauigkeit, hervorgerufen durch die flache Geometrie, nur schwer umsetzbar und daher sehr wenig verbreitet. Harman beschreibt zwei Arten der Haftfestigkeitsuntersuchungen des Ball-Kontaktes bei Ball-Kontakten. Durch einen Kraftaufnehmer lässt sich die notwendige Scherkraft während des Prozesses aufnehmen, wohingegen die freigelegten Oberflächen sowie mögliche Bruchstellen nach dem Scheren Auskunft zum Haftungsmechanismus geben können [1]. Die Analyse der Substratmetallisierung erlaubt eine Bewertung der verschweißten Fläche in Abhängigkeit der Gesamtberührungsfläche [18].

Substratmaterial und Beschichtungen

In der Mikrosystemtechnik werden geätzte Leiterplatten häufig als Substratmaterial eingesetzt. Leiterplatten (engl. *PCB – printed circuit board*) bestehen aus einem Materialgemisch von Phenolharz, Epoxidharz, Papier oder Glasfasergewebe. Die Leiterbahnen aus Cu werden oftmals durch ein Ni/Au-Schichtsystem metallisiert, um eine geeignete Endoberfläche für das Drahtbonden zu schaffen. Aufgrund des starken Einflusses des Substratmaterials sind metallische Schichten auf unterschiedlichen Substraten bezüglich des Bondprozesses oftmals nur schlecht zu vergleichen. Das niedrige E-Modul und die porenartige Oberflächenstruktur des Leiterplattensubstratmaterials schaffen eine andere Ausgangslage im Vergleich zu metallischen Substraten. Je nach Herstellungsverfahren und den damit verbundenen Prozessen, wie Kaltverformung, Kornfeinung, Anlassen oder Rekristallisation, weisen Werkstoffe und Oberflächen unterschiedliche Verhaltensweisen auf. Eine besonders wichtige Rolle spielt bei metallischen Substraten die Topografie. Huang et al. beschreiben den Einfluss hoher Temperaturen und verschiedener Rauheiten (R_a) von 0,08 µm und 0,5 µm von Cu-Oberflächen (Substrat: PCB) auf die Qualität des gebondeten Drahtes. Die Cu-Schichten werden elektrochemisch metallisiert (1 µm Ni, 0,3 µm Pd), mit reinen Golddrähten gebondet sowie über eine Dauer von 800 Stunden bei 250 °C ausgelagert. Die Bewertung des Drahtbondes erfolgt durch eine optische Analyse des Querschnittes und der Vermessung des elektrischen Widerstandes zwischen Draht und Beschichtung. Huang et al. ermitteln bei Cu-Substratoberflächen (R_a = 0,5 µm) mit 1,96 mΩ einen zwischen 24 und 40 % höheren Widerstand als bei vergleichsweise glatten Oberflächen mit Ra = 0,08 µm. Jedoch konnte die Adhäsion des Drahtbondes auf rauen Oberflächen stark erhöht werden, sodass eine Verringerung der Ultraschallleistung um 50 % bei konstantem Widerstand und gleichbleibenden Haftungseigenschaften realisiert werden kann [25]. Folglich ist eine raue Oberfläche eine essenzielle Voraussetzung für Drahtbondanwendungen, jedoch kann die Rauheit nicht unbegrenzt erhöht werden, da dies zu Fehlstellen und nicht verbundenen Stellen an der Grenzfläche zwischen Draht und Bondmetallisierung führt.

Die spezifische Topografie von elektrochemisch abgeschiedenen Schichten bildet sich je nach Elektrolytzusätzen, Temperatur, Hydrodynamik und Stromdichte aus. Bei der Abscheidung von Ni wird zwischen der elektrolytischen und der stromlosen Abscheidung unterschieden. Insbesondere bei elektrolytisch abgeschiedenen Nickelschichten sind Rauheiten, Formen und Strukturen durch den Zusatz von Additiven oder angepassten Abscheideparametern veränderbar. Diese Additive werden im ppm-Bereich in die Schicht eingebaut und dienen unter anderem der Erhöhung des Glanzes, der Einebnung der Oberfläche und der Steigerung der Anodenlöslichkeit. Bei einem zu hohen organischen Anteil innerhalb der Metallschicht ist eine Schwächung der Anhaftung der Bondstelle möglich. Organische Additive können zudem als adsorbierte Kontamination auf dem Bauteil durch ungenügende Reinigung verschleppt werden.

Die Abscheidung von Chemisch Nickel erfolgt als Legierung mit Phosphor, der einen Anteil von 5 bis 15 Masse-% aufweisen kann. Bei kleinem Phosphorgehalt (< 8 Masse-%) besitzt die Ni/P-Schicht einen mikrokristallinen Aufbau während bei höherem Phosphorgehalt ein röntgenamorpher Zustand und somit eine regellose Atomanordnung vorliegt [26]. Der Legierungsanteil in der Schicht lässt sich durch chemische Elektrolytzusätze und den pH-Wert regulieren. Bei mittlerem Phosphoranteil der Ni-Schicht im Bereich von 7 bis 9,5 Masse-% steht die Metallisierung unter Zugspannung, während ein Anteil von 10 bis 11 Masse-% Phosphor zu Druckspannungen führt [27]. Allgemein ist jedoch festzuhalten, dass die Spannungen der Schichten je nach Abscheidungsparameter und Elektrolytzusammensetzung unterschiedlich sein können. Zugspannungen haben einen negativen Einfluss auf das Schichtsystem. Daher sollten möglichst spannungsarme oder Schichten mit leichten Druckspannungen abgeschieden werden, um optimale Bondbedingungen zu schaffen.

Die Ausrichtung und Größe von Au-Körnern kann während des Beschichtungsprozesses durch Zugabe von Additiven gesteuert werden. Zusätze beeinflussen die Keimbildung an der elektrochemischen Doppelschicht, so dass spezielle Ausrichtungen wie beispielsweise Au(111) oder Au(311) ausgebildet werden. Die Orientierung beeinflusst die Qualität des Verbundes zwischen Bonddraht und Substratmetallisierung. Neben der Anpassung der Endoberfläche werden Drähte gezielt dotiert, um deren Eigenschaften anzupassen. Durch Wärmebehand-

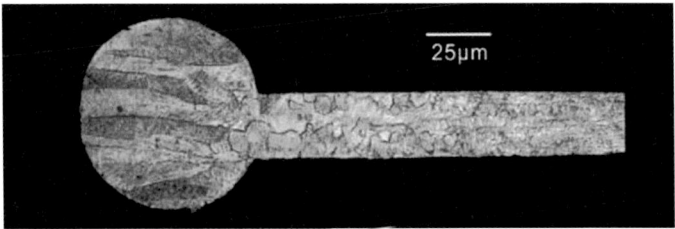

Abb. 7: Lichtmikroskopische Aufnahme eines geschmolzenen Au-Drahtquerschnitts [9]

lungen können Korngrößen und mechanische Eigenschaften der Drahtmaterialien festgelegt werden. Als Dotiermittel für Au-Drähte wird beispielsweise Beryllium eingesetzt [9]. Eine entscheidende Rolle spielt die Gefügeänderung des Golddrahtes während des Bondprozesses. Da die Golddrahtspitze nach dem Anflammen erstarrt, besitzen gebondete Drähte mehrere Bereiche mit lokal unterschiedlichen Gefügezusammensetzungen, die sich wiederum direkt auf die mechanischen Eigenschaften des Drahtes auswirken. *Abbildung 7* zeigt den Querschnitt eines aufgeschmolzenen, jedoch nicht gebondeten Au-Drahtes [9].

Die Körner im Bereich der Kugel weisen eine längliche Form auf und werden mit zunehmender Entfernung zur Kugel kleiner, bis der Draht nach etwa 100 µm das ursprüngliche, feinkörnige Gefüge aufweist. Dieser Übergangsbereich von großen zu kleinen Körnern wird als Wärmeeinflusszone bezeichnet. Je größer diese Zone, desto weniger hoch kann der Loop ausgeführt werden. Die längliche Form der Körner wird durch die bevorzugte Wachstumsrichtung hin zum maximalen Temperaturgradienten erzeugt. Nach dem Anflammen bilden sich die Körner aufgrund des Temperaturgradienten von der Seite des nicht aufgeschmolzenen Drahtes bis hin zur Drahtaußenseite aus. Dieses Wachstum erstreckt sich über den gesamten kugelförmigen Bereich

Die Härte der Endoberfläche und des Drahtes spielen eine weitere Rolle beim Drahtbonden. Beispielsweise können Au-Drähte (13–22 HB) bevorzugt auf Oberflächen gebondet werden, die eine ähnliche Härte besitzen. Aus diesem Grund sind Schichten wie Gold, Aluminium (15–25 HB) oder Silber (15–36 HB) eine wichtige Voraussetzung für erfolgreiche Bondverbindungen. Daher ist eine weiche

und durch die galvanische Abscheidung chemisch gebundene Schicht zwischen Bondpad und Golddraht Voraussetzung für eine ausreichende Adhäsion.

Neben dem klassischen galvanisch abgeschiedenen Ni/Au-Schichtsystem, haben sich alternative Mehrschichtsysteme etabliert [25, 27, 28–36]. ENIG-(Electroless Nickel Immersion Gold) und ENEPIG-(Electroless Nickel Electroless Palladium Immersion Gold) Systeme werden bevorzugt für Bondanwendungen mit Au-Drähten eingesetzt. Bei Letzterem handelt es sich um ein Drei-Schicht-System, aus einer stromlos abgeschiedenen Nickelschicht von 4 bis 7 µm, Chemisch Palladium mit 0,15 µm und einer 0,05 bis 0,1 µm dicken Sudgoldschicht. Die Palladiumschicht dient als Diffusionssperre zwischen Gold- und Nickelschicht und verhindert die Kontamination der Goldschicht durch Korngrenzenwanderungen des Nickels. Dies bewirkt ein hohes Adhäsionsvermögen des Drahtes bezüglich der Endoberfläche. Vergleichende Untersuchungen eines galvanisch abgeschiedenen Zwei-Schichtsystems (5 µm Ni, 0,5 µm Au) mit dem ENEPIG-System (5 µm Ni, 0,2 µm Pd, 0,1 µm Au) werden auf einem Gehäuse aus Leiterplattenmaterial (engl. *PBGA – Plastic Ball Grid Array*) durchgeführt. Das eingesetzte Drahtmaterial besteht aus einer Legierung von 95,5 % Zinn, 3 % Silber und 0,5 % Kupfer. Hierbei werden vergleichbare Maximalwerte von 7 g mittels Zugtests ermittelt. Auf Basis von Analysen der Querschnitte werden abweichende Strukturen der gebildeten intermetallischen Phase und eine geringfügig bessere Zuverlässigkeit der Bondanbindung der ENEPIG-Beschichtung festgestellt [32].

Untersuchungen zur Funktion der Palladiumschicht als Diffusionsbarriere in Abhängigkeit von Temperatur und relativer Luftfeuchtigkeit werden auf ENEPIG beschichteten Leiterplatten durchgeführt.

- Alterung bei trockener Wärme bis 2000 Stunden, 125 °C und 150 °C
- Alterung bei feuchter Wärme bis 2000 Stunden, relative Luftfeuchtigkeit bei 85 % und bei 85 °C
- Temperaturwechseltest (-40 °C/+125 °C) 2000 Zyklen

Die Zugkraft des Golddrahtbondes (Durchmesser 30 μm) weist nach Alterungs- und Temperaturwechseltests mit 12,6 cN nach 100 Stunden und 10,6 cN nach 2000 Stunden keine großen Abweichungen zum Referenzwert mit 10,9 cN auf [34]. Eine weitere Untersuchung der Temperaturbeständigkeit von Au-Drähten, gebondet auf Aluminium- und ENEPIG-Beschichtungen, untersucht Harman [1], wie in *Abbildung 8* zusammengefasst.

Die Zugkräfte des ENEPIG-Systems nehmen mit zunehmender Temperaturbehandlung kaum ab, während die Verbindung zur Aluminiumoberfläche aufgrund der Bildung von intermetallischen Phasen

signifikant vermindert wird. Weiterhin zeigen die Werte der Scherbelastung, dass der Bond mit zunehmender Temperatureinwirkung einen starken Abfall der Belastbarkeit aufweist, wohingegen die maximalen Scherkräfte bei der ENEPIG-Bondverbindung sogar leicht ansteigen. Es wird ersichtlich, dass das in *Abbildung 8d* gezeigte Ni/Pd/Au-Schichtsystem auch bei Temperaturbelastungen über einen langen Zeitraum gute mechanische Festigkeiten, sowohl beim Zug- als auch beim Schertest, aufweist. Beim Golddrahtbonden auf Aluminiumoberflächen, wie in *Abbildung 8c* gezeigt, führt die hohe Temperatureinwirkung zu einer zunehmenden Ausbildung von intermetallischen Phasen, die die mechanische Belastbarkeit deutlich reduzieren.

Weitere Testsysteme werden über einen Zeitraum von bis zu 12 Monaten bei Temperaturen von 200 bis 250 °C in unterschiedlichen Atmosphären hinsichtlich ihrer Beständigkeit geprüft. Die verwendeten Schichtsysteme des Al Wedge Bond sind in *Tabelle 4* aufgeführt.

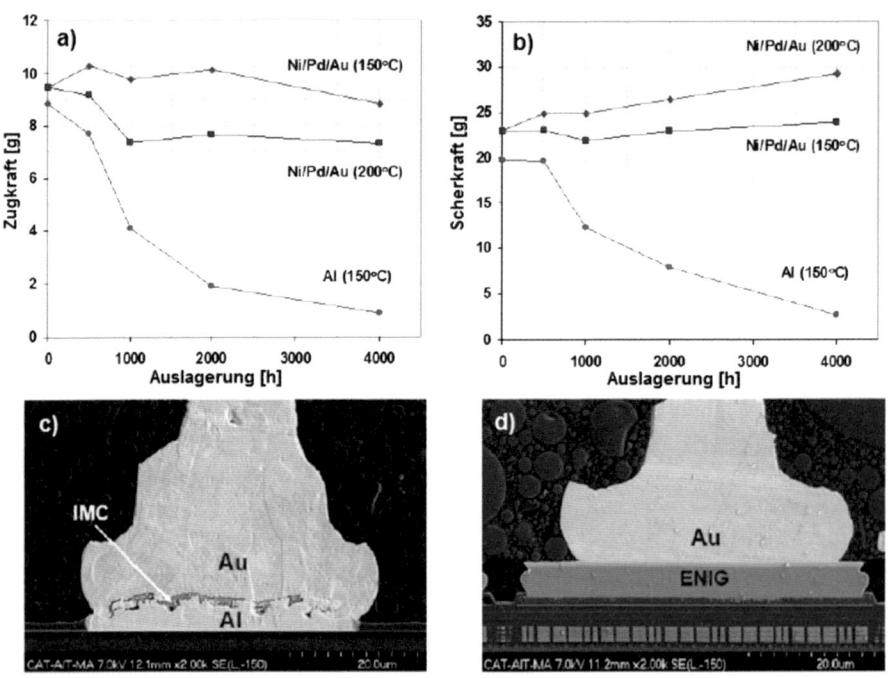

Abb. 8: Darstellung von a) Zugkräften und b) Scherkräften in Abhängigkeit der Alterungsdauer und -temperatur sowie REM-Aufnahmen der jeweiligen Querschnitte mit unterschiedlichen Bondpadbeschichtungen c) Al und c) Ni/Pd/Au [1]

Tab. 4: Übersicht des Gesamtsystems Substrat – Schichtsystem – Draht [37]

Nr.	Substrat	Schichtsystem	Draht
A/B	LTCC	Ag/Stromlos Ni 4 µm/Immersion Au 0,01	Al 1 % Si 25 µm
C	Si	SiO$_2$ Oxid/NiCr 10–20 nm/Au gesputtert 1 µm	Al 1 % Si 25 µm
D	Si oxidiert	Au gesputtert 1 µm	Al 1 % Si 25 µm
E	Keramik	Au elektrochemisch 5 µm	Al 1 % Si/Al 0,5 % Mg 25 µm
F	Keramik	Ag/Cu elektrochemisch 30 µm/Ni stromlos 2 µm/Immersion Au 0,01	Al 1 % Si/Al 0,5 % Mg 25 µm
G	Keramik	Au + Pd siebgedruckt > 10 µm	Al 1 % Si 25 µm

Die Nickel-Gold-Beschichtungen von Probe A zeigen eine gute Temperaturbeständigkeit mit maximalen Zugtestwerten von ca. fünf g nach sechs bis acht Monaten Auslagerung bei 250 °C. Offensichtlich diffundiert die 0,1 µm dünne Goldschicht bereits innerhalb weniger Stunden in den Aluminiumbond und unterbindet dadurch die weitere Ausbildung von intermetallischen Phasen. Bei der Verwendung desselben Schichtsystems auf identischen Substraten anderer Hersteller, Probe B, werden hingegen maximale Zugwerte von nur drei g erreicht. Hierbei zeigt sich sehr deutlich zu erkennen, welchen großen Einfluss Substratparameter wie Rauheit, Härte oder Kontaminationen ausüben.

Vergleichbare Zugtestwerte im Bereich von vier bis sechs g werden beim Al-Drahtbonden auf einer 1 µm gesputterten Goldoberfläche (Probe C) erzielt. Aufgrund der schnellen Golddiffusion in den Aluminiumbond ist eine hohe Beständigkeit möglich. Trotz der Entstehung von Mikrorissen zeigen die erzielten Werte von Probe D exzellente Zugversuchswerte mit bis zu sechs g nach einer Auslagerung über acht Monate bei 150 °C. Dies lässt sich auf das direkte Bonden auf die frisch gesputterte Goldschicht ohne Oberflächenverunreinigungen zurückführen.

Probe E zeigt aufgrund der Bildung von Gasen während des Auslagerns Abhebungen der Goldschicht. Aufgrund von Fehlstellen und Mikrorissen, welche an Querschnittsbildern festgestellt werden, können bei Probe F nach dem Alterungsprozess nur zwei bis drei g beim Zugversuch gemessen werden. Bei Probe G kann nach sechs Monaten Alterung bei 250 °C nur noch eine maximale Zugbelastung von einem g ermittelt werden.

Folglich ist die Haftung des Drahtbondes auch unter hohen Temperatureinflüssen besonders stabil, sofern Au-Atome in den Aluminiumbond diffundieren und dadurch die weitere Bildung von intermetallischen Phasen verhindert wird.

Cu-Draht substituiert zunehmend Golddrähte. Jedoch ist es bei der Verwendung von Cu-Draht erforderlich, den Draht während des Anflammens mit Inertgas zu umspülen, um die Bildung von Kupferoxiden, besonders bei hohen Temperaturen zu vermeiden.

Experimentelle Untersuchungen eines Cu-Drahtes mit einem Durchmesser von 22 µm zum Bonden einer ca. 2 µm dicken Al-Beschichtung belegen die Wirksamkeit von Inertgas [38]. Während des Bondprozesses wird sowohl mit als auch ohne Inertgas (N$_2$) eine intermetallische Phase zwischen Cu und Al gebildet. Unter Stickstoffatmosphäre bildet sich eine ca. 3 nm dicke Al$_4$Cu$_9$-Phase, wohingegen ohne Inertgas die Phasen CuAl und CuAl$_2$ in einer 15 nm dicken Schicht vorliegen. Scherversuche zeigen, dass die dünne Al$_4$Cu$_9$-Phase einer 19 % höheren Kraft standhalten kann, als die fünfmal dickere CuAl- und CuAl$_2$-Phase, die sich beim Bonden ohne Schutzgas ausbildet.

Die hohe Härte von Cu (40–50 HB) kann während dem Drahtbonden zu Beschädigungen, insbesondere an Halbleiterbauteilen, führen. Daher ist es möglich, mittels einer Barriereschicht einen Schutz vor zu hohen lokalen Kräften beim Bonden zu schaffen [38]. Hierfür ist jedoch eine dünne Al-Schicht als Haftvermittler notwendig, um die Ausbildung von intermetallischen Phasen zwischen Cu und Al zu erlauben. England et al. zeigen, dass es beim Einsatz von TiN als Schutzschicht zum Ablösen des gebondeten Ball, hervorgerufen durch die ungenügende Haftung, kommt. Gute Adhäsion mit einer durchschnittlichen Bondkraft von ca. 14 g hingegen erzielt die Schichtkombination aus TiN und reinem Ti. Sowohl Variationen der Schichtstärke als auch unterschiedliche Aluminiumkorngrößen auf verschiedenen Substraten zeigen keinen Einfluss auf die durch den Zugtest ermittelten Werte [40].

Kontaminationen

Beim Drahtbonden können Verunreinigungen wie Kohlenwasserstoffe, Schwefeldioxide, Halogene etc. zu mangelhaften Bondverbindungen führen. Daher sollte die Endoberfläche möglichst frei von Kontaminationen sein und eine geschlossene und gleichmäßig verteilte Schicht aufweisen [18]. Verunreinigungen lassen sich in fünf Kategorien einteilen [41]:

• Oxidablagerungen mit eingebauten Fremdelementen

• Diffusionsreste aufgrund von Korngrenzenwanderungen

• Atmosphärische Kontaminationen (organisch sowie anorganisch)

• Organische Kontaminationen z. B. durch Verschleppungen aus Elektrolytlösungen

• Anorganische Kontaminationen

Nicht nur Verunreinigungen der Substratoberfläche, sondern auch Ansammlungen von Fremdkörpern auf den Drahtoberflächen können zu einer Beeinträchtigung der Adhäsion führen. Au bildet aufgrund seines inerten Charakters und des hohen Standardpotenzials keine vergleichbaren Oxidschichten wie Al oder Cu. Fremdatome wie Sauerstoff, Kohlenstoff, Schwefel oder Chlor werden jedoch auch auf Golddrahtoberflächen nachgewiesen [19]. Jafari untersuchte an Au-Drähten den Alterungsfortschritt nach vier Wochen und zehn Jahren mittels Auger-Elektronen-Spektroskopie. Tiefenprofile zeigen, dass die Schicht der adsorbierten Fremdpartikel auf der älteren Drahtoberfläche ca. fünfmal dicker ist, als die der vier Wochen alten Schicht. Kontaminationen auf Drähten lassen sich teilweise durch einen zusätzlichen Temperprozess bei 150 °C (ca. 15 min.) entfernen [19]. Eine weitere Möglichkeit, Substrat- und Drahtoberflächen vor dem Bondprozess zu reinigen, ist die Plasmabehandlung. Beim Plasmasputtern werden Verunreinigungen von der Ober-

fläche abgetragen [41]. Organische Verunreinigungen können durch Plasma im Niederdruckbereich aus Sauerstoff und Argon entfernt werden. Metallische Oxide werden durch ein Wasserstoff-Argon-Gemisch reduziert [41]. Nicht immer ist solch eine Reinigung der Oberfläche notwendig. Durch den Einsatz von Ultraschall kann die Oxidschicht durch die Scherbewegungen zwischen Draht und Oberfläche aufgebrochen und aktiviert werden. Kontaminationen in Form von Oxidschichten, wie z. B. Al_2O_3, werden bei manchen Bondanwendungen gezielt eingesetzt, um einen weiteren Eintrag von Energie mittels Reibung zu erhalten.

Neue Trends

Die nächste Generation des Drahtbondens fordert zunehmend den Einsatz sehr dünner Drähte und kleiner Kontaktoberflächen bei steigenden Anforderungen hinsichtlich mechanischer und thermischer Stabilität [4]. Bereits heute werden im Bereich des Golddrahtbondens kleinere Drahtdurchmesser eingesetzt, um Material und damit Kosten zu sparen. Dadurch sinken gleichzeitig der minimale Durchmesser der Ball-Kontaktfläche und somit die Adhäsion der gebondeten Kugel. Diese Entwicklung stellt aufgrund der Verkleinerung der Bondkontaktfläche zusätzliche Anforderungen an die Substratmetallisierung.

Weiterhin stehen optimierte und dotierte Drähte im Fokus der Forschungsaktivitäten. Hierzu zählen Palladium und Calcium dotierte Golddrähte [16], palladiumbeschichtete Kupferdrähte [42] sowie Korngrößenänderungen durch Stromeinwirkung in Silberdrähten [15]. Des Weiteren wird das Aufschmelzen von Dickdrahtkontakten über Lasereinwirkung als alternative Methode der Energieeinbringung und möglicher Ersatz zum Wärmeeintrag beim Bonden untersucht [43] sowie neues Bondequipment in Form einer neuartigen Kapillarengeometrie getestet [44]. Hierbei soll das Gleiten der Kapillare auf der Oberfläche durch Modifikation der Kapillarenspitze und mit Hilfe eines Partikelreservoirs verhindert werden, um während des Bondprozesses die Möglichkeit zum Ausweichen anzubieten. Dies spielt vor allem dann eine Rolle, wenn auf oxidierten Materialien, wie beispielsweise Aluminium, gebondet und die Oberfläche durch Ultraschalleinwirkung aktiviert wird. Während dieses Prozesses kann es zum

Ablösen kleiner Oxidpartikel kommen, die oftmals ungewollt in die Bondstelle eingebaut werden [44]. Vor allem in Zeiten sehr hoher Goldpreise wird auf die Technologie des Cu-Ball/Wedge Bonden zurückgegriffen. Aufgrund des im Vergleich zum Gold sehr harten Cu-Materials, werden neue Ansprüche an die Bondpadbeschichtung gestellt, da diese stärker verformt wird. Beim Einsatz einer Aluminium-Bondpadbeschichtung kann dem Verformen durch eine Erhöhung der Schichtdicke oder der Aluminiumhärte entgegengewirkt werden. Auch der Einsatz von Kupfer als Bondpadbeschichtung wird aufgrund der gleichen Härte wie der des Drahtes eingesetzt. Jedoch ist vor jedem Bondprozess eine Plasmareinigung zur Entfernung der Oxidschicht notwendig. Eine sehr gute Bondbarkeit wird ebenfalls mit Ni/Pd- und Ni/Pd/Au-Schichtsystemen erreicht, welche sich neben ihrer Robustheit durch eine sehr hohe Zuverlässigkeit auszeichnen [45, 46]. Die Summe all dieser neuen Ansätze und die Optimierung eines jeden einzelnen Parameters im perfekten Zusammenspiel mit dem Gesamtsystem ermöglichen es, neue Wege einzuschlagen und zukunftsweisende Techniken, wie beispielsweise einen nachhaltigen und kontinuierlichen Antrieb im Weltraum mittels eines gebondeten Aluminiumsegels, umzusetzen. Somit ist der Prozess des Drahtbondens auch für zukünftige und neuartige Anwendungen eine unverzichtbare Fügemethode zum Kontaktieren von elektrischen Komponenten.

Literatur

[1] Harman, G.: Wire Bonding in Microelectronics, McGraw-Hill (2010)

[2] Zhaohui, C. et al.: Journal of Semiconductors, 32(2) (2011) 024011-1-4

[3] Chew, Y.H. et al.: Thin Solid Films, 462–463 (2004) 346–350

[4] ITRS, International technology roadmap for semiconductors, Update Overview (2012)

[5] Seppänen, H. et al.: Microelectronic Engineering, 88(2011) 3267–3269

[6] www.electric-sailing.com/index.html, 9.6.2014

[7] www.estcube.eu/en/home, 1.6.2014

[8] Bruns, J.: Doktorarbeit, Spannungsanalyse des Ultraschall-Wedge-Wedge-Bondens mit Aluminiumdraht unter Berücksichtigung ultraschallabhängiger Werkstoffdaten bei verschiedenen Frequenzen mit Hilfe der Methode der Finiten Elemente, Technische Universität Clausthal (2001)

[9] Heraeus: Bonding Wires for Semiconductor Technology, http://heraeus-contactmaterials.com/media/webmedia_local/media/downloads/documentsbw/factsheets_bw_2012/Factsheet_Au-HD5_2012.pdf, 10.6.2014

[10] Bierwirth, R.: Thermosonic-Drahtbonden auf Flashgold in der Chip-on-Board-Technik, VTE Aufbau- und Verbindungstechnik in der Elektronik, 3(1997), 127–135

[11] Holleman & Wiberg: Lehrbuch der Anorganischen Chemie, Auflage 102, de Gruyter (1995)

[12] Oettel & Schumann: Metallografie, Auflage 15, WILEY-VCH (2011)

[13] Dax, W.: Tabellenbuch für Metalltechnik, Auflage 14, Handwerk + Technik GmbH (2011)

[14] www.finanzen.net, 16.6.2014

[15] Hsueh, H.W. et al.: Microelectronics Reliability, 53(2013) 1159–1163

[16] Chew, Y.H. et al.: Thin Solid Films, 462-463 (2004) 346-350

[17] Qi, G. et al.: Journal of Materials Processing Technology, 68(1997), 288–293

[18] Budweiser, W.: Doktorarbeit, Untersuchung des Thermosonic-Ballbondverfahrens, Technische Universität Berlin (1993)

[19] Jafari, S.: Doktorarbeit, Analyse und Optimierung qualitätsbestimmender Einflussgrößen beim Ultraschall- und Thermosonic-Schweißen mikroelektronischer Drahtkontaktierungen, Technische Universität Berlin (1990)

[20] Geißler, U. et al.: Journal of Electronic Materials, 35(2006)1, 173–180

[21] Geißler, U. et al.: Grenzflächenuntersuchungen beim US-Wedge/Wedge-Bonden von Al-Drähten verschiedener Drahtstärken, PLUS (2005)12, 2257–2260

[22] Kim, H.G. et al.: Acta Materiala, 64(2014), 356–366

[23] Uno, T.: Microelectronics Reliability, 51(2011), 88–96

[24] Mazzei, S. et al.: Microelectronics Reliability, Article in Press (2014)

[25] Huang, et al.: Electronic Materials, 40(2011)6, 1444–1451

[26] Kanani, N.: Chemische Vernicklung, 1. Auflage, Eugen Leuze Verlag KG, Bad Saulgau (2007), 161–179

[27] Clauberg, H. et al.: Microelectronics Reliability, 51(2011), 75–80

[28] Ho, C.Y. et al.: Materials Science and Engineering, A 611 (2014), 162–169

[29] Ratchev, P. et al.: Microelectronics Reliability, 46(2006), 1315–1325

[30] Tian, Y.H. et a: Trans. Nonferrus Met. Soc. China, 18(2008), 132–137

[31] Dunn, C. et al.: Thermosonic Au Ball Bonding to Immersion Au Electroless Ni plating Finishes, Auburn University, Auburn (1997)

[32] Fu, C. et al.: Evaluation of new substrate surface finish: Electroless nickel/electroless palladium/immersion gold (ENEPIG), Siliconware Precision Industries, Taichung (2008)

[33] Johnson, R. et al.: Thermosonic Au bonding to Pd finishes, Auburn University (1999)

[34] Lamprecht, S. et al.: Nickel-Palladium-Gold – Chemisches Beschichten für Hoch-Temperatur-Anwendungen, Atotech (2004)

[35] Lee, D. et al.: Microelectronics Reliability, 46(2006), 1119–1127

[36] Oda, Y. et al.: Study of Suitable Palladium and Gold Thickness in ENEPIG Deposits for Pb free soldering and Au wire bonding, UIC Technical Center, Southington (2000)

[37] Johanessen, R. et al.: Microelectronics Reliability, 48(2008), 1711–1719

[38] Joseph, T.; Anand, S. et al.: Materials Chemistry and Physics, 136(2012), 638–647

[39] Hang, C. J. et al.: Microelectronic Engineering, 85(2008), 1815–1819

[40] England, L. et al.: Microelectronics Reliability, 51(2011) 81–87

[41] Maguire, J.: Fachzeitschrift für Fertigungs- und Prüftechnik in der Elektronik, (2014)5/6, 40–43

[42] Xu, H. et al.: Acta Materialia, 61(2013), 79–88

[43] Kostrubiec, F. et al.: Microelectronics Journal, 32(2001), 543–546

[44] Goh, K.S. et al.: Microelectronic Engineering, 84(2007), 173–179

[45] Schneider-Ramelow, M. et al.: Cu-Ball/Wedge Bonden: Entwicklung und Status 2011, PLUS, Teil 1 (2011), 1852–1871

[46] Schneider-Ramelow, M. et al.: Cu-Ball/Wedge Bonden: Entwicklung und Status 2011, PLUS, Teil 2 (2011), 2092–2111

Untersuchung der lokalen Schichthöhe und Schichtspannung von galvanisch abgeschiedenem Nickel für elektrostatische Mikroaktoren

Von David Lämmle, Thomas Winterstein, Michael Schlosser und Helmut F. Schlaak, Technische Universität Darmstadt

Wanderkeilaktoren zeichnen sich durch eine freistehende gekrümmte Elektrode aus, die sich beim Anlegen einer elektrischen Spannung auf ein Dielektrikum abrollt. Bei der Herstellung der dafür notwendigen gebogenen Nickelbiegebalken wird die bei der galvanischen Abscheidung auftretende Schichtspannung gezielt genutzt, um Strukturen weit aus dem Substrat heraus ragen zu lassen. Die Schichtspannung in einer solchen galvanisch hergestellten Nickelstruktur ist dabei direkt von der Stromdichte bei der Abscheidung abhängig [1]. Da bei den hierfür notwendigen hohen Stromdichten (≥ 20 A/dm²) starke Schwankungen in der Strukturhöhe gemessen werden können, muss eine starke Variation der Stromdichtenverteilung über dem Wafer vorliegen. In diesem Artikel soll der Zusammenhang zwischen der Strukturhöhe und den dort vorherrschenden lokalen mechanischen Spannungen näher untersucht werden. Dazu werden gezielt gebogene Nickelstrukturen mit unterschiedlichen Eigenschaften über einen Wafer verteilt hergestellt und charakterisiert. Zudem werden Wege aufgezeigt, wie diese Strukturen in der Erforschung und Optimierung von mikrotechnischen Schaltern für Hohlleiter im mm-Wellen- und THz-Bereich angewendet werden können.

Curved beam actuators primarily consist of a movable curved electrode, which unrolls on a dielectric layer when applying a voltage high enough. Curved nickel-beams for the use in these actuators are fabricated by taking advantage of the intrinsic stresses that occur during the electroplating process. The intrinsic stress in electroplated nickel structures directly depends on the current density during the deposition [1]. The high current densities (≥ 20 A/dm²) also cause large deviations in the height of the structures, which means, that there also must be a large deviation in the distribution of the current density. In this paper, the relation between the height of a structure and the local intrinsic stresses is discussed. Therefore curved nickel beams with different properties on the wafer are fabricated and characterized. In addition, the use of these results for the research on micromechanical switches for rectangular waveguides in the mm-wave and THz-range is discussed.

Wanderkeilaktoren für mm-Wellen- und THz-Hohlleiter

Bei Frequenzen > 100 GHz kommen die Verluste von Substrat basierten Wellenleitern (Microstrip- und Coplanarleiter) in Größenordnungen, die für Systeme mit Abmessungen > 1 cm nicht mehr hinnehmbar sind. Aus diesem Grund werden Hohlwellenleiter, die wesentlich geringere Verluste aufweisen, eingesetzt. Zur veränderbaren Beeinflussung der Leitungseigenschaften in diesen Größenordnungen existieren unterschiedliche Ansätze. Einige davon basieren auf der Integration von Mikro-Elektro-Mechanischen-Systemen (MEMS). So lassen sich mit Wanderkeilaktoren Hohlwellenleiterschalter [2] und Phasenschieber [3] realisieren. Diese Ansätze basieren auf dem Prinzip eines elektrischen Schalters, der die Oberseite mit der Unterseite des Hohlleiters elektrisch verbinden kann *(Abb. 1)*. Im nicht aktuierten Zustand ragt der Wanderkeil in den Hohlleiter hinein und stellt eine elektrische Verbindung zwischen der Oberseite und

Lämmle, Winterstein, Schlosser, Schlaak: Untersuchung der lokalen
Schichthöhe und Schichtspannung von galvanisch abgeschiedenem Nickel
für elektrostatische Mikroaktoren

267

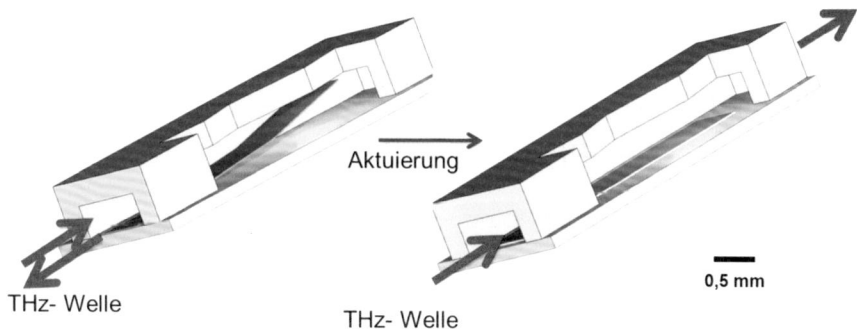

Abb. 1: Wanderkeilaktor in einem THz-Hohlleiter (WR-022 für 330–500 GHz)

der Unterseite des Kanals her. Dies führt dazu, dass die elektromagnetische Welle reflektiert wird. Im aktuierten Zustand kann die Welle den Schalter ungehindert passieren. Ausschlaggebend für die Funktionalität dieses Schalters ist unter anderem der elektrische Kontakt zwischen der Oberseite des Kanals und der gekrümmten Elektrode des Wanderkeilaktors [4]. Dieser wiederum ist von der Kontaktkraft des Aktors abhängig, welche es zu optimieren gilt.

Elektrostatische Wanderkeilaktoren werden in der Mikrotechnik eingesetzt, wenn relativ große Schalthübe (> 10 µm) überwunden werden müssen. Durch die inverse quadratische Abhängigkeit der Kraft vom Abstand zwischen den Elektroden, sorgt bei dieser Anordnung ein kleiner Luftspalt auf der Einspannungsseite für die notwendigen elektrostatischen Kräfte zur Aktuierung *(Abb. 2)*. Anwendung finden diese Aktoren in Mikrorelais [1, 5], Ventilen [6] und RF-MEMS [7]. Die Verwendung einer gekrümmten Elektrode führt zu einem keilförmigen Spalt zwischen den zwei Elektroden. Ab einer gewissen elektrischen Spannung wird die elektrostatische Kraft

am Punkt der Einspannung so groß, dass die bewegliche Elektrode an diesem Punkt auf das Dielektrikum gezogen wird. Dadurch wandert der keilförmige Luftspalt in Richtung der Spitze der Elektrode, bis diese vollflächig auf dem Dielektrikum anliegt. Die Kontaktkräfte bei der Verwendung dieser Elemente im Hohlleiter ergeben sich aus der Steifigkeit, der Länge und der Krümmung der beweglichen Elektrode. Bei der Maximierung der Kontaktkräfte durch eine Anpassung der mechanischen Eigenschaften der Elektrode ist zu beachten, dass die elektrostatischen Kräfte durch die Höhe der angelegten elektrischen Spannung und die Schichtdicke und Qualität des Dielektrikums limitiert sind. Des Weiteren existieren technologische Randbedingungen, welche experimentell ermittelt werden müssen. Dies sind unter anderem die Größe der mechanischen Spannungen und die Schichtdicke der Nickelstruktur. Die falsche Wahl dieser beiden Parameter kann zu einer Zerstörung des Dielektrikums oder zum Ausreißen der Nickelstruktur während der Herstellung führen.

Herstellung von Nickelwanderkeilen

Die Herstellung der Wanderkeilaktoren basiert auf der Herstellung von gekrümmten Elektroden aus galvanisch abgeschiedenem Nickel. Während die erste Schicht mit Stromstärken zwischen 0,5 und 2 A/dm² quasi ohne intrinsische Spannungen erzeugt wird, können durch eine Erhöhung der Stromstärke auf über 20 A/dm² intrinsische Zugspannungen erzeugt werden. Beim Freistellen der gekrümmten Elektroden wird durch einen Ätzprozess die Opferschicht unter den Strukturen entfernt. Da für die in

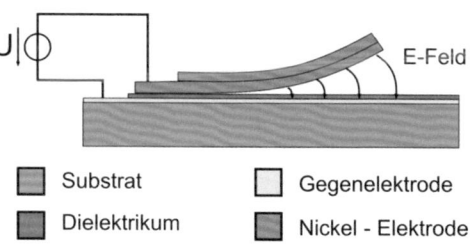

Substrat   Gegenelektrode

Dielektrikum   Nickel - Elektrode

Abb. 2: Schematische Darstellung eines elektrostatischen Wanderkeilaktors

268   Lämmle, Winterstein, Schlosser, Schlaak: Untersuchung der lokalen
Schichthöhe und Schichtspannung von galvanisch abgeschiedenem Nickel
für elektrostatische Mikroaktoren

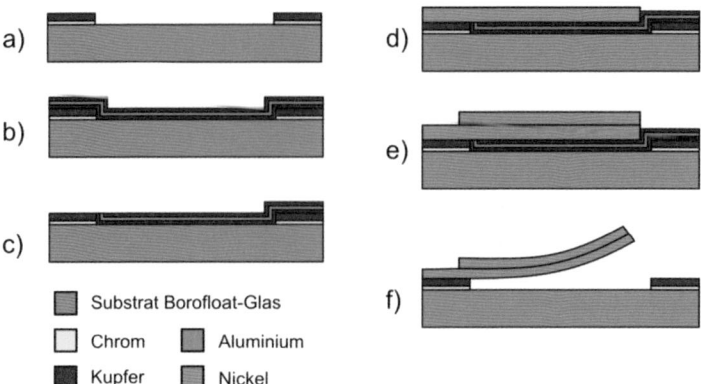

Abb. 3: Prozessablauf zur Herstellung der gekrümmten Nickelbiegebalken

diesem Artikel beschriebenen Untersuchungen keine elektrostatische Aktuierung erforderlich ist, wird hier auf die Integration einer Gegenelektrode und des Dielektrikums verzichtet. Der Herstellungsprozess ist *Abbildung 3* dargestellt.

Im ersten Schritt erfolgt die Abscheidung und Strukturierung von 20 nm Chrom und 500 nm Kupfer *(Abb. 3a)*. Diese Schicht sorgt für die Haftung der Struktur auf dem Substrat. Um einer Zerstörung des Dielektrikums im finalen Aufbau vorzubeugen, findet die Strukturierung dieser Schicht statt. Auf diese Schicht wird ebenfalls durch Sputtern 60 nm Kupfer, 180 nm Aluminium und 20 nm Kupfer abgeschieden *(Abb. 3b)*. Dieser Schichtstapel dient als Galvanostart- und Opferschicht. Die Strukturierung dieser Schicht *(Abb. 3c)* dient der Verankerung der Nickelstruktur. Die spannungsarm erzeugte erste Nickelstruktur wird galvanisch unter Verwendung einer Galvanoform aus 7 µm AZ-9260 Photolack abgeschieden *(Abb. 3d)*. Die zweite, vorgespannte Nickelstruktur wird mit einer neuen Galvanoform gleicher Art abgeschieden *(Abb. 3e)*. Nach dem Entfernen der Galvanoform kann diese Struktur nun durch selektives nasschemisches Ätzen von Kupfer und Aluminium freigestellt werden.

Um später die Grenzen der Herstellbarkeit dieses Prozesses zu evaluieren und die Performance der Schalter zu optimieren folgt nun eine genaue Untersuchung des Galvanikprozesses. Ziel dieser Untersuchung ist es auf einem Wafer definiert Strukturen mit unterschiedlichen Schichthöhen und Schichtspannungen zu erzeugen. Dies ermöglicht es die

Anzahl der Testwafer bei gleichbleibender Anzahl an unterschiedlichen Proben zu minimieren.

Charakterisierung der Homogenität der Schichtdicke im Galvanikprozess

Für die Abscheidung der vorgestellten Nickelstrukturen wird eine M-O-T µGalv-Anlage verwendet. Auf organische Badzusätze, wie Glanzbildner und Einebner, wird aus Gründen der Prozessrobustheit verzichtet. In *Tabelle 1* ist die Badzusammensetzung dargestellt.

Der Elektrolyt befindet sich in permanenter Umwälzung und Aktivkohlefiltrierung, wodurch organische Verunreinigungen, z.B. durch Photoresiste, entfernt werden. Die zu beschichtende Probe rotiert bei konstanter Drehzahl unter konstanter Elektrolytanströmung.

Während der Zusammenhang zwischen Stromstärke und Schichtspannung im Galvanikprozess in der Literatur zu genüge behandelt wurde [8–11], ist der Einfluss einer inhomogenen Stromdichte und damit auch einer inhomogenen Schichtdicke auf die

Tab. 1: Zusammensetzung des Nickelsulfamatbades

Substanz	Menge
Nickelsulfamattetrahydrat	275 g/L
Nickelchlorid	0 g/L
Borsäure	35 g/L
Amidoschwefelsäure	Nach Bedarf: pH = 4

Lämmle, Winterstein, Schlosser, Schlaak: Untersuchung der lokalen
Schichthöhe und Schichtspannung von galvanisch abgeschiedenem Nickel
für elektrostatische Mikroaktoren

269

Schichtspannung wenig erforscht. Während diese Inhomogenität normalerweise als unerwünscht angesehen ist, kann sie für eine gezielte Variation der Schichteigenschaften über einen Wafer hinweg auch sinnvoll genutzt werden. Diese Inhomogenitäten entstehen durch Feldüberhöhungen an den Kanten einer zu galvanisierenden Struktur. Bei der galvanischen Abscheidung auf strukturierte Substrate lässt sich dieser Effekt durch eine ungleichmäßige Verteilung der Strukturen auf dem Wafer erreichen. Inhomogenitäten in der Schichtdicke treten bei der Galvanoformung gerade bei zusatzfreien Bädern auf und können die Zielschichtdicke um das 2 bis 3-fache überschreiten. In diesem Abschnitt sollen die Haupteinflüsse unterschiedlicher Parameter auf die Inhomogenität der Schichtdicke untersucht werden. Zur Untersuchung der Haupteinflussparameter wird ein fraktionell faktorieller Screening-Plan verwendet [12]. Zwei Dreifaktorwechselwirkungen und eine Vierfaktorwechselwirkung werden vernachlässigt. Durch die geringe Prozessstreuung von 2 % ($N_\sigma = 7$) folgt ein Versuchsumfang von $2^{(7-3)} = 16$ Einzelproben. Die Parameter und die zugehörigen Werte sind in *Tabelle 2* dargestellt.

Die Proben werden in einem UV-LIG-Prozess mit dem Photoresist AZ9260 als Galvanoform gefertigt. Eine Quantifizierung der Inhomogenität erfolgt durch die Messung der Randüberhöhung einer 19 mm langen Fläche. Die Schichtdicke der Proben wird mit dem Oberflächenprofilometer Veeco

Tab. 2: Wertebereich der Prozessparameter

Parameter	Werte	
	Min	Max
Temperatur in °C	40	50
Stromdichte in A/dm²	1	10
Puls-Pause-Verhältnis	7/3	9/1
Pulse-Plating-Fr. in Hz	10	100
Anströmung in L/min	4	10
Kath.-Rotation in rpm	7,5	34
Schichtdicke in µm	2	20

DEKTAK 8 gemessen. Das prozentuale Maß $\Delta\delta$ für die Homogenität der Schichtdicke ergibt sich mit der maximalen Schichtdicke am Strukturrand d_{Max} und der mittleren Schichtdicke d_{MW}:

$$\Delta\delta = \frac{d_{Max} - d_{MW}}{d_{MW}}$$

Abbildung 4 zeigt das Oberflächenprofil einer Probe. Für jeden Parametersatz wird über sechs Einzelmessungen an zwei Strukturen gemittelt. Es werden Randüberhöhungen von 21 bis 81 % erreicht. *Abbildung 5* zeigt das Haupteffektdiagramm der untersuchten Parameter. Der starke Einfluss der Stromdichte ist klar erkennbar: Je größer die Stromdichte,

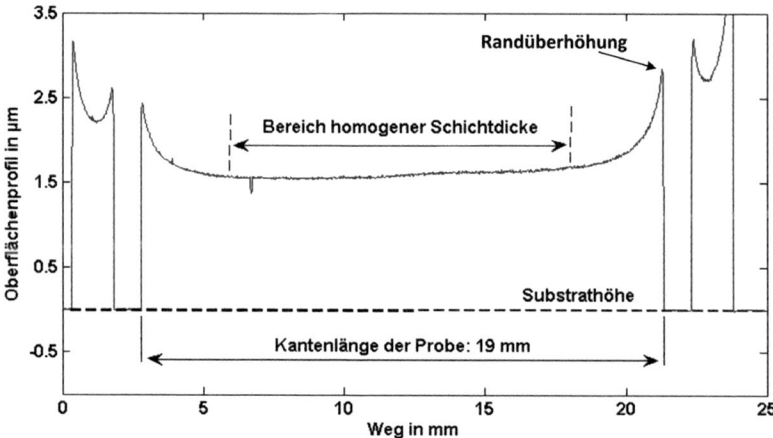

Abb. 4: Oberflächenprofil einer Probe mit homogener Schichtdicke d = 1,6 µm über 14 mm und einer mittleren Randüberhöhung von 61 % (s = 5,2 %)

270

Lämmle, Winterstein, Schlosser, Schlaak: Untersuchung der lokalen
Schichthöhe und Schichtspannung von galvanisch abgeschiedenem Nickel
für elektrostatische Mikroaktoren

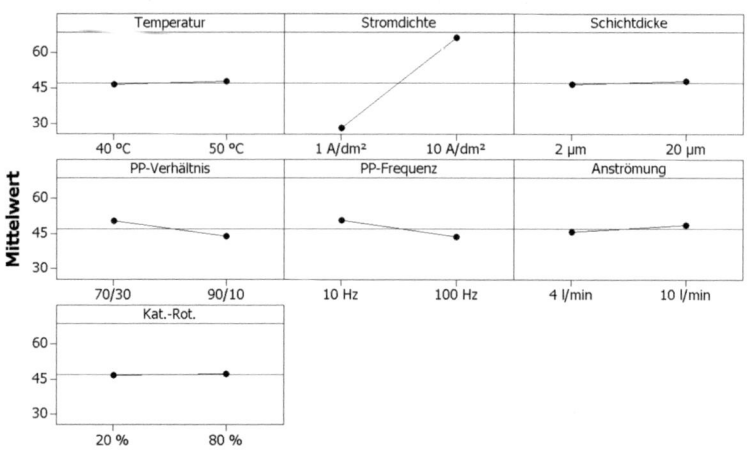

Abb. 5: Einflussparameter auf die Randüberhöhung mit der Stärke des jeweiligen Effekts

desto stärker ausgeprägt ist die Randüberhöhung. Der Einfluss der übrigen Prozessparameter kann als vernachlässigbar angenommen werden.

Somit wird deutlich, dass unterschiedliche Strukturhöhen im späteren Prozess nur durch die Variation der Stromdichte zu erreichen sind. Da die Stromdichte auch den Haupteffekt auf die Schichtspannung ausübt, gilt es nun den Zusammenhang zwischen Strukturhöhe und Schichtspannung näher zu untersuchen.

Variation von Schichtspannung und Schichtdicke über einen Wafer

Basierend auf den vorangegangenen Ergebnissen und dem gezeigten Prozessprotokoll, sollen nun die Schichtdicke und die Schichtspannung über einen Wafer variiert werden. Dies wird durch die Variation der zu galvanisierenden Fläche erreicht. Die Charakterisierung der Eigenschaften erfolgt durch die Vermessung der freigestellten gekrümmten Strukturen. In *Abbildung 6* ist das Layout des Wafers dargestellt. Die roten Balken stellen die einzelnen Nickelstrukturen dar. Sie besitzen eine Länge von 4,5 mm und eine Breite von 0,5 mm. In den Spalten wird

die Anzahl der Nickelstrukturen auf einer Fläche von 7 x 7 mm^2 von 1 bis 6 variiert. Die Strukturen in den unterschiedlichen Zeilen unterscheiden sich jeweils im Abstand des metallisierten Untergrunds zur Nickelstruktur. So lässt sich in Hinblick auf die zukünftige Untersuchung zur Herstellbarkeit, eine Aussage über die Haftung der Strukturen auf dem Untergrund erhalten. Es werden zwei Wafer

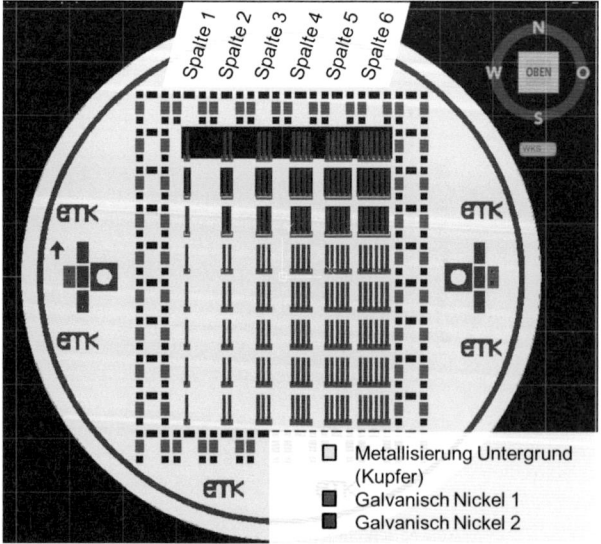

Abb. 6: Maskenlayout der Testwafer

Lämmle, Winterstein, Schlosser, Schlaak: Untersuchung der lokalen
Schichthöhe und Schichtspannung von galvanisch abgeschiedenem Nickel
für elektrostatische Mikroaktoren

271

Tab. 3: Prozessparameter bei der Nickelabscheidung der Testwafer

	Nickel 1 (spannungsarm)			Nickel 2 (vorgespannt)		
	Mittlere Stromdichte	Abscheide-dauer	Geplante mittlere Schichtdicke	Mittlere Stromdichte	Abscheide-dauer	Geplante mittlere Schichtdicke
Wafer 1	$0,5\,A/dm^2$	40 min	4 µm	$20\,mA/dm^2$	1 min	4 µm
Wafer 2	$2\,A/dm^2$	12:30 min	5 µm	$25\,mA/dm^2$	1 min	5 µm

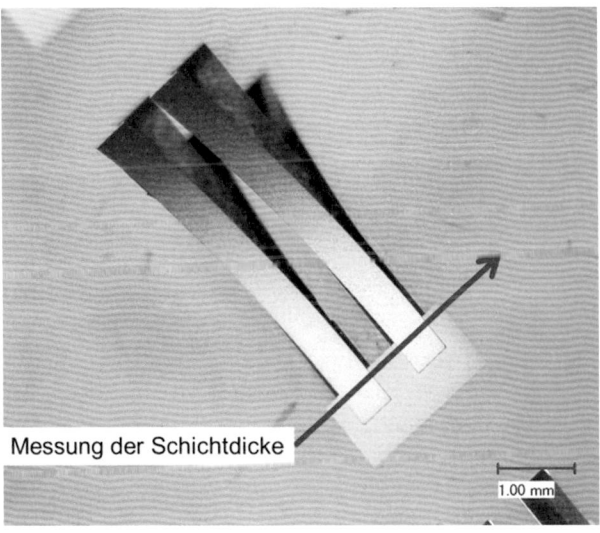

Abb. 7: Veranschaulichung der Schichtdickenmessung zur Charakterisierung der Nickelstrukturen

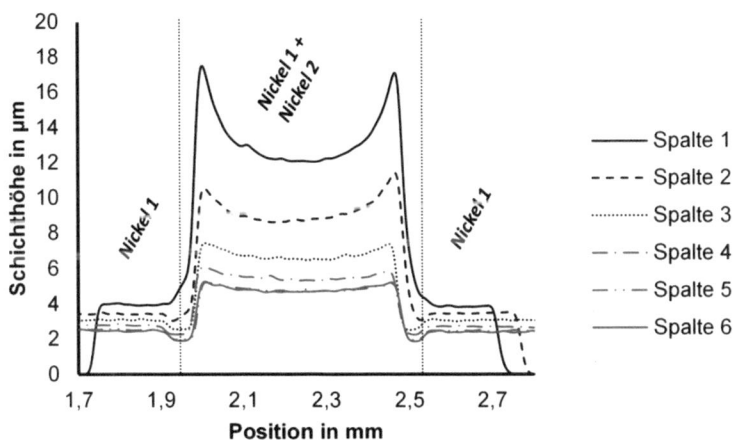

Abb. 8: Schichtdicken der Nickelstrukturen in Abhängigkeit von der Position auf dem Wafer (Wafer 1, Reihe 4, gemessen an der jew. zweiten Struktur von links)

272

Lämmle, Winterstein, Schlosser, Schlaak: Untersuchung der lokalen
Schichthöhe und Schichtspannung von galvanisch abgeschiedenem Nickel
für elektrostatische Mikroaktoren

mit unterschiedlicher mittlerer Stromdichte und unterschiedlicher Abscheidedauer prozessiert (siehe *Tab. 3*).

Vor dem Freistellen der Strukturen erfolgt eine Messung der Schichthöhe mittels Profilometrie. Gemessen wird diese an der Verankerung der Struktur, um beide Schichtdicken (Nickel 1 und 2) separat auflösen zu können *(Abb. 7)*. In *Abbildung 8* ist die dazugehörige Messung einer Zeile dargestellt. Es ist zu erkennen, dass die zweite Nickelschicht einer-

seits hohe Randüberhöhungen aufweist, sich anderseits aber auch die gewünschte Abhängigkeit der durchschnittlichen Schichtdicke von der Position auf dem Wafer ergibt. In *Abbildung 9* sind die Mittelwerte der einzelnen Schichtdicken beim selben Wafer dargestellt.

Um eine Aussage über die intrinsischen Spannungen dieser Strukturen zu erhalten, kann über die Schichtdicke d und den Biegeradius R die Spannungsdifferenz ($\Delta\sigma$) zwischen den zwei Schichten mit den

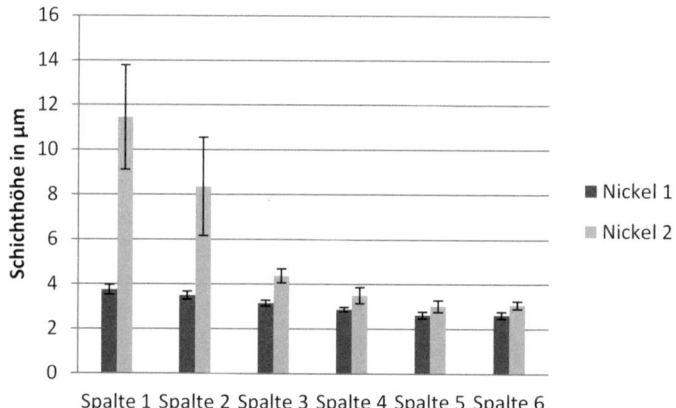

Abb. 9: Schichtdicken bei Wafer 1 (Reihe 1–4, gemessen an der jew. zweiten Struktur von links)

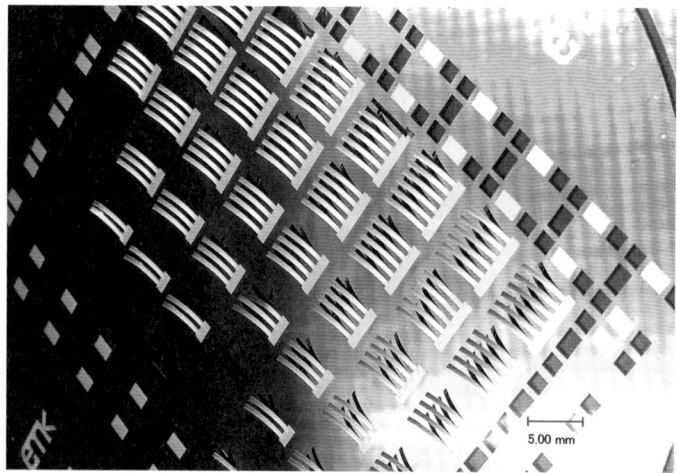

Abb. 10: Fertig prozessierter Wafer 2 mit freigestellten gekrümmten Nickelbiegebalken. Einige stärker vorgespannte Strukturen lösten sich schon während des Galvanikprozesses vom Wafer und wurden komplett entfernt (Spalte 1 Reihe 1–5 und weitere)

Lämmle, Winterstein, Schlosser, Schlaak: Untersuchung der lokalen
Schichthöhe und Schichtspannung von galvanisch abgeschiedenem Nickel
für elektrostatische Mikroaktoren

273

Dicken d_1 und d_2 berechnet werden. Das E-Modul von Nickel wird aus vorangegangenen Messungen [13] mit $E_{Ni} = 200$ GPa angenommen und der Biegeradius R der Struktur ergibt sich aus der Länge der Struktur und der Auslenkung an der Spitze der Struktur *(Abb. 10)*. Die Formel für die Spannungsdifferenz *(<3>)* ergibt der Kombination der *Formeln* *<1>* und *<2>*: Das Biegemoment M, welches sich aus der intrinsischen Spannung im Verbundbalken berechnen lässt, ist in *<1>* dargestellt. Bei *<2>* handelt es sich um den Zusammenhang zwischen der Krümmung eines Balkens und dem Biegemoment. Für das Flächenträgheitsmoment I wird ein rechteckiger Querschnitt mit der Breite b und der Höhe $d_1 + d_2$ angenommen. Auf eine exakte Berechnung des Flächenträgheitsmoments, basierend auf dem inhomogenen Querschnitt *(Abb. 8)* wird verzichtet, da die Abweichungen nie größer 10 % sind.

$$M = \frac{1}{2}\, b\, \Delta\sigma\, d_1\, d_2 \qquad <1>$$

$$\frac{1}{R} = \frac{M}{E\,I} = \frac{12\,M}{E_{Ni}b\,(d_1 + d_2)^3} \qquad <2>$$

$$\Delta\sigma = \frac{1}{6}\,\frac{E_{Ni}\,(d_1 + d_2)^3}{R\,(d_1\,d_2)} \qquad <3>$$

Wenn man nun mit Hilfe der Schichtdicke und der Abscheidedauer der zweiten Nickelschicht eine lokale Stromstärke berechnet, erhält man eine Aussage über den Zusammenhang zwischen der lokalen Stromstärke und der lokalen Schichtspannung

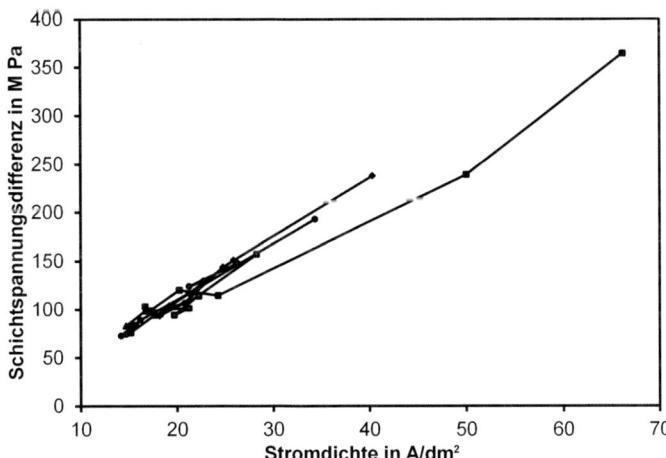

Abb. 11: Schichtspannungsdifferenz im Biegebalken aufgetragen gegen die lokale berechnete Stromdichte der zweiten Nickelschicht. Ergebnisse der Wafer 1 + 2

Tab. 4: Zusammenfassung der gemessenen und berechneten Parameter bei Wafer 1 (Reihe 1–4, gemessen an der jew. zweiten Struktur von links)

	Spalte 1	Spalte 2	Spalte 3	Spalte 4	Spalte 5	Spalte 6
Schichtdicke Nickel 1 in µm	3,75	3,50	3,15	2,88	2,63	2,63
Schichtdicke Nickel 2 in µm	11,45	8,35	4,50	3,60	3,10	3,10
Höhe der Durchbiegung in mm	1,23	1,28	1,18	1,28	1,18	1,23
Biegeradius in mm	8,84	8,66	9,25	8,61	9,25	8,94
Spannungsdifferenz in MPa	364,26	215,89	111,77	100,38	82,52	86,34

274

Lämmle, Winterstein, Schlosser, Schlaak: Untersuchung der lokalen
Schichthöhe und Schichtspannung von galvanisch abgeschiedenem Nickel
für elektrostatische Mikroaktoren

(Abb. 11). Die einzelnen Zwischenergebnisse für einen Wafer sind in *Tabelle 4* aufgelistet.

Dieses Ergebnis lässt nun folgende Schlüsse zu: Die Schichtspannung ist bei einem strukturierten Wafer keinesfalls als konstant anzusehen, sie ist linear von der lokalen Stromdichte abhängig. Da die Stromdichte über die Messung der Schichtdicke und die Abscheidedauer zu berechnen ist, reicht die Messung der Strukturhöhe aus, um für beliebige Strukturen die Spannungsverteilung zu bestimmen.

Simulation der Stromdichte des Galvanikprozesses

Um bei späteren Waferdesigns die Schichtdicken und Schichtspannungen an unterschiedlichen Strukturen abschätzen zu können, muss der Galvanikprozess modelliert werden. Hierfür wird der Galvanikprozess mit der Software CST-Studio unter Verwendung des *Static Current Solver* simuliert. Im Modell wird der Elektrolyt als Festkörper mit begrenzter Leitfähigkeit angenommen. Da das Modell nicht entworfen wird, um die physikalischen Prozesse präzise abzubilden, sondern lediglich Aussagen über die lokale Stromdichte in Abhängigkeit vom Masken-

design gesucht werden, erfolgt die Modellbildung wie folgt: Die relevanten Parameter (Abmessungen und Leitfähigkeit) werden so lange variiert, bis eine hinreichend genaue Übereinstimmung mit den hier vorgestellten realen Ergebnissen gefunden ist. So entsteht ein Modell, das aus einer $11 \times 11 \ cm^2$ großen Gegenelektrode, einem 7 mm dicken Elektrolyten mit der Leitfähigkeit von 10 S/m und einer Elektrode in Form der zu strukturierenden Maske mit einem Durchmesser von 10 cm, besteht. Die Stromdichteverteilung auf dem Wafer, der mit einem Gesamtstrom von 1,7 A beaufschlagt wird, ist in *Abbildung 12* dargestellt. Ein Vergleich mit den berechneten Stromdichten des Experiments ist in *Abbildung 13* zu finden.

Aus dem Vergleich von Simulation zu Experiment ergibt sich eine maximale relative Abweichung von 25 %. Dies sollte hinreichend genau sein, um in zukünftigen Maskendesigns eine Vorhersage über die lokale Stromdichte zu treffen.

Zusammenfassung

Durch die hier dargestellte Untersuchung der lokalen Schichtdicken und Schichtspannungen von

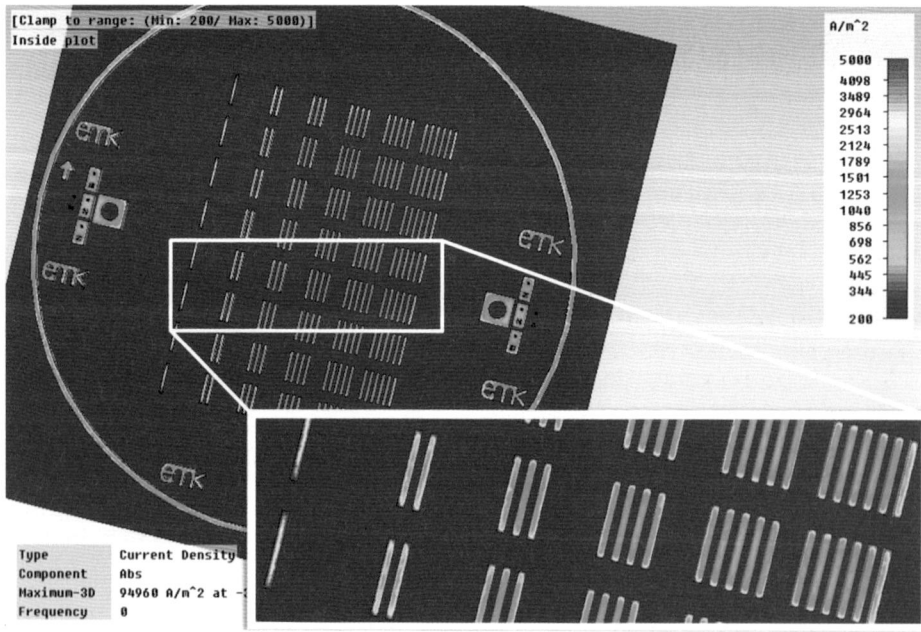

Abb. 12: Simulierte Stromdichteverteilung beim Galvanikprozess. Mit 1,7 A Gesamtstrom ist dies vergleichbar mit den Ergebnissen von Wafer 1

Lämmle, Winterstein, Schlosser, Schlaak: Untersuchung der lokalen
Schichthöhe und Schichtspannung von galvanisch abgeschiedenem Nickel
für elektrostatische Mikroaktoren

275

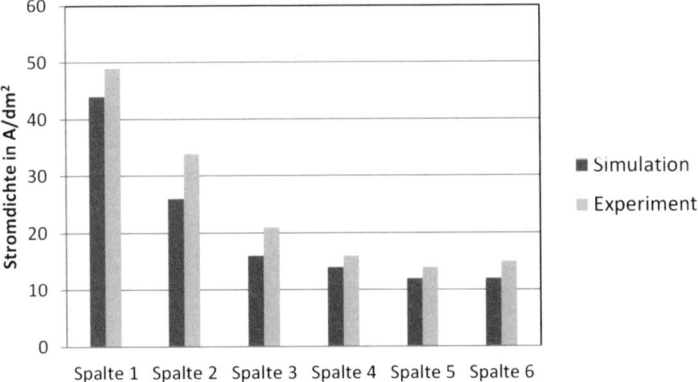

Abb. 13: Vergleich der Stromdichte in den Strukturen der vierten Reihe des Wafers Nr. 1

galvanisch abgeschiedenem Nickel ist es nun möglich, definierte unterschiedliche Eigenschaften in Mikrostrukturen zu erzeugen. Die Variation der zu galvanisierenden Fläche führt zu unterschiedlichen Stromdichten, welche durch die Simulation des Galvanikprozesses quantifiziert werden können. So erhält man eine Stromdichteverteilung, die proportional zur Schichtspannung und zur Schichtdicke ist. Durch den in weiten Teilen linearen Zusammenhang *(Abb. 11)* zwischen Schichtdicke und Schichtspannung kann unter Einsatz eines Profilometers eine weitere Bestimmung der Schichtspannung erfolgen. All dies lässt sich für die Erforschung und Verbesserung von vorgespannten elektrostatischen Mikroaktoren, insbesondere für den Einsatz in Hohlwellenleitern nutzen. Durch die Variation der mechanischen Eigenschaften der Strukturen auf einem Wafer kann der Aufwand zur Untersuchung der Grenzen der Herstellbarkeit drastisch reduziert werden. Hierzu wurden erste Versuche zur Strukturierung der Haftschicht durchgeführt. Die Auswahl eines geeigneten Dielektrikums für den Aktor und die Integration von Stützstrukturen zur Stabilisierung der Nickelstrukturen sind dann die nächsten Schritte zur Erhöhung der Kräfte dieser Aktoren und der Minimierung der Kontaktwiderstände in den damit zu realisierenden Schaltern.

Danksagungen

Diese Arbeit wurde durch das LOEWE Schwerpunkt Programm *Sensors towards Terahertz* (http://www.stt.tu-darmstadt.de) finanziert.

Literatur

[1] Schlosser, M.; Schlaak, H. F.: Intrinsische Schichtspannungen in galvanisch abgeschiedenem Nickel für elektrostatische Mikroaktoren, Galvanotechnik 103(2012)12, http://www.galvanotechnik.com

[2] Daneshmand, M.; Mansour, R. R.; Sarkar, N.: RF MEMS Waveguide Switch, IEEE Transactions on Microwave Theory and Techniques 52(2004)12, 2651–57, doi:10.1109/TMTT.2004.838269

[3] Psychogiou, D.; Hesselbarth, J.; Li, Y.; Kuehne, S.; Hierold, C.: W-band tunable reflective type phase shifter based on waveguide-mounted RF MEMS, in: Microwave Workshop Series on Millimeter Wave Integration Technologies (IMWS), 2011 IEEE MTT-S International, 85–88, 2011, doi:10.1109/IMWS3.2011.6061894

[4] Vahabisani, N.; Daneshmand, M.: Study of Contact Resistance for Curled-Up Beams in Waveguide Switch, IEEE Microwave and Wireless Components Letters 22, Nr. 11 (November 2012): 586–88, doi:10.1109/LMWC.2012.2225139

[5] Schlaak, H. F.; Arndt, F.; Schimkat, J.; Hanke, M.: Silicon-Microrelay with Electrostatic Wedge Actuator, in: Micro-System Technologies '96, Potsdam, 1996, p. 463–468

[6] Petrov, D.; Lang, W.; Benecke, W.: A nickel electrostatic curved beam actuator for valve applications, in: Eurosensors XXIV, Linz, Austria, 2010, p. 1409–1412

[7] Bozler, C.; Drangmeister, R.; Duffy, S.; Gouker, M.; Knecht, J.; Kushner, L.; Parr, R.; Rabe, S.; Travis, L.: MEMS microswitch arrays for reconfigurable distributed microwave components, in: Microwave Symposium Digest, 2000 IEEE MTT-S International, 1:153–156 vol.1, 2000. doi:10.1109/MWSYM.2000.860909

[8] Wohlgemuth, Ch.: Entwurf und galvanotechnische Fertigung metallischer Trennmembranen für mediengetrennte Drucksensoren. Technische Universität Darmstadt, Institut für Elektromechanische Konstruktionen, Diss., 2006

[9] Diggin, M. B.: Transactions of the Institute of Metal Finishing, Vol. 31, Maney Publishing, London, 1954

[10] Barrett, R. C.: Nickel Plating from the Sulfamate Bath, Proc. American Electroplaters Society, 1954

[11] Fanner, D. A.; Hammond, R. A. F.: Transactions of the Institute of Metal Finishing, Vol. 36, Maney Publishing, London, 1959

[12] Kleppmann, W.: Taschenbuch Versuchsplanung: Produkte und Prozesse optimieren (CD inside), Hanser Verlag, 2008

[13] Winterstein, Th.; Staab, M.; Riemer, D.; Schlaak, H. F.: Konstruktionskatalog für mechanische, elektrische und magnetische Eigenschaften von galvanisch abgeschiedenem Nickel, in: Proceedings – MikroSytemTechnik Kongress 2011, Darmstadt, Deutschland, 2011, http://www.vde-verlag.de/proceedings-en/453367165.html

9 Medizintechnik

Antibakterielle Schichten für die Medizintechnik, hergestellt mittels Atmosphärendruckplasmen

Von S. Spange[1], O. Beier[1], E. Jäger[2], L. Friedrich[3], A. Pfuch[1], J. Schmidt[1],
A. Schimanski[1], B. Grünler[1] .... Lesen Sie ab Seite 279

[1] INNOVENT e.V. Technologieentwicklung, Bereich Oberflächentechnik, Prüssingstr. 27B, D-07745 Jena, www.innovent-jena.de

[2] Montanuniversität Leoben, Parkstr. 27, 8700 Leoben, Österreich, www.unileoben.ac.at

[3] Ernst Abbe Fachhochschule Jena, Carl-Zeiss-Promenade 2, D-07745 Jena, www.fh-jena.de

Ultradünne biokompatible Permeationsschutzschichten für implantierbare Polymere

Von Jürgen M. Lackner[1], Claudia Meindl[3], Christian Wolf[2], Alexander Fian[2],
Clemens Kittinger[4], Marcin Kot[6], Lukasz Major[7], Christian Teichert[8],
Wolfgang Waldhauser[1], Annelie-Martina Weinberg[5], Eleonore Fröhlich[3]

.... Lesen Sie ab Seite 293

[1] JOANNEUM RESEARCH Forschungsges.m.b.H., Institut für Oberflächentechnologien und Photonik, Arbeitsgruppe Funktionelle Oberflächen, Leobner Straße 94, 8712 Niklasdorf, Österreich
[2] JOANNEUM RESEARCH Forschungsges.m.b.H., Institut für Oberflächentechnologien und Photonik, Franz-Pichler-Straße 30, 8160 Weiz, Österreich
[3] Medizinische Universität Graz, Zentrum für Medizinische Forschung, Stiftingtalstraße 24, 8010 Graz, Österreich
[4] Medizinische Universität Graz, Institut für Hygiene, Mikrobiologie und Umweltmedizin, Universitätsplatz 4, 8010 Graz, Österreich
[5] Medizinische Universität Graz, Abteilung für Orthopädie und orthopädische Chirurgie, Auenbruggerplatz 5, 8010 Graz, Österreich
[6] AGH Universität für Wissenschaft und Technik, Fakultät für Maschinenbau und Robotik, 30 Adama Mickiewicza Av., 30-059 Krakau, Polen
[7] Polnische Akademie der Wissenschaften, Institut für Metallurgie und Werkstoffwissenschaften, ul. Reymonta 25, 30-059 Krakau, Polen
[8] Universität Leoben, Institut für Physik, Franz Josef Straße 18, 8700 Leoben, Österreich

Antibakterielle Schichten für die Medizintechnik, hergestellt mittels Atmosphärendruckplasmen

S. Spange[1], O. Beier[1], E. Jäger[2], L. Friedrich[3], A. Pfuch[1], J. Schmidt[1], A. Schimanski[1], B. Grünler[1]

[1] Innovent e.V. Technologieentwicklung, Jena, Deutschland

[2] Montanuniversität Leoben, Österreich

[3] Ernst Abbe Fachhochschule Jena, Deutschland

Materialien, Produkte und Prozesse, welche in der Medizin und Medizintechnik Anwendung finden, müssen höchsten Ansprüchen genügen. Parallel hierzu müssen Medizinprodukte diese Vorgaben kosteneffizient bewältigen. In dem Zusammenhang bestand das Hauptziel dieser Untersuchungen in der Erarbeitung eines antibakteriell wirkenden Schichtsystems, welches für eine nachträgliche Modifikation verschiedener Materialoberflächen für medizinische Anwendungen geeignet ist. Hierzu wurde das Verfahren der plasmaunterstützten Gasphasenabscheidung unter Atmosphärendruck, auch APCVD genannt, verwendet. Die auf diesem Weg hergestellten Schichtsysteme wurden mittels umfassender Oberflächenmesstechniken analysiert und hinsichtlich der bakteriziden und zytotoxischen Eigenschaften biologisch beurteilt. Die Matrix des Schichtsystems besteht aus Siliciumdioxid, in welche während des Beschichtungsvorganges Nanopartikel wie Silber, Kupfer oder Zink eingebracht wurden. Die bakterizide Wirkung der hergestellten Schichtsysteme wurde mit Hilfe verschiedener Bakterien wie Staphylococcus aureus, Escherichia coli und Klebsiella pneumoniae nachgewiesen. Mithilfe von humanen Keratinozyten (HaCaT) konnte das zytotoxische Potenzial insbesondere von Silberfunktionalisierten Schichten überprüft werden. Selbst bei niedrigen Konzentrationen der eingesetzten Wirkstoffe Silber, Kupfer und Zink konnte eine gute antibakterielle Wirkung gegenüber den verwendeten Keimen beobachtet werden. Durch die Optimierung des Beschichtungsprozesses und die Anwendung geeigneter Beschichtungsparameter ist hierbei für verschiedene Textilien und Implantatmaterialien ein therapeutisches Fenster ausfindig gemacht worden. Anhand dieser Beispiele konnte gezeigt werden, dass die Atmosphärendruckplasmabeschichtung ein effektives und kostengünstiges Verfahren für die nachträgliche antibakterielle Ausstattung verschiedener Substrate für medizinische Anwendungen darstellt.

Materials, products and processes, which are used in medicine and medical technology, have to meet the highest standards. In parallel, medical devices have to cope with these requirements cost-effectively. In this context, the main objective of these studies was to develop an anti-bacterial coating system, which is suitable for subsequent modification of various material surfaces for medical applications. For this, the atmospheric pressure plasma chemical vapour deposition, also called APCVD, was used. The coated surfaces prepared on this way were analyzed by comprehensive surface measurement techniques and biological assessments regarding the bactericidal and cytotoxic properties. The matrix of the layer system consists of silicon dioxide, in which nanoparticles, like silver, copper or zinc were embedded during the deposition process. The bactericidal effect of the produced layer systems was investigated using a variety of bacteria such as Staphylococcus aureus, Escherichia coli and Klebsiella pneumoniae. The cytotoxic potential of silver-functionalized layers was examined using human keratinocytes (HaCaT). Even at low concentrations of the active agents silver, copper or zinc a good antibacterial activity against the used bacteria was observed. By optimization of the coating process and the application of appropriate coating parameters a therapeutic window could be found on various materials such as textiles and implant materials. It could be shown with these examples that the atmospheric pressure plasma coating is an effective and inexpensive method for the production of antibacterial layers on various substrates for medical applications.

280

Spange, Beier, Jäger, Friedrich, Pfuch, Schmidt, Schimanski, Grünler:
Antibakterielle Schichten für die Medizintechnik,
hergestellt mittels Atmosphärendruckplasmen

1   Einleitung

Moderne Oberflächen bieten eine Vielzahl an Funktionen, welche sich beispielsweise in einer hydrophoben, hydrophilen bzw. antibakteriellen Charakteristik oder sonstigen Modifikationen widerspiegeln. Eine nachfolgende, kostengünstige Modifikation verschiedener Materialien mit einer entsprechenden Beschichtung bietet hier einen wirtschaftlich orientierten Ansatz, um derartige Funktionalisierungen zu realisieren. Als Beispiel für am Markt vorhandene antibakterielle Oberflächen lassen sich antiseptische Wundauflagen nennen, die mit geeigneten Antiseptika, bspw. Silber, imprägniert werden oder Produkte, bei denen die wirksamen Stoffe bereits beim Herstellungsprozess in das Material eingelagert werden [1]. Unser Ansatz liegt in einer schnellen und kostengünstigen Modifikation von bereits vorhandenen Materialien, wobei eine antibakteriell wirksame Verbundschicht an der Oberfläche abgeschieden wird. Der Vorteil einer solchen nachträglichen Modifikation liegt in der Vermeidung größerer Mengen des eingesetzten Wirkmittels, da durch die applizierten Beschichtungen diese an der Oberfläche der Materialien dort angebunden werden, wo sie auch benötigt werden. Auf diese Weise lassen sich unnötig hohe Dosierungen an Wirkstoffen einsparen, was zu einer wirtschaftlicheren Nutzung der Rohstoffe und zu einer geringeren Belastung der biologischen Systeme führt. Die verwendeten antibakteriellen Wirkstoffe in den applizierten Schichten können dabei Silber, Kupfer oder Zink sein.

Silber ist seit vielen Jahren als biozider Wirkstoff bekannt. Die bioziden Auswirkungen von Nanosilber (Silbernanopartikel – AgNP) und Silbersalzen auf Bakterien, Viren und Pilze werden für verschiedene Anwendungen wie antiseptische Sprays, Wundcremes und Polymere verwendet [2–5]. Weiterhin ist das zytotoxische Potenzial des Silbers Gegenstand zahlreicher Untersuchungen [6, 7]. So hängt die zytotoxische Wirkung von Silber von der Form, der Dosis und der Größe der Teilchen und der Art der Zellen, die für die Untersuchung verwendet wurden ab [7–9]. Andere Faktoren wie die Konzentration von Albumin im festen Agar oder Nährstofflösungen können die positiven und negativen Auswirkungen der Silbernanopartikel reduzieren [10]. Ein direkter Vergleich aller Studien gestaltet sich schwierig, da zumeist keine einheitlichen Analysen und Methoden und auch verschiedene Nanopartikel verwendet werden. Als weiteres Beispiel ist auch Zinkoxid bereits in verschiedenen medizinischen Anwendungen wie Wundheilsalben als Wirkstoff vertreten [11].

Für eine kostengünstige Oberflächenmodifikation ohne die Verwendung aufwendiger Niederdrucktechniken können heute Beschichtungsverfahren genutzt werden, die unter Normaldruckbedingungen arbeiten. Für die hier vorgestellten Untersuchungen wurde das Verfahren der Atmosphärendruckplasmabeschichtung (APCVD) genutzt. Frühere Untersuchungen an silberhaltigen APCVD-Dünnschichten auf Glassubstraten zeigten ein ausgezeichnetes antibakterielles Verhalten gegen *Escherichia coli* [12, 13]. Der weitergehende Ansatz für die hier vorgestellten Untersuchungen lag in einer Endprodukt orientierten Modifikation verschiedener Grundsubstrate (Textil, Metall), welche sich für den Einsatz in der Medizin eignen. Der Fokus lag dabei in einer minimalen zytotoxischen Wirkung der Schichten bei maximierter antibakterieller Wirkung.

2   Material und Methoden

2.1   APCVD

Für die Beschichtungen diente eine für den Beschichtungsprozess modifizierte Freistrahlplasmaquelle Plasma BLASTER MEF (TIGRES GmbH, Marschacht, Deutschland). Ein schematischer Aufbau des Systems ist in *Abbildung 1* dargestellt. Das Prozessgasmodul der Plasmaanlage wurde erweitert, um verdampfte siliciumorganische Precursoren dem Prozessgasstrom und somit dem Plasmaprozess zuführen zu können. Weiterhin wurde eine Vorrichtung aufgebaut, um Flüssigkeiten oder partikuläre Suspensionen als Aerosol durch eine modifizierte Plasmadüse in die aktive Plasmaentladung zu sprühen. Die Hauptkomponenten des Systems bestehen aus der elektrischen Versorgungseinheit, der Prozessgasversorgung und dem Plasmajet an sich. Das Plasma selbst wird zwischen der in *Abbildung 1* ersichtlichen Außenelektrode und einer innen liegenden Stiftelektrode gezündet. Mithilfe des verwendeten Prozessgases, welches Druckluft, Stickstoff oder Argon etc. sein kann, wird das Plasma bei vier bis sechs bar Druck ausgetrieben. Es handelt sich um ein elektrisch potenzialfreies kaltes Plasma mit einer einstellbaren elektrischen Leistung zwischen

Spange, Beier, Jäger, Friedrich, Pfuch, Schmidt, Schimanski, Grünler:
Antibakterielle Schichten für die Medizintechnik,
hergestellt mittels Atmosphärendruckplasmen

281

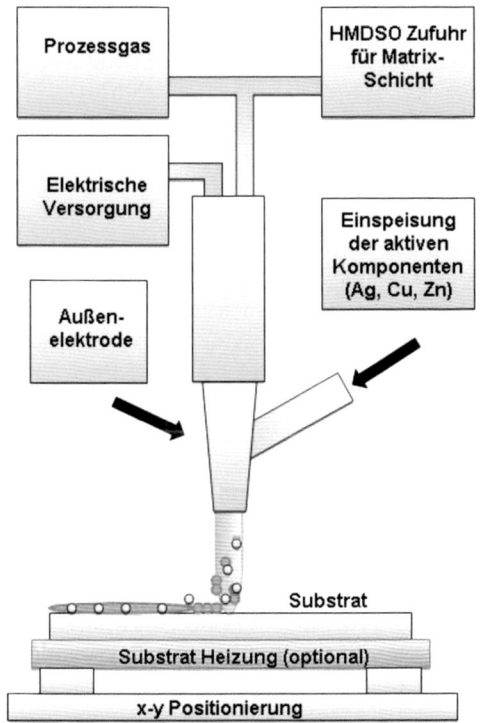

Abb. 1: Schematischer Aufbau der APCVD-Plasmaanlage während der Beschichtung

60 W und 500 W [14]. Eine detaillierte Beschreibung des experimentellen Aufbaus wurde bereits veröffentlicht [15].

Als Substrate wurden in den hier beschriebenen Untersuchungen medizinisch relevante Trägermaterialien verwendet. So kamen textile Materialien auf der Basis von Bakteriencellulose und PES-Textilien zum Einsatz, aber auch Titan- und Stahlsubstrate, wie sie für Implantate und Fixateure verwendet werden. Als Referenzsubstrate für spezielle analytische Untersuchungen dienten Siliciumwafer und Glassubstrate.

Als siliciumorganischer Precursor wurde Hexamethyldisiloxan (HMDSO) verwendet, welcher schichtbildend innerhalb des Plasmaprozesses zu SiO_x umgesetzt wird. Das HMDSO wurde mit einer Pyrosil® STS 10.0 Gassteuerungseinheit (SURA Instruments GmbH, Jena, Deutschland) verdampft und dem Prozessgas zugeführt. Im Plasma wird das HMDSO vorwiegend durch Kollisionen mit Elektronen sowie durch die Reaktion mit angeregten Sauer-

stoff- und Stickstoffspezies der verwendeten Druckluft zunächst aufgespalten und chemisch umgesetzt. Hierbei werden einzelne SiO_x-Partikel und Agglomerate in der Gasphase gebildet, welche sich an der Substratoberfläche anlagern und im weiteren Verlauf zu einer kompakten Dünnschicht führen. Für eine flächige Beschichtung größerer Substrate wird eine computergesteuerte mäanderförmige Bewegung des Probenhalters relativ zur Plasmadüse realisiert. Als variable Beschichtungsparameter sind die Verfahrgeschwindigkeit des Probenhalters, der Abstand der Plasmadüse zum Substrat, die Plasmaleistung sowie die Flussraten der genutzten Precursoren zu berücksichtigen. Allgemein gilt, dass verschiedene Substratarten wie Kunststoffe, Glas und Metall jeweils angepasste Parameter benötigen, um eine optimale und effektive Schichtabscheidung zu erreichen.

Die bereits angesprochene Funktionalisierung der aufwachsenden SiO_x-Schichten mittels zusätzlich zugeführter Substanzen erfolgt über eine modifizierte Elektrodenanordnung (Abb. 1). Diese Modifikation erlaubt die Einspeisung von funktionellen Additiven in den Plasmaprozess. Folglich können dünne Kompositschichten, bestehend aus dem SiO_x als Schichtmatrix, in die der jeweilige Wirkstoff eingelagert wird, auf verschiedenen Substraten appliziert werden. Als funktionelle Additive können entweder vorsynthetisierte Nanopartikel, die in einem Flüssigmedium stabil dispergiert vorliegen oder gelöste chemische Verbindungen verwendet werden. Als Wirkstoff-Precursoren wurden für die hier vorgestellten Ergebnisse verschiedene Salzlösungen von Silber, Kupfer und Zink genutzt, die in einem Wasser/Isopropanol-Gemisch gelöst vorliegen. Die Lösungen werden mit einer Zweistoffdüse direkt in das Plasma als zerstäubter Aerosolnebel gesprüht. Hierbei bilden sich durch die im Plasma ablaufenden chemischen Prozesse Nanopartikel in-situ. Um die Freisetzung der Wirkstoffe aus den Schichten zu untersuchen und um die Interaktion mit den Bakterien und Zellen zu charakterisieren, wurden dem Plasma verschiedene Wirkstoffdosierungen zugeführt. Die Flussraten der wirkstoffhaltigen Precursoren wurden im Bereich von 25 μL/min bis 150 μL/min variiert. Die Verfahrgeschwindigkeit der Proben unter dem Plasmajet und die elektrische Leistung des Plasmas stellen in Abhängigkeit des Grundsubstrates weitere variable Parameter dar. Als

282

Spange, Beier, Jäger, Friedrich, Pfuch, Schmidt, Schimanski, Grünler:
Antibakterielle Schichten für die Medizintechnik,
hergestellt mittels Atmosphärendruckplasmen

Precursoren für die antibakteriell wirksame Schichtkomponente fanden drei verschiedene Stoffe Anwendung. Als silberhaltiger Precursor wurde eine Lösung aus 5 % Silbernitrat (AgNO$_3$) in einem Isopropanol/Wasser-Gemisch genutzt. Für kupfer- und zinkhaltige Schichten fanden Precursoren auf der Basis von Kupfernitrat bzw. Zinknitrat verwendet, ebenfalls in einer Konzentration von 5 %.

2.2 Oberflächenanalytik

Die Analytik der einzelnen Oberflächen und Grundsubstrate erfolgte mit verschiedenen Verfahren. Für Morphologieuntersuchungen und Begutachtung von Bruchkanten wurden REM-Aufnahmen unter Verwendung eines SUPRA 55 VP (Carl Zeiss NTS GmbH, Oberkochen) durchgeführt, das mit dem REM gekoppelte EDX-Analyse-System Quantax (Bruker) lieferte Aussagen zur chemischen Beschaffenheit der Oberflächen.

2.3 Extraktion

Bei der Prüfung von Materialien für den Einsatz in biologischen und medizinischen Anwendungen müssen diese ausführlich charakterisiert werden. Ein wesentlicher Punkt ist dabei die Freisetzung des Wirkstoffes an das umgebende Medium, dies geschah in Anlehnung an DIN 10993-12. Die Extraktionsverhältnisse zwischen der Menge des verwendeten Extraktionsmediums und der Probenfläche orientieren sich an den in der Norm angegebenen Vorschlägen und unterscheiden zwischen den verschiedenen Materialien.

Um die Freisetzung der Wirkstoffe zu ermitteln, wurden mit Hilfe der optischen Emissionsspektrometrie mit induktiv gekoppelten Plasmen (ICP-OES, Thermo Intrepid XSP Duo) sowohl die einzelnen Elemente als auch deren Konzentration bestimmt. Für biologische Untersuchungen werden stets angepasste Extraktionsmedien wie DMEM oder Caso Bouillon genutzt. Bevor Extrakte von den beschichteten Proben angefertigt werden, ist eine Dampfsterilisation selbiger für biologische Untersuchungen unverzichtbar. Die Extraktion selbst wurde jeweils für 24 Stunden bei einer Temperatur von 37 °C durchgeführt und die Extrakte im Anschluss steril gefiltert (200 nm). Die Extraktionsversuche erfolgten an verschiedenen Textilmaterialien (s. *Abschn. 2.1* und *2.5*) wie auch an Implantatwerkstoffen.

2.4 Biologische Assays für zytotoxische Untersuchungen

Um die zytotoxische Wirkung der verschiedenen Wirkstoffkonzentrationen zu validieren, fand die HaCaT-Zelllinie 432 Verwendung. Die HaCaT-Zelllinie wurde in DMEM mit 1 % Antibiotikum-Antimykotikum-Lösung (10 000 U/mL Penicillin, 10 000 mg/mL Streptomycin und 25 mg/mL Amphotericin) und 10 % fötalem Rinderserum versetzt. Die Kultivierung der Zellen erfolgt für 7 Tage in 75 cm^2 Zellkulturflaschen (Greiner, Deutschland) bei 37 °C in einer befeuchteten Atmosphäre mit 5 % CO$_2$. Für Experimente wurden die Zellen mit einer Anfangsdichte von 5 x 10^3 Zellen in 200 µL pro Vertiefung in 96-Well-Mikrotiterplatten verwendet. Nach 48 Stunden ist das Kulturmedium entweder durch frisches DMEM oder dem Extrakt in DMEM zu ersetzen, hierbei wurden reine Stammlösungen (100 %) und serielle Verdünnungen der Stammlösung (75, 50, 25, 10 und 1 %) genutzt. Die nachfolgende Inkubation der Zellen erfolgt für 1, 24 und 48 Stunden. Im Anschluss an die verschiedenen Inkubationszeiten werden der ATP-Gehalt sowie die Proteinwerte bestimmt.

2.5 Antibakterielle Tests

Die Evaluierung des antibakteriellen Potenzials erfolgte mittels verschiedener Testmethoden. Hierfür wurden verschiedene Bakterienstämme genutzt, diese waren *Staphylococcus aureus* ATCC 6538 (Gram-positiv), *Klebsiella pneumoniae* ATCC 4352 (Gram-negativ) und *Escherichia coli* HB 101 (Gram-negativ). Die verschiedenen Testmethoden umfassen das BacTiter-Glo (BTG) Assay, den Plattentropftest (CFU-Test) und die Mikroplattenlasernephelometrie. Sowohl der BTG als auch der CFU-Test können in einer Arbeitsabfolge durchgeführt werden. Die Proben (1 x 1 cm) werden in je eine Kavität einer 24 Wellplatte gelegt und mit 0,5 mL vorbereiteter *E.coli* Suspension (2 Millionen Zellen/mL) benetzt. Die *E.coli*-Suspension wird dabei als Referenz in eine leere Kavität vorgelegt. Die Platte wird mit Parafilm abgedichtet und im Schüttelinkubator bei 37 °C und 130 rpm für drei Stunden inkubiert. Im Anschluss werden für CFU und BTG jeweils die entsprechenden Mengen an Bakteriensuspension entnommen. Bei dem BTG-Assay werden zur Bestimmung der Anzahl lebender Zellen jeweils 50 µL Probensuspension homogen entnommen und in drei Replikaten in

Spange, Beier, Jäger, Friedrich, Pfuch, Schmidt, Schimanski, Grünler:
Antibakterielle Schichten für die Medizintechnik,
hergestellt mittels Atmosphärendruckplasmen

283

eine 96 LIA Greiner Platte überführt. In jede Kavität werden 50 µL vorbereitete Bac-Titer-Glo-Reagenz gegeben und die Platte für 5 min geschüttelt, unmittelbar danach wird die Lumineszenzintensität mit einem Mikroplattenreader (Tecan-GeniosPro) gemessen, die Integrationszeit beträgt dabei 400 ms. Für den CFU-Test werden 30 µL dieser Suspension abgenommen. Diese wird auf eine Nährstoffplatte (Agar-Medium) gegeben und gleichmäßig verteilt. Im Anschluss wird diese für mindestens 18 Stunden bei 37 °C im Kulturschrank bebrütet. Nach dieser Inkubationszeit werden die gebildeten Kolonien der *E.coli* Bakterien ausgezählt und gegen eine unbelastete Referenz verglichen.

Eine weitere antibakterielle Testmethode, welche hauptsächlich für die Evaluierung der Wirkung von Extrakten von beschichteten Proben genutzt wurde, ist die bereits erwähnte Mikroplattenlasernephelometrie. Hierbei wurden die Wachstumsraten planktonischer Kulturen von *S. aureus* (ATCC 6538) und *K. pneumoniae* (ATCC 4352) mittels Lasernephelometrie über einen Inkubationszeitraum von 24 Stunden aufgezeichnet.

Aufgrund der Verwendung von planktonischen Bakterienkulturen konnten keine unverdünnten Extrakte der beschichteten Textilien genutzt werden. Für die Untersuchungen wurden typischerweise 100 µL der Bakteriensuspension und 100 µL der verwendeten Textilextrakte gemischt und analysiert. Dies führt zu einer Gesamtextraktkonzentration von maximal 50 % des Ausgangsextrakts. Die Bakterien werden für 24 h in Kulturflaschen mit CASO-Bouillon (Sigma Aldrich, Deutschland) kultiviert. Aus diesen Kulturen werden 100 µL in 96 Well-Platten gegeben. Den nicht behandelten Kontrollen werden weitere 100 µL der reinen CASO-Bouillon zugegeben. Dann werden 100 µL der Extraktkonzentrationen von 0,1 %, 1 %, 10 %, 25 %, 50 %, 75 % und 100 % in die Kavitäten gegeben. Die Messung der optischen Dichte (RNU) wird bei 635 nm über einen Zeitraum von 24 h mit einem Mikroplatten-Nephelometer (NEPHELOstar Galaxy, Firma, Sitz) durchgeführt.

3 Ergebnisse

3.1 Schichtanalytik

Anhand von REM-Aufnahmen lassen sich morphologische Unterschiede zwischen beschichteten und un-beschichteten Substraten gut visualisieren. Aufgrund der Schichtdicken, welche im Bereich von 100 nm liegen, lassen sich diese Funktionalisierungen mit bloßem Auge nicht wahrnehmen. Die *Abbildungen 2a* bis *h* zeigen die morphologischen Unterschiede zwischen unbeschichteten und beschichteten Substraten am Beispiel einer Stahllegierung, einer Titanlegierung, welche bereits mit einer biologisch aktiven, plasmachemischen Oxidations(PCO®)-schicht [16] funktionalisiert ist, und am Beispiel zweier textiler Substrate (Bakteriencellulose und Polyester).

Wie aus den verschiedenen REM-Aufnahmen der *Abbildung 2* ersichtlich ist, lassen sich nach dem Beschichtungsvorgang neben den erzeugten Nanopartikeln vereinzelt auch Agglomerate mit Größen bis in den Bereich weniger Mikrometer beobachten. Anhand weiterführender EDX-Untersuchungen an den SiO_x/Ag-Kompositschichten konnten diese Partikel eindeutig dem Silber zugeordnet werden.

Da anhand dieser Aufnahmen keine Aussagen zur Silberverteilung innerhalb der Schichten und der Homogenität der Kompositschichten über die Substratfläche an sich getroffen werden können, erfolgten zusätzlich REM-Untersuchungen an beschichteten Siliciumwafern. In *Abbildung 3* ist eine REM-Bruchkantenaufnahme und somit ein typisches Querschnittsprofil der Kompositschichten dargestellt [12].

Zu erkennen ist, dass die Schichten gleichmäßig und sehr kompakt auf der Substratoberfläche aufwachsen und geschlossen vorliegen, wodurch auch eine gute mechanische Stabilität gegeben ist. Die im Plasmaprozess erzeugten Silbernanopartikel sind in der Abbildung als weiße Punkte innerhalb der SiO_x-Matrix zu erkennen und liegen homogen über das gesamte Schichtprofil eingelagert vor.

Aus vorangegangenen Untersuchungen ist bekannt, dass die Abgabe von Ionen der eingelagerten metallischen Partikel immer in Abhängigkeit des Grundsubstrates erfolgt. Die Überprüfung des Freisetzungsverhaltens wurde mittels ICP-OES an Extrakten der verschiedenen Grundsubstrate mit Beschichtungen, die unter identischen Bedingungen aufgebracht wurden, ermittelt. *Abbildung 4* zeigt hierbei die Silberfreisetzung aus zwei Textilien (Bakteriencellulose und Polyester) und einem beschichteten Glassubstrat in entionisiertes Wasser nach 24 h. Die Messungen weisen in Abhängigkeit des Grundsub-

284

Spange, Beier, Jäger, Friedrich, Pfuch, Schmidt, Schimanski, Grünler:
Antibakterielle Schichten für die Medizintechnik,
hergestellt mittels Atmosphärendruckplasmen

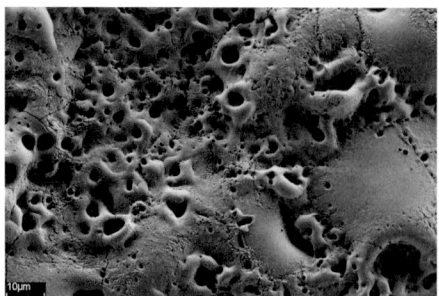

Abb. 2a: Titan (TiAl6V4) mit PCO®-Schicht unbeschichtet

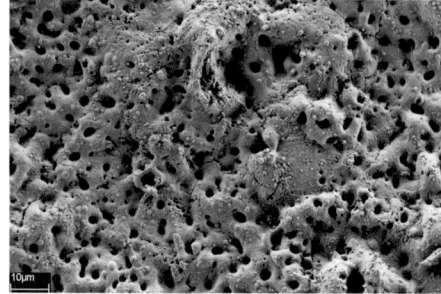

Abb. 2b: Titan (TiAl6V4) mit PCO®-Schicht,
SiO$_x$ / Ag-beschichtet

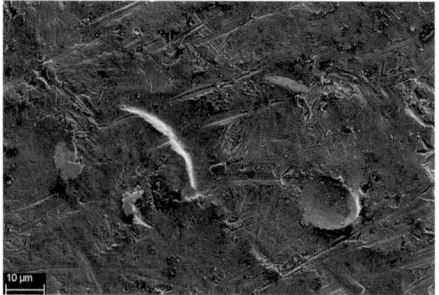

Abb. 2c: Stahl (X2CrNiMo 18 15 3) unbeschichtet

Abb. 2d: Stahl (X2CrNiMo 18 15 3),
SiO$_x$ / Ag-beschichtet

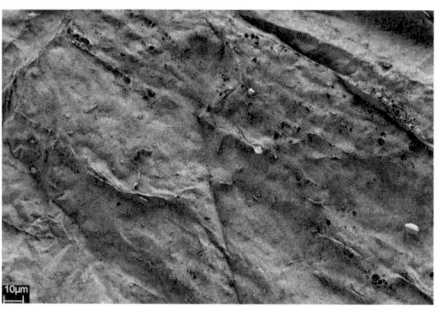

Abb. 2e: Bakteriencellulose unbeschichtet

Abb. 2f: Bakteriencellulose,
SiO$_x$ / Ag-beschichtet

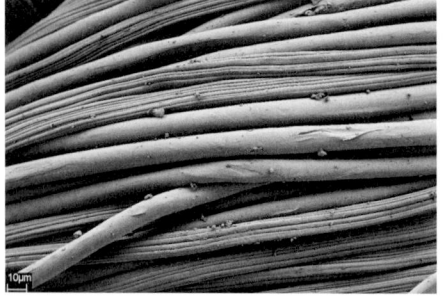

Abb. 2g: PES unbeschichtet

Abb. 2h: PES, SiO$_x$ / Ag-beschichtet

Abb. 2: Rasterelektronenmikroskopische Aufnahmen von verschiedenen medizinisch relevanten Substratwerkstoffen
vor und nach einer APCVD-Beschichtung

Spange, Beier, Jäger, Friedrich, Pfuch, Schmidt, Schimanski, Grünler:
Antibakterielle Schichten für die Medizintechnik,
hergestellt mittels Atmosphärendruckplasmen

285

Abb. 3: Bruchkantenaufnahme einer silberdotierten Siliciumdioxid Matrix [12]

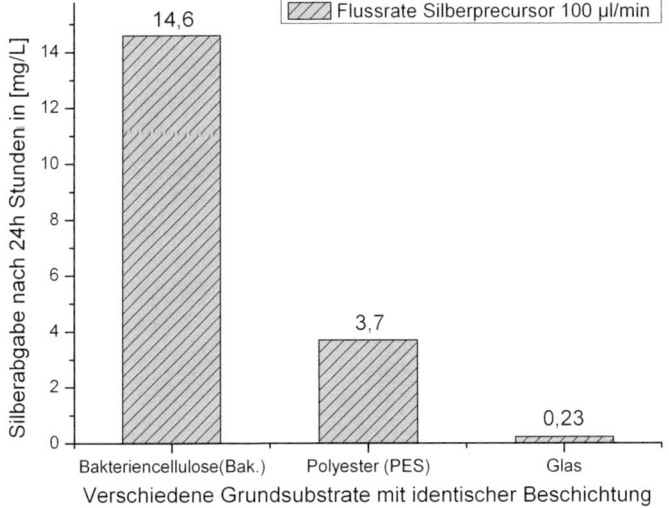

Abb. 4: Silberfreisetzung nach 24 h Extraktion in entionisiertem Wasser

strates bei gleicher Precursordosierung deutliche Unterschiede in der Freisetzung des Silbers (Ag) aus den Schichten auf.

3.2 Zytotoxisches und antibakterielles Verhalten

Die Untersuchungen des zytotoxischen Potenzials an HaCaT-Zellen wurden vornehmlich an silber-funktionalisierten Beschichtungen durchgeführt. Die antibakterielle Wirkung wurde mittels BTG- und CFU-Assays an sämtlichen Substratmaterialien über-prüft. Weiterhin wurden verschiedene Kombina-tionen von Wirkstoffen und Substratmaterialien ge-testet. Die nachfolgenden Ergebnisse spiegeln hier-bei nur eine Auswahl der Versuchssätze wider.

In *Abbildung 5* ist die Wirkung von silberbeschich-teten Textilien (Bakteriencellulose und Polyester) anhand von verschiedenen Dosierraten des Precur-

286

Spange, Beier, Jäger, Friedrich, Pfuch, Schmidt, Schimanski, Grünler:
Antibakterielle Schichten für die Medizintechnik,
hergestellt mittels Atmosphärendruckplasmen

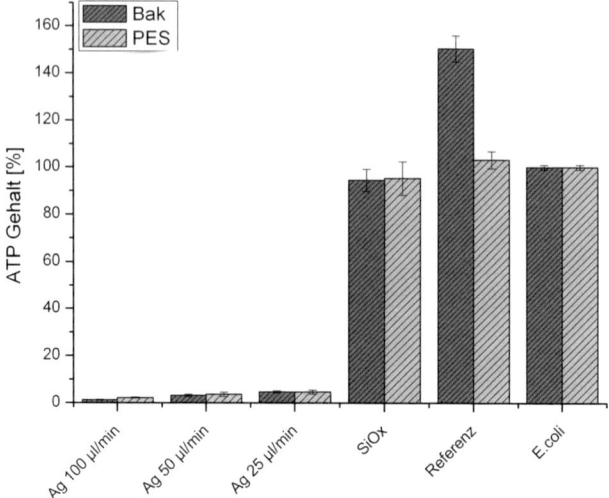

Abb. 5: BTG-Testmessung des ATP-Gehaltes von E. coli nach direkter
Wechselwirkung mit beschichteten Textilien und Referenzen

sors gegen undotierte und nicht beschichtete Referenzen dargestellt. Die Wirkung der Beschichtungen wird dabei gegen die Referenz (unbelastete *E. coli* Bakterien) gesetzt. Gemessen wurde der Adenosintriphosphat-Gehalt (ATP), welcher direkt den Energiestoffwechsel der Bakterienzellen widerspiegelt: Bei niedrigem ATP-Gehalt kann von einer starken antibakteriellen Wirkung ausgegangen werden. Der BTG-Tests wird im Regelfall durch einen parallel laufenden CFU-Test validiert.

In Ergänzung zu den silberbasierten Schichten wurden auch kupfer- und zinkdotierte SiO_x-Schichten auf Stahl (X2 CrNiMo 18 15 3) und Titansubstraten (TiAl6V4) appliziert. In *Abbildung 6* ist die Ab-

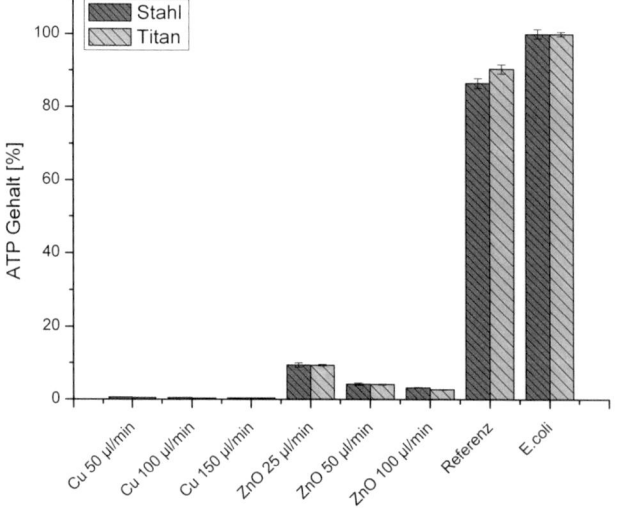

Abb. 6: BTG-Testmessung des ATP-Gehaltes von E. coli nach direkter
Wechselwirkung mit beschichteten Implantatmaterialien und Referenzen

Spange, Beier, Jäger, Friedrich, Pfuch, Schmidt, Schimanski, Grünler:
Antibakterielle Schichten für die Medizintechnik,
hergestellt mittels Atmosphärendruckplasmen

287

hängigkeit der verschiedenen Flussraten der kupfer- und zinkdotierten Precursoren auf die antibakterielle Wirkung abgebildet.

Ausführliche Untersuchungen des zytotoxischen Verhaltens wurden an silberbeschichteten Textilien durchgeführt. Diese wurden als mögliche Wundauflagen konzipiert und unter dieser Prämisse die

Grundsubstrate (Textilien) entsprechend ausgewählt. Die Zytotoxizität wurde hierbei indirekt über Extrakte der beschichteten Textilien ermittelt. Der Einfluss auf das Wachstumsverhalten der HaCaT-Zellen nach 24 h Inkubationszeit ist in Abhängigkeit der Wirkstoffkonzentration in *Abbildung 7a* (für Bakteriencellulose-Extrakte) und *Abbildung 7b* (für Poly-

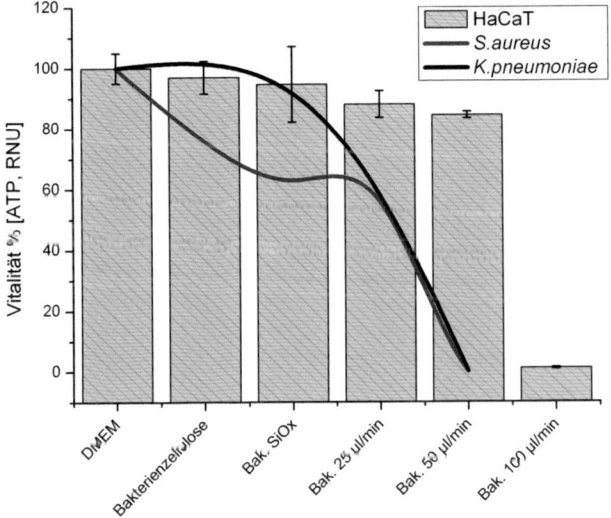

Abb. 7a: Zytotoxizität an HaCaT-Hautzellen von Bakteriencellulosetextil-Extrakten für verschiedene Wirkstoffdosierraten gegenüber der antibakteriellen Wirkung gegen S. aureus und K. pneumoniae

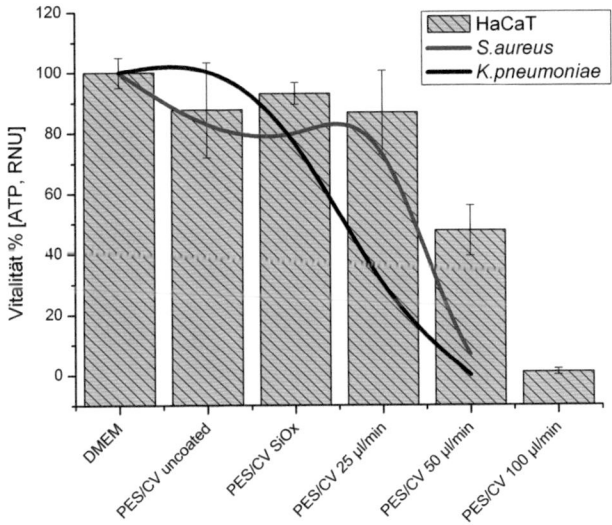

Abb. 7b: Zytotoxizität an HaCaT-Hautzellen von Polyestertextil-Extrakten für verschiedene Wirkstoffdosierraten gegenüber der antibakteriellen Wirkung gegen S. aureus und K. pneumoniae

288   Spange, Beier, Jäger, Friedrich, Pfuch, Schmidt, Schimanski, Grünler:
Antibakterielle Schichten für die Medizintechnik,
hergestellt mittels Atmosphärendruckplasmen

esterextrakte) aufgezeigt. Parallel hierzu wurden die Keime *S. aureus* und *K. pneumoniae* ebenfalls mit den entsprechenden Textilextrakten über einen Zeitraum von 24 h inkubiert und die Wachstumskurven aufgezeichnet. Aus beiden Abbildungen ergibt sich die sogenannte therapeutische Breite, d. h. dass in diesen Untersuchungen Wirkstoffkonzentrationen gefunden wurden, bei denen das HaCaT-Wachstum noch praktisch unbeeinflusst erfolgt, wohingegen bei derselben Wirkstoffkonzentration das Keimwachstum unterdrückt ist. Je größer diese Spanne ist, umso effektiver gestalten sich Anwendungen dieser Schichten.

Zytotoxische Untersuchungen von Titan- und Stahlsubstraten mit den verschiedenen Wirkstoffen wurden ebenfalls durchgeführt [17]. Hierbei zeigte sich, dass im Direktbesiedlungsverfahren auf den Oberflächen keine zytotoxische Wirkung auf MC 3T3-E1-Maus-Fibroblasten erkennbar war. Lediglich ein verzögertes Wachstum gegen eine nicht beschichtete Kontrolle konnte beobachtet werden. Hierbei zeigen die *Abbildungen 8a* bis *8f* die Lebend-/Totfärbung von derartig mit besiedelten Fibroblasten präparierten Oberflächen. Lebende und vitale Zellen sind hierbei grün mit entsprechender Spreitung, hingegen sind tote Zellen rot eingefärbt.

4 Diskussion

Die analytischen Schichtuntersuchungen und die Tests zur Wirkstofffreisetzung haben gezeigt, dass die Freisetzungsrate in Abhängigkeit der verwendeten Grundsubstrate deutlich unterschiedlich ist. Wenn das Grundsubstrat wie im Fall der Bakteriencellulose in der Lage ist, Wasser aufzunehmen und aufzuquellen, erhöht sich die Freisetzungsrate signifikant. Aber auch bei den Textilien selbst gibt es diese Unterschiede in Abhängigkeit ihres Wasseraufnahmevermögens, so zeigt PES im Gegensatz zur Bakteriencellulose nur eine geringe Wasseraufnahme bzw. Aufquellen. Bei einem Aufquellen des Substrates wird das Volumenverhältnis geändert, die aufgebrachte Schicht wird rissig und die Oberfläche vergrößert sich. Dies führt zu einer verstärkten Freisetzung des Wirkstoffes aufgrund der größeren Oberfläche. Insbesondere wird dieser Umstand bei Textilien im Vergleich zu einer kompakten Schicht

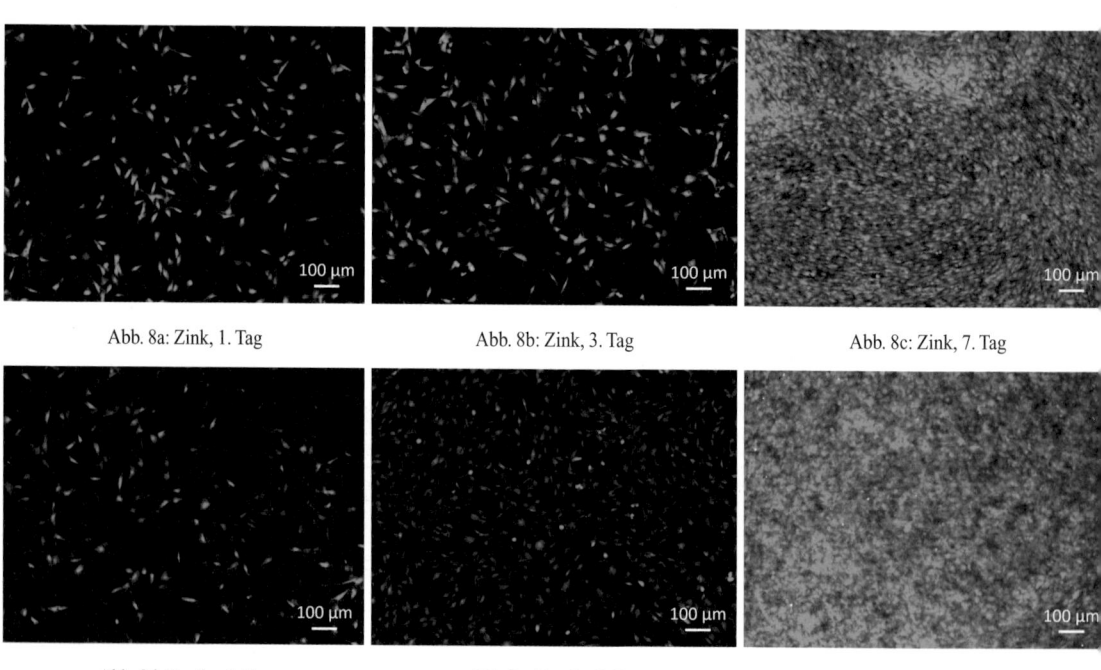

Abb. 8a: Zink, 1. Tag   Abb. 8b: Zink, 3. Tag   Abb. 8c: Zink, 7. Tag

Abb. 8d: Kupfer, 1. Tag   Abb. 8e: Kupfer, 3. Tag   Abb. 8f: Kupfer, 7. Tag

Abb. 8: Zellwachstumsuntersuchungen an MC 3T3-E1 Maus Fibroblasten (aus [17])

Spange, Beier, Jäger, Friedrich, Pfuch, Schmidt, Schimanski, Grünler:
Antibakterielle Schichten für die Medizintechnik,
hergestellt mittels Atmosphärendruckplasmen

289

auf einem Glas- oder Metallsubstrat deutlich. *Abbildung 4* zeigt die Unterschiede zwischen zwei Textilien und einem Glassubstrat, wobei die Menge des in diesem Beispiel ausgelaugten Silbers zwischen 14,6 bis 0,23 mg/L variiert. Die Freisetzung des Silbers aus der Schicht kann dabei zum einen durch Ionenabgabe von der Oberfläche der Silberpartikel erfolgen. Zum anderen lösen sich Nanopartikel aus der Schichtmatrix, was gerade bei Beschädigungen der Schicht wie im Falle der Bakteriencellulose vermehrt auftritt.

Es sei angemerkt, dass die Methode der ICP-OES nicht zwischen Silberionen und Silbernanopartikeln unterscheiden kann. Die gesamte auf Basis dieser Methode gemessene Silberkonzentration der Extrakte stammt somit aus freigesetzten Silberpartikeln, Silberagglomeraten oder auch aus den in das Extrakt gelösten ionischen Anteilen. Die ionischen Anteile setzen sich zum einen aus den von den Silberpartikeln abgebenden Ionen, aber auch aus nicht umgesetzten Precursorresten zusammen.

In früheren Experimenten wurde beobachtet, dass die Silbernitrat-Precursoren während des Abscheidungsprozesses nur teilweise zu Silbernanopartikeln umgesetzt werden. Hierbei hat die elektrische Leistung des Plasmas den größten Einfluss auf die Umsetzung [12, 13]. So wurde in vorherigen Untersuchungen festgestellt, dass elektrische Leistungen unter 400 W weniger Silbernitrat umsetzten als erwartet.

Die antibakterielle Wirkung der Schichten im direkten Kontakt mit *E. coli*, gemessen im BTG-Test, kann unabhängig vom verwendeten Wirkstoff oder der Grundsubstrate als stark wirksam klassifiziert werden. Durchschnittlich konnte die bakterielle Aktivität um 96 % reduziert werden. Hierbei zeigten sich silber- und kupferfunktionalisierte Schichten durchweg wirksamer als die mit Zink ausgestatteten SiOx-Schichten. Sowohl bei zink- als auch bei silberfunktionalisierten Schichten sind Abhängigkeiten der bakteriziden Wirkung von der verwendeten Dosierrate des Precursors erkennbar. Mit steigender Wirkstoffkonzentration wird auch der antibakterielle Effekt ausgeprägter.

Eine Besonderheit bei den verwendeten Textilien stellt die Bakteriencellulose dar. Wie in *Abbildung 5* gut zu erkennen ist, haben nicht beschichtete Proben auf *E.coli* eine wachstumsfördernde Wirkung gehabt. Dies ist mit erhöhten Konzentrationen ver-

schiedener Nährstoffe und der großen spezifischen Oberfläche des Materials erklärbar [18].

Die zytotoxische Wirkung der silberdotierten SiO_x-Schichten auf HaCaT-Zellen zeigt für die beiden verwendeten Textilarten einen ähnlichen Verlauf bei den Extraktionen. Mit steigender Dosierrate des Silberprecursors ist zunächst ein geringer Abfall in der Vitalität der Zellen bis zu einem Schwellwert zu beobachten. Oberhalb dieses Schwellwertes, der für beide Textilarten im Bereich von 50 µL/min liegt, nimmt die Vitalität abrupt ab und eine starke zytotoxische Wirkung tritt auf. Obwohl die abgebende Silbermenge in das Extraktionsmedium (siehe *Abb. 4*) stark zwischen dem Polyester und der Bakteriencellulose variiert, liegt dieser Übergang zur zytotoxischen Wirkung im gleichen Bereich der Precursordosis *(Abb. 7a* und *7b)*. Wie bereits erwähnt, kann die ICP-OES-Messung nicht zwischen Silberionen und Silbernanopartikeln unterscheiden. Eine Erklärung für das identische Verhalten der verschiedenen Textilextrakte könnte die stärkere Wirkung von Silberionen sein. Aus der Literatur ist beispielsweise bekannt, dass größere Nanopartikel nur zu einem geringen Teil zur zytotoxischen und antibakteriellen Wirkung von Silber beitragen [19, 20]. So erwarten wir in Kombination mit dem höheren Wasserquellverhalten der Bakteriencellulose, dass größere Silbernanopartikel (bis 200 nm, begrenzt durch Sterilfilter) in das Extraktionsmedium freigesetzt werden. Diese erhöhen die Gesamtsilberkonzentration deutlich, jedoch nicht im bedeutenden Maße die zytotoxische oder antibakterielle Wirkung.

Untersuchungen von Grade et al. unter Verwendung von Laser erzeugten Silbernanopartikeln mit einer Größe von 17 nm zeigten deutlich geringere zytotoxische Wirkungen im Vergleich zu unseren Ergebnissen [8]. Diese nicht chemisch sondern per Laser erzeugten hochreinen Nanopartikel hatten keine signifikante Wirkung auf menschliche gingivale Fibroblasten bei Konzentrationswerten kleiner als 35 mg/L. Jedoch war auch die antibakterielle Wirkung deutlich geringer ausgeprägt.

Andere Gruppen wie Hidalgo et al. haben menschliche Fibroblasten mit verschiedenen Dosierungen von Silbernitrat ausgesetzt und fanden deutliche zytotoxische Effekte für Konzentrationswerte von mehr als 1,37 mg/L an Silbernitrat [7]. Es ist jedoch zu erwarten, dass der Gehalt an Silberionen einen

Spange, Beier, Jäger, Friedrich, Pfuch, Schmidt, Schimanski, Grünler:
Antibakterielle Schichten für die Medizintechnik,
hergestellt mittels Atmosphärendruckplasmen

290

größeren Einfluss auf die Mikroorganismen aufweist als der Gehalt an Silbernanopartikeln.

Die antibakteriellen Tests mittels Lasernephelometrie zeigten eine gute antibakterielle Wirkung in Abhängigkeit der Konzentration des Silberprecursors. Hierbei kann eine Wirkung ab einer Beschichtungskonzentration von 25 µL/min des Silberprecursors ausgemacht werden. Weiterhin zeigt sich, dass der Gram-positive Keim *S. aureus* gegenüber Silber signifikant resistenter als der Gram-negative *K. pneumoniae* war. Diese Beobachtung ist in Übereinstimmung mit den Ergebnissen von Kawahara et al., in dessen Studien ebenfalls festgestellt wurde, dass Gram-positive Bakterien deutlich widerstandsfähiger gegenüber Silberionen sind [21]. Als ein möglicher Grund wird genannt, dass Gram-positive Bakterienzellwände drei bis zwanzig mal mehr Peptidoglycan als Gram-negative Bakterien besitzen. Peptidoglycan ist negativ geladen und kann einen höheren Prozentsatz der positiv geladenen Silberionen binden [21].

Weiter oben wurde schon betont, dass bei der antibakteriellen Wirkung von Silber die unterschiedlichen Größen der Nanopartikel eine entscheidende Rolle spielen. In der Literatur sind hierbei viele Beispiele für die Wirkung von Silbernanopartikeln verschiedener Größenordnungen zu finden. Die bereits erwähnten Silbernanopartikel, welche mithilfe von Lasern erzeugt wurden, zeigten eine antibakterielle Wirkung gegen *S. aureus* in planktonischen und festen Agar-Modellen für Konzentrationen von über 35 mg/L [8]. Eine andere Gruppe um Lkhahavajav et al. fand eine minimale inhibitorische Konzentration (MIC) in der Größenordnung von 4 mg/L für *K. pneumoniae* und *S. aureus* mit Silbernanopartikeln im Größenbereich von 20 bis 45 nm. Diese Partikel wurden durch ein Sol-Gel-Verfahren erzeugt [22]. Der direkte Einfluss von Silberionen wurde von Hidalgo et al. untersucht, hierfür wurde Silbernitrat als starker Silberionenlieferant genutzt. Es zeigte sich, dass 3,5 mg/L $AgNO_3$ das Wachstum von *S. aureus* gehemmt hat, parallel hatte diese Konzentration jedoch eine zytotoxische Wirkung auf Fibroblasten [23].

Die Wirkung von Silber und Silberionen beruht auf verschiedenen Interaktionsmöglichkeiten. Wie bekannt ist, können Silberionen mit den Enzymen und Proteinen der Zelle reagieren und die ATP-Produktion beeinflussen oder stören. Ferner können die Ionen die Bakterienzellmembranen schädigen oder inhibieren die Ionentransportprozesse von enzymatischen Aktivitäten. Auch eine direkte Schädigung der DNA soll möglich sein. [6, 7, 24-27]. Der Einsatz von Silberionen freisetzenden Verbindungen wie Silbernitrat, welche eine sehr starke antibakterielle und erhöhte zytotoxische Wirkung aufweisen, stellen bereits seit vielen Jahren angewandte Behandlungsmethoden dar [7, 23]. Auch der Einsatz von Silbernanopartikeln hat in Abhängigkeit der Partikelgröße, Konzentration und Herstellungsprozesse unterschiedlich starke antibakterielle und zytotoxische Charakteristiken [28]. Somit setzt die optimale Verwendung von Silbersalzen und -partikeln in medizinischen Anwendungen und Produkten immer ein sehr spezifiziertes Anwendungsfeld voraus.

Zink und Kupfer haben sich ebenfalls als sehr aussichtsreiche Wirkstoffe für antibakterielle Beschichtungen erwiesen. Die Literatur zu Beschichtungen mit Kupfer und Zink sind noch nicht sehr breit gefächert, da diese Materialien für antibakterielle Oberflächen erst in den letzten Jahren mehr in den Fokus der Forschung gerückt sind. Jedoch gibt es wie beim Silber auch einige Untersuchungen für die Interaktion zwischen (Nano-)Partikeln und Mikroorganismen. Eine Gruppe um Y. Liu et al. hat die direkte Interaktion von Zinkoxidnanopartikeln mit einer Größe von 70 nm mit *Escherichia coli* O157:H7 untersucht. Hierbei wurde ab Konzentrationen von 243 mg/L eine beginnende antibakterielle Wirkung gegen *E. coli* festgestellt [29]. Mit weiterer Erhöhung dieser Konzentration konnte eine vollständige Inhibierung des Wachstums beobachtet werden. Vergleichbare Ergebnisse mit ZnO konnten von Brayner et al. festgestellt werden [30]. Als Wirkprinzip wurden auch hier Defekte und Beschädigungen der Zellmembran durch ZnO am Bakterium ausgemacht. Für genaue Vergleiche mit den hier erzeugten Oberflächen müssten allerdings noch detailliertere Konzentrationsbestimmungen durchgeführt werden. Jedoch ist die Wirkung der im Rahmen unserer Arbeit beschichteten Oberflächen gegenüber *Escherichia coli* HB 101 auch bei geringsten Dosierraten des Zinkprecursors von 25 µL/min als sehr gut einzustufen.

Die Wirkung von Kupfer und seinen Oxiden wurde unter anderem von Molteni et al. gegen Meticillinresistant *Staphylococcus aureus* (MRSA) beschrie-

Spange, Beier, Jäger, Friedrich, Pfuch, Schmidt, Schimanski, Grünler:
Antibakterielle Schichten für die Medizintechnik,
hergestellt mittels Atmosphärendruckplasmen

291

ben [31]. Hierbei wurden verschiedene Oberflächen mit MRSA exponiert und ausgewertet. Im Ergebnis zeigte sich, dass reine Kupferoberflächen in Abhängigkeit des verwendeten Bakterienstammes und der Umgebungsbedingungen eine vollständige Inhibierung nach 45 Minuten erzielen konnten. Mit Blick auf die Kontaktfläche sind stärkere Effekte bei partikulärer Form von Kupfer zu erwarten. In diesem Kontext hat eine Gruppe um C. Trapalis et al. kupfernanopartikelhaltige SiO_x-Schichten mittels Sol-Gel-Verfahren hergestellt und charakterisiert [32]. Der mittlere Durchmesser der mit diesem Verfahren hergestellten Kupfernanopartikel wurde mit 1 nm angegeben. Die so präparierten SiO_x-Kupferschichten haben nach 12 h das Wachstum von *E. coli* ATCC 25922 vollständig inhibiert.

5 Zusammenfassung

Es konnte gezeigt werden, dass die Atmosphärendruckplasmabeschichtung (APCVD) geeignet ist, um kostengünstig antibakterielle Beschichtungen auf verschiedenen Materialien, die für medizinische Anwendungen relevant sind, abzuscheiden. Ergänzend dazu ist es möglich, in Abhängigkeit des Grundsubstrates und des verwendeten Wirkstoffes ein therapeutisches Fenster für die erzeugten Schichten auszumachen.

Hierbei wurde am Beispiel von silberbeschichteten Textilien nur eine geringe Zytotoxizität an HaCaT-Keratinozyten auf Basis der DIN EN ISO 10993-12 Methode nachgewiesen. Die mittels ICP-OES gemessene Silberkonzentration zeigt, dass die freigesetzte Silbermenge allein keine eindeutige Aussage zum Verhalten der bakteriziden bzw. zytotoxischen Wirkung zulässt. Jedoch konnte bei Dosierraten des Silberprecursors von 25 µL/min und den daraus hergestellten Extrakten keine zytotoxische Wirkung nachgewiesen werden, allerdings eine signifikante antibakterielle Wirkung gegenüber *S. aureus* und *K. pneumoniae*. Höhere Silbernitrat-Dosierungen zeigten eine starke zytotoxische Wirkung auf HaCaT-Zellen. Im direkten Kontakt der beschichteten Oberflächen mit den Mikroorgansimen im BTG-Test zeigten die mit Silber beschichteten Textilien eine hervorragende Wirkung auf *E.coli* bei allen getesteten Dosierraten des Wirkstoffes.

Auch für kupfer- und zinkdotierte Beschichtungen auf metallischen Werkstoffen, die für Implantate

interessant sind, konnten bakterizid wirkende Oberflächen realisiert werden. Anhand von Direktbesiedlungsverfahren wurde gezeigt, dass auf diesen Oberflächen keine zytotoxische Wirkung auf MC 3T3-E1-Maus-Fibroblasten erkennbar war.

Zukünftige Untersuchungen sollen mit Blick auf die Effizienz der Oberflächenmodifikation eine differenzierte Betrachtung der bakteriziden und zytotoxischen Wirkung von Silberionen auf der einen und ungeladenen Silbernanopartikeln auf der anderen Seite ermöglichen. Weiterhin werden die Untersuchungen zu Beschichtungen mit Precursoren auf Basis von Kupfer und Zink intensiviert. Die bisherigen Ergebnisse zeigen hier einen sehr vielversprechenden Ansatz, um Alternativen für silberdotierte Schichten zu erhalten.

Die Atmosphärendruckplasmabeschichtung kann als effektives und universelles Beschichtungstool für verschiedenste Modifikationen gesehen werden. Durch die einfache nachträgliche Beschichtungsmöglichkeit lassen sich auch bereits bisher als Endprodukte bereitgestellte medizinische Produkte zusätzlich funktionalisieren.

Danksagung

Die Autoren danken M. Döpel und B. Beer für die Durchführung und Unterstützung mit den BTG-Assays und der Lebend-/Totfärbungen. Weiterhin wird Dr. M. Schweder für die rasterelektronenmikroskopischen Aufnahmen und die EDX-Analysen gedankt. Ein besonderer Dank gilt Dr. C. Wiegand und Dr. U.-C. Hipler vom In-vitro-Forschungslabor der Klinik für Hautkrankheiten der FSU Jena für die Assistenz und Unterstützung bei der Durchführung der zytotoxischen und nephelometrischen Untersuchungen.

Literatur

[1] Schwenke, A.; Wagener, P.; Weiß, A.; Klimenta, K.; Wiegel, H.; Sajti, L.; Barcikowski, S.: Silberkunststoffe Laserbasierte Generierung matrixbinderfreier Nanopartikel-Polymerkomposite für bioaktive Medizinprodukte, Chemie Ingenieur Technik 2013, 85(5):740–746

[2] Li, W.R.; Xie, X.B.; Shi, Q.S.; Zeng, H.Y.; Ou-Yang, Y.S.; Chen, Y.B.: Antibacterial activity and mechanism of silver nanoparticles on Escherichia coli. Appl Microbiol Biotechnol, 2010, 85(4):1115-22

[3] Hahn, A.; Stoever, T.; Paasche, G.; Loebler, M.; Sternberg, K.; Rohm, H.; Barcikowski, S.: Therapeutic window for bioactive nanocomposites fabricated by laser ablation in polymer-doped organic liquids, Advanced Engineering Materials 2010, 12(5):156-162

[4] Monteiro, D.R.; Gorup, L.F.; Takamiya, A.S.; Ruvollo-Filho, A.C.; de Camargo, E.R.; Barbosa, D.B.: The growing importance of

Spange, Beier, Jäger, Friedrich, Pfuch, Schmidt, Schimanski, Grünler:
Antibakterielle Schichten für die Medizintechnik,
hergestellt mittels Atmosphärendruckplasmen

292

materials that prevent microbial adhesion: antimicrobial effect of medical devices containing silver, Int J Antimicrob Agents 2009, 34(2):103-10

[5] Samuel, U.; Guggenbichler, J.P.: Prevention of catheter-related infections: the potential of a new nano-silver impregnated catheter, Int. J. Antimicrob. Agents, 2004, 23:75-80

[6] Burd, A.; Kwok, C.H.; Hung, S.C.; Chan, H.S.; Gu, H.; Lam, W.K.; Huang, L.: A comparative study of the cytotoxicity of silver-based dressings in monolayer cell, tissue explant, and animal models, Wound Repair Regen, 2007, 15(1):94-104

[7] Hidalgo, E.; Domínguez, C.: Study of cytotoxicity mechanisms of silver nitrate in human dermal fibroblasts, Toxicology Letters 1998, 98(3):169-179

[8] Grade, S.; Eberhard, J.; Wagener, P.; Winkel, A.; Sajti, C.L.; Barcikowski, S.; Stiesch, M.: Therapeutic Window of Ligand-Free Silver Nanoparticles in Agar-Embedded and Colloidal State: In Vitro Bactericidal Effects and Cytotoxicity, Advanced Engineering Materials 2012, 14(5):231–239

[9] Albers, C.E.; Hofstetter, W.; Siebenrock, K.A.; Landmann, R.; Klenke, F.M.: In vitro cytotoxicity of silver nanoparticles on osteoblasts and osteoclasts at antibacterial concentrations, Nano-toxicology 2013, 7(1):30-36

[10] Grade, S.; Eberhard, J.; Neumeister, A.; Wagener, P.; Winkel, A.; Stiesch, M.; Barcikowski, S.: Serum albumin reduces antibacterial and cytotoxic effects of hydrogel-embedded and colloidal silver nanoparticles, RSC Advances 2012, 18(2):7190–7196

[11] Stainforth, J.; Macdonald-Hull, S.; Paperworth-Smith, J.W. et al.: A single blind comparison of topical erythromycin/zinc lotion and oral minocycline in the treatment of acne vulgaris, Journal of Dermatological Treatment 1993, 4(3):119-122

[12] Zimmermann, R.; Pfuch, A.; Horn, K.; Weisser, J.; Heft, A.; Roeder, M.; Linke, R.; Schnabelrauch, M.; Schimanski, A.: An Approach to Create Silver Containing Antibacterial Coatings by Use of Atmospheric Pressure Plasma Chemical Vapour Deposition (APCVD) and Combustion Chemical Vapour Deposition (CCVD) in an Economic Way, Plasma Processes and Polymers, 2011, 8:295-304

[13] Beier, O.; Pfuch, A.; Horn, K.; Weisser, J.; Schnabelrauch, M.; Schimanski, A.: Low Temperature Deposition of Antibacterially Active Silicon Oxide Layers Containing Silver Nanoparticles, Prepared by Atmospheric Pressure Plasma Chemical Vapor Deposition, Plasma Processes and Polymers, 2013, 10:77-87

[14] Tigres Dr. Gerstenberg GmbH, Publications from the atmospheric pressure plasma source supplier Tigres about properties of their plasma BLASTER system, 2013, http://www.tigres-plasma.de/Produkte/plasma-blaster-multi-mef.html http://www.tigres-plasma.de/Publikationen/offenes-atmosphaeren-plasma-in-beliebiger-breite.html, Accessed 30 July 2013

[15] Pfuch, A.; Horn, K.; Mix, R.; Ramm, M.; Heft, A.; Schimanski, A.: Direct and remote plasma assisted CVD at atmospheric pressure for the preparation of oxide thin films. Suchentrunk, R. (editor), Jahrbuch Oberflächentechnik, 66(2010), 114–124, Eugen G. Leuze Verlag, Bad Saulgau, Germany

[16] Schrader, C.; Finger, U.; Henning, A.; Hüppner, A.; Pfister, M.; Schmidt, J.: Erzeugung von Titanimplantaten mit biologisch funktionellen Eigenschaften zur Verbesserung der Biokompatibilität und Osteoinduktivität. Galvanotechnik (2011)2, 242–248

[17] Jaeger, E.; Jantschner, O.; Schmidt, J.; Pfuch, A.; Spange, S.; Beier, O.; Mitterer, C.: Surface Innovations, will be submitted

[18] Seifert, M:. Modifizierung der Struktur von Bakteriencellulose durch die Zusammenstellung des Nährmediums bei der Kultivierung von Acetobacter xylinum (Dissertation), Friedrich-Schiller-Universität, Jena, 2004

[19] Beer, C.; Foldbjerg, R.; Hayashi, Y.; Sutherland, D.S.; Autrup, H.: Toxicity of silver nanoparticles – nanoparticle or silver ion? Toxicology Letters 2011, 208(3):286-92

[20] Liu, W.; Wu, Y.; Wang, C.; Li, H.C.; Wang, T.; Liao, C.Y.; Cui, L.; Zhou, Q.F.; Yan, B.; Jiang, G.B.: Impact of silver nanoparticles on human cells: effect of particle size, Nanotoxicology, 2010, 4(3):319-330

[21] Kawahara, K.; Tsuruda, K.; Morishita, M.; Uchida, M.: Antibacterial effect of silver-zeolite on oral bacteria under anaerobic conditions, Dent Mater 2000, 16(6):452-555

[22] Lkhagavajav, N.; YaSa, I.; Çelik, E.; Koizhaiganova, M.; Sari, Ö.: Antimicrobial Activity of Colloidal Silver Nanoparticles Prepared by Sol-Gel Method, Digest Journal of Nanomaterials and Bio-structures, 2011, 6(1):149–154

[23] Hidalgo, E.; Bartolomé, R.; Barroso, C.; Moreno, A.; Dominguez, C.: Silver Nitrate: Antimicrobial Activity Related to Cytotoxicity in Cultured Human Fibroblasts, Skin Pharmacol Appl Skin Physiol, 1998, 11:140–151

[24] Kittler, S.; Greulich, C.; Diendorf, J.; Köller, M.; Epple, M.: Toxicity of Silver Nanoparticles Increases during Storage Because of Slow Dissolution under Release of Silver Ions, Chem. Mater, 2010, 22(16):4548–4554

[25] Dibrov, P.; Dzioba, J.; Gosink, K.K.; Häse, C.C.: Chemiosmotic Mechanism of Antimicrobial Activity of Ag+ in Vibrio cholerae, Antimicrob Agents Chemother, 2002, 46(8):2668–2670

[26] Yamanaka, M.; Hara, K.; Kudo, J.: Bactericidal Actions of a Silver Ion Solution on Escherichia coli, Studied by Energy-Filtering Transmission Electron Microscopy and Proteomic Analysis, Appl Environ Microbiol, 2005, 71(11):7589–7593

[27] Fen, Q.L.; Wu, J., Chen, G.Q.; Cui, F.Z.; Kim, T.M.; Kim, J.O.: A mechanistic study of the antibacterial effect of silver ions on Escherichia coli and Staphylococcus aureus, J Biomed Mater Res., 2000, 52(4):662–668

[28] Pal, S.; Tak, Y.K.; Song, J.M.: Does the Antibacterial Activity of Silver Nanoparticles Depend on the Shape of the Nanoparticle? A Study of the Gram-Negative Bacterium Escherichia coli, Appl Environ Microbiol., 2007, 73(6):1712-20

[29] Liu, Y.; He, L.; Mustapha, A.; Li, H.; Hu, Z.Q.; Lin, M.: Antibacterial activities of zinc oxide nanoparticles against Escherichia coli O157:H7, Journal of Applied Microbiology, 2009, 107(4):1193–1201

[30] Brayner, R.; Ferrari-Iliou, R.; Brivois, N.; Djediat, S.; Benedetti, M.F.; Fiévet, F.: Toxicological Impact Studies Based on Escherichia coli Bacteria in Ultrafine ZnO Nanoparticles Colloidal Medium, Nano Lett., 2006, 6(4):866–70

[31] Molteni, C.; Abicht, H.K.; Solioz, M.: Killing of Bacteria by Copper Surfaces Involves Dissolved Copper, Appl Environ Microbiol., 2010, 76(12):4099–4101

[32] Trapalis, C.C.; Kokkoris, M.; Perdikakis, G.; Kordas, G.: Study of Antibacterial Composite Cu/SiO$_2$ Thin Coatings, Journal of Sol-Gel Science and Technology, 2003, 26(1-3):1213-1218

Ultradünne biokompatible Permeations-schutzschichten für implantierbare Polymere

Juergen M. Lackner[1], Claudia Meindl[3], Christian Wolf[2], Alexander Fian[2], Clemens Kittinger[4], Marcin Kot[6], Lukasz Major[7], Christian Teichert[8], Wolfgang Waldhauser[1], Annelie-Martina Weinberg[5], Eleonore Fröhlich[3]

1 JOANNEUM RESEARCH Forschungsges.m.b.H., Institut für Oberflächentechnologien und Photonik, Arbeitsgruppe Funktionelle Oberflächen, Niklasdorf, Österreich
2 JOANNEUM RESEARCH Forschungsges.m.b.H., Institut für Oberflächentechnologien und Photonik, Weiz, Österreich
3 Medizinische Universität Graz, Zentrum für Medizinische Forschung, Graz, Österreich
4 Medizinische Universität Graz, Institut für Hygiene, Mikrobiologie und Umweltmedizin, Graz, Österreich
5 Medizinische Universität Graz, Abteilung für Orthopädie und orthopädische Chirurgie, Graz, Österreich
6 AGH Universität für Wissenschaft und Technik, Fakultät für Maschinenbau und Robotik, Krakau, Polen
7 Polnische Akademie der Wissenschaften, Institut für Metallurgie und Werkstoffwissenschaften, Krakau, Polen
8 Universität Leoben, Institut für Physik, Leoben, Österreich

Ultradünne Barrierebeschichtungen gewinnen im Bereich der Beeinflussung von Permeation und Diffusion aus dem umliegenden Gewebe in implantierte Sensoren und Aktuatoren und zum Schutz des Gewebes vor sich aus dem Implantat lösenden, eventuell zytotoxischen Elementen und Verbindungen zunehmende Bedeutung. Da speziell Polymere als Grundmaterial für derartige implantierte Elektronik eingesetzt werden, fokussiert sich diese Arbeit auf die Untersuchung der Barrierewirkung von dünnen anorganischen Vakuumbeschichtungen auf Polyetheretherketon-folien (PEEK). Verschiedene reine und dotierte diamantähnliche Kohlenstoffschichten (DLC, a-C:H) werden dafür in ihrem mechanischen Verhalten, der Oxidationsbarriere, Zytotoxizität und dem mikrobiologischen Verhalten verglichen. Die Ergebnisse zeigen einen starken Einfluss von Nanoporosität auf die Sauerstoffpermeationsrate für alle Beschichtungen. Durch die geringe Dicke der PEEK-Folie kommt der Zähigkeit der Beschichtung als Maß für die Tendenz für ein Kohäsionsversagen beim Biegen der Folie große Bedeutung bzgl. der Barrierewirkung zu, da durch Risse ausgedehnte Makrofehlstellen gebildet werden. Die Zytotoxizitätsuntersuchungen zeigten keinerlei schädlichen Einfluss auf das Wachstumsverhalten von Endothelzellen. Auch wird das Bakterienwachstum durch diese Schichtmaterialien nicht beeinflusst.

Ultra-thin barrier coatings gain increasing importance in biomedical technology. They enable the control of permeation and diffusion from the surrounding tissue to implanted sensors and actuators as well as protect the tissue from possibly cytotoxic elements and compounds from electronic parts. Due to increasing use of polymer based electronics, this work focuses on the barrier effect of ultra-thin inorganic vacuum coatings on thin polyether ether ketone (PEEK) foils. Film deposition occurred at room temperature by plasma-activated chemical vapour deposition (PA-CVD) by dissociation of acetylene precursor by a linear anode layer ion source plasma as well as by physical vapour deposition by pulsed magnetron sputtering of titanium and silicon in acetylene atmosphere. Various pure (a-C:H) and doped (a-C:H:N, a-C:H:Si, a-C:H:Ti) diamond-like carbon films (DLC) were benchmarked in their mechanical, oxygen barrier, cytotoxic and microbiological behaviour in comparison to RF sputtered, state-of-the-art silicon oxide films (SiO_2). The results reveal a strong influence of nano porosity on oxygen permeation, while the micro porosity (particles, etc.) has lower impact. Toughness is of high importance due to the high flexibility of the PEEK foil to prevent cohesion failure of the films during bending. No cytotoxicity in contact to endothelium cells as well as no influence on the bacterial growth was found for all film materials.

294

Lackner, Meindl, Wolf, Fian, Kittinger, Kot, Major, Teichert,
Waldhauser, Weinberg, Fröhlich: Ultradünne biokompatible Permeations-
schutzschichten für implantierbare Polymere

1 Einleitung

Glas und Silicium sind derzeit die typischen Grundmaterialien für direkten Zellkontakt in biomedizi-
nischen Sensoren und Bio-MEMS, da diese für die
IC-Herstelltechnologien im Mikromaßstab (Micro-
fabrication und Micromachining von z.B. Mikro-
fluidikkomponenten) am besten geeignet sind. Die
hohe Biokompatibilität von Glas ist gründlich untersucht, für Silicium bestehen noch diesbezügliche
Fragestellungen. Anwendung findet Silicium z.B. in
Multiparameter-Zellkultur-Monitoring [Brischwein],
Drug-Delivery-Chips, transdermalen Mikronadeln
[Shawgo] und für neurale Prothesen [Szarowski],
wobei die Langzeitbiokompatibilität erst in klinischen Studien an implantierten Devices geprüft werden muss.

Alternativ bietet sich Polydimethylsiloxan (PDMS)
für medizinische Sensoranwendungen an, welches
jedoch im nicht modifizierten Zustand hydrophob
und damit biologisch nicht anwendbar ist [Fallahi,
Mata]. Zudem finden sich bei diesem Polymer oft
Spuren von unvernetzten Oligomeren und niedrig-
vernetzten Dimethylsiloxanfragmenten, Lösungsmitteln und Platinkatalysatorrückständen, welche sich
lösen können und dann – wie Tests ergaben – signifikant die Zellfunktionen von verschiedensten Zell-
typen beeinflussen können [Millet]. Am Anfang des
Einsatzes ist SU8, ein Photolack mit guter Biokompatibilität in Kurzzeitstudien [Voskerician]. Zusätzlich gewinnen technische Polymere wie Polyetheretherketon (PEEK) oder Polyimid (PI) zunehmende
Bedeutung als Substratmaterialien für biokompatible
Anwendungen.

Neben diesen Grundmaterialien für direkten Zellkontakt von Sensoren kommt eine Vielzahl von
elektronischen Materialien für die Elektronik und
die Leiterplattenträger (printed circuit boards, PCB)
zur Anwendung. Neben den keramischen und polymeren Gehäusen und metallischen/halbmetallischen
elektronischen Komponenten von Chips sind dies
Metalle (Al, Ni-Au, Pd-Au, Cu, Pd-Cu als Rein-
metalle und mit organischer Oktadecanethiolbe-
schichtung (ODT), etc.) für Leiterbahnen, Dielek-
trika (Aramidfaser gefüllte Epoxidharze, Polyimide,
Polyurethanfolien, diverse Drucktinten, etc.) als
Trägermaterialien und verschiedene Klebstoffe. Da
diese Materialien grundsätzlich unter der Voraussetzung kostengünstiger Massenproduktion entwickelt

wurden, sind nur wenige dieser biokompatibel. Aus
detaillierten in-vitro-Studien, (z.B. mit Hippocampus-
Zellen von Mazzuferi et al. [Mazzuferi]) kann geschlossen werden, dass die komplexe Kombination
unterschiedlichster PCB-Materialien eine Abschir-
mung vom biologischen Gewebe durch Packaging
erfordert. Im einfachsten Fall kommen dafür verschiedenste bioinerte metallische, keramische und
Kunststoffgehäuse zur Anwendung, in welche die
elektronischen Bauelemente bzw. die mikroflui-
dischen Komponenten eingebaut werden (d.h. durch
Eingießen, Einschweißen, Verkleben, etc.).

Vor allem aus den Ergebnissen für Kunststoffe lässt
sich die Notwendigkeit für Oberflächenbeschichtungen ableiten, um gegenseitig Implantat (Elektronik) und biologische Umgebung voneinander
hermetisch zu trennen und die Biofunktionalität des
Implantats über einen gezielten Einfluss auf die Zellfunktionen des umliegenden Gewebes zu steigern.
Diesbezüglich wird eine Reihe von Möglichkeiten in
der Literatur beschrieben:

PDMS, Parylen-C sowie PMMA sind häufig verwendete Polymere für Schutzschichten auf Silicium
basierten Devices. Diese können einfach verarbeitet werden, besitzen ausreichend hohe mechanische
Eigenschaften (Steifigkeit) und sind größtenteils
nicht zytotoxisch, sondern bioinert (keine Biofunk-
tionalisierung). Gegenüber Blut zeigt Parylen-C
jedoch keine ausreichenden Barriereeigenschaften
[Feili].

Polyelektrolyt-Viellagenbeschichtungen werden
durch Layer-by-Layer-Abscheidung aus alternierend
kat- und anionischen Lösungen aufgebaut und stellen generell robuste Schichten dar. Die Langzeitbe-
ständigkeit dieser Materialien auf PDMS ist jedoch
problematisch [Makamba], da sich der hydrophobe
Charakter dieses Polymers wieder ausbilden kann
[Sung]. Chemisches Cross-Linking kann hierbei
Verbesserungen bringen.

Plasmabehandlungen, z.B. mit O_2, zur Oberflächenmodifikation von z.B. PDMS ändern dessen Oberflächeneigenschaften [Makamba, Fritz] durch Bildung von Silikat ähnlichen, hydrophilen Schichten mit hohem Sauerstoffgehalt. Die Anwendung
von UV-Bestrahlung führt zur Bildung von freien
Radikalen auf der PDMS-Oberfläche, wodurch in
einem nachfolgenden Schritt Acrylsäure, Acrylamid,
Hydroxylethyl-Acrylat, Polyethylenglykol oder Di-

Lackner, Meindl, Wolf, Fian, Kittinger, Kot, Major, Teichert, Waldhauser, Weinberg, Fröhlich: Ultradünne biokompatible Permeations-schutzschichten für implantierbare Polymere

295

methylamin durch Graft-Polymerisation aufgebracht werden können [Slentz].

Plasmapolymerbeschichtungsverfahren können zur Herstellung von anorganischen Kohlenstoff-, Silicium-, Titanverbindungen verwendet werden. Daneben können aber auch Monomere wie Tetraglyme auf Oberflächen plasmapolymerisiert werden [Lopez], welche dann Polyethylenglykol ähnliche Polymerbeschichtungen mit geringer Proteinadsorption liefern. Vorteil des Prozesses sind porenfreie (pinhole-free) Beschichtungen durch gasförmige Ausgangsprodukte (z.B. HMDSO, TEOS, Acetylen). Walther et al. [Walther] zeigten erstmals, dass es durch Anpassung der Prozessparameter von HMDSO bzw. Titan-Tetraisopropoxid möglich ist, mechanisch und chemisch an Polymersubstrate angepasste $SiO_xC_yH_z$- oder $TiO_xC_yH_z$-Schichten zu erzeugen, welche Barriereeigenschaften ähnlich wie SiO_x oder TiO_x aufweisen. Die Vorteile der $SiO_xC_yH_z$- und $TiO_xC_yH_z$-Schichten liegen in ihrer guten Haftung zu Polymeren, wie auch in der verminderten Neigung zu Mikrorissen im Vergleich zu SiO_x- und TiO_x-Schichten

Anorganische Materialien wie SiO_2 und SiN sind durch den IC-Produktionsprozess häufig verwendete Schutzschichten für Devices [Senturia]. Diese Materialien lösen sich in biologischer Umgebung nicht auf und sind unter verschiedenen Bedingungen auch nicht zytotoxisch. Andere langzeitbeständige anorganische Beschichtungen mit geringer Permeationsneigung, aufgebracht durch physikalische oder chemische Dampfphasenabscheidung (PVD, CVD), sind Platin, Titanoxide, Gold sowie eine Reihe von keramischen Materialien. Für diese Materialien liegen eine Reihe von Ergebnissen für deren Anwendbarkeit als Barriereschichten zum Schutz der elektronischen Bauelementen (Silicium basierte und organische Elektronik) vor:

Hedenqvist und Johansson [Hedenqvist] beschäftigten sich mit der Sauerstoffpermeabilität von mit SiO_x beschichteten Polyethelenterephthalat (PET), Polyethylen und Polypropylen. Die Studie zeigte, dass SiO_x-Schichten auf PET-Folien die geringste Sauerstoffpermeabilität zeigen. Hedenqvist und Johansson sehen den Grund für dieses Verhalten in der geringen Oberflächenrauigkeit der verwendeten PET Folien, was die Abscheidung von weitestgehend defektfreien und dichten SiO_x Schichten ermöglichte.

Kim et al. [Kim] beschäftigten sich mit der Abhängigkeit der Wasserdampf-Permeabilität von mit SiO_x beschichteten PET-Folien als Funktion der Abscheideparameter, d.h. des Argon- und Sauerstoffflusses bei der plasmaunterstützten chemischen Dampfphasenabscheidung (PA-CVD). Rochat et al. [Rochat] untersuchten die Defektdichte von SiO_x-Schichten in Abhängigkeit der Zugabe von Additiven bei der PET-Folienherstellung. Durch Zugabe von geeigneten Additiven konnte die Bildung von Rissen in der SiO_x-Schicht auf den PET-Substraten signifikant reduziert werden. Iwamori et al. [Iwamori] konnten zeigen, dass Anteile an Stickstoff in SiO_x-Schichten die Sauerstoffpermeabilität vermindern. Die über das reaktive Kathodenzerstäuben von Silicium in Ar/O_2/N_2-Atmosphäre abgeschiedenen Schichten zeigen keine Mikrorisse oder andere Defekte. Arbeiten zu mit PACVD hergestellten SiO_xN_y-Barriereschichten von Shim et al. [Shim] zeigten, dass sich Mikrorisse in den Schichten durch Silicium basierende organisch/anorganische Hybridsysteme zur Spannungsreduktion der SiO_xN_y-Schichten vermeiden lassen. Dabei wurde die Silicium basierende organisch/anorganische Schicht zwischen dem Polymersubstrat und der SiO_xN_y-Schicht aufgebracht.

Mit der Abscheidung und den Barriereeigenschaften von Oxiden und Oxinitriden von Aluminium beschäftigen sich [Henry], [Charton] und [Erlat]. Henry et al. [Henry] beschrieben die strukturellen, mechanischen und Gasbarriere Eigenschaften von Al_xO_y und Indium-Zinn-Oxid-Schichten (ITO) auf PET-Folien. ITO-Schichten zeigten bei den Permeabilitätsmessungen niedrigere Permeationsraten von Wasserdampf im Vergleich zu den Al_xO_y-Schichten. Charton et al. [Charton] zeigten die guten Barriere-Eigenschaften von mittels des Kathodenzerstäubens abgeschiedenen Al_xO_y-Schichten in einem Rolle-zu-Rolle-Prozess. Die Sauerstofftransmissionsraten von $Al_xO_yN_z$-Schichten wurden mit Werten der klassischen Barriereschichten (SiO_x und Al_xO_y) verglichen [Erlat]. $Al_xO_yN_z$-Schichten zeigten bei vergleichbaren Barriereeigenschaften in Hinblick auf die Anwendung auf PET-Folien bessere mechanische Eigenschaften bei größeren Schichtdicken von 30 nm.

Viellagenbeschichtungen aus anorganischen und organischen Einzelschichten werden in den letzten Jahren vermehrt für deren potentiellen Einsatz als

296

Lackner, Meindl, Wolf, Fian, Kittinger, Kot, Major, Teichert,
Waldhauser, Weinberg, Fröhlich: Ultradünne biokompatible Permeations-
schutzschichten für implantierbare Polymere

Barrierebeschichtungen untersucht, wie z.B. in [Chiang] für SiN$_x$-Parylen-Multilayer und in [Kim09] für Drei-Lagen-Beschichtungen aus SiO$_x$/SiN$_x$-Al$_2$O$_3$-Parylen. Ein Patent für bioinerte Barrierebeschichtungen ohne Biofunktionalitätseigenschaften basierend auf Parylen in Multilagenbeschichtungen wurde von Hogg et al. [Hog11] angemeldet.

Atomic-Layer-Deposition (ALD) erlaubt die Herstellung ultradünner Beschichtungen mit Schichtdickenkontrolle auf atomarer Ebene für z.B. Al$_2$O$_3$, SiC, TiO$_2$ [Hoi]. Der Layer-by-Layer-Prozess ist sehr gut steuerbar, jedoch nur bei mittleren bis hohen Temperaturen anwendbar, z.B. > 177 °C für Al$_2$O$_3$.

Ultrananokristalline Diamantbeschichtungen sind chemisch und elektrisch inert, besitzen geringe Reibungskoeffizienten und hohe Verschleißbeständigkeit sowie sehr gute Eigenschaften bzgl. Zellanhaftung [Bajaj]. Eine Anwendung ist aufgrund der hohen Abscheidetemperaturen im CVD-Prozess zwischen 400 und 800 °C jedoch nur für Silicium möglich. Zudem sind die Prozesskosten sehr hoch.

Deutliche Verbesserungen (geringe Beschichtungstemperatur, Biokompatibilität) sind erreichbar durch amorphe Diamond-like-Carbon-Beschichtungen (DLC, a-C:H). Diese Kohlenstoffbeschichtungen basieren auf einer Mischung von sp^2- und sp^3-hybridisierten Kohlenstoffbindungen und können mit physikalischer Dampfphasenabscheidung (PVD), plasmaaktivierter chemischer Dampfphasenabscheidung (PACVD) und Plasmapolymerisationsverfahren mit unterschiedlichem sp^2/sp^3-Verhältnis, Wasserstoffgehalt und damit auch mechanischen Eigenschaften hergestellt werden. Die Biokompatibilität von DLC-Beschichtungen wurde vom Projektkonsortium im Rahmen eines Review-Artikels als Zusammenfassung von über 90 Arbeiten diskutiert [Lackner10]: Generell zeigt DLC ein optimales biokompatibles und biofunktionelles Verhalten: So wurde kein Einfluss auf das Fibroblastwachstum gefunden [Ohgoe], ebenfalls fehlen toxische und zytotoxische Effekte auf Maus-Makrophagen, menschlichen Fibroblasten, Monozyten und Osteoblasten in vitro [Butter, Linder]. Auch Langzeittests über ein Jahr in vivo zeigten nur sehr geringe Bildung von Bindegewebskapseln um die Implantate im Subkutangewebe, Knochen und Muskel im Modell mit Meerschweinchen [Mitura], wobei phagozytische Reaktionen fehlen. Ähnliche Ergeb-

nisse wurden für dreimonatige transkortikale Implantation in Schafen und intramuskuläre Implantation in Ratten gefunden [Allen]. Für DLC-Beschichtungen auf Stahl wurde bei der Knochenfixation im klinischen Test am Menschen keine Korrosion, keine Metallfreisetzung oder Entzündung festgestellt [Zlynski]. Die Dotierung von DLC-Beschichtungen mit Fluor weist antithrombotische Wirkung und die Unterdrückung der Aktivierung der Blutblättchen auf [Saito]. Stickstoffdotierung führt zu besserem Endothelzellenwachstum und antithrombotischen Eigenschaften [Yang, Maitz]. Ähnliches wurde für Silicium als Dotierungselement festgestellt [Maguire, Okpalugo, Huang].

Diese Arbeit fokussiert nun auf die Untersuchung der Gaspermeabilität durch sowohl reine als auch dotierte DLC-Beschichtungen, überprüft deren Zytotoxizität und geht zudem auf die speziell für die Beschichtung von Polymeren notwendige Zähigkeit ein, die vor allem für miniaturisierte, dünne Sensoren und Aktuatoren aufgrund deren Biegbarkeit von großer Bedeutung ist.

2 Experimentelles – Werkstoffe, Beschichtungsverfahren, Charakterisierung

2.1 Substratwerkstoffe

Für die Untersuchungen wurden Polymerfolien aus Polyetheretherketon (PEEK Victrex Aptiv 1000 [Victrex]) mit 50 μm Dicke und 0,525 mm dicke Siliciumwafer in (100)-Ausrichtung ausgewählt. Die verwendeten teilkristallinen und ungefüllten PEEK-Folien weisen einen Elastizitätsmodul von 2400 MPa, eine Bruchdehnung von 120 MPa bei > 150 % Dehnung (Tests in Zugrichtung nach ISO 527) auf und eignen sich aufgrund einer elektrischen Durchschlagsfestigkeit von 190 kV/mm (Test nach ASTM D149) und der dielektrischen Konstanten von 3.4 (Messung nach ASTM D150) sehr gut als Substrat für mikroelektronische Anwendungen (vergleichbare oder bessere Eigenschaften als Polyimid oder Polytetrafluorethylen). Die Wasseraufnahme (nach ASTM D696) liegt bei 0,04 %, wodurch Änderungen der mechanischen Eigenschaften in feuchter Atmosphäre ausgeschlossen werden können [Victrex]. Die Durchlässigkeit für Sauerstoff (OTR-Wert) liegt bei > 150 cm^3 m^{-2} d^{-1} für 200 μm dickes Folienmaterial.

Lackner, Meindl, Wolf, Fian, Kittinger, Kot, Major, Teichert,
Waldhauser, Weinberg, Fröhlich: Ultradünne biokompatible Permeations-
schutzschichten für implantierbare Polymere

297

2.2 Herstellung der Beschichtungen

Die Herstellung der etwa 26 ± 3 nm dicken Beschichtungen erfolgte mittels Hochvakuumbeschichtungsverfahren in einer Industrie ähnlichen Beschichtungsanlage mit in *Abbildung 1a* dargestellter Anordnung der Beschichtungsquellen (Magnetronsputtern als Verfahren aus der Gruppe der physikalischen Dampfphasenabscheidung (ausgehend von einem Target), Direktbeschichtung mit einer Ionenquelle als plasmaaktivierte chemische Dampfphasenabscheidung (ausgehend von einem gasförmigen Precursor) und Substratposition (Drehteller). Vor der Beschichtung wurden die Substrate mit Ethanol gereinigt und getrocknet. Nach Montage der Proben in 100 mm Distanz zu den Beschichtungsquellen (siehe *Abb. 1b*) wurde die Vakuumkammer auf 2 x 10⁻³ Pa Startdruck evakuiert. Zur Erzielung

höherer Schichthaftung erfolgte anschließend eine Plasmaaktivierung der Oberflächen mittels einer Anode Layer Source (ALS) Ionenquelle bei 1 kV Spannung im Sauerstoffgasstrom.

Die Beschichtung selbst erfolgte abhängig vom Schichtwerkstoff in folgender Weise:

1. a-C:H: Dirctbeschichtung ausgehend von einer ALS-Ionenquelle in Ethin (1 x 10⁻¹ Pa) bei 1 kV Spannung

2. a-C:H:N: Direktbeschichtung ausgehend von einer ALS-Ionenquelle in einer Mischung aus 75 % Ethin und 25 % Stickstoff (Prozessdruck: 1 x 10⁻¹ Pa) bei 1 kV Spannung

3. a-C:H:Si: Magnetronsputtern mit gepulster Gleichspannung (80 kHz, 1,4 kW) ausgehend von einem Siliciumtarget in einer Mischung aus 40 % Ethin und 60 % Argon (4 x 10⁻¹ Pa)

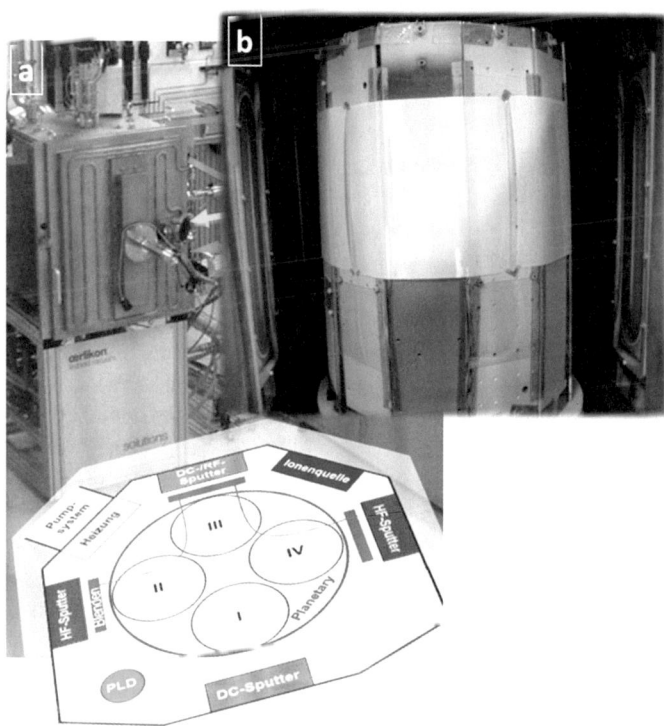

Abb. 1: a) Außenansicht und schematischer Aufbau der Vakuumbeschichtungsanlage (Blick von oben), welche die Anordnung der Sputterquellen, der ALS-Ionenquelle und des Substrattellers (Planetary) zeigt.
b) Innenraum der Vakuumbeschichtungsanlage mit auf dem rotierbaren Substratteller montierten PEEK-Folien. Links und rechts gegenüber den Foliensubstraten befinden sich die Sputterquellen

298

Lackner, Meindl, Wolf, Fian, Kittinger, Kot, Major, Teichert,
Waldhauser, Weinberg, Fröhlich: Ultradünne biokompatible Permeations-
schutzschichten für implantierbare Polymere

4. a-C:H:Ti: Magnetronsputtern mit gepulster Gleichspannung (80 kHz, 1,4 kW) ausgehend von einem Titantarget (Grade-2 Titan) in einer Mischung aus 40 % Ethin und 60 % Argon $(4 \times 10^{-1}$ Pa)

5. SiO$_x$: Magnetronsputtern mit Radio-Frequency-Spannung (13,56 MHz, 300 W) ausgehend von einem Siliciumtarget in einer Mischung aus 15 % Sauerstoff und 85 % Argon $(4 \times 10^{-1}$ Pa)

Während der Beschichtung erfolgte eine kontinuierliche Rotation des Substrattellers, um hohe Homogenität in der Schichtdicke ($\pm$ 3 %) auf der zu beschichtenden Oberfläche zu erreichen. Die Beschichtung erfolgte bei Raumtemperatur ohne Anwendung von Substratbias.

2.3 Charakterisierung der Beschichtungen

2.3.1 Chemische, strukturelle, topographische und mechanische Charakterisierung

Die Bestimmung der chemischen Zusammensetzung der Beschichtungen erfolgte mittels Röntgen-Photoelektronen-Spektroskopie (XPS). Im angewendeten Omicron-Multiprobe-System erfolgte die Anregung der Beschichtung, abgeschieden auf Siliciumwafer, im Hochvakuum $(4 \times 10^{-9}$ Pa) mit monochromatischem AlKα Röntgenstrahl (1486,6 eV) und die Messung der Energie der von der Probe emittierten Photoelektronen mittels eines EA-125-Analysators. Die Auflösung dieses Systems (Spektrometers) im angewendeten *fixed analyzer mode* ist besser als 0,3 eV, die Sensitivität der Detektion etwa 1 Massen-%. Aus dem Fit der Energiespektren wurden die Elementkonzentrationen für C, O, Si, Ti und N errechnet. Eine Messung des Wasserstoffgehalts ist mit dieser Analysetechnik nicht möglich, wodurch die Summe aller messbaren Elementkonzentrationen mit 100 % definiert wurde.

Zur Bestimmung der chemischen Bindungsstruktur in den amorphen Kohlenstoffbeschichtungen kam die Raman-Spektroskopie (Horiba Jobin Yvon LabRam-Raman-Microspectrometer) zur Anwendung. Die beschichteten Siliciumwafer wurden durch ein Olympus-Objektiv mit 100-facher Vergrößerung (N.A. = 0) nach der Anregung mit einem 532 nm Nd:YAG-Laser (1 μm Durchmesser des Laserspots, 0,01 mW Laserleistung) analysiert. Die spektrale Auflösung, gemessen an der Rayleigh-Linie, ist etwa 5 cm^{-1}. Das gestreute Licht wurde mittels eines

1024 x 256 CCD-Detektor (open electrode) gesammelt, wobei die konfokale Lochblende auf 1000 μm und der Eintrittsschlitz des Spektrometers auf 100 μm gesetzt wurden. Die Spektren wurden unpolarisiert aufgenommen. Die Genauigkeit der Raman-Verschiebungen, welche regelmäßig durch Messung mit einer Neonspektrallampe kalibriert wurde, kann mit etwa 0,5 cm^{-1} angegeben werden. Das Fitten der Peaks mit Gauss-Lorentz-Funktionen und lineare Hintergrundkorrektur erfolgte im Anschluss an die Messung mittels der Software Labspec 5.

Untersuchungen zur Schichtstruktur erfolgten mit hochauflösender Transmissionselektronenmikroskopie (HR-TEM, Tecnai G2 F20 (200 kV FEG)). Hochauflösende Hellfeldaufnahmen dienten zur Detektierung von Ausscheidungen, Elektronen-Diffraktometrie (SAED) kam zur Strukturaufklärung zur Anwendung.

Die Schichtdickenbestimmung erfolgt mittels eines Stylus-Profilometers (Veeco Dektak 150) an Stufen auf Siliciumwafern nach Entfernung einer während der Beschichtung verwendeten Maskierung. Lichtmikroskopie wurde zur Charakterisierung der Oberflächen und mikroskopischen Schichtdefekte (d.h. Pinholes, Partikel) auf beschichteten PEEK-Substraten angewendet. Dafür wurden die Proben vor der Messung mittels trockenen Stickstoffs zur Entfernung etwaiger Staubpartikel abgeblasen. Einige detaillierte Aufnahmen der Oberflächentopographien und die Bestimmung der Strukturhöhen im Nano-/Mikro-Maßstab erfolgten durch Anwendung der Rasterkraftmikroskopie (AFM, Asylum Research MFP 3D, tapping mode) mit Olympus AC 160 TS Siliciumspitzen (Spitzenradius < 15 nm).

Zur Bestimmung der mechanischen Eigenschaften der Beschichtungen kamen Indentationstests zur Anwendung. Instrumentierte Mikroindentation mit 1 mN maximaler Belastungskraft (CSM Instruments, MCT) diente zur Aufnahme der Abhängigkeit der Indentationstiefe von der Belastungskraft unter Verwendung eines Vickers-Diamanten (kalibriert mit Fused Silica), aus welcher basierend auf der Oliver-Pharr-Theorie [Oliver] Härte und elastischer Modul der Beschichtungen errechnet werden konnten. Zur Vermeidung von zu großem Substrateinfluss wurden dafür Beschichtungen mit 800 bis 1000 nm Dicke auf Silicium (anstatt auf weichem,

Lackner, Meindl, Wolf, Fian, Kittinger, Kot, Major, Teichert,
Waldhauser, Weinberg, Fröhlich: Ultradünne biokompatible Permeations-
schutzschichten für implantierbare Polymere

299

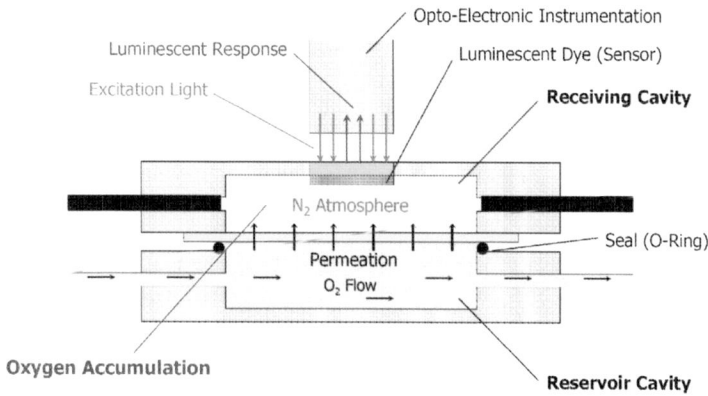

Abb. 2: Aufbau der opto-chemischen Permeationsmesszelle [Tscherner]

nachgiebigem Polyurethan) hergestellt, welche max. 150 nm tief indentiert wurden. Statistische Grundlage für die angegebenen Messwerte sind mindestens sechs Indentationen. Die Zähigkeit der Beschichtungen auf Silicium-Substraten wurde mittels der in [Li 1997, Li 1998] beschriebenen Methode der Indentation der Beschichtung mit einem Berkovich-Diamanten und der Bestimmung der Grenzlast für das Einsetzen von kohäsiven, durch die Schichtdicke hindurchreichenden Rissen bestimmt. Die Ausbildung dieser Kohäsionsrisse ist mit der Ausbildung einer Stufe in der Last-Indentationstiefe-Kurve verbunden, welche zur Ermittlung der Bruchzähigkeit herangezogen wird.

Die Bestimmung des Kontaktwinkels der Beschichtungen als Maß für die Benetzbarkeit erfolgte mit destilliertem Wasser bei 25 °C und 55 % relativer Luftfeuchtigkeit etwa eine Woche nach Schichtherstellung. Während dieses Zeitraums wurden die Proben im Exsikkator bei etwa 20 °C und ~ 20 % Luftfeuchtigkeit gelagert, um einen ähnlichen, gealterten Zustand zu erreichen, wie er auch der Biokompatibilitätsprüfung sowie bei den mikrobiologischen Untersuchungen vorliegt. Alterung tritt vornehmlich durch Luftsauerstoff und eine Oxidation der Oberfläche auf. Die Statistik zu den Messungen beruht auf mindestens drei unabhängigen Einzelmessungen auf unterschiedlichen Oberflächenbereichen.

2.3.2 Gaspermeationsmessungen

Die Permeation von Sauerstoff durch beschichtete PEEK-Folien (50 µm Dicke) wurde mittels eines opto-chemischen Sensors über einen Platin basierten (immobilisiertes PdTFPP in hochpermeabler Matrix), Sauerstoff sensitiven Lumineszenzfarbstoff gemessen [Tscherner, Rharbi]. Dabei ist die Lumineszenz des Farbstoffs abhängig von der Sauerstoffkonzentration der Umgebungsatmosphäre. Die Probe ((un-)beschichtete PEEK-Folie) befindet sich zwischen zwei Kammern, von denen eine mit reinem Sauerstoff (> 99,999 %) beaufschlagt und die andere, welche den Lumineszenzfarbstoff-Sensor beinhaltet, vor der Messung mit Stickstoff (> 99,999 %) zur Entfernung jeglichen Sauerstoffs gespült wird. Durch Permeation durch die Probe steigt nun in dieser Kammer der Sauerstoffgehalt während der Messung an, welcher zu Lumineszenzänderung führt. Im Messaufbau wird der Sensor von außen durch ein Glasfenster mit zwei grünen LEDs gepulst bestrahlt, von welchen eine nur als Referenzsignal für den Fotodetektor dient, während das von der zweiten ausgesendete Licht mit dem Farbstoff wechselwirkt (Aufbau siehe *Abb. 2*). Intensität und Dauer der Lumineszenz des Farbstoffs sind abhängig vom Sauerstoffgehalt, was als Messgrundlage zur Errechnung der Oxygen Transmission Rate (OTR) aus dem Fotodetektorsignal dient.

2.3.3 Biologische Wechselwirkungen der Beschichtung

Die in-vitro-Evaluierung von Biomaterialen gemäß der ISO 1993 Richtlinien erfordert als eine der ersten Bestimmungen die Testung auf bakterielle Kontamination sowie die Identifizierung einer möglichen zellulären Schädigung. Der Nachweis bakterieller Kontamination erfolgt durch Detektion pyrogen wirkender Lipopolysaccharide, die aus der Wand gram-negativer Bakterien freigesetzt werden. Da in der Regel Mischverunreinigungen vorliegen, gilt ein negativer Nachweis von Lipopolysaccharid als Abwesenheit bakterieller Kontamination. Der Limulus-Amöbozyten-Lysat-Test (LAL) wurde mit dem früher durchgeführten Kaninchen-Pyrogen-Test validiert [Ronneberger] und hat sich anschließend als alternativer in-vivo-Test durchgesetzt.

Bei der Bewertung der Zytotoxizität werden Eluatproben, also die biologische Wirkung von aus dem Testmaterial freigesetzten Substanzen und direkter Kontakt mit dem Testmaterial getestet [ASTM]. Die so festgestellte Zellschädigung korreliert gut mit der Wirkung des Materials in Tierversuchen [Ekwall]. Bei der Auswertung der Zytotoxizität im direkten Kontakt werden Zellzahl und Zellmorphologie beurteilt, während bei der Eluattestung Zytotoxizitäts-Screening-Tests angewendet werden, die auf der Bestimmung von Gesamtproteinmenge, DNS-Gehalt, Zellzahl oder metabolischer Leistung einer exponierten Zellpopulation beruhen [ANIS].

Für den Endotoxinnachweis werden nach Erstellen von Standardkurven mit Endotoxin aus *E.coli* Extrakte der Proben nach den Richtlinien in Endotoxin freiem Wasser hergestellt und getestet [ISO]. Die Gerinnung von Pfeilschwanzkrebs-Amöbozyten-Lysats wird nach Inkubation mit verschiedenen Probenverdünnungen optisch bewertet und dokumentiert. Bei Vorhandensein einer Kontamination er-

folgt eine Verklumpung der Probe zu einem festen Pfropfen, während die Flüssigkeit bei negativem Nachweis beim Umdrehen des Reagenzglases abfließt *(Abb. 3)*. Im Falle einer Verklumpung erfolgt die Angabe der Endotoxinkonzentration als EU/mL mittels der im Test vorgegebenen Formel.

Bei der Testung in Direktkontakt wurden Testmaterial, Positivkontrolle (Kupferfolie), und Negativkontrolle (PVC Folie) in einer Größe von $1,3 \pm 0,2$ cm^2 eingesetzt. Als Zellen wurden murine Fibroblasten (L929) und menschliche Fibroblasten (MRC-5) verwendet. Die Zellen wurden in Platten kultiviert und bis zu 72 Stunden mit den Proben exponiert. Zellzahl und Morphologie der Zellen werden mit Phasenkontrast (ohne Färbung) beurteilt, Kristallviolett dient als Übersichtsfärbung um die Gesamtbewachsung der Platten mit Zellen zu erfassen.

Die Beurteilung des Ergebnisses erfolgt nach der Einteilung [USP], dass Zellrasendefekte in der Kontaktzone mit der Folie nicht als zytotoxisch gewertet werden und ab einem Defekt von 1 cm über die Auflagefläche hinaus zusammen mit morphologischen Veränderungen der Zellen von einem toxischen Effekt ausgegangen wird.

Bei der Eluattestung wurden 3 cm^2/mL von Testmaterial, Positivkontrolle (20 nm Polystyrol Latex Partikel), und Negativkontrolle (200 nm Polystyrol Latexpartikel) für 24 h bei 37 °C extrahiert und dieses Eluat in verschiedenen Konzentrationen mit Fibroblasten inkubiert. Als Auswerteparameter dient die metabolische Aktivität der Zellen, die sich durch die Umsetzung eines Tetrazoliumsalzes zu einem

Abb. 3: Abfließen der Pfeilschwanzkrebs-Blutprobe (oben) und Verklumpung der Probe bei einer Endotoxinmenge von 0,125 EU/mL (unten)

Lackner, Meindl, Wolf, Fian, Kittinger, Kot, Major, Teichert,
Waldhauser, Weinberg, Fröhlich: Ultradünne biokompatible Permeations-
schutzschichten für implantierbare Polymere

301

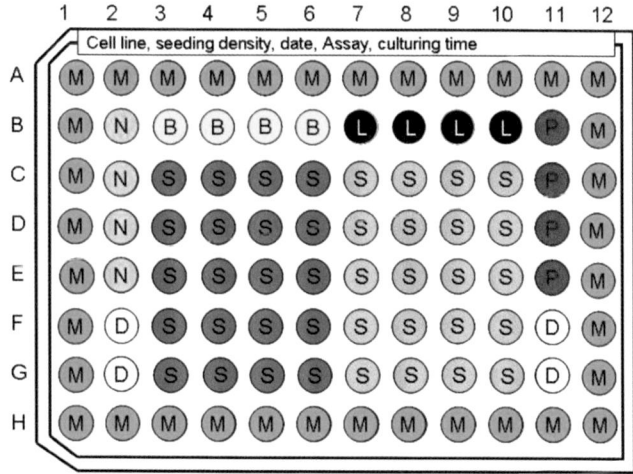

Abb. 4: Darstellung des Plattenlayout bei der Testung von Eluaten schematisch: Medium (M), Blank (B), Negativkontrolle (N), Positivkontrolle (P),
Lyse (L), Diluent (Verdünnungsmedium, D), Proben (Sample, S)

violetten Farbstoff photometrisch quantifizieren
lässt. Auf der Platte werden die äußersten Plätze
wegen der Gefahr der Beeinträchtigung durch Verdunstung nur mit Medium belegt. Im Plattenlayout
sind des Weiteren neben der Lyse der Zellen (L),
Negativkontrolle (N), Positivkontrolle (P), Verdün-
nungsmittel (D, Medium), Blank (B) und Probenverdünnungen (S) vorgesehen (Abb. 4). Die Bestimmung der Absorption mittels Photometer wird nach
24, 48 und 72 h durchgeführt. Zur Überprüfung des
Ergebnisses werden die Zellen mikroskopisch beurteilt. Die Farbreaktion wird auf den Umsatz von
Zellen normalisiert, die nur mit Medium in Kontakt waren. Die Darstellung erfolgt in der Form von
Säulendiagrammen mit Bezug der Werte auf unbehandelte Kontrollzellen.

In den Analysen der mikrobiologischen Eigenschaften wurden die zu untersuchenden Oberflächen
(5 x 5 cm²) mit einer Bakteriensuspension (2,5 x 105
bis 1,0 x 106) für 24 Stunden bei 95 % Luftfeuchtigkeit in einer Petrischale bei 37 °C im Brutschrank
inkubiert. Als Referenzstämme kamen Staphylococcus aureus DSM 346, DSM 799 und Escherichia
coli DSM 1576 zur Anwendung. Während der Inkubation wird die Bakteriensuspension mit einem
4 x 4 cm² Folienfilm abgedeckt. Die verwendete
Menge an Flüssigkeit benetzt genau die 4 x 4 cm²
Fläche. Es darf keine Flüssigkeit seitlich austre-

ten. Bei der Isolation werden 9,6 mL SCDLP-broth
(CSL-Nährmedium mit Tween 80) dazugegeben,
für 1 Minute bei 125 rpm geschüttelt und die Zellen
durch ausplattieren auf Caso Agar wiedergewon-
nen. Zur Ermittlung der eingesetzten Startkeimzahl
wird eine Probe sofort nach Ansatz isoliert und
repräsentiert damit die Ausgangskonzentration der
Testmikroorgansimen.

3   Ergebnisse und Diskussion

3.1   Chemische, strukturelle, topographische und mechanische Charakterisierung

Zur Durchführung der Studie zur Gasbarrierewir-
kung, Biokompatibilität und mikrobiologischen
Wechselwirkung wurden chemisch deutlich unterschiedliche Schichtwerkstoffe ausgewählt, welche
jedoch nur aus nicht oder nur gering zytotoxisch
wirkenden Elementen (C, O, N, Ti, Si) aufgebaut
sind. Zur Bestimmung der chemischen Zusammensetzung wurden XPS-Untersuchungen bedingt
durch die geringe Schichtdicke an der Probenoberfläche ohne Absputtern der durch den Luftsauerstoff
oxidierten Randzone durchgeführt. Diese Oberfläche
der Beschichtungen stellt auch die direkte Kon-
taktstelle zu Proteinen und Zellen in biologischer
Umgebung dar und beeinflusst somit deren Verhalten. Die Ergebnisse, welche detailliert in *Tabelle 1*

302

Lackner, Meindl, Wolf, Fian, Kittinger, Kot, Major, Teichert,
Waldhauser, Weinberg, Fröhlich: Ultradünne biokompatible Permeations-
schutzschichten für implantierbare Polymere

Tab. 1: Ergebnisse der chemischen Analyse der Schichtwerkstoffe (SiOx, a-C:H, a-C:H:N, a-C:H:Si, a-C:H:Ti) mittels XPS: Bindungsenergien der verwendeten Fitkurven und ermittelte Elementkonzentrationen sowie Konzentrationsverhältnisse

	SiO_x		a-C:H		a-C:H:N		a-C:H:Si		a-C:H:Ti	
	Bindungs-energie (eV)	*Anteil (at.-%)*	*Bindungs-energie (eV)*	*Anteil (at.-%)*	*Bindungs-energie (eV)*	*Anteil (at.-%)*	*Bindungs-energie (eV)*	*Anteil (at.-%)*	*Bindungs-energie (eV)*	*Anteil (at.-%)*
C1s	282,80	8,27								
	284,80	17,74	284,60	78,41	284,60	41,65	284,60	58,11	284,60	44,21
			285,54	10,59	285,57	18,69	285,62	7,71	285,90	8,50
			286,84	3,20	286,51	9,64	286,47	11,28	286,98	4,35
					287,70	4,87	287,64	5,64		
			288,31	1,30					288,41	3,24
					288,84	2,78	288,79	2,99		
					290,50	0,60				
Σ C		26,02		93,50		78,23		85,73		60,29
Si2p	100,88	4,57								
							101,16	0,35		
							102,53	1,38		
	103,43	21,40								
Σ Si		25,97						1,73		
Ti2p									458,49	6,88
									471,54	0,81
Σ Ti										7,69
N1s					398,23	1,09				
					398,93	3,58				
					400,01	3,48				
					401,23	0,70				
					402,81	0,30				
Σ N						9,15				
O1s	529,16	0,76							529,92	16,44
	530,64	36,90								
			531,14	1,20	531,11	3,78	531,16	4,49	531,23	7,69
	532,16	10,34	532,13	3,40	532,25	5,37	532,2	1,50	532,14	5,67
			533,11	1,90	533,38	3,48	533,2	6,56	533,15	2,23
Σ O		48,01		6,50		12,62		12,54		32,02
x/C					N/C	0,11	Si/C	0,02	Ti/C	0,13
O/C		1,85		0,07		0,16		0,14		0,53
O/Si		1,85						7,26		

Lackner, Meindl, Wolf, Fian, Kittinger, Kot, Major, Teichert,
Waldhauser, Weinberg, Fröhlich: Ultradünne biokompatible Permeations-
schutzschichten für implantierbare Polymere

303

dargestellt sind, zeigen für die SiO$_x$-Schicht mit O/Si = 1,85 gegenüber SiO$_2$ leicht verringerten Sauerstoffgehalt. Der Sauerstoff der übrigen Proben ist sehr unterschiedlich (zwischen 6,5 und 32 at.-%, bzw. O/C-Verhältnis zwischen 0,07 und 0,53). Der a-C:H:Si, a-C:H:N und a-C:H:Ti-Schichten eingebaute Elementgehalt (N, Ti, Si) liegt, bezogen auf den C-Gehalt, bei Si/C = 0,02, N/C = 0,11 und Ti/C bei 0,13.

Ein Vergleich der aus dem Fit der aufgenommenen Spektren (Bindungsenergien) mit aus der Literatur bekannten Bindungsenergien [Moulder] erlaubt Rückschlüsse auf die auf der Oberfläche vorhandenen Verbindungen: Standardbindungsenergien für AlKα-Strahlung und Kohlenstoffatome (C1s) liegen bei 280,8 bis 283,0 eV für Metallkarbide, 284,5 eV für Graphit, 285,2 bis 288,4 eV für C-N- und 286,1 bis 291,5 eV für C-O-Verbindungen. Für die hergestellten Beschichtungen bedeutet dies, dass ein sehr hoher Anteil an C-C-Bindungen vorliegt und ein Teil des Kohlenstoffs oxidiert (C-O) ist oder mit Stickstoff reagiert hat. Niedrige Bindungsenergien, welche auf Metallkarbide hindeuten (z.B. 281,6 eV für TiC) fehlen. Bindungsenergien für Si2p liegen in reinem Si bei 98,8 bis 99,5 eV und für SiO$_2$ bei 102,3 bis 103,8 eV, bei Übergangsbindungszuständen auch dazwischen. Eine Mischung aus Si und SiO$_2$ liegt für die SiO$_x$-Schicht vor, die nicht vollständige Oxidation als Übergangszustand bei der a-C:H:Si-Schicht. Bei letzterer Schicht treten zudem eventuell karbidische Bindungsanteile (99,9–100,9 eV) auf. Der Ti2p-Peak in der a-C:H:Ti-Schicht kann aufgrund der hohen Bindungsenergien einer TiC-Bindung zugeordnet werden [Parra]. Die Bindungsenergien für N1s mit 398 bis 403 eV lassen beim Vergleich mit Literaturwerten den Einbau des Stickstoffs in organische Matrix (399–401 eV) vermuten. Niedrige Bindungsenergie von O1s deuten auf Metalloxide (528,2–531,1 eV, z.B. TiO$_2$: 529,9 eV) hin, hohe auf SiO$_2$ (532,5–533,5 eV), was für SiO$_x$ und a-C:H:Ti bzw. a-C:H:Si sehr gut übereinstimmt.

Eine Strukturaufklärung aller Kohlenstoffbeschichtungen erfolgte mittels Raman-Spektroskopie, welche deutlich geringere Oberflächensensitivität als die XPS-Analyse besitzt (Eindringtiefe bei der Raman-Spektroskopie: > 10 nm, XPS: < 5 nm): Die Frequenzverschiebung von einfallendem Licht durch Raman-aktive Moleküle (durch die Stokes-Streuung)

ist dabei Indikator für die vorliegende Struktur: Amorpher Kohlenstoff besitzt fünf derartige Frequenzverschiebungen (Banden) zwischen 800 und 2000 cm^{-1} im Raman-Spektrum, wobei zwei Haupt-Banden bei ~ 1350 cm^{-1} (D) und ~ 1550 cm^{-1} (G) Rückschluss auf die Struktur des Materials zulassen: Die G-Bande hat ihren Ursprung in den Longitudinalschwingungen von Kohlenstoffatomen in sp^2-Hybridisierung in Kohlenstoffringen und Kohlenstoffketten. Die D-Bande entsteht aufgrund der zentrischen Schwingung von Kohlenstoffatomen in Ringen.

Die Ermittlung von Intensitätsverhältnissen der D- und G-Banden (I$_D$/I$_G$) lässt Rückschlüsse auf den Anteil von sp^2-Bindungen in Ringstrukturen zu [Robertson]: Niedrige Werte lassen eine Anordnung in Ketten, höhere Werte in aromatischen Ringen erwarten. Fehlt das D-Band vollständig, existieren auch keine sp^2-hybridisierten Kohlenstoffatome in aromatischen Ringen [McKenzie]. In a-C:H Schichten mit entweder sp^2- oder sp^3-hybridisierten Kohlenstoffatomen gibt das I$_D$/I$_G$-Verhältnis zudem Informationen über den Anteil der sp^3-Hybridisierung [McKenzie, Fallon], welche aber in C-C und C-H Bindungen auftritt. Eindeutigere Information über den Bindungspartner kann durch Analyse der Halbwertsbreite (FWHM) des G-Bands gewonnen werden [Robertson], welche durch die strukturelle Unordnung (unterschiedliche Bindungswinkel und Bindungslängen) beeinflusst wird. Hohe FWHM (G) tritt in a-C:H-Schichten mit max. 30 at.-% H (d.h. nicht polymerische Schichten) mit hohem C-C sp^3-Anteil auf.

Abbildung 5 zeigt die Übersicht der aufgenommenen Raman-Spektren im Bereich der signifikanten Raman-Verschiebungen des Kohlenstoffatoms, *Tabelle 2* die Auswertung der Banden-Positionen, Halbwertsbreiten und der I$_D$/I$_G$-Verhältnisse nach Gauss/Lorentz-basiertem Fit der Spektren für die abgeschiedenen Kohlenstoffschichten. Die dargestellten Kurvenverläufe bestätigen für die a-C:H, a-C:H:N und a-C:H:Ti Schicht amorphe Kohlenstoffstrukturen, die a-C:H:Si Schicht ist jedoch im dargestellten Wellenzahlbereich nur sehr schwach Raman aktiv, was auf das hohe Si/C-Verhältnis zurückgeführt werden kann.

Für a-C:H liegt die G-Bande bei 1534 cm^{-1} und steigt durch N- und Ti-Gehalt auf 1543 bis 1544 cm^{-1}

304

Lackner, Meindl, Wolf, Fian, Kittinger, Kot, Major, Teichert,
Waldhauser, Weinberg, Fröhlich: Ultradünne biokompatible Permeations-
schutzschichten für implantierbare Polymere

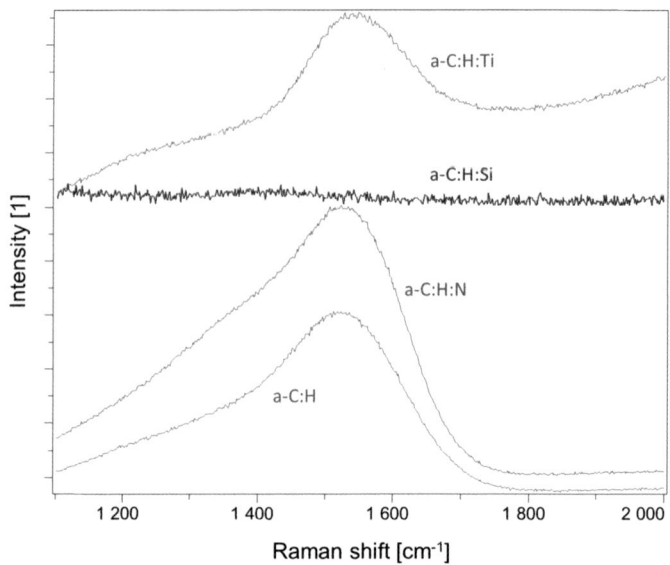

Abb. 5: Raman-Verschiebungen der Kohlenstoff basierten Beschichtungen (a-C:H, a-C:H:N, a-C:H:Si, a-C:H:Ti) im charakteristischen Wellenzahlbereich für das D- (1350 cm^{-1}) und G-Band (~ 1550 cm^{-1}) des Kohlenstoffatoms

Tab. 2: Durch den Fit mit Gauss-Funktionen ermittelte Wellenzahlen und Halbwertsbreiten (FWHM) der D- und G-Banden sowie I$_D$/I$_G$-Verhältnisse der auswertbaren Kohlenstoffbeschichtungen (a-C:H, a-C:H:N, a-C:H:Ti)

	D (cm^{-1})	FWHM (D) (cm^{-1})	G (cm^{-1})	FWHM (G) (cm^{-1})	I_D/I_G (1)
a-C:H	1345,26	324,25	1534,46	194,48	0,42
a-C:H:N	1377,09	332,49	1543,53	172,99	0,76
a-C:H:Ti	1277,10	291,01	1542,76	180,40	0,31

an, wobei die Halbwertsbreite (G) für a-C:H:N am höchsten ist. Die Position der D-Bande liegt zwischen 1340 auf 1380 cm^{-1} für a-C:H und a-C:H:N, jedoch nur bei 1280 cm^{-1} für a-C:H:Ti (Halbwertsbreiten: ohne Tendenz zum Schichtwerkstoff zwischen 300–350 cm^{-1}). Das ID/IG-Verhältnis ist für die a-C:H:Ti-Schicht am geringsten und steigt für a-C:H und a-C:H:N bis auf 0,76 an, wodurch sich auch die Kohlenstoffbindungsstrukturen von Ketten- zu Ringstrukturen verschieben. Aus der höheren Halbwertsbreite (G) für a-C:H:N kann eventuell auf höheren sp^3-Anteil der C-C-Bindungen geschlossen werden.

Untersuchungen der Schichtstruktur mit hochauflösender Mikroskopie (HR-TEM) sowie Elektronendiffratometrie (SAED) zeigen überwiegend amorphe Mikro- und Nanostruktur der Beschichtungen (*Abb. 6a, b* für a-C:H und a-C:H:Si). Ähnliche Ergebnisse können für die SiO$_x$-Schichten erwartet werden, wie vorangegangene Untersuchungen zeigten [Lackner2002]. Nanokristalline Bereiche konnten nur bei a-C:H:Ti nachgewiesen werden *(Abb. 6c)*, welche aus TiC-Nanokörnern (Durchmesser 5 bis 10 nm) in amorpher Kohlenstoffmatrix aufgebaut sind. Diese Untersuchungen wurden auf Siliciumwafersubstraten und an dickeren Beschichtungen

Lackner, Meindl, Wolf, Fian, Kittinger, Kot, Major, Teichert,
Waldhauser, Weinberg, Fröhlich: Ultradünne biokompatible Permeations-
schutzschichten für implantierbare Polymere

305

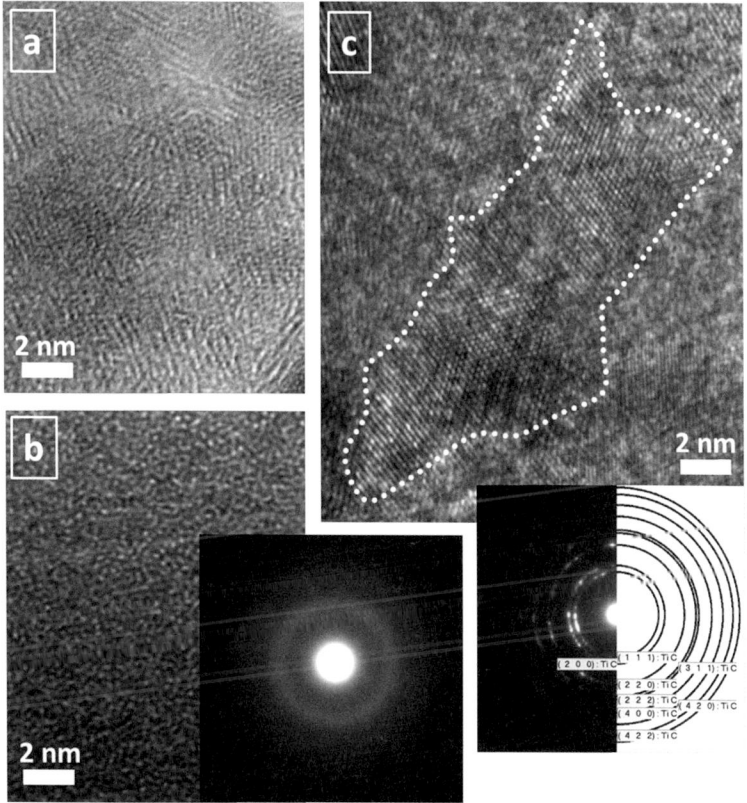

Abb. 6: HR-TEM-Aufnahmen von Beschichtungen aus a) a-C:H, b) a-C:H:Si und
c) a-C:H:Ti mit > 500 nm Schichtdicke auf Siliciumwafersubstraten. Elektronendiffrakto-
gramme (SAED) bestätigen in b) für a-C:H:Si amorphe Struktur bzw. in c) für a-C:H:Ti
nanokristalline kubische TiC-Ausscheidungen

(~ 500 nm) durchgeführt, da Untersuchungen von ultradünnen Beschichtungen bzw. von auf Kunststoffen abgeschiedenen Beschichtungen mit höchster Auflösung technisch nicht realisierbar sind. Basierend auf vorangegangenen Studien [Lackner 2013] kann jedoch davon ausgegangen werden, dass der Kristallinitätsgrad bei der Schichtabscheidung auf Kunststoffoberflächen durch eine Kontamination der Schicht mit Atomen aus dem Oberflächenbereich des Kunststoffs als auch durch die speziellen Wachstumsvorgänge (siehe nachfolgende Beschreibungen) sinkt. Im Vergleich zur Größenordnung der fokalen Adhäsionspunkte (> 500 nm Durchmesser), welche die Anhaftung der Zellen auf Oberflächen gewährleisten, sind diese kristallinen Bereiche klein. Daher kann in weiteren Diskussionen zum Zellkontakt bei allen Beschichtungen von einer amorphen, relativ gleichverteilten Mischung der Bestandteile an der Schichtoberfläche ausgegangen werden.

Die Qualität der Beschichtungen, d.h. die Schichtdichte und Häufigkeit von Nano- und Mikrodefekten, hat entscheidende Auswirkung auf die erzielbare Gasbarriere der Beschichtungen. Deshalb wurde die Schichtoberfläche im Mikro- und Nanomaßstab auf Defekte untersucht: Lichtmikroskopische Aufnahmen in *Abbildung 7* zeigen die Mikrostruktur der Oberfläche der untersuchten Kohlenstoff basierten und SiO_x-Beschichtungen auf PEEK (sowie auch unbeschichtetes PEEK): Deutlich ist auf allen Aufnahmen von beschichtetem PEEK *(Abb. 7 b–f)* die Ausbildung einer feinen Mikrostruktur zu erkennen, welche bei den beiden magne-

306

Lackner, Meindl, Wolf, Fian, Kittinger, Kot, Major, Teichert,
Waldhauser, Weinberg, Fröhlich: Ultradünne biokompatible Permeations-
schutzschichten für implantierbare Polymere

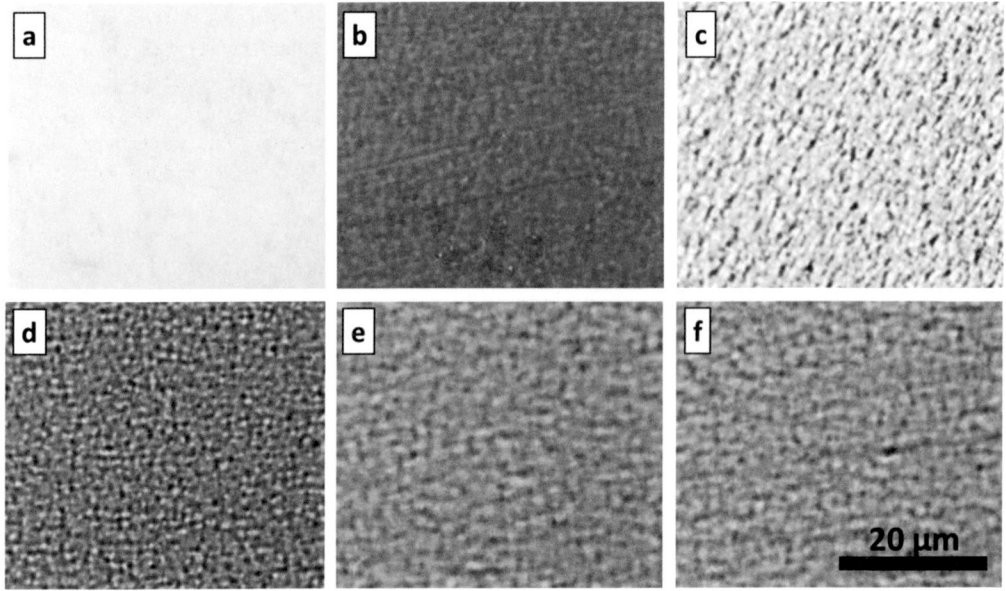

Abb. 7: Lichtmikroskopische Aufnahme der a) Oberfläche der PEEK-Folie bzw. der Schichtoberflächen (26 ± 3 nm Beschichtungen) auf PEEK: b) SiO$_x$, c) a-C:H, d) a-C:H:N, e) a-C:H:Si, f) a-C:H:Ti

tron-gesputterten Kohlenstoffbeschichtungen (SiO$_x$, a-C:H:Si und a-C:H:Ti) deutlich gröber ist als bei den PACVD-Beschichtungen (a-C:H, a-C:H:N). Das Ausgangsmaterial *(Abb. 7a)* hingegen besitzt in diesem Größenmaßstab keine sichtbaren topographischen Strukturen und ist sehr glatt (~ 3 nm Rq). Mikrodefekte treten nur sehr vereinzelt auf, auf den Abbildungen sind keine erkennbar. Eine Auswertung der Mikrodefektdichte auf 1 mm^2 großen Flächen führte unter Berücksichtigung der lichtmikroskopisch erfassbaren Defektgrößen (> 1 μm) zu Werten von 5 ± 1 mm^{-2} für a-C:H:Ti, 6 ± 1 mm^{-2} für a-C:H:Si, 10 ± 1 mm^{-2} für a-C:H:N, 19 ± 2 mm^{-2} für SiO$_x$ und 21 ± 2 mm^{-2} für a-C:H. Entgegen den Erwartungen zeigen daher die magnetron-gesputterten Kohlenstoff basierten Beschichtungen geringere Defektdichten als die mittels PACVD-Verfahren hergestellten.

Eine genauere Betrachtung der sich ausbildenden Strukturen zeigt bei allen gesputterten Beschichtungen das Auftreten von welliger Topographie mit einer Strukturgröße von < 3 μm (Abstand zwischen den Wellen-Tälern) für a-C:H:Si und a-C:H:Ti und <5 μm für SiO$_x$. Deutlich feinere Strukturgrößen treten bei a-C:H:N-Beschichtungen auf, bei reinen

a-C:H-Schichten hingegen ist diese Struktur jedoch nicht mehr erkennbar.

Das Studium der Oberflächentopographie im Nanomaßstab basierend auf AFM-Aufnahmen führt daher zu deutlich besserem Verständnis: Wie bereits aus vorangegangenen eigenen Untersuchungen von beschichteten Polymersubstraten bekannt, bildet sich auf der Oberfläche eine sogenannte *Nano-Wrinkling*-Struktur aus [Lackner 2011, Lackner 2012, Lackner 2013-2]. Diese Struktur ist bedingt durch intrinsische Schichteigenspannungen, welche sich während der (höher-)energetischen Vakuumbeschichtung ausbilden. Eine Relaxation der Eigenspannungen – und ein damit energetisch günstigerer Zustand – wird durch gemeinsame Verformung der Beschichtung mit dem Polymer-Substrat erreicht, was zu der beobachteten welligen Faltenstruktur führt. Wie aus *Abbildung 8a* und *b* ersichtlich ist, liegen die lateralen Strukturgrößen an bzw. unter der Auflösungsgrenze der Lichtmikroskopie:

Die auftretenden Strukturen auf a-C:H-beschichtetem PEEK sind in *Abbildung 8a* dargestellt, jene für die a-C:H:Si-Schicht in *Abbildung 8b*. Auf beiden Oberflächen finden sich feine Strukturen *wurm-ähnlicher* Nano-Wrinkle-Struktur mit ~ 70 nm (a-C:H)

Lackner, Meindl, Wolf, Fian, Kittinger, Kot, Major, Teichert,
Waldhauser, Weinberg, Fröhlich: Ultradünne biokompatible Permeations-
schutzschichten für implantierbare Polymere

307

bzw. ~ 240 nm (a-C:H:Si) Wellenlänge und zusätzlich Überstrukturen mit etwa 1 bis 2 µm Abstand
(Wellenlänge), welche vor allem in *Abbildung 8b*
durch die helleren, die Strukturhöhe beschreiben-
den Bereiche sehr gut erkennbar sind (diese Bereiche werden auch lichtmikroskopisch erfasst).
Diese Überstrukturen sind auch in schwacher Ausprägung in *Abbildung 8a* erkennbar.

Grundbedingung für die Wrinkle-Bildung sind intrinsische Schichteigenspannungen im Druckbereich, welche im Allgemeinen bei Beschichtungsverfahren mit höherer kinetischer Energie bzw. Ioni-
sierung des Plasmas (d.h. der schichtbildenden Teilchen) und niedrigen Beschichtungstemperaturen auftreten; Beeinflusst wird die Ausbildung der Wrinkles
(Nanowrinkles und Überstrukturen) von den mechanischen Eigenschaften der harten Beschichtung und
des darunterliegenden weichen, nachgiebigen Poly-
mer-Substrats (Elastizitätsmoduli, Spannungsniveau

für das Einsetzen der plastischen Verformung (Härte)
sowie Bruchspannung/-dehnung der Schicht), wie
nachfolgend diskutiert wird. Da die Schichtabscheidung bei Raumtemperatur ohne Erwärmung erfolgte,
sind die bei der Beschichtung auftretenden Druck-
eigenspannungen vornehmlich bedingt durch fehlerhafte Anordnung von Atomen in der Schicht, d.h.
vornehmlich durch höhere Dichte von Atomen in der
Schicht, welche das umliegende Material zunächst
auf atomaren Maßstab komprimieren – aber mit
Auswirkungen auf den mikro- und makroskopischen
Spannungszustand. Ein derartiger Einbau ist sowohl
bei hohen Teilchenenergien im Plasma, welche zur
Implantation unter die Schichtoberfläche und Einlagerung auf falschen (Gitter-)Plätzen ausreichend
sind (> 500 eV), als auch bei niedrigen Teilchenenergien durch den Mangel an Oberflächendiffusion
(< 20 eV) und damit Anlagerung an falschen Plätzen
möglich.

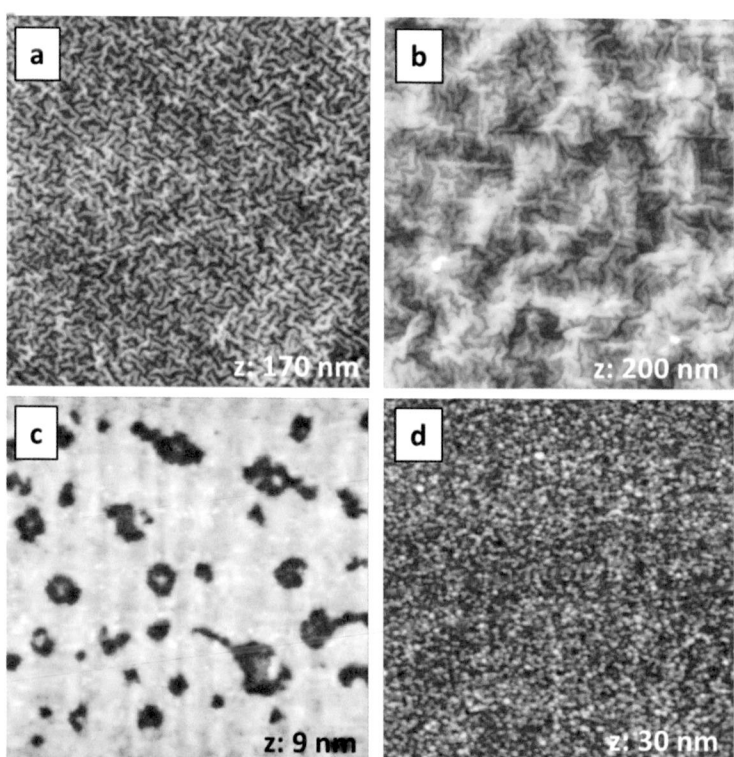

Abb. 8: Oberflächentopographien von 26 nm dicken a-C:H (a, c) und a-C:H:Si Beschichtungen (b, d) auf PEEK (Bildgröße 8 x 8 µm²) (a, b) und Siliciumwafer (Bildgröße
2 x 2 µm²) (c, d)

308

Lackner, Meindl, Wolf, Fian, Kittinger, Kot, Major, Teichert,
Waldhauser, Weinberg, Fröhlich: Ultradünne biokompatible Permeations-
schutzschichten für implantierbare Polymere

Dass beide Fälle in der vorliegenden Arbeit auftreten, kann aus dem Vergleich von *Abbildung 2c* und *d* gefolgert werden:

• Hochenergetische Beschichtungsverfahren (Teilchenenergie > 500 eV) wie die Direktbeschichtung aus dem Anode-Layer-Source PACVD-Plasma führen bei der Schichtabscheidung auf Silicium unter gleichen Abscheidebedingungen wie auf PEEK zu sehr glatten Beschichtungen mit Inselwachstumsstrukturen (3 nm erhabene, bereits koagulierte Bereiche (Inseln)) und dazwischen liegenden Vertiefungen *(Abb. 2c)*. Ausreichende Oberflächendiffusion führt dabei zur Umlagerung von schichtbildenden Atomen an die Ränder der wachsenden Inseln.

• Niedrigenergetische Verfahren wie Magnetronsputtern (< 20 eV) führen zum Wachstum einzelner Kristallite mit Durchmessern im Bereich von 15 bis 20 nm und höherer Porosität *(Abb. 2d)*.

Dass auf den PEEK-Oberflächen in beiden Fällen Nano-Wrinkle-Strukturen mit ähnlicher Struktur, aber in unterschiedlicher Größe auftreten, ist vornehmlich durch die sich ausbildende Wölbung der Oberfläche bei der Wrinkle-Bildung vom Beginn des Schichtwachstums an bedingt. Diese führt in Druckspannungsbereichen (Wrinkle-Täler) zur Verdichtung der Schicht, d.h. den weniger dicht gepackten Bereichen zwischen den Kristalliten. In den Zugspannungsbereichen (Wrinkle-Berge) ist eine Rissbildung auf die mechanisch schwächsten Bereiche der Schicht, d.h. ebenfalls auf diese interkristallinen Bereiche, beschränkt, wodurch durch Separation der Rissflanken schichtbildende Teilchen aus dem Plasma diese Risse durch Anlagerung fast ohne (Oberflächen-)Diffusion deutlich einfacher auffüllen bzw. verdichten können als beim Wachstum auf starrem Silicium (siehe Abb. in [Lackner 2013]).

Niedrigere Eigenspannungen in gesputterten Beschichtungen führen zu der im Vergleich zu ALS-Beschichtungen gröberen Strukturgröße der Nano-Wrinkles (240 vs. 70 nm Wellenlänge). Diese feine Nano-Wrinkle-Struktur bildet sich schon bei wenigen Nanometern Schichtdicke, da aufgrund der hohen Elastizität des Oberflächenbereichs hohe lokale Verformungen (kleine Biegeradien der sich bildenden Wrinkles) ausbilden können. Sind die Schichten während der Bildung der Wrinkles bereits dicker (wie bei den gesputterten a-C:H:Si-, a:C:Ti-

sowie SiO_x-Schichten sowie von a-C:H:N mit geringerer Eigenspannung), ist die Elastizität geringer und die sich ausbildenden Biegeradien (und damit Wrinkle-Wellenlängen) größer.

Zudem bilden sich die lichtmikroskopisch sichtbaren Überstrukturen aus: Zunehmende Schichtdicke der wachsenden Schicht verringert die Elastizität, wodurch der Biegeradius während der Aufwölbung der Wrinkles schrittweise größer wird [Lackner 2012].

Die Auswirkung der Überstrukturen auf die Rauigkeit (root-mean-square (Rq) roughness,) ist aber nur gering und variiert zwischen etwa 25 nm für a-C:H und 31 nm für die gesputterten Beschichtungen. Gegenüber der Schichtabscheidung auf Siliciumoberflächen, welche aufgrund ihrer geringen Elastizität keine Spannungsrelaxation durch gemeinsame Verformung von Schicht und Substrat und somit keine Ausbildung von Wrinkles ermöglichen, zeigt sich aber eine deutliche Rauhigkeitssteigerung: Beispielsweise steigt der RMS-Wert für 26 nm dicke, mittels PACVD abgeschiedene a-C:H-Schichten von 0,5 ± 0,1 nm auf Si-Substrat auf 24,4 ± 0,8 nm auf PEEK-Substrat an. Im Falle der gesputterten a-C:H:Si-Schicht ist ein Anstieg von 1,2 ± 0,1 auf 30,4 ± 3,9 nm zu verzeichnen.

Die mechanischen Eigenschaften der Beschichtungen, d.h. deren Elastizitätsmodul, Härte sowie Zähigkeit, wurden mittels Indentationsverfahren bestimmt. Als Substrate diente wiederum Silicium mit höherer Härte und geringer Nachgiebigkeit, um die für die Messung der intrinsischen Schichteigenschaften und den Ausschluss der Substratbeeinflussung bestehenden Voraussetzungen geringer Verformung zu erfüllen (Eindringtiefe des Indenters < 10 % der Schichtdicke, vgl. auch [Lackner 2007] für Nachgiebigkeitsmessungen von dünnen Schichten auf Kunststoffen). Für die angewendeten Kräfte von 1 mN kamen damit Schichten mit ~ 500 nm Dicke zur Anwendung. Die aus dem Zusammenhang von Kraft und Eindringtiefe bei Be- und Entlastung ermittelten Härte- und Elastizitätsmodulwerte unter Anwendung der Beziehung von Oliver und Pharr [Oliver] sind *Tabelle 3* zu entnehmen. *Tabelle 3* zeigt zudem mittels Vickers-Indentation und Auswertung der Risslängen [Li 1997, Li 1998] ermittelte Bruchzähigkeitswerte für diese Schichtwerkstoffe auf Siliciumsubstrat. Für die Diskussion

Lackner, Meindl, Wolf, Fian, Kittinger, Kot, Major, Teichert,
Waldhauser, Weinberg, Fröhlich: Ultradünne biokompatible Permeations-
schutzschichten für implantierbare Polymere

309

Tab. 3: Härte (H), Elastizitätsmodul (E), Bruchzähigkeit (K$_c$) und Elastizitätsindex (H/E) der hergestellten Beschichtungen

	H (GPa)	E (GPa)	KC (MPa m$^{0.5}$)	H / E (1)
a-C:H	$18,5 \pm 2,2$	206 ± 16	$0,9 \pm 0,1$	0,0898
a-C:H:N	$\pm 1,9$	163 ± 8	$1,1 \pm 0,1$	0,0871
a-C:H:Si	$18,0 \pm 2,1$	170 ± 6	$1,6 \pm 0,1$	0,1059
a-C:H:Ti	$18,6 \pm 2,2$	260 ± 15	$3,9 \pm 0,2$	0,0715
SiO$_x$	$7,9 \pm 1,3$	$74,8 \pm 3,0$		0,1056

der Schichteigenschaften auf Kunststoffoberflächen (PEEK) geben diese auf Siliciumsubstraten und für 20x dickere Schichten ermittelten Werte qualitative Anhaltspunkte.

Die Bedeutung der mechanischen Schichteigenschaften liegt bei der Beschichtung von Kunststoffen vor allem im Bereich der erzielbaren Nachgiebigkeit und elastischen Verformbarkeit der Oberfläche. Dies hat Auswirkungen auf das Wrinkling (wie obenstehend bereits angedeutet), aber in besonderem Maße auf die Belastbarkeit des Werkstoffverbunds unter Zugbeanspruchung (z.B. in der äußersten Faser bei Verbiegung/Verwölbung des Substrates). Die Härte kann als Maß für den Widerstand des Werkstoffs gegen plastische Verformung angesehen werden, d.h. für das Einsetzen plastischen Fließens. Der Elastizitätsmodul gibt im elastischen Bereich den Zusammenhang zwischen Spannung und Dehnung wieder: Die Kombination von niedrigem Elastizitätsmodul und hoher Härte führt daher zum Einsetzen plastischen Fließens erst bei höheren Dehnungen. Dies ist entscheidend bei Werkstoffkombinationen aus vergleichsweise harten (steifen) und weichen (elastisch verformbaren) Komponenten, wie sie das System Hartstoffbeschichtung (E > 100 GPa) auf Polymer (E < 5 GPa) darstellen. Die Beschichtung kann damit höhere Dehnung beim Verbiegen des Substrats elastisch und rissfrei ertragen. Daher wurden in *Tabelle 3* auch die Werte für das Verhältnis H/E (Elastizitäsindex) angegeben [Leyland, Leyland-2], welches möglichst hoch sein soll. Höchste Werte liefern a-C:H:Si und SiO$_x$, niedrigste Werte a-C:H:Ti Schichten.

Zusätzliche wichtige Eigenschaft ist die Bruchzähigkeit der Schicht (K$_c$), welche qualitativ Informationen zur Rissneigung in der Schicht gibt. Hohe Werte,

wie z.B. für a-C:H:Ti, lassen auf gute plastische Verformbarkeit schließen. Die Kombination dieser mechanischen Schichteigenschaften hat Einfluss auf das mechanische Verformungsverhalten der Materialoberfläche, d.h. der Kunststoffoberflächenzone und der Beschichtung. Schon bei der Schichtabscheidung beeinflussen diese Eigenschaften die Ausbildung der Wrinkling-Struktur: Geringere Nachgiebigkeit führt z.B. zu gröberen Wrinkles. Unter Beanspruchung, z.B. Dehnung der Polymerfolie, können sich diese Wrinkles in geringem Maße (max. etwa 5 %) reversibel elastisch glätten [Ohzono], wobei – mechanisch betrachtet – Wrinkles mit kleinerer Wellenlänge höheres Verformungsvermögen besitzen als gröbere. Wird die elastische und plastische Verformbarkeit der Schicht überschritten, kommt es zur Rissbildung. Der Rissverlauf folgt den mechanisch höchst beanspruchten Bereichen, welche in den Wrinkle-Tälern (Tälern der größten Überstruktur) liegen [Lackner 2013]. Unter gewissen Bedingungen können sich diese Risse bei Entlastung jedoch wieder schließen.

Das Benetzungsverhalten der Oberfläche mit Wasser wurde durch Kontaktwinkelmessungen charakterisiert *(Tab. 4)*. Hohe Kontaktwinkel und damit hydrophobes Verhalten (schlechte Benetzbarkeit) treten bei a-C:H, a-C:H:N und a-C:H:Ti auf, während die Benetzbarkeit für die Silicium enthaltenden beiden Werkstoffe SiO$_x$ und a-C:H:Si sehr gut ist. Dies kann wahrscheinlich auf die auf beiden Oberflächen vorhandene, durch Oxidation mit Luftsauerstoff gebildete SiO$_x$-Schicht zurückgeführt werden.

3.2 Gaspermeation

Die Permeation von Sauerstoff durch das beschichtete PEEK wurde mittels optochemischer Analyse-

310

Lackner, Meindl, Wolf, Fian, Kittinger, Kot, Major, Teichert,
Waldhauser, Weinberg, Fröhlich: Ultradünne biokompatible Permeations-
schutzschichten für implantierbare Polymere

Tab. 4: Kontaktwinkel für destilliertes Wasser und Sauerstoffpermeationsrate (OTR) der hergestellten Schicht-werkstoffe

	PEEK-Substrat	SiO_x	a-C:H	a-C:H:N	a-C:H:Si	a-C:H:Ti
Kontaktwinkel (°)		$12,9 \pm 2,8$	$88,5 \pm 1,0$	$75,6 \pm 0,8$	$15,8 \pm 1,6$	$81,3 \pm 0,8$
Sauerstoffpermeationsrate OTR ($cm^3\ m^{-2}\ d^{-1}\ bar^{-1}$)	> 200	$7,91 \pm 0,011$	$5,0 \pm 0,005$	$3,16 \pm 0,006$	$6,59 \pm 0,016$	$9,74 \pm 0,021$

technik bestimmt. Ergebnisse zur Sauerstofftransmissionsrate (OTR) sind in *Tabelle 4* zusammengefasst: Der OTR-Wert für das unbeschichtete, 50 μm dicke PEEK liegt außerhalb des Messbereichs, d.h. bei $> 200\ cm^3\ m^{-2}\ d^{-1}\ bar^{-1}$, was eine Reduktion der Sauerstoffpermeation um knapp 2 Größenordnungen für alle untersuchten Beschichtungen bestätigt. Niedrigste OTR zeigen die beiden mittels PACVD (Anode Layer Source Ionenquelle) hergestellten Kohlenstoffbeschichtungen (a-C:H, a-C:H:N), höhere Werte die gesputterten, Metall dotierten Beschichtungen (a-C:H:Si, a-C:H:Ti). Der OTR-Wert für die SiO_x-Schicht ist dabei höher als jener für die a-C:H:Si-Schicht. Die Größenordnung dieser Messwerte ist vergleichbar mit ähnlichen gesputterten Oxidbeschichtungen im entsprechenden Schichtdickenbereich [Leterrier].

Modellhaft kann die Permeation von Sauerstoff durch folgende Gleichung beschrieben werden:

$$\frac{h}{P} = \frac{h_c}{P_c} + \frac{h_s}{P_s}$$

Dabei stellt h die Dicke von Schicht (c), Substrat (s) bzw. des Gesamtsystems dar, P die Permeabilität [Schrenk]. Ausschlaggebend für die Permeation durch die Schicht hindurch sind Schichtdefekte, während die intrinsischen Permeationsraten des Schichtmaterials nur von untergeordneter Rolle sind [Leterrier]. Speziell wird zwischen Mikro- und Nanodefekten unterschieden: Zu den Mikrodefekten lassen sich Poren (Pinholes) und Risse in der Größenordnung von $> 1\ \mu m$ zählen [Chatham, Felts]. Nanodefekte entstehen durch das Schichtwachstum im Vakuum bzw. Plasma ausgehend von Keimstellen [Burlakov]. Diese treten in einer Dichte von etwa $2\ nm^{-2}$ auf. Entlang der Grenzflächen zwischen den darauf wachsenden Schichtpaketen, welche die Nanoporosität der Schicht darstellen, können Gas-

moleküle durch die Schicht hindurch zur Grenzfläche zum Polymer wandern. Der bedeutend höhere Einfluss auf das Permeationsverhalten der Nanodefekte im Vergleich zu den Mikrodefekten ist durch deren vollflächiges Auftreten begründet. Dies zeigt sich auch in den vorliegenden Untersuchungen: Obwohl die Makrodefektdichte der PACVD-Schichten über jener der gesputterten Beschichtungen liegt, ist deren OTR geringer. Der Hintergrund ist, wie bereits obenstehend für das Wrinkling erklärt, die durch die höhere Partikelenergie angeregte Oberflächendiffusion sowie die Implantation von Atomen während der Schichtabscheidung, die die Grenzflächen zwischen diesen Schichtpaketen verdichten.

Die höchste OTR zeigt die a-C:H:Ti-Schicht: Dies könnte einerseits durch die nanokristalline Struktur, andererseits aber auch durch die niedrigere Nachgiebigkeit dieser Schichten bedingt sein (Rissbildung in der Schicht durch leichte Verbiegung während des Probenhandling oder auch beim Aufbringen der O_2- und N_2-Drücke während der Permeationsmessung).

Die gute Reproduzierbarkeit und damit hohe Signifikanz der Messungen an unterschiedlichen Proben lässt sich durch die kleine Standardabweichung der Messwerte ableiten.

3.3 Biokompatibilität

Beim Endotoxinnachweis kam es unter den Testbedingungen zu keiner Verklumpung des Amöbozytenlysates.

Bei der Testung der Beschichtungen auf PEEK als auch des unbeschichteten PEEK-Substrats im Direktkontakt bewirkte die Positivkontrolle erwartungsgemäß eine deutliche Reduktion der Zellzahl und führte zum Verlust des Zellrasens weiter als 1 cm über den Folienrand hinaus *(Abb. 9)*. Bei der Negativkontrolle, ebenso wie bei den getesteten Folien war

Lackner, Meindl, Wolf, Fian, Kittinger, Kot, Major, Teichert,
Waldhauser, Weinberg, Fröhlich: Ultradünne biokompatible Permeations-
schutzschichten für implantierbare Polymere

311

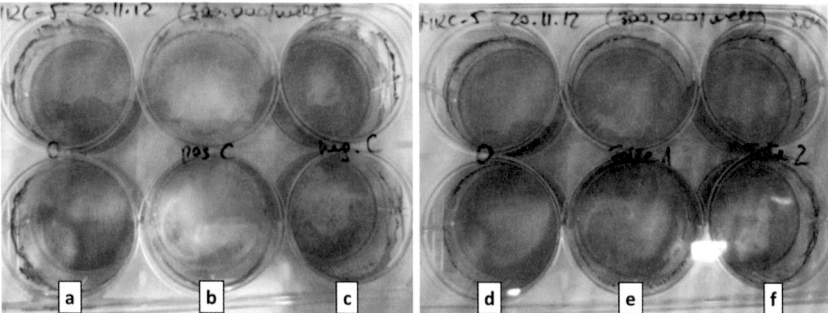

Abb. 9: Kristallviolettfärbung des Zellrasens nach Entfernung der Probe in Doppelbestimmung: a, d)
unbehandelte MRC-5 Zellen (Wachstumskontrolle), b) Positivkontrolle, c) Negativkontrolle, e) nach
Kontakt mit e) a-C:H und f) a-C:H:N-Schichten

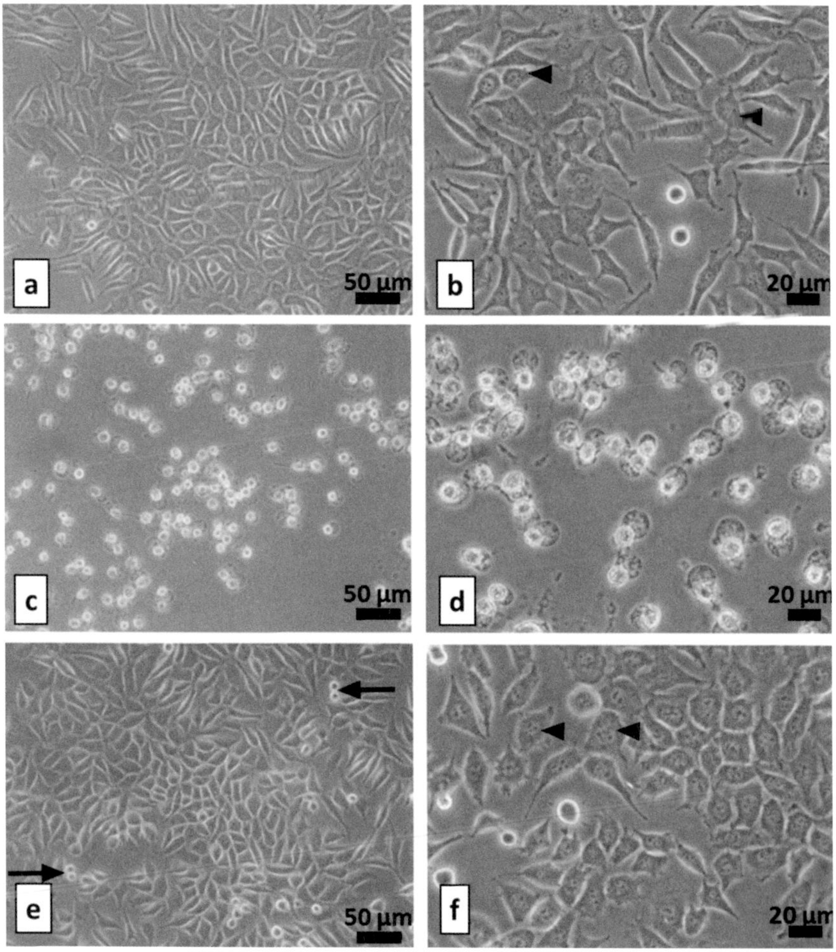

Abb. 10: Murine (L929) Fibroblasten exponiert mit: (Vergrößerung li: x200, re: x400);
a) Negativkontrolle (PVC-Folie) und normaler, nicht geschädigter Zellstruktur,
b) Positivkontrolle (Cu Folie) mit stark geschädigten, abgekugelten Zellen, und
c) Testmaterial (a-C:H-Schicht) mit nicht geschädigten Zellen

312

Lackner, Meindl, Wolf, Fian, Kittinger, Kot, Major, Teichert,
Waldhauser, Weinberg, Fröhlich: Ultradünne biokompatible Permeations-
schutzschichten für implantierbare Polymere

der Verlust des Zellrasens auf die Belegung mit der Folie beschränkt. Die Morphologie der Zellen war bei den Proben entsprechend der Negativkontrolle. Murine und menschliche Fibroblasten reagierten identisch *(Abb. 10, Abb. 11)*.

In der Eluattestung erfolgte durch Inkubation mit der Positivkontrolle je nach ausgewertetem Zeitpunkt ein Abfall unter 10 % der Kontrollwerte (nicht dargestellt). Bei den getesteten Proben kam zu keinem nennenswerten Abfall der Vitalität.

3.4 Mikrobiologische Eigenschaften

Alle untersuchten Oberflächen (unbeschichtetes und a-C:H, a-C:H:N, a-C:H:Si, a-C:H:Ti, SiO_x) zeigten in den Untersuchungen nach ISO 22196 keine wachstumsbeeinträchtigende Wirkung auf die Testmikroorganismen *(Abb. 12)*.

Die blauen Balken stellen die Anzahl der eingesetzten Mikroorganismen dar. Die roten Balken zeigen die erreichte Anzahl an Mikroorganismen nach 24 Stunden.

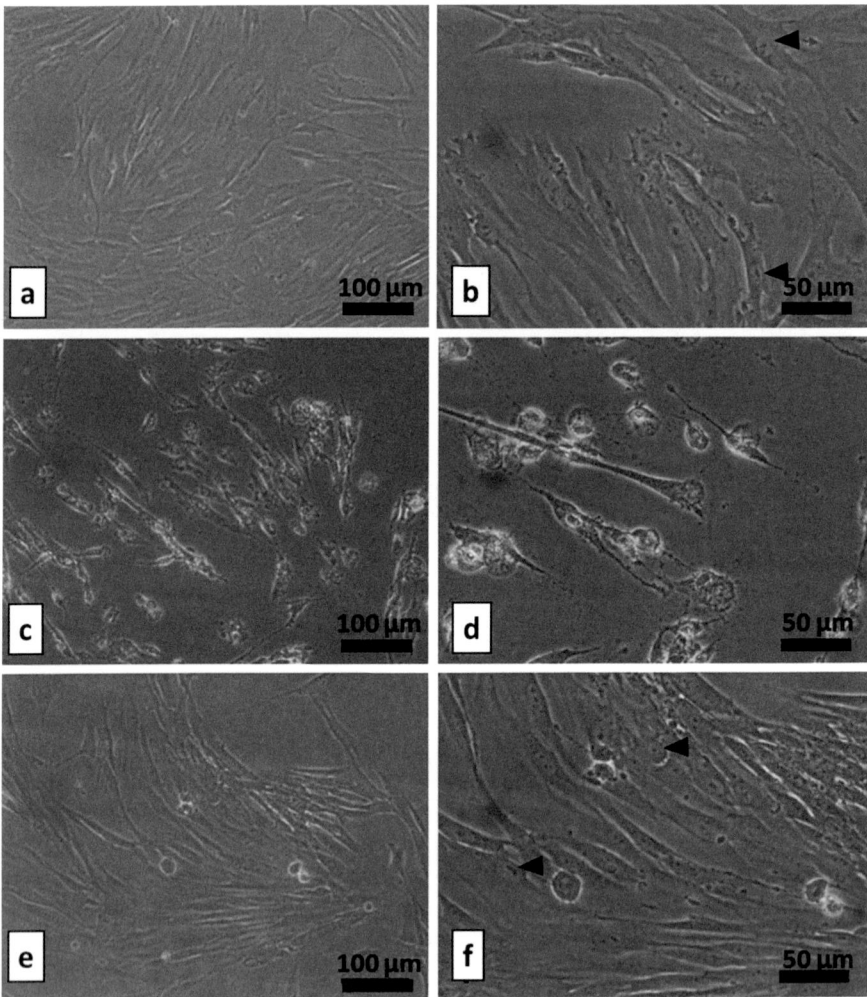

Abb. 11: Menschliche (MRC-5) Fibroblasten exponiert mit: (Vergrößerung li: x200, re: x400)
a) Negativkontrolle (PVC-Folie) und normaler, nicht geschädigter Zellstruktur,
b) Positivkontrolle (Cu Folie) mit stark geschädigten, abgekugelten Zellen, und
c) Testmaterial (a-C:H-Schicht) mit nicht geschädigten Zellen

Lackner, Meindl, Wolf, Fian, Kittinger, Kot, Major, Teichert,
Waldhauser, Weinberg, Fröhlich: Ultradünne biokompatible Permeations-
schutzschichten für implantierbare Polymere

313

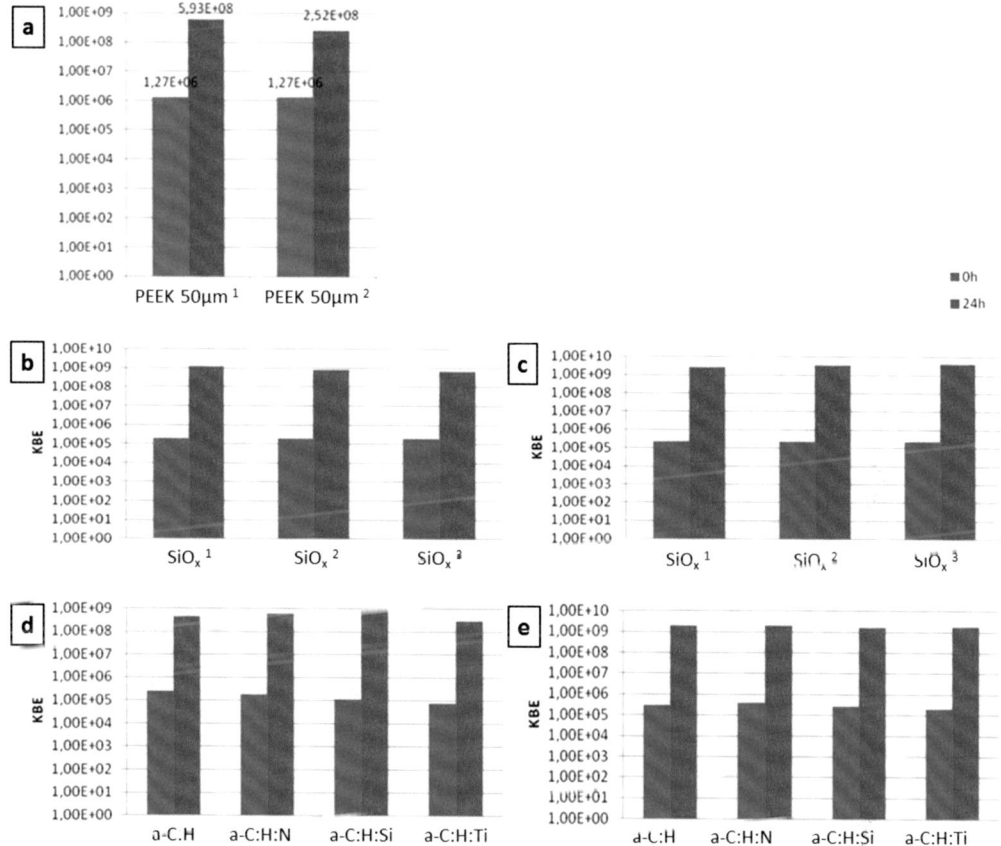

Abb. 12: Wachstumsverhalten von (a) Staphylococcus aureus DSM 799, (b, d) Staphylococcus aureus DSM 346 und (c, e) Escherichia coli DSM 1576 für 24 Stunden auf:
a) unbeschichtetem PEEK mit 50 und 100 μm Dicke,
b, c) 100 μm dicker PEEK-Folie mit allseitig abgeschiedener SiO$_x$-Schicht,
d, e) 100 μm dicker PEEK-Folie mit allseitig abgeschiedener a-C:H, a-C:H:N, a-C:H:Si und a-C:H:Ti Schicht

4   Zusammenfassung

Ultradünne Beschichtungen mit etwa 26 nm Dicke wurden auf 50 μm dünnen PEEK-Folien abgeschieden, um eine Barrierefunktion gegen die Permeation von Sauerstoff durch das Polymer zu ermöglichen. Unterschiedliche Diamant ähnliche Kohlenstoffbeschichtungen wurden durch niedrigenergetisches Magnetronsputtern und hochenergetische Direktbeschichtung ausgehend von einer Ionenquelle hergestellt und untersucht, wobei bereits durch die niedrigen Schichtdicken eine Abnahme der Sauerstoffpermeation um zwei Größenordnungen im Vergleich

zu unbeschichtetem PEEK erreicht werden konnte. Alle Schichten sind nicht zytotoxisch, beeinflussen aber auch die Mikrobiologie, d.h. das Bakterienwachstum, nicht. Sogenanntes Nanowrinkling konnte speziell für die Beschichtungen welche im höher energetischen Ionenquellenplasma hergestellt wurden, nachweisen, was die elastische Verformbarkeit dieser Schichten verbessert. In weiterführenden Arbeiten wird der derzeit noch unklare Einfluss des Nanowrinklings auf die Proteinadsorption untersucht werden, da sich durch die Oberflächentopographiebildung das Benetzungsverhalten stark ändert.

Danksagung

Für finanzielle Unterstützung zur Durchführung der Arbeiten sei dem Land Steiermark (Österreich) im Rahmen des Programms *HTI:SMApp*, der Österreichischen Forschungsförderungsges.m.b.H. (FFG) im Rahmen des Programms *Intelligente Produktion,* dem Österreichischen Austauschdienst (OeAD) im Rahmen der wissenschaftlich-technischen Zusammenarbeit mit Polen (Projekt PL 12/2012) und der Europäischen Union gedankt. Zudem gilt unser Dank Harald Parizek und Lukas Volker von JOANNEUM RESEARCH für die Schichtherstellung.

Literatur

[Allen] Allen, M.; Myer, B.; Rushton, N.: J. Biomed. Mater. Res. 58B (2001) 318

[ANIS] ANIS/AAMI/ISO 10993-5:2009: Biological evaluation of medical devices – Part 5: Tests for in vitro cytotoxicity

[ASTM] ASTM F813-07 Standard Practice for Direct Contact Cell Culture Evaluation of Materials for Medical Devices

[Bajaj] Bajaj, P.; Akin, D.; Gupta, A.; Sherman, D.; Shi, B.; Auciello, O.; Bashir, R.: Biomedical Microdevices, 9(2007)787

[Brischwein] Brischwein, M.; Motrescu, E.R.; Cabala, E.; Otto, A.M.; Grothe, H.; Wolf, B.: Lab on a Chip, 3(2003)234

[Burlakov] Burlakov, V.M.; Briggs, G.A.D.; Sutton, A.P.; Tsukahara, Y.: Phys Rev Lett, 86 (2001)3052

[Butter] Butter, R.; Allen, M.; Chandra, L.; Lettington, A.H.; Rushton, N.: Diamond Relat. Mater., 4(1995)857

[Charton] Charton, C.; Schiller, N.; Fahland, M.; Hollander, A.; Wedel, A.; Noller, K.: Thin Solid Films, 502(2006)99

[Chatham] Chatham, H.: Surf Coat Technol, 78(1996)1

[Chiang] Chiang, C.C.; Wuu, D.S.; Lin, H.B.; Chen, Y.P.; Chen, T.N.; Lin, Y.C.; Wu, C.C.; Chen, W.C.; Jaw, T.H.; Horng, R.H.: Surface & Coatings Technology, 200(2006)5843

[Ekwall] Ekwall, B.: Toxicol. In vitro, 13(1999)665

[Erlat] Erlat, A.G.; Henry, B.M.; Ingram, J.J.; Mountain, D.B.; McGuigan, A.: Thin Solid Films, 388(2001)78

[Fallahi] Fallahi, D.; Mirzadeh, H.; Khorasani, M.T.: Journal of Applied Polymer Science, 88(2003)2522

[Fallon] Fallon, P.J.; Veerasamy, V.; Davis, C.A.; Robertson, J.; Amaratunga, G.A.J.; Milne, W.I.; Koskinen, J.: Phys. Rev. B48 (1993)4777

[Feili] Feili, D.; Schuettler, M.; Doerge, T.; Kammer, S.; Stieglitz, T.: Sensors and Actuators A (2005) 101–109

[Felts] Felts, J.T.; Grubb, A.D.: J Vac Sci Technol, A10 (1992)1675

[Fritz] Fritz, J.L.; Owen, M.J.: The Journal of Adhesion, 54(1995)33–45

[Hedenqvist] Hedenqvist, M.S.; Johansson, K.S.: Surf. Coat. Technol., 172(2003)7

[Henry] Henry, B.M.; Erlat, A.G.; McGuigan, A.; Grovenor, C.R.M.; Briggs, G.A.D.; Tsukahara, Y.; Miyamoto, T.; Noguchi, N.; Niijima, T.: Thin Solid Films, 382(2001)194

[Hoivik] Hoivik, N.D.; Elam, J.W.; Linderman, R.J.; Bright, V.M.; George, S.M.; Lee, Y.C.: Sensors and Actuators a-Physical, 103(2003)100

[Huang] Huang, N.; Yang, P.; Leng, Y.X.; Wang, J.; Sun, H.; Chen, J.Y.; Wan, G.J.: Surface Coatings Technol., 186(2004)218

[ISO] ISO 10993-1:2009 Biological evaluation of medical devices Part 1: Evaluation and testing in the risk management process; ISO 10993-12, 2007, Biological evaluation of medical devices – Part 12: Sample preparation and reference materials

[Iwamori] Iwamori, S.; Gotoh, Y.; Moorthi, K.: Vacuum 68(2003)113

[Kim] Kim, N.; Potscavage, W. J.; Domercq, B.; Kippelen, B.; Graham, S.: Applied Physics Letters, 94(2009) 163308

[Lackner 2002] Lackner, J.M.; Waldhauser, W.; Ebner, R.; Lenz, W.; Suess, C.; Jakopic, G.; Huetter, H.: Surface and Coatings Technology, 163(2003)300

[Lackner 2007] Lackner, J.M.; Waldhauser, W.; Schöberl, T.: Surface and Coatings Technology, 201(2006)4037

[Lackner 2011] Lackner, J.M.; Waldhauser, W.; Alamanou, A.; Teichert, C.; Schmied, F.; Major, L.; Major, B.: Bull. Polish Acad. Sci., 58(2010)281

[Lackner 2012] Lackner, J.M.; Waldhauser, W.; Hartmann, P.; Miskovics, O.; Schmied, F.; Teichert, C.; Schöberl, T.: Thin Solid Films, 520(2012)2833-2840

[Lackner 2013] Lackner, J.M.; Waldhauser, W.; Major, L.; Teichert, C.; Hartmann, P.: Computational and Structural Biotechnology Journal 6(2013)

[Lackner 2013-2] Lackner, J.M.; Waldhauser, W.; Major, R.; Major, L.; Hartmann, P.: Surface and Coatings Technology, 215(2013)192

[Lackner10] Lackner, J.M.; Waldhauser, W.: BHM, 155(2010)1

[Leterrier] Leterrier, Y.: Progress in Materials Science, 48(2003)1

[Leyland] Leyland, A.; Matthews, A.: Wear, 246(2000)1

[Leyland-2] Leyland, A.; Matthews, A.: Surf. Coat. Technol., 177–178(2004)317

[Li 1997] Li, X.; Diao, D.; Bhushan, B.: Acta Mater., 45(1997)4453

[Li 1998] Li, X.; Bhushan, B.: Thin Solid Films, 315(1998)214

[Linder] Linder, S.; Pinkowski, W.; Aepfelbacher, M.: Biomaterials, 23(2002)767

[Lopez] Lopez, G.P.; Ratner, B.D.; Tidwell, C.D.; Haycox, C.L.; Rapoza, R.J.; Horbett, T.A.: Journal of Biomedical Materials Research, 26(1992)415

[Maguire] Maguire, P.D.; McLaughlin, J.A.; Okpalugo, T.I.T.; Lemoine, P.; Papkonstantinou, P.; McAdams, E.T.; Needham, M.; Ogwu, A.A.; Ball, M.; Abbas, G.A.: Diamond Relat. Mater., 14(2005)1277

[Maitz] Maitz, M.F.; Gago, R.; Abendroth, B.; Camero, M.; Caretti, I.; Kreissig, U.: J. Biomed. Mater. Res. 77B(2006)179

[Makamba] Makamba, H.; Kim, J.H.; Lim, K.; Park, N.; Hahn, J.H.: Electrophoresis, 24(2003)3607

[Mata] Mata, A.; Fleischman, A.J.; Roy, S.: Biomedical Microdevices, 7(2005)281

[Mazzuferi] Mazzuferi, M.; Bovolenta, R.; Bocchi, M.; Braun, T. et al.: Biomaterials, 31(2010)1045

[McKenzie] McKenzie, D.R.: Rep. Prog. Phys., 59(1996)1611

[Millet] Millet, L.J.; Stewart, M.E.; Sweedler, J.V.; Nuzzo, R.G.; Gillette, M.U.: Lab on a Chip, 7(2007) 987

[Mitura] Mitura, E.; Mitura, S.; Niedzielski, P.; Has, Z.; Wolowiec, R.; Jakubowski, A.; Szmidt, J.; Sokolowska, A.; Louda, P.; Marciniak, J.; Koczy, B.: Diamond Relat. Mater., 3(1994)898

[Moulder] Moulder, J.F.; Stickle, W.F.; Sobol, P.E.; Bomben, K.D.: Handbook of X-ray Electron Spectroscopy, Perker-Elmin, Eden Prairie (CO)

[Ohgoe] Ohgoe, Y.; Kobayashi, S.; Ozeki, K.; Aoki, H.; Nakamori, H.; Hirakuri, K.K.; Miyashita, O.: Thin Solid Films, 497(2006)218

[Ohzono] Ohzono, T.; Shimomura, M.: Phys. Rev. B: Condens. Matter, 69(2004)132202

[Okpalugo] Okpalugo, T.I.T.; Ogwu, A.A.; Maguire, P.D.; McLaughlin, J.A.D.: Biomaterials, 25(2004)239

[Oliver] Oliver, W.C.; Pharr, G.M.: Journal of Materials Research, 7(1992)1564

[Parra] Parra, E. et al.: Dyna 77(2010), pp. 64–74

[Rharbi] Rharbi, Y.; Yekta A.; Winnik, M. A.: Anal. Chem., 71(1999)5045

[Robertson] Robertson, J.: Philos. Trans. R. Soc. A 342 (1993)277

Lackner, Meindl, Wolf, Fian, Kittinger, Kot, Major, Teichert,
Waldhauser, Weinberg, Fröhlich: Ultradünne biokompatible Permeations-
schutzschichten für implantierbare Polymere

315

[Rochat] Rochat, G.; Leterrier, Y.; Garamszegi, L.; Manson, J.-A.E.; Fayet, P.: Surf. Coat. Technol., 174–175(2003)1029

[Ronneberger] Ronneberger, H.J.: Dev Biol Stand, 34(1977)27

[Saito] Saito, T.; Hasebe, T.; Yohena, S.; Matsuoka, Y.; Kamijo, A.; Takhashi, K.; Suzuki, T.: Diamond Relat. Mater., 14(2005)1116

[Schrenk] Schrenk, P.; Alfrey, T.: J Polym Eng Sci, 9(1969)393

[Senturia] Senturia, S.D.: Microsystem Design. Springer Science+ Business Media, LLC: New York, 2005

[Shawgo] Shawgo, R.S.; Grayson, A.C.R.; Li, Y.W.; Cima, M.J.: Current Opinion in Solid State & Materials Science, 6(2002)329

[Shim] Shim, J.; Yoon, H.G.; Na, S.-H.; Kim, I.; Kwak, S.: Surf. Coat. Technol., 202(2008)2844

[Slentz] Slentz, B.E.; Penner, N.A.; Regnier, F.E.: Journal of Chromatography A 948 (2002)225

[Sung] Sung, W.C.; Chang, C.C.; Makamba, H.; Chen, S.H.: Analytical Chemistry, 80(2008)1529

[Szarowski] Szarowski, D.H.; Andersen, M.D.; Retterer, S.; Spence, A.J.; Isaacson, M.; Craighead, H.G.; Turner, J.N.; Shain, W.: Brain Research, 983(2003)23

[Tscherner] Tscherner, M.; Konrad, C.; Bizzarri, A.; Suppan, M.; Cajlakovic, M.; Ribitsch, V.; Stelzer, F.: Sensors, IEEE, 2009, 1660

[USP] USP 34-NF29:2011 <87>, Biological Reactivity Test, In Vitro – Direct Contact Test

[Victrex] Aptiv: High Performance Film for Unmatched Versatility and Performance, Victrex PEEK Film Technology

[Voskerician] Voskerician, G.; Shive, M.S.; Shawgo, R.S.; von Recum, H.; Anderson, J.M.; Cima, M.J.; Langer, R.: Biomaterials, 24(2003)1959

[Walther] Walther, M.; Heming, M.; Spallek, M.: Surf. Coat. Technol. 80(1996)200

[Yang] Yang, P.; Huang, N.; Leng, Y.X.; Yao, Z.Q.; Zhou, H.F.; Maitz, M.; Leng, Y.; Chu, P.K.: Nucl. Instr. Meth. Phys. Res. B242 (2006)22

[Zlynski] Zlynski, K.; Witkowski, P.; Kaluzny, A.; Has, Z.H.; Niedzielski, P.; Mitura, S.: J. Chem. Vapor. Depos. 4(1996)232

10 Bionik

Bionische Entwicklungen in der Oberflächentechnik

Von Prof. Dr. Peter Kunz und Dr. Isabell Sommer .... Lesen Sie ab Seite 319
Institut für Biologische Verfahrenstechnik, Hochschule Mannheim,
Paul-Wittsack-Str. 10, D-68163 Mannheim, www.che.hs-mannheim.de/ibv

Bionische Entwicklungen in der Oberflächentechnik

Von Peter M. Kunz und Isabell Sommer, Institut für Biologische Verfahrenstechnik, Hochschule Mannheim

Ausgang für eine bionische Entwicklung ist es, das Problem auf den Punkt zu bringen, um aus der meist komplexen Realität ein vereinfachtes Modell, im Falle der Molekularbionik ein Ursache-Wirkungs-Modell zu erstellen.

Im Fall der Biologischen Entrostung war die Kernfrage: Wie geht die ‚Natur' mit dreiwertigem Eisen um, wie es sich beispielsweise vermehrt bei Flugrost in einer Rostpustel in Eisen(III)hydroxid findet. Ergebnis der Recherchen war, dass es Eisenchelatoren gibt, die das für jedes natürliche Wachstum notwendige Eisen aus der Umgebung in die Zellen transportiert, dort reduziert und wieder erneut ins umgebende Medium schickt.

Bei einem Füllfederhersteller lag das Problem beim Polieren mit umweltfreundlichem Walnussschalengranulat mit Polierpaste: in rund 100 von 1000 Federn blieb Abrieb aus Granulat in den Riefen hängen. Die bionische Lösung war ein enzymatischen Reiniger – basierend auf Enzymen aus Pilzen, die auf abgestorbenen Walnussbäumen das Holz verwerten.

Starting point of a bionic development is to define the problem to a point where a simplified model of the oftentimes complex reality can be derived. In the case of molecular bionics this is a cause and effect model.

In the case of biological derusting the core question is: how would „nature" deal with the trivalent iron as it is often found, for example, in a flash rust blister in iron(III)hydroxide. The result of the research was that there are iron chelators, which transport the iron necessary for every natural growth from the environment into the cells, reduce it there and move it back to the surrounding medium.

A fountain pen manufacturer encountered the problem when polishing its pens with a paste consisting of an environmentally friendly walnut shell granulate. In about 100 of 1,000 pens some granular abrasion got stuck in the polishing striae. The bionic solution was to use an enzymatic cleaner based on the enzymes of fungi that recycle the wooden matter on dead walnut trees.

1 Einleitung

In einer Vortragsdiskussion 1991 provozierte ein Zuhörer: „Über biologische Produkte und Verfahren können Sie ja toll erzählen, aber *biologisch entrosten* können Sie ja wohl nicht!" Die Provokation war Anlass für Nachdenk- und Recherche-Prozesse mit dem Ergebnis, dass die Natur biologische Systeme besitzt, die gezielt dreiwertiges Eisen komplexieren (und somit Rost lösen) können, und es heute am Markt *biologische Rostentferner* gibt. Der an der Hochschule entwickelte Rostentferner ist nicht nur *biologisch*, er entspricht auch allen Nachhaltigkeitskriterien: er ist aus nachwachsenden Rohstoffen hergestellt und vollständig biologisch abbaubar, er ist aber auch recyclebar.

Während eines Rundgangs durch die Produktion eines Füllerherstellers – Auslöser war die Frage nach der Entfernung von Anlauffarben auf den Federn nach dem Lasern gewesen – ergab sich die nächste bionische Aufgabenlösung: Die Entfernung von Rückständen aus dem Polieren mit Walnussschalengranulat war keinem Reinigerlieferanten gelungen, nun war der Bioniker gefragt.

Wie ein Bioniker an solche Themen herangeht (bzw. heranging), erklärt der Beitrag. Die Vorgehensweise entspricht der jüngst veröffentlichten VDI-Richtlinie 6220.

2 Entwicklung eines biologischen Entrosters

Ausgang für eine bionische Entwicklung ist es, das Problemthema auf den Kern zu bringen, um beispielsweise aus der meist komplexen Realität ein vereinfachtes abstrahierendes Modell zu erstellen:

1. Frage: Wie sieht eigentlich eine Rostpustel aus?

Da erläutert die Handskizze eines Praktikers dem Bioniker schnell mal gezeichnet *(Abb. 1)* wie eine Rostpustel aus ganz diversen mehrwertigen Eisenverbindungen zusammengesetzt ist, vorwiegend aus rot und braun schimmernden dreiwertigen Eisenoxid-

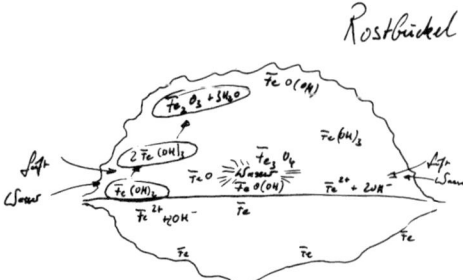

Abb. 1: Handskizze eines Rostpustels beispielsweise bei Flugrost auf der Oberfläche

Hydroxiden. Das *dreiwertige Eisen* ist der Schlüssel im Schloss des Bionikers: Hier kann er ansetzen.

2. Frage: Wo in der Natur spielt dreiwertiges Eisen eine Rolle?

Eine Antwort weiß eigentlich jedes Kind: im Blut kommt Eisen vor – die roten Blutkörperchen enthalten Eisen – sie transportieren Sauerstoff (und CO_2) aus der Lunge zum Beispiel ins Gehirn und zu den Muskeln usw.

Und da die Atmung für uns Menschen überlebenswichtig ist, muss es in der Natur Speichersysteme für Eisen geben (eines heißt Ferritin, es kann mehrere 1000 Eisenatome speichern [Schlegel, 1987]).

Logischerweise muss es in der Natur dann aber auch noch Transporter geben, die einerseits Eisen aus dem Speicher holen und dort hinbringen, wo eisenhaltige Proteine zusammengebaut werden, andererseits aber auch aus der Umgebung in den Körper/in die Zellen bringen.

Beim Recherchieren wird man schnell im Grundlagen-Lehrbuch, z.B. im „Schlegel" Ausgabe 1987, fündig, wenn man den Abschnitt „Transport von Eisen" aufschlägt: dort steht sinngemäß: *Siderophore* sind natürliche Komplexbildner, von denen über 200 mit Komplexbildungskonstanten zwischen 10^{23} und 10^{52} für dreiwertiges Eisen bekannt sind. Siderophore werden von Mikroorganismen und Pflanzen eisenfrei in die Umgebung quasi als Spaceshuttle ausgeschieden (das heißt: Komplexbildner wird in die Umgebung ausgeschieden, komplexiert, wird zurück geholt und in der Zelle vom Eisen entladen, um erneut in die Umgebung ausgeschieden zu werden), um Eisen(III)ionen zu binden/komplexieren. Es entsteht ein Eisen-Siderophor-Komplex, der

in den Organismus über spezifische Rezeptor- und Transportsysteme wieder hinein transportiert wird. Auf diversen Wegen wird das Eisen aus dem Komplex herausgelöst und in der Zelle dann zum verwertbaren Eisen(II)ion reduziert, um der Zelle zur Verfügung gestellt zu werden. Eine Komplexbildungskonstante von 10^{52} sagt nur dem Experten etwas: für den Pragmatiker sei angemerkt, dass dieses Siderophor in der Lage ist, aus Fensterglas Eisen herauszulösen.

Eisen ist ein essentielles Metall für das Zellwachstum, das bei verschiedenen Redoxprozessen im Stoffwechsel benötigt wird. Enthält eine Lösung kein Eisen, ist darin auch kein mikrobielles Wachstum möglich. Und für das dreiwertige Eisen, wie es in Sauerstoff versorgten Medien bei neutralem pH-Wert mit einer Löslichkeit von 10^{-18} LP vorliegt, haben sich evolutiv in aeroben Mikroorganismen Siderophore entwickelt. Ohne die Siderophore würde übrigens keine aerobe biologische Abwasserreinigung funktionieren, es gäbe kein Wachstum der für die Reinigung wichtigen Mikroorganismen (an der Entstehung von Klärschlamm kann man also erkennen, dass die Abwasserreinigungsorganismen über Siderophore verfügen müssen).

Wenn man beim Menschen in Richtung einer Problemanalogie fündig geworden ist, kommt automatisch die Medizin ins Spiel.

2.1 Frage: Was macht die Natur bei Eisenmangel bzw. -überschuss?

Wenn Eisen *gebraucht* wird, wird der Speicher geleert: der Arzt bestimmt den Ferritin-Wert und verschreibt eisenhaltige Präparate oder Nahrungsmittel, die viel Eisen enthalten (Blutwurst, rotes Fleisch). Akute Eisenvergiftungen sind selten, chronische aufgrund meistens eines vererbten Gendefekts werden als Hämochromatose oder -siderose diagnostiziert und mit beispielsweise einem siderophorhaltigen Präparat (Desferrioxamin) behandelt, das Professor Hans Zähner an der Universität Tübingen zunächst als Antibiotikum erforscht und fermentiert hatte. Heute wird es vielfach als Suffix vor der Dialyse (Nierenspülung) eingesetzt, um Eisenausfällungen vor der Dialysemembran zu verhindern.

Damit war – auch wenn es sehr teuer war – ein Molekül gefunden, mit dem man die Flugrostpusteln von den Metalloberflächen biologisch entfernen können sollte.

2.2 Von der molekularbionischen Entwicklung zum Produkt

Seit 1992 arbeiteten am Institut für Biologische Verfahrenstechnik der (Fach-)Hochschule Mannheim mehr als zwei Dutzend Biologen, Mineralogen, Biotechnologie-, Chemie- und Verfahrensingenieure an den Grundlagen und deren Umsetzung, angefangen bei der Entrostung von Stahloberflächen *(Abb. 2)* bis hin zur Entfernung von Anlauffarben an hochlegierten Stählen *(Abb. 3)*. Bei letzteren war die spannende Aufgabe, wie man die Chrom verarmte Zone biologisch bzw. mit Naturprodukten entfernen kann. Mit einem Gramm DesferrioxaminB, gespendet von CIBA-GEIGY, Basel, fing es an *(Abb. 2* zeigt Entrostungsuntersuchungen an Schellen, die später feuerverzinkt wurden), mit ein paar Kilogramm DesferrioxaminB, gespendet von NOVARTIS, Basel, konnten dann die systematischen Untersuchungen fortgesetzt und eine Formulierung gefunden werden, die auch Anlauffarben entfernt.

Seit 2000 forschten Dr. Arno Cordes, Geschäftsführer der ASA-Spezialenzyme Wolfenbüttel, und seine Mitarbeiter auf dem Thema mit und etablierten ein zum Medizinprodukt alternatives fermentiertes Siderophor – mit dem Ergebnis, dass heute ASA-Spezialenzyme biologische Entrosterprodukte anbieten kann, die – noch – bezahlbar sind. Bei Würth, Künzelsau, heißt das Produkt schlicht *Rost-Ex-Gel*.

Die Entrostungsprodukte werden auf den von der Haut her bekannten pH-Wert 5,5 eingestellt, sind

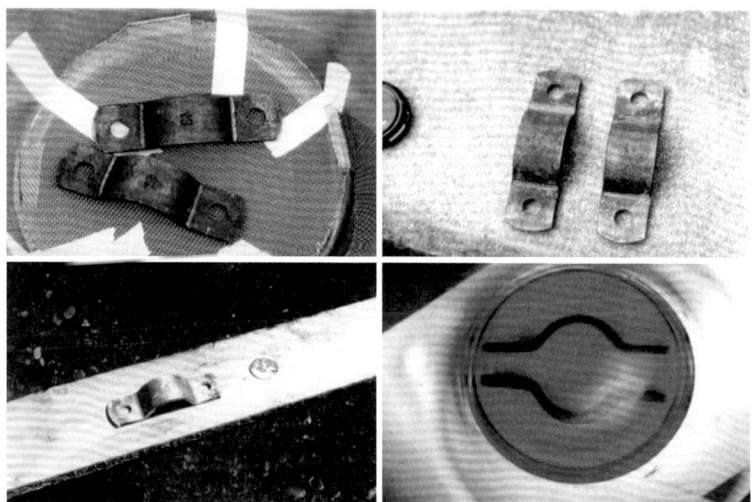

Abb. 2: Verrostete Schellen (rechts oben) – biologisches Entrostungsbad (darunter) – trocken geföhnte Schellen nach 20 Minuten (links oben) – feuerverzinkte Schelle (darunter)

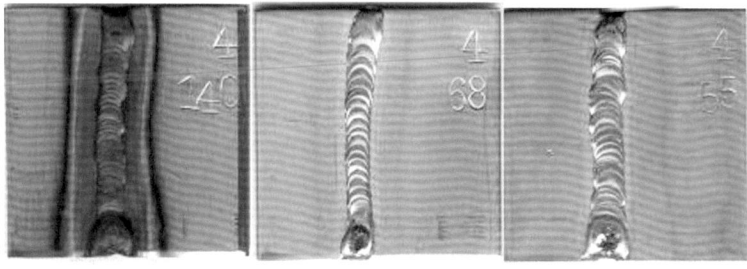

Abb. 3: Bleche mit aufgesetzter Schweißnaht biologisch (4/68) bzw. mit ANTOX (4/55) gebeizt

biologisch abbaubar (und können in biologischen Abwasseranlagen den Eisenstoffwechsel begünstigen) bzw. sind als Pflanzensubstrat einsetzbar, für Pflanzen, die an Eisenmangelkrankheiten leiden.

2.3 Das Hochschulprodukt im Test

Der auf der Basis Medizinprodukt entwickelte, biologische Entroster ist eine effiziente und umweltschonende Alternative zu den herkömmlichen Entrostungsverfahren auf Mineralsäurebasis. *Abbildung 4* zeigt, dass Werkstücke innerhalb kürzester Zeit (3 Minuten) nach dem thermischen Entgraten bei einem pH-Wert von 5,5 vollständig gereinigt werden können. Untersuchungen des Fraunhofer-Instituts für Produktionstechnik und Automatisierung, Stuttgart, im Jahr 2000 hatten ergeben, dass das Produkt im Vergleich zu vier konventionellen Reinigern die Oberflächen schneller, sauberer und ohne Materialangriff reinigte.

Die Siderophore sind aus nachwachsenden Rohstoffen fermentiert, sie sind sowohl recyclebar als auch vollständig biologisch abbaubar. Allergien und/oder andere Krankheiten sind selbst bei Menschen, die geschädigt sind, bei der Dialyse nirgends beobachtet worden. Man darf also sicherlich von einem nachhaltigen Produkt sprechen.

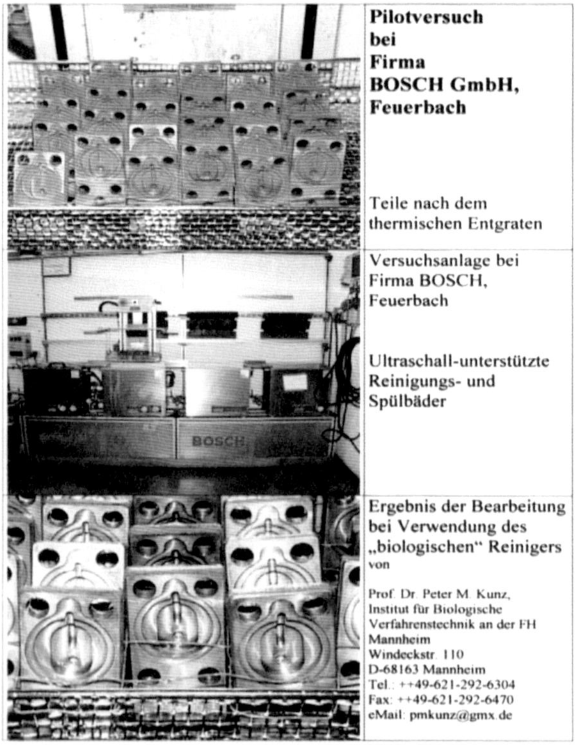

2.4 Biologische Entrosterprodukte im Markt

Erwin Lipp, BorgWarner Drive Systems, Manufacturing Engineering Europe, erläutert, weshalb in der Fertigung in Ketsch bei Mannheim eine Ultraschall-Tauchwanne mit einem biologischen Entrosterprodukt verwendet wird.

BorgWarner ist ein Unternehmen der Automobilzulieferbranche, dessen Produkte Kraftstoff sparen, Emissionen reduzieren und zugleich die Fahrleistung erhöhen wollen. BorgWarner liefert Komponenten für den Antriebsstrang vieler Automobilhersteller (Ford, Daimler, General Motors, VW/Audi, Toyota, Hyundai/Kia, Renault/ Nissan, Honda, Caterpillar, Navistar International, Peugeot, BMW) und Landmaschinenhersteller (John Deere). Die Produkte bestehen größtenteils aus Stahl – Rost und die Entfernung von Rost sind wichtige Themen. Da bei BorgWarner der Umweltschutz als zentraler Punkt in die Firmenphilosophie integriert ist, wird beim Einsatz von Betriebsmitteln sehr stark auf Umweltfreundlichkeit geachtet. Dies war auch die Hauptherausforderung bei der Findung eines geeigneten Mittels zur Entrostung von Stahlkomponenten.

Mit dem Produkt der Firma ASA Spezialenzyme GmbH wurden zum Teil sehr stark verrostete Komponenten von Torsionsschwingungsdämpfern, Automobilfreiläufern oder Bremsscheiben ausgewählt. Der Entrostungsprozess wird in einem Ultraschallbad, gefüllt mit warmem Leitungswasser und der vorgegebenen Menge Bio-Derosta durchgeführt. Abhängig vom Verrostungsgrad konnte in einer Behandlungszeit von 3 bis 13 Minuten, der vorhandene Rost komplett entfernt werden. Durch das nachfolgende Spülen, Aufbringen von Rostschutzmittel und Trocknen mit Heißluft konnte die für die Serienproduktion geforderte Qualität der Komponenten erreicht werden.

Harald Holder aus Stuttgart experimentierte zuhause mit Zylindern von nicht

Pilotversuch bei Firma BOSCH GmbH, Feuerbach

Teile nach dem thermischen Entgraten

Versuchsanlage bei Firma BOSCH, Feuerbach

Ultraschall-unterstützte Reinigungs- und Spülbäder

Ergebnis der Bearbeitung bei Verwendung des „biologischen" Reinigers von

Prof. Dr. Peter M. Kunz,
Institut für Biologische
Verfahrenstechnik an der FH
Mannheim
Windeckstr. 110
D-68163 Mannheim
Tel.: ++49-621-292-6304
Fax: ++49-621-292-6470
eMail: pmkunz@gmx.de

Abb. 4: Biologischer Entroster bei Bosch, Feuerbach

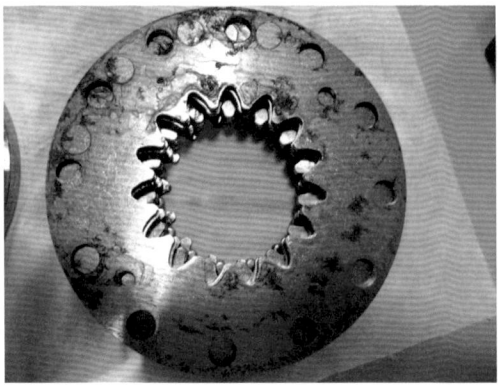

Abb. 5: Nabe, stark verrostet – nachher 43 °C, 10 Minuten Ultraschalltauchbad (BorgWarner)

Abb. 6: Porsche-Zylinder, vorher und nachher (Foto: Holder, Stuttgart

mehr lieferbaren, antiken Porsche-Motoren, die neu und nie verbaut waren, jedoch durch miserable Lagerung komplett vergammelt sind. Nach gründlichem Entfetten mit Spezialbenzin wurden die Zylinder zwischen ca. 12 bis 18 Stunden in ein Bad gelegt und mäßig bewegt. Danach wurden die Roststellen abgebürstet, gepinselt und abgetrocknet,

3 Entfernung von Rückständen nach dem Polieren

Das Polieren von Metalloberflächen erfolgt in vielen Unternehmen aus Umweltaspekten neuerdings in einem Bett von Walnussschalengranulat. Nach dem Polieren bleiben jedoch vielfach Polierpastenrückstände und vor allem Abrieb in Vertiefungen oder Bohrungen oder Nuten zurück, was eine zum Teil sehr aufwendige, manuelle Nachbearbeitung erfordert.

Zur Erzeugung von höchsten Oberflächengüten bis hin zum Spiegelglanz kommen in der Metall bearbeitenden Industrie Polierverfahren zum Einsatz, bei denen fein dispergierte, abrasive Partikel in einem Medium über die Oberfläche geführt werden. Der Glättungseffekt beruht auf chemisch/mechanischen Wirkmechanismen [Klocke, 2005]. Die Poliermittel bestehen meist aus Fetten, Ölen und dem eigentlichen Poliermittel, wie z.B. Tonerde, Magnesia, Diamant, Siliziumoxid, Eisenoxid, u.a. [Klocke, 2005].

Bei einem Füllfederhersteller in Heidelberg werden zum Polieren der Federn Poliermittel in das (zerkleinerte Walnussschalen) Fett gegeben (Abb. 7).

Walnussschalengranulat ist eines der am meisten industriell gebräuchlichen weichen Schleifmittel (Härte v. 3–4 Mohs) [www.optaminerals.com, 2009]

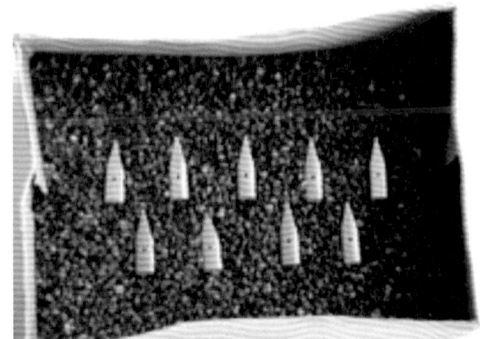

Abb.7: Füllfedern in Walnussschalengranulat
(Foto: Bio-Pro Baden)

und dient zum Glätten und Polieren von Bauteilen aus u. a. Weichmetallen und Legierungen [Tikal et al., 2009]. Walnussschalengranulat bietet dabei den Vorteil, dass es erneuerbar, d.h. aus nachwachsenden Rohstoffen gewonnen wird, und umweltfreundlich ist, da es keine VOC-Substanzen enthält.

Allerdings stellte sich nach Einführung des Verfahrens heraus, dass von 1000 Federn etwa 100 Abrieb aus dem Granulat und Polierpasterückstände in den Nuten aufwiesen *(Abb. 8)*. Mehrere Mitarbeiter waren damit beschäftigt, die Nuten manuell zu reinigen, damit der Tintenfluss sichergestellt ist. Verschiedene Versuche diverser Hersteller und Anbieter von chemischen Reinigern hatten keine befriedigende Lösung des Problems gebracht.

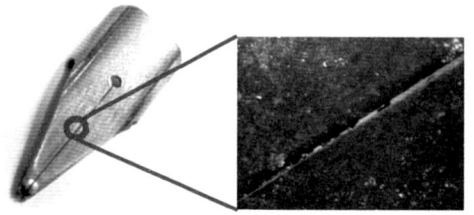

Abb. 8: Polierpastenrückstände (insbesondere Walnussschalengranulat) in der Nut einer Füllerfeder

Diese Rückstände bestehen aus Fetten und Ölen sowie zerriebenem Walnussschalengranulat *(Tab. 1)*, daneben weisen sie noch einen geringen Anteil an Chinon-Derivaten, Harzen, Terpenen, Phenolen und Gerbstoffen auf [Weber et al., 2009].

Tab. 1: Zusammensetzung von Walnussschalengranulat [www.optaminerals.com, 2009]

Symbol	Prozent
N	0,10 %
Cellulose	40–60 %
Lignin	20–30 %
Methoxyl	6,5 %
Cl	0,10 %
Ash	1,5 %

Es stellte sich die Frage, ob mit Hilfe eines *bionischen Lösungsansatzes* die manuelle Nachbearbeitung wirtschaftlich ersetzt werden könnte. Der generierte bionische Lösungsansatz basiert auf folgenden Analogien zu *natürlichen Vorgängen:*

1. Eingeklemmte Speisereste (insbesondere nach dem Verzehr von Nüssen) in Zahnzwischenräumen werden über Nacht durch Enzyme im Speichel um Nuancen kleiner und mit dem morgendlichen Speichelfluss herausgespült.

2. Abgestorbene Walnussbäume sind von Pilzen bewachsen, die auf dem Baum leben und von ihm durch Holzabbau wachsen.

Zu 1.: Es ist bekannt, dass sich trotz guter Zahnreinigung vor dem Schlafen gehen, am Morgen danach im Gaumen ab und an Essensbröckchen einer abendlichen Verkostung von beispielsweise Nüssen befinden. Hintergrund ist, dass Enzyme der Mundflora über Nacht die in den Zahnzwischenräumen eingeklemmten Reste ein bisschen verkleinert haben, so dass der morgendliche Speichelfluss sie aus ihrer eingeklemmten Position befreien konnte.

Zu 2.: Es ist weiterhin bekannt, dass auf abgestorbenen Walnussbäumen Organismen, speziell Pilze, zu finden sind, die über Walnussholz abbauende Enzyme verfügen. Bei den Holz zerstörenden Pilzen unterscheidet man die Erreger der Braunfäule und die der Weißfäule. Braunfäulepilze bauen überwiegend Cellulose und andere Zuckerverbindungen (Hemicellulosen) ab, während das Lignin zurückbleibt. Weißfäulepilze sind in der Lage, die Bestandteile einer verholzten Zellwand, wie die Cellulose und Hemicellulose und gleichzeitig das Lignin anzugreifen, wodurch die Polysaccharide der Zellwand für einen enzymatischen Angriff zugänglich werden [Goppelsröder, 1991; Schmidt, 2006; Schön, 2005]. So sind insbesondere Weißfäulepilze sehr effektive Ligninabbauer, die mit Hilfe der sogenannten Ligninperoxidase Ligninpolymere spalten. Auch Laccasen sind an diesem Abbau beteiligt. Da das Ligninmolekül zu groß ist, um es in die Hyphen aufnehmen zu können, wird es zunächst durch von den Pilzen abgesonderte Exoenzyme zerlegt [Kuhad, Singh, 2007; Schön, 2005]. Durch den enzymatischen Angriff wird das Holz weich und faserig, verliert an Gewicht und seine physikalischen Eigenschaften verändern sich [Goppelsröder, 1991].

Fasst man beides zusammen, erhält man die Lösung des Problems, nämlich das enzymatische Reinigen der Nuten der Federn von den eingeklemmten Abriebpartikeln und den Polierpastenresten. Ziel war es daher, einen geeigneten Enzymcocktail zu finden, der die klebende Wirkung der Polierpasten mindert und die Abmessung der Abriebteilchen gerade so verkleinert, dass durch eine Flüssigkeitsbewegung in einem durch Ultraschall bewegten Tauchbad ein Austrag stattfindet. Es sollte dabei ein Reinigungsgrad von 98 % erreicht werden, d.h. max. zwei Federn von 100 sollten noch eine Verunreinigung aufweisen. Zur Lösung dieser Aufgabe wurde also recherchiert, welche Enzyme genau die Walnussholz abbauenden Pilze ausscheiden.

Den Hauptbestandteil des Walnussschalengranulates macht mit 40 bis 60 % die Cellulose aus. Cellulose ist ein unverzweigtes Polymer, das aus β-D-Glucose-Molekülen bzw. Cellobiose-Einheiten besteht [Schmidt, 2006]. Für den enzymatischen Celluloseabbau sind wenigstens drei Enzyme verantwortlich (das sogenannten Cellulase-System). Das erste Enzym, die Endoglucanasen, lösen hydrolytisch die β-1,4-Bindung der Glucan-Polymere in den sogenannten amorphen Bereichen. Auf diese Weise werden große Kettenabschnitte erzeugt. Das zweite Enzymsystem, die Exoglucanasen (Cellulose-β-1,4-Cellobiosidase), spaltet das Disaccharid Cellobiose ab und die dritte Enzymgruppe (Cellobiase bzw. β-Glucosidasen) hydrolysieren unter Bildung von Glucose die Cellobiose [Schön, 2005; Kuhad, Singh, 2007].

Den zweitgrößten Anteil des Walnussschalengranulates macht mit 20 bis 30 % das Lignin aus. Lignin hat einen sehr komplexen Aufbau aus ringförmigen Molekülen, die durch verschiedenartige Bindungen verknüpft sind. Im Boden erfolgt der sehr langsame Abbau oxidativ durch Oxidoreductasen. Enzyme wie die Laccase und Manganperoxidase spalten dabei die phenolischen Lignin-Komponenten und die Ligninperoxidase (Ligninase) die nicht-phenolischen Ligninkomponenten [Schmidt, 2006; Schön, 2005; Kuhad, Singh, 2007].

Ein weiterer Bestandteil holzartiger Biomasse ist das Polysaccharidgemisch *Hemicellulose*, das aus den monomeren D-Xylose und L-Arabinose besteht. Durch die zusätzliche Ligninkomponente entsteht im Holz die Lignocellulose. Hemicellulose kann durch die Enzyme Xylanase und Mannosidase hydrolytisch abgebaut werden [Schmidt, 2006].

Weiterhin kommen in der Polierpaste wasserunlösliche Lipide vor. Lipide bestehen meist aus einem lipophilen Kohlenwasserstoffrest und einer hydrophilen Endgruppe. Zu den lipolytischen (Lipid abbauenden) Enzymen gehören die Lipasen, Lecithinasen, Monobutyrasen und die Esterasen [Wohlgemuth, 1913]. Überdies können die in den Polierpasten enthaltenen Proteine durch intra- und extrazellulär vorkommende Proteasen gespalten werden [Löffler, 2008].

3.1 Vorgehensweise zur Umsetzung

Es wurden drei verschiedene Ansätze (Enzymcocktail, Behandlung mit einzelnen Enzymen und ein Ansatz, der die verschiedenen Behandlungsstufen durchläuft) getestet. Jeder Ansatz bestand aus 150 mL Enzymlösung in einem 250 mL Becherglas mit je 50 Federn.

a) Wirkung eines Enzymcocktails auf die Polierrückstände

Der Enzymcocktail bestand aus mehreren Enzymen. Dieser Enzymcocktail wurde bei drei verschiedenen pH-Wert- und Temperaturkombination getestet: Ansatz 1 (pH 5,5 und 25 °C), Ansatz 2 (pH 5,5 und 35 °C) und Ansatz 3 (pH 6,5 und 25 °C). Der pH-Wert wurde mit NaOH bzw. HCl eingestellt. Zusätzlich wurde 1 mL Tensid Imbentin SG 43 AG zugesetzt. Die Inkubation erfolgte für 2 h in einem beheizten Schüttler mit 220 UpM. Anschließend wurden die Federn für 10 min in VE-Wasser in einem Ultraschallbad gespült. Daraufhin wurden alle Probekörper im Luftstrom getrocknet und unter dem Licht-Mikroskop visuell beurteilt.

b) Wirkung eines Enzymcocktails auf Walnussschalengranulat

10 g des Walnussschalengranulats wurden 24 h in 150 mL des Enzymcocktails (pH 5,5 und 25 °C) behandelt. Nach dem Ansetzen wurde wie unter a) beschrieben verfahren.

c) Wirkung einzelner Enzyme auf die Polierrückstände

Nach dem Einwiegen der Substanzen wurde wie unter a) beschrieben verfahren. Einziger Unterschied war, dass in dem Ansatz mit Lipase kein Tensid war, um die Auswirkung des Tensides im Vergleich zu dem entsprechenden Ansatz aus d) zu untersuchen.

d) Durchlaufen verschiedener Behandlungsstufen

Bei diesem Ansatz durchliefen die Federn verschiedene Behandlungsstufen bei Temperaturen von 25 respektive 35 °C und pH-Werten von 5,5 bzw. 7 nacheinander. Die weitere Vorgehensweise war wie unter a) beschrieben.

3.2   Ergebnisse

a) Wirkung eines Enzymcocktails auf die Polierrückstände

Während dieser Versuchsreihe hat sich zunächst ein Ölfilm auf der Oberfläche der Ansätze gebildet, d.h. das Fett konnte erfolgreich aus den Nuten der Bau-

teile herausgelöst werden. Zum Ende hin waren die Lösungen schwarz gefärbt, was darauf hin deutet, dass ein Emulgieren durch das Tensid oder ein enzymatischer Abbau stattgefunden haben musste. Alle Ansätze zeigten überwiegend sehr gute Ergebnisse, vereinzelt befanden sich noch kleinere Reste in den Nuten *(Abb. 9)*. Eine Temperatur- oder pH-Wert-Abhängigkeit konnte nicht erkannt werden.

b) Wirkung eines Enzymcocktails auf das Walnussschalengranulat

Abbildung 10 zeigt deutlich, dass eine Veränderung des Walnussschalengranulates durch die Enzymbehandlung stattgefunden hat. Die schwarze Schicht

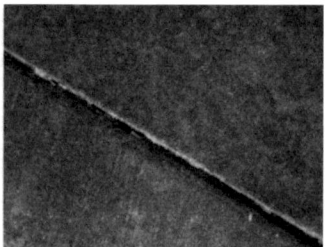 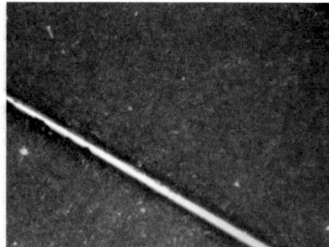 

Abb. 9: Wirkung eines Enzymcocktails auf Polierpastenrückstände in den Nuten von Füllfedern: vor der Behandlung (links), nach der Behandlung (Mitte und rechts)

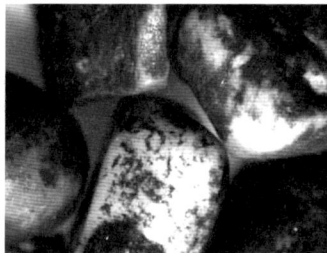 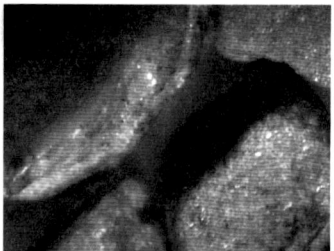

Abb. 10: Walnussschalengranulat vor (links) und nach (rechts) der Enzymbehandlung mit einem Enzymcocktail

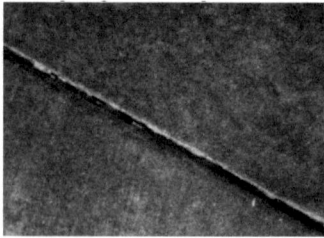 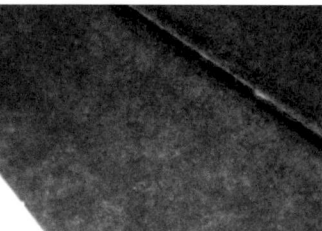 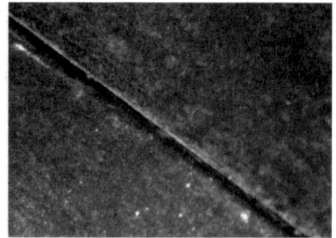

Abb. 11: Enzymansätze ohne erkennbare Wirkung auf die Polierpastenrückstände in den Nuten der Federn

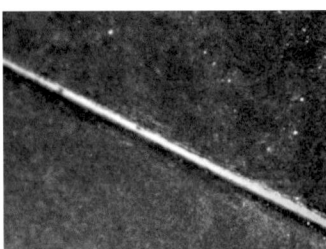

Abb. 12: Enzymansätze mit Wirkung auf die Polierpastenrückstände in den Nuten der Federn: Protease

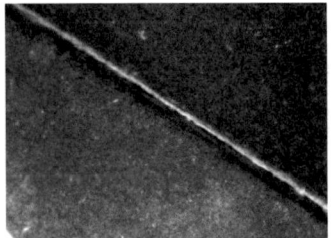

Abb. 13: Enzymansätze mit Wirkung auf die Polierpastenrückstände in den Nuten der Federn: Lipase ohne Tensid

auf den Körnern (Polierpaste mit Metallabrieb, siehe *Abb. 6*) wurde vollständig entfernt (vgl. *Abb. 10* rechts), was auch mit der beobachteten Schwarzfärbung der Lösungen korrelierte. Außerdem hatten sich auch die Oberfläche und auch die Größe der Körner verändert, wodurch ein Herauslösen aus den Nuten ermöglicht wird.

c) Wirkung einzelner Enzyme auf die Polierrückstände

Die nachfolgenden Beobachtungen wurden nach dem Einwirken einzelner Enzyme auf die Polierpastenrückstände in den Nuten der Federn gemacht: Einzelne Enzyme zeigten keine Reinigungswirkung.

Verhältnismäßig gute Ergebnisse wurden bei Protease- *(Abb. 12)* bzw. Lipase-Behandlung *(Abb. 13)* beobachtet. Allerdings konnten auch durch diese beiden Ansätze nicht alle Rückstände entfernt werden (die Nuten waren durchgängig mit nur Resten an den Wänden). Im Vergleich zu den Ansätzen mit Lipase war die Oberfläche der Federn im Protease-Ansatz jedoch matter, was auf einen zurückgebliebenen Fettfilm schließen lässt. Insgesamt war die Reinigungsleistung der Lipase etwas schlechter als die der Protease, aufgrund des Fehlens des Tensides, wie in den nachfolgenden Untersuchungen gezeigt werden konnte.

d) Durchlaufen verschiedener Behandlungsstufen

Durch eine Enzymkombination mit einem Tensid konnte jedoch eine 100%ige Reinigung erzielt werden. Bereits nach der ersten Stufe waren die Nuten der Federn frei von Polierpastenrückständen, sogar im Bereich der Spitzen, wo sich die Nuten verjüngen. Aufgrund der Beobachtung, dass die Federn schon nach dem ersten Behandlungsschritt der Behand-

lungskette keine Polierpastenrückstände mehr in den Nuten aufwiesen, kann über die Wirksamkeit der nachfolgenden Behandlungsstufen keine Aussage getroffen werden. Der angestrebte Reinigungsgrad von 98 % konnte erreicht werden.

4 Zusammenfassung

Der bionische Ansatz, industrielle bzw. gewerbliche (Produktions-)Probleme zu lösen, wird dieses Jahrhundert umtreiben – Beispiele gibt es genug! Die Probleminhaber sind gefordert, *Bioniker* in ihr Boot zu holen.

Die biologische Entrostung ist ein simples Beispiel, wie Grundschulwissen ausreicht, nachhaltige Lösungen zu generieren.

Das Problem *Polierpasten- bzw. Walnussschalengranulatrückstände* lässt sich lösen, wenn man sein Alltagswissen einsetzt.

5 Ausblick

Die biologische Entrostung ist Stand der Technik im Bereich Restaurierung und Sanierung von Metalloberflächen.

Das Verfahren der biologischen Reinigung konnte zwischenzeitlich nach einer weiteren Optimierung der Versuchsparameter seit nun über fünf Jahren störungsfrei in die bereits bestehenden Anlagen und Prozessschritte integriert werden.

Literatur

[Goppelsröder, 1991] Goppelsröder, A. (1991). Dissertation: Untersuchungen über die Bildungsmechanismen von Huempe (Palo podrido), einer südchilenischen Weißfäule, Fakultät für Bio- und Geowissenschaften, Universität Karlsruhe

[Löffler, 2008] Löffler, G.: Basiswissen Biochemie, Springer Medizin Verlag, Heidelberg, 2008

[Kuhad, Singh, 2007] Kuhad R.C.; Singh, A.: Lignocellulose Biotechnology, International Publishing House, Delhi, 2007

[Klocke, 2005] Klocke, F. (2005): Fertigungsverfahren, Springer Verlag

[Schmidt, 2006] Schmidt, O.: Wood and tree fungi: biology, damage, protection and use, Springer-Verlag Berlin-Heidelberg, 2006

[Schlegel, 1987] Allgemeine Mikrobiologie, Thieme-Verlag, 1987

[Schön, 2005] Schön, G.: Pilze: Lebewesen zwischen Pflanze und Tier, Verlag C.H. Beck oHG, München, 2005

[Tikal et al., 2009] Tikal, F.; Bienemann, R.; Heckmann, L.: Schneidkantenpräparation: Ziele, Verfahren und Messmethoden, kassel university press GmbH, Kassel, 2009

[VDI 6220, Blatt 1]

[VDI 6220 ff] Bionik: Konzeption und Strategie

[Weber, et al., 2010] Weber, W.; Liedek, J.; Konrad, T.; Herschlein, W.: Reibekörper in Fließpasten zur Handreinigung, HERWE chemisch-technische Erzeugnisse GmbH, Sinsheim-Dühren, 2010

[Wohlgemuth, J., 2009] Wohlgemuth, J.: Grundriss der Fermentmethoden: Ein Lehrbuch für Mediziner, Chemiker und Botaniker, Bibliolife, 2009

[www.optaminerals.com, 2010] http://www.optaminerals.com/Abrasives/Walnut-Shells.html, abgerufen 2010

Weitere interessante Literatur

Sommer S.; Kunz, P.: Enzymatisches Entfernen von Walnussschalengranulathaltigen Polierpastenrückständen aus Nuten und Poren von Bauteilen, Galvanotechnik 104(2013)1, S. 86–91

Stichwortverzeichnis deutschsprachige Beiträge

Index of English Articles

Firmenverzeichnis

Die kompletten Anschriften finden Sie auf den Seiten 355 bis 361

1 Vorbehandlung

ERNE surface AG
CH-8108 Dällikon ZH

1.1 Schleifen, Polieren

Material
Schleif- und Poliermittel

**KIESOW DR. BRINKMANN
GmbH & Co. KG,
Chemische Fabrik**
32758 Detmold

Technik/Anlagen/Zubehör
Schleif- und Polier-
maschinen/-automaten

Widoberg GmbH
63128 Dietzenbach

Schleif- und Polierroboter

Widoberg GmbH
63128 Dietzenbach

Polierstahl, Polierstifte,
Pollerkugeln, Polierchips

Walter Möller GmbH
58507 Lüdenscheid

Schleif- und Polierscheiben

**KIESOW DR. BRINKMANN
GmbH & Co. KG,
Chemische Fabrik**
32758 Detmold

Voigt GmbH
73249 Wernau

Bürstmaschinen
für Bandanlagen

Pill GmbH
71549 Auenwald

Bandschleifmaschinen

Widoberg GmbH
63128 Dietzenbach

Dienstleistungen
Schleifen und Polieren
im Lohn

Deutsche Derustit GmbH
63128 Dietzenbach

Dörrer AG Metallveredlung
CH-8045 Zürich

**Dresdner Silber und
Metallveredlung GmbH**
01257 Dresden

**Drollinger Metall-
veredelungswerke GmbH**
75217 Birkenfeld/
Gräfenhausen

C.HAFNER GmbH + Co. KG
75179 Pforzheim

**Hartchrom Haslinger Ober-
flächentechnik Ges. m.b.H.**
A-4020 Linz

Hartchromwerk Brunner AG
CH-9016 St. Gallen

**Galvanotechnik
Friedrich Holst GmbH**
20539 Hamburg

Metallveredlung Kopp AG
CH-5430 Wettingen

Moosbach & Kanne GmbH
42653 Solingen

**Franz Rieger
Metallveredlung**
89555 Steinheim am Albuch

**Schlütter Oberflächen-
technik GmbH**
98544 Zella-Mehlis

**Spaleck Oberflächen-
veredlung GmbH**
07973 Greiz

Surpro GmbH
25554 Wilster

Entgraten chemisch und
elektrochemisch im Lohn

Deutsche Derustit GmbH
63128 Dietzenbach

Metallveredlung Kopp AG
CH-5430 Wettingen

POLIGRAT GmbH
81829 München

1.2 Gleitschleifen

Material
Chips und Compounds
zum Gleitschleifen

Widoberg GmbH
63128 Dietzenbach

Technik/Anlagen/Zubehör
Gleitschleifanlagen

Forplan AG
CH-2555 Brügg

Widoberg GmbH
63128 Dietzenbach

Separiervorrichtungen
für Massenteile (Rüttelsiebe)

Widoberg GmbH
63128 Dietzenbach

Dienstleistungen
Gleitschleifen im Lohn

**Galvanotechnik
Friedrich Holst GmbH**
20539 Hamburg

**Spaleck Oberflächen-
veredlung GmbH**
07973 Greiz

1.3 Entgraten

Technik/Anlagen/Zubehör
Maschinen zum
mechanischen Entgraten

Pill GmbH
71549 Auenwald

Widoberg GmbH
63128 Dietzenbach

Maschinen zum
chemischen und elektro-
chemischen Entgraten

Walter Lemmen GmbH
97892 Kreuzwertheim

POLIGRAT GmbH
81829 München

**WTF – Wolf-Thilo Fortak
Industrieberatung und
technischer Service
für die Galvanotechnik**
17237 Kratzeburg

Dienstleitungen
Entgraten im Lohn

**Galvanotechnik
Friedrich Holst GmbH**
20539 Hamburg

Metallveredlung Kopp AG
CH-5430 Wettingen

POLIGRAT GmbH
81829 München

1.4 Strahlen

Material
Strahlmittel

**Balver Zinn
Josef Jost GmbH & Co. KG**
58802 Balve

Walter Möller GmbH
58507 Lüdenscheid

VULKAN INOX GmbH
45525 Hattingen

Edelstahl-Strahlmittel

VULKAN INOX GmbH
45525 Hattingen

Technik/Anlagen/Zubehör
Manuelle Strahlanlagen

Hartchrom-Erb GmbH
64331 Weiterstadt

Dienstleistungen
Strahlen im Lohn

**Assmus Metall-
veredelung GmbH**
63128 Dietzenbach

Deutsche Derustit GmbH
63128 Dietzenbach

**Drollinger Metall-
veredelungswerke GmbH**
75217 Birkenfeld/
Gräfenhausen

C.HAFNER GmbH + Co. KG
75179 Pforzheim

Hartchrom-Erb GmbH
64331 Weiterstadt

**Galvanotechnik
Friedrich Holst GmbH**
20539 Hamburg

**Schlütter Oberflächen-
technik GmbH**
98544 Zella-Mehlis

Surpro GmbH
25554 Wilster

Firmenverzeichnis

Die kompletten Anschriften finden Sie auf den Seiten 355 bis 361

Kugelstrahlen im Lohn

**Assmus Metall-
veredelung GmbH**
63128 Dietzenbach

Hartchrom-Erb GmbH
64331 Weiterstadt

1.5 Chemisch/elek-trolytisch Glänzen

Material

Verfahren zum elektrolytischen
und chemischen Glänzen
von Edelstahl

**CHEMOPUR Group
Chemopur H. Brand GmbH
Chemopur Anlagen und
Edelmetall GmbH**
44653 Herne

Deutsche Derustit GmbH
63128 Dietzenbach

POLIGRAT GmbH
81829 München

SurTec Deutschland GmbH
64673 Zwingenberg

Verfahren zum elektrolytischen
und chemischen Glänzen
von Aluminium

**CHEMOPUR Group
Chemopur H. Brand GmbH
Chemopur Anlagen und
Edelmetall GmbH**
44653 Herne

POLIGRAT GmbH
81829 München

SurTec Deutschland GmbH
64673 Zwingenberg

Verfahren zum elektrolytischen
und chemischen Glänzen von
Kupfer und Kupferlegierungen

**CHEMOPUR Group
Chemopur H. Brand GmbH
Chemopur Anlagen und
Edelmetall GmbH**
44653 Herne

POLIGRAT GmbH
81829 München

Technik/Anlagen/Zubehör

Anlagen zum chemischen
und elektrolytischen Glänzen

**DECKER Anlagen-
bau GmbH**
92334 Berching

Deutsche Derustit GmbH
63128 Dietzenbach

Walter Lemmen GmbH
97892 Kreuzwertheim

Lenzing Technik GmbH
A-4860 Lenzing

MKV GmbH
90584 Allersberg

POLIGRAT GmbH
81829 München

**WTF – Wolf-Thilo Fortak
Industrieberatung und
technischer Service
für die Galvanotechnik**
17237 Kratzeburg

Dienstleistungen

Chemisch Glänzen
von Aluminium im Lohn

POLIGRAT GmbH
81829 München

Elektrolytisch Glänzen
von Edelstahl im Lohn

Deutsche Derustit GmbH
63128 Dietzenbach

Metallveredlung Kopp AG
CH-5430 Wettingen

POLIGRAT GmbH
81829 München

**Schlütter Oberflächen-
technik GmbH**
98544 Zella-Mehlis

Elektrolytisch Glänzen
von Kupfer und Kupfer-
legierungen im Lohn

POLIGRAT GmbH
81829 München

1.6 Reinigen und Entfetten

Wässrig

Material

Reiniger zum Reinigen
und Entfetten

Atotech Deutschland GmbH
10553 Berlin

Hermann Bantleon GmbH
89077 Ulm

Adolf Boos GmbH & Co. KG
58636 Iserlohn

Chemetall GmbH
60487 Frankfurt

**CHEMOPUR Group
Chemopur H. Brand GmbH
Chemopur Anlagen und
Edelmetall GmbH**
44653 Herne

Deutsche Derustit GmbH
63128 Dietzenbach

DEWE Brünofix GmbH
91126 Rednitzhembach

Ehserchemie GmbH
41515 Grevenbroich

**G. & S. PHILIPP
Chemische Produkte
Vertriebsgesellschaft**
86943 Thaining

**KIESOW DR. BRINKMANN
GmbH & Co. KG,
Chemische Fabrik**
32758 Detmold

**Oberflächenchemie
Dr. Klupsch GmbH + Co. KG**
58513 Lüdenscheid

**Dr.-Ing. Max Schlötter
GmbH & Co. KG**
73312 Geislingen/Steige

solvadis gmbh
46240 Bottrop

SurTec Deutschland GmbH
64673 Zwingenberg

ZWEZ-CHEMIE GmbH
51789 Lindlar

Technik/Anlagen/Zubehör

Anlagen und -automaten
zum Reinigen und Entfetten
in wässriger Lösung

CMI UVK GmbH
56410 Montabaur

**DECKER Anlagen-
bau GmbH**
92334 Berching

MKV GmbH
90584 Allersberg

**Dr.-Ing. Max Schlötter
GmbH & Co. KG**
73312 Geislingen/Steige

Gebr. Steimel GmbH & Co.
53773 Hennef

STS Industries SA
CH-1462 Yvonand

Widoberg GmbH
63128 Dietzenbach

Teilewaschanlagen für
das Reinigen und Entfetten
in wässriger Lösung

CMI UVK GmbH
56410 Montabaur

Widoberg GmbH
63128 Dietzenbach

Düsen- und Spritzsysteme

**DECKER Anlagen-
bau GmbH**
92334 Berching

Spritz- und Tunnel-Spritz-
Durchlaufanlagen
zum Reinigen und Entfetten
in wässriger Lösung

CMI UVK GmbH
56410 Montabaur

Forplan AG
CH-2555 Brügg

Pill GmbH
71549 Auenwald

Widoberg GmbH
63128 Dietzenbach

Firmenverzeichnis

Die kompletten Anschriften finden Sie auf den Seiten 355 bis 361

Durchlaufanlagen für Draht,
Band und Rohr
zum Reinigen und Entfetten
in wässriger Lösung

CMI UVK GmbH
56410 Montabaur

Ultraschallreinigungs-
und Entfettungsanlagen
für wässrige Lösungen

**DECKER Anlagen-
bau GmbH**
92334 Berching

MKV GmbH
90584 Allersberg

Widoberg GmbH
63128 Dietzenbach

Kompaktanlagen zum
Reinigen in wässriger Lösung

**DECKER Anlagen-
bau GmbH**
92334 Berching

Ultraschallreinigungsgeräte

**Martin Walter
Ultraschalltechnik AG**
75334 Straubenhardt

Weber Ultrasonics GmbH
76307 Karlsbad

Widoberg GmbH
63128 Dietzenbach

Ultraschallausrüstungen,
Generatoren, Tauchschwinger,
Stabschwinger

**Martin Walter
Ultraschalltechnik AG**
75334 Straubenhardt

Weber Ultrasonics GmbH
76307 Karlsbad

Wasch- und Transportkörbe /
Zubehör

MKV GmbH
90584 Allersberg

Recycling

Öladsorber zur Aufbereitung
von Reinigungslösungen

Bohncke GmbH
65510 Hünstetten-Wallbach

SAGER + MACK GmbH
74532 Ilshofen-Eckartshausen

Dienstleistungen

Reinigen und Entfetten
im Lohn

**Assmus Metall-
veredelung GmbH**
63128 Dietzenbach

Deutsche Derustit GmbH
63128 Dietzenbach

C.HAFNER GmbH + Co. KG
75179 Pforzheim

**Galvanotechnik
Friedrich Holst GmbH**
20539 Hamburg

**Schlütter Oberflächen-
technik GmbH**
98544 Zella-Mehlis

**Schweizer Galvanotechnic
GmbH & Co. KG**
74080 Heilbronn

Nicht wässrig /
organische Lösemittel

Material
Lösemittel auf CKW-Basis

Ehserchemie GmbH
41515 Grevenbroich

solvadis gmbh
46240 Bottrop

Lösemittel auf der Basis
von KW, Heterocyclen usw.
zum Reinigen und Entfetten
(CKW- und FCKW-frei)

Hermann Bantleon GmbH
89077 Ulm

Ehserchemie GmbH
41515 Grevenbroich

solvadis gmbh
46240 Bottrop

Technik/Anlagen/Zubehör
Vorbehandlung von Metall-
und Kunststoffteilen

**INNOVENT e.V. Technologie-
entwicklung Jena**
07745 Jena

Entölungszentrifugen

Gebr. Steimel GmbH & Co.
53773 Hennef

Recycling

Recycling von Lösemitteln
auf CKW- und KW-Basis

solvadis gmbh
46240 Bottrop

Destillationsanlagen zur
Lösemittelrückgewinnung

**L & R Kältetechnik
GmbH & Co. KG**
59846 Sundern-Hachen

Meri.ch AG
CH-9434 Au/SG

Plasma

Technik/Anlagen/Zubehör

Plasmaanlagen zur
Vorbehandlung von Metall-
und Kunststoffteilen

**INNOVENT e.V. Technologie-
entwicklung Jena**
07745 Jena

Dienstleistungen

Plasmareinigung im Lohn

Metallveredlung Kopp AG
CH-5430 Wettingen

1.7 Beizen/Entrosten/ Gelbbrennen

Material
Säuren und Laugen
zum Beizen

Chemetall GmbH
60487 Frankfurt

Deutsche Derustit GmbH
63128 Dietzenbach

DEWE Brünofix GmbH
91126 Rednitzhembach

POLIGRAT GmbH
81829 München

SurTec Deutschland GmbH
64673 Zwingenberg

Beizinhibitoren

Chemetall GmbH
60487 Frankfurt

**CHEMOPUR Group
Chemopur H. Brand GmbH
Chemopur Anlagen und
Edelmetall GmbH**
44653 Herne

DEWE Brünofix GmbH
91126 Rednitzhembach

**Dr.-Ing. Max Schlötter
GmbH & Co. KG**
73312 Geislingen/Steige

SurTec Deutschland GmbH
64673 Zwingenberg

Präparate zum Entrosten

Chemetall GmbH
60487 Frankfurt

Deutsche Derustit GmbH
63128 Dietzenbach

POLIGRAT GmbH
81829 München

SurTec Deutschland GmbH
64673 Zwingenberg

Spezialbeizen für Buntmetalle,
Edelstahl, Aluminium

Chemetall GmbH
60487 Frankfurt

POLIGRAT GmbH
81829 München

SurTec Deutschland GmbH
64673 Zwingenberg

Technik/Anlagen/Zubehör

Anlagen zum Beizen
auf Gestellen und in Körben

CMI UVK GmbH
56410 Montabaur

**DECKER Anlagen-
bau GmbH**
92334 Berching

DEWE Brünofix GmbH
91126 Rednitzhembach

**DMV Deutsche Metall-
veredlung**
57368 Lennestadt

Walter Lemmen GmbH
97892 Kreuzwertheim

Lenzing Technik GmbH
A-4860 Lenzing

MKV GmbH
90584 Allersberg

Firmenverzeichnis

Die kompletten Anschriften finden Sie auf den Seiten 355 bis 361

POLIGRAT GmbH
81829 München

Gebr. Steimel GmbH & Co.
53773 Hennef

STS Industries SA
CH-1462 Yvonand

*Anlagen im
Durchlaufverfahren*

CMI UVK GmbH
56410 Montabaur

Beizkörbe

**DECKER Anlagen-
bau GmbH**
92334 Berching

Walter Möller GmbH
58507 Lüdenscheid

Beiztrommeln

**DECKER Anlagen-
bau GmbH**
92334 Berching

*Gelbbrennanlagen
für Buntmetalle*

**DECKER Anlagen-
bau GmbH**
92334 Berching

Dienstleistungen

Beizen im Lohn

Adolf Boos GmbH & Co. KG
58636 Iserlohn

Deutsche Derustit GmbH
63128 Dietzenbach

**DMV Deutsche Metall-
veredlung**
57368 Lennestadt

**Galvanotechnik
Friedrich Holst GmbH**
20539 Hamburg

POLIGRAT GmbH
81829 München

Entrosten, chemisch, im Lohn

DEWE Brünofix GmbH
91126 Rednitzhembach

POLIGRAT GmbH
81829 München

1.8 Vor-/Behandlungen für Kunststoff

Material

*Saure und alkalische Tauch-
und Spritzreiniger zur
Vorbehandlung von Kunst-
stoffen vor dem Lackieren*

Chemetall GmbH
60487 Frankfurt

*Verfahren zum Galvanisieren
von Kunststoffen*

Atotech Deutschland GmbH
10553 Berlin

**Rohm and Haas Europe
Trading ApS, Kopenhagen
Zweigniederlassung Littau
A subsidiary of the
Dow Chemical Company**
CH-6014 Luzern

Technik/Anlagen/Zubehör

Flammbehandlungsanlagen

**INNOVENT e.V. Technologie-
entwicklung Jena**
07745 Jena

*Korona-
Vorbehandlungsanlagen*

**INNOVENT e.V. Technologie-
entwicklung Jena**
07745 Jena

1.9 Vorbehandlung von Aluminium / Magnesium

Material

Zinkatbeizen für Aluminium

**CHEMOPUR Group
Chemopur H. Brand GmbH
Chemopur Anlagen und
Edelmetall GmbH**
44653 Herne

**Drollinger Metall-
veredelungswerke GmbH**
75217 Birkenfeld/
Gräfenhausen

SurTec Deutschland GmbH
64673 Zwingenberg

2 Galvanotechnik

ERNE surface AG
CH-8108 Dällikon ZH

2.1 Allgemein

*Methoden und
Verfahrensentwicklung für
die Oberflächentechnik*

**INNOVENT e.V. Technologie-
entwicklung Jena**
07745 Jena

2.2 Elektrolytische Metallabscheidung

Material

Silberbäder

Atotech Deutschland GmbH
10553 Berlin

DODUCO GmbH
75181 Pforzheim

**Drollinger Metall-
veredelungswerke GmbH**
75217 Birkenfeld/
Gräfenhausen

**Fingerle + Söhne,
Metallveredelung**
73730 Esslingen

**Jentner Plating
Technology GmbH**
75179 Pforzheim

**Rohm and Haas Europe
Trading ApS, Kopenhagen
Zweigniederlassung Littau
A subsidiary of the
Dow Chemical Company**
CH-6014 Luzern

**Dr.-Ing. Max Schlötter
GmbH & Co. KG**
73312 Geislingen/Steige

**Umicore Galvano-
technik GmbH**
73525 Schwäbisch Gmünd

Goldbäder

Atotech Deutschland GmbH
10553 Berlin

DODUCO GmbH
75181 Pforzheim

**Drollinger Metall-
veredelungswerke GmbH**
75217 Birkenfeld/
Gräfenhausen

**Jentner Plating
Technology GmbH**
75179 Pforzheim

**Rohm and Haas Europe
Trading ApS, Kopenhagen
Zweigniederlassung Littau
A subsidiary of the
Dow Chemical Company**
CH-6014 Luzern

**Dr.-Ing. Max Schlötter
GmbH & Co. KG**
73312 Geislingen/Steige

Surpro GmbH
25554 Wilster

**Umicore Galvano-
technik GmbH**
73525 Schwäbisch Gmünd

*Edelmetallsalze und/oder
-bäder*

DODUCO GmbH
75181 Pforzheim

**Jentner Plating
Technology GmbH**
75179 Pforzheim

**Umicore Galvano-
technik GmbH**
73525 Schwäbisch Gmünd

Chrombäder (III- und VI-wertig)

Atotech Deutschland GmbH
10553 Berlin

**Balver Zinn
Josef Jost GmbH & Co. KG**
58802 Balve

**CHEMOPUR Group
Chemopur H. Brand GmbH
Chemopur Anlagen und
Edelmetall GmbH**
44653 Herne

De Nora Deutschland GmbH
63517 Rodenbach

**KIESOW DR. BRINKMANN
GmbH & Co. KG,
Chemische Fabrik**
32758 Detmold

Firmenverzeichnis

Die kompletten Anschriften finden Sie auf den Seiten 355 bis 361

Rohm and Haas Europe
Trading ApS, Kopenhagen
Zweigniederlassung Littau
A subsidiary of the
Dow Chemical Company
CH-6014 Luzern

Dr.-Ing. Max Schlötter
GmbH & Co. KG
73312 Geislingen/Steige

SurTec Deutschland GmbH
64673 Zwingenberg

Kupferbäder

Atotech Deutschland GmbH
10553 Berlin

CHEMOPUR Group
Chemopur H. Brand GmbH
Chemopur Anlagen und
Edelmetall GmbH
44653 Herne

KIESOW DR. BRINKMANN
GmbH & Co. KG,
Chemische Fabrik
32758 Detmold

Karl Kunze
Massengalvanisierungen
10967 Berlin-Kreuzberg

Rohm and Haas Europe
Trading ApS, Kopenhagen
Zweigniederlassung Littau
A subsidiary of the
Dow Chemical Company
CH-6014 Luzern

Dr.-Ing. Max Schlötter
GmbH & Co. KG
73312 Geislingen/Steige

SurTec Deutschland GmbH
64673 Zwingenberg

Umicore Galvano-
technik GmbH
73525 Schwäbisch Gmünd

Nickelbäder

Atotech Deutschland GmbH
10553 Berlin

CHEMOPUR Group
Chemopur H. Brand GmbH
Chemopur Anlagen und
Edelmetall GmbH
44653 Herne

DODUCO GmbH
75181 Pforzheim

E. Engelmann Galvanik
GmbH + Co. KG
71254 Ditzingen-
Hirschlanden

Fingerle + Söhne,
Metallveredelung
73730 Esslingen

KIESOW DR. BRINKMANN
GmbH & Co. KG,
Chemische Fabrik
32758 Detmold

Oberflächenchemie
Dr. Klupsch GmbH + Co. KG
58513 Lüdenscheid

Karl Kunze
Massengalvanisierungen
10967 Berlin-Kreuzberg

Rohm and Haas Europe
Trading ApS, Kopenhagen
Zweigniederlassung Littau
A subsidiary of the
Dow Chemical Company
CH-6014 Luzern

Dr.-Ing. Max Schlötter
GmbH & Co. KG
73312 Geislingen/Steige

SurTec Deutschland GmbH
64673 Zwingenberg

Rhodiumbäder

DODUCO GmbH
75181 Pforzheim

Jentner Plating
Technology GmbH
75179 Pforzheim

Umicore Galvano-
technik GmbH
73525 Schwäbisch Gmünd

Zinnbäder

Atotech Deutschland GmbH
10553 Berlin

Balver Zinn
Josef Jost GmbH & Co. KG
58802 Balve

CHEMOPUR Group
Chemopur H. Brand GmbH
Chemopur Anlagen und
Edelmetall GmbH
44653 Herne

Metallveredlung Rudolf
Clauss GmbH & Co. KG
45481 Mülheim a. d. Ruhr

DODUCO GmbH
75181 Pforzheim

Hartchrom-Erb GmbH
64331 Weiterstadt

Fingerle + Söhne,
Metallveredelung
73730 Esslingen

Karl Kunze
Massengalvanisierungen
10967 Berlin-Kreuzberg

Rohm and Haas Europe
Trading ApS, Kopenhagen
Zweigniederlassung Littau
A subsidiary of the
Dow Chemical Company
CH-6014 Luzern

Dr.-Ing. Max Schlötter
GmbH & Co. KG
73312 Geislingen/Steige

SurTec Deutschland GmbH
64673 Zwingenberg

Zinkbäder

Atotech Deutschland GmbH
10553 Berlin

Balver Zinn
Josef Jost GmbH & Co. KG
58802 Balve

Metalloberflächen-
veredelung Bücher GmbH
58515 Lüdenscheid

CHEMOPUR Group
Chemopur H. Brand GmbH
Chemopur Anlagen und
Edelmetall GmbH
44653 Herne

COVENTYA GmbH
33334 Gütersloh

E. Engelmann Galvanik
GmbH + Co. KG
71254 Ditzingen-
Hirschlanden

Fingerle + Söhne,
Metallveredelung
73730 Esslingen

KIESOW DR. BRINKMANN
GmbH & Co. KG,
Chemische Fabrik
32758 Detmold

Oberflächenchemie
Dr. Klupsch GmbH + Co. KG
58513 Lüdenscheid

Karl Kunze
Massengalvanisierungen
10967 Berlin-Kreuzberg

Schkeuditzer Metall-
veredlung GmbH
04435 Schkeuditz

Dr.-Ing. Max Schlötter
GmbH & Co. KG
73312 Geislingen/Steige

SurTec Deutschland GmbH
64673 Zwingenberg

Grundchemikalien
und Anoden

Atotech Deutschland GmbH
10553 Berlin

Balver Zinn
Josef Jost GmbH & Co. KG
58802 Balve

KIESOW DR. BRINKMANN
GmbH & Co. KG,
Chemische Fabrik
32758 Detmold

Oberflächenchemie
Dr. Klupsch GmbH + Co. KG
58513 Lüdenscheid

Umicore Metalle &
Oberflächen GmbH
45326 Essen

Recycling

*Metallrückgewinnungsanlagen
durch Elektrolyse*

Bohncke GmbH
65510 Hünstetten-Wallbach

De Nora Deutschland GmbH
63517 Rodenbach

Walter Lemmen GmbH
97892 Kreuzwertheim

Siebec GmbH
75045 Walzbachtal

Dienstleistungen

*Beschichtungen für
Galvanikgestelle*

Schumacher Titan
GmbH & Co. KG
42699 Solingen

Firmenverzeichnis

Die kompletten Anschriften finden Sie auf den Seiten 355 bis 361

Galvanische Metallabscheidung im Lohn

AHC Oberflächentechnik GmbH
50171 Kerpen

Assmus Metallveredelung GmbH
63128 Dietzenbach

ATC Armoloy Technology Coatings GmbH & Co. KG
35606 Solms-Oberbiel

Adolf Boos GmbH & Co. KG
58636 Iserlohn

Metalloberflächenveredelung Bücher GmbH
58515 Lüdenscheid

Metallveredelung Rudolf Clauss GmbH & Co. KG
45481 Mülheim a. d. Ruhr

DMV Deutsche Metallveredlung
57368 Lennestadt

DODUCO GmbH
75181 Pforzheim

Dörrer AG Metallveredlung
CH-8045 Zürich

Dresdner Silber und Metallveredelung GmbH
01257 Dresden

Drollinger Metallveredelungswerke GmbH
75217 Birkenfeld/
Gräfenhausen

Fingerle + Söhne, Metallveredelung
73730 Esslingen

C.HAFNER GmbH + Co. KG
75179 Pforzheim

Galvanotechnik Friedrich Holst GmbH
20539 Hamburg

C. Jentner GmbH
75179 Pforzheim

Metallveredlung Kopp AG
CH-5430 Wettingen

Karl Kunze Massengalvanisierungen
10967 Berlin-Kreuzberg

Moosbach & Kanne GmbH
42653 Solingen

Nehlsen-BWB Flugzeug-Galvanik Dresden GmbH & Co. KG
01109 Dresden

Franz Rieger Metallveredlung
89555 Steinheim am Albuch

Schkeuditzer Metallveredelung GmbH
04435 Schkeuditz

Schlütter Oberflächentechnik GmbH
98544 Zella-Mehlis

Schmalriede-Zink GmbH & Co. KG
27777 Ganderkesee

Schweizer Galvanotechnic GmbH & Co. KG
74080 Heilbronn

Spaleck Oberflächenveredelung GmbH
07973 Greiz

Stiel Galvanik GmbH & Co. KG
42551 Velbert

Surpro GmbH
25554 Wilster

TECHNO-COAT Oberflächentechnik GmbH
02763 Zittau

Aluminiumabscheidung im Lohn

RASANT-ALCOTEC Beschichtungstechnik GmbH
51491 Overath

Hartverchromen

AHC Oberflächentechnik GmbH
50171 Kerpen

ATC Armoloy Technology Coatings GmbH & Co. KG
35606 Solms-Oberbiel

gebr. böge METALL-VEREDELUNGS GMBH
21033 Hamburg

Dörrer AG Metallveredlung
CH-8045 Zürich

Drollinger Metallveredelungswerke GmbH
75217 Birkenfeld/
Gräfenhausen

Hartchrom-Erb GmbH
64331 Weiterstadt

Hartchrom Haslinger Oberflächentechnik Ges. m.b.H.
A-4020 Linz

Hartchromwerk Brunner AG
CH-9016 St. Gallen

Nehlsen-BWB Flugzeug-Galvanik Dresden GmbH & Co. KG
01109 Dresden

Franz Rieger Metallveredlung
89555 Steinheim am Albuch

Schornberg Galvanik GmbH
59557 Lippstadt

Schwarzverchromen

Drollinger Metallveredelungswerke GmbH
75217 Birkenfeld/
Gräfenhausen

Galvanotechnik Friedrich Holst GmbH
20539 Hamburg

Franz Rieger Metallveredlung
89555 Steinheim am Albuch

Glanzchrom

Franz Rieger Metallveredlung
89555 Steinheim am Albuch

Verzinnen

Galvanotechnik Friedrich Holst GmbH
20539 Hamburg

Franz Rieger Metallveredlung
89555 Steinheim am Albuch

Schkeuditzer Metallveredelung GmbH
04435 Schkeuditz

Vernickeln

Galvanotechnik Friedrich Holst GmbH
20539 Hamburg

Franz Rieger Metallveredlung
89555 Steinheim am Albuch

Weißbronzieren

C. Jentner GmbH
75179 Pforzheim

Prym Fashion GmbH
52224 Stolberg

Dünnschicht-Verschromung

ATC Armoloy Technology Coatings GmbH & Co. KG
35606 Solms-Oberbiel

2.3 Stromlose Metallabscheidung

Material

Verfahren zur stromlosen Vernicklung

Atotech Deutschland GmbH
10553 Berlin

CHEMOPUR Group Chemopur H. Brand GmbH Chemopur Anlagen und Edelmetall GmbH
44653 Herne

COVENTYA GmbH
33334 Gütersloh

INNOVENT e.V. Technologieentwicklung Jena
07745 Jena

Rohm and Haas Europe Trading ApS, Kopenhagen Zweigniederlassung Littau A subsidiary of the Dow Chemical Company
CH-6014 Luzern

Dr.-Ing. Max Schlötter GmbH & Co. KG
73312 Geislingen/Steige

SurTec Deutschland GmbH
64673 Zwingenberg

Verfahren zur stromlosen Verkupferung

Atotech Deutschland GmbH
10553 Berlin

Firmenverzeichnis

Die kompletten Anschriften finden Sie auf den Seiten 355 bis 361

CHEMOPUR Group
Chemopur H. Brand GmbH
Chemopur Anlagen und
Edelmetall GmbH
44653 Herne

Rohm and Haas Europe
Trading ApS, Kopenhagen
Zweigniederlassung Littau
A subsidiary of the
Dow Chemical Company
CH-6014 Luzern

*Verfahren zur
stromlosen Goldabscheidung*

Atotech Deutschland GmbH
10553 Berlin

Umicore Galvano-
technik GmbH
73525 Schwäbisch Gmünd

*Tauchverzinnen
im Schmelztauchverfahren*

Drollinger Metall-
veredelungswerke GmbH
75217 Birkenfeld/
Gräfenhausen

Dienstleistungen

*Außenstromlos Vernickeln
im Lohn*

AHC Oberflächen-
technik GmbH
50171 Kerpen

gebr. böge METALL-
VEREDELUNGS GMBH
21033 Hamburg

DODUCO GmbH
75181 Pforzheim

Dörrer AG Metallveredlung
CH-8045 Zürich

Drollinger Metall-
veredelungswerke GmbH
75217 Birkenfeld/
Gräfenhausen

E. Engelmann Galvanik
GmbH + Co. KG
71254 Ditzingen-
Hirschlanden

Hartchrom Haslinger Ober-
flächentechnik Ges. m.b.H.
A-4020 Linz

Hartchromwerk Brunner AG
CH-9016 St. Gallen

Galvanotechnik
Friedrich Holst GmbH
20539 Hamburg

Nehlsen-BWB
Flugzeug-Galvanik
Dresden GmbH & Co. KG
01109 Dresden

Franz Rieger
Metallveredlung
89555 Steinheim am Albuch

Schornberg Galvanik GmbH
59557 Lippstadt

Schweizer Galvanotechnic
GmbH & Co. KG
74080 Heilbronn

Chemisch Vergolden im Lohn

Drollinger Metall
veredelungswerke GmbH
75217 Birkenfeld/
Gräfenhausen

*Chemisch Nickel auf Grund-
material Aluminium und Stahl*

C. Jentner GmbH
75179 Pforzheim

3   Dünnschicht-/
Vakuumtechnik

Technik/Anlagen/Zubehör

*Anlagen zur
Vakuumbeschichtung*

INNOVENT e.V. Technologie-
entwicklung Jena
07745 Jena

PVD-Anlagen

INNOVENT e.V. Technologie-
entwicklung Jena
07745 Jena

CVD-Anlagen

INNOVENT e.V. Technologie-
entwicklung Jena
07745 Jena

*Beschichtungsmaterialien
für Dünnschichttechnik*

Balver Zinn
Josef Jost GmbH & Co. KG
58802 Balve

Umicore Metalle &
Oberflächen GmbH
45326 Essen

Membranpumpen

Serfilco GmbH
52156 Monschau

Dienstleistungen

Hartstoffbeschichtungen PVD

Argor-Aljba SA
CH-6850 Mendrisio

DODUCO GmbH
75181 Pforzheim

TECHNO-COAT
Oberflächentechnik GmbH
02763 Zittau

*Schicht- und Verfahrens-
entwicklung PVD*

Argor-Aljba SA
CH-6850 Mendrisio

INNOVENT e.V. Technologie-
entwicklung Jena
07745 Jena

*Schicht- und Verfahrens-
entwicklung CVD*

INNOVENT e.V. Technologie-
entwicklung Jena
07745 Jena

*Plasmabeschichtung
bei Atmoshärendruck*

INNOVENT e.V. Technologie-
entwicklung Jena
07745 Jena

DLC-Beschichtungen

Argor-Aljba SA
CH-6850 Mendrisio

4   Umkehr- und
andere Schichten

ERNE surface AG
CH-8108 Dällikon ZH

4.1   Phosphatieren

Material

Phosphatiermittel

Chemetall GmbH
60487 Frankfurt

DEWE Brünofix GmbH
91126 Rednitzhembach

KIESOW DR. BRINKMANN
GmbH & Co. KG,
Chemische Fabrik
32758 Detmold

SurTec Deutschland GmbH
64673 Zwingenberg

ZWEZ-CHEMIE GmbH
51789 Lindlar

Verfahren zum Phosphatieren

Chemetall GmbH
60487 Frankfurt

CHEMOPUR Group
Chemopur H. Brand GmbH
Chemopur Anlagen und
Edelmetall GmbH
44053 Herne

DEWE Brünofix GmbH
91126 Rednitzhembach

SurTec Deutschland GmbH
64673 Zwingenberg

*Verfahren zum Phosphatieren,
chrom(VI)frei*

Chemetall GmbH
60487 Frankfurt

DEWE Brünofix GmbH
91126 Rednitzhembach

SurTec Deutschland GmbH
64673 Zwingenberg

Dienstleistungen

Phosphatieren im Lohn

Assmus Metall-
veredelung GmbH
63128 Dietzenbach

Adolf Boos GmbH & Co. KG
58636 Iserlohn

Metallveredlung Rudolf
Clauss GmbH & Co. KG
45481 Mülheim a. d. Ruhr

Firmenverzeichnis

Die kompletten Anschriften finden Sie auf den Seiten 355 bis 361

DEWE Brünofix GmbH
91126 Rednitzhembach

DMV Deutsche Metall-veredlung
57368 Lennestadt

Galvanotechnik Friedrich Holst GmbH
20539 Hamburg

Schlütter Oberflächen-technik GmbH
98544 Zella-Mehlis

Schmalriede-Zink GmbH & Co. KG
27777 Ganderkesee

Schweizer Galvanotechnic GmbH & Co. KG
74080 Heilbronn

Phosphatieren mit Nachbehandlung durch Ölen

Adolf Boos GmbH & Co. KG
58636 Iserlohn

DEWE Brünofix GmbH
91126 Rednitzhembach

DMV Deutsche Metall-veredlung
57368 Lennestadt

Galvanotechnik Friedrich Holst GmbH
20539 Hamburg

4.2 Passivieren

Material

Verfahren zum Chromatieren von Zink

Chemetall GmbH
60487 Frankfurt

CHEMOPUR Group Chemopur H. Brand GmbH Chemopur Anlagen und Edelmetall GmbH
44653 Herne

Oberflächenchemie Dr. Klupsch GmbH + Co. KG
58513 Lüdenscheid

Schkeuditzer Metall-veredlung GmbH
04435 Schkeuditz

Dr.-Ing. Max Schlötter GmbH & Co. KG
73312 Geislingen/Steige

Stiel Galvanik GmbH & Co. KG
42551 Velbert

SurTec Deutschland GmbH
64673 Zwingenberg

Verfahren zum Passivieren von Zink, chrom(VI)frei

Atotech Deutschland GmbH
10553 Berlin

Chemetall GmbH
60487 Frankfurt

CHEMOPUR Group Chemopur H. Brand GmbH Chemopur Anlagen und Edelmetall GmbH
44653 Herne

COVENTYA GmbH
33334 Gütersloh

KIESOW DR. BRINKMANN GmbH & Co. KG, Chemische Fabrik
32758 Detmold

Oberflächenchemie Dr. Klupsch GmbH + Co. KG
58513 Lüdenscheid

Karl Kunze Massengalvanisierungen
10967 Berlin-Kreuzberg

Schkeuditzer Metall-veredlung GmbH
04435 Schkeuditz

Dr.-Ing. Max Schlötter GmbH & Co. KG
73312 Geislingen/Steige

Schmalriede-Zink GmbH & Co. KG
27777 Ganderkesee

Stiel Galvanik GmbH & Co. KG
42551 Velbert

SurTec Deutschland GmbH
64673 Zwingenberg

Verfahren zum Passivieren und Versiegeln

Atotech Deutschland GmbH
10553 Berlin

Chemetall GmbH
60487 Frankfurt

CHEMOPUR Group Chemopur H. Brand GmbH Chemopur Anlagen und Edelmetall GmbH
44653 Herne

Karl Kunze Massengalvanisierungen
10967 Berlin-Kreuzberg

Schkeuditzer Metall-veredlung GmbH
04435 Schkeuditz

Dr.-Ing. Max Schlötter GmbH & Co. KG
73312 Geislingen/Steige

SurTec Deutschland GmbH
64673 Zwingenberg

Verfahren zum Passivieren von Aluminium

Chemetall GmbH
60487 Frankfurt

CHEMOPUR Group Chemopur H. Brand GmbH Chemopur Anlagen und Edelmetall GmbH
44653 Herne

Drollinger Metall-veredelungswerke GmbH
75217 Birkenfeld/ Gräfenhausen

SurTec Deutschland GmbH
64673 Zwingenberg

Verfahren zum Passivieren von Magnesium

Chemetall GmbH
60487 Frankfurt

4.3 Brünieren

Material

Verfahren zum Brünieren

DEWE Brünofix GmbH
91126 Rednitzhembach

KIESOW DR. BRINKMANN GmbH & Co. KG, Chemische Fabrik
32758 Detmold

SurTec Deutschland GmbH
64673 Zwingenberg

ZWEZ-CHEMIE GmbH
51789 Lindlar

Verfahren zum Kaltfärben

DEWE Brünofix GmbH
91126 Rednitzhembach

Dienstleistungen

Brünieren von Stahlteilen im Lohn

Adolf Boos GmbH & Co. KG
58636 Iserlohn

DEWE Brünofix GmbH
91126 Rednitzhembach

Galvanotechnik Friedrich Holst GmbH
20539 Hamburg

TECHNO-COAT Oberflächentechnik GmbH
02763 Zittau

Färben von Edelstahl

DEWE Brünofix GmbH
91126 Rednitzhembach

4.4 MKS-Schichten / Versiegelungen

Mikroschichten zum Korrosionsschutz

Oberflächenchemie Dr. Klupsch GmbH + Co. KG
58513 Lüdenscheid

Beschichten mit Zinklamellensystemen

Assmus Metall-veredelung GmbH
63128 Dietzenbach

GALFA GmbH & Co. KG
03238 Finsterwalde

Sol-Gel-Schichten

C. H. Erbslöh GmbH & Co. KG
47809 Krefeld

INNOVENT e.V. Technologie-entwicklung Jena
07745 Jena

Die kompletten Anschriften finden Sie auf den Seiten 355 bis 361

POLIGRAT GmbH
81829 München

5.1 Emaillieren

Technik/Anlagen/Zubehör

Emaillieranlagen

SGT Süddeutsche Gestell-technik GmbH + Co. KG
74211 Leingarten

6 Organische Beschichtungen

Material

Abziehlacke für Spritzkabinen

Chemetall GmbH
60487 Frankfurt

Entlackungsmittel

Chemetall GmbH
60487 Frankfurt

Ehserchemie GmbH
41515 Grevenbroich

Meri.ch AG
CH-9434 Au/SG

Lackverdünner

Ehserchemie GmbH
41515 Grevenbroich

Fotolack zur selektiven Beschichtung

C. H. Erbslöh GmbH & Co. KG
47809 Krefeld

Lacke mit organischen Lösemitteln

Karl Wörwag Lack- und Farbenfabrik GmbH + Co. KG
70435 Stuttgart

Wasserlacke

Karl Wörwag Lack- und Farbenfabrik GmbH + Co. KG
70435 Stuttgart

Beschichtungspulver

Karl Wörwag Lack- und Farbenfabrik GmbH + Co. KG
70435 Stuttgart

Lackierhilfsmittel

Meri.ch AG
CH-9434 Au/SG

Koagulierungsmittel für Lackschlamm

Chemetall GmbH
60487 Frankfurt

C. H. Erbslöh GmbH & Co. KG
47809 Krefeld

Technik/Anlagen/Zubehör

Tauchanlagen für die Lackierung

DELTA Industrie-technik GmbH
42653 Solingen

Forplan AG
CH-2555 Brügg

Anlagen für die elektrostatische Lackierung

Meri.ch AG
CH-9434 Au/SG

Elektrostatische Pulver-beschichtungsanlagen

INNOVENT e.V. Technologie-entwicklung Jena
07745 Jena

Meri.ch AG
CH-9434 Au/SG

Vorbehandlungsanlagen für die Pulverbeschichtung

Meri.ch AG
CH-9434 Au/SG

Beschichtungsanlagen für Schüttgut

Forplan AG
CH-2555 Brügg

Gebr. Steimel GmbH & Co.
53773 Hennef

Entlackungsanlagen

Meri.ch AG
CH-9434 Au/SG

Konvektions- und Infrarot-Kammer- und Durchlauftrockner

FST Drytec GmbH
75447 Sternenfels

Lackiergehänge

Meri.ch AG
CH-9434 Au/SG

SGT Süddeutsche Gestell-technik GmbH + Co. KG
74211 Leingarten

Abdeckelemente

Meri.ch AG
CH-9434 Au/SG

Lackschlammaustrag

Meri.ch AG
CH-9434 Au/SG

Lackierabdeckungen (selbstklebend)

Meri.ch AG
CH-9434 Au/SG

Max Steier GmbH & Co. KG
25311 Elmshorn

Pulverbeschichtungs-Abdeckungen (hochhitzefest, selbstklebend)

Meri.ch AG
CH-9434 Au/SG

Max Steier GmbH & Co. KG
25311 Elmshorn

Dienstleistungen

Lackieren im Lohn

Assmus Metall-veredelung GmbH
63128 Dietzenbach

Moosbach & Kanne GmbH
42653 Solingen

Nehlsen-BWB Flugzeug-Galvanik Dresden GmbH & Co. KG
01109 Dresden

Pulverbeschichten im Lohn

Assmus Metall-veredelung GmbH
63128 Dietzenbach

DMV Deutsche Metall-veredlung
57368 Lennestadt

Schlütter Oberflächen-technik GmbH
98544 Zella-Mehlis
79793 Wutöschingen-Horheim

KTL im Lohn

AHC Oberflächen-technik GmbH
50171 Kerpen

DMV Deutsche Metall-veredlung
57368 Lennestadt

Surpro GmbH
25554 Wilster

Entlacken (thermisch, chemisch, Soft-, Wasserhochdruck)

DMV Deutsche Metall-veredlung
57368 Lennestadt

Meri.ch AG
CH-9434 Au/SG
79793 Wutöschingen-Horheim

Funktionelle Beschichtungen (Gleitschichten)

AHC Oberflächen-technik GmbH
50171 Kerpen

Assmus Metall-veredelung GmbH
63128 Dietzenbach

Adolf Boos GmbH & Co. KG
58636 Iserlohn

Tampondruck

Drollinger Metall-veredelungswerke GmbH
75217 Birkenfeld/Gräfenhausen

Firmenverzeichnis

Die kompletten Anschriften finden Sie auf den Seiten 355 bis 361

7 Oberflächen-behandlung

ERNE surface AG
CH-8108 Dällikon ZH

Material

Verfahren zum Anodisieren
und Farbanodisieren
von Aluminium

Chemetall GmbH
60487 Frankfurt

**CHEMOPUR Group
Chemopur H. Brand GmbH
Chemopur Anlagen und
Edelmetall GmbH**
44653 Herne

**INNOVENT e.V. Technologie-
entwicklung Jena**
07745 Jena

Munk GmbH
59069 Hamm

**Schkeuditzer Metall-
veredelung GmbH**
04435 Schkeuditz

SurTec Deutschland GmbH
64673 Zwingenberg

Verfahren zum Hart-
anodisieren von Aluminium

Chemetall GmbH
60487 Frankfurt

**CHEMOPUR Group
Chemopur H. Brand GmbH
Chemopur Anlagen und
Edelmetall GmbH**
44653 Herne

Munk GmbH
59069 Hamm

SurTec Deutschland GmbH
64673 Zwingenberg

Eloxalfarben

Chemetall GmbH
60487 Frankfurt

**Schkeuditzer Metall-
veredelung GmbH**
04435 Schkeuditz

Verfahren zum chemischen
Oxidieren von Aluminium

Chemetall GmbH
60487 Frankfurt

**CHEMOPUR Group
Chemopur H. Brand GmbH
Chemopur Anlagen und
Edelmetall GmbH**
44653 Herne

SurTec Deutschland GmbH
64673 Zwingenberg

Tauchverzinnen
im Schmelztauchverfahren

**Drollinger Metall-
veredelungswerke GmbH**
75217 Birkenfeld/
Gräfenhausen

Technik/Anlagen/Zubehör

Anlagen zum Anodisieren
von Aluminium

**DECKER Anlagen-
bau GmbH**
92334 Berching

**Fikara GmbH & Co. KG
Technischer Galvanobedarf**
42551 Velbert

Walter Lemmen GmbH
97892 Kreuzwertheim

MKV GmbH
90584 Allersberg

Munk GmbH
59069 Hamm

**Dr.-Ing. Max Schlötter
GmbH & Co. KG**
73312 Geislingen/Steige

STS Industries SA
CH-1462 Yvonand

**WTF – Wolf-Thilo Fortak
Industrieberatung und
technischer Service
für die Galvanotechnik**
17237 Kratzeburg

Verfahren zur chemischen
Oberflächenbehandlung
von Aluminium

**DECKER Anlagen-
bau GmbH**
92334 Berching

**Drollinger Metall-
veredelungswerke GmbH**
75217 Birkenfeld/
Gräfenhausen

**INNOVENT e.V. Technologie-
entwicklung Jena**
07745 Jena

Anodenklemmen, Anoden-
zangen, Schraubzwingen

WALTER POTTHOFF GmbH
58540 Meinerzhagen

Dienstleistungen

Anodisieren von
Aluminium im Lohn

**AHC Oberflächen-
technik GmbH**
50171 Kerpen

**Assmus Metall-
veredelung GmbH**
63128 Dietzenbach

**gebr. böge METALL-
VEREDELUNGS GMBH**
21033 Hamburg

**Nehlsen-BWB
Flugzeug-Galvanik
Dresden GmbH & Co. KG**
01109 Dresden

**Franz Rieger
Metallveredlung**
89555 Steinheim am Albuch

**Schkeuditzer Metall-
veredelung GmbH**
04435 Schkeuditz

**Schweizer Galvanotechnic
GmbH & Co. KG**
74080 Heilbronn

Chromatieren von
Aluminium im Lohn

Adolf Boos GmbH & Co. KG
58636 Iserlohn

Dörrer AG Metallveredlung
CH-8045 Zürich

**Nehlsen-BWB
Flugzeug-Galvanik
Dresden GmbH & Co. KG**
01109 Dresden

**Schlütter Oberflächen-
technik GmbH**
98544 Zella-Mehlis

**Schweizer Galvanotechnic
GmbH & Co. KG**
74080 Heilbronn
79793 Wutöschingen-
Horheim

Galvanisieren von
Aluminium im Lohn

**gebr. böge METALL-
VEREDELUNGS GMBH**
21033 Hamburg

DODUCO GmbH
75181 Pforzheim

Dörrer AG Metallveredlung
CH-8045 Zürich

**Dresdner Silber und
Metallveredlung GmbH**
01257 Dresden

**Drollinger Metall-
veredelungswerke GmbH**
75217 Birkenfeld/
Gräfenhausen

C.HAFNER GmbH + Co. KG
75179 Pforzheim

Moosbach & Kanne GmbH
42653 Solingen

**Franz Rieger
Metallveredlung**
89555 Steinheim am Albuch

Chemisch Vernickeln
von Aluminium im Lohn

**AHC Oberflächen-
technik GmbH**
50171 Kerpen

**gebr. böge METALL-
VEREDELUNGS GMBH**
21033 Hamburg

DODUCO GmbH
75181 Pforzheim

Dörrer AG Metallveredlung
CH-8045 Zürich

**Drollinger Metall-
veredelungswerke GmbH**
75217 Birkenfeld/
Gräfenhausen

C.HAFNER GmbH + Co. KG
75179 Pforzheim

**Franz Rieger
Metallveredlung**
89555 Steinheim am Albuch

Schornberg Galvanik GmbH
59557 Lippstadt

Passivieren (chrom(VI)frei)

**gebr. böge METALL-
VEREDELUNGS GMBH**
21033 Hamburg

Firmenverzeichnis

Die kompletten Anschriften finden Sie auf den Seiten 355 bis 361

**DMV Deutsche Metall-
veredlung**
57368 Lennestadt

**Drollinger Metall-
veredelungswerke GmbH**
75217 Birkenfeld/
Gräfenhausen

**Schlütter Oberflächen-
technik GmbH**
98544 Zella-Mehlis

**Schweizer Galvanotechnic
GmbH & Co. KG**
74080 Heilbronn

Hartanodisieren im Lohn

**AHC Oberflächen-
technik GmbH**
50171 Kerpen

**Assmus Metall-
veredelung GmbH**
63128 Dietzenbach

**gebr. böge METALL-
VEREDELUNGS GMBH**
21033 Hamburg

**Metallveredlung Rudolf
Clauss GmbH & Co. KG**
45481 Mülheim a. d. Ruhr

**Nehlsen-BWB
Flugzeug-Galvanik
Dresden GmbH & Co. KG**
01109 Dresden

Voranodisation von Aluminium

**Schkeuditzer Metall-
veredelung GmbH**
04435 Schkeuditz
79793 Wutöschingen-
Horheim

Laserbeschriften

**Drollinger Metall-
veredelungswerke GmbH**
75217 Birkenfeld/
Gräfenhausen

Tempern

**DMV Deutsche Metall-
veredlung GmbH**
57368 Lennestadt

**Drollinger Metall-
veredelungswerke GmbH**
75217 Birkenfeld/
Gräfenhausen

Weißbronzieren

Prym Fashion GmbH
52224 Stolberg

8 Anlagen und Zubehör für die Oberflächentechnik

ERNE surface AG
CH-8108 Dällikon ZH

8.1 Filtrieren/Spülen

Material

Papierfilter

Bohncke GmbH
65510 Hünstetten-Wallbach

**Fikara GmbH & Co. KG
Technischer Galvanobedarf**
42551 Velbert

Siebec GmbH
75045 Walzbachtal

**SONDERMANN PUMPEN +
FILTER GMBH & CO. KG**
51149 Köln

Aktivkohle

Bohncke GmbH
65510 Hünstetten-Wallbach

**Fikara GmbH & Co. KG
Technischer Galvanobedarf**
42551 Velbert

**Oberflächenchemie
Dr. Klupsch GmbH + Co. KG**
58513 Lüdenscheid

Siebec GmbH
75045 Walzbachtal

**SONDERMANN PUMPEN +
FILTER GMBH & CO. KG**
51149 Köln

Filtertextilien

Bohncke GmbH
65510 Hünstetten-Wallbach

**Fikara GmbH & Co. KG
Technischer Galvanobedarf**
42551 Velbert

SAGER + MACK GmbH
74532 Ilshofen-Eckartshausen

**Schumacher Titan
GmbH & Co. KG**
42699 Solingen

Filterhilfsmittel

Bohncke GmbH
65510 Hünstetten-Wallbach

**Fikara GmbH & Co. KG
Technischer Galvanobedarf**
42551 Velbert

**Schumacher Titan
GmbH & Co. KG**
42699 Solingen

Siebec GmbH
75045 Walzbachtal

Filtertücher
für Kammerfilterpressen

FILOX Filtertechnik GmbH
53506 Blasweiler

Technik/Anlagen/Zubehör

Filtergeräte für
galvanische Bäder

Bohncke GmbH
65510 Hünstetten-Wallbach

**Fikara GmbH & Co. KG
Technischer Galvanobedarf**
42551 Velbert

**KIESOW DR. BRINKMANN
GmbH & Co. KG,
Chemische Fabrik**
32758 Detmold

LAFONTE.EU SRL
I-21040 Vedano Olona (VA)

Walter Lemmen GmbH
97892 Kreuzwertheim

Lenzing Technik GmbH
A-4860 Lenzing

SAGER + MACK GmbH
74532 Ilshofen-Eckartshausen

Serfilco GmbH
52156 Monschau

Siebec GmbH
75045 Walzbachtal

**SONDERMANN PUMPEN +
FILTER GMBH & CO. KG**
51149 Köln

Voigt GmbH
73249 Wernau

Filterautomaten

Lenzing Technik GmbH
A-4860 Lenzing

Serfilco GmbH
52156 Monschau

Filter für Zu- und Abluft
in Strahlanlagen

Voigt GmbH
73249 Wernau

Filter für Lackieranlagen

Voigt GmbH
73249 Wernau

Membranfiltrationsanlagen

**aqua plus Wasser- und
Recyclingsysteme GmbH**
73560 Böbingen a.d. Rems

**OSMO Membrane
Systems GmbH**
70825 Korntal-Münchingen

Voigt GmbH
73249 Wernau

Pumpen-/Filterüberwachung

Bohncke GmbH
65510 Hünstetten-Wallbach

Siebec GmbH
75045 Walzbachtal

**SONDERMANN PUMPEN +
FILTER GMBH & CO. KG**
51149 Köln

Kaskadenspülsysteme

**DECKER Anlagen-
bau GmbH**
92334 Berching

Anlagen zur außenstromlosen
Metallabscheidung

**Fikara GmbH & Co. KG
Technischer Galvanobedarf**
42551 Velbert

Walter Lemmen GmbH
97892 Kreuzwertheim

Die kompletten Anschriften finden Sie auf den Seiten 355 bis 361

MKV GmbH
90584 Allersberg

Dr.-Ing. Max Schlötter GmbH & Co. KG
73312 Geislingen/Steige

8.2 Heizen/Kühlen/ Trocknen

Technik/Anlagen/Zubehör

Wärmeaustauscher für Luft

Calorplast Wärmetechnik GmbH
47803 Krefeld

L & R Kältetechnik GmbH & Co. KG
59846 Sundern-Hachen

Weinreich Industrie- kühlung GmbH
58509 Lüdenscheid

Wärmeaustauscher für Flüssigkeiten

Calorplast Wärmetechnik GmbH
47803 Krefeld

L & R Kältetechnik GmbH & Co. KG
59846 Sundern-Hachen

POLYTETRA GmbH
41189 Mönchengladbach

Schumacher Titan GmbH & Co. KG
42699 Solingen

Weinreich Industrie- kühlung GmbH
58509 Lüdenscheid

Heizregister und Kühlregister

Calorplast Wärmetechnik GmbH
47803 Krefeld

L & R Kältetechnik GmbH & Co. KG
59846 Sundern-Hachen

Mazurczak GmbH
91126 Schwabach

Schumacher Titan GmbH & Co. KG
42699 Solingen

Serfilco GmbH
52156 Monschau

Weinreich Industrie- kühlung GmbH
58509 Lüdenscheid

Kühlaggregate für galvanische Bäder

L & R Kältetechnik GmbH & Co. KG
59846 Sundern-Hachen

Schumacher Titan GmbH & Co. KG
42699 Solingen

Weinreich Industrie- kühlung GmbH
58509 Lüdenscheid

Kühlwasserrückkühler

L & R Kältetechnik GmbH & Co. KG
59846 Sundern-Hachen

Weinreich Industrie- kühlung GmbH
58509 Lüdenscheid

Elektrische Badwärmer

FGH Umwelt- und Wassertechnik GmbH
58093 Hagen

Fikara GmbH & Co. KG Technischer Galvanobedarf
42551 Velbert

Mazurczak GmbH
91126 Schwabach

POLYTETRA GmbH
41189 Mönchengladbach

Schumacher Titan GmbH & Co. KG
42699 Solingen

Trockenschränke

FST Drytec GmbH
75447 Sternenfels

HARTER Oberflächen- und Umwelttechnik GmbH
88167 Stiefenhofen

Durchlauftrockenöfen

FST Drytec GmbH
75447 Sternenfels

HARTER Oberflächen- und Umwelttechnik GmbH
88167 Stiefenhofen

Walter Lemmen GmbH
97892 Kreuzwertheim

Wannentrockner

Fikara GmbH & Co. KG Technischer Galvanobedarf
42551 Velbert

FST Drytec GmbH
75447 Sternenfels

Trommeltrockner

HARTER Oberflächen- und Umwelttechnik GmbH
88167 Stiefenhofen

Gestelltrockner

HARTER Oberflächen- und Umwelttechnik GmbH
88167 Stiefenhofen

Trocknungsanlagen

Fikara GmbH & Co. KG Technischer Galvanobedarf
42551 Velbert

HARTER Oberflächen- und Umwelttechnik GmbH
88167 Stiefenhofen

Gebr. Steimel GmbH & Co.
53773 Hennef

Trocknungszentrifugen

Forplan AG
CH-2555 Brügg

Gebr. Steimel GmbH & Co.
53773 Hennef

Umlufttrockner

Fikara GmbH & Co. KG Technischer Galvanobedarf
42551 Velbert

FST Drytec GmbH
75447 Sternenfels

HARTER Oberflächen- und Umwelttechnik GmbH
88167 Stiefenhofen

8.3 Absaugungen/ Lufttechnik/ Druckluft

Technik/Anlagen/Zubehör

Absauganlagen für Badbehälter

CMI UVK GmbH
56410 Montabaur

DECKER Anlagen- bau GmbH
92334 Berching

Fikara GmbH & Co. KG Technischer Galvanobedarf
42551 Velbert

Ventilatoren

Hürner-Funken GmbH
35325 Mücke-Atzenhain

Wärmeaustauscher zur Wärmerückgewinnung

Calorplast Wärmetechnik GmbH
47803 Krefeld

Hürner-Funken GmbH
35325 Mücke-Atzenhain

L & R Kältetechnik GmbH & Co. KG
59846 Sundern-Hachen

POLYTETRA GmbH
41189 Mönchengladbach

Kunststoffkugeln zur Badabdeckung

Fikara GmbH & Co. KG Technischer Galvanobedarf
42551 Velbert

8.4 Pumpen

Chemikalienpumpen

Bohncke GmbH
65510 Hünstetten-Wallbach

Hürner-Funken GmbH
35325 Mücke-Atzenhain

JESSBERGER GmbH
85521 Ottobrunn

Firmenverzeichnis

Die kompletten Anschriften finden Sie auf den Seiten 355 bis 361

SAGER + MACK GmbH
74532 Ilshofen-Eckartshausen

Serfilco GmbH
52156 Monschau

Siebec GmbH
75045 Walzbachtal

**SONDERMANN PUMPEN +
FILTER GMBH & CO. KG**
51149 Köln

**Weinreich Industrie-
kühlung GmbH**
58509 Lüdenscheid

Fass- und Behälterpumpen

JESSBERGER GmbH
85521 Ottobrunn

Serfilco GmbH
52156 Monschau

Schlammpumpen

FILOX Filtertechnik GmbH
53506 Blasweiler

JESSBERGER GmbH
85521 Ottobrunn

**STEINLE Industrie-
pumpen GmbH**
40225 Düsseldorf

Druckluft-Membranpumpen

Bohncke GmbH
65510 Hünstetten-Wallbach

JESSBERGER GmbH
85521 Ottobrunn

**STEINLE Industrie-
pumpen GmbH**
40225 Düsseldorf

Magnetkreiselpumpen

Bohncke GmbH
65510 Hünstetten-Wallbach

JESSBERGER GmbH
85521 Ottobrunn

LAFONTE.EU SRL
I-21040 Vedano Olona (VA)

SAGER + MACK GmbH
74532 Ilshofen-Eckartshausen

Siebec GmbH
75045 Walzbachtal

**SONDERMANN PUMPEN +
FILTER GMBH & CO. KG**
51149 Köln

**STEINLE Industrie-
pumpen GmbH**
40225 Düsseldorf

Drehkolbenpumpen

Bohncke GmbH
65510 Hünstetten-Wallbach

Tauchpumpen

Bohncke GmbH
65510 Hünstetten-Wallbach

JESSBERGER GmbH
85521 Ottobrunn

LAFONTE.EU SRL
I-21040 Vedano Olona (VA)

SAGER + MACK GmbH
74532 Ilshofen-Eckartshausen

Siebec GmbH
75045 Walzbachtal

**SONDERMANN PUMPEN +
FILTER GMBH & CO. KG**
51149 Köln

Pumpen und Filtergeräte

Bohncke GmbH
65510 Hünstetten-Wallbach

LAFONTE.EU SRL
I-21040 Vedano Olona (VA)

SAGER + MACK GmbH
74532 Ilshofen-Eckartshausen

Siebec GmbH
75045 Walzbachtal

**SONDERMANN PUMPEN +
FILTER GMBH & CO. KG**
51149 Köln

Pumpen und Filtergeräte
in VA

Bohncke GmbH
65510 Hünstetten-Wallbach

SAGER + MACK GmbH
74532 Ilshofen-Eckartshausen

**SONDERMANN PUMPEN +
FILTER GMBH & CO. KG**
51149 Köln

8.5 Dosieren

Dosieranlagen

**DECKER Anlagen-
bau GmbH**
92334 Berching

Dosiersysteme

**Aucos Elektronische
Geräte GmbH**
52064 Aachen

**DECKER Anlagen-
bau GmbH**
92334 Berching

HEHL GALVANOTRONIC
42719 Solingen

Dosierpumpen

**G. & S. PHILIPP
Chemische Produkte
Vertriebsgesellschaft**
86943 Thaining

Pastenauftragungssysteme

Widoberg GmbH
63128 Dietzenbach

8.6 Stromversorgung

Galvanikgleichrichter

Dittberner GmbH
22851 Norderstedt

IPS-FEST GmbH
59069 Hamm

Munk GmbH
59069 Hamm

plating electronic GmbH
79211 Denzlingen

Pulse-Strom-Quellen

IPS-FEST GmbH
59069 Hamm

Munk GmbH
59069 Hamm

plating electronic GmbH
79211 Denzlingen

Polumschalter

IPS-FEST GmbH
59069 Hamm

plating electronic GmbH
79211 Denzlingen

Wechselstrom-Versorgungen

IPS-FEST GmbH
59069 Hamm

Munk GmbH
59069 Hamm

Gleichrichter für
den kathodischen Korrosionsschutz

plating electronic GmbH
79211 Denzlingen

Schaltschränke

**Aucos Elektronische
Geräte GmbH**
52064 Aachen

HEHL GALVANOTRONIC
42719 Solingen

ICOM Automation GmbH
98693 Ilmenau

IPS-FEST GmbH
59069 Hamm

IWAC automation GmbH
90542 Eckental

MKV GmbH
90584 Allersberg

plating electronic GmbH
79211 Denzlingen

8.7 Düsen und
Spritzsysteme

Badbewegung/
Badbewegung ohne Luft

Bohncke GmbH
65510 Hünstetten-Wallbach

**DECKER Anlagen-
bau GmbH**
92334 Berching

Serfilco GmbH
52156 Monschau

Siebec GmbH
75045 Walzbachtal

Firmenverzeichnis

Die kompletten Anschriften finden Sie auf den Seiten 355 bis 361

8.8 Transporttechnik

Transportfahrwagen

DECKER Anlagen-bau GmbH
92334 Berching

DELTA Industrie-technik GmbH
42653 Solingen

**Fikara GmbH & Co. KG
Technischer Galvanobedarf**
42551 Velbert

MKV GmbH
90584 Allersberg

**WTF – Wolf-Thilo Fortak
Industrieberatung und
technischer Service
für die Galvanotechnik**
17237 Kratzeburg

Werkstückträger-Magazine

Meri.ch AG
CH-9434 Au/SG

Werkstückträger-Paletten

Meri.ch AG
CH-9434 Au/SG

SGT Süddeutsche Gestell-technik GmbH + Co. KG
74211 Leingarten

Mess- und Positioniersysteme für Transportwagen

**Aucos Elektronische
Geräte GmbH**
52064 Aachen

HEHL GALVANOTRONIC
42719 Solingen

**WTF – Wolf-Thilo Fortak
Industrieberatung und
technischer Service
für die Galvanotechnik**
17237 Kratzeburg

Automatische Förderanlagen

**Aucos Elektronische
Geräte GmbH**
52064 Aachen

DELTA Industrie-technik GmbH
42653 Solingen

HEHL GALVANOTRONIC
42719 Solingen

Gestelle zum Kunststoffgalvanisieren

SGT Süddeutsche Gestell-technik GmbH + Co. KG
74211 Leingarten

**WTF – Wolf-Thilo Fortak
Industrieberatung und
technischer Service
für die Galvanotechnik**
17237 Kratzeburg

8.9 Anlagen, Behälter, Peripherie

Kunststoffgalvanisieranlagen

Atotech Deutschland GmbH
10553 Berlin

**Fikara GmbH & Co. KG
Technischer Galvanobedarf**
42551 Velbert

Walter Lemmen GmbH
97892 Kreuzwertheim

MKV GmbH
90584 Allersberg

Vibrationsgalvanisieranlagen und -automaten

Walter Lemmen GmbH
97892 Kreuzwertheim

STS Industries SA
CH-1462 Yvonand

Gestellanlagen und -automaten

Atotech Deutschland GmbH
10553 Berlin

DECKER Anlagen-bau GmbH
92334 Berching

DELTA Industrie-technik GmbH
42653 Solingen

**Fikara GmbH & Co. KG
Technischer Galvanobedarf**
42551 Velbert

GALVABAU AG
CH-6052 Hergiswil

Walter Lemmen GmbH
97892 Kreuzwertheim

MKV GmbH
90584 Allersberg

Dr.-Ing. Max Schlötter GmbH & Co. KG
73312 Geislingen/Steige

STS Industries SA
CH-1462 Yvonand

Gekapselte Galvanoanlagen

DECKER Anlagen-bau GmbH
92334 Berching

MKV GmbH
90584 Allersberg

STS Industries SA
CH-1462 Yvonand

Phosphatieranlagen

DECKER Anlagen-bau GmbH
92334 Berching

DELTA Industrie-technik GmbH
42653 Solingen

DEWE Brünofix GmbH
91126 Rednitzhembach

**Fikara GmbH & Co. KG
Technischer Galvanobedarf**
42551 Velbert

GALVABAU AG
CH-6052 Hergiswil

MKV GmbH
90584 Allersberg

Gebr. Steimel GmbH & Co.
53773 Hennef

STS Industries SA
CH-1462 Yvonand

Anlagen zum Chromatieren und Nachbehandeln durch Versiegeln

**Fikara GmbH & Co. KG
Technischer Galvanobedarf**
42551 Velbert

GALVABAU AG
CH-6052 Hergiswil

MKV GmbH
90584 Allersberg

Gebr. Steimel GmbH & Co.
53773 Hennef

STS Industries SA
CH-1462 Yvonand

Anlagen zum Brünieren

DECKER Anlagen-bau GmbH
92334 Berching

DEWE Brünofix GmbH
91126 Rednitzhembach

MKV GmbH
90584 Allersberg

Durchzugsanlagen zum Selektivgalvanisieren

STS Industries SA
CH-1462 Yvonand

Wannen und Behälter

DECKER Anlagen-bau GmbH
92334 Berching

DELTA Industrie-technik GmbH
42653 Solingen

**Fikara GmbH & Co. KG
Technischer Galvanobedarf**
42551 Velbert

Walter Lemmen GmbH
97892 Kreuzwertheim

Lenzing Technik GmbH
A-4860 Lenzing

MKV GmbH
90584 Allersberg

**Dr.-Ing. Max Schlötter
GmbH & Co. KG**
73312 Geislingen/Steige

**Schumacher Titan
GmbH & Co. KG**
42699 Solingen

Einhängetrommeln

**Fikara GmbH & Co. KG
Technischer Galvanobedarf**
42551 Velbert

Galvano-Trommeln, Trommelaggregate und Trommelautomaten

Atotech Deutschland GmbH
10553 Berlin

DECKER Anlagen-bau GmbH
92334 Berching

Firmenverzeichnis

Die kompletten Anschriften finden Sie auf den Seiten 355 bis 361

**DELTA Industrie-
technik GmbH**
42653 Solingen

Fikara GmbH & Co. KG
Technischer Galvanobedarf
42551 Velbert

Karl Kunze
Massengalvanisierungen
10967 Berlin-Kreuzberg

**Linnhoff + Partner
Galvanotechnik GmbH**
58644 Iserlohn

MKV GmbH
90584 Allersberg

**Dr.-Ing. Max Schlötter
GmbH & Co. KG**
73312 Geislingen/Steige

STS Industries SA
CH-1462 Yvonand

Galvanikgestelle

**Schumacher Titan
GmbH & Co. KG**
42699 Solingen

**SGT Süddeutsche Gestell-
technik GmbH + Co. KG**
74211 Leingarten

**WTF – Wolf-Thilo Fortak
Industrieberatung und
technischer Service
für die Galvanotechnik**
17237 Kratzeburg

Armaturen für
Galvanikwannen

**Schumacher Titan
GmbH & Co. KG**
42699 Solingen

Aktivierte Titananoden

De Nora Deutschland GmbH
63517 Rodenbach

**MAGNETO
special anodes B.V.**
NL-3125 BA Schiedam

**Schumacher Titan
GmbH & Co. KG**
42699 Solingen

**Umicore Galvano-
technik GmbH**
73525 Schwäbisch Gmünd

Titanhalbzeug

**Schumacher Titan
GmbH & Co. KG**
42699 Solingen

Titananodenkörbe,
Titanteller

**MAGNETO
special anodes B.V.**
NL-3125 BA Schiedam

MKV GmbH
90584 Allersberg

**Schumacher Titan
GmbH & Co. KG**
42699 Solingen

**SGT Süddeutsche Gestell-
technik GmbH + Co. KG**
74211 Leingarten

**WTF – Wolf-Thilo Fortak
Industrieberatung und
technischer Service
für die Galvanotechnik**
17237 Kratzeburg

Platinbeschichtungen
nach dem HTE-Verfahren
(Hochtemperaturelektrolyse)

**MAGNETO
special anodes B.V.**
NL-3125 BA Schiedam

**Schumacher Titan
GmbH & Co. KG**
42699 Solingen

**Umicore Galvano-
technik GmbH**
73525 Schwäbisch Gmünd

Anodischer Wannenschutz

Munk GmbH
59069 Hamm

9 Prüfen, Analysieren,
   Regeln, Steuern

Geräte

Geräte zur chemischen Analyse
(Titrator, Photometer usw.)

**Gravitech Gesellschaft
für Analysentechnik mbH**
63110 Rodgau

Online-Analysengeräte
(Titration, Photometrie usw.)

**Gravitech Gesellschaft
für Analysentechnik mbH**
63110 Rodgau

SITA Messtechnik GmbH
01217 Dresden

Systeme zur analytischen Bad-
überwachung und
zur Regeneration der Bäder

**Gravitech Gesellschaft
für Analysentechnik mbH**
63110 Rodgau

ICOM Automation GmbH
98693 Ilmenau

Geräte zur Analyse
von Lacken (Durchlaufbecher,
Viskosimeter usw.)

Meri.ch AG
CH-9434 Au/SG

Geräte zur Bestimmung
von Schichteigenschaften
(Mikrohärtemesser usw.)

Argor-Aljba SA
CH-6850 Mendrisio

**Helmut Fischer GmbH
Institut für Elektronik
und Messtechnik**
71069 Sindelfingen

Meri.ch AG
CH-9434 Au/SG

Geräte zur Korrosionsprüfung

**INNOVENT e.V. Technologie-
entwicklung Jena**
07745 Jena

**Gebr. Liebisch
GmbH & Co. KG**
33049 Bielefeld

Meri.ch AG
CH-9434 Au/SG

Glanzmessgeräte

Meri.ch AG
CH-9434 Au/SG

Schichtdickenmessgeräte

**KARL DEUTSCH
Prüf- und Messgerätebau
GmbH + Co KG**
42115 Wuppertal

**Helmut Fischer GmbH
Institut für Elektronik
und Messtechnik**
71069 Sindelfingen

**INNOVENT e.V. Technologie-
entwicklung Jena**
07745 Jena

Meri.ch AG
CH-9434 Au/SG

Farbmessgeräte

Meri.ch AG
CH-9434 Au/SG

Temperatur-Mess- und
-Regelgeräte

Mazurczak GmbH
91126 Schwabach

Meri.ch AG
CH-9434 Au/SG

pH-Mess- und Regelgeräte

Meri.ch AG
CH-9434 Au/SG

pH/Redox-Mess- und
Regelgeräte

Meri.ch AG
CH-9434 Au/SG

Leitfähigkeitsmessgeräte

**Helmut Fischer GmbH
Institut für Elektronik
und Messtechnik**
71069 Sindelfingen

**INNOVENT e.V. Technologie-
entwicklung Jena**
07745 Jena

Meri.ch AG
CH-9434 Au/SG

Mess- und Regelgeräte
für die Konzentration
wässriger Reiniger

SITA Messtechnik GmbH
01217 Dresden

Steuerungen für
Galvanoautomaten

**Aucos Elektronische
Geräte GmbH**
52064 Aachen

**DECKER Anlagen-
bau GmbH**
92334 Berching

Firmenverzeichnis

Die kompletten Anschriften finden Sie auf den Seiten 355 bis 361

Dittberner GmbH
22851 Norderstedt

HEHL GALVANOTRONIC
42719 Solingen

ICOM Automation GmbH
98693 Ilmenau

IWAC automation GmbH
90542 Eckental

MKV GmbH
90584 Allersberg

Dr.-Ing. Max Schlötter GmbH & Co. KG
73312 Geislingen/Steige

Steuerungen für Abwasser- anlagen und Abwasser- aufbereitungsanlagen

Aucos Elektronische Geräte GmbH
52064 Aachen

HEHL GALVANOTRONIC
42719 Solingen

ICOM Automation GmbH
98693 Ilmenau

IWAC automation GmbH
90542 Eckental

MKV GmbH
90584 Allersberg

Oberflächenspannungs- messsysteme

KRÜSS GmbH Wissenschaftliche Labor- geräte
22453 Hamburg

SITA Messtechnik GmbH
01217 Dresden

Oberflächen- und Tiefenprofilanalyse

INNOVENT e.V. Technologie- entwicklung Jena
07745 Jena

Bildverarbeitungssysteme zur automatischen Sichtprüfung

Aucos Elektronische Geräte GmbH
52064 Aachen

HEHL GALVANOTRONIC
42719 Solingen

Oberflächeninspektions- systeme für Bahnware

SITA Messtechnik GmbH
01217 Dresden

Kontaktwinkel-Messsysteme

INNOVENT e.V. Technologie- entwicklung Jena
07745 Jena

KRÜSS GmbH Wissenschaftliche Labor- geräte
22453 Hamburg

Tensiometer

INNOVENT e.V. Technologie- entwicklung Jena
07745 Jena

KRÜSS GmbH Wissenschaftliche Labor- geräte
22453 Hamburg

SITA Messtechnik GmbH
01217 Dresden

Messgeräte für Strom/ Spannung

Aucos Elektronische Geräte GmbH
52064 Aachen

Dittberner GmbH
22851 Norderstedt

Dienstleistungen

Entwicklung von chemisch u. physikalischen Analysen- verfahren

Gravitech Gesellschaft für Analysentechnik mbH
63110 Rodgau

Aus- und Weiterbildung

IGOS Institut für Galvano- und Oberflächentechnik Solingen GmbH & Co. KG
42657 Solingen

INNOVENT e.V. Technologie- entwicklung Jena
07745 Jena

TÜV Rheinland Akademie GmbH KompetenzZentrum Oberflächentechnik
90431 Nürnberg

Zentrum für Oberflächentechnik Schwäbisch Gmünd e.V.
73525 Schwäbisch Gmünd

Qualitätssicherung

C.HAFNER GmbH + Co. KG
75179 Pforzheim

IGOS Institut für Galvano- und Oberflächentechnik Solingen GmbH & Co. KG
42657 Solingen

SITA Messtechnik GmbH
01217 Dresden

TÜV Rheinland Akademie GmbH KompetenzZentrum Oberflächentechnik
90431 Nürnberg

Prüfungen für Galvanik- und Oberflächentechnik

Drollinger Metall- veredelungswerke GmbH
75217 Birkenfeld/ Gräfenhausen

C.HAFNER GmbH + Co. KG
75179 Pforzheim

IGOS Institut für Galvano- und Oberflächentechnik Solingen GmbH & Co. KG
42657 Solingen

TÜV Rheinland Akademie GmbH KompetenzZentrum Oberflächentechnik
90431 Nürnberg

10   Umwelttechnik

ERNE surface AG
CH-8108 Dällikon ZH

10.1 Wasser/Abwasser/ Schlamm

Material

Flockungsmittel

C. H. Erbslöh GmbH & Co. KG
47809 Krefeld

G. & S. PHILIPP Chemische Produkte Vertriebsgesellschaft
86943 Thaining

KIESOW DR. BRINKMANN GmbH & Co. KG, Chemische Fabrik
32758 Detmold

Oberflächenchemie Dr. Klupsch GmbH + Co. KG
58513 Lüdenscheid

Schwermetallfällungsmittel

C. H. Erbslöh GmbH & Co. KG
47809 Krefeld

G. & S. PHILIPP Chemische Produkte Vertriebsgesellschaft
86943 Thaining

Oberflächenchemie Dr. Klupsch GmbH + Co. KG
58513 Lüdenscheid

OVIVO Deutschland GmbH
70499 Stuttgart

Wasserentschäumer

C. H. Erbslöh GmbH & Co. KG
47809 Krefeld

G. & S. PHILIPP Chemische Produkte Vertriebsgesellschaft
86943 Thaining

Oberflächenchemie Dr. Klupsch GmbH + Co. KG
58513 Lüdenscheid

OVIVO Deutschland GmbH
70499 Stuttgart

Fäulnis-, Bakterienverhinderung

G. & S. PHILIPP Chemische Produkte Vertriebsgesellschaft
86943 Thaining

Technik/Anlagen/Zubehör

Wasserenthärtungsanlagen

EnviroFALK GmbH Prozesswasser-Technik
56457 Westerburg

Vollentsalzungsanlagen

aqua plus Wasser- und Recyclingsysteme GmbH
73560 Böbingen a.d. Rems

Firmenverzeichnis

Die kompletten Anschriften finden Sie auf den Seiten 355 bis 361

AW-Electronic GmbH
45478 Mülheim an der Ruhr

**EnviroFALK GmbH
Prozesswasser-Technik**
56457 Westerburg

**KMU LOFT
Cleanwater GmbH**
72138 Kirchentellinsfurt

OVIVO Deutschland GmbH
70499 Stuttgart

Wilms GmbH
59423 Unna

Abwasseraufbereitungs-
anlagen

**aqua plus Wasser- und
Recyclingsysteme GmbH**
73560 Böbingen a.d. Rems

AW-Electronic GmbH
45478 Mülheim an der Ruhr

**FGH Umwelt- und
Wassertechnik GmbH**
58093 Hagen

**KMU LOFT
Cleanwater GmbH**
72138 Kirchentellinsfurt

Walter Lemmen GmbH
97892 Kreuzwertheim

OVIVO Deutschland GmbH
70499 Stuttgart

Wilms GmbH
59423 Unna

**WTF – Wolf-Thilo Fortak
Industrieberatung und
technischer Service
für die Galvanotechnik**
17237 Kratzeburg

Kammerfilterpressen

FILOX Filtertechnik GmbH
53506 Blasweiler

End-Ionentauscher

**aqua plus Wasser- und
Recyclingsysteme GmbH**
73560 Böbingen a.d. Rems

AW-Electronic GmbH
45478 Mülheim an der Ruhr

**KMU LOFT
Cleanwater GmbH**
72138 Kirchentellinsfurt

Membranfiltrationstechnik

AW-Electronic GmbH
45478 Mülheim an der Ruhr

**EnviroFALK GmbH
Prozesswasser-Technik**
56457 Westerburg

FILOX Filtertechnik GmbH
53506 Blasweiler

**OSMO Membrane
Systems GmbH**
70825 Korntal-Münchingen

Ionenaustauscher

**EnviroFALK GmbH
Prozesswasser-Technik**
56457 Westerburg

Chemisch-Physikalische
Behandlungen

AW-Electronic GmbH
45478 Mülheim an der Ruhr

OVIVO Deutschland GmbH
70499 Stuttgart

Schlammtrockner

**HARTER Oberflächen-
und Umwelttechnik GmbH**
88167 Stiefenhofen

**L & R Kältetechnik
GmbH & Co. KG**
59846 Sundern-Hachen

10.2 Recycling

Material

Dialysezellen

AW Electronic GmbH
45478 Mülheim an der Ruhr

**OSMO Membrane
Systems GmbH**
70825 Korntal-Münchingen

Ionenaustauscheranlagen

**aqua plus Wasser- und
Recyclingsysteme GmbH**
73560 Böbingen a.d. Rems

**FGH Umwelt- und
Wassertechnik GmbH**
58093 Hagen

OVIVO Deutschland GmbH
70499 Stuttgart

Wilms GmbH
59423 Unna

Ionenaustauscher-
kreislaufanlagen

AW-Electronic GmbH
45478 Mülheim an der Ruhr

CMI UVK GmbH
56410 Montabaur

Walter Lemmen GmbH
97892 Kreuzwertheim

Vakuumverdampfer

AW-Electronic GmbH
45478 Mülheim an der Ruhr

**KMU LOFT
Cleanwater GmbH**
72138 Kirchentellinsfurt

OVIVO Deutschland GmbH
70499 Stuttgart

Wilms GmbH
59423 Unna

Verdunstungsanlagen
zur Wasserrückgewinnung

AW-Electronic GmbH
45478 Mülheim an der Ruhr

Kristallisatoren

CMI UVK GmbH
56410 Montabaur

**Weinreich Industrie-
kühlung GmbH**
58509 Lüdenscheid

Retardationsanlagen

**aqua plus Wasser- und
Recyclingsysteme GmbH**
73560 Böbingen a.d. Rems

AW-Electronic GmbH
45478 Mülheim an der Ruhr

OVIVO Deutschland GmbH
70499 Stuttgart

Wilms GmbH
59423 Unna

Lösungsmittel-
Rückgewinnungsanlagen

**L & R Kältetechnik
GmbH & Co. KG**
59846 Sundern-Hachen

Beizbadrückgewinnung

AW-Electronic GmbH
45478 Mülheim an der Ruhr

CMI UVK GmbH
56410 Montabaur

Kühltürme

**L & R Kältetechnik
GmbH & Co. KG**
59846 Sundern-Hachen

**Weinreich Industrie-
kühlung GmbH**
58509 Lüdenscheid

Dienstleistungen

Recycling und Entsorgung
edelmetallhaltiger Altbäder

DODUCO GmbH
75181 Pforzheim

Recycling und Entsorgung
von Anodenresten

**Balver Zinn
Josef Jost GmbH & Co. KG**
58802 Balve

DODUCO GmbH
75181 Pforzheim

C.HAFNER GmbH + Co. KG
75179 Pforzheim

Recycling und Entsorgung
edelmetallhaltiger Beizen
und Spülen

Deutsche Derustit GmbH
63128 Dietzenbach

Recycling und Entsorgung
edelmetallhaltiger Filter-
einsätze, -papiere und
Ionenaustauscherharze

Deutsche Derustit GmbH
63128 Dietzenbach

DODUCO GmbH
75181 Pforzheim

Firmenverzeichnis

Die kompletten Anschriften finden Sie auf den Seiten 355 bis 361

C.HAFNER GmbH + Co. KG
75179 Pforzheim

Recycling und Entsorgung
edelmetallhaltiger Produktions-
rückstände (fest, flüssig, pastös)
DODUCO GmbH
75181 Pforzheim

Gekrätz (edelmetallhaltig)
**Balver Zinn
Josef Jost GmbH & Co. KG**
58802 Balve

DODUCO GmbH
75181 Pforzheim

10.3 Luft/Abluft

Abluftreinigungsanlagen
Hermann Bantleon GmbH
89077 Ulm

CMI UVK GmbH
56410 Montabaur

**DECKER Anlagen-
bau GmbH**
92334 Berching

Lenzing Technik GmbH
A-4860 Lenzing

**Venjakob Umwelttechnik
GmbH & Co. KG**
31157 Sarstedt

**WTF – Wolf-Thilo Fortak
Industrieberatung und
technischer Service
für die Galvanotechnik**
17237 Kratzeburg

Abluftreinigung, katalytisch
**Venjakob Umwelttechnik
GmbH & Co. KG**
31157 Sarstedt

Abluftreinigungsanlagen
mit Adsorption
**DECKER Anlagen-
bau GmbH**
92334 Berching

Farbnebelabscheider
Voigt GmbH
73249 Wernau

Abluft- und Entstaubungsfilter
Voigt GmbH
73249 Wernau

Abluftanlagen mit
thermischer Verbrennung
**Venjakob Umwelttechnik
GmbH & Co. KG**
31157 Sarstedt

11   IT-Systeme

Warenwirtschaft, ERP
GalvanoData GmbH
71672 Marbach

Anlagensteuerung,
Visualisierung
HEHL GALVANOTRONIC
42719 Solingen

ICOM Automation GmbH
98693 Ilmenau

12   Literatur

An- und Verkauf
antiquarischer Galvano-Literatur
Riesmetall GmbH
86720 Nördlingen

Präsenz-Bibliothek
Riesmetall GmbH
86720 Nördlingen

Fachzeitschriften
Eugen G. Leuze Verlag KG
www.leuze-verlag.de

Fachbücher
Eugen G. Leuze Verlag KG
www.leuze-verlag.de

13   Messen /
Veranstaltungen

**Zentralverband Ober-
flächentechnik e.V. (ZVO)**
40724 Hilden

**Zentrum für
Oberflächentechnik
Schwäbisch Gmünd e.V.**
73525 Schwäbisch Gmünd

■ GalvaCom
Galvaniken effizient steuern

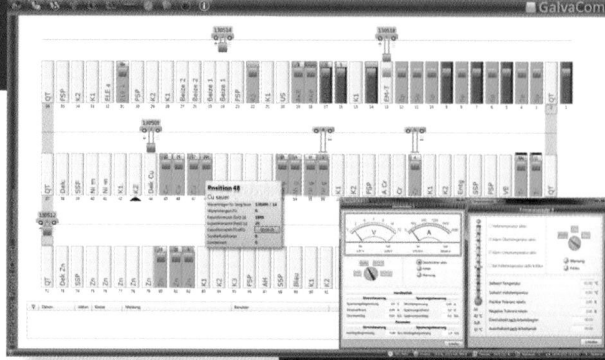

Die Anlagensteuerung **GalvaCom** ist eine Automatisierungslösung mit intuitiver Bedienung und übersichtlicher Visualisierung. Sie zeichnet sich durch Flexibilität, hohe Ausfallsicherheit und ein ausgereiftes Protokollierungssystem aus. Neben einfacher Artikel- und Rezeptverwaltung bieten innovative Funktionen wie frei einstellbare Badbehandlungs- und Toleranzzeiten oder automatische Stromdichtenkorrekturen innerhalb vorgegebener Grenzen entscheidende Produktionsvorteile für Betreiber von Galvanikanlagen.

■ AwaCom
Abwasser ressourcenschonend behandeln

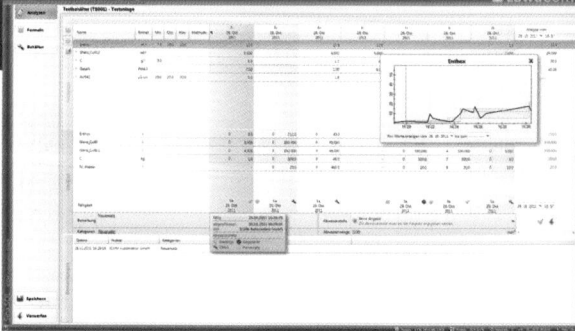

Die Abwassersteuerung **AwaCom** ist speziell auf die Anforderungen der Abwasserbehandlung und Betriebswasseraufbereitung moderner Galvanoanlagen zugeschnitten. Sie zeigt die Betriebszustände aller Anlagenteile in Einzelbildern und vereinfacht die Bedienung von Behandlungsparametern enorm. Zudem bietet nur **AwaCom** einen Programmeditor für die Chargenbehandlung, mit dem eine ressourcenschonende Abfolge der Behandlungsschritte selbst bestimmt werden kann.

■ LawaCom
Software für Analyse und Wartung

Das Programmsystem **LawaCom** stellt eine Vielzahl von Funktionen zur Datenverarbeitung im Umfeld des Galvanikbetriebs bereit. Neben der Hauptaufgabe der Erfassung, Überprüfung und Leitung der Badversorgung und -pflege erlaubt es die Verwaltung und Protokollierung der laufenden Anlagenwartung. Zur Überwachung der Chemikalien und physikalischen Messgrößen stellt das Programm eine integrierte Größen-, Stoff- und Abwasserverwaltung bereit.

Weitere Informationen unter

↗ www.icom-automation.de

ICOM
■■□□ AUTOMATION

Die eingetragenen Firmen auf einen Blick

Alphabetisch gegliedert (mit Rubrikenzuordnung)

A

AHC Oberflächen-technik GmbH
Boelckestraße 25-57
50171 Kerpen
Tel. 02237/502-0
Fax 02237/502-100
info@ahc-surface.com
www.ahc-surface.com
2.2 / 2.3 / 6 / 7

aqua plus Wasser- und Recyclingsysteme GmbH
Am Barnberg 14
73560 Böbingen a.d. Rems
Tel. 07173/714418-0
Fax 07173/714418-15
info@aqua-plus.de
www.aqua-plus.de
8.1 / 10.1 / 10.2

Argor-Aljba SA
Via F. Borromini 20
CH-6850 Mendrisio
Tel. +41/91/6405359
Fax +41/91/6464660
info-aljba@argor.com
www.argor-aljba.com
3 / 9

//Assmus Metallveredelung GmbH

Assmus Metall-veredelung GmbH
Robert-Koch-Straße 2
63128 Dietzenbach
Tel. 06074/4998-0
Fax 06074/4998-125
info@assmus-gmbh.de
www.assmus-gmbh.de
1.4 / 1.6 / 2.2 / 4.1 / 4.4 / 6 / 7

ATC Armoloy Technology Coatings GmbH & Co. KG
Industriegebiet Oberbiel
35606 Solms-Oberbiel
Tel. 06441/502332-0
Fax 06441/502332-22
atc@atc-armoloy.de
www.atc-armoloy.de
2.2

Atotech Deutschland GmbH
Erasmusstraße 20
10553 Berlin
Tel. 030/34985-250
Fax 030/34985-583
mariko.diesner@atotech.com
www.atotech.de
1.6 / 1.8 / 2.2 / 2.3 / 4.2 / 8.9

Aucos Elektronische Geräte GmbH
Matthiashofstraße 47-49
52064 Aachen
Tel. 0241/446640
Fax 0241/44664-99
info@aucos.de
www.aucos.de
8.5 / 8.6 / 8.8 / 9

AW-Electronic GmbH
Mainstraße 29
45478 Mülheim an der Ruhr
Tel. 0208/99939-0
Fax 0208/99939-40
awe@aw-electronic.de
www.aw-electronic.de
10.1 / 10.2

B

Balver Zinn Josef Jost GmbH & Co. KG
Blintroper Weg 11-13
58802 Balve
Tel. 02375/9150
Fax 02375/9151700
CIA@BalverZinn.com
www.BalverZinn.com
1.4 / 2.2 / 3 / 10.2

Hermann Bantleon GmbH
Blaubeurer Straße 32
89077 Ulm
Tel. 0731/3990-0
Fax 0731/3990-10
info@bantleon.de
www.bantleon.de
1.6 / 10.3

gebr. böge METALL-VEREDELUNGS GMBH
Kurt-A.-Körber-Chaussee 27-31
21033 Hamburg
Tel. 040/724160-10
Fax 040/724160-30
info@boege-hamburg.de
www.boege-hamburg.de
2.2 / 2.3 / 7

Bohncke Galvano-Filter-Pumpen

Bohncke GmbH
Auf der Langwies 8
65510 Hünstetten-Wallbach
Tel. 06126/9384-0
Fax 06126/9384-75
info@bohncke.de
www.bohncke.de
1.6 / 2.2 / 8.1 / 8.4 / 8.7

Adolf Boos GmbH & Co. KG
Westfalenstraße 108
58636 Iserlohn
Tel. 02371/9087-0
Fax 02371/67030
info@boos-metallveredelung.de
www.boos-metallveredelung.de
1.6 / 1.7 / 2.2 / 4.1 / 4.3 / 6 / 7

Metalloberflächen-veredelung Bücher GmbH
Lösenbacher Landstraße 152
58515 Lüdenscheid
Tel. 02351/788450
Fax 02351/7884545
info@buecher-gmbh.de
www.buecher-gmbh.de
2.2

C

Calorplast Wärmetechnik GmbH
Siempelkampstraße 94
47803 Krefeld
Tel. 02151/8777-0
Fax 02151/8777-33
info@calorplast.de
www.calorplast.de
8.2 / 8.3

Chemetall GmbH
Trakehner Straße 3
60487 Frankfurt
Tel. 069/7165-2335
Fax 069/7165-3567
surface-treatment@chemetall.com
www.chemetall.com
1.6 / 1.7 / 1.8 / 4.1 / 4.2 / 6 / 7

CHEMOPUR Group Chemopur H. Brand GmbH Chemopur Anlagen und Edelmetall GmbH
Baukauer Straße 125
44653 Herne
Tel. 02323/98797-0
Fax 02323/22248
info@chemopur.info
www.chemopur.info
1.5 / 1.6 / 1.7 / 1.9 / 2.2 / 2.3 / 4.1 / 4.2 / 7

Metallveredelung Rudolf Clauss GmbH & Co. KG
Düsseldorfer Straße 196-202
45481 Mülheim an der Ruhr
Tel. 0208/48427-0
Fax 0208/460288
info@metallveredelung.de
www.rudolf-clauss.de
2.2 / 7

CMI UVK GmbH
Robert-Bosch-Straße 12
56410 Montabaur
Tel. 02602/9999-0
Fax 02602/9999-599
chemline@cmigroupe.com
www.cmigroupe.com
1.6 / 1.7 / 8.3 / 10.2 / 10.3

COVENTYA GmbH
Stadtring Nordhorn 116
33334 Gütersloh
Tel. 05241/9362-0
Fax 05241/9362-24
coventya_de@coventya.com
www.coventya.com
2.2 / 2.3 / 4.2

D

De Nora Deutschland GmbH
Industriestraße 17
63517 Rodenbach
Tel. 06184/5980
Fax 06184/598184
info.dnd@denora.com
www.denora.com
2.2 / 8.9

Die eingetragenen Firmen auf einen Blick

Alphabetisch gegliedert (mit Rubrikenzuordnung)

**DECKER Anlagen-
bau GmbH**
Wegscheid 1a
92334 Berching
Tel. 08462/200617-0
Fax 08462/200617-11
info@decker-anlagenbau.de
www.decker-anlagenbau.de
*1.5 / 1.6 / 1.7 / 7 / 8.1 / 8.3 /
8.5 / 8.7 / 8.8 / 8.9 / 9 / 10.3*

**DELTA Industrie-
technik GmbH**
Dycker Feld 23
42653 Solingen
Tel. 0212/233959-70
Fax 0212/233959-71
info@delta-
industrietechnik.de
www.delta-
industrietechnik.de
6 / 8.8 / 8.9

**KARL DEUTSCH
Prüf- und Messgerätebau
GmbH + Co KG**
Otto-Hausmann-Ring 101
42115 Wuppertal
Tel. 0202/7192-0
Fax 0202/7149-32
info@karldeutsch.de
www.karldeutsch.de
9

Deutsche Derustit GmbH
Emil-v.-Behring-Straße 4
63128 Dietzenbach
Tel. 06074/4903-0
Fax 06074/4903-33
Weitere Standorte: Pirna,
Eisleben, Hamburg
info@derustit.de
www.derustit.de
*1.1 / 1.4 / 1.5 / 1.6 /
1.7 / 10.2*

DEWE Brünofix GmbH
Pruppacher Weg 8
91126 Rednitzhembach
Tel. 09122/9868-0
Fax 09122/9868-30
info@bruenofix.de
www.bruenofix.de
1.6 / 1.7 / 4.1 / 4.3 / 8.9

Dittberner GmbH
Segeberger Chaussee 127
22851 Norderstedt
Tel. 040/5241001
Fax 040/5249447
dittberner@freenet.de
www.dittberner-gmbh.de
8.6 / 9

**DMV Deutsche Metall-
veredlung**
Dr.-Paul-Müller-Straße 62
57368 Lennestadt
Tel. 02721/9416-19
Fax 02721/9416-50
h.kroh@deutschemv.de
www.deutschemv.de
1.7 / 2.2 / 4.1 / 6 / 7

DODUCO GmbH
Im Altgefäll 12
75181 Pforzheim
Tel. 07231/602-689
Fax 07231/602-12689
beschichtung@
doduco.net
www.doduco.net
2.2 / 2.3 / 3 / 7 / 10.2

Dörrer AG Metallveredlung
Giesshübelstrasse 108
CH-8045 Zürich
Tel. +41/44/4577700
Fax +41/44/4577711
info@doerrer.ch
www.doerrer.ch
1.1 / 2.2 / 2.3 / 7

**Dresdner Silber und
Metallveredlung GmbH**
Sosaer Straße 39
01257 Dresden
Tel. 0351/28904-0
Fax 0351/28904-50
info@dresdnersilber.de
www.dresdnersilber.de
1.1 / 2.2 / 7

**Drollinger Metall-
veredelungswerke GmbH**
Gewerbestraße 44
75217 Birkenfeld/
Gräfenhausen
Tel. 07082/50093
Fax 07082/20087
f.franke@drollinger.com
www.drollinger.com
*1.1 / 1.4 / 1.9 / 2.2 / 2.3 /
4.2 / 6 / 7 / 9*

E

Ehserchemie GmbH
Heinrich-Goebel-Straße 17
41515 Grevenbroich
Tel. 02181/495560
Fax 02181/62020
kontakt@ehserchemie.de
www.ehserchemie.de
1.6 / 6

**E. Engelmann Galvanik
GmbH + Co. KG**
Max-Eyth-Straße 24
71254 Ditzingen-
Hirschlanden
Tel. 07156/7158
Fax 07156/32761
post@engelmann-galvanik.de
www.engelmann-galvanik.de
2.2 / 2.3

**EnviroFALK GmbH
Prozesswasser-Technik**
Gutenbergstraße 7
56457 Westerburg
Tel. 02663/9908-0
Fax 02663/9908-50
info@envirofalk.com
www.envirofalk.com
10.1

Hartchrom-Erb GmbH
Waldstraße 13
64331 Weiterstadt
Tel. 06151/8559-0
Fax 06151/8559-22
hartchrom-erb@t-online.de
1.4 / 2.2

C. H. Erbslöh GmbH & Co. KG
Düsseldorfer Straße 103
47809 Krefeld
Tel. 02151/525-267
Fax 02151/525-106
waterelectronics.de@
cherbsloeh.com
www.cherbsloeh.com
4.4 / 6 / 10.1

ERNE surface AG
Industriestrasse 24
CH-8108 Dällikon ZH
Tel. +41/43/4117474
Fax +41/43/4117475
verkauf@erneag.ch
www.erneag.ch
1 / 2 / 4 / 7 / 8 / 10

F

**FGH Umwelt- und
Wassertechnik GmbH**
Bandstahlstraße 2
58093 Hagen
Tel. 02331/61090
Fax 02331/3961339
fgh-wassertechnik@t-online.de
www.fgh-umwelttechnik.de
8.2 / 10.1 / 10.2

**Fikara GmbH & Co. KG
Technischer Galvanobedarf**
Siemensstraße 26-28
42551 Velbert
Tel. 02051/21880
Fax 02051/22102
info@fikara.de
www.fikara.de
7 / 8.1 / 8.2 / 8.3 / 8.8 / 8.9

FILOX Filtertechnik GmbH
Hauptstraße 5
53506 Blasweiler
Tel. 02646/9413-0
Fax 02646/9413-28
info@filox.de
www.filox.de
8.1 / 8.4 / 10.1

**Fingerle + Söhne,
Metallveredelung**
Fritz-Müller-Straße 113
73730 Esslingen
Tel. 0711/311661
Fax 0711/3180858
info@fingerle-soehne.de
www.fingerle-soehne.de
2.2

**Helmut Fischer GmbH
Institut für Elektronik
und Messtechnik**
Industriestraße 21
71069 Sindelfingen
Tel. 07031/303-0
Fax 07031/303-710
info@helmut-fischer.de
www.helmut-fischer.com
9

Die eingetragenen Firmen auf einen Blick

Alphabetisch gegliedert (mit Rubrikenzuordnung)

Forplan AG
Bernstrasse 18
CH-2555 Brügg
Tel. +41/32/3667778
Fax +41/32/3667779
info@forplan.ch
www.forplan.ch
1.2 / 1.6 / 6 / 8.2

FST DRYTEC
TROCKNEN UND TEMPERN MIT SYSTEM

FST Drytec GmbH
Ferdinand-von-Steinbeis-Ring 43
75447 Sternenfels
Tel. 07045/203620
Fax 07045/203622
info@fst-drytec.de
www.fst-drytec.de
6 / 8.2

G

G. & S. PHILIPP

**Chemische Produkte
Vertriebsgesellschaft**
Am Weiher 6-8
86943 Thaining
Tel. 08194/93109-80
Fax 08104/8461
guschem@guschem.de
www.guschem.de
1.6 / 8.5 / 10.1

GALFA GmbH & Co. KG
Pflaumenallee 4
03238 Finsterwalde
Tel. 03531/6504-0
Fax 03531/6504-16
info@galfa.de
www.galfa.de
4.4

GALVABAU AG
Müliweg 3
CH-6052 Hergiswil
Tel. +41/41/6323400
Fax +41/41/6323401
info@galvabau.com
www.galvabau.com

GALVABAU Deutschland
Fritz Emmert
Tel. 09872/956894
8.9

GalvanoData GmbH
Siegelhausen 20
71672 Marbach
Tel. 07144/5079980
Fax 03222/1503473
postfach@galvanodata.de
www.galvanodata.de
11

**Gravitech Gesellschaft
für Analysentechnik mbH**
Rhönstraße 23
63110 Rodgau
Tel. 06106/876771
Fax 06106/876772
gravitech@t-online.de
www.gravitech.de
9

H

C.HAFNER
Edelmetall · Technologie

**C.HAFNER GmbH + Co. KG
-Lohngalvanik-**
Freiburger Straße 7
75179 Pforzheim
Tel. 07231/154489-0
Fax 07231/154489-19
edelmetall-oberflaechen@
  c-hafner.de
www.c-hafner.de
1.1 / 1.4 / 1.6 / 2.2 / 9 / 10.2

**Hartchrom Haslinger Ober-
flächentechnik Ges. m.b.H.**
Pummererstraße 21-25
A-4020 Linz
Tel. +43/732/778365
Fax +43/732/778365-21
office@hartchrom.at
www.hartchrom.at
1.1 / 2.2 / 2.3

Hartchromwerk Brunner AG
Martinsbruggstrasse 94
CH-9016 St. Gallen
Tel. +41/71/2824060
Fax +41/71/2824070
welcome@hcwb.com
www.hcwb.com
1.1 / 2.2 / 2.3

**HARTER Oberflächen-
und Umwelttechnik GmbH**
Harbatshofen 50
88167 Stiefenhofen
Tel. 08383/9223-0
Fax 08383/9223-22
info@harter-gmbh.de
www.harter-gmbh.de
8.2 / 10.1

HEHL GALVANOTRONIC
Tiefendicker Straße 10
42719 Solingen
Tel. 0212/64546-0
Fax 0212/64546-100
info@hehl-galvanotronic.de
www.hehl-galvanotronic.de
8.5 / 8.6 / 8.8 / 9 / 11

**Galvanotechnik
Friedrich Holst GmbH**
Mühlenhagen 157-159
20539 Hamburg
Tel. 040/786888
Fax 040/785422
info@galvanotechnik-
  holst.de
www.galvanotechnik-
  holst.de
*1.1 / 1.2 / 1.3 / 1.4 / 1.6 /
1.7 / 2.2 / 2.3 / 4.1 / 4.3*

Hürner-Funken GmbH
Ernst-Hürner-Straße
35325 Mücke-Atzenhain
Tel. 06401/9180-0
Fax 06401/9180-142
info@huerner-funken.de
www.huerner-funken.de
8.3 / 8.4

I

ICOM Automation GmbH
An der Krebswiese 5
98693 Ilmenau
Tel. 03677/8488-0
Fax 03677/8488-48
info@icom-automation.de
www.icom-automation.de
1.5 / 2.3 / 8.6 / 9 / 11

Institut
für Galvano- und Oberflächentechnik
Solingen GmbH & Co. KG

**IGOS Institut für Galvano-
und Oberflächentechnik
Solingen GmbH & Co. KG**
Grünewalder Straße 29-31
42657 Solingen
Tel. 0212/2494-700
Fax 0212/2494-715
info@igos.de
www.igos.de
9

**INNOVENT e.V. Technologie-
entwicklung Jena**
Prüssingstraße 27 B
07745 Jena
Tel. 03641/282510
Fax 03641/282530
innovent@innovent-jena.de
www.innovent-jena.de
*1.6 / 1.8 / 2.1 / 2.3 / 3 / 4.4 /
6 / 7 / 9*

IPS-FEST GmbH
Lange Wende 2-4
59069 Hamm
Tel. 02385/9355-0
Fax 02385/9355-60
info@ips-fest.de
www.ips-fest.de
8.6

IWAC automation GmbH
Burgweg 31
90542 Eckental
Tel. 09126/2984120
Fax 09126/2984121
info@iwac.de
www.iwac.de
8.6 / 9

J

C. Jentner GmbH
Sandweg 4
75179 Pforzheim
Tel. 07231/28098-0
Fax 07231/28098-29
galvanik@jentner.de
www.jentner.de
2.2 / 2.3

**Jentner Plating
Technology GmbH**
Sandweg 20
75179 Pforzheim
Tel. 07231/418094-0
Fax 07231/418094-77
sales@jentner.de
www.jentner-plating.com
2.2

JESSBERGER GmbH
Jaegerweg 5
85521 Ottobrunn
Tel. 089/666633400
Fax 089/666633411
info@jesspumpen.de
www.jesspumpen.de
8.4

Die eingetragenen Firmen auf einen Blick

Alphabetisch gegliedert (mit Rubrikenzuordnung)

K

KIESOW DR. BRINKMANN GmbH & Co. KG,
Chemische Fabrik
Wittekindstraße 27-35
32758 Detmold
Tel. 05231/7604-0
Fax 05231/7604-28
vertrieb@kiesow.org
www.kiesow.org
1.1 / 1.6 / 2.2 / 4.1 / 4.2 / 4.3 / 8.1 / 10.1

Oberflächenchemie
Dr. Klupsch GmbH + Co. KG
Altenaer Straße 254
58513 Lüdenscheid
Tel. 02351/51848
Fax 02351/51896
info@ofc-klupsch.de
www.ofc-klupsch.de
1.6 / 2.2 / 4.2 / 4.4 / 8.1 / 10.1

KMU LOFT
Cleanwater GmbH
Bahnhofstraße 30
72138 Kirchentellinsfurt
Tel. 07121/9683-0
Fax 07121/9683-60
info@kmu-loft.de
www.kmu-loft.de
10.1 / 10.2

Metallveredlung Kopp AG
Tägerhardstrasse 94
CH-5430 Wettingen
Tel. +41/56/4266892
Fax +41/56/4266819
kopp@kopp-metallveredlung.ch
www.kopp-metallveredlung.ch
1.1 / 1.3 / 1.5 / 1.6 / 2.2

KRÜSS GmbH
Wissenschaftliche Labor-
geräte
Borsteler Chaussee 85
22453 Hamburg
Tel. 040/514401-0
Fax 040/514401-98
info@kruss.de
www.kruss.de
9

Karl Kunze
Massengalvanisierungen
Boppstraße 6
10967 Berlin-Kreuzberg
Tel. 030/6911027
Fax 030/6942061
info@karlkunze.de
www.karlkunze.de
2.2 / 4.2 / 8.9

L

L & R Kältetechnik
GmbH & Co. KG
Hachener Straße 90a
59846 Sundern-Hachen
Tel. 02935/96614-0
Fax 02935/96614-50
info@Lr-Kaelte.de
www.Lr-Kaelte.de
1.6 / 8.2 / 8.3 / 10.1 / 10.2

LAFONTE.EU SRL
P.le Cocchi 6
I-21040 Vedano Olona (VA)
Tel. +39/0332/402168
Fax +39/0332/402169
info@lafonte.eu
www.lafonte.eu
8.1 / 8.4

Walter Lemmen GmbH
Birkenstraße 13
97892 Kreuzwertheim
Tel. 09342/7851
Fax 09342/21156
info@walterlemmen.de
www.walterlemmen.de
1.3 / 1.5 / 1.7 / 2.2 / 7 / 8.1 / 8.2 / 8.9 / 10.1 / 10.2

Lenzing Technik GmbH
Werkstraße 2
A-4860 Lenzing
Tel. +43/7672/701-2202
Fax +43/7672/96858
technik@lenzing.com
www.lenzing-technik.com
1.5 / 1.7 / 8.1 / 8.9 / 10.3

Liebisch®
LABORTECHNIK

Gebr. Liebisch
GmbH & Co. KG
Eisenstraße 34
33649 Bielefeld
Tel. 0521/94647-0
Fax 0521/94647-90
sales@liebisch.com
www.liebisch.de
9

Linnhoff + Partner
Galvanotechnik GmbH
Lünkerhohl 32a
58644 Iserlohn
Tel. 02371/1575-0
Fax 02371/1575-29
info@linnhoff-partner.com
www.linnhoff-partner.com
8.9

M

MAGNETO
special anodes B.V.
Calandstraat 109
NL-3125 BA Schiedam
Tel. +31/10/2620788
Fax +31/10/2620201
info@magneto.nl
www.magneto.nl
8.9

Mazurczak GmbH
Schlachthofstraße 3
91126 Schwabach
Tel. 09122/9855-0
Fax 09122/9855-99
kontakt@mazurczak.de
www.mazurczak.de
8.2 / 9

Meri.ch AG
Rosenbergsaustrasse 7
CH-9434 Au/SG
Tel. +41/71/7474949
Fax +41/71/7474948
info@meri.ch
www.meri.ch
1.6 / 6 / 8.8 / 9

MKV GmbH
Industriestraße 7
90584 Allersberg
Tel. 09176/9811-0
Fax 09176/9811-22
info@mkv-gmbh.de
www.mkv-gmbh.de
1.5 / 1.6 / 1.7 / 7 / 8.1 / 8.6 / 8.8 / 8.9 / 9

Walter Möller GmbH
Bahnhofstraße 66a
58507 Lüdenscheid
Tel. 02351/21961
Fax 02351/38299
info@waltermoeller.de
1.1 / 1.4 / 1.7

Moosbach & Kanne GmbH
Donaustraße 32-34
42653 Solingen
Tel. 0212/50860
Fax 0212/50852
info@moosbach-kanne.de
www.moosbach-kanne.de
1.1 / 2.2 / 6 / 7

Munk GmbH
Gewerbepark 8+10
59069 Hamm
Tel. 02385/74-0
Fax 02385/74-55
vertrieb@munk.de
www.munk.de
7 / 8.6

N

Nehlsen-BWB
Flugzeug-Galvanik
Dresden GmbH & Co. KG
Grenzstraße 2
01109 Dresden
Tel. 0351/8831400
Fax 0351/8831404
info@flugzeuggalvanik.de
www.flugzeuggalvanik.de
2.2 / 2.3 / 6 / 7

Die eingetragenen Firmen auf einen Blick

Alphabetisch gegliedert (mit Rubrikenzuordnung)

O

**OSMO Membrane
Systems GmbH**
Siemensstraße 42
70825 Korntal-Münchingen
Tel. 07150/2066-0
Fax 07150/2066-50
info@osmo-membrane.de
www.osmo-membrane.de
8.1 / 10.1 / 10.2

OVIVO Deutschland GmbH
Holderäckerstraße 10
70499 Stuttgart
Tel. 0711/76102-0
Fax 0711/76102-250
www.ovivowater.com
10.1 / 10.2

P

Pill GmbH
Industriestraße 7
71549 Auenwald
Tel. 07191/3552-0
Fax 07191/3552-35
info@pill-germany.com
www.pill-germany.com
1.1 / 1.3 / 1.6

plating electronic GmbH
Marie-Curie-Straße 6
79211 Denzlingen
Tel. 07666/9009-0
Fax 07666/9009-44
info@plating.de
www.plating.de
8.6

POLIGRAT GmbH
Valentin-Linhof-Straße 19
81829 München
Tel. 089/42778-0
Fax 089/42778-309
info@poligrat.de
www.poligrat.de
1.1 / 1.3 / 1.5 / 1.7 / 4.4

POLYTETRA GmbH
Hocksteiner Weg 40
41189 Mönchengladbach
Tel. 02166/9590-0
Fax 02166/9590-55
sales@polytetra.com
www.polytetra.com
8.2 / 8.3

WALTER POTTHOFF GmbH
Immecker Straße 1-3
58540 Meinerzhagen
Tel. 02354/9189-0
Fax 02354/4400
info@w-potthoff.de
www.w-potthoff.de
7

Prym Fashion GmbH
Zweifaller Straße 130
52224 Stolberg
Tel. 02402/1405
Fax 02402/142901
info@prym-fashion.de
www.prym-fashion.com
2.2 / 7

R

**RASANT-ALCOTEC
Beschichtungstechnik GmbH**
Zur Kaule 1
51491 Overath
Tel. 02206/90250
Fax 02206/902522
info@rasant-alcotec.de
2.2

**Franz Rieger
Metallveredlung**
Riedstraße 1
89555 Steinheim am Albuch
Tel. 07329/803-0
Fax 07329/803-88
info@rieger-mv.de
www.rieger-mv.de
1.1 / 2.2 / 2.3 / 7

Riesmetall GmbH
Gewerbestraße 7
86720 Nördlingen
Tel. 09081/86018
Fax 09081/23442
galvanobiblio@t-online.de
12

**Rohm and Haas Europe
Trading ApS, Kopenhagen
Zweigniederlassung Littau
A subsidiary of the
Dow Chemical Company**
Grossmatte 4
CH-6014 Luzern
Tel. +41/41/2594444
Fax +41/41/2594400
infoswiss@dow.com
www.dow.com
1.8 / 2.2 / 2.3

S

SAGER + MACK GmbH
Max-Eyth-Straße 13/17
74532 Ilshofen-Eckartshausen
Tel. 07904/9715-0
Fax 07904/9715-30
info@sager-mack.com
www.sager-mack.com
1.6 / 8.1 / 9.4

**Schkeuditzer Metall-
veredelung GmbH**
Industriestraße 42
04435 Schkeuditz
Tel. 034204/689-0
Fax 034204/689-16
info@smv-online.eu
www.smv-online.eu
2.2 / 4.2 / 7

**Dr.-Ing. Max Schlötter
GmbH & Co. KG**
Talgraben 30
73312 Geislingen/Steige
Tel. 07331/205-0
Fax 07331/205-123
info@schloetter.de
www.schloetter.de
1.6 / 1.7 / 2.2 / 2.3 /
4.2 / 7 / 9

**Schlütter Oberflächen-
technik GmbH**
Am Köhlersgehäu 13
98544 Zella-Mehlis
Tel. 03682/887622
Fax 03682/887620
karin.schluetter@
schluetter-galvanik.de
www.schluetter-galvanik.de
1.1 / 1.4 / 1.6 / 1.6 / 2.2 /
4.1 / 6 / 7

**Schmalriede-Zink
GmbH & Co. KG**
Handelsstraße 3-5
27777 Ganderkesee
Tel. 04222/9454-0
Fax 04222/3025
info@schmalriede.de
www.schmalriede.de
Zertifiziert nach
ISO TS 16949
2.2 / 4.1 / 4.2

Schornberg Galvanik GmbH
Raiffeisenstraße 3
59557 Lippstadt
Tel. 02941/2859-0
Fax 02941/2859-18
info@schornberg.de
www.schornberg.de
2.2 / 2.3 / 7

**Schumacher Titan
GmbH & Co. KG**
Löhdorfer Straße 29
42699 Solingen
Postfach 170128
42623 Solingen
Tel. 0212/26238-0
Fax 0212/26238-99
info@schumacher-titan.de
www.schumacher-titan.de
2.2 / 8.1 / 8.2 / 8.9

Die eingetragenen Firmen auf einen Blick

Alphabetisch gegliedert (mit Rubrikenzuordnung)

Schweizer Galvanotechnic GmbH & Co. KG
August-Mogler-Straße 9-13
74080 Heilbronn
Tel. 07131/9261-0
Fax 07131/9261-11
info@schweizer-galvano.de
www.schweizer-galvano.de
1.6 / 2.2 / 2.3 / 4.1 / 7

Serfilco GmbH
Am Handwerkerzentrum 1
52156 Monschau
Tel. 02472/8026015
Fax 02472/8026019
info@serfilco.de
www.serfilco.de
3 / 8.1 / 8.2 / 8.4 / 8.7

SGT Süddeutsche Gestell-technik GmbH + Co. KG
Liebigstraße 40
74211 Leingarten
Tel. 07131/203929-0
Fax 07131/203929-30
info@das-gestell.de
www.das-gestell.de
5.1 / 6 / 8.8 / 8.9

Siebec GmbH
Im Grund 11
75045 Walzbachtal
Postfach 57
75042 Walzbachtal
Tel. 07203/9130-0
Fax 07203/9130-50
info@siebecgmbh.de
www.siebec.com
2.2 / 8.1 / 8.4 / 8.7

SITA Messtechnik GmbH
Gostritzer Straße 63
01217 Dresden
Tel. 0351/8718041
Fax 0351/8718464
info@sita-messtechnik.de
www.sita-process.com
9

solvadis gmbh
Scharnhölzstraße 346
46240 Bottrop
Tel. 02041/7962-141
Fax 02041/7962-329
info-OT@solvadis.com
www.solvadis.com
1.6

SONDERMANN PUMPEN + FILTER GMBH & CO. KG
August-Horch-Straße 2
51149 Köln
Tel. 02203/9394-0
Fax 02203/9394-47
info@sondermann-pumpen.de
www.sondermann-pumpen.de
8.1 / 8.4

Spaleck Oberflächen-veredlung GmbH
Zeulenrodaer Straße 15
07973 Greiz
Tel. 03661/61080
Fax 03661/610811
SPOV@spaleck.de
www.spaleck-ov.de
1.1 / 1.2 / 2.2

Max Steier GmbH & Co. KG
Postfach 1120
25311 Elmshorn
Tel. 04121/473-0
Fax 04121/473-100
info@steier.de
www.steier.de und
www.smdsplicetape.com
6

Gebr. Steimel GmbH & Co.
Johann-Steimel-Platz 1
53773 Hennef
Tel. 02242/8809-0
Fax 02242/8809-187
vtz@steimel.com
www.steimel.com
1.6 / 1.7 / 6 / 8.2 / 8.9

STEINLE Industrie-pumpen GmbH
Varnhagenstraße 42
40225 Düsseldorf
Tel. 0211/302055-0
Fax 0211/302055-11
info@steinle-pumpen.de
www.steinle-pumpen.de
8.4

Stiel Galvanik GmbH & Co. KG
Industriestraße 55
42551 Velbert
Tel. 02051/2089-0
Fax 02051/2089-19
info@stielgalvanik.de
www.stielgalvanik.de
2.2 / 4.2

STS INDUSTRIE SA
Chemin des Cerisiers 27
CH-1462 Yvonand
Tel. +41/24/4300280
Fax +41/24/4300281
info@stsindustrie.ch
www.stsindustrie.com
1.6 / 1.7 / 7 / 8.9

Surpro GmbH
Rumflether Straße 13
25554 Wilster
Tel. 04823/77-0
Fax 04823/77-41
kontakt@surpro.de
www.surpro.de
1.1 / 1.4 / 2.2 / 6

SurTec Deutschland GmbH
SurTec-Straße 2
64673 Zwingenberg
Tel. 06251/171700
Fax 06251/171800
mail@SurTec.com
www.SurTec.com
1.5 / 1.6 / 1.7 / 1.9 / 2.2 / 2.3 / 4.1 / 4.2 / 4.3 / 7

T

TECHNO-COAT Oberflächentechnik GmbH
Hirschfelder Ring 1
02763 Zittau
Tel. 03583/7721-0
Fax 03583/7721-50
info@techno-coat.com
www.techno-coat.com
2.2 / 3 / 4.3

TÜV Rheinland Akademie GmbH KompetenzZentrum Oberflächentechnik
Tillystraße 2
90431 Nürnberg
Tel. 0911/655-5706
Fax 0911/655-5747
oberflaechentechnik@
de.tuv.com
www.tuv.com/
oberflaechentechnik
9

U

Umicore Galvano-technik GmbH
Klarenbergstraße 53-79
73525 Schwäbisch Gmünd
Tel. 07171/607-01
Fax 07171/607-316
galvano@eu.umicore.com
www.umicore-galvano.com
2.2 / 2.3 / 8.9

Umicore Metalle & Oberflächen GmbH
Gladbecker Straße 413
45326 Essen
Tel. 0201/8360591
Fax 0201/8360550
Ulrich.Kuster@umicore.com
www.metalle.umicore.com
2.2 / 3

V

Venjakob Umwelttechnik GmbH & Co. KG
Wellweg 97
31157 Sarstedt
Tel. 05066/9806-0
Fax 05066/9806-33
mail@venjakob-ut.de
www.venjakob.de
10.3

Voigt GmbH
Brühlstraße 6-8
73249 Wernau
Tel. 07153/30506-0
Fax 07153/30506-30
info@voigtfilter.de
www.voigtfilter.de
1.1 / 8.1 / 10.3

VULKAN INOX GmbH
Gottwaldstraße 21
45525 Hattingen
Tel. 02324/5616-0
Fax 02324/53470
info@vulkan-inox.de
www.vulkan-inox.de
1.4

Die eingetragenen Firmen auf einen Blick

Alphabetisch gegliedert (mit Rubrikenzuordnung)

W

**Martin Walter
Ultraschalltechnik AG**
Hardtstraße 13
75334 Straubenhardt
Tel. 07082/7915-0
Fax 07082/7915-15
info@walter-ultraschall.de
www.walter-ultraschall.de
1.6

Weber Ultrasonics GmbH
Im Hinteracker 7
76307 Karlsbad
Tel. 07248/9207-0
Fax 07248/9207-11
info@weber-ultrasonics.de
www.weber-ultrasonics.de
1.6

**Weinreich Industrie-
kühlung GmbH**
Hohe Steinert 7
58509 Lüdenscheid
Tel. 02351/929292
Fax 02351/929250
info@weinreich.de
www.weinreich.de
8.2 / 8.4 / 10.2

widoberg

Widoberg GmbH
Siemensstraße 13A
63128 Dietzenbach
Tel. 06074/40791-0
Fax 06074/40791-40
info@widoberg.com
www.widoberg.com
1.1 / 1.2 / 1.3 / 1.6 / 8.5

Wilms GmbH
Otto-Hahn-Straße 26
59423 Unna
Tel. 02303/98100-0
Fax 02303/98100-48
info@wilms-gmbh.net
www.wilms-gmbh.net
10.1 / 10.2

**Karl Wörwag
Lack- und Farbenfabrik
GmbH + Co. KG**
Strohgäustraße 28
70435 Stuttgart
Tel. 0711/8296-0
Fax 0711/8296-1222
info@woerwag.de
www.woerwag.de
6

**WTF – Wolf-Thilo Fortak
Industrieberatung und
technischer Service
für die Galvanotechnik**
Dalmsdorf 18
17237 Kratzeburg
Tel. 039822/2997-0
Fax 039822/2997-20
fortak@t-online.de
www.wtf-galvanotechnik.de
*1.3 / 1.5 / 7 / 8.8 / 8.9 /
10.1 / 10.3*

Z

**Zentralverband Ober-
flächentechnik e.V. (ZVO)**
Max-Volmer-Straße 1
40724 Hilden
Tel. 02103/2556-10
Fax 02103/2556-15
mail@zvo.org
www.zvo.org
13

**Zentrum für
Oberflächentechnik
Schwäbisch Gmünd e.V.**
Klarenbergstraße 53
73525 Schwäbisch Gmünd
Postfach 2047
73510 Schwäbisch Gmünd
Tel. 07171/607-314
Fax 07171/607-294
info@zog.de
www.zog.de
9 / 13

ZWEZ-CHEMIE GmbH
Schreinerweg 7
51789 Lindlar
Tel. 02266/9001-15
Fax 02266/9001-33
k.kuliga@zwez.de
www.zwez.de
www.zwez-chemie.eu
1.6 / 4.1 / 4.3

Inserentenverzeichnis

Korrosion
im Zeitraffer

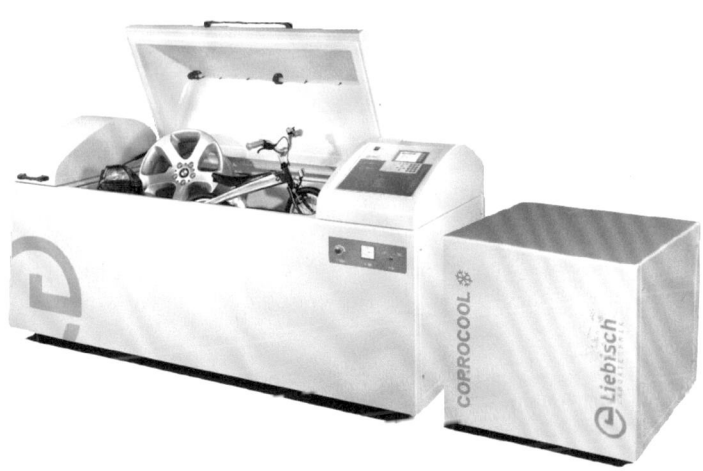

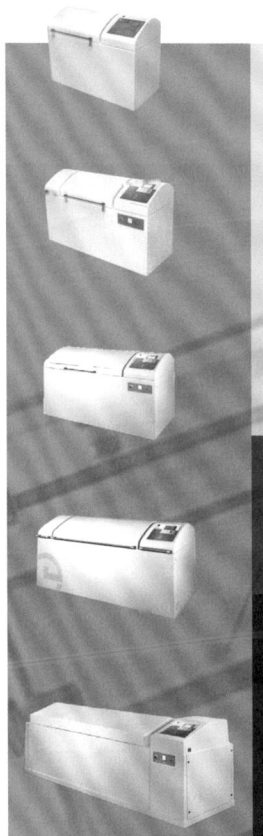

KORROSIONSPRÜFGERÄTE
nasschemische Qualitätsprüfung

Je nach Prüfanordnung können die Betriebssysteme Salznebel [S], Kondenswasser [K], Raum- [B], Warmluft [W] und Schadgas [G] sowie geregelte relative Luftfeuchte [F] einzeln oder kombiniert (Wechsel-testprüfungen) in über 70 Varianten kombiniert werden. Optional sind Prüfklimate bis **-20°C** (niedrigere Temperaturen auf Anfrage) und Beregnungsphasen (z.B. Volvo STD 423 und Ford CETP: 00.00-L-467) problemlos möglich. Die Geräte sind intuitiv bedienbar, wahlweise als praktische manuelle bzw. komfortable automatische Lösung.

 **Liebisch**® LABORTECHNIK

Im Zeichen der Zukunft

Gebr. Liebisch GmbH & Co.KG
Eisenstraße 34
D-33649 Bielefeld
www.liebisch.de
mail@liebisch.com
Fon +49/521/94647-0
Fax +49/521/94647-90

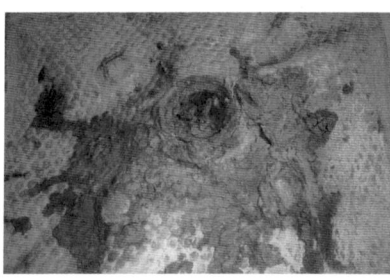

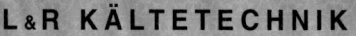

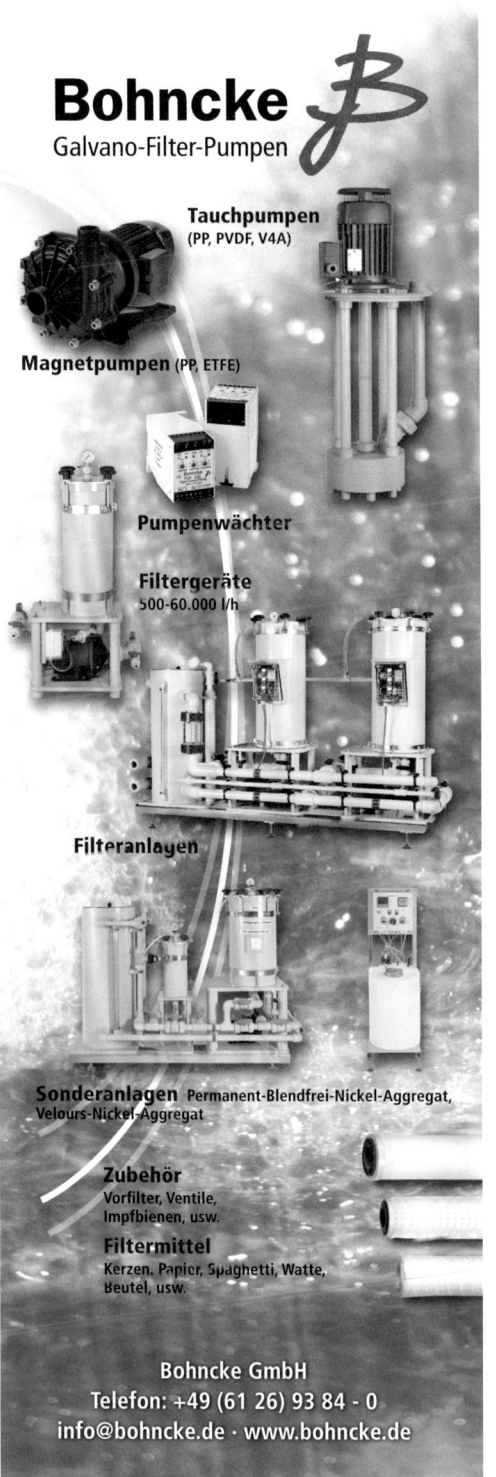
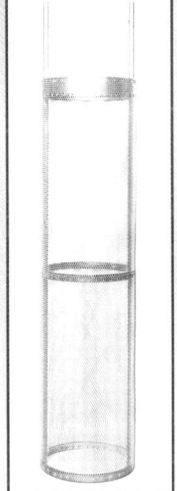

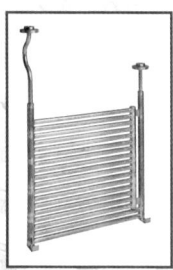
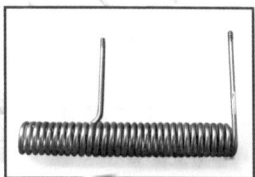

Spannelemente für Eloxal- und Galvanoanwendungen

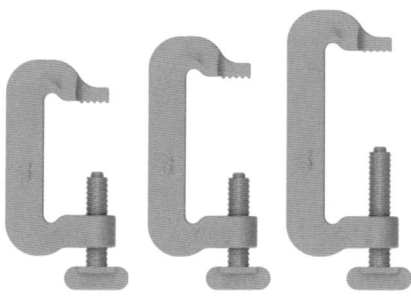

Spannelemente der
Reihe **E**loclamp® mit
Gewindespindel

Rachenweiten von
35mm – 125mm

Ausrüstung optional
mit Titan- oder
Keramikspitze

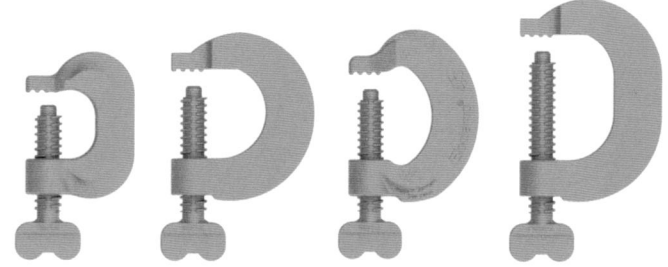

Federbelastetes
Spannelement
Eloclips®

Rachenweite:
28mm – 50mm

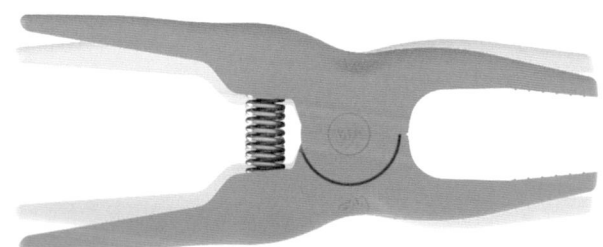

WALTER POTTHOFF GmbH
Immecker Str. 1-3
58540 Meinerzhagen
Telefon   02354 9189-0
Telefax   02354 4400

info@w-potthoff.de   www.w-potthoff.de

WP

WALTER POTTHOFF GmbH
Präzision in Kunststoff